Frank Hinterberger

Physik der Teilchenbeschleuniger und Ionenoptik

Frank Hinterberger

Physik der Teilchenbeschleuniger und Ionenoptik

Zweite Auflage

Mit 161 Abbildungen, durchgerechneten Beispielen
und 105 Übungsaufgaben mit vollständigen Lösungen

 Springer

Prof. Dr. Frank Hinterberger
Universität Bonn
Helmholtz-Institut für Strahlen- und Kernphysik
Nußallee 14–16
53115 Bonn
fh@hiskp.uni-bonn.de

ISBN 978-3-540-75281-3   ISBN 978-3-540-75282-0 (eBook)

DOI 10.1007/978-3-540-75282-0

Bibliografische Information der Deutschen Nationalbibliothek
Die Deutsche Nationalbibliothek verzeichnet diese Publikation in der Deutschen Nationalbibliografie;
detaillierte bibliografische Daten sind im Internet über http://dnb.d-nb.de abrufbar.

Einbandgestaltung: WMX Design GmbH, Heidelberg
Satz und Herstellung: le-tex publishing services oHG, Leipzig

Gedruckt auf säurefreiem Papier

9 8 7 6 5 4 3 2 1

springer.com

Vorwort

Das Ziel des vorliegenden Buches ist eine grundlegende Einführung in die Physik der Teilchenbeschleuniger und in die Ionenoptik. Nach einem elementaren Überblick über die verschiedenen Beschleunigertypen und einer kurzen Schilderung der wichtigsten Bauelemente folgt eine relativ breite Darstellung der Ionenoptik mit magnetischen Elementen und eine kürzere Darstellung der Ionenoptik mit elektrostatischen Linsen. Aufbauend auf den Begriffen und Methoden der Ionenoptik behandeln wir die transversale Bahndynamik im Rahmen des Courant-Snyder-Formalismus und betrachten die Analyse und Korrektur von Störungen durch Feldfehler, Chromatizitäten und Resonanzen. Phasenfokussierung, Synchrotronschwingungen und longitudinale Ionenoptik sind Schwerpunkte der longitudinalen Bahndynamik. Das Thema Kreisbeschleuniger wird durch ein Kapitel über die Methoden zur Injektion und Extraktion abgeschlossen. Zum Abschluss betrachten wir die Strahlkühlung durch Abstrahlung von Synchrotronlicht, die stochastische Strahlkühlung und die Strahlkühlung mit Hilfe „kalter" Elektronen.

Das Buch wendet sich an Studierende der Physik, an Physikerinnen und Physiker, Ingenieurinnen und Ingenieure und an alle, die mit Teilchenbeschleunigern arbeiten. Nicht nur bei der Planung und dem Bau von Strahlführungssystemen und Beschleunigeranlagen sondern auch bei der Planung und Durchführung von Experimenten mit Teilchenstrahlen ist ein tieferes Verständnis der Ionenoptik und Bahndynamik von großem Vorteil. Das Buch kann sowohl zur Einführung in das Gebiet wie zur Weiterführung und Vertiefung bestimmter Fragen benutzt werden. Der Formalismus ist bewusst einfach gehalten. Die Bahn eines einzelnen Teilchens wird mit Hilfe einer Transfermatrix beschrieben, die Gesamtheit aller Teilchen wird mit Hilfe einer Strahlmatrix beschrieben. Zahlreiche Beispiele und Übungen mit Lösungen sollen den Zugang zu dem Formalismus erleichtern und zu einem spielerischen Umgang mit den Gleichungen verlocken. Damit besteht die Möglichkeit, auch kompliziertere Zusammenhänge quantitativ nachzuvollziehen. Die besonders wichtigen Gleichungen sind umrandet hervorgehoben.

Das vorliegende Buch ist aus einer Vorlesung über Teilchenbeschleuniger entstanden, die ich seit 1984 in regelmäßigen Abständen gehalten habe. Das grundlegende Interesse an diesem Thema basiert auf einer lebenslangen Beschäftigung mit Teilchenbeschleunigern und Ionenoptik. Dieses Engagement ergab sich aus dem Wunsch des Experimentators nach höchster Strahlqualität und Energieauflösung beim Experimentieren mit geladenen Teilchenstrahlen. Zur Entwicklung der Beschleunigerphysik und Ionenoptik haben sehr viele Menschen beigetragen. Leider ist es nicht möglich, alle Arbeiten oder auch nur alle wichtigen Arbeiten auf diesem Gebiet zu zitieren. Das Literaturverzeichnis ist als Anregung gedacht, Originalveröffentlichungen zu finden und zu lesen. Es enthält auch einige neuere Arbeiten auf diesem Gebiet. Zu den in diesem Buch behandelten Themen haben viele Kollegen durch Diskussionen und Anregungen beigetragen. Stellvertretend möchte ich Herrn Dr. Karl Brown von dem Stanford Linear Accelerator Center nennen, dem ich für viele wertvolle Anregungen und Einsichten danken möchte. Für die sorgfältige Durchsicht des Manuskriptes möchte ich mich bei den Herren Dipl.-Phys. M. Gentner, Prof. Dr. J. Ernst und Prof. Dr. Dirk Husmann von der Universität Bonn und Herrn Dr. Rudolf Maier vom Forschungszentrum Jülich bedanken. Herr Gentner gestaltete auch mehrere Abbildungen. Aus der CERN Accelerator School CERN 85-19 entnahm ich drei Abbildungen mit freundlicher Genehmigung des CERN-Generaldirektors. Bei Herrn Prof. Dr. P. Schmüser vom Deutschen Elektronensynchrotron DESY möchte ich mich ebenfalls für eine Abbildung des supraleitenden HERA-Dipolmagneten bedanken. Die Fertigstellung dieses Buches wäre ohne die tatkräftige Hilfe von Herrn Dipl.-Phys. Volker Schwarz bei der Erstellung des LATEX-Files nicht möglich gewesen. Er gestaltete auch den größten Teil der Abbildungen. Ich möchte ihm hierfür ganz besonders herzlich danken.

Bonn, im Mai 1997   Frank Hinterberger

Vorwort zur zweiten Auflage

Für die zweite Auflage wurde das Manuskript kritisch durchgesehen. An einigen Stellen wurde der Text überarbeitet, um eine verständlichere Darstellung komplexer Zusammenhänge zu erreichen. Fehler in Gleichungen und Schreibfehler der ersten Auflage wurden beseitigt. Der elementare Überblick über die verschiedenen Beschleunigertypen (2. Kapitel) wurde durch einen Abschnitt über neue Entwicklungen in der Beschleunigerphysik erweitert. In der Ionenoptik mit elektrostatischen Linsen werden jetzt auch elektrostatische Quadrupole und elektrostatische Deflektoren behandelt. Wesentliche Änderungen und Ergänzungen wurden im Kapitel über longitudinale Bahndynamik vorgenommen. Schließlich wurde das Buch um ein neues Kapitel über Raumladungseffekte erweitert.

Für Diskussionen und wertvolle Anregungen möchte ich mich bei den Herren Dr. Klaus Bongardt (Forschungszentrum Jülich), Prof. Dr. Dieter Habs (LMU München), Dr. Lutz Lilje (DESY) und Dr. Urs Rohrer (PSI) bedanken. Für die Unterstützung bei der Erstellung des LATEX-Files danke ich ganz besonders Herrn Dr. Kay Ulbrich.

Bonn, im November 2007   Frank Hinterberger

Inhaltsverzeichnis

Symbole und physikalische Konstanten

Verzeichnis der wichtigsten Symbole

Symbol	Physikalische Größe
A	Akzeptanz
B	Brillianz
$\boldsymbol{B}, B$	Magnetische Flussdichte
$c = 2{,}99792458 \cdot 10^8 \,\mathrm{m/s}$	Vakuumlichtgeschwindigkeit
$c_x(s), c_y(s), C(s)$	Charakteristische Lösung
C	Kapazität
C	Umfanglänge („circumference")
$d_x(s)$	Dispersionsfunktion
$D(s)$	Periodische Dispersion
$e = 1{,}60218 \cdot 10^{-19}\,\mathrm{C}$	Elementarladung
E	Gesamtenergie eines Teilchens
$\boldsymbol{E}$	Elektrische Feldstärke
f	Frequenz
$\boldsymbol{F}$	Kraft
$g = \partial B_y/\partial x = \partial B_x/\partial y$	Feldgradient
g_s	Sextupolstärke
h	Harmonischenzahl
$h = 1/\rho_0$	Krümmung der Sollbahn
$h = 6{,}62607 \cdot 10^{-34}\,\mathrm{J\,s}$	Planck'sches Wirkungsquantum
$\boldsymbol{H}, H$	Magnetische Feldstärke
I	Elektrischer Strom
J_n	Besselfunktion
k_c	Grenzwellenzahl
$k_x(s), k_y(s)$	Fokussierungsstärke
k_z	Wellenzahl im Hohlleiter
l	Longitudinale Ortsabweichung
L	Induktivität

Symbol	Physikalische Größe
L	Länge
L	Luminosität
m	Ruhemasse eines Teilchens
M	Twiss-Matrix
N	Zahl der Umläufe
$p = (p_0, p_1, p_2, p_3)$	Viererimpuls
$\boldsymbol{p}, p$	Impuls eines Teilchens
P	Frequenzleistung
q	Ladung eines Teilchens
Q	Elektrische Ladung
Q, Q_x, Q_y	Arbeitspunkt
$\boldsymbol{r}$	Ortsvektor
R	Radius
R	Transfermatrix
R_s	Shuntimpedanz
s	Wegstrecke längs der Sollbahn
$s_x(s), s_y(s), S(s)$	Charakteristische Lösung
$S(\omega/\omega_c)$	Spektralfunktion
t	Zeit
T	Kinetische Energie
T	Temperatur
T, T_0	Umlaufzeit
T_{HF}	Periodendauer der Hochfrequenz
$\boldsymbol{u_x}, \boldsymbol{u_y}, \boldsymbol{u_s}$	Einheitsvektoren
U	Elektrische Spannung
$\boldsymbol{v}, v$	Teilchengeschwindigkeit
V	Elektrisches Potential
W	Wirkung
x	Radiale (horizontale) Ortsabweichung
x'	Radiale (horizontale) Richtungsabweichung
$x_{\max}(s), y_{\max}(s)$	Strahlenveloppe
y	Axiale (vertikale) Ortsabweichung
y'	Axiale (vertikale) Richtungsabweichung
α	Ablenkwinkel
α_p	Momentum-Compaction-Faktor
$\alpha(s) = -\beta'(s)/2$	Optische Funktion
$\beta = v/c$	Geschwindigkeit/Lichtgeschwindigkeit
β	Kantenwinkel
$\beta(s)$	Betatronfunktion (Betafunktion)
$\gamma = E/mc^2$	Lorentzfaktor
$\gamma(s)$	Optische Funktion
γ_{tr}	Lorentzfaktor der Übergangsenergie
$\delta = \Delta p/p$	Relative Impulsabweichung

Symbol	Physikalische Größe
$\epsilon,\ \epsilon_x,\ \epsilon_y,\ \epsilon_l$	Emittanz
$\varepsilon_0 = 8{,}85419 \cdot 10^{-12}$ As/Vm	Elektrische Feldkonstante
$\eta(\phi)$	Floquet'sche Koordinate
Θ	Radiale (horizontale) Winkelabweichung
λ	Wellenlänge
λ_c	Grenzwellenlänge
μ	Permeabilität
μ	Betatronphasenvorschub pro Umlauf
$\mu_0 = 4\pi \cdot 10^{-7}$ Vs/Am	Magnetische Feldkonstante
ν	Frequenz
ν_{HF}	Hochfrequenz
ν_{Zyk}	Zyklotronfrequenz
$\xi,\ \xi_x,\ \xi_y$	Chromatizität
ρ	Krümmungsradius
$\rho(x, x')$	Dichteverteilung
σ	σ-Matrix
σ	Wirkungsquerschnitt
$\sigma_x,\ \sigma_y,\ \sigma_l$	Standardabweichung
$\Phi(x, y, s)$	Skalares Potential
φ	Phase eines Teilchens
φ	Axiale (vertikale) Winkelabweichung
φ_s	Phase des synchronen Teilchens
$\psi(s)$	Betatronphase
ω	Kreisfrequenz
ω_c	Kritische Kreisfrequenz

Verzeichnis physikalischer Konstanten[1]

Physikalische Größe	Symbol	Wert(Fehler)
Vakuumlichtgeschwindigkeit	c	$2{,}99792458(0) \cdot 10^8$ m/s
Reduz. Wirkungsquantum	$\hbar$	$6{,}58211915(56) \cdot 10^{-22}$ MeV s
Konversionskonstante	$\hbar c$	$197{,}326968(17)$ MeV fm
Elementarladung	e	$1{,}60217653(14) \cdot 10^{-19}$ C
Magnetische Feldkonstante	μ_0	$4\pi \cdot 10^{-7}$ N/A^2
Elektrische Feldkonstante	ϵ_0	$8{,}854187817(0)10^{-12}$ F/m
Boltzmannkonstante	k	$8{,}617343(15) \cdot 10^{-5}$ eV/K
Elektronenmasse	m_e	$0{,}510998918(44)$ MeV/c^2
Protonenmasse	m_p	$938{,}272029(80)$ MeV/c^2
Neutronenmasse	m_n	$939{,}56536(8)$ MeV/c^2
Deuteronenmasse	m_d	$1875{,}61282(16)$ MeV/c^2
$\pi^{\pm}$-Masse	$m_{\pi^{\pm}}$	$139{,}57018(35)$ MeV/c^2
π^0-Masse	m_{π^0}	$134{,}9766(6)$ MeV/c^2
$K^{\pm}$-Masse	$m_{K^{\pm}}$	$493{,}677(16)$ MeV/c^2
K^0-Masse	m_{K^0}	$497{,}648(22)$ MeV/c^2
Λ-Masse	m_Λ	$1115{,}683(6)$ MeV/c^2
$W^{\pm}$-Masse	m_W	$80{,}403(29)$ GeV/c^2
Z^0-Masse	m_Z	$91{,}1876(21)$ GeV/c^2
Atomare Masseneinheit	1 u	$931{,}494043(80)$ MeV/c^2

---

[1] entnommen aus Review of Particle Physics, Particle Data Group, J. Phys. G: Nucl. Part. Phys. **33** (2006) 1

1

Einleitung

Zu Beginn stellen wir uns die Fragen „Warum werden Teilchenbeschleuniger gebaut? Und welche Eigenschaften sollten die Strahlen der beschleunigten Teilchen besitzen?" Anschließend geben wir einen kurzen Überblick über die Geschichte der Beschleuniger. Schließlich stellen wir den Formalismus zur Kinematik und Dynamik relativistischer Teilchen zusammen.

1.1 Motivation und Zielsetzung bei der Entwicklung von Beschleunigern

Am Anfang der Beschleunigerentwicklung stand der Wunsch, geladene Teilchen zu *höheren Energien* zu beschleunigen. Im Rahmen der Versuche zur elektrischen Gasentladung wurden bereits im 19. Jahrhundert positiv und negativ geladene Teilchenstrahlen beobachtet. Die Beschleunigungsspannungen lagen aber nur im Volt- und Kilovoltbereich. Unter dem Eindruck der Rutherford'schen Streuexperimente und der Entdeckung des Atomkerns wurden die ersten Teilchenbeschleuniger gebaut. Die erste Kernreaktion in einem Beschleunigerexperiment wurde 1932 von Cockcroft und Walton [Co32] beobachtet. In einem elektrostatischen Beschleuniger wurden Protonen mit einer kinetischen Energie von 400 keV auf ein Lithiumtarget geschossen. Damit gelang es, die Kernreaktionen ^{7}Li + p → ^{4}He + ^{4}He und ^{7}Li + p → ^{7}Be + n zu untersuchen. Beinahe zur gleichen Zeit konnten Lawrence und Livingston mit einem Zyklotron Protonen bis zu einer kinetischen Energie von 1,25 MeV beschleunigen. Um den hohen Coulombwall der schweren Atomkerne zu überwinden, waren jedoch wesentlich höhere Energien notwendig. Bereits 1938 wurden mit dem ersten größeren Zyklotron Protonen bis zu einer Energie von 9 MeV und Deuteronen bis zu einer Energie von 19 MeV beschleunigt. Damit konnten auch Kernreaktionen mit hohen Anregungsenergien der Endzustände untersucht werden.

Sehr viel höhere Energien wurden zur Produktion von Mesonen und Baryonen benötigt. Die Energieschwelle für die Produktion von π-Mesonen im Proton-Protonstoß liegt z. B. bei einer kinetischen Energie von rund 300 MeV. Die Energieschwelle für die assoziierte Produktion von seltsamen Teilchen über die Reaktion $p + p \rightarrow p + K^+ + \Lambda$ liegt z. B. bei 1582 MeV. Für die Produktion von Antiprotonen über die Reaktion $p + p \rightarrow p + p + p + \overline{p}$ benötigt man mindestens 5,63 GeV. Solche Energien im GeV-Bereich wurden bereits in den fünfziger Jahren mit dem Synchrotron erreicht. Der Wunsch nach immer höheren Energien in der Kern- und Teilchenphysik führte zu immer größeren Beschleunigern. Am Anfang der sechziger Jahre wurden bereits Energien im 30 GeV-Bereich erreicht. Energien im Bereich 100–1000 GeV stehen seit den achtziger Jahren zur Verfügung. Durch die Entwicklung von Speicherringen, in denen entgegengesetzt umlaufende Elektronen und Positronen bzw. Protonen und Antiprotonen kollidieren, konnten die im Schwerpunktsystem zur Verfügung stehenden Gesamtenergien noch einmal um mehrere Größenordnungen gesteigert werden. Damit war es z. B. möglich, die Eichbosonen W^+, W^- und Z^0 zu produzieren. Zur Produktion eines Z^0-Bosons benötigt man eine Gesamtenergie von 90,2 GeV, zur Produktion eines W^+–W^- Paares benötigt man 160,66 GeV. Die höchsten Energien sollen demnächst mit dem Large Hadron Collider LHC (CERN) erreicht werden. Zwei entgegengesetzt umlaufende Protonenstrahlen sollen auf jeweils 7 TeV beschleunigt werden. Es ist aber auch geplant, zwei entgegengesetzt umlaufende Pb-Strahlen auf jeweils 574 TeV zu beschleunigen.

Ein weiteres Argument für hohe Energien ist die Begrenzung der *Auflösung* durch die endliche de Broglie-Wellenlänge. Zur Abschätzung genügt die Kenntnis der reduzierten Wellenlänge,

$$\frac{\lambda}{2\pi} = \frac{\hbar c}{pc} = \frac{197,3 \text{ MeV fm}}{pc} . \tag{1.1}$$

Hierbei ist $\hbar$ das Planck'sche Wirkungsquantum dividiert durch 2π, p der Impuls im Schwerpunktsystem in der Einheit MeV/c und c die Lichtgeschwindigkeit. Um Strukturen im Bereich von 0,1 fm aufzulösen, benötigt man z. B. Impulse von mehr als 10 GeV/c, d. h. auch Energien von mehr als 10 GeV.

Die Energie ist jedoch nicht der einzige Parameter, der bei der Entwicklung eines Beschleunigers berücksichtigt werden muss. Bei den meisten Experimenten ist neben der Energie die *Strahlqualität* von entscheidender Bedeutung für die Durchführbarkeit und den Erfolg eines Experimentes. Die Strahlqualität hängt von der geometrischen Bündelung in transversaler Richtung, der Impuls- bzw. Energieschärfe und der zeitlichen Struktur des Strahles ab. Mithilfe von fokussierenden Elementen kann man jeden Teilchenstrahl so präparieren, dass am Targetpunkt eine Strahltaille, d. h. eine enge Einschnürung mit einer Ortsausdehnung Δx und einer Winkelunschärfe $\Delta x'$ entsteht[1]. Ein

---

[1] Die Orts- und Winkelunschärfen gibt man häufig in der Form von drei Standardabweichungen an, d. h. $\Delta x = 3\sigma_x$ und $\Delta x' = 3\sigma_{x'}$.

direktes Maß für die geometrische Bündelung ist die *Emittanz* $\pi\epsilon_x = \pi\Delta x\Delta x'$. Mit $\Delta x = 0{,}5$ mm und $\Delta x' = 0{,}8$ mrad erhalten wir z. B. $\epsilon_x = 0{,}4$ mm mrad. Neben der Emittanz $\pi\epsilon_x$ gibt es die analog definierte Emittanz $\pi\epsilon_y = \pi\Delta y\Delta y'$ in der zu x senkrechten y-Richtung. Je kleiner die beiden Emittanzwerte sind, umso besser ist die Strahlqualität und die mögliche Winkelauflösung in einem Streuexperiment.

Die in einem Experiment erreichbare *Impulsauflösung* wird durch das Verhältnis der Impulsunschärfe Δp zum mittleren Impuls p, d. h. durch die relative Impulsunschärfe $\delta = \Delta p/p$ bestimmt. Eine wichtige Voraussetzung für eine hohe Impulsauflösung ist eine hohe Kurz- und Langzeitstabilität der Magnetströme und Hochspannungen. Bei einer mittleren Strahlqualität liegt die relative Impulsunschärfe in der Größenordnung von $1 \cdot 10^{-3}$, bei einer sehr guten Strahlqualität liegt δ in der Größenordnung von $5 \cdot 10^{-5}$. Bei einem Elektronenstrahl mit einer Energie von 800 MeV bedeutet $\delta = 5 \cdot 10^{-5}$ eine Energieunschärfe von $\Delta E = 40$ keV.

Bei der HF-Beschleunigung ist der Strahl im Takt der Hochfrequenz gebündelt. Der Abstand zwischen zwei Teilchenpaketen ist durch die HF-Periode T_{HF} vorgegeben, die *zeitliche Breite* Δt der Teilchenpakete entspricht der Phasenbreite $\Delta\varphi$. Diese Zeitstruktur legt die Strahlqualität in longitudinaler Richtung fest. Eine Phasenbreite von 5° entspricht z. B. bei einer HF-Periode von 36 ns einer zeitlichen Breite von 0,5 ns. Bei einem Flugzeitspektrometer mit einer mittleren Flugzeit von 1 μs erhalten wir damit eine Flugzeitauflösung von 2000. Der Strahl muss dann allerdings so präpariert werden, dass nur jedes 30. Teilchenpaket mit Teilchen besetzt ist.

Viele HF-Beschleuniger liefern keinen kontinuierlichen Strahl sondern nur einen gepulsten Strahl, d. h. neben der zeitlichen Mikrostruktur gibt es auch eine zeitliche Makrostruktur. Linearbeschleuniger werden z. B. häufig wegen der hohen HF-Leistungen gepulst betrieben. Das Synchrotron ist vom Prinzip her eine gepulste Maschine. Das Hoch- und Herunterfahren der Synchrotronmagnete legt die Zykluszeit und damit den zeitlichen Abstand der Makropulse fest. Die zeitliche Breite der Makropulse hängt von der Dauer der Extraktionszeit ab. Die entscheidende Kenngröße für die Zeitstruktur eines gepulsten Strahles ist das *Tastverhältnis* („duty factor"). Das Tastverhältnis ist das Verhältnis der zeitlichen Länge eines Pulses zur Periodenzeit der Pulsung. Das Tastverhältnis liegt bei gepulsten Linearbeschleunigern in der Größenordnung 10^{-4} bis 10^{-3}, bei Synchrotrons in der Größenordnung von 1 bis 10%. Das Tastverhältnis[2] ist bei Koinzidenzexperimenten das entscheidende Gütemaß, da bei gleicher mittlerer Intensität die Zahl der zufälligen Koinzidenzen umgekehrt proportional zum Tastverhältnis ist. Daher sollte das Tastverhältnis möglichst nahe bei 100% liegen. Die optimale Lösung ist

---

[2] Um Missverständnissen vorzubeugen, weisen wir ausdrücklich darauf hin, dass bei der Berechnung des Tastverhältnisses die HF-Mikropulsung nicht berücksichtigt wird. Bei einer Hochfrequenz von mehr als 100 MHz hat die Mikropulsung keine negativen Auswirkungen auf Koinzidenzexperimente.

ein *CW-Strahl* („continuous wave"), d. h. ein kontinuierlicher Strahl ohne jede makroskopische Pulsung. Um dieses Ziel zu erreichen, werden moderne Linearbeschleuniger mit supraleitenden Resonatoren gebaut. Eine andere Möglichkeit besteht darin, den gepulsten Strahl aus einem Beschleuniger mit kleinem Tastverhältnis in einem Speicherring zu speichern. In der Zeit zwischen zwei Pulsen werden die Teilchen langsam extrahiert oder auf ein internes Target geschossen. Der Experimentator hat damit einen kontinuierlichen Strahl mit einem Tastverhältnis von 100% zur Verfügung.

Neben der Strahlqualität ist die *Strahlintensität* ein wichtiger Parameter. Unter der Strahlintensität verstehen wir die Zahl der Teilchen pro Zeiteinheit. Häufig wird der Strahlstrom in der Einheit Ampère angegeben. Um eine Vorstellung von den Größenordnungen zu geben: die typischen Strahlströme eines Isochronzyklotrons liegen im Bereich 100 nA bis 100 μA, die typischen Strahlströme eines Synchrotrons bei 1 nA bis 100 nA. Die internen Strahlströme in einem Speicherring ergeben sich aus der Zahl der gespeicherten Teilchen und der Umlauffrequenz. Bei $3,33 \cdot 10^{12}$ Elektronen und einer Umlauffrequenz von 3 MHz erhalten wir z. B. einen internen Strom von 1,6 A. Die bei einer Bestrahlung oder einem Streuexperiment benötigte Strahlintensität hängt letztendlich von der Targetdicke und den Wirkungsquerschnitten ab. Die entscheidende Größe zur Abschätzung der Zählraten ist die *Luminosität*. Die Luminosität ist das Produkt aus der Zahl der Targetteilchen pro Quadratzentimeter und der Zahl der Strahlteilchen pro Sekunde. Bei $1 \cdot 10^{18}$ cm^{-2} Targetteilchen und $1 \cdot 10^{14}$ s^{-1} Strahlteilchen ergibt sich z. B. eine Luminosität von $L = 1 \cdot 10^{32}$ cm^{-2} s^{-1}. Bei einem Wirkungsquerschnitt von $1 \cdot 10^{-30}$ cm^2 erhalten wir damit eine Reaktionsrate von 100 s^{-1}. In Speicherringexperimenten mit entgegengesetzt umlaufenden Teilchenstrahlen werden Luminositäten von 10^{30} bis 10^{34} cm^{-2} s^{-1} erreicht.

Aus experimenteller Sicht ist neben der Beschleunigung von Elektronen und Protonen auch die Beschleunigung von anderen geladenen Teilchen von großem Interesse. Viele Beschleuniger werden daher so konzipiert, dass nicht nur eine *Teilchensorte* beschleunigt werden kann. Das Spektrum der beschleunigten Teilchen erstreckt sich heute von Elektronen, Protonen, Deuteronen, Tritium-, ^{3}He- und ^{4}He-Ionen über die leichten Schwerionen wie ^{6}Li, ^{12}C und ^{16}O bis zu den schweren Schwerionen wie ^{197}Au, ^{208}Pb und ^{238}U. Sogar Positronen und Antiprotonen werden beschleunigt und in Speicherringen akkumuliert.

In der Liste der wünschenswerten Strahleigenschaften sollte die *Polarisation* nicht unerwähnt bleiben. Bei der Streuung von Teilchen mit Spin ist die Polarisation, d. h. die Spinausrichtung der Teilchen, eine für das Verständnis der Wechselwirkung entscheidend wichtige Größe. Elektronen, Protonen, ^{3}He-Ionen und viele andere Teilchen haben z. B. den Spin $\frac{1}{2}\hbar$ und die Spinkomponente bezüglich einer ausgezeichneten Richtung ist entweder $+\frac{1}{2}\hbar$ oder $-\frac{1}{2}\hbar$. Die Polarisation P ergibt sich aus der relativen Differenz der Teilchenzahlen mit positiver bzw. negativer Spinkomponente, $P = (N_+ - N_-)/(N_+ + N_-)$. Im Idealfall eines vollständig polarisierten Strahls ist die Polarisation entweder +1 oder −1. Wenn $N_+ = N_-$, ist der Strahl unpolarisiert, d. h. $P = 0$. Im Falle von Deuteronen und anderen Teilchen mit Spin $> \frac{1}{2}\hbar$ muss zusätzlich die Tensorpolarisation berücksichtigt werden. Die Qualität eines polarisierten Strahles ist umso höher, je größer der Betrag der Polarisation ist. Bei konsequenter Ausnutzung aller Möglichkeiten ist es heute möglich, polarisierte Strahlen hoher Intensität und Strahlqualität mit einem hohen Polarisationsgrad ($|P| = 0{,}8$ bis $0{,}9$) zu präparieren.

Eine starke Motivation zum Bau von Beschleunigern ist auch die Möglichkeit, *Sekundärstrahlen* mithilfe energiereicher Teilchen zu erzeugen. Ein klassisches Beispiel ist die Erzeugung schneller Neutronen. Ein anderes Beispiel ist die Produktion von Positronen mithilfe energiereicher Elektronen. Pionen, Kaonen, Antiprotonen und Hyperonen werden mit entsprechend konzipierten Protonenbeschleunigern erzeugt. Zur Liste der Sekundärstrahlen gehören auch die Neutrino- und Antineutrinostrahlen, sowie die μ^+- und μ^--Strahlen. In den sogenannten Mesonenfabriken werden bestimmte Mesonen mit einer besonders hohen Intensität erzeugt. Eine Sekundärstrahlung besonderer Art ist die *Synchrotronstrahlung*, d. h. die elektromagnetische Strahlung, die bei der Ablenkung von energiereichen Elektronen abgestrahlt wird. Zur optimalen Nutzung dieser Strahlung werden spezielle Speicherringe mit einer extrem hohen Strahlqualität gebaut. Das Synchrotronlicht wird vor allem zu Untersuchungen auf dem Gebiet der Atom- und Festkörperphysik verwendet.

In diesem Zusammenhang sollte auch die Produktion von *Radionukliden* mithilfe von Beschleunigern erwähnt werden. Die Möglichkeit, mit einem Beschleuniger eine große Zahl unterschiedlicher Isotope herstellen zu können, ist nicht nur für die Grundlagenforschung in der Kern-, Atom- und Festkörperphysik sondern auch für Anwendungen in der Medizin und Technik von größtem Interesse.

Zusammenfassend stellen wir fest, die Motivation zum Bau und Betrieb von Beschleunigern ergibt sich nicht nur aus Fragestellungen der Kern- und Teilchenphysik, sondern auch aus Fragestellungen der Atom- und Festkörperphysik und vielen Anwendungsmöglichkeiten in der Chemie, Biologie, Medizin und Technik. Wir erwähnen in diesem Zusammenhang insbesondere die Möglichkeit einer gezielten Strahlentherapie mit Protonen und schweren Ionen und die Produktion kurzlebiger Radionuklide für die Diagnostik in der Nuklearmedizin.

1.2 Kurzer Überblick über die Geschichte der Beschleuniger

Die Grundlagen für die Beschleunigerentwicklung wurden bereits im 19. Jahrhundert erarbeitet. Die vielfältigen experimentellen Untersuchungen zum Elektromagnetismus gipfelten 1862 in einer vollständigen Theorie der Elektrizität und des Magnetismus durch Maxwell. 1887 entdeckte Hertz die elektromagnetischen Wellen. Viele Experimente beschäftigten sich mit den beobachtbaren Phänomenen und Gesetzmäßigkeiten bei der Gasentladung. Bereits 1886 entdeckte Goldstein [Go86] positiv geladene Strahlen, die durch Kanäle in der Kathode einer Gasentladungsröhre austraten. Er nannte diese Strahlen Kanalstrahlen. In Bonn experimentierten Hertz und Lenard mit Kathodenstrahlen. 1894 konnte Lenard zum ersten Mal einen beschleunigten Elektronenstrahl extrahieren [Le94]. Er entwickelte eine Gasentladungsröhre, bei der die Kathodenstrahlen durch eine 2,65 µm dünne Aluminiumfolie in die Atmosphäre austreten. Noch heute werden dünne Folien, durch die geladene Teilchenstrahlen in die Atmosphäre gelangen, „Lenardfenster" genannt. Beim Experimentieren mit den geheimnisvollen Kathodenstrahlen entdeckte Röntgen 1895 die nach ihm benannten Röntgenstrahlen.

Der eigentliche Beginn der Beschleuniger ist eng verknüpft mit der Geschichte der Kernphysik. Am Anfang dieser Entwicklung stand die Entdeckung des Atomkerns durch Rutherford im Jahre 1911 [Ru11]. Hierbei wurde in einem Streuexperiment mit 7,7 MeV α-Teilchen aus dem natürlichen radioaktiven Zerfall von ^{214}Po und einer dünnen Goldfolie der differenzielle Wirkungsquerschnitt der elastischen Streuung ^{197}Au$(\alpha,\alpha)^{197}$Au als Funktion des Streuwinkels gemessen. Im Jahre 1919 konnten Rutherford und seine Mitarbeiter die erste Kernreaktion wiederum mit α-Teilchen aus dem natürlichen radioaktiven Zerfall beobachten. Es handelte sich um die Reaktion ^{14}N$(\alpha,p)^{17}$O. In den zwanziger Jahren kamen die ersten Ideen zum Bau von Beschleunigern auf und in der kurzen Zeit von 1928 bis 1932 wurden die ersten Linearbeschleuniger, die ersten Kreisbeschleuniger und die ersten elektrostatischen Beschleuniger gebaut. Nach diesen Anfangserfolgen wurde besonders intensiv an der Entwicklung des klassischen Zyklotrons und Betatrons gearbeitet. Nach dem zweiten Weltkrieg setzte eine weitere sprunghafte Entwicklung ein. Mit dem Synchrozyklotron, dem Synchrotron und dem Linearbeschleuniger konnten sehr viel höhere Energien erreicht werden. Diese Entwicklung wurde durch eine zunehmend stärkere staatliche Förderung der Beschleunigerphysik begünstigt. Sie führte zu immer höheren Energien und besseren Strahlqualitäten.

Ganz allgemein war die Entwicklung eines bestimmten Beschleunigertyps ebenso wie die gesamte Beschleunigerentwicklung durch charakteristische Entwicklungsstufen gekennzeichnet. Immer wieder wurden sprunghafte Verbesserungen durch neue Ideen, neue Prinzipien und neue Techniken erreicht. Bei den elektrostatischen Beschleunigern war z. B. die maximal erreichbare Energie durch die geringe Spannungsfestigkeit der bei Atmosphärendruck betriebenen Anlagen stark begrenzt. Ein echter Durchbruch zu wesentlich höheren Spannungen (10 bis 20 MV) wurde durch die Verwendung von Drucktanks mit einer speziellen Gasfüllung erreicht. Bei den Kreisbeschleunigern brachte das Prinzip der Phasenfokussierung und das Prinzip der starken Fokussierung den entscheidenden Durchbruch zum Bau von großen Synchrotronbeschleunigern mit Energien im GeV- und TeV-Bereich. Um die gesamte Energie der Strahlteilchen im Schwerpunktsystem zur Verfügung zu haben, wurden Speicherringe, die sogenannten Collider, entwickelt, bei denen entgegengesetzt umlaufende Teilchenstrahlen an bestimmten Wechselwirkungspunkten kollidieren[3]. Dadurch konnten die maximal erreichbaren Energien im Schwerpunktsystem um mehrere Größenordnungen erhöht werden. Um Antiprotonen mit guter Strahlqualität zu speichern, wurde die stochastische Kühlung entwickelt. Mit Hilfe von supraleitenden Magneten und supraleitenden HF-Resonatoren können die Beschleuniger heute wesentlich kompakter und kostengünstiger gebaut werden. Ein anderer wichtiger Punkt ist die Entwicklung der Computertechnik. Zur numerischen Lösung ionenoptischer Probleme und zur Optimierung von Beschleunigern stehen heute umfangreiche Computerprogramme zur Verfügung. Durch die Computersteuerung von Beschleunigeranlagen wird ein äußerst flexibler, zuverlässiger und kostengünstiger Betrieb von Beschleunigern möglich. Wir geben im Folgenden einen kurzen chronologischen Überblick über wichtige Meilensteine bei der Beschleunigerentwicklung.

1921   H. Greinacher [Gr21] entwickelt den Kaskadengenerator zur Erzeugung hoher Gleichspannungen.

1924   G. Ising [Is24] schlägt einen Linearbeschleuniger mit Driftröhren vor, bei dem die Teilchen durch eine hochfrequente Wechselspannung beschleunigt werden.

1928   R. Wideröe [Wi28] baut den ersten Linearbeschleuniger und beschleunigt Na^+- und K^+-Ionen mit einer Hochfrequenzspannung von 25 kV auf eine Endenergie von 50 keV. Seine Versuche zur Entwicklung eines Betatrons scheitern wegen der fehlenden transversalen Fokussierung.

1930   R. J. van de Graaff [Gr31] baut den ersten MV-Hochspannungsgenerator. Er erreicht eine Spannung von 1,5 MV.

1930   E. O. Lawrence entwickelt die Idee zum Bau eines Zyklotrons [La30].

1932   J. D. Cockcroft und E. T. S. Walton [Co32] bauen den ersten elektrostatischen Beschleuniger unter Verwendung eines 800 kV Kaskadengenerators. Die Spannungsfestigkeit der Anlage liegt bei 700 kV. Sie beobachten die ersten Kernreaktionen mit 400 keV Protonen. Es handelt sich um die Reaktionen $^7Li + p \rightarrow {}^4He + {}^4He$ und $^7Li + p \rightarrow {}^7Be + n$. Cockcroft und Walton erhalten 1951 den Nobelpreis.

---

[3] Bei der Kollision eines hochenergetischen Projektilteilchens mit einem im Laborsystem ruhenden Targetteilchen ist die Energie im Schwerpunktsystem nur ein kleiner Bruchteil der Projektilenergie.

1932   E. O. Lawrence und M. S. Livingston [La32] beschleunigen in einem Zyklotron Protonen auf eine Endenergie von 1,25 MeV. Kurze Zeit nach dem ersten Beschleunigerexperiment von Cockcroft und Walton beobachten sie ebenfalls eine Kernreaktion mit Protonen aus dem Zyklotron.

1938   G. Thomas [Th38] schlägt das Prinzip der starken Fokussierung für das Zyklotron vor.

1939   E. O. Lawrence und Mitarbeiter [La39] nehmen das erste größere Zyklotron in Berkeley in Betrieb. Der Polschuhdurchmesser beträgt 60 inch. Damit werden Protonen auf 9 MeV, Deuteronen auf 19 MeV und α-Teilchen auf 35 MeV beschleunigt. Die ersten Versuche zur Tumortherapie mit schnellen Neutronen aus dem Aufbruch der Deuteronen werden begonnen. E. O. Lawrence erhält 1939 für die Entwicklung des Zyklotrons den Nobelpreis.

1941   D. W. Kerst und R. Serber [Ke41] beschleunigen zum ersten Mal erfolgreich Elektronen in einem Betatron. Die Endenergie liegt bei 2,5 MeV. Sie untersuchen die sogenannten Betatronschwingungen und die Bahnstabilität bei konstantem Gradienten.

1945   V. I. Veksler (UDSSR) [Ve44] und E. M. McMillan (USA) [Mi45] entdecken unabhängig voneinander das Prinzip des Synchrotrons und der Phasenfokussierung.

1946   F. K. Goward und D. E. Barnes [Go46] bauen das erste Elektronensynchrotron unter Verwendung eines Betatronmagneten.

1946   L. W. Alvarez [Al46] entwirft den ersten 200 MHz Linearbeschleuniger für Protonen in Berkeley.

1947   E. L. Ginzton et al. [Gi48] beschleunigen in Stanford mit dem ersten 2,855 GHz Linearbeschleuniger Elektronen bis zu einer Energie von 4,5 MeV.

1947   M. L. Oliphant, J. S. Gooden und G. S. Hyde [Ol47] schlagen ein Synchrotron für 1 GeV Protonen vor, das 1953 in Betrieb genommen wird.

1949   E. M. McMillan und Mitarbeiter nehmen ein Elektronensynchrotron mit einer maximalen Energie von 320 MeV in Berkeley in Betrieb.

1952   Am Brookhaven National Laboratory wird ein 3 GeV Protonensynchrotron, das sogenannte Cosmotron [Bl53], in Betrieb genommen. Damit können zum ersten Mal Teilchen auf Energien beschleunigt werden, die sonst nur bei kosmischen Strahlen beobachtet werden.

1952   E. Courant, M. S. Livingston und H. Snyder [Co52] veröffentlichen die für die weitere Beschleunigerentwicklung entscheidend wichtige Untersuchung zur starken Fokussierung, d. h. zur Fokussierung mit alternierenden Gradienten.

1953   W. Paul entdeckt das Prinzip des HF-Massenfilters [Pa53]. Die sogenannte Paul-Falle dient zur Speicherung einzelner Atome. W. Paul erhält dafür im Jahre 1989 den Nobelpreis für Physik.

1953   W. Paul und Mitarbeiter beginnen mit dem Bau eines 500 MeV Elektronensynchrotrons an der Universität Bonn. Es ist das erste Synchrotron mit starker Fokussierung in Europa. Die Maschine wird 1958 in Betrieb genommen [Eh59].

1954   R. R. Wilson und Mitarbeiter nehmen das erste Elektronensynchrotron mit starker Fokussierung und einer Endenergie von 1,1 GeV an der Cornell Universität (USA) in Betrieb.

1954   In Berkeley wird ein 6,2 GeV Protonensynchrotron, das sogenannte Bevatron, in Betrieb genommen.

1954   Gründung des europäischen Kernforschungszentrums CERN (Conseil Européen de Recherche Nucléaire) in Genf.

1958   In Berkeley werden Antiprotonen und Antineutronen mit Protonen aus dem Bevatron erzeugt. E. Segré und O. Chamberlain erhalten dafür den Nobelpreis.

1959   Gründung von DESY (Deutsches Elektronen Synchrotron) in Hamburg.

1959   Am CERN wird das erste große Protonensynchrotron mit alternierendem Gradienten, das CERN PS, in Betrieb genommen [Re59]. Die maximale Protonenenergie ist 28 GeV. Diese Maschine ist noch heute die erste Stufe für alle weiteren Hochenergiebeschleuniger am CERN. Sie wird auch zur Beschleunigung von Antiprotonen, Elektronen, Positronen, Deuteronen und schweren Ionen benutzt.

1960   Am Brookhaven National Laboratory (USA) wird ebenfalls ein großes Protonensynchrotron mit alternierendem Gradienten, das sogenannte AGS (Alternating Gradient Synchrotron), in Betrieb genommen [Bl56]. Die Maximalenergie beträgt zur Zeit 33 GeV.

1961   Der erste Speicherring für Elektronen und Positronen AdA (Anello di Accumulatione) [Be61] wird in Frascati (Italien) in Betrieb genommen. Die maximal erreichbare Energie liegt bei 250 MeV.

1964   Das Deutsche Elektronen Synchrotron DESY in Hamburg wird in
        Betrieb genommen. Die Maschine beschleunigt Elektronen auf 6
        GeV. Dies ist zu dieser Zeit die höchste erreichbare Elektronen-
        energie.

1966   Am Stanford Linear Accelerator Center SLAC (USA) wird der
        Two-Mile Linear Accelerator zur Beschleunigung von Elektronen
        auf eine Endenergie von 23,5 GeV in Betrieb genommen [He68].
        Nach dem Umbau zu einem Elektron-Positron Collider im Jahre
        1989 werden Energien von je 50 GeV erreicht.

1972   Am Stanford Linear Accelerator Center SLAC (USA) wird der
        Positron-Elektron Collider SPEAR mit einer maximalen Strahl-
        energie von 4 GeV in Betrieb genommen.

1974   Mit dem Positron-Elektron Collider SPEAR in Stanford und dem
        AGS-Protonenstrahl in Brookhaven wird eine unerwartet energie-
        scharfe Resonanz bei einer Schwerpunktenergie von 3097 MeV be-
        obachtet. Diese Resonanz wird von den Entdeckern J/Ψ-Resonanz
        genannt. Sie spielt eine Schlüsselrolle bei der Entwicklung des
        Quarkmodells und der Quantenchromodynamik. 1976 erhalten
        B. Richter und S. Ting den Nobelpreis für diese bahnbrechende
        Entdeckung.

1976   Am CERN wird das sogenannte Superprotonensynchrotron
        SPS in Betrieb genommen. Die maximale Protonenenergie ist
        600 GeV.

1981   Am CERN wird die SPS-Maschine als Proton-Antiproton Collider
        eingerichtet. Die maximale Schwerpunktenergie beträgt 630 GeV.
        Die Speicherung eines intensiven Antiprotonenstrahls gelingt mit-
        hilfe der von S. van der Meer entwickelten stochastischen Kühlung.
        Das experimentelle Ziel, der Nachweis der intermediären Vektor-
        bosonen der schwachen Wechselwirkung W^+-, W^-- und Z^0, wird
        1983 erreicht. Im Jahre 1984 erhalten dafür C. Rubbia und S. van
        der Meer den Nobelpreis.

1987   Am Fermi National Accelerator Center wird der Proton-
        Antiproton Collider TEVATRON in Betrieb genommen. Die ma-
        ximale Strahlenergie liegt bei 1 TeV, d. h. im Schwerpunktsystem
        wird eine Energie von 2 TeV erreicht.

1989   Am CERN wird der „Large Electron-Positron Collider"
        LEP [LEP79] in Betrieb genommen. In der ersten Ausbaustufe
        (1989–1996) können die beiden entgegengesetzt umlaufenden
        Strahlen auf jeweils 55 GeV beschleunigt werden. Durch den
        Einbau zusätzlicher supraleitender HF-Resonatoren werden in der

zweiten Ausbaustufe ab 1996 Energien von jeweils 87 GeV erreicht, was einer Gesamtenergie im Schwerpunktsystem von 174 GeV entspricht. Ab 1999 werden sogar Energien von etwas mehr als 100 GeV erreicht. Der Umfang der in einem unterirdischen Tunnel installierten Maschine beträgt 27 km. Im November 2000 wird der Betrieb eingestellt.

1990   Bei DESY in Hamburg wird der Elektron-Proton Collider HERA (Hadron-Elektron-Ring-Anlage) [HERA81] in Betrieb genommen. Die Energien der entgegengesetzt umlaufenden Elektronen- bzw. Protonenstrahlen betragen 30 GeV bzw. 820 GeV. Mit HERA wurde die höchste Auflösung bei der Untersuchung der Struktur des Nukleons erreicht. Der Betrieb von HERA wurde 2007 eingestellt.

1994   Das höchste Beschlussorgan des CERN, das CERN Council, beschließt den Bau des Large Hadron Colliders LHC im LEP-Tunnel [LHC91]. In einem Doppelring aus supraleitenden Magneten sollen zwei entgegengesetzt umlaufende Protonenstrahlen auf jeweils 7 TeV beschleunigt werden. Es ist auch geplant, zwei entgegengesetzt umlaufende Pb-Strahlen auf jeweils 574 TeV zu beschleunigen.

1998   Fertigstellung des PEP-II-Colliders am Stanford Linear Accelerator Center SLAC (USA). In dem asymmetrischen Collider kollidieren 9 GeV Elektronen mit 3,1 GeV Positronen. Der Collider dient vor allem als B-Mesonenfabrik zur Untersuchung der CP-Verletzung beim Zerfall der B-Mesonen mit dem Experiment Babar. Ab 2006 werden Luminositäten bis zu $1,2 \cdot 10^{34}$ cm^{-2} s^{-1} = 12 nb^{-1} s^{-1} erreicht.

1999   Inbetriebnahme des KEKB-Colliders am Beschleuniger Zentrum KEK in Japan. In dem asymmetrischen Collider kollidieren 9 GeV Elektronen mit 3,1 GeV Positronen. Der Collider KEKB dient wie PEP-II vor allem als B-Mesonenfabrik zur Untersuchung der CP-Verletzung beim Zerfall der B-Mesonen mit dem Experiment BELLE. Ab 2006 werden Luminositäten bis zu $1,7 \cdot 10^{34}$ cm^{-2} s^{-1} = 17 nb^{-1} s^{-1} erreicht.

2007   Nach der Fertigstellung des LHC im Jahre 2007 sollen die ersten Experimente im Jahre 2008 beginnen [LHC06].

2007   Das europäische Röntgenlaserprojekt XFEL wird bei DESY in Hamburg gebaut (Inbetriebnahme Ende 2013). Der Freie-Elektronen-Laser arbeitet nach dem SASE-Prinzip („self amplified spontaneous emission"). Die Anlage hat eine Gesamtlänge von 3,4 km. Die Wellenlänge der Röntgenstrahlung beträgt 6,0 bis 0.085 nm entsprechend einer Elektronen-Energie von 10 bis 17,5 GeV (ausbaubar auf 20 GeV).

2007   Das internationale Beschleunigerzentrum FAIR („Facility for Antiproton and Ion Research") wird bei der GSI in Darmstadt gebaut (Inbetriebnahme Ende 2013). Die Beschleunigeranlage besteht aus einem supraleitenden Doppelringbeschleuniger (SIS100 und SIS300) sowie mehreren Speicherringen zur Speicherung von Antiprotonen und Schwerionen. In dem Experimentierring HESR („High Energy Storage Ring") werden Antiprotonen im Impulsbereich 1,0 bis 15,0 GeV/c für Experimente mit einem internen Target gespeichert.

1.3 Relativistische Kinematik

Zur Charakterisierung des Bewegungszustandes eines Teilchens genügt es, den Impulsvektor p und die Ruhemasse[4] m anzugeben (Abb. 1.1).

Die Gesamtenergie E ist über die relativistische Beziehung

$$E = [(mc^2)^2 + (pc)^2]^{1/2} \qquad (1.2)$$

mit der Ruhemasse m und dem Impuls p verknüpft. Die Größe c ist die Lichtgeschwindigkeit. Die kinetische Energie T ergibt sich als Differenz aus der Gesamtenergie E und der Ruheenergie mc^2,

$$T = E - mc^2 . \qquad (1.3)$$

Neben den Größen E, p, m und T werden in der relativistischen Kinematik noch weitere Größen verwendet. Wir geben zu Beginn eine Liste dieser Größen und ihrer Einheiten (siehe Tabelle 1.1). Die Einheiten werden unter Verwendung der Energieeinheit 1 eV (1 Elektronenvolt) und der Lichtgeschwindigkeit[5] c definiert. Die Energie 1 eV ist die kinetische Energie, die ein Teilchen mit der Elementarladung $e = 1\,602\,176\,53\,(14) \cdot 10^{-19}$ C beim Durchlaufen einer elektrischen Potentialdifferenz von 1 V gewinnt. Je nach Höhe der Energie verwendet man die Einheiten 1 keV ($1 \cdot 10^3$ eV), 1 MeV ($1 \cdot 10^6$ eV), 1 GeV ($1 \cdot 10^9$ eV) oder 1 TeV ($1 \cdot 10^{12}$ eV). Wir verwenden in Tabelle 1.1 die Einheit MeV.

In der Regel sind die Teilchengeschwindigkeiten v in der Nähe der Lichtgeschwindigkeit c. Daher ist es notwendig, die Kinematik im Rahmen der speziellen Relativitätstheorie zu behandeln. Die relativistische Kinematik empfiehlt sich auch für den Fall $v \ll c$, da sie im Vergleich zur nichtrelativistischen Kinematik formal einfacher ist, und Näherungen vermieden werden.

---

[4] Manche Autoren benutzen das Symbol m_0 für die Ruhemasse und das Symbol m für ein Teilchen mit der relativistischen Massenzunahme γ, d. h. $m = \gamma m_0$.

[5] Seit 1983 ist die Lichtgeschwindigkeit im Vakuum eine Naturkonstante mit dem exakten Wert $c = 299\,792\,458$ m/s.

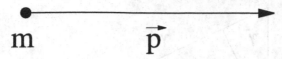

Abb. 1.1. Beschreibung des Bewegungszustands eines Teilchens mit der Ruhemasse m durch den Impulsvektor $\boldsymbol{p}$

Im Rahmen der relativistischen Kinematik wird der Bewegungszustand eines Teilchens mit der Ruhemasse m durch die Gesamtenergie E und den Impuls $\boldsymbol{p} = (p_x, p_y, p_z)$ gekennzeichnet, die man zu einem Vierervektor zusammenfasst, dem sogenannten Viererimpuls p

$$p = (p_0, p_1, p_2, p_3) = (E, p_x, p_y, p_z) = (E, \boldsymbol{p}) \, . \tag{1.4}$$

Die Gleichungen werden besonders einfach, wenn die Einheiten so gewählt sind, dass die Lichtgeschwindigkeit $c = 1$ ist. Masse und Impuls werden dann in der gleichen Einheit wie die Energie angegeben, z. B. in der Einheit 1 MeV.

Die Teilchengeschwindigkeit v wird in der Regel durch die Größe β in Einheiten der Lichtgeschwindigkeit c angegeben

$$\beta = \frac{v}{c} \, . \tag{1.5}$$

Statt des Geschwindigkeitsvektors $\boldsymbol{v}$ kann man dementsprechend den Vektor $\boldsymbol{\beta}$ verwenden

$$\boldsymbol{\beta} = \frac{\boldsymbol{v}}{c} = \left(\frac{v_x}{c}, \frac{v_y}{c}, \frac{v_z}{c} \right) \, . \tag{1.6}$$

Die relativistische Massenzunahme wird durch den Lorentzfaktor γ erfasst,

$$\gamma = \frac{E}{mc^2} \, . \tag{1.7}$$

Tabelle 1.1. Größen der relativistischen Kinematik

Größe	Symbol	Einheit
Ruhemasse	m	$1\ \mathrm{MeV}/c^2$
Ruheenergie	mc^2	1 MeV
Geschwindigkeit	v	1 m/s
Impuls	$\boldsymbol{p}$	$1\ \mathrm{MeV}/c$
kinetische Energie	T	1 MeV
Gesamtenergie	E	1 MeV
Geschwindigkeit/Lichtgeschwindigkeit	β	1
Lorentzfaktor	γ	1

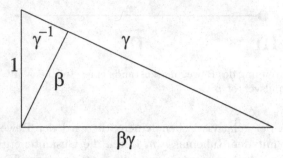

Abb. 1.2. Zusammenhang der Größen β, γ, $\beta\gamma$ und $1/\gamma$

Mit der Konvention $c = 1$ ergeben sich die nützlichen Beziehungen

$$
\begin{aligned}
\boldsymbol{p} &= m\boldsymbol{\beta}\gamma\,, \\
E &= m\gamma\,, \\
T &= m(\gamma - 1)\,, \\
\boldsymbol{\beta} &= \boldsymbol{p}/E\,.
\end{aligned}
\tag{1.8}
$$

Da sich die Ruhemasse m bei der Beschleunigung nicht ändert, ist die Größe $\beta\gamma$ ein direktes Maß für den Impuls[6] $p = |\boldsymbol{p}|$. Die Größe γ repräsentiert die Gesamtenergie E und $(\gamma - 1)$ die kinetische Energie T. In diesem Sinne sind die folgenden Gleichungen für viele Überlegungen äußerst hilfreich,

$$
\begin{aligned}
\beta\gamma &= p/m\,, \\
\gamma &= E/m\,, \\
(\gamma - 1) &= T/m\,, \\
\beta &= p/E\,.
\end{aligned}
\tag{1.9}
$$

Zwischen den Größen β, γ, und $\beta\gamma$ gibt es eine Reihe nützlicher Beziehungen, die man sich anhand der Regeln des Pythagoras (siehe Abb. 1.2) leicht merken kann,

$$
\begin{aligned}
\gamma^2 &= \beta^2\gamma^2 + 1\,, \\
1 &= \beta^2 + 1/\gamma^2\,, \\
\beta\gamma &= (\gamma^2 - 1)^{1/2}\,, \\
\gamma &= (1 - \beta^2)^{-1/2}\,, \\
\beta &= (1 - 1/\gamma^2)^{1/2}\,.
\end{aligned}
\tag{1.10}
$$

---

[6] Wir möchten in diesem Zusammenhang auf das Dilemma hinweisen, dass das Symbol p sowohl für den Viererimpuls wie für den Betrag des Dreierimpulses verwendet wird. Die richtige Zuordnung ergibt sich aus dem Kontext.

Der Übergang von einem Bezugssystem in ein Bezugssystem, das sich mit der Geschwindigkeit β bewegt, geschieht mithilfe der Lorentztransformation. Wir betrachten als Beispiel die Transformation einer Teilchenreaktion vom Laborsystem in das Schwerpunktsystem. Das Schwerpunktsystem ("center of mass system", "cm system") ist dadurch definiert, dass die Summe aller Impulsvektoren Null ist, d. h. beispielsweise bei zwei Teilchen $\boldsymbol{p}_1 + \boldsymbol{p}_2 = 0$. Zur Vereinfachung der Gleichungen legen wir die z-Achse der beiden Koordinatensysteme in Richtung des Geschwindigkeitsvektors β. Die Lorentztransformation vom Laborsystem in das Schwerpunktsystem lautet

$$\begin{pmatrix} E^{\mathrm{cm}} \\ p_x^{\mathrm{cm}} \\ p_y^{\mathrm{cm}} \\ p_z^{\mathrm{cm}} \end{pmatrix} = \begin{pmatrix} \gamma & 0 & 0 & -\beta\gamma \\ 0 & 1 & 0 & 0 \\ 0 & 0 & 1 & 0 \\ -\beta\gamma & 0 & 0 & \gamma \end{pmatrix} \begin{pmatrix} E \\ p_x \\ p_y \\ p_z \end{pmatrix} . \tag{1.11}$$

Die entsprechende Rücktransformation lautet

$$\begin{pmatrix} E \\ p_x \\ p_y \\ p_z \end{pmatrix} = \begin{pmatrix} \gamma & 0 & 0 & +\beta\gamma \\ 0 & 1 & 0 & 0 \\ 0 & 0 & 1 & 0 \\ +\beta\gamma & 0 & 0 & \gamma \end{pmatrix} \begin{pmatrix} E^{\mathrm{cm}} \\ p_x^{\mathrm{cm}} \\ p_y^{\mathrm{cm}} \\ p_z^{\mathrm{cm}} \end{pmatrix} . \tag{1.12}$$

Die Lorentztransformation ändert die longitudinale Impulskomponente p_z und die Gesamtenergie E, die transversalen Impulskomponenten bleiben erhalten ($p_x^{\mathrm{cm}} = p_x$ und $p_y^{\mathrm{cm}} = p_y$).

Besonders hilfreich bei der Betrachtung von Lorentztransformationen sind die Größen, die bei der Transformation invariant bleiben, die sogenannten *Lorentzinvarianten*. Es sind dies alle Größen, die sich in der Form eines Skalarprodukts aus zwei Vierervektoren schreiben lassen. Dabei ist lediglich die spezielle Form des Skalarprodukts zu beachten, die sich gegenüber dem üblichen Skalarprodukt durch das Vorzeichen bei den Komponenten p_x, p_y, p_z unterscheidet, d. h.

$$p \cdot q = p_0 q_0 - p_x q_x - p_y q_y - p_z q_z = p_0 q_0 - \boldsymbol{p} \cdot \boldsymbol{q} . \tag{1.13}$$

Eine besonders wichtige Lorentzinvariante ist das Skalarprodukt eines Viererimpulses mit sich selbst, sie ist gleich dem Quadrat der Ruhemasse m des Teilchens

$$p^2 = E^2 - \boldsymbol{p}^2 = m^2 . \tag{1.14}$$

Diese Gleichung ist genau die Beziehung (1.2), die wir für den Zusammenhang zwischen der Gesamtenergie E, dem Impuls $\boldsymbol{p}$ und der Ruhemasse m angegeben haben. Ganz analog ergibt sich die invariante Masse m_{inv}, d. h. die Ruhemasse eines Systems von zwei Teilchen, die mit den Viererimpulsen (E_1, $\boldsymbol{p}_1$) und (E_2, $\boldsymbol{p}_2$) kollidieren,

$$m_{\mathrm{inv}}^2 = (p_1 + p_2)^2 = (E_1 + E_2)^2 - (\boldsymbol{p}_1 + \boldsymbol{p}_2)^2 . \tag{1.15}$$

Die invariante Masse entspricht der Gesamtenergie $E_{\text{ges}}^{\text{cm}}$ in dem entsprechenden Schwerpunktsystem. Mit $c = 1$ gilt die Gleichung

$$E_{\text{ges}}^{\text{cm}} = E_1^{\text{cm}} + E_2^{\text{cm}} = m_{\text{inv}} \,. \tag{1.16}$$

Bei der Diskussion von Teilchenreaktionen werden noch weitere Lorentzinvarianten herangezogen. Wir erwähnen hier insbesondere die Mandelstamvariablen s, t und u, die zur Beschreibung von Zweiteilchenreaktionen (siehe Abb. 1.3) verwendet werden,

$$
\begin{aligned}
s &= (p_1 + p_2)^2 = (p_3 + p_4)^2 \,, \\
t &= (p_3 - p_1)^2 = (p_4 - p_2)^2 \,, \\
u &= (p_4 - p_1)^2 = (p_3 - p_2)^2 \,.
\end{aligned}
\tag{1.17}
$$

Die Größe s ist das Quadrat der invarianten Masse, d. h. der gesamten Energie im Schwerpunktsystem (1.15). Die Größe t ist das Quadrat des Viererimpulstransfers von Teilchen 1 nach Teilchen 3, die Größe u ist das Quadrat des Viererimpulstransfers von Teilchen 1 nach Teilchen 4.

Mit dem soeben skizzierten Formalismus können wir sehr einfach die Geschwindigkeit β des Schwerpunktsystems gegenüber dem Laborsystem und die im Schwerpunktsystem zur Verfügung stehende Gesamtenergie $E_{\text{ges}}^{\text{cm}} = \sqrt{s}$ berechnen. Wir betrachten zunächst die in Abb. 1.4 dargestellte kinematische Situation. Das Projektilteilchen hat den Viererimpuls $p_1 = (E_1, \boldsymbol{p}_1)$. Das Targetteilchen hat den Viererimpuls $p_2 = (m_2, 0)$. Der Viererimpuls des Gesamtsystems lautet

$$p = p_1 + p_2 = (E_1 + m_2, \boldsymbol{p}_1) \,. \tag{1.18}$$

Die Geschwindigkeit β ergibt sich aus dem Verhältnis des gesamten Dreierimpulses zur Gesamtenergie im Laborsystem,

$$\beta = \frac{\boldsymbol{p}_1}{E_1 + m_2} \,. \tag{1.19}$$

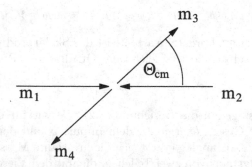

Abb. 1.3. Zweiteilchenreaktionen im Schwerpunktsystem. Die Pfeile geben Betrag und Richtung der Impulsvektoren an

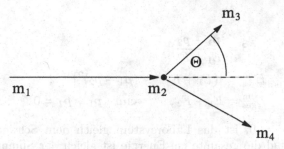

Abb. 1.4. Zweiteilchenreaktion im Laborsystem mit ruhendem Targetteilchen. Die Impulsvektoren sind durch Pfeile dargestellt

Damit liegen die Größen β und γ fest, die man für die Lorentztransformationen (1.11) und (1.12) zwischen Labor- und Schwerpunktsystem benötigt. Die im Schwerpunktsystem zur Verfügung stehende Gesamtenergie $E_{\text{ges}}^{\text{cm}} = \sqrt{s}$ beträgt

$$E_{\text{ges}}^{\text{cm}} = \left[(E_1 + m_2)^2 - \boldsymbol{p}_1^2\right]^{1/2} = \left[E_1^2 + 2E_1 m_2 + m_2^2 - \boldsymbol{p}_1^2\right]^{1/2}$$
$$= \left[2E_1 m_2 + m_1^2 + m_2^2\right]^{1/2}. \tag{1.20}$$

Sie nimmt zu hohen Energien hin nur mit der Wurzel aus der Projektilenergie E_1 zu.

Wir betrachten nun die in Abb. 1.5 dargestellte Kinematik, bei der zwei entgegengesetzt umlaufende Teilchen kollidieren. Der Unterschied gegenüber einer Reaktion mit stationärem Target besteht darin, dass Teilchen 2 im Laborsystem nicht ruht, sondern einen endlichen Impuls $\boldsymbol{p}_2$ hat. Damit erhalten

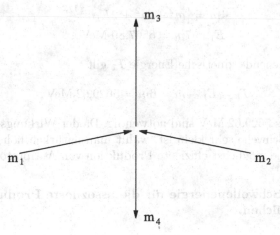

Abb. 1.5. Zweiteilchenreaktion in einem Speicherringexperiment mit $\beta \neq 0$. Die Impulsvektoren sind durch Pfeile dargestellt

wir

$$\beta = \frac{\boldsymbol{p}_1 + \boldsymbol{p}_2}{E_1 + E_2},$$

$$E_{\text{ges}}^{\text{cm}} = \left[(E_1 + E_2)^2 - (\boldsymbol{p}_1 + \boldsymbol{p}_2)^2\right]^{1/2}, \qquad (1.21)$$

$$E_{\text{ges}}^{\text{cm}} = E_1 + E_2, \qquad \text{wenn} \quad \boldsymbol{p}_1 + \boldsymbol{p}_2 = 0.$$

Wenn $\boldsymbol{p}_1 + \boldsymbol{p}_2 = 0$, ist das Laborsystem gleich dem Schwerpunktsystem (s. Abb. 1.3), und die gesamte cm-Energie ist gleich der Summe der beiden Laborenergien. Diese spezielle Kinematik wird bei der Kollision von zwei entgegengesetzt umlaufenden Teilchen (pp−Collider) oder Teilchen und Antiteilchen (e$^+$e$^-$−Collider und $\bar{\text{p}}$p−Collider) angenähert realisiert. Man erhält damit die höchsten Gesamtenergien im Schwerpunktsystem.

Beispiel 1.1. Schwellenenergie für die Produktion von Antiprotonen.

Wir betrachten die Reaktion eines hochenergetischen Protons mit einem im Labor ruhenden Proton. Wegen der Erhaltung der Baryonenzahl können Antiprotonen (Symbol $\bar{\text{p}}$) nur assoziiert mit Protonen erzeugt werden, d. h. die Reaktion zur Produktion von Antiprotonen lautet

$$\text{p} + \text{p} \rightarrow \text{p} + \text{p} + \text{p} + \bar{\text{p}}.$$

Die gesamte cm-Energie $E_{\text{ges}}^{\text{cm}}$ muss mindestens gleich $4m$ sein, wobei $m = 938{,}27$ MeV die Ruhemasse des Protons ist. Proton und Antiproton haben die gleiche Ruhemasse. Die Schwellenenergie, d. h. die Energie E_1 des Projektils im Laborsystem ergibt sich aus (1.20)

$$4m = \left[m^2 + m^2 + 2E_1 m\right]^{1/2}$$

$$E_1 = 7m = 6567{,}89 \text{ MeV}.$$

Für die entsprechende kinetische Energie T_1 gilt

$$T_1 = E_1 - m = 6m = 5629{,}62 \text{ MeV},$$

d. h. mindestens 5629,62 MeV sind notwendig. Da der Wirkungsquerschnitt in der Nähe der Schwelle sehr klein ist, wählt man natürlich höhere Einschussenergien für eine möglichst effiziente Produktion von Antiprotonen.

Beispiel 1.2. Schwellenenergie für die assoziierte Produktion von seltsamen Teilchen.

Für die Reaktion

$$\text{p} + \text{p} \rightarrow \text{p} + \Lambda + \text{K}^+ \qquad (1.22)$$

ergibt sich als Schwellenenergie im cm-System

$$E_{\text{ges}}^{\text{cm}} = m + m_\Lambda + m_{K^+} = (938{,}27 + 1115{,}68 + 493{,}68) \text{ MeV}$$
$$= 2547{,}63 \text{ MeV} .$$

Wenn die Targetprotonen im Laborsystem ruhen, erhalten wir für die entsprechenden Projektilenergien

$$E_1 = 2520{,}45 \text{ MeV} ,$$
$$T_1 = 1582{,}18 \text{ MeV} .$$

Beispiel 1.3. Die mit HERA erreichbare Gesamtenergie $E_{\text{ges}}^{\text{cm}}$.

In der Hadron-Elektron-Ring-Anlage HERA am Deutschen Elektronensynchrotron DESY in Hamburg kollidieren Protonen bei einem Maximalimpuls von 820 GeV/c mit Elektronen bei einem Maximalimpuls von 30 GeV/c. Für die damit erreichbare cm-Energie gilt in der Hochenergienäherung $E = |\boldsymbol{p}|$, d. h. unter Vernachlässigung der Ruhemassen von Proton und Elektron,

$$E_{\text{ges}}^{\text{cm}} = [(820 + 30)^2 - (820 - 30)^2]^{1/2} \text{ GeV}$$

$$= 314 \text{ GeV} .$$

Bei einem ruhenden Protonentarget wäre die entsprechend benötigte Laborenergie des Elektrons 52 TeV.

1.4 Kräfte zur Ablenkung und Beschleunigung von Teilchen

Die Kräfte zur Ablenkung, Fokussierung und Beschleunigung geladener Teilchen ergeben sich aus der Wechselwirkung mit elektrischen und magnetischen Feldern. Die zentrale Gleichung der Beschleunigerphysik ist der Ausdruck für die Lorentzkraft

$$\boldsymbol{F} = q\,(\boldsymbol{E} + \boldsymbol{v} \times \boldsymbol{B}) . \qquad (1.23)$$

Hierbei ist q die Ladung und $\boldsymbol{v}$ die Geschwindigkeit des geladenen Teilchens, $\boldsymbol{E}$ die elektrische Feldstärke und $\boldsymbol{B}$ die magnetische Flussdichte an der momentanen Position des Teilchens. Die Feldgrößen $\boldsymbol{E}$ und $\boldsymbol{B}$ sind Funktionen des Ortes $\boldsymbol{r}$ und der Zeit t. Die Lorentzkraft ist invariant gegenüber einer Lorentztransformation des Koordinatensystems. Wir benutzen in der Beschleunigerphysik meistens das Laborsystem als Bezugssystem. Bei einfach geladenen Teilchen wie z. B. Protonen, Deuteronen und Positronen ist die Ladung gleich der Elementarladung $q = e$. Bei schweren Ionen hängt die Ladungszahl von dem Ionisationszustand ab. Wenn alle Elektronen der Atomhülle entfernt sind, ist die Ladung gleich der Kernladung, $q = Ze$. Bei Elektronen und Antiprotonen ist $q = -e$.

Kräfte, die senkrecht zur momentanen Geschwindigkeit v wirken, erzeugen eine kreisförmige Ablenkung der Teilchen. Der Betrag der Geschwindigkeit $|v|$ ändert sich nicht, die kinetische Energie bleibt konstant. Kräfte, die parallel zur momentanen Geschwindigkeit v wirken, erzeugen eine Änderung der Geschwindigkeit und damit der kinetischen Energie. Die durch das B-Feld erzeugten Kräfte stehen stets senkrecht zur momentanen Geschwindigkeit v, sie können daher nur zur Ablenkung und Fokussierung der Teilchen benutzt werden. Die Beschleunigung im Sinne einer Änderung der kinetischen Energie kann nur mithilfe des E-Feldes erreicht werden.

Die Änderung des Teilchenimpulses erhalten wir aus dem Zeitintegral

$$\Delta p = p(t_2) - p(t_1) = \int_{t_1}^{t_2} F \mathrm{d}t \,. \qquad (1.24)$$

Die Änderung der kinetischen Energie und damit auch der Gesamtenergie auf dem Weg von r_1 nach r_2 erhalten wir aus dem Wegintegral

$$\Delta E = E(r_1) - E(r_2) = \int_{r_1}^{r_2} F \cdot \mathrm{d}r \,. \qquad (1.25)$$

Da bei der Integration $\mathrm{d}r$ stets senkrecht zu dem Vektor $v \times B$ ist, gilt $(v \times B)\mathrm{d}r = 0$ und

$$\Delta E = \int_{r_1}^{r_2} q\,(E + v \times B)\mathrm{d}r = \int_{r_1}^{r_2} q\,E\,\mathrm{d}r \,, \qquad (1.26)$$

d. h. nur die elektrische Feldstärke E, genauer gesagt, die zur momentanen Richtung von v parallele Komponente $E_{||}$ trägt zur Energieänderung bei. Für die zu v parallelen Komponenten $\mathrm{d}p_{||}/\mathrm{d}t$ gilt

$$qE_{||} = \frac{\mathrm{d}p_{||}}{\mathrm{d}t} = \frac{\mathrm{d}\gamma}{\mathrm{d}t}mv + \gamma m \frac{\mathrm{d}v_{||}}{\mathrm{d}t} = m\gamma^3 \frac{\mathrm{d}v_{||}}{\mathrm{d}t} \,. \qquad (1.27)$$

Die zu v senkrechte Komponente $E_\perp$ bewirkt genau wie $(v \times B)$ lediglich eine Richtungsänderung (der Lorentzfaktor γ ändert sich nicht),

$$q\,(E_\perp + v \times B) = \frac{\mathrm{d}p_\perp}{\mathrm{d}t} = \gamma m \frac{\mathrm{d}v_\perp}{\mathrm{d}t} \,. \qquad (1.28)$$

Die radiale Beschleunigung $\mathrm{d}v_\perp/\mathrm{d}t$ erzeugt eine kreisförmige Ablenkung. Der momentane Krümmungsradius ρ ergibt sich aus der Gleichung

$$\left| \frac{\mathrm{d}v_\perp}{\mathrm{d}t} \right| = \frac{v^2}{\rho} \,. \qquad (1.29)$$

Die soeben geschilderten Zusammenhänge lassen sich in Form der drei Abb 1.6–1.8 anschaulich zusammenfassen: Eine elektrische Feldkomponente $E_{||}$ in

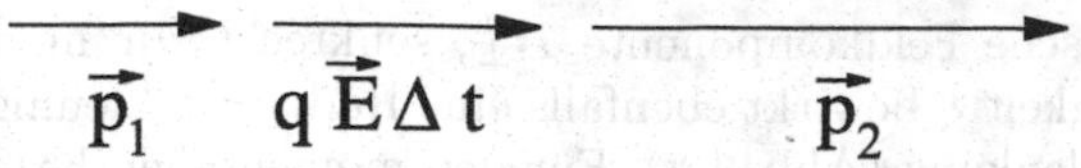

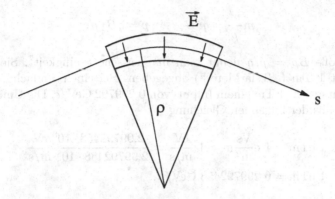

Abb. 1.6. Tangentialbeschleunigung durch ein elektrisches Feld

Abb. 1.7. Radialbeschleunigung durch ein elektrisches Feld E

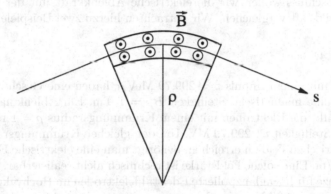

Abb. 1.8. Radialbeschleunigung durch ein Magnetfeld B, das senkrecht zur momentanen Teilchengeschwindigkeit v steht

Richtung der momentanen Teilchengeschwindigkeit v bewirkt eine Tangentialbeschleunigung, d. h. eine Änderung der Beträge von v und p (Abb. 1.6).

Eine elektrische Feldkomponente $E_\perp$ senkrecht zur momentanen Teilchengeschwindigkeit v bewirkt eine Radialbeschleunigung, d. h. eine kreisförmige Ablenkung (Abb. 1.7). Für den momentanen Krümmungsradius ρ erhalten wir die Gleichungen

$$\gamma m \frac{v^2}{\rho} = qE_\perp, \qquad pv = qE_\perp \rho. \tag{1.30}$$

Die Größe $E_\perp \rho = pv/q$ nennt man elektrische Steifigkeit (Einheit: 1 (V/m)m = 1 V). Sie ist proportional zu dem Produkt aus Impuls und Geschwindigkeit.

Die magnetische Feldkomponente $B_\perp$, senkrecht zur momentanen Teilchengeschwindigkeit v bewirkt ebenfalls eine Radialbeschleunigung, d. h. eine kreisförmige Ablenkung (Abb. 1.8). Für den momentanen Krümmungsradius ρ gelten die Gleichungen

$$\gamma m \frac{v^2}{\rho} = qvB_\perp, \quad p = qB_\perp\rho. \tag{1.31}$$

Die Größe $B\rho = p/q$ nennt man magnetische Steifigkeit[7]. Sie wird in der Einheit 1 Tm („Tesla-Meter") angegeben. Bei einem einfach geladenen Teilchen entspricht 1 Tm einem Impuls von 0,299792 GeV/c. Die Umrechnung ergibt sich aus der folgenden Gleichung

$$1\ \text{eTm} = 1\ \text{e}\frac{\text{Vs}}{\text{m}^2}\text{m} = 1\ \frac{\text{eV}}{\text{m/s}} = \frac{2{,}99792458 \cdot 10^8\ \text{eV}}{2{,}99792458 \cdot 10^8\ \text{m/s}}, \tag{1.32}$$
$$1\ \text{eTm} = 0{,}299792458\ \text{GeV}/c.$$

Häufig nennt man die magnetische Steifigkeit $B\rho$ auch einfach „B-RHO-Wert".

Zum Abschluss wollen wir die elektrische Ablenkkraft mit der magnetischen Ablenkkraft vergleichen. Wir betrachten hierzu zwei Beispiele:

Beispiel 1.4.

Elektronen mit einem Impuls $p = 299{,}79$ MeV/c haben eine Geschwindigkeit $v \approx c$ und eine magnetische Steifigkeit $B\rho = 1$ Tm. Ein Ablenkmagnet mit $B = 1$ T lenkt die Elektronen mit einem Krümmungsradius $\rho = 1$ m ab. Die elektrische Steifigkeit ist 299,79 MV. Um den gleichen Krümmungsradius mit einem elektrischen Feld zu erreichen, benötigt man eine elektrische Feldstärke 299,79 MV/m. Eine solche Feldstärke ist technisch nicht realisierbar. Die technische Grenze für hochglanzpolierte Edelstahlelektroden im Hochvakuum liegt bei 10 MV/m = 100 kV/cm.

Beispiel 1.5.

Protonen mit einer kinetischen Energie $T = 500$ keV haben einen Impuls $p = 30{,}6353$ MeV/c und eine Geschwindigkeit $v = 0{,}0326334\ c$. Wir erhalten für die magnetische Steifigkeit

$$B\rho = 0{,}10219\ \text{Tm}$$

und für die elektrische Steifigkeit

$$E\rho = 0{,}99973\ \text{MV}.$$

---

[7] Die Größe B ist hierbei die zur Teilchengeschwindigkeit v senkrechte Komponente $B_\perp$, der Index wird üblicherweise weggelassen.

Bei einem Krümmungsradius $\rho = 1$ m beträgt das entsprechende Magnetfeld $B = 0,10219$ T und das elektrische Feld $E = 0,99973$ MV/m. Die beiden Beispiele zeigen, dass Ablenkung und Fokussierung von Teilchen durch elektrische Felder nur bei hinreichend kleiner kinetischer Energie sinnvoll ist. Die entscheidende Größe ist das Produkt aus Impuls und Geschwindigkeit, pv. Bei sehr kleinen kinetischen Energien gilt die nichtrelativistische Näherung

$$pv \approx 2T,$$
$$|E|\rho \approx \frac{2T}{q}. \tag{1.33}$$

Protonen mit einer kinetischen Energie $T = 500$ keV haben eine elektrische Steifigkeit $|E|\rho \approx 1$ MV, d. h. beispielsweise $|E| = 10$ keV/cm, $\rho = 1$ m. Teilchen mit einer elektrischen Steifigkeit von wesentlich mehr als 1 MV sollten durch magnetische Elemente abgelenkt und fokussiert werden. Diese Aussage muss allerdings im Hinblick auf die elektrostatische Ablenkung bei der Extraktion von Teilchenstrahlen aus Kreisbeschleunigern eingeschränkt werden. Dort werden elektrostatische Septa eingesetzt, da sie wesentlich dünner als magnetische Septa sein können (siehe Kap. 9).

Raumladungseffekte.

Neben den Kräften aufgrund der äußeren E- und B-Felder wirken auch Kräfte aufgrund der elektromagnetischen Wechselwirkung zwischen den Teilchen eines Teilchenstrahls. Die Stärke dieser Wechselwirkung hängt von der Stärke des Strahlstromes, d. h. letztlich von der Teilchendichte ab. Bei einer hohen Raumladungsdichte und niedriger Teilchengeschwindigkeit werden die Teilchenbahnen merklich beeinflusst. Die Raumladungseffekte bewirken aufgrund der repulsiven Coulombkraft ein Auseinanderlaufen der Teilchenbahnen. Dies bedeutet (i) eine kontinuierliche Defokussierung des Strahles und (ii) ein langsames Anwachsen der Emittanz, d. h. eine Verschlechterung der Strahlqualität. Der defokussierende Effekt kann durch eine erhöhte Fokussierungsstärke der fokussierenden Strahlführungselemente kompensiert werden. Wir nehmen im Folgenden zunächst an, dass die Raumladungseffekte vernachlässigbar klein sind. Die Berücksichtigung von Raumladungseffekten wird in Kap. 11 geschildert.

Übungsaufgaben

1.1 Wie groß ist die de Broglie-Wellenlänge λ bei einem Impuls
$p = 1,2$ TeV/$c = 1,2 \cdot 10^{12}$ eV/c?

1.2 Der Impuls $p = 3\,500$ MeV/c sei vorgegeben. Berechnen Sie die Größen $\beta, \gamma, \beta\gamma$ und geben Sie die kinetische Energie T und die Gesamtenergie E für folgende Teilchen an:

  1. Elektron, $m_e = 0{,}510999$ MeV$/c^2$,
  2. Proton, $m_p = 938{,}272$ MeV$/c^2$,
  3. Deuteron, $m_d = 1\,875{,}613$ MeV$/c^2$.

1.3 Berechnen Sie die Schwellenenergie zur Produktion von π^0 Mesonen über die Reaktion $p + p \longrightarrow p + p + \pi^0$. Die Schwellenenergie ist die kinetische Energie T_1 bei ruhendem Target. Verwenden Sie die Ruhemassen $m_p = 938{,}272$ MeV$/c^2$ und $m_{\pi^0} = 134{,}98$ MeV$/c^2$.

1.4. In einem Synchrotron werden Protonen beschleunigt. Die kinetische Energie sei bei der Injektion 40 MeV und bei der Extraktion 2 500 MeV. Die Weglänge für einen Umlauf betrage 183,472 m. Berechnen Sie Impuls, Geschwindigkeit und Umlauffrequenz bei Injektion und Extraktion.

1.5 Wie genau muss man die Geschwindigkeit $v = \beta c$ messen, um den Impuls p eines Protonenstrahls mit einem relativen Fehler von $1 \cdot 10^{-3}$ zu bestimmen? Geben Sie den Zusammenhang zwischen $\Delta\beta/\beta$ und $\Delta p/p$ an!

1.6 Berechnen Sie den Krümmungsradius eines 10 keV Elektronenstrahls im Magnetfeld der Erde ($|\boldsymbol{B}| = 3{,}1 \cdot 10^{-5}$ T).

1.7 Wie groß ist die elektrische Steifigkeit $|\boldsymbol{E}| \cdot \rho$ eines α-Strahls mit der kinetischen Energie $T = 5{,}4$ MeV?

1.8 Wie groß ist der $B\rho$-Wert eines Protonenstrahls, dessen kinetische Energie 100 MeV beträgt?

2

Elementarer Überblick
über die verschiedenen Beschleunigertypen

Wir geben in diesem Kapitel einen elementaren Überblick über die verschiedenen Beschleunigertypen. Wir betrachten elektrostatische Beschleuniger, Linearbeschleuniger und Kreisbeschleuniger.

2.1 Cockcroft-Walton-Beschleuniger

Der Cockcroft-Walton Beschleuniger [Co32] ist der Prototyp des elektrostatischen Beschleunigers. Das Prinzip des Beschleunigers ist in Abb. 2.1 dargestellt. Mit Hilfe eines Kaskadengenerators gelang es Cockcroft und Walton 1932, eine Hochspannung von einigen 100 kV zu erzeugen. Die Schaltung des Kaskadengenerators stammte von Greinacher [Gr21].

Der Kaskadengenerator besteht aus einem Hochspannungstransformator, Hochspannungskondensatoren und einer Gleichrichterkette aus Hochspannungsdioden. Die Auflading der Kondensatoren in der Schubsäule S geschieht in der negativen Halbperiode der sinusförmigen Wechselspannung, die der Glättungssäule G in der positiven Halbperiode. Im stationären Betrieb liegen an den Zwischenpunkten der Schubsäule die Spannungen $U_0 + U_0 \sin \omega t$, $3U_0 + U_0 \sin \omega t$, $5U_0 + U_0 \sin \omega t$ usw. an, während an den Zwischenpunkten der Glättungssäule die Gleichspannungen $2U_0$, $4U_0$, $6U_0$ usw. anliegen. Bei n Kaskadenstufen ist die Endspannung $2nU_0$, wobei U_0 die Spannungsamplitude der Sekundärseite des Hochspannungstransformators ist. Bei Belastung tritt ein mittlerer Spannungsabfall ΔU und eine Welligkeit δU auf, die proportional zu dem entnommenen Gleichstrom I sind,

$$U = 2nU_0 - \Delta U \pm \delta U \,,$$
$$\Delta U = \frac{I}{fC}\left(\frac{2}{3}n^3 + \frac{1}{4}n^2 + \frac{1}{12}n\right),$$
$$\delta U = \frac{I}{fC}\frac{n(n+1)}{2}\,. \tag{2.1}$$

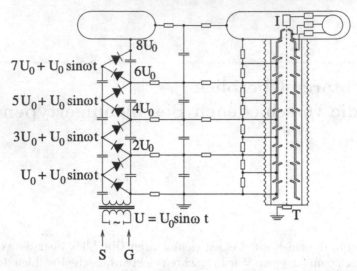

Abb. 2.1. Schema des Cockcroft-Walton-Beschleunigers. S: Schubsäule, G: Glättungssäule, I: Ionenquelle, T: Target. Innerhalb der Hochspannungselektrode des Beschleunigungsrohres befindet sich ein Generator zur Versorgung der Ionenquelle und zur Erzeugung der Extraktionsspannung und Zwischenelektrodenspannung

Um die störenden Terme ΔU und δU möglichst klein zu halten, sollte die Frequenz f der Wechselspannung und die Kapazität C der Kondensatoren möglichst groß und die Zahl der Stufen n möglichst klein sein. Typische Werte sind $f = 0{,}5$ bis 10 kHz, $C = 1$ bis 10 nF und $n = 3$ bis 5. Die Welligkeit kann durch ein RC-Filter noch weiter reduziert werden. Um hohe Spannungen zu erreichen, werden Keramikisolatoren und elektrostatisch günstig geformte Bauelemente eingesetzt. Scharfe Kanten und Ecken mit kleinen Krümmungsradien erzeugen Feldspitzen, die zu Gasentladungen weit unterhalb der möglichen Endspannung führen. Die auf Hochspannung liegenden Bauteile befinden sich in speziellen Metallgehäusen mit möglichst großen Krümmungsradien. Die erzielbaren Ströme liegen bei Gleichrichterröhren und Selengleichrichtern bei einigen mA. Mit Siliziumdioden sind Ströme bis zu 1 A möglich. Die erzielbare Hochspannung liegt bei 400 bis 800 kV. Die maximal mögliche Spannung bei einer „open air" Anlage beträgt 1,5 MV. Die Begrenzung ergibt sich durch die sogenannte Koronaentladung, d. h. die bei hohen Feldstärken eintretende kalte Gasentladung.

Die Beschleunigungsröhre besteht aus einem evakuierten Rohr aus Keramikisolatoren, in dem der Ionenstrahl durch zylinderförmige Metallelektroden geführt und beschleunigt wird. Die Beschleunigung des Strahles geschieht in der Regel stufenförmig entsprechend der Spannungsaufteilung der einzelnen Kaskadenstufen. Dadurch wird die gesamte Hochspannung auf mehrere Elektroden verteilt, wodurch eine höhere Spannungsfestigkeit erreicht wird. Die zylinderförmigen Elektroden sind an den Stirnflächen verrundet, um exzessiv hohe Feldstärken zu vermeiden. Als Faustregel gilt, dass an der Oberfläche von hochglanzpolierten Edelstahlelektroden eine maximale Feldstärke von 100 kV/cm im Hochvakuum möglich ist. Bei höheren Feldstärken kommt es durch die Emission und Beschleunigung von Elektronen aus den Metalloberflächen zu blitzartigen Entladungen. Um zu verhindern, dass die Ionenbahnen durch Ladungsinseln auf den Isolatorwänden gestört werden, sollten vor allem am Anfang der Beschleunigung die Beschleunigungselektroden überlappend angeordnet sein (siehe Abb. 2.1). Die Beschleunigung durch das rotationssymmetrische Feld zwischen zwei Elektroden wirkt insgesamt fokussierend. Diese fokussierende Wirkung einer *Rohrlinse* oder *Immersionslinse* ist in der Abb. 5.2 schematisch dargestellt. Die entsprechende Ionenoptik der elektrostatischen Linsen wird im Kap. 5 behandelt.

Die Ionenquelle und das elektrostatische Fokussierungssystem am Ausgang der Ionenquelle sind im Innern des sogenannten Terminals untergebracht. Zur Versorgung der Netzgeräte für die Ionenquelle und das Fokussierungssystem befindet sich meist ein Wechselspannungsgenerator im Innern des Terminals, der über eine Pertinaxwelle angetrieben wird. Zur optimalen Einstellung der Ionenquelle und des Fokussierungssystems benötigt man Signalleitungen, die entweder mechanisch, lichtoptisch oder elektromagnetisch realisiert werden. Die Messung der Beschleunigungsspannung geschieht mithilfe eines Ohm'schen Spannungsteilers.

Der Cockcroft-Walton-Beschleuniger wird auch heute noch häufig als Injektor bei großen Beschleunigeranlagen verwendet. In der Medizin und Technik wird er als einfacher Neutronengenerator eingesetzt. Hierbei werden Deuteronen mit einer kinetischen Energie von 200 bis zu 800 keV auf ein Tritiumtarget geschossen. Bei der Kernreaktion $d + t \rightarrow n + \alpha$ entstehen schnelle Neutronen mit einer kinetischen Energie von rund 14 MeV.   .

2.2 Dynamitron-Beschleuniger

Der Dynamitron-Beschleuniger [Cl60] hat einen Spannungsgenerator, der eine gewisse Ähnlichkeit mit dem Kaskadengenerator hat. Um höhere Spannungen bis zu 4 MV zu erreichen, befindet sich der Spannungsgenerator und das Beschleunigungsrohr in einem mit einem speziellen Schutzgas gefüllten Drucktank (siehe Abb. 2.2). Längs der Innenseite des Drucktanks befinden sich zwei isolierte Elektroden D („driver electrodes"), die zusammen mit den außenliegenden Spulen einen Resonanzkreis bilden. Der typische Frequenzbereich liegt zwischen 30 und 300 kHz. Die Elektroden D haben die Form von Halbzylindern. Die HF-Leistung wird über kapazitive Kopplung zu den Koppelelektroden C übertragen. Die Koppelelektroden C sind durch eine Gleichrichterkette miteinander verbunden, die wie bei dem Cockcroft-Walton-Beschleuniger als Kaskadengenerator wirkt. Die resultierende Terminalspannung ist proportional zur Zahl n der Gleichrichterstufen,

$$U = 2nf_cU_0 \,. \tag{2.2}$$

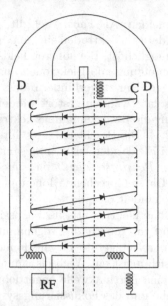

Abb. 2.2. Schema des Dynamitron-Beschleunigers. RF: Hochfrequenzgenerator, D: Treiberelektroden, C: Koppelelektroden

Hier ist U_0 die Amplitude der alternierenden Spannung an den Treiberelektroden D und f_c der Kopplungsfaktor. Wegen der hohen Frequenz von z. B. 300 kHz ist es nicht notwendig, zusätzliche Lade- und Glättungskondensatoren mit einer relativ hohen Kapazität zu verwenden. Daher sind Spannungsüberschläge relativ harmlos. Die Gleichrichterkette wird über HF-Sperrdrosseln an die Erde und das Hochspannungsterminal angeschlossen. Bei den ersten Maschinen waren die Gleichrichter Vakuumdioden mit Glühkathoden, deren Heizleistung über kleine Antennen aus dem HF-Feld entnommen wurde. In modernen Maschinen werden Halbleiterdioden verwendet. Mit Hilfe einer Widerstandskette wird ein gleichmäßiger Spannungsabfall zwischen den Äquipotentialringen erreicht.

Die erzielbare Energieauflösung ist sehr gut. Zusammen mit einer Regelung auf der Basis einer externen Analyse der Strahlenergie durch einen 90°-Ablenkmagneten erhält man eine relative Energieschärfe von $\Delta T/T \leq 1 \cdot 10^{-4}$. Sehr hohe Strahlströme in der Größenordnung von 10 mA sind möglich. Dies entspricht bei 4 MV einer Strahlleistung von 40 kW. Der Dynamitron-Beschleuniger wird sowohl für Elektronen als auch für Protonen, Deuteronen, Heliumionen und schwere Ionen verwendet. Es gibt auch Ausführungen, die als Tandem-Beschleuniger (siehe Abschn. 2.3.2) konzipiert sind. Der Dynamitron-Beschleuniger wurde von der Firma Radiation Dynamics Inc. (RDI) 1958 entwickelt. Moderne Maschinen werden nach diesem Prinzip u. a. von der Firma High Voltage Engineering Europe (HVEE) in Amersfoort (Holland) gebaut.

2.3 Van de Graaff-Beschleuniger

2.3.1 Van de Graaff-Hochspannungsgenerator

Van de Graaff-Bandgenerator. Der Van de Graaff-Beschleuniger ist ein elektrostatischer Beschleuniger, bei dem die Hochspannung mithilfe eines Bandgenerators erzeugt wird. Der erste Bandgenerator wurde 1931 von R. J. Van de Graaff [Gr31] entwickelt. Das Prinzip des Bandgenerators (siehe Abb. 2.3) ist der mechanische Ladungstransport über ein Band aus vulkanisiertem Textilgewebe. Die elektrische Ladung wird mithilfe von spitzen Elektroden in Form einer Koronaentladung auf das Band gesprüht und zur Hochspannungselektrode transportiert. Die hohe Spannung entsteht durch die Aufladung der elektrostatisch günstig geformten Hochspannungselektrode (Terminal)

$$U = \frac{Q}{C}\,. \tag{2.3}$$

Für eine kugelförmige Elektrode mit dem Radius r erhalten wir z. B. die Kapazität

$$C = 4\pi\epsilon\epsilon_0 r\,. \tag{2.4}$$

Für $r = 1$ m ergibt sich $C = 111$ pF. Die erreichbare Terminalspannung U hängt von dem über das Band transportierten Strom I_{belt}, dem Strahlstrom I_{beam}, dem Strom I_{res} durch die Widerstandskette und die Isolatoren

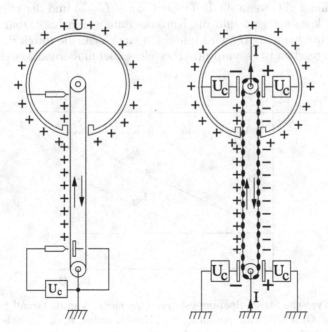

Abb. 2.3. *Links*: Schema des Van de Graaff-Bandgenerators. *Rechts*: Prinzip der Aufladung durch Influenz beim Pelletron- und Laddertron-Bandgenerator

und dem Strom I_{cor} aufgrund von Koronaentladung und Sekundärelektronen im Beschleunigungsrohr ab. Der Koronastrom I_{cor} steigt oberhalb einer bestimmten Schwelle stark nichtlinear an.

Am Terminal ist eine Gleichgewichtsspannung U_0 erreicht, wenn der gesamte vom Terminal abfließende Strom I_{tot} gleich dem vom Band transportierten Strom I_{belt} ist (siehe Abb. 2.4). Für den zeitlichen Verlauf der Spannung $U(t)$ während der Aufladung gilt die Differenzialgleichung

$$\frac{dU}{dt} = \frac{1}{C}\frac{dQ}{dt} = \frac{1}{C}\left(I_{belt} - I_{beam} - I_{res} - I_{cor}\right). \qquad (2.5)$$

Diese Gleichung kann analytisch gelöst werden, wenn der stark nichtlineare Koronastrom I_{cor} vernachlässigbar klein ist. Wenn man den effektiven Widerstand $R = U/I_{res}$ für die Widerstandskette und den Isolator einführt, erhält man

$$\frac{dU}{dt} = \frac{1}{C}\left(I_{belt} - I_{beam} - \frac{U}{R}\right). \qquad (2.6)$$

Wir definieren die Zeitkonstante $\tau = RC$ und die Gleichgewichtsspannung $U_0 = R(I_{belt} - I_{beam})$. Damit erhalten wir

$$U(t) = U_0 + [U(0) - U_0]e^{-t/\tau}. \qquad (2.7)$$

Diese Gleichung gilt, wenn die Differenz $(I_{belt} - I_{beam})$ und der effektive Widerstand R konstant sind und die Koronaströme vernachlässigbar sind. Die Gleichgewichtsspannung U_0 wird innerhalb einer Zeit, die durch die Zeitkonstante τ vorgegeben ist, asymptotisch erreicht. Bei modernen Maschinen sor-

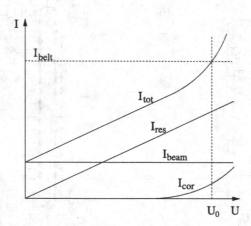

Abb. 2.4. Typische Strom-Spannungskurven bei einem Van de Graaff Spannungsgenerator. U_0: Gleichgewichtsspannung, I_{cor}: Koronastrom, I_{beam}: Strahlstrom, I_{res}: Strom durch Widerstandskette und Isolator, I_{tot}: Gesamter vom Terminal abfließender Strom, I_{belt}: Gesamte vom Band transportierte Ladung pro Zeiteinheit

gen schnelle Regelkreise dafür, dass die Sollspannung U_0 möglichst schnell
erreicht und mit einer hohen Stabilität konstant gehalten wird.

Pelletron- und Laddertron-Bandgenerator. Bei einem modernen
Van de Graaff-Bandgenerator erfolgt die Aufladung durch Influenz. Hierbei
wird eine Kette aus Metallkugeln („Pelletron") oder aus Metallstreifen („Lad-
dertron") in einem elektrischen Feld aufgeladen. Die influenzierte Ladung ist
proportional zur elektrischen Feldstärke. Sie kann daher leicht durch Variation der Elektrodenspannung gesteuert oder geregelt werden. Das Schema
des Pelletron- bzw. Laddertron-Bandgenerators ist in Abb. 2.3 rechts gezeigt.
Wichtig für das Prinzip der Aufladung durch Influenz ist die Trennung des
elektrischen Kontaktes zur metallisch leitenden Umlenkrolle im elektrischen
Feld. Wie in der Abb. 2.3 angedeutet ermöglicht dieses Prinzip den doppelten
Ladungstransport, d. h. positive Ladungen von der Erde zum Terminal und
negative Ladungen vom Terminal zurück zur Erde. Der Ladungstransfer vom
Band zu den Umlenkrollen im Terminal und auf Erde geschieht ebenfalls im
elektrischen Feld, um Funkenbildung zu verhindern.

Spannungsfestigkeit. Eine hohe Spannungsfestigkeit ist einer der wichtigsten Gütefaktoren des Van de Graaff-Beschleunigers. Um diese zu erreichen,
sind bei allen elektrostatischen Anordnungen rund geformte Elektroden mit
großen Radien notwendig. Scharfe Kanten, Ecken oder Spitzen, kurz alle geometrischen Strukturen mit einem sehr kleinen Krümmungsradius r_0 erzeugen
Feldspitzen, für die näherungsweise

$$|E| = \frac{U}{r_0} \tag{2.8}$$

gilt. Um eine extreme Spannungsfestigkeit zu erreichen, werden die Elektroden poliert. Dadurch wird die „kalte" Feldemission von Elektronen vermin-
dert. Alle Unebenheiten und Schmutzpartikel auf der Oberfläche führen zu
Gasentladungen weit unterhalb der maximal möglichen Endspannung. Daher
ist auf größte Sauberkeit bei der Montage zu achten.

Die maximal mögliche Hochspannung kann deutlich erhöht werden, wenn
der Hochspannungsgenerator und das Beschleunigungsrohr in einem Drucktank mit einem speziellen Schutzgas untergebracht werden. Bei modernen Van
de Graaff-Beschleunigern verwendet man Drucktanks mit Drücken bis zu 20
bar. Nach dem Paschen-Gesetz steigt die maximal mögliche Spannung linear mit dem Gasdruck. Als Schutzgas hat sich Schwefelhexafluorid (SF_6) oder
eine Mischung aus Stickstoff und Kohlendioxid ($80\%N_2 + 20\%CO_2$) bewährt.

Ein im Hinblick auf die Spannungsfestigkeit wichtiger Gesichtspunkt ist
der gleichmäßige Spannungsabfall im Bereich der Bandführung und des Beschleunigungsrohres. Er wird durch Äquipotentialringe und Ohm'sche Span-
nungsteiler erreicht. Die Spannungsfestigkeit innerhalb eines Drucktankes
kann im Übrigen durch die Einführung einer Zwischenelektrode zwischen
Drucktank und Terminalelektrode verbessert werden. Die maximal an den
Oberflächen auftretenden elektrischen Feldstärken werden dadurch deutlich
kleiner (Faktor 0,64 bei optimaler Anordnung).

Messung und Stabilisierung der Terminalspannung. Die Stabilität der Spannung hängt letzten Endes von der Konstanz der elektrischen Ladung Q ab, mit der das Terminal aufgeladen ist. Daher ist es notwendig, die Ladungsverluste aufgrund von Strahlstrom und Koronaentladungsstrom durch die über das Band zugeführte Ladung zu kompensieren. Die Terminalspannung wird grob durch die auf das Band aufgesprühte Ladung eingestellt. Eine sehr feine Spannungsstabilisierung erreicht man durch eine geregelte Koronaentladung zwischen Terminal und Erde. Diese schnelle Feinregelung wirkt wie eine Triode, bei der der Anodenstrom durch Variation der Gitterspannungen geregelt wird.

Als Messsignal verwendet man in einem entsprechend ausgelegten Regelkreis das Signal des sogenannten „Generating Voltmeter". Dieses spezielle Voltmeter befindet sich auf Erdpotential. Es registriert die zur Hochspannung U proportionale elektrische Feldstärke $|E|$. Auf einer rotierenden Elektrode wird durch Influenz eine periodische Aufladung Q erzeugt. Die resultierende Wechselspannung $U_\sim$ dient letztendlich als Messsignal für die Hochspannung U. Die relative Genauigkeit der „Generating Voltmeter" liegt bei $2 \cdot 10^{-4}$ bis $5 \cdot 10^{-4}$. Die Langzeitstabilität hängt von der Konstanz der Geometrie ab. Eine Alternative zum „Generating Voltmeter" ist die Messung des elektrischen Stromes, der über eine Widerstandskette vom Terminal zur Erde fließt. Eine besonders hohe Genauigkeit und damit auch Kurz- und Langzeitkonstanz erreicht man durch die Analyse der Strahlenergie mithilfe eines hochauflösenden Analysiermagneten (siehe Abb. 2.6). Hiermit ist eine relative Genauigkeit von $1 \cdot 10^{-4}$ möglich.

Das Beschleunigungsrohr. Im Hinblick auf die Spannungsfestigkeit ist das Beschleunigungsrohr ein besonders kritisches Element. Um eine möglichst hohe Spannungsfestigkeit zu erreichen, sollte der Spannungsabfall im Innern des Beschleunigungsrohres, d. h. die elektrische Feldstärke, möglichst gleichmäßig sein. Um dies zu erreichen wird der Spannungsabfall auf viele Beschleunigungselektroden verteilt, die mit den äußeren Äquipotentialringen leitend verbunden sind. Eine Widerstandskette sorgt für einen gleichmäßigen Spannungsabfall zwischen den Elektroden. Das elektrische Feld im Innern des Beschleunigungsrohres ist dadurch näherungsweise homogen. Ionenoptisch wirkt das Beschleunigungsrohr wie eine Sammellinse zwischen zwei Medien mit unterschiedlichem Brechungsindex (siehe Kap. 5).

Die Elektroden haben runde, hochglanzpolierte Oberflächen, um Funkenentladungen möglichst zu verhindern. Um ein gutes Hochvakuum mit Drücken von weniger als $1 \cdot 10^{-6}$ mbar zu erhalten, sind die Innendurchmesser der Elektroden relativ groß ($\sim$15 cm). Damit wird der Strömungswiderstand klein, und man erzielt einen hohen Leitwert für das Abpumpen der Restgase. Das Vakuum muss frei von Öldämpfen sein. Daher verwendet man Öldiffusionspumpen mit Öldampfsperren, die an Kältemaschinen angeschlossen sind, oder besser Turbomolekularpumpen. Die Elektroden werden so geformt und angeordnet, dass Raumladungen auf den Isolatorwänden verhindert werden.

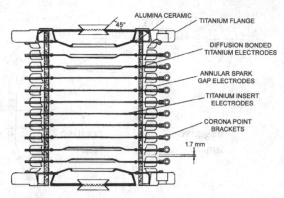

Abb. 2.5. Segment eines modernen Beschleunigungsrohres. Länge: ca 20 cm, Innendurchmesser des Keramikisolators: ca 10 cm, Maximale Spannung pro Segment: 330 kV. Das Bild wurde freundlicherweise von G.A. Norton (NEC) zur Verfügung gestellt

Moderne Beschleunigungsrohre werden mithilfe von relativ kurzen Segmenten modular aufgebaut. Als Isolatoren werden Keramik- oder Glaszylinder verwendet. Die Elektroden bestehen aus Titan-Metallplatten, die vakuumdicht mit den Keramik- bzw. Glasisolatoren veschweißt sind. Abbildung 2.5 zeigt solch ein Segment von der Firma National Electrostatics Corporation (NEC).

Sekundärelektronen. Ein weiterer wichtiger Gesichtspunkt ist die Unterdrückung von Sekundärelektronen, die durch Ionisierung des Restgases entstehen. Sekundärelektronen werden in entgegengesetzter Richtung zum positiven Ionenstrahl beschleunigt und haben drei besonders unangenehme Nebeneffekte. (i) Sie tragen zur Erhöhung des gesamten elektrischen Stromes bei, d. h. zu einer erhöhten Belastung des Bandgenerators. (ii) Sekundärelektronen, die zum Terminal hin beschleunigt werden, erzeugen eine sehr intensive und bei MV-Spannungen harte Röntgenstrahlung. (iii) Die Restgasionisation wird erhöht und die Spannungsfestigkeit erniedrigt. In modernen Van de Graaff-Beschleunigern werden daher Sekundärelektronen durch die Formgebung der Beschleunigungselektroden oder durch Schrägstellen der Beschleunigungselektroden („inclined field tube") unterdrückt. Eine Alternative besteht in dem Einbau von kleinen Permanentmagneten, welche die bei der Entstehung noch sehr niederenergetischen Sekundärelektronen ablenken.

2.3.2 Tandem-Van de Graaff-Beschleuniger

Eine besonders effiziente Nutzung der Beschleunigerspannung wird durch das Tandem-Beschleunigerprinzip erreicht (siehe Abb. 2.6). Hierbei wird die Hochspannung zweimal zur Beschleunigung ausgenutzt. Zunächst werden negative Ionen vom Erdpotential aus zur positiven Hochspannung der Terminalelektrode hin beschleunigt. Im Innern der Terminalelektrode fliegen die Ionen durch

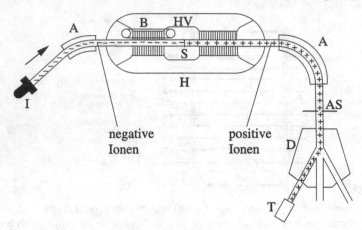

Abb. 2.6. Tandem-Van de Graaff-Beschleuniger. I: Ionenquelle für negative Ionen, A: Analysiermagnet, B: Bandgenerator, HV: Terminalelektrode, S: Umladefolie (Stripper), H: Hochdruck-Gasbehälter, AS: Analysierschlitz, D: Ablenkmagnet, T: Target

eine hauchdünne Folie. Dabei werden Elektronen abgestreift und aus negativen Ionen werden positive Ionen. Die positiven Ionen werden dann auf dem Weg von der positiven Terminalelektrode zur Erde hin weiter beschleunigt. Die resultierende kinetische Energie der Ionen ergibt sich zu

$$T = eU + qU = (e + q)U\,. \tag{2.9}$$

Hierbei ist e die Elementarladung (der Betrag der Ladung des Elektrons), q die Ladung des positiven Ions und U die Terminalspannung. Die negativen Ionen werden mit speziell entwickelten Ionenquellen für negative Ionen (siehe Abschn. 3.3) hergestellt. Negative Ionen sind i. a. einfach geladen, daher ist für die Beschleunigung der negativen Ionen der Betrag der Ladung des Elektrons maßgebend. Man erhält damit z. B. folgende kinetischen Energien am Ausgang des Tandems,

$$\begin{aligned}
\text{p, d:} \quad &T = 2\,eU\,, \\
{}^{3}\text{He}^{2+},\ {}^{4}\text{He}^{2+}: \quad &T = 3\,eU\,, \\
{}^{32}\text{S}^{16+}: \quad &T = 17\,eU\,.
\end{aligned} \tag{2.10}$$

Die Endenergie der Tandem-Van de Graaff-Beschleuniger ist durch die maximal mögliche Spannung U, d.h. letztendlich durch die Spannungsfestigkeit des Beschleunigers bestimmt. Moderne Tandem-Van de Graaff-Beschleuniger erreichen Terminalspannungen von 10 bis 15 MV. Mit speziellen Anlagen sind sogar Spannungen von 20 bis 30 MV erreichbar.

Anwendung von Tandem-Van de Graaff-Beschleunigern. Die Tandem-Van de Graaff-Beschleuniger werden vor allem zur Untersuchung von

Kernreaktionen mit sehr hoher Energieauflösung ($\Delta T/T \approx 1 \cdot 10^{-4}$) verwendet. Zur Strahlpräparation werden in der Regel 90°-Analysiermagnete (siehe Abb. 2.6) eingesetzt. Tandem-Van de Graaff-Beschleuniger zeichnen sich auch dadurch aus, dass eine große Vielzahl von Ionenstrahlen in einem weiten Energiebereich von 100 keV bis zu einigen 100 MeV mit guter Strahlqualität präpariert werden können. Moderne Anwendungen sind z. B. Ionenimplantation mit unterschiedlichen Ionen, Materialanalysen mithilfe der Rutherford-Rückstreuung, die von Teilchen induzierte Emission von Röntgenstrahlen („Particle Induced X-ray Emission = PIXE"), die von Teilchen induzierte Emission von Gammastrahlen („Particle Induced Gamma ray Emission = PIGE") und die Massenspektrometrie mit einem Beschleuniger („Accelerator Mass Spectrometry").

2.4 Linearbeschleuniger

Wir geben in diesem Abschnitt einen Überblick über die Linearbeschleuniger. Wir skizzieren den Wideröe-Beschleuniger, den RFQ-Beschleuniger, den Einzelresonator, den Alvarez-Beschleuniger und den Wellenleiter-Beschleuniger. Eine aktuelle Liste der wissenschaftlich genutzten Linearbeschleuniger findet man in einem Kompendium zur XVIII. Internationalen LINAC-Konferenz [Cl96] (siehe auch die folgenden LINAC-Konferenzen, z. B. die XXII. Internationale LINAC-Konferenz [LINAC04]).

Der Linearbeschleuniger[1] ist ein HF-Beschleuniger, bei dem geladene Teilchen mithilfe einer hochfrequenten Wechselspannung längs einer geraden Strecke beschleunigt werden. In der Literatur wird für diese Art von Beschleuniger häufig das Akronym LINAC als Abkürzung für „Linear Accelerator" benutzt. Die Grundidee des Linearbeschleunigers stammt von Ising [Is24]. Erste Beschleuniger nach diesem Prinzip wurden 1928 von Wideröe [Wi28] und 1931 von Sloan und Lawrence [Sl31] gebaut. Der Wideröe-Beschleuniger wird heute allgemein als die Urform des Linearbeschleunigers angesehen. Das Schema dieses HF-Beschleunigers ist in der Abb. 2.7 gezeigt.

Nach dem zweiten Weltkrieg setzte eine stürmische Entwicklung der Linearbeschleuniger ein, da von diesem Zeitpunkt an besonders leistungsfähige HF-Generatoren zur Verfügung standen. Die Erfindung des Klystrons durch Hansen und die Brüder Varian im Jahre 1937 sollte in diesem Zusammenhang ebenfalls erwähnt werden. Damit war es möglich, Leistungsverstärker für sehr hohe Frequenzen (100 MHz bis 10 GHz) zu bauen. 1946 baute Alvarez in Berkeley den ersten Linearbeschleuniger für Protonen, der mit 200 MHz Radarsendern betrieben wurde [Al46]. In Stanford

---

[1] Die Begriffe „Linearbeschleuniger", „Linear Accelerator" oder „LINAC" werden ausschließlich für lineare Anordnungen mit HF-Beschleunigung verwendet. Für lineare Anordnungen mit elektrostatischer Beschleunigung werden diese Begriffe nicht verwendet.

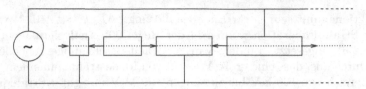

Abb. 2.7. Wideröe-Struktur. Die Wideröe-Struktur beschleunigt im π-Mode. Hierbei ist die elektrische Feldstärke E in benachbarten Beschleunigungsstrecken entgegengesetzt gerichtet. Die Flugzeit zwischen zwei benachbarten Beschleunigungsstrecken ist eine halbe HF-Periode

entstand unter der Leitung von W. W. Hansen [Gi48] ein Linearbeschleuniger für Elektronen, bei dem die Hochfrequenz mit 3 GHz Klystrons erzeugt wurde.

Zur Beschleunigung von Elektronen, Protonen und schweren Ionen werden je nach der Geschwindigkeit der Teilchen unterschiedliche HF-Strukturen eingesetzt,

1. Wideröe-Struktur ($\beta \approx 0{,}005\text{--}0{,}05$),
2. RFQ-Struktur ($\beta \approx 0{,}005\text{--}0{,}05$),
3. Einzelresonator ($\beta \approx 0{,}04\text{--}0{,}2$),
4. Alvarez-Struktur ($\beta \approx 0{,}04\text{--}0{,}6$),
5. Wellenleiter-Struktur ($\beta \approx 1$).

Die ersten vier Strukturen werden zur Beschleunigung von Protonen und schweren Ionen eingesetzt. Die Wellenleiter-Struktur wird zur Beschleunigung von Elektronen verwendet. Die Sonderstellung der Elektronen beruht auf der sehr kleinen Ruhemasse des Elektrons ($m_e = 0{,}511$ MeV$/c^2$). Elektronen erreichen daher sehr schnell Lichtgeschwindigkeit. Bei einer kinetischen Energie von 2 MeV ist die Abweichung von der Lichtgeschwindigkeit nur noch 2,1% ($\beta = 0.979$). Die Beschleunigung von Elektronen geschieht auf dem Wellenkamm einer Hohlrohrwelle. Die Phasengeschwindigkeit der Hohlrohrwelle ist dabei an die Geschwindigkeit der Elektronen angepasst (siehe Abschn. 3.2).

Synchronisation. Der Teilchenstrom ist bei einem HF-Beschleuniger nicht mehr kontinuierlich wie ein Gleichstrom, sondern im Takt der Hochfrequenz gebündelt, d. h. die Teilchen sind in longitudinaler Richtung in der Form von Teilchenpaketen gebündelt. Ein wichtiger Gesichtspunkt ist die Synchronisation, d. h. die Abstimmung der Flugzeit t zwischen benachbarten Beschleunigungsstrecken mit der HF-Schwingungsdauer T. Das synchrone Teilchen ist das zentrale Teilchen im Zentrum eines Teilchenpaketes, das mit einer konstanten Phase φ_s beschleunigt wird.

Die Wideröe-Struktur beschleunigt in dem sogenannten π-Mode („π mode"). Hierbei ist der elektrische Feldvektor in den benachbarten Beschleunigungsstrecken entgegengesetzt, und es gilt

$$d = \frac{1}{2}vT = \frac{1}{2}\beta\lambda \qquad (\pi\text{-Mode})\,. \qquad (2.11)$$

Die Größe d ist der Abstand zwischen zwei benachbarten Beschleunigungsstrecken, die Größen v und β charakterisieren die Teilchengeschwindigkeit des
synchronen Teilchens. Da sich die Teilchengeschwindigkeit aufgrund der Beschleunigung ständig ändert, muss sich der Abstand d entsprechend ändern.
Die Größe λ ist die Wellenlänge der freien elektromagnetischen Welle.

Bei dem Alvarez-Beschleuniger entspricht die Flugzeit t genau einer vollen
Periode T, und die Phasenverschiebung zwischen benachbarten Beschleunigungsstrecken ist 2π. Bei dem 2π-Mode gilt

$$d = vT = \beta\lambda \quad (2\pi\text{-Mode}) . \tag{2.12}$$

Es gibt auch Linearbeschleuniger, bei denen die Phasenverschiebung zwischen
benachbarten Beschleunigungsstrecken $\pi/2$ bzw. $2\pi/3$ beträgt. Man spricht
dann von dem $\pi/2$- bzw. $2\pi/3$-Mode. Der $2\pi/3$-Mode wird vor allem bei
Linearbeschleunigern für Elektronen verwendet.

Fokussierung in transversaler Richtung. Die Fokussierung der Teilchen in transversaler Richtung ist notwendig, um ein Auseinanderlaufen des
Teilchenstrahls während der Beschleunigung zu verhindern. Zwischen den Beschleunigungsstrecken befinden sich daher in regelmäßigen Abständen fokussierende Elemente. Die transversale Fokussierung geschieht meistens mithilfe
von Quadrupolmagneten (siehe Kap. 4). Manchmal werden auch Solenoide zur
Fokussierung verwendet. Der fokussierende und defokussierende Effekt der beschleunigenden elektrischen Felder (siehe Abschn. 5.1) muss bei der Auslegung
der Ionenoptik berücksichtigt werden. Im Gegensatz zur elektrostatischen Beschleunigung überwiegt der defokussierende Effekt, da das elektrische Feld
in der Beschleunigungsstrecke während des Durchfluges eines Teilchens ansteigt. Die Fokussierungsstärke der beschleunigenden elektrischen Felder wird
allerdings mit zunehmender Energie wie $1/pv$ kleiner.

Phasenfokussierung. In longitudinaler Richtung sind die Teilchen in
Teilchenpaketen („bunch") mit einer bestimmten Phasenbreite gebündelt. Die
Phasenfokussierung verhindert das Auseinanderlaufen der Teilchen aufgrund
der unterschiedlichen Geschwindigkeiten. Das Prinzip der Phasenfokussierung wurde bei der Entwicklung des Synchrotrons entdeckt [Ve44, Mi45]. Wir
erläutern dieses Prinzip anhand der Abb. 2.8. Wenn wir den Energiegewinn
ΔE^{HF} in einer Beschleunigungsstrecke als Funktion der Phase φ auftragen,
erhalten wir eine Sinuskurve (siehe Abb. 2.8 oben)

$$\Delta E^{\mathrm{HF}} = qU_0 \sin\varphi . \tag{2.13}$$

Die Phase φ bezeichnet die Phasenabweichung gegenüber der HF-Schwingung
(„phase lag"). Der Nullpunkt der φ-Achse ist dadurch festgelegt, dass bei
$\varphi = 0$ die Energie des Teilchens nicht geändert wird, d. h. $\Delta E^{\mathrm{HF}} = 0$ ist.
Ein Teilchen, das später eintrifft, hat eine positive Phase φ und wird beschleunigt, ein Teilchen, das früher eintrifft, hat eine negative Phase φ und
wird abgebremst. Die Phase des synchronen Teilchens, φ_s, liegt im ansteigenden Bereich der Sinuskurve. Der Energiegewinn des synchronen Teilchens,

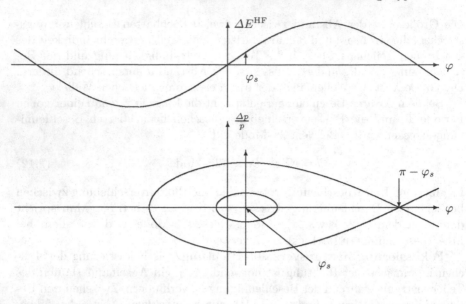

Abb. 2.8. *Oben*: Energiegewinn ΔE^{HF} als Funktion der Phase φ. Die Phase des synchronen Teilchens ist φ_s. Der mittlere Energiegewinn, d. h. der Energiegewinn des synchronen Teilchens, ist durch einen kleinen Pfeil angedeutet. Unten: Gekoppelte Phasen- und Impulsschwingung um die Phase φ_s und den Impuls p_s des synchronen Teilchens. Bei kleiner Schwingungsamplitude bewegen sich die Teilchen auf einer Ellipse entgegen dem Uhrzeigersinn. Die fischähnliche Separatrix markiert die Grenze des stabilen Bereichs

$\Delta E_s^{\mathrm{HF}} = qU_0 \sin\varphi_s$, legt den mittleren Energiegewinn des gesamten Teilchen-paketes pro Beschleunigungsstrecke fest. Zur Erläuterung der Phasenfokus-sierung betrachten wir ein Teilchen mit einer positiven Phasenabweichung $\varphi - \varphi_s > 0$. Der Impuls p des Teilchens sei gleich dem Impuls p_s des syn-chronen Teilchens, d. h. $\Delta p/p_s = (p - p_s)/p_s = 0$. Da $\varphi - \varphi_s > 0$, nimmt das Teilchen mehr Energie auf und wird schneller als das synchrone Teilchen. Es kommt an den nachfolgenden Beschleunigungsstrecken zunehmend früher an, und die Phasenabweichung $\varphi - \varphi_s$ wird kleiner. Wenn $\varphi - \varphi_s = 0$ er-reicht ist, ist die relative Impulsabweichung des Teilchens maximal. Nach dem Nulldurchgang ist $\Delta E^{\mathrm{HF}} < \Delta E_s^{\mathrm{HF}}$, und die positive Impulsabweichung wird abgebaut. Wenn $\Delta p/p_s = 0$ erreicht ist, ist die Phasenabweichung $\varphi - \varphi_s$ in negativer Richtung maximal und der soeben geschilderte Vorgang wiederholt sich in umgekehrter Richtung. Durch diesen Mechanismus der Phasenfokussie-rung entsteht eine gekoppelte Phasen- und Impulsschwingung, die im unteren Teil der Abb. 2.8 dargestellt ist. Wenn wir die Lage eines Teilchens für jede Beschleunigungsstrecke durch einen Punkt in der $(\varphi\text{-}\Delta p/p)$-Ebene markieren, ergibt sich eine mehr oder weniger ellipsenförmige Punktfolge. Schwingungen mit kleiner Amplitude werden durch Ellipsen dargestellt (linearer Teil der Sinuskurve). Teilchen mit größerer Amplitude durchlaufen eine fischähnlich deformierte Ellipse. Die Trajektorien werden entgegen dem Uhrzeigersinn durchlaufen. Die Separatrix kennzeichnet die Grenze zwischen dem stabilen und instabilen Bereich. Teilchen außerhalb der Separatrix werden nicht mehr stabil fokussiert und entfernen sich immer weiter vom synchronen Teilchen. Die maximal mögliche Phasenabweichung φ_{max} liegt bei $\pi - \varphi_s$. Die minimale Phasenabweichung φ_{min} ergibt sich aus der Bedingung

$$\int_{\varphi_{min}}^{\varphi_{max}} (\sin\varphi - \sin\varphi_s)\, d\varphi = 0 \ . \tag{2.14}$$

Die Theorie der Phasenfokussierung und der Phasenschwingungen wird im Kap. 8 detailliert behandelt.

2.4.1 Wideröe-Struktur

Die Wideröe-Struktur [Wi28] (siehe Abb. 2.7) dient zur Beschleunigung von Protonen und schweren Ionen im Geschwindigkeitsbereich $\beta = 0{,}005 - 0{,}05$. Die in einem Vakuumtank untergebrachten Driftrohre sind Teil eines HF-Schwingkreises. Die Hochfrequenz liegt in dem Bereich 10 bis 30 MHz. Die geladenen Teilchenpakete werden in den Beschleunigungsstrecken zwischen den Driftrohren beschleunigt. In den Driftrohren fliegen die Teilchen abgeschirmt vom hochfrequenten elektromagnetischen Feld. Die Wideröe-Struktur ist nur für sehr kleine Ionengeschwindigkeiten geeignet. Bei höheren Geschwindigkeiten werden die Driftrohre schnell zu lang.

2.4.2 RFQ-Struktur

Eine Beschleunigungsstruktur besonderer Art ist die RFQ-Struktur (RFQ = „Radio Frequency Quadrupole"), die 1970 von Kapchinskiy und Teplyakov [Ka70] vorgeschlagen wurde. Die RFQ-Struktur ist ein Resonator, bei

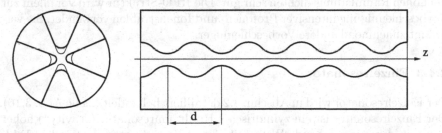

Abb. 2.9. Schema der RFQ-Struktur. *Links*: Projektion auf die (x, y)-Ebene, *rechts*: Schnitt längs der z-Achse. Die vier Elektroden sind in transversaler Richtung wie ein Quadrupol erregt. In longitudinaler Richtung ist die Form der Elektroden sinusförmig moduliert

dem vier Elektroden in transversaler Richtung ein hochfrequentes Quadrupolfeld erregen (siehe Abb. 2.9). In longitudinaler Richtung ist die Form ge-
genüberliegender Elektroden sinusförmig moduliert. Dabei ist der Elektrodenabstand in x-Richtung maximal, wenn der Elektrodenabstand in y-Richtung
minimal ist und vice versa. Dadurch kommt es zu einer longitudinalen Variation der transversalen Feldgradienten. Das resultierende elektrische Feld hat
eine longitudinale Komponente, die in longitudinaler Richtung beschleunigt
und fokussiert. Die RFQ-Struktur wirkt wie ein Buncher (siehe Abschn. 8.8),
sie präpariert aus einem kontinuierlichen Teilchenstrahl einen gepulsten Teilchenstrahl, bei dem die Teilchen in longitudinalen Teilchenpaketen gebündelt
sind. Die Länge einer Einheitszelle variiert mit der Teilchengeschwindigkeit.
Die Synchronisationsbedingung lautet

$$d = \beta\lambda.$$

Hierbei ist λ die Wellenlänge der entsprechenden freien elektromagnetischen
Schwingung. In transversaler Richtung wird der Strahl ebenfalls kontinuierlich fokussiert. Die Einheitszelle mit der Länge $d = \beta\lambda$ wirkt wie eine stark
fokussierende FODO-Struktur (siehe Abschn. 6.8).

Die RFQ-Struktur erfüllt gleichzeitig drei wichtige Funktionen, (i) transversale Fokussierung, (ii) longitudinale Fokussierung, d. h. Phasenfokussierung
und (iii) HF-Beschleunigung. Die longitudinale Fokussierung ist ein adiabatischer Prozess, bei dem nahezu alle Teilchen eingefangen werden. Die Buncher-
Effizienz ist praktisch 100%. Der RFQ-Resonator ist in idealer Weise zur Beschleunigung von Teilchen bei niedrigen Geschwindigkeiten ($\beta \approx 0{,}005$–$0{,}05$)
geeignet [Sc95]. Protonen und schwerere Ionen können von rund 10 keV/Nukleon
auf 0,5 bis 2 MeV/Nukleon beschleunigt werden. Eine RFQ-Struktur ist sehr
kompakt, die Gesamtlänge liegt in der Größenordnung von 1 bis 3 m. Es besteht
auch die Möglichkeit, einen RFQ-Beschleuniger aus mehreren RFQ-Strukturen
aufzubauen. Je nach Anwendung werden die RFQ-Resonatoren gepulst oder
kontinuierlich betrieben. Die Hochfrequenz ist in der Regel durch den Nachbe-
schleuniger festgelegt. Es gibt RFQ-Strukturen im Bereich von 5 bis 500 MHz.
Die erreichbare Strahlqualität ist wegen der kontinuierlichen Fokussierung auch
bei hohen Raumladungsdichten sehr gut. Die RFQ-Struktur wird vor allem zur
Vorbeschleunigung intensiver Protonen- und Ionenstrahlen verwendet. Sie ver-
drängt zunehmend andere Vorbeschleuniger.

2.4.3 Einzelresonator

Der Einzelresonator wird in Abschn. 3.2 detailliert behandelt (siehe Abb. 3.16).
Der Einzelresonator ist ein zylindrischer Hohlraumresonator („cavity") hoher
Güte, in dem eine stehende Welle mit einer longitudinalen elektrischen Feldkomponente E_z angeregt ist. Durch den Einsatz von Driftröhren wird das
elektrische Feld auf eine kurze Beschleunigungsstrecke konzentriert. Die Resonanzfrequenz ist unabhängig von der Länge des Resonators. Sie wird durch

den Innenradius a des Hohlraumresonators bestimmt. Eine Anordnung aus Einzelresonatoren bietet eine große Flexibilität im Hinblick auf sehr unterschiedliche Ionengeschwindigkeiten, da die optimale Synchronisation durch die individuelle Phasenkontrolle eines jeden Einzelresonators eingestellt werden kann. Bei dem UNILAC-Beschleuniger der GSI Darmstadt besteht z. B. die letzte Stufe des Beschleunigers aus 15 Einzelresonatoren. Die Einzelresonatoren dienen zur Feineinstellung der Endenergie und zur Nachbeschleunigung der Schwerionen von 11,4 nach 15 MeV/Nukleon.

2.4.4 Alvarez-Struktur

Die Alvarez-Struktur [Al46] wird in Abschn. 3.2 detailliert behandelt (siehe Abb. 3.20). In einem Alvarez-Beschleuniger werden die Teilchen wie in einer Anordnung aus vielen gekoppelten Einzelresonatoren beschleunigt.

Die Alvarez-Struktur wird im Geschwindigkeitsbereich $\beta \approx 0{,}04$–$0{,}60$ eingesetzt. Ein Hauptanwendungsgebiet ist die Vorbeschleunigung von Protonen, die mit großen Synchrotrons weiterbeschleunigt werden. Der Injektor des AGS („Alternating Gradient Synchrotron") in Brookhaven beschleunigt z. B. Protonen von 750 keV nach 200 MeV, d. h. von $\beta = 0{,}040$ nach $\beta = 0{,}566$. Dabei ändert sich der Abstand der Beschleunigungsstrecken von 6 cm auf 84,9 cm. Der AGS-Injektor besteht aus neun Alvarez-Sektionen. Der Injektor wird gepulst betrieben. Die HF-Leistung im Puls beträgt 30 MW, die mittlere HF-Leistung liegt bei 140 kW. Die Wiederholfrequenz ist 7,5 Hz, und die Pulsdauer liegt bei 600 µs. Bei dem Fermi National Accelerator Laboratory (FNAL) wird ein ähnlicher Injektor benutzt. Bei der CERN-PS Maschine wurden früher die Protonen ebenfalls mit einem gepulsten Alvarez-Beschleuniger von 750 keV nach 50 MeV vorbeschleunigt. Inzwischen wird mit einem LINAC und dem PS-Booster-Ring auf 1400 MeV vorbeschleunigt. Bei dem UNILAC der GSI Darmstadt besteht die zweite Beschleunigungsstufe aus fünf Alvarez-Resonatoren, die mit einer Resonanzfrequenz von 108,48 MHz betrieben werden. Der Innenradius des Beschleunigertanks beträgt 1,05 m. Die HF-Leistung während des Beschleunigungspulses beträgt 5,0 MW pro Resonator, die mittlere HF-Leistung liegt bei 1,4 MW pro Resonator. Die Wiederholfrequenz ist 50 Hz, die HF-Pulsdauer ist 5,5 ms. Die Alvarez-Stufe beschleunigt alle Ionen von Wasserstoff bis zum Uran von 1,4 nach 11,4 MeV/Nukleon. Die Nachbeschleunigung bis 15 MeV/Nukleon geschieht mit 15 Einzelresonatoren. Eine Spezialität des UNILAC-Beschleunigers ist die Möglichkeit, Teilchensorte und Teilchenenergie von Puls zu Puls zu variieren. In der Praxis werden damit gleichzeitig fünf bis sechs unterschiedliche Teilchenstrahlen den Experimentatoren zur Verfügung gestellt.

2.4.5 Linearbeschleuniger zur Beschleunigung von Elektronen

Die Phasengeschwindigkeit v_{ph} einer E_{01}-Welle in einem glatten zylindrischen Hohlleiter ist stets größer als die Lichtgeschwindigkeit c (siehe Abschn. 3.2).

Sie kann jedoch mithilfe von Irisblenden soweit reduziert werden, dass $v_{ph} \leq c$ möglich wird. Dadurch wird die Beschleunigung auf dem Wellenkamm einer Wanderwelle möglich. Diese Art der Beschleunigung wird bei dem Linearbeschleuniger für Elektronen („electron linac") ausgenutzt. Die HF-Struktur ist der blendenbelastete Wellenleiter, die sogenannte Runzelröhre („disc loaded waveguide" oder „iris loaded waveguide", siehe Abb. 3.14). Die Idee hierzu stammte von Hansen. Der erste Linearbeschleuniger für Elektronen wurde 1947 nach diesem Prinzip in Stanford gebaut [Gi48]. Die HF-Strukturen sind Hohlleiter hoher Güte.

Elektronen zeichnen sich durch eine sehr kleine Ruhemasse aus, daher haben sie nach einer kurzen Anlaufphase bereits nahezu Lichtgeschwindigkeit. Zunächst werden die Elektronen mit einer Elektronenkanone vorbeschleunigt. Sie fliegen mit einer kinetischen Energie von 100 keV in den Buncher. Im Buncher werden sie zu Teilchenpaketen formiert (longitudinale Bündelung) und auf kinetische Energien von 2 MeV beschleunigt. Der Buncher ist die erste Stufe der Wellenleiter-Beschleunigung. Die Synchronisation der beschleunigenden, elektromagnetischen Welle mit den Elektronen wird durch Variation des Irisblendenabstandes erreicht.

Im Anschluss an den Buncher werden die Elektronen auf dem Wellenkamm einer elektromagnetischen Hohlrohrwelle beschleunigt. Die Elektronen fliegen synchron mit dem Maximum des elektrischen Feldes. Damit wird die beschleunigende Wirkung des elektrischen Feldes maximal ausgenutzt. Diese Art der Wellenkammbeschleunigung ist mit der Beschleunigung beim „Surfen" vergleichbar. Die Geschwindigkeit der ultrarelativistischen Elektronen ist sehr nahe bei der Lichtgeschwindigkeit. Da sich die Geschwindigkeit der Elektronen praktisch nicht mehr ändert, ändert sich auch die Phase der Elektronen innerhalb eines Teilchenpaketes nicht mehr. Mögliche Phasenschwingungen erstarren.

Elektronenlinearbeschleuniger werden entsprechend der Beschleunigungsstruktur in einzelne Sektionen aufgeteilt. Die Hochfrequenz wird von Klystrons (Impulsleistungen bis 64 MW) erzeugt. Die Einkopplung der HF-Leistung erfolgt am Eingang, die Auskopplung am Ende der Sektion. Eine häufig verwendete Struktur ist die in Stanford entwickelte klassische SLAC-Struktur (siehe Abb. 3.14). Eine Länge von 3 m ist typisch für eine Sektion, da wegen der Dämpfung der Wanderwelle die beschleunigende Feldstärke zum Ende hin stark abnimmt. Eine moderne Abwandlung dieser Struktur ist eine Struktur mit konstantem Energiegradienten. Diese „constant gradient"-Struktur zeichnet sich dadurch aus, dass der Innendurchmesser der Irisblenden vom Anfang zum Ende kontinuierlich abnimmt.

Elektronenlinearbeschleuniger werden in sehr kompakter Form zu medizinischen Anwendungen in der Tumortherapie gebaut. Die hierbei benötigten Endenergien liegen bei 30 bis 50 MeV. Linearbeschleuniger mit Endenergien von einigen 100 MeV werden vor allem als Injektoren für Elektronensynchrotrons verwendet. Das Linearbeschleunigerprinzip ist aber auch für sehr hohe Elektronenenergien geeignet. Die zur Zeit höchste Energie liegt bei 52 GeV. Sie wird mit dem „Stanford Linear Accelerator" (SLAC) erreicht. Einige Daten dieser Maschine sind in folgender Übersicht zusammengefasst:

- Maximalenergie: 52 GeV
- Hochfrequenz: 2,856 GHz
- Intensität: $8 \cdot 10^9 e^-$/Bunch $\times$ 700/HF-Puls
- Wiederholfrequenz: 120 Hz
- Pulslänge: 245 ns
- Tastverhältnis („duty factor"): $1,4 \cdot 10^{-3}$
- 960 Sektionen
- 240 Klystrons, $P \leq 64$ MW
- Länge: 3000 m (2 miles)
- Maximaler Energiegradient: 19 MeV/m.

Der hohe Energiegradient von 19 MeV/m wird mithilfe des in Stanford entwickelten SLED-Prinzips erreicht. Die Abkürzung SLED steht für „SLAC Energy Doubler". Hierbei wird HF-Energie aus dem Klystron in Speicherresonatoren gespeichert und im richtigen Moment schlagartig in die Beschleunigungsstruktur eingekoppelt. Da die Hochfrequenzleistung bis zu 64 MW pro Klystron beträgt, kann eine solche Maschine nur gepulst betrieben werden. Daher ist das Tastverhältnis („duty factor") sehr klein. Ein Fortschritt auf diesem Sektor ist nur mit supraleitenden Strukturen möglich. Durch die Supraleitung werden die hohen Verlustleistungen in den Hohlraumresonatoren vermieden. Solche Strukturen sind z. B. für den DALINAC in Darmstadt und den Continuous Electron Beam Accelerator CEBAF der Thomas Jefferson National Accelerator Facility in Newport News (USA) entwickelt worden. Sie erlauben den CW-Betrieb mit einem Tastverhältnis von 100%.

Eine besonders wichtige Größe im Hinblick auf die maximal mögliche Endenergie ist der mittlere Energiegewinn pro Längeneinheit. Beim SLAC Beschleuniger beträgt diese Größe 19 MeV/m. Gegenwärtig wird intensiv an der Entwicklung neuer Beschleunigungsstrukturen gearbeitet, um zu höheren Werten zu kommen. Das Ziel liegt bei 50–100 MeV/m. Nur so kann man in Zukunft mit einem Linearbeschleuniger Elektronenenergien von mehr als 100 GeV erzielen, ohne die Länge und damit die Kosten des Beschleunigers ins Uferlose zu steigern. Die Entwicklung neuer supraleitender Resonatoren wird in Abschn. 2.10.1 geschildert.

Die Alternative zum Linearbeschleuniger sind Kreisbeschleuniger. Bei Elektronen ist jedoch die mit einem Kreisbeschleuniger maximal erreichbare Energie durch die zunehmend stärker werdende Abstrahlung von Synchrotronlicht nach oben hin begrenzt. Die abgestrahlte Leistung (siehe Abschn. 10.3) ist proportional zu E^4! Das bislang größte Elektronensynchrotron, der Large Electron Proton Collider LEP am CERN, hatte in der ersten Ausbaustufe eine Endenergie von 55 GeV, d. h. $E_{cm} = 110$ GeV im e^+-e^- Schwerpunktsystem. Durch eine massive Erhöhung der HF-Leistung konnte in der zweiten Ausbaustufe eine Endenergie von 101 GeV ($E_{cm} = 202$ GeV) im Jahre 1999 erreicht werden. Im Jahre 2000 wurde bei der Suche nach dem Higgs Boson kurz vor der Abschaltung der Maschine am 2. November 2000 eine Maximalenergie von bis zu 104,5 GeV (E_{cm} = 209 GeV) erreicht. Mit anderen Worten ausgedrückt, eine Maximalenergie von rund 100 GeV ist das Limit für die Beschleunigung von Elektronen bzw. Positronen in einem Synchrotron.

2.5 Zyklotron

Wir geben in diesem Abschnitt einen Überblick über das klassische Zyklotron, das Synchrozyklotron und das Isochronzyklotron.

Im Jahre 1930 schlug E. O. Lawrence einen Beschleuniger vor, bei dem die Teilchen im Gegensatz zu dem Linearbeschleuniger auf Kreisbahnen umlaufen und in einer HF-Beschleunigungsstrecke pro Umlauf zweimal beschleunigt werden [La30]. Im Rahmen seiner Doktorarbeit gelang M. S. Livingston innerhalb eines Jahres die experimentelle Realisierung dieser Idee. Das erste Zyklotron zur Beschleunigung von Protonen wurde wiederum innerhalb sehr kurzer Zeit von Lawrence und Livingston in Berkeley (USA) gebaut und 1932 in Betrieb genommen [La32]. Man konnte damit Protonen auf 1,2 MeV beschleunigen. In der Folgezeit wurden weitere Zyklotronbeschleuniger mit zunehmend höheren Endenergien gebaut. Das Zyklotron der ersten Generation wird heute *klassisches Zyklotron* genannt. Das klassische Zyklotron war aufgrund der relativistischen Massenzunahme und der Forderung nach axialer Bahnstabilität in der maximal erreichbaren Endenergie stark begrenzt. Der Wunsch nach höheren Energien führte zur Entwicklung des *Synchrozyklotrons*, das allerdings den Nachteil des gepulsten Strahlbetriebs und relativ niedriger mittlerer Ströme hatte. In der Entwicklung folgte das *Isochronzyklotron*, das sich durch das Prinzip der starken Fokussierung auszeichnet. Das Isochronzyklotron hat den Vorteil einer hohen Strahlintensität, Strahlqualität und Energieschärfe. Der Strahl ist nicht gepulst, das Isochronzyklotron beschleunigt kontinuierlich im CW-Betrieb („cw = continuous wave").

2.5.1 Klassisches Zyklotron

Die Idee des Zyklotrons basiert auf der Konstanz der Umlauffrequenz ω, mit der geladene Teilchen in einem Magnetfeld umlaufen,

$$\omega = \frac{q}{\gamma m} B = \text{const}. \tag{2.15}$$

In nichtrelativistischer Näherung ($\gamma \approx 1$) bedeutet diese Gleichung $B = const$, d. h. die Kreisfrequenz ω ist unabhängig von dem momentanen Impuls p und dem momentanen Bahnradius ρ, wenn das Magnetfeld homogen ist. Der Zusammenhang zwischen dem Bahnradius ρ und dem Impuls p ergibt sich aus der relativistisch exakten Gleichung

$$p = qB\rho. \tag{2.16}$$

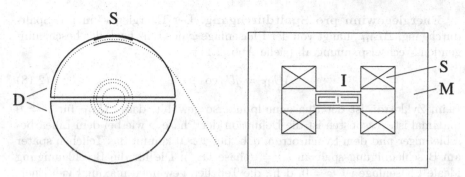

Abb. 2.10. Schema des klassischen Zyklotrons. *Links*: Radialer Querschnitt. Zur Illustration sind die ersten drei Umläufe und die Extraktion mithilfe eines elektrostatischen Septums S gezeigt. Die HF-Spannung zur Teilchenbeschleunigung wird an die D-förmigen Elektroden D angelegt. *Rechts*: Axialer Querschnitt. M: Magnetjoch, S: Spule zur Erregung des Magneten, I: Ionenquelle in der Maschinenmitte. Die Abbildung zeigt außerdem schematisch den Querschnitt der D-förmigen Elektroden und die Vakuumkammer

Das Schema des klassischen Zyklotrons ist in der Abb. 2.10 dargestellt. Zur HF-Beschleunigung werden spezielle Elektroden verwendet, die wie die beiden Hälften einer in der Mitte durchgeschnittenen flachen Metalldose aussehen[2]. Diese D-förmigen Elektroden sind Teil eines HF-Resonators hoher Güte. Im Zentrum des Zyklotrons befindet sich eine interne Ionenquelle, in der geladene Ionen durch eine Niedervoltgasentladung produziert werden. Durch Anlegen einer hochfrequenten Wechselspannung an die D-förmigen Elektroden werden Ionenpakete aus der Ionenquelle extrahiert und in dem Spalt zwischen den beiden Elektroden beschleunigt. Im Innern der D-förmigen Elektroden laufen die Teilchen abgeschirmt von dem elektrischen HF-Feld auf einer Kreisbahn mit konstantem Radius. Die Hochfrequenz ν_{HF} des beschleunigenden Feldes ist auf die Zyklotronfrequenz ν_{Zyk} abgestimmt,

$$\nu_{Zyk} = \frac{1}{2\pi}\frac{q}{m}B. \qquad (2.17)$$

Die Zyklotronfrequenzen liegen im Bereich von 5 bis 20 MHz. Für eine Induktionsflussdichte $B = 1$ T erhalten wir z. B. für Protonen $\nu_{Zyk} = 15{,}2$ MHz und für Deuteronen $\nu_{Zyk} = 7{,}6$ MHz. Durch die Abstimmung der Hochfrequenz auf die Zyklotronfrequenz wird nach jedem halben Umlauf das Ionenpaket von dem elektrischen Feld zwischen den D-förmigen Elektroden beschleunigt. Nach jeder Beschleunigung nimmt der Bahnradius zu, wodurch insgesamt eine spiralformähnliche Bahn zwischen Ionenquelle und Extraktionsradius entsteht.

---

[2] Die Elektrode des klassischen Zyklotrons wird wegen der charakteristischen D-Form „Dee" genannt. Die Bezeichnung „Dee" wird heute generell für Zyklotronelektroden verwendet, obwohl die modernen Zyklotronelektroden meistens nicht mehr D-förmig sind.

Energiegewinn pro Spaltdurchgang. Der Energiegewinn pro Spaltdurchgang, ΔE_{HF}, hängt von der Phasenlage φ des Ions bzgl. der beschleunigenden Wechselspannung ab (siehe Abb. 2.11)

$$\Delta E_{\mathrm{HF}} = qU_0 \cos\varphi . \tag{2.18}$$

Beim Zyklotron ist der Phasennullpunkt so gewählt, dass ΔE_{HF} für $\varphi = 0$ maximal ist. Ansonsten ist die Definition der Phase φ wie bei dem Linearbeschleuniger und dem Synchrotron, d. h. bei $\varphi > 0$ kommt das Teilchen später am Beschleunigungsspalt an ($\varphi =$ „phase lag"). Die für die Beschleunigung ideale Phasenlage ist $\varphi = 0$, d. h., die Teilchen gewinnen maximal viel Energie pro Spalt. Ein Teilchenpaket mit einer endlichen Phasenbreite $\Delta\varphi$ in der Umgebung von $\varphi = 0$ wird dadurch präpariert, dass nur Teilchen mit dem maximalen Energiegewinn auf der ersten Umlaufbahn „überleben". Alle Teilchen mit einem zu geringen Energiegewinn laufen auf Bahnen mit einem zu kleinen Radius und werden durch mechanische Hindernisse bzw. speziell angebrachte Innenblenden weggefangen.

Bei einer optimalen Abstimmung der beschleunigenden Hochfrequenz ν_{HF} sollte ein Teilchenpaket mit dem Schwerpunkt bei $\varphi = 0°$ auch bei den nachfolgenden Beschleunigungen mit $\varphi = 0°$ beschleunigt werden. Diese Isochronie ist jedoch beim klassischen Zyklotron nicht vorhanden, da die Umlauffrequenz ω tatsächlich nicht konstant ist, sondern mit zunehmendem Bahnradius kleiner wird. Dies liegt einerseits an der relativistischen Massenzunahme und andererseits an der wegen der axialen Bahnstabilität notwendigen leichten Abnahme des Magnetfeldes in radialer Richtung. Dadurch verschiebt sich die Phase φ mit zunehmender Teilchenenergie von $0°$ nach $+90°$. In der Abb. 2.12 ist der resultierende Phasenverlauf („phase history") als Funktion des Bahnradius dargestellt. Der Phasenverlauf (Kurve A in Abb. 2.12) zeigt, dass relativ schnell die kritische Phase $90°$ erreicht wird, bei der die Beschleunigung in eine Abbremsung umschlägt. Danach laufen die Teilchen auf kleiner werdenden Spiralen wieder nach innen. Der maximal mögliche Radius markiert auch den maximal möglichen Impuls p und damit die maximal mögliche Teilchenener-

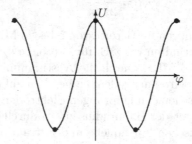

Abb. 2.11. Beschleunigende Wechselspannung U als Funktion der Phase φ. Die *Punkte* zeigen die optimale Phasenlage eines Teilchenpaketes. Das Teilchenpaket wird sowohl am Eingang (U negativ) wie am Ausgang (U positiv) der D-förmigen Elektroden beschleunigt

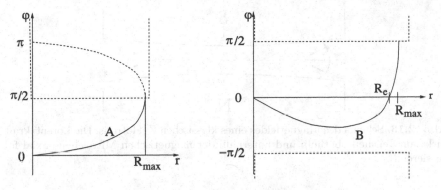

Abb. 2.12. Die Phase φ als Funktion des Radius r beim klassischen Zyklotron. *Kurve A*: $\nu_{HF} = \nu_{Zyk}$, *Kurve B*: $\nu_{HF} < \nu_{Zyk}$, R_e: Extraktionsradius, R_{max}: maximaler Radius. Innerhalb der *punktiert umrandeten* Gebiete werden die Teilchen abgebremst

gie. Eine bessere Ausnutzung des klassischen Zyklotrons ergibt sich für einen Phasenverlauf entsprechend der Kurve B in der Abb. 2.12. Dies wird durch eine leichte Verstimmung der Hochfrequenz, $\nu_{HF} < \nu_{Zyk}$, erreicht. Der optimale Radius R für die Extraktion des Strahles mithilfe eines elektrostatischen Deflektors („elektrostatisches Septum") ist die Stelle, an der $\varphi = 0°$ ist. Dort ist der Energiegewinn pro Umlauf und damit die Bahnseparation maximal. Die ideale Stelle für interne Targetbestrahlungen ist in der Nähe von $\varphi = 90°$, da dort die einzelnen Bahnen sehr nahe beieinander liegen, was zu einer hohen Stromdichte führt.

Bei dem klassischen Zyklotron ergibt sich die Notwendigkeit einer relativ hohen Beschleunigungsamplitude U_0 (Größenordnung 400 kV), da man innerhalb von relativ wenigen Umläufen (Größenordnung 50) zur Endenergie hochbeschleunigen muss. In der Praxis lagen die erreichbaren kinetischen Energien für Protonen bei 10 MeV, für Deuteronen bei 20 MeV und für ^{4}He^{++}-Ionen bei 40 MeV. Die höchste Protonenenergie war 22 MeV. Sie wurde in Oak Ridge (USA) mit einem klassischen Zyklotron erreicht, dessen Poldurchmesser 2,18 m betrug. Die Zahl der Umläufe betrug 50.

Radiale und axiale Bahnstabilität. Die Abb. 2.13 zeigt grobschematisch das Magnetfeld eines klassischen Zyklotrons. Das Magnetfeld zeichnet sich durch Rotationssymmetrie und magnetische Mittelebenensymmetrie aus. Um eine in axialer Richtung wirkende Rückstellkraft zu erhalten, muss das Magnetfeld in der magnetischen Mittelebene zu größeren Radien hin leicht abnehmen, wodurch die Feldlinien die in der Abb. 2.13 skizzierte charakteristische Krümmung annehmen. Bei Teilchen, die sich oberhalb bzw. unterhalb der magnetischen Mittelebene befinden, hat die Lorentzkraft eine Komponente, die zur Mittelebene hin beschleunigt.

Die radiale Bahnstabilität ergibt sich aus dem Zusammenspiel zwischen der Zentrifugalkraft und der Lorentzkraft. Teilchen mit einer radialen Orts-

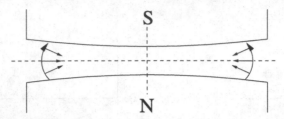

Abb. 2.13. Schema des Magnetfeldes eines klassischen Zyklotrons. Die Lorentzkraft wirkt auf Teilchen oberhalb und unterhalb der magnetischen Mittelebene axial fokussierend

abweichung vom Sollbahnradius werden zur Sollbahn hingelenkt, wenn bei einer positiven Abweichung die Lorentzkraft größer als die Zentrifugalkraft ist und vice versa. Daher darf der zur axialen Bahnstabilität notwendige radiale Feldabfall nicht zu groß sein. Ein Maß für den radialen Feldabfall ist der Feldindex $n = -\frac{\partial B}{\partial r}\frac{r}{B}$. Beim klassischen Zyklotron ist der Feldindex relativ klein, $n \leq 0{,}15$, um die Störung der Isochronie möglichst klein zu halten. Die Theorie der radialen und axialen Bahnstabilität in Kreisbeschleunigern wurde im Zusammenhang mit dem Betatron entwickelt [Ke41]. Daher werden die radialen und axialen Schwingungen um die Sollbahn auch „Betatronschwingungen" genannt.

2.5.2 Synchrozyklotron

Das Synchrozyklotron ist ein Zyklotron, bei dem die Hochfrequenz ν_{HF} entsprechend der mit zunehmendem Radius kleiner werdenden Umlauffrequenz ω (2.15) moduliert wird.

$$\nu_{HF} = \frac{1}{2\pi}\frac{q}{m}\frac{B(\rho)}{\gamma(\rho)}\,. \tag{2.19}$$

Dadurch wird für ein Bündel von eng beieinander liegenden Teilchenpaketen (Mikropulse) die Synchronisation von innen nach außen erreicht. Der makroskopische Teilchenpuls enthält ca. 1000 Mikropulse, d. h. ca. 1000 eng beieinander liegende Bahnen werden synchron von innen nach außen beschleunigt. Man erhält damit einen gepulsten Strahl mit einem relativ niedrigen Tastverhältnis („duty cycle") in der Größenordnung von 1% und einem entsprechend niedrigen mittleren Strom ($\overline{I} \leq 1\mu A$). Die Modulation der HF geschieht durch die Variation der Kapazität im HF-Schwingkreis, z. B. durch die Schwingung einer entsprechend dimensionierten großen Stimmgabel oder einen rotierenden Kondensator. Die Modulationsfrequenz liegt bei $50-2\,000$ Hz.

Die Amplitude der beschleunigenden Spannung ist wesentlich kleiner als beim klassischen Zyklotron. Sie liegt in der Größenordnung von 10 kV. Daher sind Ausfälle aufgrund mangelnder Hochspannungsfestigkeit wesentlich seltener. Die Zahl der Umläufe auf dem Weg von innen nach außen ist relativ groß ($10\,000-50\,000$). In longitudinaler Richtung werden die Teilchenpa-

kete durch Phasenfokussierung zusammengehalten. Das Prinzip der Phasenfokussierung ist auf das Synchrozyklotron anwendbar, da die Umlaufzeiten
vom Teilchenimpuls p abhängig sind. Die Phase des synchronen Teilchens φ_s
liegt im abfallenden Ast der Sinuskurve, da die Umlauffrequenz ω mit zunehmendem Impuls p kleiner wird. Innerhalb eines Teilchenpaketes treten
Phasenschwingungen wie bei dem Linearbeschleuniger und dem Synchrotron
auf.

Das Synchrozyklotron wurde entwickelt, um höhere Energien zu erreichen.
Am Anfang der 50er Jahre wurden in vielen Laboratorien Synchrozyklotron-
beschleuniger für Protonen, Deuteronen und $^4\mathrm{He}^{++}$-Ionen im Energiebereich
50 bis 800 MeV gebaut. Die meisten Maschinen sind inzwischen stillgelegt.
Das Synchrozyklotron wurde durch die Entwicklung des Isochronzyklotrons
uninteressant.

2.5.3 Isochronzyklotron

Die konsequente Weiterentwicklung der ursprünglichen Idee des Zyklotrons
führte zu dem Isochronzyklotron. Entscheidend ist hierbei die Realisierung
der Isochronie durch ein nach außen hin ansteigendes mittleres Magnetfeld
$\overline{B(r)}$. Bei einem rotationssymmetrischen Magneten führt ein radial nach außen
hin ansteigendes Magnetfeld naturgemäß zur axialen Defokussierung (siehe
Abb. 2.14). Daher war die Realisierung der Isochroniebedingung erst durch
das Prinzip der starken Fokussierung möglich. Dieses Prinzip wurde bereits im
Jahre 1938 von Thomas [Th38] entdeckt, es geriet aber wieder in Vergessenheit
bzw. wurde nicht zur Kenntnis genommen. Erst im Jahre 1950 wurde es von
Christophilos wiederentdeckt [Ch50] und danach endgültig im Jahre 1952 von
Courant, Livingston und Snyder [Co52] ans Licht der Öffentlichkeit gebracht.
Die Idee der starken Fokussierung war der entscheidende Meilenstein für die
Entwicklung leistungsstarker Kreisbeschleuniger, d. h. für die Zyklotron- und
Synchrotronentwicklung.

Prinzip der starken Fokussierung. Das Prinzip der starken Fokussierung besagt, dass die Kombination einer Sammellinse mit einer Zerstreuungslinse bei geeigneter Wahl des Abstandes D zwischen den beiden Linsen stark

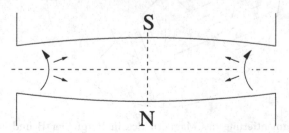

Abb. 2.14. Schema eines nach außen ansteigenden Magnetfeldes. Die Lorentzkraft
wirkt auf Teilchen oberhalb und unterhalb der magnetischen Mittelebene axial defokussierend

fokussierend wirkt. Die Kombination von zwei Linsen mit gleich großer aber entgegengesetzter Brechkraft $1/f_1 = -1/f_2$ hat z. B. eine positive Brechkraft $1/F$, die umso größer ist, je größer der Abstand D ist,

$$
\begin{aligned}
\frac{1}{F} &= \frac{1}{f_1} + \frac{1}{f_2} - \frac{D}{f_1 f_2} \\
&= \frac{D}{f_1^2}, \quad \text{wenn } \frac{1}{f_1} = -\frac{1}{f_2}.
\end{aligned}
\tag{2.20}
$$

Eine obere Grenze für D ergibt sich aus der Forderung nach Bahnstabilität. Im Falle des Isochronzyklotrons wird das Magnetfeld in „Berg"- und „Tal- felder" segmentiert, und man nutzt zur axialen Fokussierung die sogenannte Kantenfokussierung aus. An der Ein- und Austrittskante eines Sektormagne- ten mit Kantenwinkel ist der Magnetfeldgradient senkrecht zur Sollbahn stark negativ. Dadurch erfahren die Teilchen eine axial fokussierende Kraft. In ra- dialer Richtung wirkt die Kante defokussierend. Die Kantenfokussierung wird im Abschn. 4.5.6 detailliert behandelt.

In Abb. 2.15 ist die Segmentierung des Magnetfeldes in Berg- und Talfeld skizziert. Wenn man an den Magnetfeldkanten die Tangente an die Gleichge- wichtsbahn mit der Kantennormalen vergleicht, erkennt man den axial fokus- sierenden Kantenwinkel β. Bei kompakten Magneten liegt das Verhältnis von Berg- zu Talfeld in der Größenordnung von 2 bis 3. Anstelle von vier Berg- und

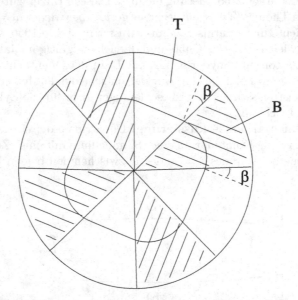

Abb. 2.15. Segmentierung des Magnetfeldes in Bergfelder B und Talfelder T bei einem Isochronzyklotron. Die Abbildung zeigt ein Zyklotron, das aus vier separa- ten Sektormagneten besteht. Das Magnetfeld im Talsektor ist bei diesem Beispiel praktisch gleich Null. Der Kantenwinkel β wirkt axial fokussierend

Talsektoren wählt man häufig auch eine Aufteilung in drei Berg- und Talsektoren. Das auf der Kantenfokussierung beruhende Fokussierungsschema wird Thomas-Fokussierung [Th38] genannt. Zur Erhöhung der Kantenfokussierung werden die Sektoren häufig spiralförmig angelegt. Das große Isochronzyklotron für 500 MeV Protonen am Laboratorium TRIUMF in Vancouver (Kanada) ist ein Beispiel für eine solche Maschine. Sehr große Maschinen werden heute meistens aus separaten Magnetfeldsektoren aufgebaut, d. h. das Magnetfeld besteht nur aus „Bergsektoren", die „Talsektoren" sind feldfreie Driftstrecken.

Die Zahl der radialen Betatronschwingungen pro Umlauf, Q_x, hängt von dem mittleren Feldindex $\overline{n}$ ab. Aus der Isochroniebedingung (2.15) kann man den mittleren Anstieg des Magnetfeldes und daraus $\overline{n} = -(\gamma^2 - 1)$ und $Q_x = \sqrt{1 - \overline{n}}$ deduzieren,

$$Q_x \approx \sqrt{1 - \overline{n}} = \gamma \,, \tag{2.21}$$

d. h. Q_x steigt mit zunehmendem Bahnradius wie die relativistische Massenzunahme γ an. Die Gleichung zur Berechnung der Zahl der axialen Betatronschwingungen, Q_y, wird hier ohne Ableitung angegeben,

$$Q_y = \sqrt{FS + \overline{n}} \,. \tag{2.22}$$

Hierbei ist F der sogenannte „Flutter" des Magnetfeldes,

$$F = \frac{\overline{B^2} - \overline{B}^2}{\overline{B}^2}$$

und S charakterisiert die Erhöhung der axialen Fokussierung durch eine Spiralform der Magnetfeldkanten. Da der Einfluss von $\overline{n} = -(\gamma^2 - 1)$ mit zunehmender Energie größer wird, wird Q_y während der Beschleunigung zunehmend kleiner. Bei $Q_y = 0$ ist das sogenannte Fokussierungslimit erreicht.

Strahlqualität. Mit dem Isochronzyklotron kann eine hohe Strahlqualität (Emittanz in der Größenordnung von 1–5 mm mrad und Energieschärfe $\Delta T/T < 1 \cdot 10^{-3}$) erreicht werden, wenn die umlaufenden Teilchenpakete am elektrostatischen Deflektor getrennt voneinander extrahiert werden können. Eine wichtige Voraussetzung für die Einbahnauslenkung („single turn extraction") ist die Begrenzung der Phasenbreite der Teilchenpakete auf 3° bis 5°. Dies kann bei einer internen Ionenquelle durch radiale Blenden in der Nähe der Ionenquelle erreicht werden. Bei einer externen Ionenquelle oder bei einem Vorbeschleuniger kann man natürlich bereits Teilchenpakete mit einer entsprechend schmalen Phasenbreite injizieren. Die ideale Phasenlage im Isochronzyklotron ist auf der Kuppe der Kosinusverteilung (siehe Abb. 2.11). Aufgrund der Isochronie behalten die Teilchen ihre relative Phasenlage von innen nach außen. Beim Isochronzyklotron machen die Teilchen keine Phasenschwingungen! Die relative Unschärfe der kinetischen Energie der extrahierten Teilchenpakete ist nur noch eine Funktion der gesamten

Phasenbreite $\Delta\varphi$, da alle anderen Effekte vernachlässigbar klein sind. Bei optimaler Phasenlage $\varphi = 0°$ erhalten wir für die relative Energieunschärfe, $\Delta T/T$,

$$\frac{\Delta T}{T} = 1 - \cos\frac{\Delta\varphi}{2} \approx \frac{(\Delta\varphi)^2}{8}\,. \tag{2.23}$$

Für $\Delta\varphi = 4° = 0{,}07$ rad erhalten wir z. B. $\Delta T/T = 6\cdot 10^{-4}$. Die Isochroniebedingung stellt naturgemäß hohe Anforderungen an die Qualität des Magnetfeldes. Der radiale Anstieg des über einen Umlauf gemittelten Magnetfeldes wird durch die Formgebung der Polschuhe und durch Korrekturspulen in den Bergsektoren erreicht. Um die Phasenlage auf der Kuppe der Kosinusverteilung zu halten, ist auch eine hohe zeitlich Konstanz des Magnetfeldes und der Hochfrequenz von in der Regel besser als $1\cdot 10^{-5}$ notwendig!

Das Isochronzyklotron wird nicht nur zur Beschleunigung von Protonen, Deuteronen, ^{3}He- und ^{4}He-Ionen verwendet, sondern auch zur Beschleunigung von leichten und schweren Schwerionen. Die Endenergie T_{max} ergibt sich aus dem Impuls p_{max} bzw. dem Wert $(B\rho)_{max}$ bei der Extraktion,

$$T_{max} = \sqrt{p_{max}^2 + m^2} - m = \sqrt{(qB\rho)_{max}^2 + m^2} - m\,. \tag{2.24}$$

In nichtrelativistischer Näherung ergibt sich

$$T_{max} \approx \frac{(qB\rho)_{max}^2}{2m}\,. \tag{2.25}$$

Bei Protonen überdeckt das Isochronzyklotron den Energiebereich 5 MeV bis 600 MeV. Bei Deuteronen und allen leichten Schwerionen mit einer spezifischen Ladung 1/2 (= Ladungszahl/Massenzahl) werden kinetische Energien bis $A\times 100$ MeV erreicht. Bei schweren Schwerionen wie z. B. ^{208}Pb- oder ^{238}U-Ionen werden je nach der spezifischen Ladung noch kinetische Energien von $A\times 10$ MeV bis $A\times 20$ MeV erreicht.

2.6 Betatron

2.6.1 Das Prinzip des Betatrons

Die Prinzip des Betatrons basiert auf der Tatsache, dass ein zeitlich veränderliches Magnetfeld von einem elektrischen Wirbelfeld umgeben ist (Faraday'sches Induktionsgesetz),

$$U_{ind} = \oint E\mathrm{d}s = -\frac{\mathrm{d}}{\mathrm{d}t}\int B\mathrm{d}A\,. \tag{2.26}$$

Damit kann man das Magnetfeld, das bei einem Kreisbeschleuniger zur Ablenkung der Teilchen notwendig ist, gleichzeitig zur Beschleunigung der Teilchen

nutzen. Es eröffnet die Möglichkeit, einen sehr kompakten und vom Prinzip
her einfachen Kreisbeschleuniger zu realisieren (siehe Abb. 2.16). Das Betatron wird zur Beschleunigung von Elektronen verwendet. Der Magnet hat die
Form eines H-Magneten. Zur Vermeidung von Wirbelstromeffekten wird der
Magnet wie ein Transformator aus lamelliertem Eisen aufgebaut. Der zentrale
Bereich des Magneten, d. h. die Polschuhe und die Erregerspulen sind rotati-
onssymmetrisch zur Magnetachse angeordnet. Die Elektronen werden in einer
ringförmigen Vakuumkammer von dem magnetischen Führungsfeld („guiding
field") B_g auf einer Kreisbahn gehalten.

Die 1:2 Relation. Wir betrachten den von der kreisförmigen Teilchenbahn umschlossenen Induktionsfluss Φ_a und die entsprechende mittlere Induktionsflussdichte B_a. Die Größe B_a wird magnetisches Beschleunigungsfeld
(„accelerating field") genannt. Wir nehmen an, dass der Radius r der Kreisbahn während der Beschleunigung im zeitlichen Mittel konstant ist. Die Beziehung zwischen dem Führungsfeld B_g und dem Beschleunigungsfeld B_a ergibt
sich aus den folgenden Gleichungen

$$\Phi_a = \int B\mathrm{d}A = \pi r^2 B_\mathrm{a}\,,$$

$$|E| = \frac{|U_{ind}|}{2\pi r} = \frac{\pi r^2}{2\pi r}\dot{B}_\mathrm{a} = \frac{1}{2}\dot{B}_\mathrm{a}r\,,$$

$$\dot{p} = q|E| = q\frac{1}{2}\dot{B}_\mathrm{a}r = q\dot{B}_\mathrm{g}r\,,$$

$$\dot{B}_\mathrm{g} = \frac{1}{2}\dot{B}_\mathrm{a}\,, \tag{2.27}$$

$$B_\mathrm{g}(t) = \frac{1}{2}[B_\mathrm{a}(t) - B_\mathrm{a}(0)] + B_\mathrm{g}(0)\,. \tag{2.28}$$

Die beiden letzten Gleichungen enthalten die entscheidende 1:2 Relation zwischen dem magnetischen Führungsfeld B_g und dem Beschleunigungsfeld B_a.

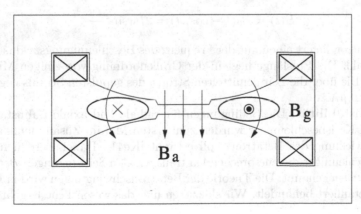

Abb. 2.16. Schema eines Betatrons zur Beschleunigung von Elektronen. B_a: be-
schleunigendes Feld, B_g: Führungsfeld

Die 1:2 Relation wurde 1928 von Wideröe veröffentlicht [Wi28]. Im Übrigen sind die Größen $B_g(0)$ und $B_a(0)$ die Startwerte zum Zeitpunkt $t = 0$ und E ist die elektrische Feldstärke, mit der die Teilchen beschleunigt werden. Für den Impuls zum Zeitpunkt t gilt

$$p(t) = qB_g(t)r\,.\tag{2.29}$$

Der Startimpuls $p(0)$ ergibt sich aus der Vorbeschleunigung in der Elektronenkanone. Die typische Startenergie ist 50 keV, d. h. $p(0) = 231{,}5$ keV$/c$.

Beschleunigung. Im Betatron wird ein geladenes Teilchen bis zu dem Impuls $p_{max} = qB_g^{max}r$ beschleunigt. Diese Beschleunigung ist unabhängig von der Masse und Relativistik der Teilchen[3], solange die Energieverluste aufgrund der elektromagnetischen Strahlungsdämpfung vernachlässigbar klein sind. Ein auf einer Kreisbahn umlaufendes geladenes Teilchen emittiert nämlich wegen der Zentripetalbeschleunigung ständig elektromagnetische Strahlung. Dieser Effekt wurde von Iwanenko und Pomerantschuk vorhergesagt und theoretisch untersucht [Iw44]. Die Strahlung wird heute allgemein Synchrotronstrahlung genannt. Der Energieverlust durch Synchrotronstrahlung steigt mit zunehmender Relativistik dramatisch an. Er ist proportional zu γ^4/r. Daher ist die mit dem Betatron erreichbare Elektronenenergie nach oben begrenzt. Die praktische Grenze liegt bei 300 bis 500 MeV. Bei dieser Energie wird bereits ein substanzieller Teil des Energiegewinns pro Umlauf durch die Synchrotronstrahlung aufgezehrt.

Es ist interessant festzustellen, dass die Beschleunigung unabhängig von dem Zeitfahrplan ist, mit dem der Magnet hochgefahren wird. Meistens wird der sinusförmige Wechselstrom aus dem Stromnetz verwendet. Daher liegt die Frequenz der verwendeten Wechselströme meistens bei 50 bzw. 60 Hz. Die Beschleunigung geschieht im ersten Viertel der Periode. Zur vollen Ausnutzung des Hubes wird manchmal eine Gleichstromkomponente überlagert. Die resultierende Flussdichte $B(t)$ ist in der Abb. 2.17 dargestellt,

$$B(t) = B_0(1 - \cos\omega t) = 2B_0 \sin^2\frac{\omega t}{2}\,.\tag{2.30}$$

Das Betatron liefert einen mit der Frequenz des Beschleunigungszyklus gepulsten Strahl. Die Pulslänge liegt in der Größenordnung von einigen Mikrosekunden. Die über die Zeit gemittelten Ströme des gepulsten Strahls liegen bei 0,1 bis 1,0 µA.

Bahnstabilität. Die Bedingungen für radiale und axiale Bahnstabilität in einem Kreisbeschleuniger wurden zum ersten Mal im Zusammenhang mit der Entwicklung des Betatrons voll erkannt [Ke41]. Daher werden für alle Kreisbeschleuniger die entsprechenden transversalen Schwingungen *Betatronschwingungen* genannt. Die Theorie der Betatronschwingungen wird in Kap. 4 und 6 detailliert behandelt. Wir skizzieren hier das wesentliche Ergebnis.

---

[3] In der Praxis wird das Betatron nur zur Beschleunigung von Elektronen verwendet.

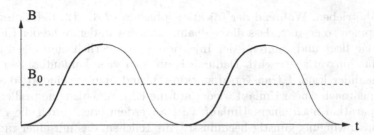

Abb. 2.17. Beschleunigungszyklus eines Betatrons. Das Diagramm zeigt die magnetische Flussdichte B als Funktion der Zeit t

Wie wir bereits bei dem Zyklotron gesehen haben, benötigen wir für die axiale Fokussierung ein Magnetfeld, das nach außen zu größeren Radien hin abfällt (siehe Abb. 2.13). Der Feldindex n ist der entscheidende Parameter für die Berechnung der radialen und axialen Fokussierungskraft,

$$n = -\frac{\partial B}{\partial r}\frac{r}{B}\,. \tag{2.31}$$

Die Betatronschwingungen sind Schwingungen um die Sollbahn. Die Sollbahn ist eine geschlossene Kreisbahn in der magnetischen Mittelebene des Betatrons. Wir nennen die Ortsabweichung von der Sollbahn in radialer Richtung x und in axialer Richtung y. Wir betrachten die Schwingungen nicht als Funktion der Zeit t sondern als Funktion der Bogenlänge s längs der Sollbahn. Für die radialen und axialen Schwingungen um die Sollbahn erhalten wir die beiden einfachen Gleichungen

$$x = x_0 \cos\left(\frac{\sqrt{1-n}}{\rho}s + \psi_x\right),$$
$$y = y_0 \cos\left(\frac{\sqrt{n}}{\rho}s + \psi_y\right). \tag{2.32}$$

Die individuelle Bahn eines einzelnen Teilchens ist durch die Konstanten x_0, ψ_x, y_0 und ψ_y festgelegt. Für die Zahl der Betatronschwingungen pro Umlauf erhalten wir in radialer Richtung $Q_x = \sqrt{1-n}$ und in axialer Richtung $Q_y = \sqrt{n}$. Die Forderung nach Bahnstabilität sowohl in radialer wie in axialer Richtung bedeutet für den Feldindex n

$$0 < n < 1\,. \tag{2.33}$$

Beim Betatron liegt der Feldindex n meistens im Bereich $0{,}5 < n < 0{,}75$.

Injektion und Extraktion. Zur Injektion wird eine exzentrisch zur Sollbahn angeordnete Elektronenkanone verwendet. Die Elektronen werden aus einer Glühkathode aus Wolfram emittiert und mit einer Gleichspannung auf z. B. 50 keV beschleunigt. Ein Wehneltzylinder sorgt für die Fokussierung des Strahls. Die Elektronenkanone wird entsprechend dem Beschleunigungszyklus gepulst betrieben. Während der Injektionsphase wird die 1:2 Relation durch Zusatzspulen so gestört, dass die Sollbahn zunächst in der Nähe der Elektronenkanone liegt und während der Injektion kontinuierlich zum eigentlichen Sollradius hin verlagert wird. Dadurch kann man viele Umlaufbahnen dicht nebeneinander legen („transversal stacking"), und man verhindert, dass die Elektronen nach einem Umlauf wieder auf die Elektronenkanone prallen. Die Bahnseparation nach einem Umlauf wird außerdem noch durch die radiale Betatronschwingung günstig beeinflusst. Ein Teilchen, das mit einer radialen Ortsabweichung von $x = +2{,}0$ mm startet, hat bei $n = 0{,}6$ nach einem Umlauf eine radiale Ortsabweichung von $x = -1{,}35$ mm, nach zwei Umläufen $x = -0{,}19$ mm und nach drei Umläufen $x = +1{,}60$ mm. d. h., erst nach 3 Umläufen kommt das Teilchen wieder in den kritischen Bereich positiver Ortsabweichung. Zu diesem Zeitpunkt ist jedoch die radiale Verschiebung der Teilchenbahnen durch die Störung der 1:2 Relation bereits so groß, dass Transmissionsverluste durch Aufprall auf die Elektronenkanone vermieden werden.

Wenn sich das Magnetfeld seinem Maximum nähert, kann der umlaufende Elektronenstrahl wiederum durch Störung der 1:2 Relation aus dem Betatron ausgelenkt oder auf ein internes Target, die sogenannte Antikathode, gerichtet werden. Hierzu werden Zusatzspulen verwendet, die durch einen Stromstoß im richtigen Moment entweder das Führungsfeld B_g schwächen oder das beschleunigende Feld B_a verstärken. Man kann die Sollbahn der Teilchen auch dadurch verschieben, dass man eine Hälfte des Führungsfeldes verstärkt und die zweite Hälfte abschwächt. Den gleichen Effekt kann man auch durch ein einzelnes lokales Dipolfeld erreichen.

Eine besonders einfache Methode zur Strahlauslenkung wurde von Gund entwickelt [Gu53]. Durch einen Stromstoß auf die Zusatzspulen werden die Elektronen nach außen auf eine dünne Streufolie gelenkt. Die an der Folie aufgrund der Kleinwinkel-Coulomb-Streuung nach außen gestreuten Elektronen werden durch einen elektrostatischen Deflektor (Septum) ausgelenkt, während die nach innen gestreuten Teilchen nach einem weiteren Umlauf in den Ablenker eintreten. Damit ist eine kontinuierliche Auslenkung mit einer Effizienz bis zu 90% möglich.

2.6.2 Größe und Kenndaten

Das erste Betatron wurde 1940 von Kerst gebaut [Ke41]. Die maximal erreichbare Energie betrug 2,3 MeV. Das größte Betatron wurde ebenfalls von Kerst 1949 in Chicago fertig gestellt. Die maximal erreichbare Energie betrug 315 MeV. Diese Energie markiert auch die Energiegrenze für die Betatronbeschleunigung von Elektronen. Die Begrenzung ergibt sich aus der mit zunehmender Energie stark ansteigenden Synchrotronstrahlung, die zu einer entsprechenden Störung der 1:2 Relation führt.

Bei den für die medizinische Strahlentherapie kommerziell hergestellten Betatrons liegen die Endenergien zwischen 15 und 42 MeV (Siemens: 15 MeV und 42 MeV; BBC: 35 MeV; General Electric: 20 MeV). Eine starke Konkurrenz auf diesem Gebiet ist jedoch der Elektronenlinearbeschleuniger, der sich durch eine 100- bis 1000-fach höhere Intensität auszeichnet.

Die folgende Zusammenstellung enthält einige typische Daten des 15 MeV Betatrons von Siemens. Man beachte vor allem, wie klein und kompakt der Magnet ist. Der Magnet hat eine Masse von 400 kg.

Sollbahnradius $r = 0{,}095$ m   Wechselstromfrequenz $\nu = 50$ Hz
Führungsfeld $B_g^{max} = 0{,}56$ T Beschleunigungszeit $t = 5$ ms
Startenergie $T_0 = 45$ keV   Zahl der Umläufe $N = 2{,}35 \cdot 10^6$
Endenergie $T_{max} = 15{,}5$ MeV Energiegewinn pro Umlauf $q\overline{U}_{ind} = 6{,}6$ eV

Anwendung des Betatrons. Das Hauptanwendungsgebiet des Betatrons ist die Tumortherapie mit harter Röntgenbremsstrahlung (Megavoltstrahlung). Dabei macht man sich die bei höheren Energien sehr viel günstigere Tiefendosisverteilung zunutze. Ansonsten werden auch heute noch vereinzelt Betatrons erfolgreich zum Test von komplexen Detektoraufbauten für Mittel- und Hochenergieexperimente eingesetzt. Elektronen im 10 MeV-Bereich sind nämlich ideal geeignet, um Effekte von minimalionisierenden Teilchen zu simulieren.

2.7 Synchrotron

Vorbemerkung. Das Synchrotron ist ein Kreisbeschleuniger, bei dem im Gegensatz zum Betatron und Synchrozyklotron das Magnetfeld auf eine Ringzone beschränkt wird. Durch entsprechende Feldgradienten werden die Teilchen wie bei dem Betatron in transversaler Richtung fokussiert, die transversalen Schwingungen nennt man daher auch *Betatronschwingungen*.

Während das Magnetfeld hochgefahren wird, geschieht die Beschleunigung der im Synchrotron umlaufenden Teilchenpakete mithilfe von HF-Beschleunigungsstrecken, deren Frequenz auf die Umlauffrequenz der Teilchen abgestimmt wird. Im Gegensatz zu dem Isochronzyklotron hängt die Umlauffrequenz der Teilchen von der Impulsabweichung gegenüber dem synchronen Teilchen ab. Daher machen die Teilchen innerhalb eines Teilchenpaketes longitudinale Schwingungen um das synchrone Teilchen. Diese longitudinale Schwingungen nennt man *Synchrotronschwingungen*.

In der historischen Entwicklung kam zunächst das Synchrotron mit konstantem Feldgradienten, bei dem der Feldindex auf den Bereich $0 < n < 1$ beschränkt ist. Dieses klassische Synchrotron trägt daher auch die Bezeichnung CG-Synchrotron („constant gradient synchrotron") bzw. schwach fokussierendes Synchrotron („weak focusing synchrotron"). Nach der Wiederentdeckung der starken Fokussierung durch Christofilos (1950) sowie Courant, Livingston und Snyder (1952) war das Konzept des schwach fokussierenden Synchrotrons durch die Entwicklung des stark fokussierenden Synchrotrons überholt.

Die starke Fokussierung basiert auf dem Prinzip des alternierenden Gradienten, daher wird das stark fokussierende Synchrotron auch AG-Synchrotron („alternating gradient synchrotron") genannt. Das Prinzip der starken Fokussierung bewirkte eine Revolution in dem Bau von Synchrotronbeschleunigern. Eine drastische Erhöhung der Fokussierungsstärke bewirkt nämlich eine entsprechend drastische Abnahme der transversalen Strahlausdehnung, d.h. der Strahlenveloppen. Das bedeutet wesentlich kompaktere und damit preisgünstigere Magnetsysteme. Es ist auch die Grundvoraussetzung für das Erreichen von extrem hohen Teilchenenergien bis in den Bereich von TeV (10^{12} eV). Bei dem AG-Synchrotron unterscheidet man zwischen der Combined-Function-Maschine, bei der nicht nur die Ablenkung sondern auch die Fokussierung in den Ablenkmagneten geschieht und der Separated-Function-Maschine, bei der die Fokussierung in Quadrupolmagneten getrennt von der Ablenkung in den Ablenkmagneten geschieht.

2.7.1 CG-Synchrotron

Die Struktur des klassischen CG-Synchrotrons („constant gradient synchrotron") ist grobschematisch in der Abb. 2.18 dargestellt. Es besteht aus vier Ablenkmagneten mit einem konstant nach außen hin abfallenden Magnetfeld. Wenn man von den kleinen Driftstrecken zwischen den Sektormagneten absieht, erhält man für die radialen und axialen Betatronschwingungen die Gleichungen (2.32). Wegen $0 < n < 1$ ist die Zahl der radialen und axialen Schwingungen pro Umlauf auf jeden Fall kleiner als 1, d. h. man hat wegen der geringen Fokussierungsstärke eine sehr langwellige Betatronoszillation. Daher werden selbst bei einer kleinen Strahlemittanz die Schwingungsamplituden der Teilchen riesengroß. CG-Synchrotrons gehören zu den „Dinosauriern" der Beschleunigerentwicklung. Sie haben inzwischen nur noch historische Bedeutung.

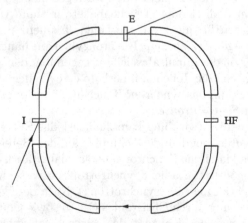

Abb. 2.18. Schema eines CG-Synchrotrons. I: Injektion, E: Extraktion, HF: HF-Resonator

Die letzte große Maschine dieses Typs, das sogenannte Synchrophasotron in Dubna mit Protonenenergien von 10 GeV, wurde 1991 stillgelegt. Die Maschine hatte gewaltige Magnete mit einer Apertur von 200 cm × 40 cm. Die Gesamtmasse der Magnete betrug 36 000 t. Zum Vergleich, die Apertur des 28 GeV Protonensynchrotrons PS am CERN beträgt nur 15 cm × 10 cm und die Gesamtmasse der Magneten liegt bei 3000 t.

2.7.2 AG-Synchrotron

Bei einem AG-Synchrotron („alternating gradient synchrotron") in der Combined-Function-Ausführung wird die starke Fokussierung dadurch erzielt, dass die Ablenkmagnete abwechselnd einen sehr starken positiven oder negativen Feldindex haben. Der Betrag des Feldindex liegt üblicherweise in der Größenordnung von 20.

Ein typisches Beispiel für eine solche Maschine ist das Bonner 2.5 GeV-Elektronensynchrotron, dessen Magnetfeldstruktur in der Abb. 2.19 dargestellt ist. Das Synchrotron besteht aus 12 Einheitszellen mit jeweils einem horizontal fokussierenden ($n = -22{,}26$) und einem horizontal defokussierenden ($n = +23{,}26$) Ablenkmagneten. Die beiden Ablenkmagnete sind in Abb. 2.19 zu einer Magneteinheit M zusammengefasst. Die ionenoptische Struktur der Einheitszelle ist O/2 F D O/2, wobei O/2 für eine halbe Driftstrecke und F und D für den radial fokussierenden bzw. defokussierenden Sektor steht. Die Zahl der Betatronschwingungen pro Umlauf liegt im Falle des Bonner Elektronensynchrotrons radial und axial bei 3,4.

Bei dem AG-Synchrotron in der Separated-Function-Ausführung wird die starke Fokussierung mithilfe von Quadrupolmagneten realisiert. Die Ablenkmagnete haben dann üblicherweise ein homogenes Magnetfeld, dessen Fokussierungsstärke klein gegenüber der Fokussierungsstärke der Quadrupole ist.

Ein typisches Beispiel hierfür ist der Bonner Elektronenbeschleuniger ELSA, dessen Magnetstruktur in Abb. 2.19 dargestellt ist (siehe auch Abschn. 6.8.2). Die für die lineare Optik wichtigen Elemente sind die Quadrupole Q und die Ablenkmagnete M. Die Quadrupole Q sind abwechselnd horizontal fokussierend bzw. defokussierend eingestellt. Die ionenoptische Struktur der Einheitszelle ist die in vielen AG-Synchrotrons erprobte FODO-Struktur (F = fokussierend, D = defokussierend, O = nicht fokussierend, d. h. Driftstrecke bzw. Ablenkmagnet mit schwacher Fokussierungsstärke). Die FODO-Struktur ergibt einen sehr regelmäßigen Verlauf der Strahlenveloppen $\sqrt{\epsilon_x \beta_x(s)}$ und $\sqrt{\epsilon_y \beta_y(s)}$ (siehe Abb. 2.20).

Die Separated-Function-Version eines AG-Synchrotrons hat den Vorteil einer großen Flexibilität in der Wahl des Arbeitspunktes, d. h. der Zahl der Betatronschwingungen pro Umlauf. Im Falle von ELSA stehen 16 FODO-Einheitszellen zur Verfügung, die einen Arbeitspunkt mit Q_x und Q_y in der Nähe von 4,6 ermöglichen.

Die charakteristische Anordnung der Magnete, die zu einer bestimmten ionenoptischen Struktur führt, nennt man in der englischen Fachspra-

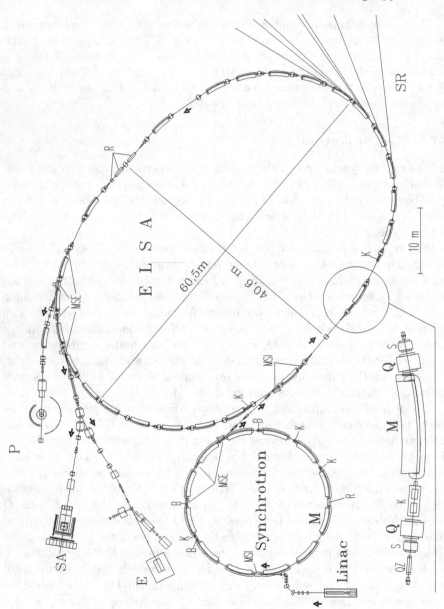

Abb. 2.19. Die Abbildung zeigt die Bonner Beschleunigeranlage, die aus einem Linac, einem Combined-Function-Synchrotron (Endenergie 2,3 GeV) und einem Separated-Function-Synchrotron (Elektronen-Stretcher-Anlage ELSA, Endenergie 3,5 GeV) besteht. M: Ablenkmagnet, Q: Quadrupol, S: Sextupol, QZ: Zusatzquadrupol, R: HF-Resonator, MSI: Magnetisches Septum zur Injektion, MSE: Magnetisches Septum zur Extraktion, B: Bumper, K: Kicker, SR: Synchrotronstrahlung, P, SA, E: Experimentierplätze. Die Abbildung wurde freundlicherweise von Herrn Dirk Husmann zur Verfügung gestellt

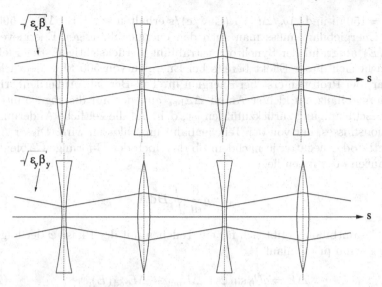

Abb. 2.20. Schema der FODO-Struktur mit Strahlenveloppen. Die Quadrupole haben die Wirkung von Sammellinsen bzw. Zerstreuungslinsen. Die in radialer Richtung fokussierenden Quadrupole wirken in axialer Richtung defokussierend und vice versa

che „Lattice". Eine detaillierte Betrachtung der transversalen Bahndynamik von Kreisbeschleunigern und speziell von Synchrotronbeschleunigern folgt in Kap. 6.

HF-Beschleunigung. Die HF-Beschleunigung (HF = Hochfrequenz) der Teilchen geschieht mithilfe von HF-Hohlraumresonatoren („cavity") (siehe Abschn. 3.2). Die Hochfrequenz ν_{HF} muss ein ganzzahliges Vielfaches der Umlauffrequenz ν_{s} des synchronen Teilchen sein. Die Synchronisationsbedingung lautet

$$\nu_{\mathrm{HF}} = h\nu_{\mathrm{s}} . \tag{2.34}$$

Die Harmonischenzahl h ist eine ganze Zahl.

Der Fahrplan für die Beschleunigung wird durch das Hochfahren der Dipolmagnetfelder, die sogenannte Rampe („ramp"), vorgegeben. Bei vielen Synchrotrons steigt das Magnetfeld linear mit der Zeit an. Ein typischer Wert für die Geschwindigkeit der Magnetfeldänderung der Ablenkmagnete ist 1 T/s. Es gibt aber auch sogenannte „rapid cycling" Synchrotrons, bei denen das Magnetfeld sinusförmig mit Netzfrequenz (z. B. 50 Hz bei dem Bonner Elektronensychrotron) variiert wird. In jedem Fall ist für das synchrone Teilchen der Energiegewinn pro Umlauf, ΔE_{s}, durch die Rampe, d. h. durch die Änderung des Impulses pro Zeiteinheit, $\Delta p_{\mathrm{s}}/\Delta t$, festgelegt. Mit der Weglänge C pro Umlauf („circumference") ergibt sich

$$\Delta E_{\mathrm{s}} = C \frac{\Delta p_{\mathrm{s}}}{\Delta t} . \tag{2.35}$$

Mit $C = 150$ m und $\Delta p_{\rm s}/\Delta t = 1$ (GeV/c)/s erhalten wir z. B. $\Delta E_{\rm s} = 500$ eV. In der Energiebilanz muss man auch den energieabhängigen Energieverlust $\Delta E_{\rm rad}(E)$ aufgrund der Synchrotronstrahlung berücksichtigen. Bei Elektronen macht sich dieser Effekt bereits bei Energien von 500 MeV deutlich bemerkbar, bei Protonen erst bei Energien im TeV-Bereich. Außerdem tritt in der Energiebilanz ein kleiner Anteil $\Delta E_{\rm bet}$ auf, der auf die sogenannte Betatronbeschleunigung zurückzuführen ist, d. h. auf die zeitliche Änderung des Induktionsflusses, der von der Teilchenbahn umschlossen wird. Dieser Anteil ist positiv oder negativ, je nachdem ob das Joch der C-förmigen Ablenkmagnete außen oder innen liegt,

$$\Delta E_{\rm bet} = q\frac{\rm d}{{\rm d}t} \oint \boldsymbol{B}{\rm d}\boldsymbol{A}\,. \tag{2.36}$$

In der Gesamtbilanz ergibt sich für ein Teilchen mit der Phase φ der folgende Energiegewinn pro Umlauf

$$\Delta E = qU_0 \sin\varphi + \Delta E_{\rm bet} - \Delta E_{\rm rad}(E)\,. \tag{2.37}$$

Für das synchrone Teilchen gilt entsprechend

$$\Delta E_{\rm s} = q\,U_0 \sin\varphi_{\rm s} + \Delta E_{\rm bet} - \Delta E_{\rm rad}(E_{\rm s})\,. \tag{2.38}$$

Der Nullpunkt der Phase φ ist dadurch festgelegt, dass bei $\varphi = 0$ die Teilchenenergie durch das HF-Feld nicht geändert wird. Ein Teilchen, das später eintrifft, hat eine positive Phase φ und einen positiven Energiegewinn, ein Teilchen, das früher eintrifft, hat eine negative Phase φ und einen negativen Energiegewinn. Die Zahl der HF-Beschleunigungsstrecken ist nicht auf Eins beschränkt. Vor allem bei Elektronenbeschleunigern mit einem hohem Strahlungsverlust $\Delta E_{\rm rad}$ ist es notwendig, mehr als nur eine HF-Beschleunigungsstrecke vorzusehen.

Phasenfokussierung. Das Prinzip der Phasenfokusssierung wurde bei der Entwicklung des Synchrotrons entdeckt [Ve44] [Mi45]. Es wurde bereits bei dem Überblick über die Linearbeschleuniger (Absch. 2.2) geschildert. Durch die Phasenfokussierung werden die Teilchen in Teilchenpaketen mit einer endlichen Phasenbreite zusammengehalten. Eine wichtige Voraussetzung für die Phasenfokussierung ist die Abhängigkeit der Umlauffrequenz ω von dem Impuls p. Diese Abhängigkeit wird durch den Parameter η erfasst,

$$\frac{\Delta\omega}{\omega} = \eta\frac{\Delta p}{p}\,. \tag{2.39}$$

Phasenfokussierung ist nur möglich, wenn $\eta \neq 0$. Der Parameter η ist die Dispersion der Umlauffrequenz. Bei der Berechnung von η (siehe Abschn. 6.7.2) muss neben der Änderung der Geschwindigkeit $\Delta v/v$ auch die Änderung der Weglänge $\Delta C/C$ berücksichtigt werden, die dadurch hervorgerufen wird, dass Teilchen mit einer Impulsabweichung auf einer anderen Bahn durch die

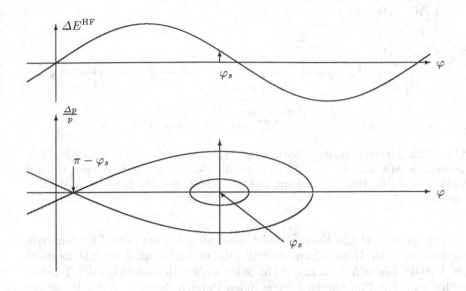

Abb. 2.21. Synchrotronschwingung (hier für $\eta < 0$). *Oben*: Energiegewinn ΔE^{HF} als Funktion der Phase φ. Die Phase des synchronen Teilchens ist φ_s. Der mittlere Energiegewinn, d. h. der Energiegewinn des synchronen Teilchens, ist durch einen kleinen Pfeil angedeutet. *Unten*: Gekoppelte Phasen- und Impulsschwingung um die Phase φ_s und den Impuls p_s des synchronen Teilchens. Bei $\eta < 0$ und kleiner Schwingungsamplitude bewegen sich die Teilchen auf einer Ellipse im Uhrzeigersinn. Die fischähnliche Separatrix markiert die Grenze des stabilen Bereichs. Teilchen, die früher eintreffen, haben eine Phase $\varphi < \varphi_s$ und vice versa

Ablenkmagnete fliegen. Die zweite Voraussetzung für Phasenfokussierung ist die richtige Phasenlage des synchronen Teilchens. Phasenfokussierung ist nur möglich, wenn das synchrone Teilchen nicht im Maximum der Sinusverteilung sondern im Anstieg oder Abfall der Sinusverteilung beschleunigt wird. Wenn $\eta > 0$, liegt φ_s wie bei dem Linearbeschleuniger zwischen 0° und 90° (siehe Abb. 2.8). Wenn $\eta < 0$, liegt φ_s zwischen 90° und 180° (siehe Abb. 2.21). Durch die Phasenfokussierung entstehen Phasenschwingungen um die Phase des synchronen Teilchens. Diese Phasenschwingungen werden häufig auch Synchrotronschwingungen genannt. Die Phasenschwingungen sind mit entsprechenden Impulsschwingungen um den Impuls des synchronen Teilchens verkoppelt. Bei kleinen Schwingungsamplituden bewegen sich die Teilchen auf einer Ellipse in der φ-$\Delta p/p$ Ebene. Bei größeren Schwingungsamplituden werden die Ellipsen wegen der Nichtlinearität der Schwingungsgleichung fischähnlich deformiert. Die Separatrix markiert den maximal möglichen stabilen Phasenraumbereich in der φ-$\Delta p/p$ Ebene. Diesen stabilen Bereich nennt man in der englischsprachigen Literatur „bucket". Teilchen außerhalb der Se-

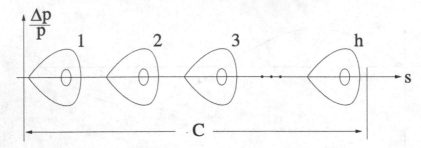

Abb. 2.22. Momentaufnahme der in einem Synchrotron ($\eta < 0$) umlaufenden Teil-chenpakete. Mit $\omega_{HF} = h\omega_s$ gibt es h stabile Bereiche („*Buckets*") pro Umlauf. Nicht jeder stabile Bereich muss mit Teilchen gefüllt sein. Die Größe C ist die Um-fangslänge

paratrix werden letzten Endes abgebremst und gehen verloren. In einem Syn-chrotron mit der Harmonischenzahl h gibt es insgesamt h stabile Bereiche pro Umlauf (siehe Abb. 2.22). Nicht jeder stabile Bereich muss mit Teilchen gefüllt sein. Die Phasenbreite des stabilen Bereichs hängt von der Phase des synchronen Teilchens, φ_s, ab. Die Impulsbreite des stabilen Bereichs, d. h. $\Delta p_{max}/p$, variiert mit der Amplitude der beschleunigenden Spannung, d. h. mit U_0. Die Theorie der Phasenfokussierung und Phasenschwingungen wird in Kap. 8 detailliert behandelt.

2.8 Mikrotron

2.8.1 Klassisches Mikrotron

Wegen der kleinen Ruhemasse des Elektrons ist das Zyklotron zur Beschleuni-gung von Elektronen ungeeignet. Bei einer kinetischen Energie von nur 1,022 MeV haben wir bereits eine relativistische Massenzunahme $\gamma = 3$. Das Zy-klotronprinzip ist jedoch nur zur Beschleunigung von Teilchen bis zu einer relativistischen Massenzunahme von $\gamma \approx 1{,}6$ geeignet. Die Alternative zu dem Zyklotron ist das Mikrotron [Ve45]. Im Gegensatz zum Zyklotron wird die Synchronisation dadurch erreicht, dass bei jedem Umlauf die Flugzeit t ein ganzzahliges Vielfaches der HF-Periode T_{HF} ist. Wir erläutern dieses Prinzip anhand des klassischen Mikrotrons (siehe Abb. 2.23). Die Elektronen werden im homogenen Magnetfeld auf Kreisbahnen geführt. Nach jedem Umlauf wer-den sie mithilfe eines Hohlraumresonators beschleunigt. Für die Umlaufzeit t erhalten wir

$$t = \frac{2\pi r}{v} = \frac{2\pi \gamma m}{qB} = \frac{2\pi E}{qBc^2} \,. \tag{2.40}$$

Im homogenen Magnetfeld ist die Umlaufzeit proportional zur Gesamtenergie $E = \gamma mc^2 = mc^2 + T$ (Ruheenergie plus kinetische Energie). Zur Synchroni-sation wird das Magnetfeld B und die Gesamtenergie E_1 während des ersten

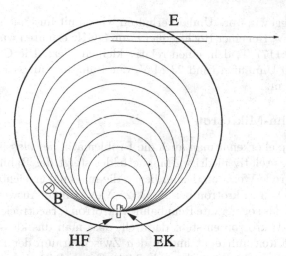

Abb. 2.23. Schema des klassischen Mikrotrons. EK: Elektronenkanone, HF: HF-Resonator, B: Induktionsflussdichte des homogenen Ablenkmagneten, E: Extraktionskanal

Umlaufs so eingestellt, dass die Umlaufzeit t_1 ein ganzzahliges Vielfaches von T_{HF} ist,

$$t_1 = \frac{2\pi E_1}{qBc^2} = \mu T_{HF}\,, \qquad \mu = 2, 3, 4, \ldots \,. \tag{2.41}$$

Bei jedem Durchflug durch die HF-Beschleunigungsstrecke erhöht sich die Gesamtenergie um ΔE. Die Energiezunahme ΔE bewirkt eine Zunahme der Umlaufzeit Δt. Zur Synchronisation muss Δt ebenfalls ein ganzzahliges Vielfaches von T_{HF} sein,

$$\Delta t = \frac{2\pi \Delta E}{qBc^2} = \nu T_{HF}\,, \qquad \nu = 1, 2, 3, \ldots \,. \tag{2.42}$$

Die Gesamtenergie E_1 beim ersten Umlauf ist die Summe aus der Gesamtenergie E_i bei der Injektion und dem ersten Energiegewinn ΔE,

$$E_1 = E_i + \Delta E\,. \tag{2.43}$$

Wegen $E_1 > \Delta E$ gilt $\mu > \nu$. Im Fundamentalmode ist $\mu = 2$, $\nu = 1$ und

$$\Delta E = E_i = \frac{qBc^2}{2\pi} T_{HF}\,, \tag{2.44}$$

d. h., der Energiegewinn ΔE muss mindestens gleich der Ruheenergie des Teilchens sein. Daher ist das Mikrotron nur zur Beschleunigung von Elektronen und Positronen geeignet, da $\Delta E > 0{,}511$ MeV mit einem HF-Resonator erreicht werden kann. Bei Protonen müsste $\Delta E > 938{,}27$ MeV sein. Wenn die Elektronen mit einer kinetischen Energie von 50 keV die Elektronenkanone verlassen, beträgt die Gesamtenergie bei der Injektion $E_i = 0{,}561$ MeV.

Für den Energiegewinn pro Umlauf erhalten wir damit im Fundamentalmode $\Delta E = 0,561$ MeV. Bei einer Hochfrequenz von 3 GHz erhalten wir für das Magnetfeld $B = 0,1177$ T, d. h. einen relativ kleinen Wert. Die Gesamtenergie beträgt nach 40 Umläufen rund 23 MeV, der Bahndurchmesser liegt hierbei bereits bei 1,30 m.

2.8.2 Rennbahn-Mikrotron

An diesem Beispiel erkennt man auch die Problematik des klassischen Mikrotrons. Wegen des relativ niedrigen Magnetfeldes steigt der Bahndurchmesser rasch auf sehr große Werte an. Daher liegen die maximal erreichbaren Energien beim klassischen Mikrotron bei 20 bis 25 MeV. Einen Ausweg aus diesem Dilemma bietet das sogenannte Rennbahn-Mikrotron („racetrack microtron"). Das Rennbahn-Mikrotron entsteht dadurch, dass man das klassische Mikrotron in zwei Hälften auftrennt und in den Zwischenraum der Länge l einen Linearbeschleuniger einbaut (siehe Abb. 2.24). Dadurch ist ein sehr viel höherer Energiegewinn ΔE pro Umlauf möglich. Da die Elektronen praktisch mit Lichtgeschwindigkeit fliegen, erhöht sich die Umlaufzeit um $2l/c$. Die Synchronisationsbedingung ergibt

$$t_1 = \frac{2\pi E_1}{qBc^2} + \frac{2l}{c} = \mu T_{\mathrm{HF}}, \qquad \mu \gg 2,$$

$$\Delta t = \frac{2\pi \Delta E}{qBc^2} = \nu T_{\mathrm{HF}}, \qquad \nu = 1, 2, 3, \ldots, \tag{2.45}$$

$$\Delta E = \nu \frac{qBc^2}{2\pi} T_{\mathrm{HF}}.$$

Die Injektionsenergie E_i ist ein ganzzahliges Vielfaches des Energiegewinns ΔE pro Umlauf. Zur Illustration betrachten wir ein numerisches Beispiel. Bei einer Hochfrequenz von 3 GHz ist $T_{\mathrm{HF}} = 333,\overline{3}$ ps. In dieser Zeit legt ein mit Lichtgeschwindigkeit fliegendes Teilchen die Strecke $cT_{\mathrm{HF}} = 10$ cm zurück. Eine Strecke von $l = 5$ m entspricht 50 HF-Perioden. Mit $\Delta E = 5$ MeV und $\nu = 1$ erhalten wir eine Magnetfeldstärke $B = 1,0487$ T. Bei einer Injektionsenergie von $E_i = 15$ MeV erreichen wir mit einer solchen Maschine nach 40 Umläufen eine Endenergie von 215 MeV. Der Bahnradius beträgt bei dieser Endenergie 0,6839 m.

Phasenfokussierung. Wie bei einem Elektronensynchrotron und einem Protonensynchrotron mit $\eta < 0$ wird die Zeit für einen Umlauf mit zunehmender Energie der Teilchen größer. Daher ist das Prinzip der Phasenfokussierung auch bei dem Mikrotron anwendbar. Der stabile Phasenbereich liegt in der Nähe des Maximums der Sinuskurve ($\varphi = 90°$) auf der Seite mit der negativen Steigung. Bei einem Betrieb mit $\nu = 1$ darf die Phase des synchronen Teilchens in dem Intervall $90° < \varphi_s < 122,5°$ liegen. Bei $\varphi_s = 107,7°$ ist der stabile Phasenbereich, d. h. die Separatrix, maximal.

Transversale Bahnstabilität. In radialer Richtung ist die Bahnstabilität kein Problem. Die Teilchen werden durch die fokussierende Wirkung

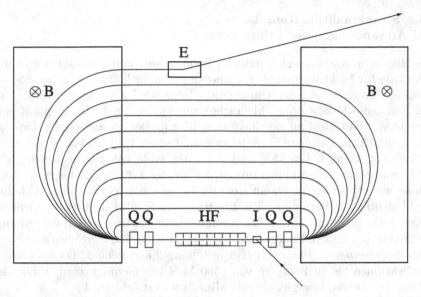

Abb. 2.24. Schema des Rennbahn-Mikrotrons. I: Injektionsmagnet, HF: HF-Beschleunigungsstrecke, Q: Quadrupolmagnet, B: Induktionsflussdichte des homogenen Ablenkmagneten, E: Extraktionsmagnet

der homogenen Ablenkmagnete zusammengehalten. In axialer Richtung wirken jedoch die Ablenkmagnete wie Driftstrecken. Beim klassischen Mikrotron nutzt man daher die elektrische Fokussierung durch die Beschleunigungselektroden. Das elektrische Feld wirkt am Eingang einer Beschleunigungsstrecke fokussierend und am Ausgang defokussierend. Dieser Mechanismus wird im Zusammenhang mit der Rohrlinse erklärt (siehe Abb. 5.2). Da die Teilchen beschleunigt werden, ist die fokussierende Wirkung größer als die defokussierende Wirkung. Dieser Effekt wird noch dadurch verstärkt, dass die Teilchen wegen der speziellen Phasenlage $\varphi_s > 90°$ am Eingang ein größeres elektrisches Feld sehen als am Ausgang. Zur Erhöhung der axialen Fokussierung werden bei dem Rennbahn-Mikrotron je zwei Quadrupolmagnete in einer symmetrischen Anordnung vor und hinter der Beschleunigungsstrecke eingesetzt (siehe Abb. 2.24).

Injektion, Extraktion. Bei dem klassischen Mikrotron werden die Elektronen aus einer internen Elektronenkanone direkt in die erste Umlaufbahn eingeschossen. Bei dem Rennbahnmikrotron wird der Elektronenstrahl häufig mit einem elektrostatischen Beschleuniger oder einem Linearbeschleuniger vorbeschleunigt und mithilfe spezieller Ablenkmagnete auf die erste Umlaufbahn gelenkt. Besonders einfach ist die Extraktion des Elektronenstrahls, da sich das Mikrotron durch eine große Bahnseparation auszeichnet. Durch einen kleinen Ablenkmagneten kann man die letzte Umlaufbahn so stören, dass die Elektronen nach der letzten 180°-Ablenkung das Mikrotron verlassen.

2.8.3 Strahlqualität, Kenndaten und Anwendungen des Mikrotrons

Das Mikrotron zeichnet sich durch eine hohe Strahlqualität aus. Daher ist das Mikrotron für Elektronenstreuexperimente mit einer hohen Energieauflösung besonders geeignet. An der Universität Mainz wird z. B. eine Kaskade aus drei Rennbahn-Mikrotronbeschleunigern verwendet, um Elektronen auf eine Energie von 840 MeV zu beschleunigen [He83]. Der Beschleuniger hat das Akronym MAMI. Die erste Stufe beschleunigt von 2,1 nach 14 MeV, die zweite Stufe von 14 nach 175 MeV und die dritte Stufe von 175 nach 840 MeV. Die Linearbeschleuniger in den drei Stufen werden im CW-Mode (cw = „continuous wave") betrieben. Damit steht für Experimente ein CW-Strahl[4] hoher Strahlqualität zur Verfügung. Die Emittanz des Strahls liegt in der Größenordnung von 0,1 π mm mrad. Die Energieschärfe liegt in der Größenordnung von 20 000. Um höhere Energien zu erreichen, wurde eine vierte Stufe in Form eines *doppelseitigen Mikrotrons* (Fertigstellung 2006) gebaut. Damit können die Elektronen bis zu Energien von 1500 MeV beschleunigt werden. Dies ist bislang die höchste Energie, die mit Mikrotrons erreicht wird.

Häufig werden Mikrotronbeschleuniger wegen der hohen HF-Leistungen gepulst betrieben. Die typischen Pulslängen liegen zwischen 1 und 5 µs, das Tastverhältnis variiert zwischen 0,1% und 5%. Zur Beschleunigung in einem Rennbahn-Mikrotron verwendet man Energiegradienten im Bereich 2 bis 15 MeV/m. Die Hochfrequenz liegt meistens im L-Band bei 1,3 GHz oder im S-Band bei 3 GHz. Die mittleren Strahlströme liegen im Bereich von 1 bis 100 µA.

In der Medizin wird das Mikrotron zur Strahlentherapie mit energiereichen Elektronen genutzt. In der Industrie wird das Mikrotron zur Radiografie und zur Erzeugung von Strahlenschäden in Festkörpern verwendet.

2.9 Speicherringe, Collider

Aufgrund der stürmisch fortschreitenden Entwicklung der Beschleunigerphysik war es bereits ab 1960 möglich, Teilchen in Beschleunigerringen über längere Zeit zu speichern und die ersten Colliding-Beam-Experimente durchzuführen. Am Beginn dieser Entwicklung standen vor allem e^+e^--Speicherringe. Bei diesen laufen in zwei getrennten Ringen oder auch im gleichen Ring e^+-Teilchenpakete und e^--Teilchenpakete entgegengesetzt um (siehe Abb. 2.25). An bestimmten, wohldefinierten Wechselwirkungszonen treffen die Teilchen aufeinander, die ausgelösten Reaktionsprodukte werden mit entsprechend aufwändig gestalteten Detektorsystemen nachgewiesen. Heute werden

---

[4] Bei Koinzidenzexperimenten ist ein CW-Strahl im Vergleich zu einem gepulsten Strahl sehr viel wertvoller. Die Zahl der zufälligen Koinzidenzen ist bei einem gepulsten Strahl umgekehrt proportional zum Quadrat des Tastverhältnisses („duty factor").

a)   b)

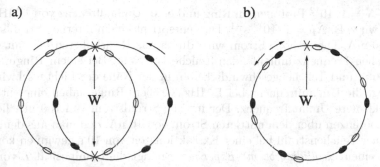

Abb. 2.25. Schema eines Speicherrings für Colliding-Beam-Experimente. In (a) ist ein Doppelring dargestellt, bei dem die Teilchen mit einer kleinen Winkelabweichung von 180° kollidieren. In (b) ist ein Einzelring dargestellt, in dem Teilchen und Antiteilchen unter 180° kollidieren

Speicherringe nicht nur zur Speicherung von Elektronen und Positronen sondern auch zur Speicherung von Protonen, Antiprotonen und schweren Ionen eingesetzt. Speicherringe sind synchrotronartige Beschleuniger mit spezieller Auslegung, die mit einem zeitlich konstanten Magnetfeld betrieben werden. Elektronen und Positronen können z. B. nur in einem Separated-Function-Synchrotron gespeichert werden (siehe Abschn. 10.3, Dämpfung von Schwingungen durch die Synchrotronstrahlung). Um Missverständnisse zu vermeiden sei darauf hingewiesen, dass man die Hochbeschleunigung und anschließende Speicherung der Teilchen mit ein und derselben Ringanlage bewerkstelligen kann. Es besteht aber auch die Möglichkeit, Teilchen in einem separaten Beschleuniger zu beschleunigen und anschließend in einem Speicherring mit zeitlich konstantem Magnetfeld zu speichern.

Bei einem *Speicherringexperiment mit internem Target* ist man vor allem an der Möglichkeit interessiert, bei sehr dünnen Targets noch hinreichend viel Luminosität L zu erzielen. Die Luminosität charakterisiert den Zusammenhang zwischen der Ereignisrate $\dot{N}_\mathrm{D}$ (Einheit: $1\ \mathrm{s}^{-1}$) in einem Detektor und dem Wirkungsquerschnitt σ (Einheit: $1\ \mathrm{cm}^2$) der untersuchten Reaktion,

$$\dot{N}_\mathrm{D} = L\sigma\,. \tag{2.46}$$

Bei einem Streuexperiment, bei dem ein extrahierter Strahl auf ein externes Target geschossen wird, erhalten wir die Luminosität

$$L = \dot{N}_\mathrm{P}\frac{N_\mathrm{T}}{A}, \qquad \text{Einheit}\quad 1\ \mathrm{cm}^{-2}\mathrm{s}^{-1}\,. \tag{2.47}$$

Hierbei ist $\dot{N}_\mathrm{P}$ die Zahl der Projektile pro Zeiteinheit und N_T/A die Zahl der Targetteilchen pro Flächeneinheit. Bei einem Speicherring mit einem internen Target ist $\dot{N}_\mathrm{P}$ durch die Zahl der umlaufenden Teilchenpakete N_B, die mittlere Teilchenzahl pro Teilchenpaket N und die Umlauffrequenz f gegeben,

$$\dot{N}_\mathrm{P} = N_\mathrm{B}Nf\,. \tag{2.48}$$

Bei $N_B N = 1 \cdot 10^{12}$ Protonen im Ring und einer Umlauffreqenz von 1 MHz erhalten wir z. B. $\dot{N}_P = 1 \cdot 10^{18}$ s^{-1}. Dies entspricht einem internen Strahlstrom von 160 mA. Dieser hohe Strom wird durch das Rezirkulieren der mit einer sehr hohen Frequenz umlaufenden Teilchen erreicht. Bei einem Ringumfang von 300 m und Teilchengeschwindigkeiten in der Nähe der Lichtgeschwindigkeit liegt die Umlauffrequenz bei 1 MHz. Größere Ringe haben eine entsprechend kleinere Umlauffrequenz. Der interne Strahlstrom von 160 mA liegt 7 Zehnerpotenzen über dem mittleren Strom von 16 nA, den man aus dem umlaufenden Teilchenstrahl bei einer Extraktionszeit von 10 s gewinnen könnte.

Bei einem *„colliding beam"-Experiment* hängt die Luminosität L von der Zahl N_B der umlaufenden Teilchenpakete, den mittleren Teilchenzahlen N_1 und N_2 pro Teilchenpaket in den beiden entgegengesetzt umlaufenden Strahlen, der Umlauffrequenz f und der effektiven Wechselwirkungsfläche A_{int} ab,

$$L = N_B \frac{N_1 N_2}{A_{int}} f \,. \tag{2.49}$$

Für eine zweidimensionale Gaußverteilung mit den Standardabweichungen σ_x und σ_y erhalten wir

$$A_{int} = 4\pi \sigma_x \sigma_y \,. \tag{2.50}$$

Wenn die beiden Strahlen sich unter einem kleinen Winkel 2Θ horizontal kreuzen, gilt,

$$A_{int} = 4\pi \sqrt{\sigma_x^2 + \sigma_l^2 \Theta^2} \; \sigma_y \,. \tag{2.51}$$

Hierbei ist σ_l die Standardabweichung der Teilchenpakete in longitudinaler Richtung. Um eine möglichst hohe Luminosität zu erreichen, wird die effektive Wechselwirkungsfläche A_{int} möglichst klein und die Zahl B der Teilchenpakete sowie die mittleren Teilchenzahlen pro Teilchenpaket N_1 und N_2 möglichst groß gemacht. Eine möglichst kleine Fläche A_{int} bedeutet wegen $\sigma_x = \sqrt{\epsilon_x \beta_x}$ und $\sigma_y = \sqrt{\epsilon_y \beta_y}$ möglichst kleine Werte für die Emittanzen ϵ_x und ϵ_y und die Betatronfunktionen β_x und β_y an der Wechselwirkungsstelle, d. h. eine möglichst enge Strahltaille („minimum beta"). Die Begriffe Emittanz und Betatronfunktion werden in Abschn. 4.7 bzw. 6.4–6.6 eingeführt. Ebenso muss man darauf achten, dass die Strahlemittanzen ϵ_x und ϵ_y möglichst klein sind. Aufgrund der elektromagnetischen Wechselwirkung innerhalb der umlaufenden Teilchenpakete und insbesondere der gegenseitigen Störung an den Wechselwirkungspunkten ist jedoch die Luminosität nach oben hin begrenzt. Die praktisch erreichbaren Luminositäten liegen in der Größenordnung von 10^{30} bis 10^{34} cm^{-2} s^{-1}.

Bei vielen Colliding-Beam-Experimenten steht die maximal mögliche Energie E_{ges}^{cm} im Schwerpunktsystem im Vordergrund des Interesses. Bei Experimenten mit e$^+$e$^-$- bzw. p$\overline{p}$-Collidern ist die Energie E_{ges}^{cm} einfach gleich der Summe der beiden Teilchenenergien im Laborsystem. Ein anderer Aspekt ist die Tatsache, dass das Laborsystem praktisch gleich dem Schwerpunktsystem ist. Die kinematischen Zusammenhänge im Falle von einem Collider mit ungleichen Teilchenimpulsen oder ungleichen Teilchen wie z. B. dem

Elektron-Proton Collider HERA bei DESY in Hamburg kann man sich mithilfe der in Abschn. 1.3 gegebenen Gleichungen zur relativistischen Kinematik klar machen. Ein anderes Beispiel sind die asymmetrischen Collider PEP-II und KEKB.

Die Lebensdauer der in einem Speicherring gespeicherten Teilchen ist in der Regel relativ groß. Ein gespeicherter Strahl kann viele Stunden in einem Speicherring zirkulieren, wenn das Vakuum hinreichend gut ist, und die Effekte nichtlinearer Resonanzen höherer Ordnung vernachlässigbar klein sind. Dies stellt hohe Anforderungen an die Qualität der Magnetfelder und erfordert Korrekturen von Störfeldern bis zur 5. Ordnung. Ein spezielles Problem bei der Speicherung von Elektronen und Positronen ist die Abstrahlung energiereicher Synchrotronlichtquanten. Wenn der Energieverlust zu groß ist, verlassen die Teilchen den stabilen Bereich der Maschine und gehen verloren. Man spricht daher von der *Quantenlebensdauer* [Sa70]. Um eine hohe Quantenlebensdauer zu erreichen, muss die transversale Akzeptanz und die longitudinale Separatrix, d. h. die HF-Amplitude möglichst groß sein.

Für Präzisionsexperimente mit Protonen und schweren Ionen werden auch bei niedrigen und mittleren Energien Speicherringe mit Elektronenkühlung bzw. stochastischer Kühlung der umlaufenden Teilchenstrahlen eingesetzt. Durch die Strahlkühlung wird die Strahlqualität wesentlich verbessert, d. h. die transversalen und longitudinalen Impulsabweichungen der Teilchen werden im Vergleich zu konventionellen Strahlen wesentlich kleiner. Diese Entwicklung wurde durch die erfolgreichen Experimente mit gekühlten Antiprotonenstrahlen im Low Energy Antiproton Ring LEAR am CERN ausgelöst. Anlagen dieser Art sind z. B. der IUCF-Cooler in Bloomington (USA) (inzwischen stillgelegt), der Speicherring TSR am Max-Planck-Institut für Kernphysik in Heidelberg, der Speicherring CELSIUS in Uppsala (Schweden) (inzwischen stillgelegt), das Cooler Synchrotron COSY des Forschungszentrums Jülich und der Speicherring ESR bei der Gesellschaft für Schwerionenforschung in Darmstadt.

Eine spezielle Klasse von Speicherringen sind die *Speicherringe für Synchrotronstrahlung*. Die ersten Experimente mit der Synchrotronstrahlung wurden an gewöhnlichen Elektronensynchrotrons durchgeführt. Es zeigte sich jedoch bald bei der Entwicklung von Speicherringen, dass diese ideale Quellen für Synchrotronstrahlung sind. Nach der Füllung zirkulieren hohe Elektronenströme bei fester Energie über mehrere Stunden und emittieren kontinuierlich Synchrotronstrahlung. Die Optik der Ringe, d. h. die starke Fokussierung, ist so gestaltet, dass besonders kleine Strahlquerschnitte erreicht werden. Hierdurch wird eine besonders hohe Strahlqualität des Synchrotronlichtes erzielt. Durch den Einbau periodischer Anordnungen von kurzen Ablenkmagneten mit wechselnder Polarität in speziell dafür vorgesehenen langen geraden Sektionen werden besonders hohe Intensitäten und Strahlqualitäten erreicht. Diese periodische Anordnung kurzer Ablenkmagnete heißt je nach der Stärke der Ablenkung „Wiggler" oder „Undulator". In dem stärker ablenkenden „Wiggler" wird ein Spektrum wie in den normalen Ablenkmagneten erzeugt. In dem schwächer ablenkenden „Undulator" wird eine kohärente Synchrotronstrahlung sehr hoher Intensität erzeugt. Die Advanced Light Source in Berkeley (USA), die Synchrotronlichtquellen ELETTRA in Triest (Italien) BESSY II in Berlin und DELTA in Dortmund sind z. B. Speicherringe dieser Art mit Strahlenergien um 2 GeV. Große Synchrotronstrahlungsquellen mit Energien bis 8 GeV und Synchrotronstrahlung im Bereich von Röntgenstrahlen sind z. B. die European Synchrotron Radiation Facility ESRF in Grenoble (Frankreich) und die Advanced Photon Source am Argonne National Laboratory (USA).

2.10 Neue Entwicklungen zur Teilchenbeschleunigung

Die Entwicklung neuer Methoden auf dem Gebiet der Beschleunigerphysik wird mit dem Ziel verfolgt, (i) neue und effizientere Methoden zur Teilchenbeschleunigung zu entwickeln, (ii) noch höhere Strahlströme bzw. Luminositäten zu erreichen, (iii) die Strahlqualität bis zum Limit des physikalisch Möglichen zu treiben und (iv) möglichst kostengünstige Beschleuniger für die breite Anwendung in Medizin und Technik zu entwickeln. Die neuesten Entwicklungen werden regelmäßig auf den großen internationalen Beschleuniger-Konferenzen präsentiert. Inzwischen (seit Juni 2004) gibt es eine „Joint Accelerator Conference Website for the Asian, European and American Particle Accelerator Conferences", kurz „JACoW" („Joint Accelerator Conference Website") [JACoW], die über /http://www.jacow.org/ öffentlich zugänglich ist. Sämtliche dort veröffentlichten Artikel kann man frei herunterladen. Wir skizzieren hier Entwicklungen zum Erreichen höherer Energien und zum Bau von sehr kompakten Beschleunigern.

2.10.1 Supraleitende HF-Technologie

Wir berichten hier exemplarisch über die Entwicklung von supraleitenden Hohlraumresonatoren mit extrem hohen Gradienten für die Beschleunigung von Elektronen mit Linearbeschleunigern.

In einer internationalen Zusammenarbeit wird intensiv an der Entwicklung des ILC-Projektes („International Linear Collider") gearbeitet. Das Ziel ist hierbei, Elektronen und Positronen mit je einem Linearbeschleuniger auf einer möglichst kurzen Strecke zu extrem hohen Energien (500 GeV) zu beschleunigen und damit Schwerpunktenergien von 1000 GeV (1 TeV) zu erreichen. Ein solches Ziel kann nur mit Linearbeschleunigern erreicht werden, da bei Kreisbeschleunigern die Energieverluste durch Synchrotronstrahlung mit der vierten Potenz der Energie (E^4) ansteigen. Die maximal erreichbare Energie liegt bei Synchrotrons praktisch bei 100 GeV. Diese Energie wurde in dem Large Electron Positron Collider LEP am CERN erreicht.

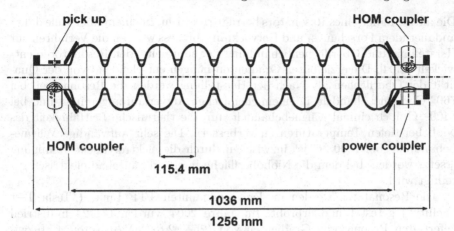

Abb. 2.26. Supraleitender Hohlraumresonator der TESLA-Test-Facility. Die HF-Leistung wird über den sogenannten „power coupler" eingespeist. Die „HOM coupler" werden zur Dämpfung von höheren Moden („Higher Order Modes") benutzt. Das „pick up"-Signal dient zur Regelung der Amplitude und Phase. Die Zeichnung wurde von Dr. Lutz Lilje mit der freundlichen Genehmigung von DESY zur Verfügung gestellt [Br01]

Der Vorläufer des ILC-Projektes war das internationale Projekt TESLA, das bei DESY in Hamburg gebaut werden sollte. Hierbei sollte eine Schwerpunktenergie von 500 GeV („TESLA-500") und wenn möglich später 800 GeV erreicht werden. Die Planung von TESLA-500 sah supraleitende Hohlraumresonatoren mit einem Energiegradienten von 23,4 MeV/m vor. Bei der angestrebten Schwerpunktenergie von 500 GeV ergab dies eine Gesamtlänge von je 14,4 km für den Elektronen- und Positronenlinac. Die Gesamtlänge des TESLA-Projektes lag bei 33 km. An diesen Zahlen erkennt man, dass die Gesamtlänge und damit die Gesamtkosten eines solchen Projektes entscheidend von dem erreichbaren Energiegradienten abhängen.

Bei dem TESLA-Projekt in Hamburg wurden neuartige supraleitende Hohlraumresonatoren entwickelt, die bei 1,3 GHz betrieben werden (siehe Abb. 2.26). Die aus Niob gefertigten Resonatoren werden bei einer Temperatur von 2 K betrieben. Der Gütefaktor dieser Resonatoren ist sehr hoch. Er beträgt ohne Belastung $1 \cdot 10^{10}$ und mit Belastung $4,6 \cdot 10^6$. Die Resonatoren bestehen aus neun speziell geformten Zellen. Die Beschleunigung geschieht mit einer stehenden TM010 Welle im π-Mode, d. h. es besteht eine 180° Phasendifferenz zwischen benachbarten Zellen. Die longitudinalen Abmessungen sind dadurch festgelegt, dass sich das elektrische Feld in der Zeit umkehren muss, in der ein relativistisches Teilchenpaket von einer Zelle zur nächsten Zelle fliegt. Der Abstand zwischen zwei Zellen beträgt damit

$$d = \frac{c}{2f} = 115,4\,\text{mm}\,. \tag{2.52}$$

Die aktive Länge eines Resonators beträgt rund 1 m. In einem über viele Jahre andauerndem Forschungs- und Entwicklungsprozess wurden die Verfahren zur Herstellung und Oberflächenbehandlung der supraleitenden Resonatoren entwickelt [Li04]. Die erzielbaren Gradienten hängen entscheidend von der Qualität der Oberflächen ab. Nach der Herstellung werden die Resonatoren bei 760 °C wärmebehandelt, in einem chemischen Ätzverfahren gereinigt und bei 1400 °C noch einmal wärmebehandelt, um die thermische Leitfähigkeit des Niob bei tiefen Temperaturen zu verbessern. Die sehr aufwändige Wärmebehandlung bei 1400 °C ist inzwischen durch die elektrolytische Reinigung ersetzt worden, bei dem die Nioboberfläche in einem Säurebad elektrisch gereinigt wird.

Die Resonatoren werden in dem sogenannten TTF Linac („Tesla Test Facility") getestet und erprobt. Im Jahre 2004 wurden bei 24 industriell gefertigten Resonatoren Gradienten von $(25 \pm 2,6)$ MV/m erreicht. Inzwischen ist die Technologie so weit fortgeschritten, dass Gradienten von deutlich mehr als 25 MV/m erreicht werden. Die Spezifikation von 23,6 MV/m für das XFEL Projekt [XFEL] wird damit sicher erreicht. Bei 12 neunzelligen Resonatoren wurden sogar Gradienten von mehr als 35 MV/m gemessen [Li06]. Im Akzeptanztest (Dauerstrich, rund 200 W HF-Leistung, Badkryostat und Resonator ohne Heliumtank) wurden sogar Gradienten von 40 MV/m erreicht. Ein Gradient von 35 MV/m entspricht der gegenwärtigen Spezifikation des ILC Projektes. Allerdings muss für eine Massenproduktion der ganze Herstellungs- und Präparationsprozess noch narrensicher gemacht werden.

Die physikalische Grenze der TESLA-Resonatoren liegt bei rund 45 MV/m. Diese Grenze ergibt sich aus der Forderung, dass das HF-Magnetfeld unter der kritischen Grenze des Supraleiters liegen muss. Das theoretische Limit hängt von dem Verhältnis von magnetischer Feldstärke zur Beschleunigungsfeldstärke ab. Dieses Verhältnis hängt wiederum von der Geometrie des Hohlraumresonators ab. In speziellen Einzellern mit einem anderen Feldstärkeverhältnis sind am KEK (Japan) und in Cornell (USA) sogar Gradienten von mehr als 50 MV/m gemessen worden. Bisher konnte dies aber nicht in entsprechend anders geformten Mehrzellern erreicht werden.

Zum Schluss wollen wir noch auf eine wichtige Neuentwicklung im Zusammenhang mit supraleitenden HF-Resonatoren hinweisen. Die Lorentzkraft zwischen dem HF-Magnetfeld und den an der Oberfläche der Resonatoren induzierten Strömen bewirken eine kleine Deformation der Resonatoren in Bereich von Mikrometer und damit eine Verschiebung der Resonanzfrequenz während des Strahlpulses in der Größenordnung von 500 Hz. Wegen des hohen Gütefaktors macht sich dieser Effekt besonders unangenehm bei dem gepulsten Betrieb bemerkbar. Mit einer schnellen Piezoregelung kann die Länge des Resonators um einige Mikrometer verändert werden und damit die Resonanzfrequenz auf besser als 100 Hz während der Dauer (0,95 ms) eines Strahlpulses stabilisiert werden. Dadurch wird auch eine wesentlich bessere Amplituden- und Phasenstabilität erreicht [Li06].

2.10.2 Plasma-Beschleuniger

Bei der Plasma-Beschleunigung werden die Metallwände der konventionellen HF-Resonatoren durch ein Plasma ersetzt. Intensive Laser-Strahlen („laser wakefield accelerator LWFA") oder geladene Teilchenstrahlen („plasma wakefield accelerator PWFA") werden benutzt, um Raumladungsschwingungen anzuregen. Dabei entstehen longitudinale elektrische HF-Felder die zur Teilchenbeschleunigung verwendet werden können.

Wir wollen das Prinzip der Plasma-Beschleunigung am Beispiel eines Elektronenstrahls erklären, der sowohl zur Anregung der Plasma-Schwingungen und als auch zur Beschleunigung verwendet wird.

1. Wenn ein Teilchenpaket in ein homogenes Plasma eindringt, werden die Plasma-Elektronen aus dem Bereich des Elektronenstrahls herausgetrieben. Die Plasma-Ionen sind wegen der großen Masse träger und daher weniger mobil.
2. Nach einer sehr kurzen Zeit sind alle Plasma-Elektronen aus dem Strahlgebiet verschwunden und die Elektronen in der Mitte und am Ende des Teilchenpakets werden in dem Ionenkanal durch ein transversal fokussierendes Feld fokussiert.
3. Nach dem Durchflug des Teichenpakets werden die Plasma-Elektronen zurückbeschleunigt, wodurch eine Plasma-Schwingung angeregt wird.
4. Die Schwingung der Raumladung erzeugt starke longitudinale HF-Felder (Plasma-Kielfeld, "plasma wake field"), die nachfolgende Teilchenpakete beschleunigen, wenn sie mit der richtigen Phase eingeschossen werden.

Ein wichtiger Parameter bei der Plasma-Beschleunigung ist die Plasma-Dichte n_0. Die Wellenlänge des Plasma-Kielfeldes („plasma wake field") kann mit folgender Gleichung abgeschätzt werden,

$$\lambda_p \approx \sqrt{\frac{1 \cdot 10^{15} \text{ cm}^{-3}}{n_0}} \text{ mm}. \tag{2.53}$$

Wenn die RMS-Länge σ_z und die Zahl der Elektronen im Teilchenpaket, N_b, die Bedingung $N_b r_e / \sigma_z \approx 1$ (r_e = klassischer Elektronenradius, $r_e = 2{,}818 \cdot 10^{-15}$ m) erfüllen, ergibt sich für den sogenannten Gradienten E_z

$$E_z \approx 100 \sqrt{n_0} \text{ V/m}. \tag{2.54}$$

Für eine Plasma-Dichte von $n_0 = 1 \cdot 10^{14}$ cm^{-3} erhält man damit eine Plasma-Wellenlänge von 3,3 mm, und einen Gradienten von 1 GV/m. Der Gradient skaliert mit N_b / σ_z^2, d. h. für kürzere Teilchenpakete erwartet man entsprechend höhere Gradienten. In dem Experiment E167 am SLAC gelang kürzlich der Nachweis der ultrahohen Beschleunigung von Elektronen [Jo07] Bei einem Elektronenstrahl mit einer nominalen Energie von 42 GeV wurden nach dem Durchflug durch ein 85 cm langes Lithium Plasma der Dichte $n_0 = 2{,}7 \cdot 10^{17}$ cm^{-3} Elektronen mit Energien bis zu 90 GeV gemessen. Dieses Ergebnis ist bemerkenswert, wenn man bedenkt, dass zur Beschleunigung von 0 auf 42 GeV die volle Länge des SLAC Linearbeschleunigers von 3 km benötigt wird und die Nachbeschleunigung bis praktisch zur doppelten Energie eine Strecke von nur 85 cm benötigt. Das Energiespektrum des Strahles hat allerdings keinen Peak bei der doppelten Energie, die Energieverteilung der Elektronen erstreckt sich über den vollen Energiebereich von 0 bis 90 GeV. An der weiteren Entwicklung der Plasma-Beschleunigung wird weltweit intensiv gearbeitet. Es ist eine interessante Frage, ob damit in Zukunft Teilchenstrahlen mit einer akzeptablen Strahlqualität präpariert werden können.

2.10.3 Laser-Beschleunigung von Ionen

Wenn ein sehr kurzer und intensiver Laser-Puls im Vakuum auf eine dünne Metallfolie trifft, wird ein sehr heißes Plasma erzeugt, bei dem die Elektronen auf relativistische Energien beschleunigt werden. Die beschleunigten Elektronen durchdringen die Metallfolie, ionisieren die Atome (z. B. Wasserstoff) die sich auf der Rückseite der Metallfolie befinden und bauen in Vorwärtsrichtung ein sehr hohes elektrisches Feld auf. Die Ionen werden durch dieses elektrische Feld senkrecht zur Metallfolie beschleunigt. Dieser Mechanismus wird „target normal sheet acceleration" (TNSA) genannt. Wegen der sehr kurzen Dauer und der sehr hohen Ladung der Elektronenwolke erreicht das beschleunigende elektrische Feld Werte von einigen TV/m (10^{12} V/m).

Die ersten Versuche zur Laser-Beschleunigung von Protonen zeigten, dass der resultierende Protonenstrahl eine exzellente Strahlqualität in transversaler Richtung besitzt (Emittanzen von $1 \cdot 10^{-3}$ mm mrad bei 10 MeV Protonen). Das Energiespektrum des Strahls zeigt jedoch eine breite quasi exponentielle Verteilung. Dies wird mit der inhomogenen Verteilung der Elektronenwolke in transversaler Richtung erklärt, die zu einer starken Abnahme des elektrischen Feldes in transversaler Richtung führt. Bei einer homogen mit Atomen belegten Metallfolie werden auch Ionen in dem Randfeld beschleunigt. Dadurch entsteht das beobachtete breite Energiespektrum.

Ein näherungsweise monoenergetischer Protonenstrahl kann dadurch erzeugt werden, dass die Wasserstoffatome auf der Rückseite der Metallfolie nicht mehr homogen sondern punktförmig verteilt sind. Man nennt diese Targets mikrostrukturiert. Damit sehen die Wasserstoff-Ionen nur noch den zentralen, d. h. homogenen Teil des elektrischen Feldes (siehe Abb. 2.27). Der resultierende Protonenstrahl hat dann einen deutlichen Peak bei der Maximalenergie. Bei einem der Versuche [SC06] wurde eine 5 µm dicke Titanfolie mit wasserstoffhaltigen Targetpunkten (Polymethyl Metacrylat, PMMA) präpariert. Die Targetpunkte hatten eine Dicke von 0,5 µm und eine transversale Größe von 20 µm × 20 µm. Die Laser-Beschleunigung wurde durch einen Laserpuls mit einer Pulslänge von 80 fs, einer Pulsenergie von 600 mJ ausgelöst. Die Laserintensität an dem Targetpunkt lag bei $3 \cdot 10^{19}$ W/cm^2. Der Protonenstrahl hat einen Peak bei 1,2 MeV mit einer FWHM-Breite („full width at half maximum") von 0,3 MeV, d. h. einer relativen Breite von 25%.

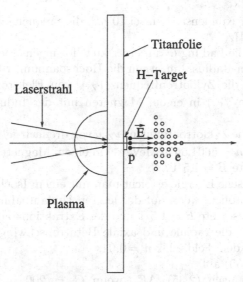

Abb. 2.27. Schema der Laser-Plasma-Beschleunigung von Protonen. Ein ultrakurzer Laser-Puls wird auf eine 5 µm dicke Titanfolie fokussiert und erzeugt ein heißes Plasma, aus dem Elektronen durch die Titanfolie in Vorwärtsrichtung beschleunigt werden. Die Elektronenwolke erzeugt ein starkes elektrisches Feld *E*. Die Protonen aus dem 0,5 µm dicken H-Target (Polymethyl Metacrylat, PMMA) werden in diesem Feld beschleunigt. [SC06]

Bei Targets mit einer Dicke von 0,1 µm und einer Fläche von 10 µm × 10 µm erwartet man relative Energiebreiten von 1%.

Eine Hochrechnung [Es06] zeigt, dass die maximale kinetische Energie der Protonen mit der Wurzel der Laserleistung P (gemessen in der Einheit $PW = 1 \cdot 10^{15}$ W) skaliert,

$$T_{\max} \approx (230 \text{ MeV})\sqrt{P}. \qquad (2.55)$$

Nach dieser Abschätzung sollte es möglich sein, mit Petawatt-Laserstrahlen Protonen bis zu Energien von 70 bis 230 MeV zu beschleunigen. Dieser Energiebereich ist von besonderem Interesse für die medizinische Anwendung von Protonenstrahlen auf dem Gebiet der Tumortherapie. Aber auch für andere Anwendungen ist die Aussicht verlockend, mit einer Apparatur, die auf einen Tisch passt, Protonen und auch andere Ionen bis zu Energien im 100 MeV Bereich zu beschleunigen. Dies ist der Grund, weshalb weltweit sehr intensiv an der Entwicklung der Laser-Beschleunigung von Ionen gearbeitet wird.

Übungsaufgaben

2.1 Wie groß ist der mittlere Spannungabfall ΔU eines vierstufigen Kaskadengenerators, wenn der entnommene Gleichstrom 5 mA beträgt? Die

Kapazität der Kondensatoren sei 10 nF, die Frequenz der Wechselspannung sei 500 Hz.

2.2 Wie groß ist die Ladung Q auf einer kugelförmigen Hochspannungselektrode mit dem Radius 2 m, wenn die Hochspannung 10 MV beträgt?

2.3 Wie groß ist die Zyklotronfrequenz ν_{Zyk} von Elektronen (Ruhemasse $m_e = 511$ keV$/c^2$) in einem Magneten mit der Induktionsflussdichte $B = 0{,}1$ T?

2.4 Wie groß ist die Zyklotronfrequenz ν_{Zyk} von dreifach geladenen ^{6}Li-Ionen (Ruhemasse $m = 5601{,}5639$ MeV/c^2) in einem Magneten mit der Induktionsflussdichte $B = 1{,}5$ T?

2.5 Welche kinetische Energie erreicht man mit einem Isochronzyklotron im Falle von Protonen, wenn auf der letzten Umlaufbahn im Bergfeld die Induktionsflussdichte $B = 1{,}5$ T und der Extraktionsradius 2 m beträgt?

2.6 Berechnen Sie die radiale und axiale Betatronschwingungszahl für ein Betatron mit dem Feldindex $n = 0{,}64$.

2.7 Leiten Sie (2.35) ab!

2.8 Wie groß ist nach (2.35) ΔE_s, wenn $C = 200$ m und $\Delta p_s/\Delta t = 1$ (GeV$/c$)/s?

2.9 Wie viel Teilchenpakete zirkulieren in einem 3 GeV Elektronensynchrotron, wenn der Gesamtumfang 299,79 m und die Hochfrequenz des beschleunigenden HF-Resonators genau 500 MHz beträgt?

2.10 Leiten Sie (2.40) ab!

2.11 Ein Rennbahnmikrotron habe folgende Kenndaten: Frequenz des HF-Resonators $\nu_{HF} = 2{,}5$ GHz, Injektionsenergie $E_i = 180$ MeV, Energiegewinn pro Umlauf $\Delta E = 9$ MeV, Zahl der Umläufe $N = 75$. Wie groß ist die Induktionsflussdichte B der Ablenkmagnete, wenn $\nu = 1$? Wie groß ist der Krümmungsradius ρ bei der Maximalenergie?

2.12 Welche Luminosität L ergibt sich bei einem Speicherring für polarisierte Protonen mit internem Target, wenn als Target polarisierte Wasserstoffatome in einer fensterlosen Speicherzelle verwendet werden. Die Flächendichte des internen Targets sei $1 \cdot 10^{14}$ cm^{-2}, der interne Teilchenstrom in dem Speicherring betrage 16 mA. Wie groß ist die Zählrate $\dot{N}_D$ im Detektor, wenn der Wirkungsquerschnitt 1 µbarn $= 1 \cdot 10^{-30}$ cm^2 beträgt?

2.13 Bei dem Collider LHC am CERN rechnet man bei der maximalen Protonenenergie von 7000 GeV mit Standardabweichungen der transversalen Strahlausdehnung am Wechselwirkungspunkt von $\sigma_x = \sigma_y = 16{,}7$ µm. Die longitudinale Ausdehnung der Teilchenpakete liegt bei $\sigma_l = 7{,}55$ cm, der Kreuzungswinkel der beiden Teilchenstrahlen beträgt $2\Theta = 285$ µrad. Wie groß ist die Luminosität L, wenn die Zahl der umlaufenden Teilchenpakete $B = 2808$ und die mittlere Zahl der Teilchen pro Teilchenpaket $N_1 = N_2 = 1{,}15 \cdot 10^{11}$ beträgt? Der Umfang des Ringes beträgt 26,659 km.

3

Bauelemente im Beschleunigerbau

Wir behandeln in diesem Kapitel Elektromagnete mit normalleitenden und supraleitenden Spulen, Hochfrequenzsysteme und Ionenquellen. Neuerdings werden auch Permanentmagnete in der Beschleunigertechnik eingesetzt. Wir verweisen hierzu insbesondere auf die Untersuchungen von Klaus Halbach, z. B. [Ha80, Br83].

3.1 Elektromagnete

Wir untersuchen Ablenkmagnete, Quadrupolmagnete und Sextupolmagnete mit normalleitenden Spulen, die effektive Länge eines Magneten und die Multipolentwicklung eines vorgegebenen Magnetfeldes. Elektromagnete mit supraleitenden Spulen werden am Ende dieses Abschnitts besprochen.

Die konventionellen Elektromagnete werden aus Weicheisen und normalleitenden Spulen aufgebaut. Weicheisen ist ein kohlenstoffarmer Stahl mit einem hohen Sättigungsfeld, geringer Remanenz und geringer Koerzitivkraft. Die normalleitenden Spulen sind in der Regel wassergekühlte Kupferspulen. Bei geringen Stromdichten und geringen Leistungen können auch luftgekühlte Spulen verwendet werden. Die Eisenmagnete für Beschleuniger mit einer schnellen Feldvariation werden zur Vermeidung von Wirbelströmen und den damit verbundenen Feldverzerrungen aus lamelliertem Eisen aufgebaut. Lamelliertes Eisen besteht aus dünnen, elektrisch isolierten Eisenblechen („Lamellen"), die mit Epoxyharz verklebt werden. Die Eisenbleche müssen umso dünner sein, je schneller das Magnetfeld geändert werden soll. Sie haben typische Dicken im Bereich 0,2–2 mm. Für spezielle Anwendungen werden auch Spezialbleche mit Dicken im Bereich 0,05–0,2 mm verwendet. Die Eisenbleche werden in der gewünschten Form der Magnetquerschnitte gestanzt. Konventionelle Eisenmagnete sind wegen der Sättigungsmagnetisierung des Eisens auf Felder mit $B \leq 2$T beschränkt. Bei höheren Energien werden daher zunehmend Elektromagnete mit supraleitenden Spulen zum Bau von Beschleunigern und Strahlführungssystemen eingesetzt. Für besondere Anwendungen kommen auch Permanentmagnete zum Einsatz [Ha80, Br83] Im Folgenden werden zunächst die konventionellen Eisenmagnete mit normalleitenden Spulen besprochen.

3.1.1 Ablenkmagnete

Man unterscheidet Ablenkmagnete mit einem homogenen Magnetfeld und Ablenkmagnete mit einem Feldgradienten. Je nach der Stärke des Feldgradienten unterscheidet man zwischen schwach fokussierenden und stark fokussierenden Ablenkmagneten. Stark fokussierende Magnete wurden vor allem beim Bau der ersten stark fokussierenden Synchrotronbeschleuniger verwendet. Sie werden daher auch Synchrotronmagnete genannt. Ablenkmagnete mit einem homogenen Magnetfeld werden häufig Dipolmagnete genannt. Typische Bauformen sind der C-Magnet, der H-Magnet und der Window-Frame-Magnet. Diese Bezeichnungen ergeben sich aus den unterschiedlichen Querschnittsformen der Magnete (siehe Abb. 3.1).

Der C-Magnet hat den Vorteil, dass er von einer Seite offen ist. Damit wird der Ein- und Ausbau einer Vakuumkammer oder Diagnoseeinrichtung möglich. Ein Nachteil ist die fehlende Symmetrie, was zu größeren Feldverzerrungen bei höheren Erregungen führen kann.

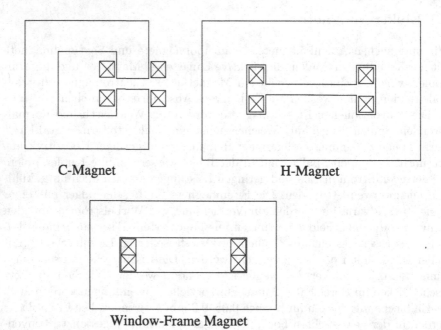

C-Magnet   **H-Magnet**

Window-Frame Magnet

Abb. 3.1. Querschnitte von Ablenkmagneten. Das Magnetjoch und die Polschuhe sind aus Weicheisen gefertigt. Die Kupferspulen sind durch das in der Elektrotechnik übliche Symbol angedeutet

Der H-Magnet zeichnet sich durch eine hohe Symmetrie und große Kompaktheit aus. Wenn besonders homogene Magnetfelder erforderlich sind, werden die Polschuhe und das Magnetjoch durch einen schmalen Spalt voneinander getrennt. Die Spaltbreite liegt in der Größenordnung von 1 mm. Die beiden Polschuhe werden über Präzisionsabstandshalter auf dem genauen Polschuhabstand g gehalten. Die Oberflächen der Polschuhe müssen mit einer hohen Genauigkeit planparallel sein. Um eine Homogenität des Magnetfeldes von $1 \cdot 10^{-4}$ zu erreichen, muss z. B. ein Polschuhabstand von 4 cm mit einer Genauigkeit von 4 µm eingehalten werden. Ebenso muss die Güte des verwendeten Weicheisens entsprechend hoch sein. Das Eisen muss absolut frei von Lunkern (kleine Hohlräume) und anderen Inhomogenitäten sein.

Der Window-Frame-Magnet hat gegenüber dem H-Magneten den Vorteil noch größerer Kompaktheit. Die zum Erreichen einer bestimmten Induktionsflussdichte B notwendige Eisenmenge ist deutlich geringer als beim H-Magneten. Die spezielle Form des Window-Frame-Magneten wirkt sich günstig auf die Homogenität der Magnetfelder im Randbereich aus. Daher ist diese Bauform zum Bau von homogenen Ablenkmagneten mit einem relativ großen Polschuhabstand gut geeignet. Ein Nachteil ist jedoch die Notwendigkeit gekröpfter Spulen, um die Eingangs- und Ausgangsöffnungen für die Ionenstrahlen freizuhalten.

Die Berechnung des statischen Magnetfeldes von Eisenmagneten geschieht unter Berücksichtigung der Maxwell'schen Gleichungen

$$\nabla \times \boldsymbol{H} = 0, \qquad \nabla \cdot \boldsymbol{B} = 0. \tag{3.1}$$

Die Tangentialkomponenten des $\boldsymbol{H}$-Feldes und die Normalkomponenten des $\boldsymbol{B}$-Feldes verhalten sich an der Grenzfläche zwischen Eisen und Luftspalt stetig. Da die Permeabilität μ des Eisens sehr groß gegenüber Eins ist, ist eine mögliche Tangentialkomponente des $\boldsymbol{B}$-Feldes sehr klein gegenüber der Normalkomponente. Daher nehmen wir für die Abschätzung an, dass die Feldlinien senkrecht auf der Grenzfläche zwischen Polschuh und Luftspalt stehen. Wir betrachten nun das in Abb. 3.2 skizzierte Wegintegral und erhalten die folgenden Gleichungen zur Abschätzung der magnetischen Feldstärke H und der Induktionsflussdichte B im Luftspalt,

$$\oint \boldsymbol{H} \, \mathrm{d}\boldsymbol{s} = Hg + H_{\mathrm{Fe}} l_{\mathrm{Fe}} = nI \,, \tag{3.2}$$

$$H_{\mathrm{Fe}} l_{\mathrm{Fe}} \ll Hg \,,$$

$$H \approx \frac{nI}{g} \,,$$

$$B \approx \mu_0 \frac{nI}{g} \,, \qquad \mu_0 = 4\pi 10^{-7} \frac{\mathrm{Tm}}{\mathrm{A}} \,. \tag{3.3}$$

Mit einer Amperewindungszahl $nI - 50\,000$ A und einem Magnetspalt $g = 4$ cm ergibt sich eine Flussdichte $B \approx 1{,}57$ T.

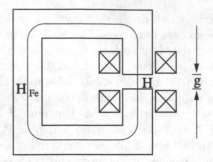

Abb. 3.2. Illustration zur Berechnung des Magnetfeldes im Spalt eines Eisenmagneten. Die Länge des Integrationsweges im Eisen ist l_{Fe}. Die Magnetfeldstärke im Eisen ist sehr klein gegenüber der Magnetfeldstärke im Spalt, $H_{\mathrm{Fe}} \ll H$

Ein genaueres Ergebnis erhalten wir, wenn wir die Magnetisierungskurve des verwendeten Eisens berücksichtigen. Hierzu bietet sich die folgende graphische Lösung an (siehe Abb. 3.3). Die Magnetisierungskurve $B(H_{\mathrm{Fe}})$ wird in der Regel vom Hersteller gemessen und kann als bekannt vorausgesetzt werden,

$$B = B(H_{\mathrm{Fe}}) \ . \tag{3.4}$$

Aus (3.2) folgt die Gleichung

$$B = \mu_0 \frac{nI}{g} - \mu_0 \frac{l_{\mathrm{Fe}}}{g} H_{\mathrm{Fe}} \ , \tag{3.5}$$

welche durch eine Gerade in Abb. 3.3 dargestellt wird. Gleichsetzen von (3.4) und (3.5) ergibt als graphische Lösung den Schnittpunkt (H_{Fe}, B). Dieser Schnittpunkt ist in Abb. 3.3 durch einen Punkt markiert. Man erkennt, dass die Abschätzung der Induktionsflussdichte B nach (3.3) grundsätzlich zu hohe Werte liefert.

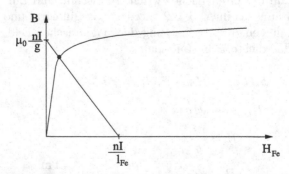

Abb. 3.3. Darstellung zur graphischen Lösung. Die Flussdichte B im Luftspalt ergibt sich aus dem Schnittpunkt der Magnetisierungskurve $B(H_{\mathrm{Fe}})$ mit der Geraden $B = (\mu_0 nI/g) - (\mu_0 l_{\mathrm{Fe}}/g) H_{\mathrm{Fe}}$

3.1.2 Quadrupolmagnete

Konventionelle Quadrupolmagnete bestehen aus einem Eisenjoch und vier
Polschuhen mit einer annähernd hyperbelförmigen Oberfläche. Die Erregung
geschieht mit wassergekühlten Kupferspulen, die um die Polschuhe gewickelt
sind (siehe Abb. 3.4). Bei nicht zu hohen Stromdichten und Leistungen werden
manchmal auch luftgekühlte Spulen verwendet. Bei der in Abb. 3.4 gezeigten
Polarität werden positiv geladene Teilchen, die in z-Richtung (in die Papierebene hinein) fliegen, in x-Richtung defokussiert und in y-Richtung fokussiert.
Wenn die Polarität des Erregerstroms I umgedreht wird, werden sie in x-
Richtung fokussiert und in y-Richtung defokussiert.

Wegen $\nabla \times \boldsymbol{B} = 0$ in dem Innenbereich des Quadrupols kann das $\boldsymbol{B}$-
Feld als Gradient eines skalaren Potentials $\Phi(x, y)$ dargestellt werden, und
wir erhalten die folgenden Gleichungen,

$$\Phi(x, y) = -gxy \;,$$

$$\boldsymbol{B} = -\nabla \Phi \;,$$

$$B_x = gy \;, \quad B_y = gx \;, \quad |\boldsymbol{B}| = |g| r \;, \tag{3.6}$$

$$g = \frac{\partial B_y}{\partial x} = \frac{\partial B_x}{\partial y} = \frac{B_0}{a} \;. \tag{3.7}$$

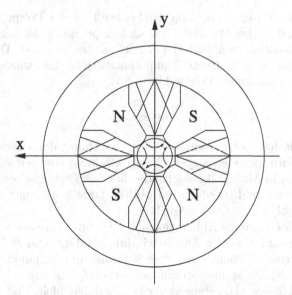

Abb. 3.4. Querschnitt eines Quadrupolmagneten. Die Polschuhe und das ringförmi-
ge Magnetjoch sind aus Weicheisen gefertigt. Die Kupferspulen sind durch das in der
Elektrotechnik übliche Symbol angedeutet. Die Blickrichtung ist in Flugrichtung der
Teilchen. Daher zeigt die x-Achse nach links. Bei der hier gezeigten Polarität werden
positiv geladene Teilchen in x-Richtung defokussiert und in y-Richtung fokussiert

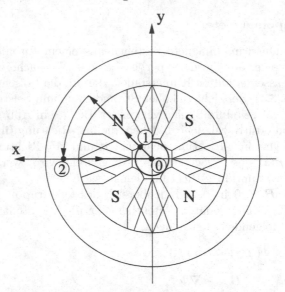

Abb. 3.5. Illustration zur Berechnung des Gradienten g eines Quadrupolmagneten. Die Abbildung zeigt den Querschnitt des Quadrupolmagneten. Das Wegintegral um ein Spulenpaket ist in der Abbildung angedeutet. Die Blickrichtung ist in Flugrichtung. Daher zeigt die x-Achse nach links

Hierbei ist g der Feldgradient[1], B_0 der Feldwert an der Polspitze und a der Aperturradius, d. h. der Abstand der Polschuhspitze von der Sollachse.

Die Äquipotentiallinien sind Hyperbeln mit $xy = const$. Die Polschuhoberfläche ist wegen $\mu \gg 1$ eine Äquipotentialfläche des skalaren Potentials Φ. Für die hyperbelförmige Polschuhform gilt

$$xy = \frac{a^2}{2} \,. \tag{3.8}$$

In Wirklichkeit hat der Polschuh in der Umgebung der Polspitze nur angenähert die Form einer Hyperbel. Die Abweichung von der idealen Hyperbel machen sich in Multipolkomponenten höherer Ordnung bemerkbar. Aus Symmetriegründen sind allerdings nur Multipolanteile mit einer relativ hohen Ordnung (12-Pol, 20-Pol, ...) möglich.

Wir betrachten nun die Abhängigkeit des Feldgradienten $g = \partial B_y / \partial x$ von dem Erregerstrom I bzw. der Amperewindungszahl nI. Das $\boldsymbol{B}$-Feld hängt linear von der Ortsabweichung r zwischen Sollachse und Aufpunkt ab. Der Feldgradient $g = \partial B_y / \partial x$ ist proportional zur Amperewindungszahl nI, solange Sättigungseffekte des Magneteisens vernachlässigbar klein sind. Der Zusammenhang zwischen g und nI kann aus dem in Abb. 3.5 skizzierten Wegintegral

---

[1] Das Symbol g wird doppelt verwendet. Es kennzeichnet einerseits den Polschuhabstand eines homogenen Ablenkmagneten, andererseits den Feldgradienten eines Quadrupolmagneten. Die richtige Zuordnung ergibt sich aus dem Kontext.

deduziert werden,

$$nI = \oint \boldsymbol{H} \mathrm{d}\boldsymbol{s} = \int_0^1 H(r)\,\mathrm{d}r + \int_1^2 \boldsymbol{H}_{\mathrm{Fe}}\mathrm{d}\boldsymbol{s} + \int_2^0 \boldsymbol{H}\mathrm{d}\boldsymbol{s}\,. \qquad (3.9)$$

Die zugehörigen Integrationswege sind in Abb. 3.5 angedeutet. Längs des Weges von 0 nach 1 ist $H(r) = gr/\mu_0$. Das Integral erstreckt sich von der Sollachse bis zu dem Aperturradius a. Das Integral von 1 nach 2 ist vernachlässigbar klein, wenn $\mu_{\mathrm{Fe}} \gg 1$ ist. Das Integral von 2 bis 0 ist wegen der Mittelebenensymmetrie ($\boldsymbol{H} \perp \mathrm{d}\boldsymbol{s}$) identisch gleich null. Damit erhalten wir in guter Näherung

$$nI \approx \frac{1}{\mu_0} \int_0^1 g\,r\,\mathrm{d}r = \frac{1}{\mu_0} g \frac{a^2}{2}\,,$$

$$g \approx 2\,\mu_0 \frac{nI}{a^2}\,. \qquad (3.10)$$

3.1.3 Sextupolmagnete

Der Querschnitt durch einen Sextupolmagneten ist in Abb. 3.6 gezeigt. Sextupole erzeugen nichtlineare Feldverteilungen. Für das skalare Potential Φ und das $\boldsymbol{B}$-Feld erhalten wir

$$\Phi(x,y) - \frac{g_{\mathrm{s}}}{2}\left(x^2 y - \frac{y^3}{3}\right)\,,$$

$$\boldsymbol{B} = -\boldsymbol{\nabla}\Phi\,,$$

$$B_x = g_{\mathrm{s}}xy\,, \qquad B_y = \frac{1}{2}g_{\mathrm{s}}(x^2 - y^2)\,, \qquad |\boldsymbol{B}| = \frac{1}{2}|g_{\mathrm{s}}|\,r^2\,, \qquad (3.11)$$

$$g_{\mathrm{s}} = \frac{\partial^2 B_y}{\partial x^2} = \frac{\partial^2 B_x}{\partial y^2} = \frac{2B_0}{a^2}\,. \qquad (3.12)$$

Hierbei ist g_{s} die zweite Ableitung des Feldes, B_0 der Feldwert an der Polspitze und a der Aperturradius. Das Profil der Polschuhe ist eine Äquipotentiallinie, d.h. für den Pol bei $x = 0$, $y = a$ gilt z. B.

$$\frac{y^3}{3} - x^2 y = \frac{a^3}{3}\,. \qquad (3.13)$$

Die Sextupolstärke $g_{\mathrm{s}} = \partial^2 B_y / \partial x^2$ ergibt sich aus dem Aperturradius a und der Amperewindungszahl nI,

$$nI \approx \frac{1}{\mu_0} \int_0^1 \frac{1}{2} g_{\mathrm{s}}\,r^2\,\mathrm{d}r = \frac{1}{\mu_0} g_{\mathrm{s}} \frac{a^3}{6}\,,$$

$$g_{\mathrm{s}} \approx 6\,\mu_0 \frac{nI}{a^3}\,. \qquad (3.14)$$

Die Ableitung dieser Gleichung geschieht analog zu der entsprechenden Ableitung beim Quadrupol (3.9).

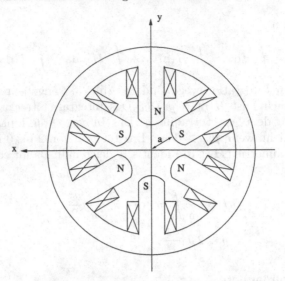

Abb. 3.6. Querschnitt eines Sextupolmagneten

3.1.4 Effektive Länge eines Magneten

Wenn wir die Stärke des Magnetfeldes längs der Sollbahn als Funktion des Weges s auftragen, erhalten wir eine Verteilungsfunktion wie in Abb. 3.7 dargestellt. Das Magnetfeld geht am Rand des Magneten nicht plötzlich auf null. Das sogenannte Randfeld erstreckt sich bis weit in den Außenbereich. Die Reichweite liegt bei einem Ablenkmagneten in der Größenordnung mehrerer Spaltbreiten g, bei einem Quadrupol in der Größenordnung mehrerer Aperturradien a. Die effektive Länge L_{eff} erhalten wir aus dem Integral über die gemessene Verteilungsfunktion. Bei der Berechnung der Ionenoptik ersetzen wir die tatsächliche Feldverteilung durch eine äquivalente Rechteckverteilung mit der Stärke B_0 und der Länge L_{eff}. Für einen Ablenkmagneten finden

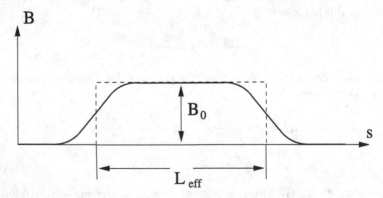

Abb. 3.7. Illustration zur effektiven Länge L_{eff}

wir

$$L_{\text{eff}} = \frac{1}{B_0} \int_{-\infty}^{+\infty} B(s)\mathrm{d}s\,. \qquad (3.15)$$

Ganz analog erhalten wir für den Quadrupol und Sextupol

$$L_{\text{eff}} = \frac{1}{g_0} \int_{-\infty}^{+\infty} g(s)\mathrm{d}s\,, \qquad L_{\text{eff}} = \frac{1}{g_{s\,0}} \int_{-\infty}^{+\infty} g_s(s)\mathrm{d}s\,. \qquad (3.16)$$

Analoges gilt für höhere Multipolmagnete. Als Faustformel gilt für den Zusammenhang zwischen der mechanischen Eisenlänge L_{Fe} und der effektiven Länge L_{eff}

$$
\begin{aligned}
\text{Dipol:} &\quad L_{\text{eff}} = L_{\text{Fe}} + 1{,}3\,g\,, &\quad (0{,}7\,g)\,, &\\
\text{Quadrupol:} &\quad L_{\text{eff}} = L_{\text{Fe}} + a\,, &\quad (0{,}6\,a)\,, &\qquad (3.17)\\
\text{Sextupol:} &\quad L_{\text{eff}} = L_{\text{Fe}} + a/2\,. & &
\end{aligned}
$$

Die in Klammern stehenden Werte beziehen sich auf Erregungen mit Sättigungsmagnetisierung.

3.1.5 Multipolentwicklung

Grundsätzlich kann jedes vorgegebene Magnetfeld nach Multipolen entwickelt werden. Wenn die Länge eines Magneten sehr viel größer als die Spaltbreite g bzw. der Aperturradius a ist, können wir das Magnetfeld in guter Näherung als eine ebene zweidimensionale Verteilung auffassen. Zur Beschreibung genügen zwei Komponenten, z. B. die beiden kartesischen Koordinaten B_x und B_y. Mit den in der Abb. 3.8 skizzierten Zylinderkoordinaten

$$r = \sqrt{x^2 + y^2}\,, \qquad \varphi = \arctan(y/x)\,,$$

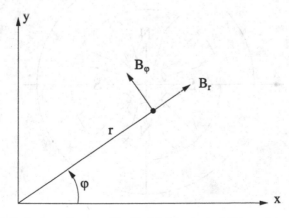

Abb. 3.8. Zylinderkoordinaten für die Multipolentwicklung eines Magnetfeldes

erhalten wir folgende Multipolentwicklung,

$$B_r(r,\varphi) = \sum_{n=1}^{\infty} \left(\frac{r}{r_0}\right)^{n-1} \left(-a_n \cos n\varphi + b_n \sin n\varphi\right),$$

$$B_\varphi(r,\varphi) = \sum_{n=1}^{\infty} \left(\frac{r}{r_0}\right)^{n-1} \left(a_n \sin n\varphi + b_n \cos n\varphi\right). \tag{3.18}$$

Die Koeffizienten b_n sind die „normalen Multipolkomponenten", die Koeffizienten a_n die „schiefwinkeligen Multipolkoeffizienten". Dementsprechend sprechen wir von „normalen Multipolen" und „schiefwinkeligen Multipolen" („skewed multipole"). Ein „schiefwinkeliger Quadrupol" (siehe Abb. 3.9) koppelt horizontale und vertikale Betatronschwingungen. Die Größe r_0 ist ein Referenzradius für die Entwicklung. Durch die Wahl des Referenzradius wird der Bereich festgelegt, in dem ein „gutes" Feld vorliegen soll, d. h. der Bereich, der von dem Teilchenstrahl „gesehen" wird. Bei den beiden supraleitenden Beschleunigern HERA und TEVATRON ist z. B. $r_0 = 25$ mm = 2/3 Aperturradius.

Bei einem „idealen" Dipol ist nur b_1 ungleich null, bei einem „idealen" Quadrupol ist nur b_2 ungleich null, bei einem „idealen" Sextupol ist nur b_3 ungleich null, usw. Die Kunst des Magnetbaues besteht darin, diesem Ideal möglichst nahe zu kommen. Der Anteil an störenden Multipolkomponenten sollte möglichst null oder zumindest hinreichend klein sein. Wir skizzieren das Problem am Beispiel des Quadrupolmagneten. Die ideale Polschuhform ist eine Hyperbel. Da diese Idealform wegen der Endlichkeit der Polschuhe nicht zu realisieren ist, sind höhere Multipolkomponenten grundsätzlich nicht zu ver-

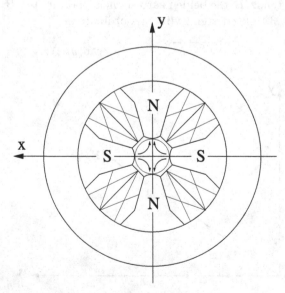

Abb. 3.9. Schiefwinkeliger Quadrupol. Der Quadrupol ist um 45° gedreht

meiden. Abgesehen davon werden störende Multipolbeimischungen durch Inhomogenitäten des Eisens sowie Herstellungs- und Montagefehler im Bereich der Polschuhe, Eisenjoche und Spulen verursacht. Aufgrund der Symmetrie des Quadrupols kommen jedoch nur bestimmte Harmonische in Frage. Wenn der Quadrupol so gebaut ist, dass er invariant gegenüber einer 90°-Drehung ist, treten nur Multipole mit $n = 2, 6, 10, 14, \ldots$ auf, d. h. Quadrupol, 12-Pol, 20-Pol, 28-Pol, …. Es ist nun stets möglich, an einem Prototypen mit einer rotierenden Spule die Stärke der störenden 12-Pol- und 20-Pol-Beimischung zu messen und durch eine gezielte Nachbearbeitung des Polschuhprofils verschwindend klein zu machen [Ha69]. Wenn der Quadrupol allerdings so gebaut ist, dass er lediglich gegen eine 180°-Drehung invariant ist, können alle geraden Harmonische auftreten, d. h. $2n$-Pole mit $n = 2, 4, 6, 8, 10, 12, 14, \ldots$. Dann ist natürlich auch der Aufwand sehr viel größer, wenn störende Multipolkomponenten durch Korrekturen am Polschuhprofil beseitigt werden sollen.

3.1.6 Magnete mit supraleitenden Spulen

Für konventionelle Eisenmagnete mit normalleitenden Spulen gilt wegen der Sättigungsmagnetisierung des Eisens

$$B \leq 2\,\mathrm{T}, \qquad g \leq 20\,\mathrm{T/m}. \tag{3.19}$$

Mit supraleitenden Magneten kann man wesentlich höhere Werte erreichen [Me96],

$$B \leq 10\,\mathrm{T}, \qquad g \leq 100\,\mathrm{T/m}. \tag{3.20}$$

Bei diesen Magneten ist die Feldverteilung vollständig durch die Spulenanordnung, genauer gesagt die Stromdichteverteilung bestimmt. Die Spulen müssen daher mit einer sehr großen Genauigkeit gewickelt werden, um Feldstörungen unter einem Niveau von $1 \cdot 10^{-4}$ zu halten. Die folgenden Stromverteilungen sind notwendig, um reine Dipol-, Quadrupol- bzw. Sextupolfelder zu erhalten (siehe Abb. 3.10),

$$
\begin{aligned}
\text{Dipol}: \quad & I(\varphi) = I_0 \cos\varphi, \\
\text{Quadrupol}: \quad & I(\varphi) = I_0 \cos 2\,\varphi, \\
\text{Sextupol}: \quad & I(\varphi) = I_0 \cos 3\,\varphi.
\end{aligned}
\tag{3.21}
$$

Abb. 3.10. Stromverteilungen für reine Dipol- Quadrupol- und Sextupolfelder. Die Stromrichtung ist durch die kreisförmigen Symbole angedeutet

In Abb. 3.11 ist die technische Realisierung am Beispiel eines HERA-Dipol-magneten gezeigt. Das nominale Feld von 4,6 T wird mit $I = 5\,030$ A erreicht. Die Länge des Magneten beträgt 9,7 m. Die innere Spule hat 64 Windungen, die äußere 40 Windungen. Die Grenzwinkel und die Abstandshalter sind so gewählt, dass der Anteil höherer Multipolfelder im Bereich $r \leq 25$ mm kleiner als $1 \cdot 10^{-4}$ ist. Die starken magnetischen Kräfte werden von einer Halterung aus lamelliertem Aluminium (Lamellendicke: 4 mm) aufgenommen. Das supraleitende Kabel ist ein flaches Band aus 24 supraleitenden Drähten. Der supraleitende Draht (Durchmesser 0,84 mm) besteht aus rund 1200 NbTi-Fasern (Durchmesser 14 µm), die in einer Kupfermatrix eingebettet sind. Zur Kühlung wird flüssiges Helium bei Temperaturen von 4,2 K verwendet. Zur Erhöhung des Dipolfeldes im Innern und zur Abschirmung des starken Magnetfeldes nach außen hin ist die supraleitende Spulenanordnung in ein Rohr aus lamelliertem Weicheisen (Lamellendicke: 5 mm, Innendurchmesser: 180 mm, Außendurchmesser: 400 mm) eingebettet. Diese Abschirmung ist in Abb. 3.11 weggelassen.

3.2 Hochfrequenzsysteme zur Teilchenbeschleunigung

Zur Beschleunigung von geladenen Teilchen werden möglichst hohe elektrische Feldstärken E benötigt. Bei der Hochfrequenzbeschleunigung werden diese Felder in Resonatoren hoher Güte erzeugt. In diesem Abschnitt sollen einige typische Hochfrequenzsysteme skizziert werden, die zur Beschleunigung in Synchrotron- und Linearbeschleunigern verwendet werden. Eine detaillierte Behandlung dieses Themas findet man in [Tu92].

3.2.1 Hohlleiter

Wir erinnern zunächst an die allgemeinen Lösungen der Wellengleichung in rechteckigen und zylindrischen Hohlleitern (siehe Abb. 3.12). Aus den Maxwell'schen Gleichungen ergeben sich die Wellengleichungen für die elektrischen und magnetischen Felder E und H,

$$\nabla^2 E = \frac{1}{c^2}\frac{\partial^2}{\partial t^2} E\,, \qquad \nabla^2 H = \frac{1}{c^2}\frac{\partial^2}{\partial t^2} H\,. \tag{3.22}$$

Wir separieren die periodische Zeitabhängigkeit und erhalten mit dem Ansatz

$$E = E(r)\mathrm{e}^{\mathrm{i}(\omega t - k_z z)}\,, \qquad H = H(r)\mathrm{e}^{\mathrm{i}(\omega t - k_z z)} \tag{3.23}$$

für die räumliche Verteilung des Wellenfeldes in transversaler Richtung

$$\left(\nabla^2 - \frac{\partial^2}{\partial z^2}\right) E + \left(\frac{\omega^2}{c^2} - k_z^2\right) E = 0\,, \qquad \left(\nabla^2 - \frac{\partial^2}{\partial z^2}\right) H + \left(\frac{\omega^2}{c^2} - k_z^2\right) H = 0\,.$$
$$\tag{3.24}$$

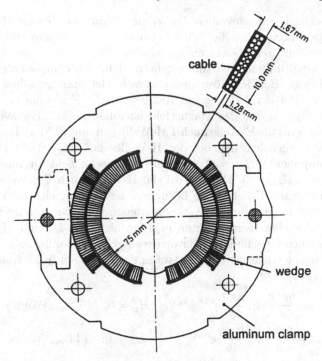

Abb. 3.11. Querschnitt des HERA-Dipolmagneten. Die innere Spule hat 64 Windungen, die äußere 40 Windungen. Die Grenzwinkel und die Abstandshalter sind so gewählt, dass der Anteil höherer Multipolfelder im Bereich $r \leq 25$ mm kleiner als $1 \cdot 10^{-4}$ ist. Die starken magnetischen Kräfte werden von Aluminiumklammern aufgenommen. Das Magnetjoch zur Abschirmung des Magnetfeldes nach außen ist in der Abbildung weggelassen. Die Abbildung wurde freundlicherweise von Herrn P. Schmüser, DESY Hamburg, zur Verfügung gestellt

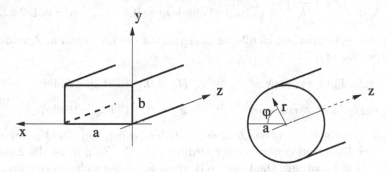

Abb. 3.12. Rechteckiger und zylindrischer Hohlleiter

Die Lösungen ergeben sich unter Berücksichtigung der Randbedingung, dass an den elektrisch leitenden Wänden die elektrischen Feldkomponenten parallel zur Wandoberfläche und die magnetischen Feldkomponenten senkrecht zur Wandoberfläche verschwinden. Die zweite Bedingung besagt, dass es keine Feldkomponenten gibt, die Wirbelströme auf der Innenwand erzeugen. Im Gegensatz zur freien elektromagnetischen Welle haben die Hohlleiterwellen auch longitudinale Feldkomponenten, d. h. Feldkomponenten in Ausbreitungsrichtung. Bei den Lösungen unterscheidet man zwischen E-Wellen und H-Wellen. Bei der E-Welle hat das elektrische Feld eine longitudinale Komponente $E_z \neq 0$ und das Magnetfeld ist ausschließlich transversal, d. h. $H_z = 0$. Daher wird die E-Welle auch TM-Welle genannt (TM = Transversales Magnetfeld). Umgekehrt hat bei der H-Welle das Magnetfeld eine longitudinale Komponente $H_z \neq 0$ und das elektrische Feld ist ausschließlich transversal, d. h. $E_z = 0$. Daher wird die H-Welle auch TE-Welle genannt (TE = Transversales E-Feld). Die Lösungen der Wellengleichung sind durch die Angabe der longitudinalen Komponenten bereits vollständig festgelegt. Die jeweils fehlenden Komponenten ergeben sich aus E_z und H_z mithilfe der Maxwell'schen Gleichungen. Für den rechteckigen Hohlleiter mit den Seitenlängen a und b (siehe Abb. 3.12) lauten die Lösungen in kartesischen Koordinaten (x, y, z),

$$E_z = E_0 \sin \frac{m\pi x}{a} \sin \frac{n\pi y}{b} e^{i(\omega t - k_z z)}, \quad H_z = 0, \quad (\text{TM}_{mn}\text{-Welle}),$$

$$H_z = H_0 \cos \frac{m\pi x}{a} \cos \frac{n\pi y}{b} e^{i(\omega t - k_z z)}, \quad E_z = 0, \quad (\text{TE}_{mn}\text{-Welle}).$$

(3.25)

Die ganzen Zahlen m und n geben die Zahl der halben Perioden in x- und y-Richtung an. Die Bezeichnung TM_{mn} bzw. TE_{mn} kennzeichnet die Schwingungsform (englisch „mode"). Die untere Grenze für ω/c ist die Grenzwellenzahl k_c, $\omega/c > k_c$. Die Grenzwellenzahl k_c ergibt sich unter Beachtung der Randbedingungen,

$$k_c^2 = \left(\frac{m\pi}{a}\right)^2 + \left(\frac{n\pi}{b}\right)^2 \begin{cases} (\text{TM}_{mn}-\text{Welle}) \ m = 1, 2, \ldots, \quad n = 1, 2, \ldots, \\ (\text{TE}_{mn}-\text{Welle}) \ m = 0, 1, 2, \ldots, n = 0, 1, 2, \ldots. \end{cases}$$

Für den zylindrischen Hohlleiter notieren wir die Lösungen in Zylinderkoordinaten (r, φ, z),

$$E_z = E_0 \, J_m(k_c r) \cos m\varphi e^{i(\omega t - k_z z)}, \quad H_z = 0, \quad (\text{TM}_{mn}-\text{Welle}),$$

$$H_z = H_0 \, J_m(k_c r) \cos m\varphi e^{i(\omega t - k_z z)}, \quad E_z = 0, \quad (\text{TE}_{mn}-\text{Welle}).$$

(3.26)

Die Zahl n ergibt sich aus der Zahl der radialen Nullstellen. Die Funktion J_m ist die Besselfunktion erster Art der Ordnung m. Die Zahl m ist die Zahl der Perioden in φ-Richtung. Die Grenzwellenzahl k_c ergibt sich aus der Randbedingung, dass an der Wand die Feldkomponenten E_φ und H_r verschwinden,

$$k_c = \frac{x_{mn}}{a} \quad (\text{TM}_{mn}\text{-Welle}), \quad m = 0, 1, 2, \ldots, n = 1, 2, \ldots,$$

$$k_c = \frac{x'_{mn}}{a} \quad (\text{TE}_{mn}\text{-Welle}), \quad m = 0, 1, 2, \ldots, n = 0, 1, \ldots.$$

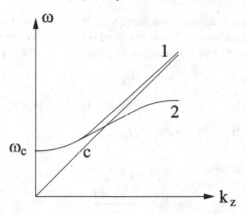

Abb. 3.13. Brioullin-Diagramm (Dispersionsdiagramm) zur Wellenausbreitung in einem Hohlleiter. *Kurve 1*: Zylindrischer Hohlleiter ohne Irisblenden, *Kurve 2*: Zylindrischer Hohlleiter mit Irisblenden

Hierbei sind x_{mn} bzw. x'_{mn} die n-ten Nullstellen der Besselfunktion J_m bzw. der Ableitung J'_m.

Die für die Ausbreitung in z-Richtung charakteristische Wellenzahl[2] k_z ist kleiner als die Wellenzahl $k = \omega/c$ der entsprechenden freien elektromagnetischen Welle. Sie hängt mit der Grenzwellenzahl k_c folgendermaßen zusammen,

$$\frac{\omega^2}{c^2} = k^2 = k_z^2 + k_c^2 . \tag{3.27}$$

Das Brioullin-Diagramm (siehe Abb. 3.13) gibt diesen Zusammenhang graphisch wieder. Die Dispersion kann aus diesem Diagramm leicht abgelesen werden, daher wird das Diagramm häufig auch Dispersionsdiagramm genannt. Wellenausbreitung ist im Hohlleiter nur möglich, wenn $\omega/c > k_c$. Durch die Grenzwellenzahl k_c ist eine Grenzfrequenz $\omega_c = ck_c$ festgelegt. Wenn $\omega/c < k_c$, wird k_z imaginär. Dies entspricht einer Lösung mit exponentiellem Abfall längs z. Ein Charakteristikum der Wellenausbreitung in Hohlleitern ist, dass die Phasengeschwindigkeit v_{ph} größer als die Lichtgeschwindigkeit ist,

$$v_{\mathrm{ph}} = \frac{\omega}{k_z} = c \frac{1}{\sqrt{1 - k_c^2/k^2}} . \tag{3.28}$$

Für die Gruppengeschwindigkeit v_{g} erhalten wir aus (3.27)

$$v_{\mathrm{g}} = \frac{\mathrm{d}\omega}{\mathrm{d}k_z} = \frac{c^2}{\omega} k_z = c\sqrt{1 - k_c^2/k^2} . \tag{3.29}$$

Sie ist entsprechend kleiner als die Lichtgeschwindigkeit. Die Gruppengeschwindigkeit ist die Geschwindigkeit, mit der die Energie in der Welle transportiert wird.

---

[2] In der Literatur wird für die Wellenzahl k_z häufig das Symbol β oder β_z verwendet.

Für die Hochfrequenzbeschleunigung von Teilchen sind nur wenige Schwingungsformen von Bedeutung. Meistens wird die TM_{01}-Welle des zylindrischen Hohlleiters verwendet. Für ein solches Wellenfeld erhalten wir

$$E_z = E_0 J_0(k_c r) e^{i(\omega t - k_z z)}, \qquad H_z = 0,$$

$$E_\varphi = 0, \qquad\qquad H_\varphi = -i\frac{k}{k_c} E_0 J_0'(k_c r) e^{i(\omega t - k_z z)},$$

$$E_r = -i\frac{k_z}{k_c} E_0 J_0'(k_c r) e^{i(\omega t - k_z z)}, \quad H_r = 0. \qquad (3.30)$$

Die Grenzwellenzahl beträgt

$$k_c = \frac{2{,}40483}{a}. \qquad (3.31)$$

Der Rechteckhohlleiter wird oft zum Transport von Hochfrequenzleistung zwischen dem HF-Generator und der Beschleunigungsstrecke benutzt. Die Schwingungsform ist hierbei die TE_{10}-Welle.

3.2.2 Hohlleiter mit Irisblenden

Der zylindrische Hohlleiter wäre eine ideale Beschleunigungsstruktur, wenn man die starke longitudinale Feldkomponente E_z der TM_{01}-Welle über eine längere Distanz zur Beschleunigung verwenden könnte. Dies geht jedoch nicht unmittelbar, da die Phasengeschwindigkeit v_{ph} immer größer als die Lichtgeschwindigkeit c ist. Die Geschwindigkeit der Teilchen ist dagegen immer kleiner als c. Es gibt jedoch eine einfache Möglichkeit, mit Hilfe von Irisblenden (siehe Abb. 3.14) die Phasengeschwindigkeit kleiner zu machen. Die Irisblenden stellen eine periodische Struktur dar und wirken wie ein Interferenzfilter. Die Wellenausbreitung ist nur dann verlustfrei, wenn die Wellenlänge λ_z ein ganzzahliges Vielfaches des Blendenabstandes d ist. Der mit Blenden belastete Wellenleiter[3] („disk loaded waveguide") wird im deutschen Sprachraum manchmal auch „Runzelröhre" genannt. Durch Anpassung der Phasengeschwindigkeit an die Teilchengeschwindigkeit kann man erreichen, dass die Teilchenpakete synchron mit dem Wellenkamm der E_{01}-Welle fliegen und dadurch maximal beschleunigt werden. Man nennt diese Methode „Wellenkammbeschleunigung" oder auch Beschleunigung mithilfe von „Wanderwellen". Sie ist mit der Wellenkammbeschleunigung beim Surfen vergleichbar.

Der mit Blenden belastete Wellenleiter wird vor allem zur Beschleunigung von relativistischen Elektronen eingesetzt, deren Geschwindigkeit bereits sehr nahe bei der Lichtgeschwindigkeit c liegt. Eine häufig bei Linearbeschleunigern für Elektronen („e-LINAC") verwendete HF-Struktur ist die in Stanford entwickelte SLAC-Struktur [Ne68] (siehe Abb. 3.14). Durch die Wahl des

---

[3] Die Idee, Elektronen auf dem Wellenkamm von Wanderwellen zu beschleunigen, stammt von W. W. Hansen. Sie trug entscheidend zur stürmischen Entwicklung des Linearbeschleunigers für Elektronen in Stanford bei.

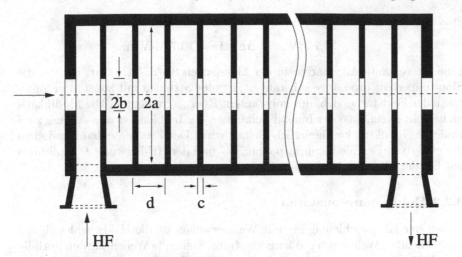

Abb. 3.14. Hohlleiter mit Irisblenden. Die Abbildung zeigt die in Stanford entwickelte SLAC-Struktur. Der Hohlleiter ist aus Kupfer gefertigt. Er hat die folgenden Daten: 2a = 8,4 cm, 2b = 2,62 cm, d = 3,5 cm = $\lambda/3$, c = 0,58 cm, λ = 10,5 cm ν = 2,856 GHz, Gesamtlänge L = 3,048 m

Abstandes d zwischen den Blenden kann die Phasengeschwindigkeit auf den gewünschten Wert, z. B. die Lichtgeschwindigkeit c, eingestellt werden. Die SLAC Struktur ist so dimensioniert, dass der Arbeitspunkt für $v_{ph} = c$ bei $k_z = 2\pi/3d$ liegt, d. h. der Abstand $3d$ entspricht einer Phasenverschiebung von 2π und $\lambda_z = 3d$.

Die LINAC-Strukturen werden standardmäßig im S-Band betrieben, d. h. die freie elektromagnetische Welle hat die Wellenlänge in der Nähe von $\lambda = 0,1000$ m, was einer Frequenz von 2,9979 GHz entspricht. Die HF-Leistung wird von Klystrons (Impulsleistungen bis 50 MW) erzeugt und über Rechteckhohlleiter mithilfe der TE_{10}-Welle transportiert. Die Einkoppelung der HF-Leistung geschieht über seitlich angebrachte Koppelschlitze, ebenso geschieht die Auskoppelung am Ende einer Sektion. Dabei koppelt das transversale E-Feld der TE_{10}-Welle an das longitudinale E-Feld der TM_{01}-Welle. Die Länge einer Sektion ist auf 3 m begrenzt, da wegen der Dämpfung der Wanderwelle die beschleunigende Feldstärke exponentiell abnimmt. Bei einer HF-Leistung von $P = 10$ MW erzielt man mit der SLAC-Struktur einen mittleren Energiegradienten von rund 10 MeV/m. Die effektive Beschleunigungsspannung U ist rund 30 MV. Sie kann mithilfe der folgenden einfachen Gleichung berechnet werden,

$$U = 0{,}814\sqrt{Pr_s L} \tag{3.32}$$

Hierbei ist P die Leistung, r_s die Shuntimpedanz pro Länge und L die Länge. Der Faktor 0,814 berücksichtigt den exponentiellen Abfall der Feldstärke längs der Beschleunigungsstruktur. Mit $r_s = 53\,\mathrm{M\Omega/m}$, $L = 3,048$ m und $P = 10$ MW ergibt sich die effektive Spannung U und der mittlere Energiegradient $\Delta E/\Delta s$ zu

$$U = 32{,}7 \text{ MV}, \qquad \Delta E/\Delta s = 10{,}7 \text{ MeV/m}.$$

Eine interessante Alternative zu der klassischen SLAC-Struktur, bei der die Shuntimpedanz pro Länge konstant ist, ist eine Struktur mit konstanter longitudinaler Feldstärke, d. h. mit konstantem Energiegradienten. Die Modifikation besteht darin, dass der Innendurchmesser der Irisblenden vom Anfang zum Ende der Struktur kontinuierlich kleiner wird. Der Zusammenhang zwischen der effektiven Beschleunigungsspannung U und der HF-Leistung P ist ähnlich wie bei der klassischen SLAC-Struktur.

3.2.3 Hohlraumresonatoren

Neben der HF-Beschleunigung mit Wanderwellen ist die HF-Beschleunigung mit stehenden Wellen von großer Bedeutung. Stehende Wellen werden mithilfe von Hohlraumresonatoren (englisch „cavity") hoher Güte erzeugt. Hohlraumresonatoren entstehen aus Hohlleitern durch leitende Wandabschlüsse an den beiden Enden, die wie Kurzschlüsse wirken. An den Wänden werden die Wellen vollständig reflektiert. Durch die Überlagerung von hin- und rücklaufender Welle entsteht eine stehende Welle. Die Resonanzbedingung lautet

$$L = q\frac{\lambda_z}{2}, \qquad k_z = \frac{q\pi}{L}, \qquad q = 0{,}1{,}2{,}\ldots, \tag{3.33}$$

wobei $q = 0$ nur für TM-Wellen möglich ist. Die Bedingung $q = 0$ bedeutet im Übrigen $\lambda_z = \infty$ und $k_z = 0$, d. h. die Felder sind unabhängig von s. Bei einem vorgegebenen q ergibt sich die Resonanzfrequenz ω,

$$\omega = c\sqrt{k_z^2 + k_c^2}. \tag{3.34}$$

Der einfachste Hohlraumresonator ist der Topfkreis (siehe Abb. 3.15). Dieser zylindrische Hohlraumresonator entsteht durch den Abschluss eines zylinderförmigen Wellenleiters. Die für die Hochfrequenzbeschleunigung wichtigste Schwingungsform ist die TM_{01}-Welle mit $q = 0$, d. h. die Grundwelle TM_{010}. Die Schwingungsform (englisch „mode") wird durch Indizes angedeutet, TM_{nmq} bedeutet n azimutale Perioden, m radiale Knoten und q halbe Perioden in longitudinaler Richtung. Mit der Grundwelle TM_{010} erhalten wir für das beschleunigende elektrische Feld in longitudinaler Richtung

$$E_z = E_0 J_0(k_c r)e^{i\omega t}. \tag{3.35}$$

Die Resonanzfrequenz ist durch den Innenradius a bestimmt,

$$\nu = \frac{2{,}40483\,c}{2\pi\,a}. \tag{3.36}$$

Ein Innenradius von 0,2295 m ergibt z. B. $\nu = 500$ MHz. Die Länge des Resonators kann bei dieser Schwingungsform frei gewählt werden. Zur Teilchenbeschleunigung erhalten die Wandabschlüsse in der Mitte ein kleines Loch.

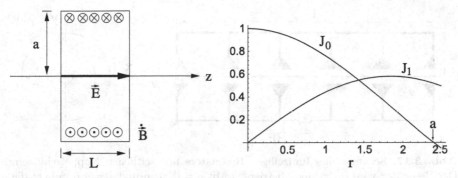

Abb. 3.15. *Links*: Zylindrischer Hohlraumresonator (Topfkreis) mit der Grundwelle TM$_{010}$ (E$_{010}$). Das Bild zeigt den Querschnitt. *Rechts*: Radiale Verteilung des *E*-Feldes (Besselfunktion J$_0$) und des $\dot{B}$-Feldes (Besselfunktion J$_1$ = −J$_0'$). Der Radius r und der Maximalradius a sind in Einheiten von k_c^{-1} angegeben

Die Teilchen werden in der Mitte maximal beschleunigt, da das longitudinale elektrische Feld E_z für $r = 0$ maximal ist. Zeitlich gesehen hat E_z immer dann ein Maximum, wenn die zeitliche Änderung des azimutalen magnetischen Wirbelfeldes $\dot{B}_\varphi$ maximal ist (siehe Abb. 3.15).

Einzellige und mehrzellige Resonatoren

Es gibt nun eine Reihe von Abwandlungen dieser Grundstruktur eines Hohlraumresonators. Durch den Einsatz von Driftröhren in die axialen Öffnungen des Topfkreises wird das elektrische Feld auf eine sehr viel kürzere Beschleunigungsstrecke konzentriert (siehe Abb. 3.16). Diese HF-Struktur wird in der Literatur Einzelresonator genannt. Die Schwingungsform ist auch hier die TM$_{010}$-Welle oder anders ausgedrückt die E$_{010}$-Welle. Die Resonanzfrequenz ist im Wesentlichen durch den Innenradius a bestimmt (3.36), die genaue Berechnung erfolgt heute durch eine numerische Lösung der Maxwell'schen

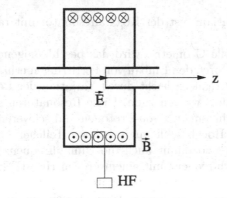

Abb. 3.16. Einzelresonator

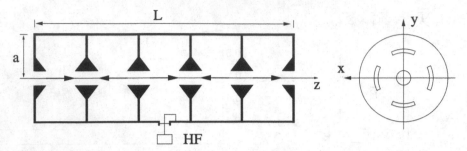

Abb. 3.17. Schema eines fünfzelligen Resonators mit seitlichen Koppelschlitzen. Der Resonator wird im π-Mode betrieben. Mit $a = 0{,}21$ m und $L = 1{,}5$ m liegt die Resonanzfrequenz bei 500 MHz

Gleichungen mithilfe des Computers. Die Einkoppelung der HF-Leistung erfolgt induktiv über eine Koppelschleife, die am Innenradius im Maximum der azimutalen Magnetfeldkomponente einkoppelt. Eine Anordnung aus Einzelresonatoren bietet eine große Flexibilität im Hinblick auf sehr unterschiedliche Ionengeschwindigkeiten, da die optimale Synchronisation durch die individuelle Phasenkontrolle eines jeden Einzelresonators eingestellt werden kann. Bei dem UNILAC-Beschleuniger der GSI Darmstadt besteht die letzte Stufe des Beschleunigers aus 15 Einzelresonatoren. Die typischen Frequenzen der Einzelresonatoren liegen bei 100 bis 200 MHz.

Wenn hohe Beschleunigungsspannungen erreicht werden müssen, werden mehrzellige Resonatoren eingesetzt. Eine häufig verwendete Struktur ist der fünfzellige Resonator mit seitlichen Koppelschlitzen (siehe Abb. 3.17). Der Resonator wird in dem π-Mode betrieben, d. h. die elektrischen Feldvektoren haben in benachbarten Zellen entgegengesetztes Vorzeichen. In Abb. 2.26 ist ein supraleitender Resonator mit neun Zellen, der sogenannte TESLA-Resonator, gezeigt.

Koaxialresonator mit radialem Abschluss

Eine interessante Variante ist der Koaxialresonator mit radialem Abschluss (siehe Abb. 3.18).

Durch die spezielle Geometrie wird das beschleunigende E-Feld auf den Spalt konzentriert. Durch den Einbau von Ferritringen erhält man eine Struktur, deren Resonanzfrequenz leicht durch Variation der Permeabilität μ des Ferritkörpers verändert werden kann. Diese Resonatoren sind vor allem für die Synchrotronbeschleunigung von Protonen und schweren Ionen von großer Bedeutung. Bei der Hochbeschleunigung dieser Teilchen ändert sich nämlich die Geschwindigkeit und damit auch die Umlauffrequenz. Dadurch werden Variationen der Hochfrequenz mit einem großen Hub (Faktor drei bis zehn) notwendig. Die Abstimmung des Resonators geschieht durch Überlagerung eines quasistationären Magnetfeldes, wodurch sich die differenzielle Permea-

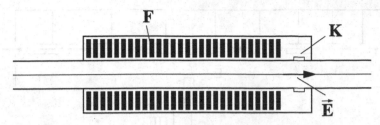

Abb. 3.18. Koaxialresonator mit radialem Abschluss und Ferritkern. Das elektrische Feld E ist im Bereich des Beschleunigungsspaltes maximal. Der Beschleunigungsspalt ist mit einem Keramikisolator K abgedichtet. Die Ferritringe F dienen zur schnellen Variation der Resonatorfrequenz. Durch Überlagerung eines quasistationären Magnetfeldes wird die differenzielle Permeabilität μ_{diff} der Ferritringe und damit die effektive Induktivität L des Schwingkreises geändert

bilität $\mu_{\text{diff}} = \mu_0^{-1} dB/dH$ des Ferritkörpers und damit die Resonanzfrequenz ändert. Der Erregerstrom I liegt in der Größenordnung von 100 bis 2000 A. Er fließt durch den Innenleiter des Koaxialresonators und regt ein radiales Magnetfeld $H = I/(2\pi r)$ im Bereich der Ferrite an.

Alvarez-Struktur

Die Alvarezstruktur [Al46] kann man sich als eine Serie gekoppelter Einzelresonatoren vorstellen (siehe Abb. 3.19). Zur Beschleunigung wird die E_{010}-Welle (TM$_{010}$-Welle) verwendet. Die elektrischen Feldvektoren in den Beschleunigungsstrecken sind alle gleich gerichtet. Da die elektrischen Ströme auf den Wänden benachbarter Resonatoren bei dieser Schwingungsform entgegengesetzt gleich sind, können die Wände weggelassen werden (siehe Abb. 3.20). Dadurch entsteht die Alvarez-Struktur, ein Hohlraumresonator besonders hoher Güte. Die Driftrohre im Zentrum des Resonators werden an dünnen Stielen gehalten. Sie können in der Regel einzeln justiert werden. Da das elektrische Feld

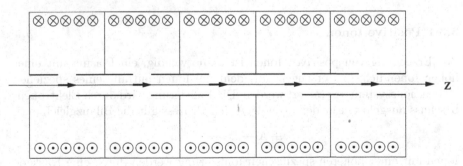

Abb. 3.19. Benachbarte Einzelresonatoren im 2π-Mode. Die Ströme auf den Wänden benachbarter Resonatoren sind entgegengesetzt gleich. Die Alvarez-Struktur ergibt sich durch Weglassen der Zwischenwände

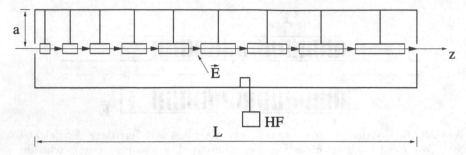

Abb. 3.20. Alvarez-Struktur

in der Beschleunigungsstrecke während des Durchflugs eines Teilchenpaketes ansteigt, dominiert der defokussierende Effekt der Immersionslinse (siehe Abschn. 5.3), und das elektrische Feld wirkt insgesamt defokussierend. Daher ist es notwendig, fokussierende Elemente im Bereich der Driftrohre vorzusehen. Meistens werden kleine kompakte magnetische Quadrupole in die Driftrohre eingebaut. Die Versorgung mit Elektrizität und Kühlwasser erfolgt über die Halterung der Driftrohre. Anstelle von Quadrupolen verwendet man manchmal auch Solenoide. Die Resonanzfrequenz der Alvarez-Beschleuniger liegt typisch bei 100 bis 200 MHz. Sie kann mithilfe der Gleichung (3.36) abgeschätzt werden. Bei einer genauen Rechnung werden die Maxwell'schen Gleichungen unter Berücksichtigung der Driftrohre und ihrer Aufhängung numerisch gelöst.

3.3 Ionenquellen

Wir besprechen in diesem Abschnitt Ionenquellen für positive und negative Ionen und die Elektronenkanone. Wir beziehen uns auf einen Überblick über die neueren Entwicklungen auf dem Gebiet der Ionenquellen von Angert [An94]. Am Ende des Abschnitts führen wir die Begriffe Perveanz, Emittanz und Brillanz ein.

3.3.1 Positive Ionen

Zur Erzeugung von positiven Ionen ist es notwendig, ein Plasma mit einer hohen Ionendichte zu erzeugen, aus dem die Ionen mithilfe eines speziellen Extraktionssystems extrahiert werden. Die Ionisierung wird durch Elektronenbeschuss ausgelöst. Für den grundlegenden Prozess gilt die Bilanzgleichung

$$e^- + A \rightarrow 2e^- + A^+ \, .$$

Ionen mit einer höheren spezifischen Ionisierung werden durch eine Kaskade von Ionisierungsprozessen der Art

$$e^- + A^{i+} \rightarrow 2e^- + A^{(i+1)+}$$

gebildet. Für die Ionendichten gelten folgende Gleichungen

$$\frac{dn_0}{dt} = n_{-1}\sigma_{-1,0}j_e - n_0\sigma_{0,1}j_e\,,$$

$$\frac{dn_i}{dt} = n_{i-1}\sigma_{i-1,i}j_e - n_i\sigma_{i,i+1}j_e - \frac{n_i}{\tau_c(i)}\,.$$

Hierbei ist n_0 bzw. n_i die Dichte der neutralen bzw. i-fach geladenen Ionen, j_e die Elektronenstromdichte, $\sigma_{i,i+1}$ der Umladungswirkungsquerschnitt, und $\tau_c(i)$ die entsprechende Lebensdauer eines Ions im Plasma („confinement time"). Die Wirkungsquerschnitte für den atomaren Prozess der Umladung sind relativ groß. Sie liegen in der Größenordnung von 10^{-16} bis 10^{-18} cm^2. Bei niedrigen Ladungszuständen erreicht man hohe Ionendichten und Ionenströme, wenn n_0 und j_e groß sind. Zum Erreichen hoher Ladungszustände von schweren Ionen ist es jedoch notwendig, den Arbeitsdruck bzw. die Dichte n_0 wegen der hohen Rekombination zu reduzieren. Weiterhin muss die mittlere kinetische Energie der Elektronen im Plasma hinreichend groß sein. Das Maximum der Ionisierungswahrscheinlichkeit ist erreicht, wenn die kinetische Energie der Elektronen ungefähr dreimal so groß ist wie die Bindungsenergie der Elektronen. Die optimale Dichte der neutralen und geladenen Ionen ist durch die Zahl der Rekombinationen im Plasma bestimmt. Bei kleinen Dichten ist die Zahl der Rekombinationsprozesse klein, und die mittlere Lebensdauer $\tau_c(i)$ im Plasma groß. Die entscheidende Gütezahl („figure of merit") ist letztendlich das Produkt aus Elektronendichte und Lebensdauer der Ionen, $n_e\tau_c(i)$.

3.3.2 Negative Ionen

Negative Ionen werden genauso wie positive Ionen aus einem Plasma mit hoher Ionendichte extrahiert. Die Bildung eines negativen Ions, d. h. der Einfang eines Elektrons, ist exotherm. Die Bindungsenergien („Elektronenaffinitäten") liegen in der Größenordnung von 0,1 bis 1,0 eV. Zur Produktion negativer Ionen tragen folgende Prozesse bei:

1. Elektronenanbindung bei gleichzeitiger Dissoziation von Molekülen:

$$e + XY \rightarrow X^- + Y\,,$$
$$e + X_2 \rightarrow X^- + X\,,$$
$$e + XY \rightarrow X^- + Y^+ + e\,.$$

2. Ternäre Kollision:

$$e + X + Y \rightarrow X^- + Y\,.$$

3. Ladungsaustausch in Alkali- und Erdalkalidämpfen, z. B.:

$$X^+ + 2Cs \rightarrow X^- + 2Cs^+\,.$$

4. Oberflächenprozesse, z. B. Wechselwirkung mit Cäsium:

$$X + Cs \rightarrow X^- + Cs^+,$$

$$X^+ + 2Cs \rightarrow X^- + 2Cs^+.$$

3.3.3 HF-Ionenquelle

Die Hochfrequenzionenquelle („HF-Ionenquelle") ist eine relativ einfache Ionenquelle, die hauptsächlich zur Produktion von Wasserstoffionen verwendet wird. Mit Hilfe einer zum Quellenraum konzentrisch angeordneten Spule (siehe Abb. 3.21) wird ein hochfrequentes elektromagnetisches Feld erzeugt. Die meist aus Kupfer gefertigte Spule besteht aus drei bis sechs Windungen. Sie ist Teil eines selbsterregten HF-Schwingkreises. Die Hochfrequenz liegt typisch bei 25 bis 30 MHz. Die Ionen werden mithilfe eines Extraktionssystems aus dem Plasma abgesaugt. Die Extraktionsöffnung hat einen Durchmesser von 1 bis 2 mm. Der Druck im Gasentladungsraum liegt in der Größenordnung 1 bis 30 mbar. Bei einer HF-Leistung von 60 bis 300 W werden Ionenströme von 100 µA bis 1 mA extrahiert.

3.3.4 Penning-Ionenquelle

Bei der Penning-Ionenquelle wird zur Bildung des Plasmas eine hohe Elektronenstromdichte durch die Überlagerung von elektrischen und magnetischen Feldern erreicht (siehe Abb. 3.22). Das Elektrodensystem besteht aus zwei gegenüberliegenden Kathoden und einer in der Mitte liegenden ringförmigen Anode. Das Magnetfeld verläuft parallel zur Symmetrieachse. In der Regel ist nur eine der Kathoden eine Glühkathode. Die aus der Glühkathode austretenden

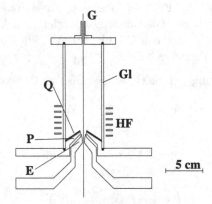

Abb. 3.21. Schema einer HF-Ionenquelle. HF: HF-Senderspule (25–30 MHz), Gl: Pyrexglaszylinder, Q: Quarzglasabdeckung, P: Plasmaelektrode, E: Extraktionselektrode, G: Gaszufuhr

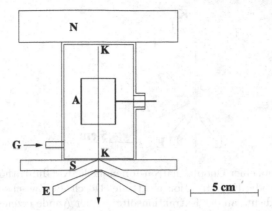

Abb. 3.22. Schema einer Penning-Ionenquelle. A: Anode, K: Kathode, E: Extraktionselektrode, G: Gaszufuhr, N: Nordpol, S: Südpol. Die Spule und das Magnetjoch zur Erzeugung des axialen Magnetfeldes sind in der Abbildung weggelassen

Elektronen werden durch das elektrische Feld beschleunigt. Durch die Wechselwirkung mit dem axialen Magnetfeld bewegen sie sich auf kreisförmigen Spiralbahnen um die Magnetfeldlinien. Dadurch wird die effektive Weglänge eines einzelnen Elektrons und damit auch die Ionisationsrate kräftig erhöht. Durch jeden Ionisierungsprozess werden zusätzlich Sekundärelektronen freigesetzt, die ebenfalls in dem elektrischen Feld beschleunigt werden und zu einer Erhöhung der Elektronenstromdichte beitragen. Die Gesamtheit aller Elektronen pendelt zwischen den beiden Kathoden um das positive Anodenpotential in der Mitte der Quelle hin und her. Die Extraktionsöffnung ist entweder ein seitlicher Schlitz im Bereich der Anode oder ein kreisförmiges Loch in einer der Kathoden. Die Penning-Ionenquelle ist die ideale interne Ionenquelle für das Zyklotron, da man das starke axiale Magnetfeld des Zyklotrons unmittelbar für den Pendelelektronenmechanismus der Penning-Ionenquelle verwenden kann. Eine Penning-Ionenquelle hat die folgenden typischen Arbeitswerte: Drücke von 0,5 bis 30 mbar, Magnetfelder von 0,05 bis 1,5 T, Anodenspannungen von 40 bis 200 V, Anodenströme von 0,5 bis 5,0 A und Ionenströme von 10 nA bis 50 mA.

Die Penning-Ionenquelle wird im englischen Sprachraum häufig mit dem Acronym PIG („PIG" = „Penning Ion Gauge") bezeichnet. Dies ist eine Erinnerung an das Prinzip der Penning-Messröhre [Pe37], die zur Messung von Drücken zwischen 10^{-3} und 10^{-7} mbar in Vakuumapparaturen verwendet wird.

3.3.5 Duoplasmatron-Ionenquelle

Bei der Duoplasmatron-Ionenquelle (siehe Abb. 3.23) wird eine Niedervolt-Gasentladung durch eine Zwischenelektrode eingeschnürt. Dadurch ist die Ionendichte in der Nähe der Extraktionsöffnung sehr viel größer als in der Nähe der Kathode. Das anodenseitige Plasma wird durch eine elektrische Doppelschicht begrenzt, in der die Elektronen aus dem kathodenseitigen

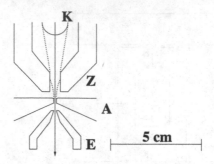

Abb. 3.23. Schema einer Duoplasmatron-Ionenquelle. K: Glühkathode, Z: Zwischenelektrode, A: Anode, E: Extraktionselektrode. Durch die Zwischenelektrode wird eine hohe Plasmadichte an der Extraktionsöffnung der Anode erzeugt. Der Elektromagnet zur Erzeugung des Magnetfeldes zwischen Z und A ist in der Abbildung weggelassen

Plasma beschleunigt werden. Eine weitere Erhöhung der Elektronenstromdichte und Plasmadichte wird durch ein inhomogenes axiales Magnetfeld zwischen der Zwischenelektrode und der Anode erreicht. Wenn man das axiale Magnetfeld abschaltet, wird aus der Duoplasmatron-Ionenquelle eine Unoplasmatron-Ionenquelle. Die Vorsilbe „Duo" deutet auf die durch Zwischenelektrode und Magnetfeld hervorgerufene doppelte Plasmaverdichtung hin. Die Idee der Duoplasmatron-Ionenquelle stammt von Manfred von Ardenne [Ar48] [Ar75]. Eine umfangreiche Untersuchung zur Optimierung der Duoplasmatron-Ionenquelle wurde von Lejeune [Le74] durchgeführt. Eine Duoplasmatron-Ionenquelle hat die folgenden typischen Arbeitswerte: Drücke von 15 bis 50 mbar, Magnetfelder von 0,15 bis 0,5 T, Anodenspannungen von 70 bis 200 V, Anodenströme von 0,5 bis 5,0 A und Ionenströme von 30 mA bis 1000 mA. Die Duoplasmatron-Ionenquelle hat auch sehr günstige Eigenschaften als Elektronenquelle für Elektronenbeschleuniger. Elektronenströme mit Stromdichten bis zu 500 A/cm^2 sind im Dauerbetrieb möglich.

3.3.6 ECR-Ionenquelle

Die ECR-Ionenquelle („ECR" = „Electron Cyclotron Resonance") ist eine Neuentwicklung [Ar81], die sich vor allem zur Produktion hochgeladener Schwerionen eignet. Die Idee zu dieser Art von Ionenquelle und die ersten Prototypen stammen von R. Geller aus Grenoble. Das Schema der Quelle ist in der Abb. 3.24 dargestellt. Zur Ionisierung werden Elektronen mithilfe von Mikrowellen unter Ausnutzung der Elektron-Zyklotron-Resonanz beschleunigt. Hierbei werden die Elektronen von dem statischen Magnetfeld der Quelle auf Zyklotronbahnen gehalten. Die Beschleunigung geschieht wie in einem Zyklotron durch elektrische Feldkomponenten senkrecht zu dem lokalen statischen Magnetfeld. In dem Mikrowellenfeld gibt es stets solche

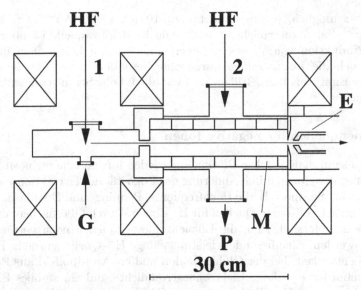

Abb. 3.24. Schema einer kompakten, zweistufigen ECR-Ionenquelle. HF: 5 GHz, Mikrowellenleistung: 100–500 W, M: Kobalt-Samarium-Permanentmagnet, G: Gaszufuhr, E: Extraktionselektrode, P: Vakuumpumpe. In der ersten Stufe wird ein Plasma mit niedriger spezifischer Ionisation erzeugt, in der zweiten Stufe wird ein Plasma mit hoher spezifischer Ionisation erzeugt. Das longitudinale Magnetfeld der ersten und zweiten Stufe wird mit Hilfe von drei Spulen erzeugt. In der zweiten Stufe wird ein starkes Sextupolfeld überlagert, das mithilfe von Kobalt-Samarium-Permanentmagneten erzeugt wird

Komponenten, da die Wellenlänge λ im Vergleich zu dem Quellenraum sehr klein ist, und der Quellenraum wie ein Resonator mit vielen überlagerten Schwingungen wirkt („multimode cavity"). Die Elektron-Zyklotron-Resonanz legt eine Hyperfläche im Innern der Quelle fest, für die folgende Bedingung gilt,

$$\nu = \frac{1}{2\pi} \frac{e}{m} |B|.$$

Hierbei ist m die Ruhemasse der Elektronen. Für $\nu = 5$ GHz erhält man z. B. $|B| = 0{,}18$ T. Das Plasma (Elektronen und Ionen) wird durch speziell geformte Magnetfelder im Quellenraum eingeschlossen („confinement"). Durch zwei Spulen wird in longitudinaler Richtung ein axiales Magnetfeld mit einer Mulde erzeugt. In radialer Richtung wird der Magnetfeldanstieg durch ein Sextupolmagnetfeld erreicht. Das Sextupolfeld wird heute meistens mit Permanentmagneten aus Kobalt-Samarium erzeugt. Die ECR-Quelle ermöglicht es, Plasmen mit einem sehr hohen Gütefaktor $n_e \tau_c$ zu erzielen. Bei Mikrowellenleistungen von 100 bis 500 W erzielt man mit einer solch kompakten Anordnung, wie in der Abb. 3.24 dargestellt, $^{16}O^{6+}$- und $^{40}Ar^{10+}$-Ionenströme von mehr als 2 μA. Mit speziellen ECR-Ionenquellen ist es sogar möglich, Ionenströme bis zu 10 µA für $^{197}Au^{25+}$-, $^{209}Bi^{25+}$- und $^{238}U^{25+}$-Ionen zu erreichen [Ge92]. Die ECR-Ionenquelle ist aber auch für die Produktion von Wasserstoffionen und anderen Leichtionen interessant, da sich die Ionenstrahlen durch eine besonders hohe Strahlqualität, d. h. kleine Emittanz, hohe Brillanz und vor allem hohe Strahlstromstabilität, auszeichnen.

3.3.7 Ionenquellen für negative Ionen

Im Prinzip kann man aus dem Plasma einer jeden Ionenquelle für positive Ionen auch negative Ionen durch Änderung der Polarität der Extraktionselektrode extrahieren. So sind z. B. die Hochfrequenz-, Penning- und Duoplasmatron-Ionenquellen sehr effiziente Quellen für H^--Ionen. Durch Oberflächen, die mit Cäsium bedampft sind, kann die Effizienz dieser Quellen noch beträchtlich gesteigert werden. Eine besonders leistungsfähige H^--Quelle wurde in Berkeley [Le89] entwickelt, bei der Glühkathoden und ein Multipolfeld aus Permanentmagneten für eine hohe Elektronenstromdichte und ein stabiles Plasma sorgen. Cäsiumdampf im Plasmaraum und Cäsium auf einer gekrümmten Molybdän-Konverterelektrode gewährleisten eine hohe Ausbeute an H^--Ionen. Bei einem Arbeitsdruck von 1 mbar werden Stromdichten bis zu 1 A/cm^2 erreicht.

3.3.8 Elektronenkanone

Bei einer Elektronenkanone treten die Elektronen aus einer geheizten Kathodenoberfläche aus (siehe Abb. 3.25). Die Kathodenoberfläche hat eine leicht

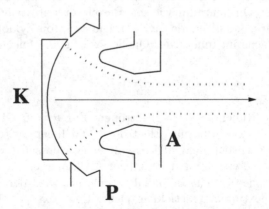

Abb. 3.25. Schema einer Elektronenkanone. K: sphärisch gekrümmte Glühkathode, P: Pierce-Elektrode, A: Anode. Die Kathode befindet sich auf einem hohen negativen Potential (z.B. -50 kV) gegenüber der Anode. Das Potential der Pierce-Elektrode liegt in der Nähe des Kathodenpotentials. Die Anode befindet sich auf Erdpotential bzw. auf dem Potential des Raumes, in den der Elektronenstrahl fliegt

konkave Krümmung. Wie bei einem Hohlspiegel wird durch die Krümmung eine fokussierende Wirkung erzielt. Durch die Zwischenelektrode und die Anode wird der Elektronenstrahl extrahiert und beschleunigt. Der Elektronenstrahl verlässt die Elektronenkanone durch ein kleines Loch in der Mitte der Anode. Die Kathode liegt auf einem hohen negativen Potential, die Anode liegt auf Erdpotential. Die Zwischenelektrode dient zur Fokussierung des Elektronenstrahls. Das Potential der Zwischenelektrode wird so eingestellt, dass der Strahl hinter der Anode leicht konvergent ist. Das Elektrodensystem wirkt insgesamt wie ein elektrostatisches Linsensystem (siehe Kapitel 5). Die Spannung zwischen Kathode und Anode legt die kinetische Energie der Elektronen fest. Die Theorie zur Optimierung des Elektrodensystems wurde von Pierce [Pi40] entwickelt.

3.3.9 Extraktion und Strahlformung eines Ionenstrahls

Die Extraktion und Formung eines Ionenstrahls geschieht wie bei einem Elektronenstrahl. Durch Anlegen einer geeignet gewählten Extraktionsspannung werden die Ionen aus dem Plasma abgesaugt. Da das Plasma aufgrund der hohen Elektronen- und Ionendichte elektrisch leitend ist, treten die Ionen aus einem Raum mit einem wohldefinierten elektrischen Potential aus. An der Extraktionsöffnung bildet sich eine leicht gekrümmte Plasmagrenzfläche. Wie bei der Elektronenkanone oder auch dem Hohlspiegel hat die Krümmung eine fokussierende Wirkung.

Je nachdem, ob positive oder negative Ionen aus dem Plasma extrahiert werden sollen, befindet sich die Ionenquelle gegenüber der Extraktionselektrode auf einer hohen positiven oder negativen Spannung. Das Potential der Extraktionselektrode ist ein wichtiger Parameter zur Variation und Optimierung des extrahierten Ionenstroms. Die Fokussierung des Ionenstrahls hängt natürlich auch ganz entscheidend von dem Potential der Extraktionselektrode ab. Die Spannung zwischen Ionenquelle und Beschleunigungselektrode legt die kinetische Energie der Ionen fest. Im Ionenquellenprüfstand befindet sich die Beschleunigungselektrode auf Erdpotential. In einem elektrostatischen Beschleuniger liegt die Beschleunigungselektrode auf einem hohen Potential gegenüber Erde, da nach der ersten Beschleunigung noch weitere Beschleunigungen folgen.

3.3.10 Perveanz, Emittanz und Brillanz

Wichtige Gütefaktoren für eine Ionen- bzw. Elektronenquelle sind Perveanz, Emittanz und Brillanz.

Perveanz

Die Perveanz basiert auf dem Schottky-Langmuir'schen Gesetz [Ge95], das den Abschirmeffekt von Raumladungen im Vakuum beschreibt. Durch die

Raumladung in der unmittelbaren Umgebung einer Glühkathode wird das elektrische Feld E in der Nähe der Kathode abgeschirmt. Bei einer planparallelen Anordnung der Kathode und Anode lässt sich die Feldgleichung leicht lösen. Man findet den folgenden charakteristischen Zusammenhang zwischen der Stromdichte j bzw. dem Strom I und der Spannung U,

$$j = \frac{4}{9}\epsilon_0\sqrt{\frac{2q}{m}}\frac{1}{d^2}U^{3/2}, \qquad I = \frac{4}{9}\epsilon_0\sqrt{\frac{2q}{m}}\frac{A}{d^2}U^{3/2}. \qquad (3.37)$$

Hierbei ist ϵ_0 die elektrische Feldkonstante des Vakuums, q und m die Ladung bzw. Masse des Ions, d der Abstand zwischen Anode und Kathode und A die Querschnittsfläche. Die Gleichung gilt nicht nur für Elektronen sondern auch für Ionen, wobei die Extraktionselektrode der Anode und die Plasmagrenzfläche der Kathode entspricht. Bei positiven Ionen muss man in (3.37) den Betrag $|U|$ einsetzen, da die die Extraktionsspannung U negativ ist.

Die Definitionsgleichung für die Perveanz P lautet

$$P = \frac{I}{U^{3/2}}. \qquad (3.38)$$

Für den soeben skizzierten Spezialfall der planparallelen Anordnung von Kathode und Anode finden wir

$$P = \frac{4}{9}\epsilon_0\sqrt{\frac{2q}{m}}\frac{A}{d^2}. \qquad (3.39)$$

Diese Gleichung macht deutlich, dass die Perveanz für eine bestimmte Ionensorte nur von der Geometrie abhängt. In dem Spezialfall koplanarer Elektroden ist die entscheidende Größe das Verhältnis A/d^2. Bei einer kreisförmigen ebenen Emissionsfläche $A = \pi r^2$ erhalten wir für Elektronen

$$P_e = \left(2{,}33\cdot 10^{-6}\frac{A}{V^{3/2}}\right)\frac{A}{d^2}. \qquad (3.40)$$

Für Protonen erhalten wir

$$P_p = \left(5{,}45\cdot 10^{-8}\frac{A}{V^{3/2}}\right)\frac{A}{d^2}. \qquad (3.41)$$

Bei einer konkav gekrümmten Emissionsfläche (siehe Abb. 3.26) erhält man eine reduzierte Perveanz. Die theoretische Behandlung dieses Problems findet man bei Langmuir und Blodgett [La24]. Wenn der Krümmungsradius R noch deutlich größer als der Abstand d ist, d.h. $d/R < 0{,}4$, kann der Reduktionsfaktor C_{red} mithilfe einer einfachen Näherungsgleichung von Coupland et al. [Co73] berechnet werden,

$$C_{red} = 1{,}0 - 1{,}6\frac{d}{R}. \qquad (3.42)$$

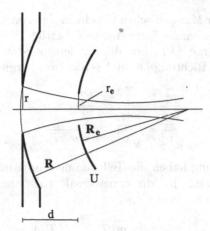

Abb. 3.26. Illustration zur Perveanz einer konkaven, fokussierenden Plasmagrenze bzw. Glühkathode. R: Krümmungsradius der Emissionsfläche und Plasmaelektrode, r: Aperturradius der Plasmaelektrode, R_e: Krümmungsradius der Extraktionselektrode, r_e: Aperturradius der Extraktionselektrode, $d = R - R_e$: Abstand Plasmaelektrode – Extraktionselektrode, U: Extraktionsspannung

Der Aperturradius r_e der Extraktionselektrode sollte hierbei der Konvergenz des extrahierten Ionenstrahles entsprechen, d. h.

$$r_e = \frac{R-d}{R} r \,. \tag{3.43}$$

Die charakteristische $U^{3/2}$-Abhängigkeit des abgesaugten Stromes I gilt natürlich nur so lange, wie noch nicht die Sättigungsstromdichte erreicht ist. Der Sättigungsstrom I_s für ein Plasma mit der Ionendichte n_i, der Ionentemperatur T und der Ionenmasse m beträgt bei einer Emissionsfläche A

$$I_s = A n_i q \sqrt{\frac{kT}{m}} \,. \tag{3.44}$$

Wenn die Sättigungsstromdichte erreicht ist, ist der extrahierte Strom konstant, eine weitere Erhöhung der Extraktionsspannung bewirkt dann keine weitere Stromzunahme.

Emittanz

Die Emittanz ist ein Maß für die transversale Strahlbündelung. Sie ist proportional zu dem Produkt aus der transversalen Ortsunschärfe und der transversalen Impulsunschärfe. Wir benutzen im Folgenden die Definition der Emittanz auf der Basis von einer Standardabweichung (siehe Abschn. 4.14), die sogenannte RMS-Emittanz. Zur Umrechnung auf zwei bzw. drei Standardabweichungen sind die Emittanzwerte mit dem Faktor vier bzw. neun zu multiplizieren. Die endliche Emittanz eines Elektronen- bzw. Ionenstrahls ist unter anderem eine Folge der Maxwell'schen Geschwindigkeitsverteilung am Entstehungsort. Für eine bestimmte Temperatur T beträgt die mittlere kinetische Energie pro Freiheitsgrad $\frac{1}{2}kT$. Für die mittlere quadratische Impulsabweichung in transversaler Richtung (x- und y-Richtung) ergibt sich damit

$$\frac{\overline{p_x^2}}{2m} = \frac{\overline{p_y^2}}{2m} = \frac{kT}{2},$$
$$\sqrt{\overline{p_x^2}} = \sqrt{\overline{p_y^2}} = \sqrt{mkT}. \tag{3.45}$$

Nach der Beschleunigung haben die Teilchen den longitudinalen Impuls $p = m\beta\gamma$. Wir erhalten damit für die transversale Richtungsabweichungen die Standardabweichungen $\sigma_{x'}$ und $\sigma_{y'}$,

$$\sigma_{x'} = \sigma_{y'} = \frac{\sqrt{mkT}}{m\beta\gamma} = \sqrt{\frac{kT}{m}}\frac{1}{\beta\gamma}. \tag{3.46}$$

Zur Abschätzung der durch die Maxwell'sche Geschwindigkeitsverteilung hervorgerufenen Emittanz betrachten wir die Strahltaille unmittelbar nach der ersten Beschleunigungsstrecke. Die Strahlausdehnung werde dort durch die Standardabweichungen σ_x und σ_y charakterisiert. Damit erhalten wir

$$\pi\epsilon_x^{1\sigma} = \pi\sigma_x\sigma_{x'} = \pi\sigma_x\sqrt{\frac{kT}{m}}\frac{1}{\beta\gamma}, \tag{3.47}$$

$$\pi\epsilon_y^{1\sigma} = \pi\sigma_y\sigma_{y'} = \pi\sigma_y\sqrt{\frac{kT}{m}}\frac{1}{\beta\gamma}. \tag{3.48}$$

Um die Strahlqualität verschiedener Ionenquellen oder auch verschiedener Beschleuniger miteinander vergleichen zu können, ist es üblich, die auf gleichen Impuls normierte Emittanz, die sogenannte normalisierte (invariante) Emittanz $\pi\epsilon^n$ anzugeben,

$$\pi\epsilon^n = \pi\epsilon\beta\gamma. \tag{3.49}$$

Die Temperatureffekte am Entstehungsort ergeben den folgenden Beitrag zur normalisierten Emittanz $\pi\epsilon_x^{1\sigma\,n}$ und $\pi\epsilon_y^{1\sigma\,n}$,

$$\pi\epsilon_x^{1\sigma\,n} = \pi\sigma_x\sqrt{\frac{kT}{m}}, \quad \pi\epsilon_y^{1\sigma\,n} = \pi\sigma_y\sqrt{\frac{kT}{m}}. \tag{3.50}$$

Für Protonen erhalten wir z.B. mit $T = 1000$ K und $\sigma_x = \sigma_y = 2$ mm eine normalisierte Emittanz auf der Basis von einer bzw. zwei Standardabweichungen

$$\pi\epsilon_x^{1\sigma\,n} = \pi\epsilon_y^{1\sigma\,n} = \pi\,0{,}019 \text{ mm mrad},$$

$$\pi\epsilon_x^{2\sigma\,n} = \pi\epsilon_y^{2\sigma\,n} = \pi\,0{,}077 \text{ mm mrad}.$$

Die an Beschleunigeranlagen gemessenen normalisierten (invarianten) Emittanzen sind in der Regel deutlich größer als diese Werte (siehe Abschn. 4.8.8).

Die Maxwell'sche Geschwindigkeitsverteilung am Entstehungsort ist nämlich nicht der einzige Grund für eine endliche Emittanz. Vor allem Raumladungseffekte bei niedrigen Teilchenenergien tragen zur Emittanzvergrößerung bei. Die Coulombwechselwirkung zwischen den Teilchen wirkt sich umso stärker aus, je kleiner die Geschwindigkeiten und je höher die Teilchendichten, d. h. die Strahlströme sind. Daher ist es notwendig, die Teilchen schnell zu beschleunigen, um die Auswirkung der abstoßenden Coulombwechselwirkung bei niedrigen Geschwindigkeiten möglichst klein zu halten. Bei der theoretischen Analyse muss man auch die Elektronen und negativ geladenen Ionen berücksichtigen, die durch die Ionisation des Restgases entstehen. Dadurch kommt es zu einer mehr oder weniger großen Raumladungskompensation. So stellt z. B. ein intensiver positiver Ionenstrahl eine Potentialmulde dar, in der sich die durch Ionisation gebildeten Sekundärelektronen anreichern. Zur Emittanzvergrößerung tragen eine Reihe weiterer Effekte bei, zu denen insbesondere die durch das Restgas ausgelöste Kleinwinkelstreuung gehört. Dieser Effekt ist in der Nähe der Ionenquelle besonders groß, da dort die Restgaskonzentration maximal und die Ionengeschwindigkeit minimal ist. Ein anderer wichtiger Grund für Emittanzvergrößerungen sind Nichtlinearitäten in der Ionenoptik, d. h. Aberrationen zweiter und höherer Ordnung. Kurz- und Langzeitinstabilitäten der elektrischen und magnetischen Felder tragen ebenfalls zu einer Erhöhung der Emittanz bei.

Brillanz

Ein weiterer, wichtiger Gütefaktor ist die Brillanz („brilliance") B eines Elektronen- bzw. Ionenstrahls. Die Brillanz ist ein Maß für die Phasenraumdichte eines Strahles. Sie berücksichtigt nicht nur die normalisierten Emittanzen $\pi\epsilon_x^n$ und $\pi\epsilon_y^n$ sondern auch die Impulsunschärfe $\delta_{rms} = (\Delta p/p)_{rms}$ des Strahls. Die Brillanz ist durch die folgende Gleichung definiert:

$$B = \frac{I}{\pi\epsilon_x^n \pi\epsilon_y^n \delta_{rms}} \, . \tag{3.51}$$

Hierbei ist δ_{rms} die Standardabweichung der Impulsverteilung und I der Strahlstrom in Ampere oder die Zahl der Teilchen pro Zeiteinheit.

Übungsaufgaben

3.1 Wie groß ist die Amperewindungszahl nI, wenn bei einem homogenen Ablenkmagnet der Polschuhabstand $g = 8$ cm beträgt, und eine magnetische Flussdichte $B = 1{,}2$ T erreicht werden soll? Der Anteil des Wegintegrals über die magnetische Feldstärke im Eisen sei 5%.

3.2 Ein Quadrupolmagnet mit dem Aperturradius $a = 5$ cm soll bis zu einem Feldgradienten von $g = 10$ T/m erregt werden können. Wie groß ist die Amperewindungszahl nI, wenn noch ein Aufschlag von 10% wegen der Sättigungsmagnetisierung im Eisen berücksichtigt wird?

3.3 Wie groß ist die magnetische Flussdichte B_0 an der Polspitze eines Quadrupols mit dem Aperturradius $a = 2,5$ cm, wenn $g = 12$ T/m?

3.4 Ein Sextupolmagnet habe einen Aperturradius $a = 5$ cm und eine Amperewindungszahl $nI = 2\,000$ A. Wie groß ist die Sextupolstärke $g_s = \partial^2 B_y / \partial x^2$ und die magnetische Flussdichte B_0 an der Polspitze? Wie groß ist $|B|$ bei dem halben Aperturradius $r = 2,5$ cm?

3.5 Wie sieht das Polschuhprofil eines Synchrotronmagneten mit dem Feldindex $n = -20$ aus? Der Sollbahnradius sei $\rho_0 = 10$ m, der Polschuhabstand bei dem Sollbahnradius sei $g = 100$ mm.

3.6 Wie groß ist bei einer TM_{01}-Welle die Grenzwellenzahl k_c und die Grenzfrequenz $\nu_c = \omega_c / 2\pi$ in einem Hohlleiter mit dem Innenradius $a = 4,2$ cm?

3.7 Berechnen Sie für die TM_{010}-Welle die Resonanzfrequenz ν eines zylindrischen Hohlraumresonators mit dem Innenradius $a = 1$ m.

3.8 Eine Ionenquelle für Protonen habe die Perveanz $P = 0,8 \cdot 10^{-7}$ A/V$^{3/2}$. Welche Spannung U ist notwendig, um einen Strom von $I = 100$ µA zu extrahieren?

3.9 Eine Ionenquelle für Protonen habe die Perveanz $P = 1,0 \cdot 10^{-7}$ A/V$^{3/2}$. Wie groß ist P für Deuteronen?

3.10 Berechnen Sie die transversale Winkelunschärfe $\sigma_\Theta = \sigma_{x'}$ eines Protonenstrahls, die durch die Maxwell'sche Geschwindigkeitsverteilung im Bereich der Ionenquelle verursacht wird. Die Temperatur betrage 420 K, und die kinetische Energie betrage nach der Extraktion 5 keV.

3.11 Wie groß ist bei dem in Aufgabe 3.10 skizzierten Beispiel der Beitrag der Maxwell'schen Geschwindigkeitsverteilung zur normalisierten (invarianten) Emittanz $\epsilon_x^{2\sigma\,\mathrm{n}}$, wenn die Strahltaille nach der Extraktion eine Standardabweichung von $\sigma_x = 2$ mm aufweist.

4

Ionenoptik mit Magneten

In diesem Kapitel werden die grundlegenden Begriffe und Methoden der Magnetionenoptik eingeführt. Nach der Definition des Koordinatensystems betrachten wir die Transfermatrix R zur Beschreibung eines einzelnen Teilchens in linearer Näherung. Der Zusammenhang mit der geometrischen Optik wird in Abschn. 4.6 behandelt. Anschließend definieren wir Phasenellipse und Phasenraumellipsoid und führen die σ-Matrix zur Beschreibung eines Teilchenstrahls ein. In Abschn. 4.13 untersuchen wir ionenoptische Systeme. Effekte zweiter Ordnung werden in Abschn. 4.9 4.14 behandelt. Beim ersten Lesen empfehlen wir, die formalen Ableitungen in Abschn. 4.3 und 4.9–4.11 zu überspringen.

4.1 Koordinatensystem

Wir führen in diesem Abschnitt das Standardkoordinatensystem der Beschleunigerphysik ein. Um die physikalischen Zusammenhänge möglichst transparent darzustellen und den mathematischen Aufwand möglichst klein zu halten, wählt man ein Koordinatensystem, bei dem die Teilchenbahnen relativ zur Bahn des zentralen Teilchens beschrieben werden. Diese Wahl ermöglicht die Behandlung der Ionenoptik in linearer Näherung, da die transversalen Orts- und Winkelabweichungen klein sind. Im Sinne der geometrischen Optik betrachten wir *paraxiale Strahlen*, d. h. Strahlen, deren Ortsabweichungen sehr klein gegenüber den Brennweiten und Krümmungsradien sind, und deren Winkelabweichungen sehr klein gegenüber Eins sind. Die lineare Näherung ist auch die Basis zur Berechnung der Abweichungen von der linearen Näherung, d. h. der Bildfehler (Aberrationen) zweiter und höherer Ordnung. Die *zentrale Bahn* $r_0(s)$, für die auch der Begriff *Sollbahn* verwendet wird, wird aufgrund der geometrischen Anordnung der Strahlführungsmagnete (Ablenkmagnete sowie Quadrupol-, Sextupol- und Oktupolmagnete) als bekannt vorausgesetzt. Wir wollen uns auf Systeme beschränken, die sich durch eine magnetische Mittelebene auszeichnen. Dies ist keine echte Einschränkung, da die Kombination von Systemen mit unterschiedlichen magnetischen Mittelebenen stets durch eine entsprechende Rotation des Koordinatensystems zwischen den Systemen möglich ist. Die zentrale Bahn liegt naturgemäß in der magnetischen Mittelebene.

Die momentane Position eines einzelnen Teilchens wird mithilfe eines ebenen (x, y)-Koordinatensystems beschrieben, das sich entsprechend der Geschwindigkeit des Teilchens entlang der zentralen Bahn bewegt (siehe Abb. 4.1). Der Nullpunkt und die Richtung dieses mitbewegten (x, y)-Koordinatensystems ist durch die zentrale Bahn festgelegt. Die x-y Ebene ist die sogenannte Normalebene zur zentralen Bahn, d. h. die auf der x-y Ebene senkrecht stehende s-Achse mit dem Einheitsvektor u_s ist durch den Tangentenvektor der zentralen Bahn festgelegt. Die x-Achse mit dem Einheitsvektor u_x liegt in der magnetischen Mittelebene und zeigt in Strahlrichtung gesehen nach links, d. h. bei einer positiven Krümmung der zentralen Bahn in Richtung des lokalen Krümmungsradius ρ_0, wie in Abb. 4.1 angedeutet. Die y-Achse mit dem Einheitsvektor u_y steht senkrecht auf der magnetischen Mittelebene. In der Differenzialgeometrie werden die Vektoren u_x und u_y Hauptnormalen- und Binormalenvektor genannt. Der längs der Sollbahn zurückgelegte Weg s legt die momentane Position des mitbewegten Koordinatensystems fest. Hierbei ist s die Wegstrecke, die von einem beliebigen aber festen Startpunkt O aus gerechnet wird. Durch die Angabe der Wegstrecke s und der Koordinaten (x, y) ist die momentane Position eines einzelnen Teilchens festgelegt. Zur Beschreibung der Bahnkurve eines Teilchens genügt die Kenntnis des funktionalen Zusammenhangs zwischen (x, y) und s, d. h. die Funktionen $x(s)$ und $y(s)$ beschreiben die Bahn eines Teilchens relativ zur Sollbahn $r_0(s)$

$$r(s) = r_0(s) + x(s)u_x(s) + y(s)u_y(s)\,. \tag{4.1}$$

Die Größen x bzw. y werden radiale bzw. axiale Ortsabweichung genannt. Bei großen Strahlführungssystemen und Kreisbeschleunigern ist die magnetische

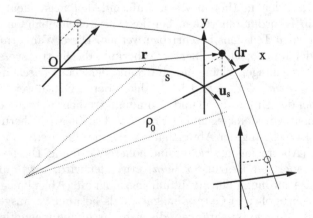

Abb. 4.1. Standardkoordinatensystem (x, y, s)

Mittelebene in der Regel identisch mit der horizontalen Ebene. Daher benutzt man häufig auch die Bezeichnung horizontale bzw. vertikale Ortsabweichung für die Koordinaten x bzw. y.

Das (x, y, s)-Koordinatensystem wird in der Differenzialgeometrie krummliniges Koordinatensystem genannt. Es unterscheidet sich von einem geradlinigen Koordinatensystem, d. h. einem normalen, rechtshändigen, kartesischen Koordinatensystem, durch eine spezielle Metrik, bei der das Linienelement $\mathrm{d}r$ durch die Gleichung

$$\mathrm{d}r = u_x \mathrm{d}x + u_y \mathrm{d}y + u_s (1 + hx) \mathrm{d}s \,. \tag{4.2}$$

definiert ist. Die Größe $h = 1/\rho_0$ ist die Krümmung der Sollbahn. Sie ist eine Funktion von s. Das (x, y, s)-Koordinatensystem entspricht einem Zylinderkoordinatensystem mit der radialen Koordinate $r = \rho_0 + x$, der axialen Koordinate y und der Winkelkoordinate $\alpha = s/\rho_0$. Beim Übergang von einem Ablenkmagneten in eine gerade Driftstrecke geht das krummlinige Koordinatensystem stetig in ein geradliniges, kartesisches Koordinatensystem über. Das geradlinige Koordinatensystem ist ein Spezialfall des krummlinigen Koordinatensystems, bei dem die Krümmung der Sollbahn gleich null ist.

Für bestimmte Überlegungen ist es hilfreich und sinnvoll, parallel zu dem krummlinigen (x, y, s)-Koordinatensystem ein lokales, rechtshändiges, kartesisches (x, y, z)-Koordinatensystem zu definieren (siehe Abb. 4.2). Die x- und y-Koordinaten sind wie bei dem krummlinigen Koordinatensystem definiert. Die z-Achse ist durch den Tangentenvektor der Sollbahn festgelegt. Der entsprechende Einheitsvektor hat die Bezeichnung u_z. Es gilt $u_z = u_s$. Der wesentliche Unterschied zwischen den beiden Systemen ist die Metrik. Die Metrik des kartesischen Koordinatensystems ergibt für das Linienelement

$$\mathrm{d}r = u_x \mathrm{d}x + u_y \mathrm{d}y + u_z \mathrm{d}z \,. \tag{4.3}$$

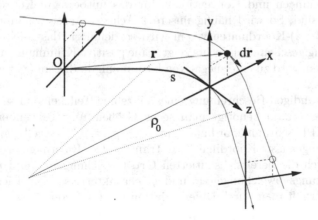

Abb. 4.2. Mitbewegtes kartesisches Koordinatensystem

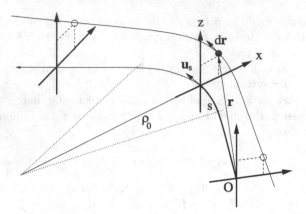

Abb. 4.3. (x, z, s)-Koordinatensystem

Die Krümmung der Sollbahn $h(s) = 1/\rho_0(s)$ hängt von der Stärke und dem Vorzeichen der axialen Magnetfeldkomponente $B_y(x = 0, y = 0, s) = B_0(s)$ längs der Sollbahn ab,

$$h(s) = \frac{1}{\rho_0(s)} = \frac{q}{p_0} B_y(x = 0, y = 0, s) = \frac{q}{p_0} B_0(s). \tag{4.4}$$

Hierbei ist q die Ladung und p_0 der Impuls des Sollteilchens. Positiv geladene Teilchen werden in einem Magnetfeld, bei dem B_y positiv ist, in Strahlrichtung gesehen nach rechts, d. h. im Uhrzeigersinn abgelenkt. Die Krümmung h und der Krümmungsradius ρ_0 sind hierbei positiv (siehe Abb. 4.1). Umgekehrt ist die Krümmung h und der Krümmungsradius ρ_0 negativ, wenn B_y negativ ist und positiv geladene Teilchen nach links, d. h. gegen den Uhrzeigersinn, abgelenkt werden. Bei negativ geladenen Teilchen muss man die Magnetfelder umpolen, um die gleichen Verhältnisse zu erreichen.

Wir wollen an dieser Stelle ausdrücklich darauf hinweisen, dass auch andere Bezeichnungen und Konventionen für das mitbewegte Koordinatensystem üblich sind. So wird häufig unsere y-Achse z-Achse genannt und das begleitende (x, z)-Koordinatensystem wird so definiert, dass die x-Achse in Strahlrichtung gesehen nach rechts zeigt. Eine positive Krümmung in unserem (x, y, s)-System wird zu einer negativen Krümmung in diesem (x, z, s)-System und vice versa.

Zur vollständigen Beschreibung eines einzelnen Teilchens im sechsdimensionalen Phasenraum benötigt man sechs Größen. Wir verwenden anstelle der üblichen Phasenraumkoordinaten (x, p_x, y, p_y, z, p_z) spezielle, an die Problemlösung angepasste Koordinaten. In transversaler Richtung wird der Phasenraum durch die bereits diskutierten Ortsabweichungen x und y und die beiden Richtungsabweichungen x' und y' charakterisiert. Die Richtungsabweichungen erhält man durch Differenziation der Funktionen $x(s)$ und $y(s)$

$$x' = \frac{dx}{ds}, \quad y' = \frac{dy}{ds}. \tag{4.5}$$

Die transversalen Impulskomponenten p_x und p_y sind damit implizit festgelegt, siehe (4.9).

Zur Beschreibung eines Teilchens in longitudinaler Richtung verwendet man die longitudinale Ortsabweichung l und die relative Impulsabweichung δ gegenüber dem zentralen Teilchen

$$l = -v_0(t - t_0) \, , \ \delta = \frac{p - p_0}{p_0} \, . \tag{4.6}$$

Die longitudinale Ortsabweichung l (siehe Abb. 4.4) ergibt sich aus der Differenz der Zeiten t und t_0, zu denen das zu beschreibende Teilchen bzw. das zentrale Teilchen die x-y Ebene an der Stelle s passieren. Die Projektion dieser Zeitdifferenz $\Delta t = t - t_0$ auf eine entsprechende longitudinale Ortsabweichung l längs der Sollbahn geschieht mithilfe der Geschwindigkeit v_0 des zentralen Teilchens. Die longitudinale Ortsabweichung ist positiv, wenn das zu beschreibende Teilchen früher als das Sollteilchen ankommt ($t < t_0$). Sie ist negativ, wenn das zu beschreibende Teilchen später ankommt ($t > t_0$). Bei Flugzeitmessungen und Betrachtungen zur HF-Beschleunigung longitudinal gebündelter Strahlen steht häufig die Zeitabweichung Δt im Vordergrund des Interesses. Sie ist über die Gleichung $\Delta t = -l/v_0$ unmittelbar mit der Größe l verknüpft.

Um Missverständnisse zu vermeiden, möchten wir ausdrücklich darauf hinweisen, dass die longitudinalen Koordinaten (l, δ) auf ein raumfestes Koordinatensystem, das Laborsystem bezogen sind. Das (x, y, s) Koordinatensystem bewegt sich zwar mit dem zu beschreibenden Teilchen, aber für die Momentanaufnahme der longitudinalen Teilchenkoordinaten (l, δ) ist es ein im La-

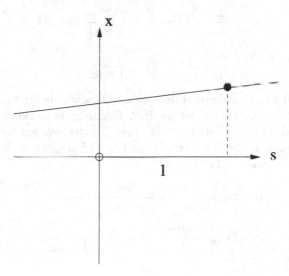

Abb. 4.4. Die longitudinale Ortsabweichung l gibt an, um wie viel ein Teilchen • gegenüber dem Sollteilchen ○ voreilt (bzw. nacheilt, wenn l negativ ist)

borsystem ruhendes Bezugssystem. Mit anderen Worten ausgedrückt, es wird keine Lorentztransformation in das bewegte System vorgenommen. Wir werden solche Lorentztransformationen später bei der Diskussion des Begriffes Strahltemperatur kennen lernen.

Die Relativkoordinaten zur Beschreibung eines einzelnen Teilchens kann man zu einem 6-komponentigen Vektor $\boldsymbol{x}(s)$ zusammenfassen

$$\boldsymbol{x}(s) = \begin{pmatrix} x_1 \\ x_2 \\ x_3 \\ x_4 \\ x_5 \\ x_6 \end{pmatrix} = \begin{pmatrix} x \\ x' \\ y \\ y' \\ l \\ \delta \end{pmatrix} = \begin{pmatrix} \text{radiale Ortsabweichung} \\ \text{radiale Richtungsabweichung} \\ \text{axiale Ortsabweichung} \\ \text{axiale Richtungsabweichung} \\ \text{longitudinale Ortsabweichung} \\ \text{relative Impulsabweichung} \end{pmatrix} . \quad (4.7)$$

Die Größen x, x', y, y' und δ sind *kleine Größen*, d.h. x und y sind klein gegenüber den typischen Krümmungsradien, insbesondere gegenüber dem Krümmungsradius ρ_0 der Sollbahn und x', y' und δ sind klein gegenüber 1. Daher ist es nahe liegend, entsprechend kleine Einheiten zu verwenden, z.B. 10^{-3}-Einheiten:

$$\begin{aligned} x, y, l &\ \text{in mm}, \\ x', y' &\ \text{in mrad}, \\ \delta &\ \text{in promille}. \end{aligned} \quad (4.8)$$

Manchmal werden die Richtungsabweichungen mithilfe eines mitbewegten kartesischen Koordinatensystems (x, y, z) in der Form $\mathrm{d}x/\mathrm{d}z$ und $\mathrm{d}y/\mathrm{d}z$ angegeben. Wir notieren den folgenden Zusammenhang,

$$\begin{aligned} \frac{\mathrm{d}x}{\mathrm{d}z} &= \frac{p_x}{p_z} = \frac{x'}{z'} = \frac{x'}{1 + hx}, \\ \frac{\mathrm{d}y}{\mathrm{d}z} &= \frac{p_y}{p_z} = \frac{y'}{z'} = \frac{y'}{1 + hx}. \end{aligned} \quad (4.9)$$

Der Unterschied zwischen $\mathrm{d}x/\mathrm{d}z$ und $x' = \mathrm{d}x/\mathrm{d}s$ sowie $\mathrm{d}y/\mathrm{d}z$ und $y' = \mathrm{d}y/\mathrm{d}s$ macht sich allerdings erst in der zweiten Ordnung bemerkbar. In linearer Näherung gilt $\mathrm{d}x/\mathrm{d}z = x'$ und $\mathrm{d}y/\mathrm{d}z = y'$. Häufig werden die Richtungsabweichungen auch in der Form von Winkelabweichungen θ und φ angegeben und die Kleinwinkelnäherung[1] benutzt

$$\begin{aligned} \theta \approx \tan\theta &= \frac{\mathrm{d}x}{\mathrm{d}z} = \frac{p_x}{p_z} = \frac{x'}{z'} = \frac{x'}{1 + hx}, \\ \varphi \approx \tan\varphi &= \frac{\mathrm{d}y}{\mathrm{d}z} = \frac{p_y}{p_z} = \frac{y'}{z'} = \frac{y'}{1 + hx}. \end{aligned} \quad (4.10)$$

---

[1] In der Kleinwinkelnäherung gilt $\theta = \tan\theta = \sin\theta$ und $\varphi = \tan\varphi = \sin\varphi$. Diese Näherung ist bis zur zweiten Ordnung korrekt. Die Winkel werden im Bogenmaß, d.h. in rad, mrad oder µrad angegeben.

4.2 Vorbemerkungen zum Matrixformalismus

In diesem Abschnitt wollen wir im Vorgriff auf die nachfolgenden, z. T. sehr formalen Ableitungen einen Überblick über die Definitionen und Zusammenhänge geben. Die Darstellung der Ionenoptik geschieht in enger Anlehnung an den von K. L. Brown entwickelten Formalismus [Br67]–[Br85]. Hierbei wird ein ionenoptisches Element in linearer Näherung durch eine 6×6 dimensionale Matrix R beschrieben. Die Kombination verschiedener Elemente zu einem ionenoptischen System geschieht durch Multiplikation der entsprechenden Matrizen. Der Matrixformalismus ist die Grundlage für das heute weltweit benutzte Computerprogramm TRANSPORT [Br67a, Br70, Br73, Br80]. Eine sehr schöne und vollständige Darstellung der Magnetionenoptik findet man auch in dem Buch von D. C. Carey [Ca87].

In *linearer Näherung* wird die Transformation des Teilchenvektors x in einem ionenoptischen System durch eine 6×6-dimensionale Matrix R repräsentiert

$$x(s) = R(s)x(0).   \tag{4.11}$$

Diese Matrix wird häufig Transportmatrix, Transfermatrix, Transformationsmatrix oder auch einfach R-Matrix genannt. Wenn man magnetische Mittelebenensymmetrie voraussetzt, ist die Transformation der radialen und axialen Komponenten entkoppelt, und die R-Matrix hat die folgende Grundform,

$$R = \begin{pmatrix} R_{11} & R_{12} & 0 & 0 & 0 & R_{16} \\ R_{21} & R_{22} & 0 & 0 & 0 & R_{26} \\ 0 & 0 & R_{33} & R_{34} & 0 & 0 \\ 0 & 0 & R_{43} & R_{44} & 0 & 0 \\ R_{51} & R_{52} & 0 & 0 & 1 & R_{56} \\ 0 & 0 & 0 & 0 & 0 & 1 \end{pmatrix}.   \tag{4.12}$$

Für die Determinante der R-Matrix gilt wegen des Liouville'schen Theorems (siehe Abschn. 4.5)

$$\det(R) = 1.   \tag{4.13}$$

Wenn man ein optisches System aus n Elementen mit den Matrizen $R_1 = R(0 \to s_1)$, $R_2 = R(s_1 \to s_2), \ldots, R_n = R(s_{n-1} \to s_n)$ aufbaut, erhält man die Transportmatrix des gesamten Systems durch einfache Matrixmultiplikation.

$$R = R_n \cdots R_2 R_1.   \tag{4.14}$$

Wegen der Entkopplung der radialen und axialen Transformation genügt für viele Zwecke die separate Betrachtung der radialen und axialen Untermatrizen R_x und R_y

$$R_x = \begin{pmatrix} R_{11} & R_{12} \\ R_{21} & R_{22} \end{pmatrix},   \tag{4.15}$$

$$R_y = \begin{pmatrix} R_{33} & R_{34} \\ R_{43} & R_{44} \end{pmatrix}.   \tag{4.16}$$

Ähnlich wie bei einem Prisma erzeugt ein Ablenkmagnet eine dispersive Aufspaltung der Teilchenstrahlen. Die resultierenden Orts- und Winkelabweichungen sind $R_{16}\delta$ und $R_{26}\delta$. Daher heißt das Matrixelement R_{16} Ortsdispersion und R_{26} Winkeldispersion. Bei dispersiven Systemen erweitern wir die Untermatrix R_x auf eine 3×3 dimensionale Matrix

$$R_x = \begin{pmatrix} R_{11} & R_{12} & R_{16} \\ R_{21} & R_{22} & R_{26} \\ 0 & 0 & 1 \end{pmatrix}. \tag{4.17}$$

Die R-Matrixelemente stellen die Basislösungen der zugrunde liegenden linearen Differenzialgleichungen, die sogenannten charakteristischen Lösungen dar. Dieser Sachverhalt erlaubt eine unmittelbar anschauliche Interpretation der einzelnen Matrixelemente. Man unterscheidet zwischen der cosinusähnlichen und sinusähnlichen Basislösung $c_x(s)$ und $s_x(s)$ bzw. $c_y(s)$ und $s_y(s)$ sowie der Ortsdispersion $d_x(s)$ (siehe Abschn. 4.5). Die allgemeine Lösung kann folgendermaßen geschrieben werden:

$$\begin{aligned} x(s) &= x_0 c_x(s) + x_0' s_x(s) + \delta d_x(s), \\ y(s) &= y_0 c_y(s) + y_0' s_y(s). \end{aligned} \tag{4.18}$$

Man erhält die folgende Zuordnung:

$$R_x = \begin{pmatrix} R_{11} & R_{12} & R_{16} \\ R_{21} & R_{22} & R_{26} \\ 0 & 0 & 1 \end{pmatrix} = \begin{pmatrix} c_x & s_x & d_x \\ c_x' & s_x' & d_x' \\ 0 & 0 & 1 \end{pmatrix}, \tag{4.19}$$

$$R_y = \begin{pmatrix} R_{33} & R_{34} \\ R_{43} & R_{44} \end{pmatrix} = \begin{pmatrix} c_y & s_y \\ c_y' & s_y' \end{pmatrix}. \tag{4.20}$$

Zur Illustration haben wir den Verlauf der charakteristischen Basislösungen am Beispiel eines optischen Systems in Abb. 4.5 und 4.6 dargestellt. Das System besteht aus zwei identischen Untersystemen mit den folgenden Elementen: Driftstrecke, L = 1 m; Ablenkmagnet, L = 1 m, $\rho_0 = 0{,}8219$ m, $n = 0{,}5$, $\alpha = 69{,}71°$; Driftstrecke, L = 1 m. Die charakteristischen Bahnen sind unter der Annahme der folgenden Startwerte berechnet,

$$\begin{aligned} x_0 &= 1 \text{ mm}, \ x_0' = 1 \text{ mrad}, \ \delta = 1 \text{ promille}, \\ y_0 &= 1 \text{ mm}, \ y_0' = 1 \text{ mrad}. \end{aligned} \tag{4.21}$$

Häufig verwendet man Symbole zur Kennzeichnung der R-Matrixelemente, die unmittelbar den Zusammenhang zwischen der Startgröße und der Zielgröße erkennen lassen,

$$R = \begin{pmatrix} (x|x) & (x|x') & 0 & 0 & 0 & (x|\delta) \\ (x'|x) & (x'|x') & 0 & 0 & 0 & (x'|\delta) \\ 0 & 0 & (y|y) & (y|y') & 0 & 0 \\ 0 & 0 & (y'|y) & (y'|y') & 0 & 0 \\ (l|x) & (l|x') & 0 & 0 & (l|l) & (l|\delta) \\ 0 & 0 & 0 & 0 & 0 & (\delta|\delta) \end{pmatrix}. \tag{4.22}$$

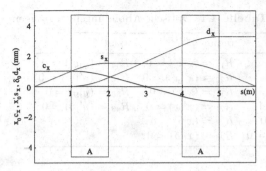

Abb. 4.5. Die charakteristischen Lösungen $c_x(s)$, $s_x(s)$ und $d_x(s)$ am Beispiel eines Systems, das aus zwei Untersystemen mit den folgenden Elementen besteht: Driftstrecke, L = 1 m; Ablenkmagnet A, L = 1 m, $\rho_0 = 0{,}8219$ m, $n = 0{,}5$, $\alpha = 69{,}71°$; Driftstrecke, L = 1 m. Die Darstellung zeigt $x_0 c_x(s)$, $x_0' s_x(s)$ und $\delta_0 d_x(s)$ mit $x_0 = 1$ mm, $x_0' = 1$ mrad und $\delta_0 = 1$ promille

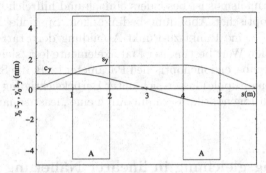

Abb. 4.6. Die charakteristischen Lösungen $c_y(s)$ und $s_y(s)$. Die Elemente des Systems sind in der Abb. 4.5 angegeben. Die Darstellung zeigt $y_0 c_y(s)$ und $y_0' s_y(s)$ mit $y_0 = 1$ mm und $y_0' = 1$ mrad

Die Einheiten ergeben sich aus der Wahl der Einheiten für $(x, x', y, y', l, \delta)$. Wenn man hierfür die häufig verwendeten 10^{-3}-Einheiten 1 mm, 1 mrad und 1 promille verwendet, ergibt sich die folgende Zuordnung

$$\text{Einheiten von } R = \begin{pmatrix} 1 & m & 0 & 0 & 0 & m \\ m^{-1} & 1 & 0 & 0 & 0 & 1 \\ 0 & 0 & 1 & m & 0 & 0 \\ 0 & 0 & m^{-1} & 1 & 0 & 0 \\ 1 & m & 0 & 0 & 1 & m \\ 0 & 0 & 0 & 0 & 0 & 1 \end{pmatrix}. \tag{4.23}$$

Wir notieren in diesem Zusammenhang die folgende nützliche Relation

$$\boxed{1 \text{ mrad} = 1 \text{ mm}/1 \text{ m}.} \tag{4.24}$$

Tabelle 4.1. Optische Abbildungsbedingungen

Abbildung	radial	axial
Punkt-zu-Punkt	$R_{12} = (x\|x') = 0$	$R_{34} = (y\|y') = 0$
Punkt-zu-Parallel	$R_{22} = (x'\|x') = 0$	$R_{44} = (y'\|y') = 0$
Parallel-zu-Punkt	$R_{11} = (x\|x) = 0$	$R_{33} = (y\|y) = 0$
Parallel-zu-Parallel	$R_{21} = (x'\|x) = 0$	$R_{43} = (y'\|y) = 0$
Ortsdispersion $= 0$	$R_{16} = (x\|\delta) = 0$	
Winkeldispersion $= 0$	$R_{26} = (x'\|\delta) = 0$	

Damit erhält das Bogenmaß 1 mrad eine sehr anschauliche Bedeutung. Der Winkel 1 mrad, der $0{,}0573°$ entspricht, ist gleich 1 mm dividiert durch 1 m. In der Ionenoptik werden die Winkelabweichungen immer im Bogenmaß, d. h. in der Einheit 1 rad, 1 mrad oder auch 1 µrad angegeben.

Der Matrixformalismus ist besonders einfach und hilfreich bei der Berechnung konkreter optischer Abbildungsbedingungen. Spezielle Anforderungen an die Optik, z. B. eine Punkt-zu-Punkt-Abbildung der Startebene auf eine Zielebene, legen den Wert bestimmter Matrixelemente fest (siehe Tabelle 4.1). Die variabel einstellbaren ionenoptischen Parameter (z. B. die Stärke der Feldgradienten der Quadrupole) lassen sich unter Berücksichtigung solcher Bedingungen mit einem Ionenoptikprogramm durch eine „least-square"-Anpassung berechnen.

4.3 Bewegungsgleichung in linearer Näherung

Wir skizzieren hier zunächst eine einfache Ableitung der Bewegungsgleichungen in linearer Näherung. Eine detaillierte Behandlung der Bewegungsgleichungen folgt in Abschn. 4.10. Wer ungeduldig ist, kann diesen Abschnitt überfliegen. Wir gehen von der Newton'schen Bewegungsgleichung aus. Die kinematischen Größen wie Position r, Geschwindigkeit v, Impuls p sind Funktionen der Zeit t. Wir eliminieren die Zeit t und benutzen ab (4.31) als unabhängigen Parameter den Weg s entlang der Sollbahn. Die Differenziation nach der Zeit t wird durch einen Punkt, die Differenziation nach dem Weg s durch einen Strich angedeutet. Zur Beschreibung eines Teilchens gehen wir von der Parameterdarstellung der Bahnkurve $r(t)$ aus. Hierbei ist r der Ortsvektor bezüglich eines raumfesten Koordinatensystems und t die Zeit. Die Geschwindigkeit $v = \dot{r}$ und die Beschleunigung $\dot{v} = \ddot{r}$ ergeben sich durch Differenziation nach der Zeit.

In einem statischen Magnetfeld ist die zeitliche Änderung des Impulses p durch die Lorentzkraft bestimmt,

$$\dot{p} = q\, v \times B\,. \tag{4.25}$$

Hierbei ist q die Ladung, v die Geschwindigkeit des Teilchens und B die Induktionsflussdichte. Die Lorentzkraft steht senkrecht zur Geschwindigkeit, daher ändern sich die Beträge der Geschwindigkeit und des Impulses nicht. Die relativistische Masse γm bleibt konstant. Nach Division durch γm erhalten wir die Beschleunigung $\ddot{r} = \dot{v}$,

$$\ddot{r} = \frac{q}{\gamma m} v \times B. \tag{4.26}$$

Im Bereich eines Ablenkmagneten ist die Sollbahn lokal eine Kreisbahn mit dem Krümmungsradius ρ_0 (siehe Abb. 4.7). Das begleitende (x, y)-Koordinatensystem bewegt sich auf der Sollbahn mit einer Geschwindigkeit v_s und einer Winkelgeschwindigkeit ω, die durch die Projektion der Teilchengeschwindigkeit auf die Sollbahn bestimmt ist. Der Zusammenhang zwischen v_s und ω ist über den Krümmungsradius ρ_0 der Sollbahn vorgegeben,

$$v_s = \rho_0\, \omega.$$

Wir benutzen für die folgenden Überlegungen das mitbewegte kartesische Koordinatensystem (x, y, z). Für die z-Komponente der Teilchengeschwindigkeit gilt

$$v_z = (\rho_0 + x)\omega.$$

Die mit der kreisförmigen Bewegung des Koordinatensystems verknüpfte radiale Beschleunigung a_r beträgt für die radiale Position des Teilchens, d. h. für den Radius $\rho_0 + x$:

$$a_r = -\omega^2(\rho_0 + x). \tag{4.27}$$

Die Beschleunigung des Teilchens in dem mitbewegten (x, y, z)-System hat die x-Komponente $\ddot{x}$ und die y-Komponente $\ddot{y}$. Die gesamte radiale Beschleunigung des Teilchens ist die Summe $\ddot{x} + a_r$. Aus (4.26) erhalten wir unter Berücksichtigung von (4.27) die Gleichungen

$$\ddot{x} - \omega^2(\rho_0 + x) = \frac{q}{\gamma m}(v_y B_z - v_z B_y),$$
$$\ddot{y} = \frac{q}{\gamma m}(v_z B_x - v_x B_z). \tag{4.28}$$

Die Geschwindigkeitskomponenten v_x und v_y sind im Vergleich zu v_z sehr klein. Ebenso sind die Feldkomponenten B_x und B_z im Vergleich zu B_y sehr klein. Daher sind in linearer Näherung die Beiträge $v_y B_z$ und $v_x B_z$ vernachlässigbar. In linearer Näherung gilt auch

$$v = v_z\sqrt{1 + x'^2 + y'^2} \approx v_z,$$
$$p = \gamma m v \approx \gamma m v_z = \gamma m \rho_0 \omega (1 + x/\rho_0).$$

Damit erhalten wir schließlich

$$\ddot{x} - \omega^2(\rho_0 + x) = -\frac{q}{p}v_z^2 B_y \,,$$

$$\ddot{y} = +\frac{q}{p}v_z^2 B_x \,.$$

(4.29)

Wir wollen nun die Zeit eliminieren. Der Zusammenhang zwischen dem Zeitintervall $\mathrm{d}t$ und dem Wegintervall $\mathrm{d}s$ längs der zentralen Bahn ergibt sich aus der Geschwindigkeit $\mathrm{d}s/\mathrm{d}t = \rho_0\omega$, mit der sich das Bezugssystem bewegt,

$$\frac{\mathrm{d}}{\mathrm{d}t} = \frac{\mathrm{d}s}{\mathrm{d}t}\frac{\mathrm{d}}{\mathrm{d}s} = \rho_0\omega\frac{\mathrm{d}}{\mathrm{d}s}, \quad \frac{\mathrm{d}^2}{\mathrm{d}t^2} = (\rho_0\omega)^2\frac{\mathrm{d}^2}{\mathrm{d}s^2}\,.$$

(4.30)

Wir dividieren (4.29) durch $(\rho_0\omega)^2$ und erhalten mit $v_z = \omega(\rho_0 + x)$

$$x'' - \frac{1}{\rho_0}\left(1 + \frac{x}{\rho_0}\right) = -\frac{q}{p}B_y\left(1 + \frac{x}{\rho_0}\right)^2,$$

$$y'' = +\frac{q}{p}B_x\left(1 + \frac{x}{\rho_0}\right)^2.$$

(4.31)

Wir setzen nun die Magnetfeldentwicklung (4.165) in linearer Näherung ein.

$$B_y(x,y,s) = B_0\left(1 - \frac{nx}{\rho_0}\right),$$

$$B_x(x,y,s) = B_0\left(0 - \frac{ny}{\rho_0}\right).$$

(4.32)

Die Größe n ist der Feldindex,

$$n = -\frac{\partial B_y}{\partial x}\frac{\rho_0}{B_0}\,.$$

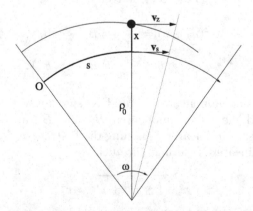

Abb. 4.7. Illustration zur Ableitung der Bewegungsgleichung in einem Ablenkmagneten

Die relative Impulsabweichung δ berücksichtigen wir ebenfalls in linearer Näherung

$$\frac{1}{p} = \frac{1 - \delta}{p_0} \,. \tag{4.33}$$

Mit $p_0 = qB_0\rho_0$ erhalten wir schließlich in linearer Näherung

$$x'' + \frac{1 - n}{\rho_0^2}x = \frac{1}{\rho_0}\delta \,,$$

$$y'' + \frac{n}{\rho_0^2}y = 0 \,. \tag{4.34}$$

Zur Vereinfachung der Schreibweise definieren wir die Größen $k_x(s)$ und $k_y(s)$ sowie die Krümmung $h(s)$

$$k_x = \frac{1 - n}{\rho_0^2} \,,$$

$$k_y = \frac{n}{\rho_0^2} \,,$$

$$h = \frac{1}{\rho_0} \,. \tag{4.35}$$

Damit erhalten wir die Bewegungsgleichung in linearer Näherung in ihrer endgültigen Form,

$$\boxed{\begin{aligned} x'' + k_x x &= h\,\delta \\ y'' + k_y y &= 0 \,. \end{aligned}} \tag{4.36}$$

Im Bereich reiner Quadrupolmagnete ist die Sollbahn eine Gerade und die Differenzialgeometrie ist wesentlich einfacher. Die transversalen Magnetfeldkomponenten $B_x = gy$ und $B_y = gx$ sind durch den Feldgradienten $g = \partial B_x/\partial y = \partial B_y/\partial x$ festgelegt. Die Bewegungsgleichungen für x und y ergeben sich in linearer Näherung unmittelbar aus der Gleichung (4.26), wobei auch hier die Beiträge $v_y B_z$ und $v_x B_z$ in linearer Näherung vernachlässigbar sind

$$\ddot{x} = -\frac{q}{\gamma m}v_z gx \,,$$

$$\ddot{y} = +\frac{q}{\gamma m}v_z gy \,, \tag{4.37}$$

Wir eliminieren die Zeit, indem wir beide Seiten durch v_z^2 dividieren und erhalten mit $v = v_z$ und $\gamma m v = p = p_0(1 + \delta)$ in linearer Näherung

$$x'' + \frac{gq}{p_0}x = 0 \,,$$

$$y'' - \frac{gq}{p_0}y = 0 \,, \tag{4.38}$$

Mit der Definition

$$k_x = +\frac{gq}{p_0}\,,$$
$$k_y = -\frac{gq}{p_0}\,,$$

(4.39)

erhalten wir die endgültige Form der linearen Bewegungsgleichung im Bereich von Quadrupolmagneten

$$\boxed{\begin{aligned} x'' + k_x x &= 0\,, \\ y'' + k_y y &= 0\,. \end{aligned}}$$

(4.40)

4.4 Lösung der linearen Bewegungsgleichungen

Wir betrachten die allgemeine Lösung und die charakteristischen Lösungen.

4.4.1 Die allgemeine Lösung

Im Falle monoenergetischer Teilchen ($\delta = 0$) haben die Bewegungsgleichungen (4.36) und (4.40) einheitlich die Struktur einer homogenen Differenzialgleichung zweiter Ordnung,

$$\boxed{\begin{aligned} x'' + k_x(s)x &= 0\,, \\ y'' + k_y(s)y &= 0\,. \end{aligned}}$$

(4.41)

Die allgemeine Lösung solcher Differenzialgleichungen kann stets als Linearkombination der beiden linear unabhängigen charakteristischen Lösungen $c_x(s)$ und $s_x(s)$ bzw. $c_y(s)$ und $s_y(s)$ geschrieben werden:

$$\begin{aligned} x(s) &= x_0 c_x(s) + x_0' s_x(s)\,, \\ y(s) &= y_0 c_y(s) + y_0' s_y(s)\,. \end{aligned}$$

(4.42)

Die Größen x_0 und x_0' bzw. y_0 und y_0' sind die Startparameter. Sie legen die Orts- bzw. Richtungsabweichungen am Startpunkt fest. Die Funktionen $c_x(s)$ und $c_y(s)$ bzw. $s_x(s)$ und $s_y(s)$ werden cosinusähnliche bzw. sinusähnliche Lösungen genannt (siehe Abb. 4.5 und 4.6). Sie erfüllen die folgenden Startbedingungen:

$$\begin{aligned} c_x(0) &= 1\,, & s_x(0) &= 0\,, \\ c_x'(0) &= 0\,, & s_x'(0) &= 1\,, \\ c_y(0) &= 1\,, & s_y(0) &= 0\,, \\ c_y'(0) &= 0\,, & s_y'(0) &= 1\,. \end{aligned}$$

(4.43)

Wenn die Teilchen nicht monoenergetisch sind ($\delta \neq 0$), wird die Differenzialgleichung für die radiale Ortsabweichung im Bereich von Ablenkmagneten inhomogen (siehe (4.36)):

$$x'' + k_x(s)x = h(s)\delta \,.\tag{4.44}$$

Die allgemeine Lösung dieser inhomogenen Differenzialgleichung lässt sich als Linearkombination einer partikulären Lösung der inhomogenen Differenzialgleichung, $\delta d_x(s)$, mit der allgemeinen Lösung der entsprechenden homogenen Differenzialgleichung, $x_0 c_x(s) + x_0' s_x(s)$, schreiben:

$$x(s) = x_0 c_x(s) + x_0' s_x(s) + \delta d_x(s)\,.\tag{4.45}$$

Die als partikuläre Lösung $\delta d_x(s)$ definierte Funktion $d_x(s)$ wird Dispersionsfunktion genannt. Sie kann mithilfe der Green'schen Funktion $G_x(s,\bar s)$ unmittelbar hingeschrieben werden,

$$d_x(s) = \int_0^s h(\bar s) G_x(s,\bar s)\mathrm d\bar s\,.\tag{4.46}$$

Die Green'sche Funktion erhalten wir mithilfe der beiden charakteristischen Lösungen der homogenen Differenzialgleichung,

$$G_x(s,\bar s) = s_x(s)c_x(\bar s) - c_x(s)s_x(\bar s)\,.\tag{4.47}$$

Durch Einsetzen und Nachrechnen kann man sich davon überzeugen, dass die dispersive Bahn $x(s) = \delta d_x(s)$ eine partikuläre Lösung der inhomogenen Differenzialgleichung zweiter Ordnung ist. Die Dispersionsfunktion erfüllt die Startbedingungen

$$d_x(0) = 0\,,\quad d_x'(0) = 0\,.\tag{4.48}$$

Die Ionenoptik ist in linearer Näherung durch den Verlauf der charakteristischen Lösungen vollständig festgelegt. Die graphische Darstellung der entsprechenden charakteristischen Bahnen für Einheitsstartwerte, z. B.

$$\begin{aligned}x_0 &= 1\,\mathrm{mm}\,, \; x_0' = 1\,\mathrm{mrad}\,, \; \delta = 1\,\text{promille}\,,\\ y_0 &= 1\,\mathrm{mm}\,, \; y_0' = 1\,\mathrm{mrad}\end{aligned}\tag{4.49}$$

gibt einen unmittelbar anschaulichen Überblick über die Struktur eines ionenoptischen Systems (siehe Abb. 4.5 und 4.6).

4.4.2 Die charakteristischen Lösungen der transversalen Bewegung

Wir betrachten die charakteristischen Lösungen der homogenen Differenzialgleichung (4.41). Die in linearer Näherung relevanten ionenoptischen Elemente sind feldfreie Driftstrecken, Quadrupolmagnete und Ablenkmagnete. Wir betrachten Quadrupolmagnete mit konstantem Feldgradienten $g = \partial B_y/\partial x$ und Ablenkmagnete mit konstanten Werten für den Radius ρ_0 und den Feldindex n. Wir nehmen hierbei die sogenannte „sharp cut-off"-Näherung an, d. h. scharfe Feldkanten am Ein- und Ausgang der Elemente. Wir benutzen dementsprechend eine Rechteckverteilung mit der effektiven Länge $L = L_{\mathrm{eff}}$

(siehe Abschn. 3.1.4). Im Rahmen dieser Näherung sind die Größen k_x und k_y zwischen dem Eingang und Ausgang des jeweiligen Elementes konstant, und die Gleichungen (4.41) sind die in der Physik wohlbekannten Differenzialgleichungen des harmonischen Oszillators[2].

Für die charakteristischen Lösungen innerhalb eines ionenoptischen Elementes $(0 \leq s \leq L)$ erhalten wir:

- Mit $k_x(s) > 0$, $k_y(s) > 0$:

$$c_x(s) = \cos\left(\sqrt{k_x}\,s\right),$$

$$s_x(s) = \frac{\sin(\sqrt{k_x}\,s)}{\sqrt{k_x}},$$

$$d_x(s) = \frac{h}{k_x}\left[1 - \cos\left(\sqrt{k_x}\,s\right)\right], \qquad (4.50)$$

$$c_y(s) = \cos(\sqrt{k_y}\,s),$$

$$s_y(s) = \frac{\sin(\sqrt{k_y}\,s)}{\sqrt{k_y}}.$$

- Mit $k_x(s) = 0$, $k_y(s) = 0$:

$$c_x(s) = 1,$$

$$s_x(s) = s,$$

$$d_x(s) = 0, \qquad (4.51)$$

$$c_y(s) = 1,$$

$$s_y(s) = s.$$

- Mit $k_x(s) < 0$, $k_y(s) < 0$:

$$c_x(s) = \cosh\left(\sqrt{|k_x|}\,s\right),$$

$$s_x(s) = \frac{\sinh\left(\sqrt{|k_x|}\,s\right)}{\sqrt{|k_x|}},$$

$$d_x(s) = \frac{h}{|k_x|}\left[\cosh\left(\sqrt{|k_x|}\,s\right) - 1\right], \qquad (4.52)$$

$$c_y(s) = \cosh\left(\sqrt{|k_y|}\,s\right),$$

$$s_y(s) = \frac{\sinh\left(\sqrt{|k_y|}\,s\right)}{\sqrt{|k_y|}}.$$

---

[2] Bei negativen Werten von k_x gilt $\cos(\sqrt{k_x}\,s) = \cosh(\sqrt{|k_x|}\,s)$, $\sqrt{k_x}\sin(\sqrt{k_x}\,s) = -\sqrt{|k_x|}\sinh(\sqrt{|k_x|}\,s)$ und $\sin(\sqrt{k_x}\,s)/\sqrt{k_x} = \sinh(\sqrt{|k_x|}\,s)/\sqrt{|k_x|}$. Entsprechendes gilt für k_y.

4.4.3 Die charakteristischen Lösungen
der longitudinalen Bewegung

Die longitudinale Ortsabweichung zwischen dem zu beschreibenden Teilchen und dem Sollteilchen sei am Startpunkt $l(0) = l_0$ und am Zielpunkt $l(s) = l$. Die Änderung der longitudinalen Ortsabweichung ergibt sich aus dem Unterschied der Flugzeiten

$$l(s) - l(0) = v_0(t_0 - t) - v_0\left(\frac{s}{v_0} - \frac{S}{v}\right). \qquad (4.53)$$

Hierbei sind t und t_0 die entsprechenden Flugzeiten zwischen der Startebene und der Zielebene, v und v_0 die entsprechenden Geschwindigkeiten und $S = \int |d\mathbf{r}|$ bzw. $s = \int |d\mathbf{r}_0|$ die entsprechenden Weglängen[3]. Wir entwickeln die Gleichung (4.53) in linearer Näherung und erhalten mit $\Delta v = v - v_0$ die Gleichung

$$l(s) - l(0) = -(S - s) + s\frac{\Delta v}{v} \approx -(S - s) + s\frac{\Delta v}{v_0}. \qquad (4.54)$$

Die Änderung der longitudinalen Ortsabweichung hängt von der Weglängendifferenz $(S-s)$ und der relativen Geschwindigkeitsabweichung $\Delta v/v_0 \approx \Delta v/v$ ab. Für die Weglängendifferenz $(S-s)$ gilt

$$S - s = \int_0^s \left[\sqrt{x'^2 + y'^2 + (1 + hx)^2} - 1\right] d\bar{s}. \qquad (4.55)$$

In linearer Näherung erhalten wir nur Beiträge aus dem Bereich von Ablenkmagneten $(h \neq 0)$. Diese Beiträge entsprechen dem Unterschied zwischen Außen- und Innenbahn bei einer Kurvenfahrt,

$$S - s = \int_0^s h(\bar{s})x(\bar{s})d\bar{s} \qquad (4.56)$$

$$= x_0 \int_0^s h(\bar{s})c_x(\bar{s})d\bar{s} + x_0' \int_0^s h(\bar{s})s_x(\bar{s})d\bar{s} + \delta \int_0^s h(\bar{s})d_x(\bar{s})d\bar{s}.$$

Wir notieren für die endgültige Gleichung noch die aus der relativistischen Kinematik folgende Gleichung

$$\frac{\Delta v}{v_0} = \frac{1}{\gamma^2}\frac{\Delta p}{p_0} = \frac{1}{\gamma^2}\delta. \qquad (4.57)$$

---

[3] Um Missverständnissen vorzubeugen, möchten wir darauf hinweisen, dass der Index 0 doppelt verwendet wird. Er dient einerseits zur Kennzeichnung des Sollteilchens (z. B. Flugzeit t_0) und andererseits zur Kennzeichnung der Koordinaten eines Teilchens am Startpunkt $s = 0$ (z. B. die longitudinale Ortsabweichung l_0 des zu beschreibenden Teilchens). Die richtige Zuordnung ergibt sich aus dem Kontext.

Zusammenfassend erhalten wir in linearer Näherung

$$l(s) = -x_0 \int_0^s h(\bar{s})c_x(\bar{s})\mathrm{d}\bar{s} - x_0' \int_0^s h(\bar{s})s_x(\bar{s})\mathrm{d}\bar{s} + l(0)$$
$$- \delta \left(\int_0^s h(\bar{s})d_x(\bar{s})\mathrm{d}\bar{s} - \frac{s}{\gamma^2} \right). \tag{4.58}$$

Die entsprechenden R-Matrixelemente lauten

$$R_{51}(s) = (l|x_0) = -\int_0^s h(\bar{s})c_x(\bar{s})\mathrm{d}\bar{s}$$

$$R_{52}(s) = (l|x_0') = -\int_0^s h(\bar{s})s_x(\bar{s})\mathrm{d}\bar{s} \tag{4.59}$$

$$R_{55}(s) = (l|l_0) = 1$$

$$R_{56}(s) = (l|\delta) = -\int_0^s h(\bar{s})d_x(\bar{s})\mathrm{d}\bar{s} + s/\gamma^2.$$

Für Driftstrecken, Quadrupole und Sextupole gilt wegen $h = 0$ in linearer Näherung

$$R_{51}(s) = (l|x_0) = 0,$$
$$R_{52}(s) = (l|x_0') = 0,$$
$$R_{55}(s) = (l|l_0) = 1, \tag{4.60}$$
$$R_{56}(s) = (l|\delta) = +s/\gamma^2.$$

4.5 Die Transfermatrix

In diesem Abschnitt werden die Transfermatrizen[4] der ionenoptischen Elemente zusammengestellt. Wir erhalten die Matrixelemente der Transfermatrix R mithilfe der charakteristischen Lösungen.

Bevor wir die Transfermatrizen zusammenstellen, wollen wir noch zeigen, dass die Determinante der Transfermatrix R Eins ist. Hierzu müssen wir nur zeigen, dass die Determinanten der Untermatrizen R_x und R_y Eins sind. Wir zeigen dies exemplarisch für

$$R_x = \begin{pmatrix} c_x & s_x \\ c_x' & s_x' \end{pmatrix}.$$

Die Determinante D $= \det R_x$ lautet

$$D = c_x s_x' - s_x c_x'.$$

---

[4] Die Transfermatrix wird auch Transportmatrix, Transformationsmatrix oder einfach R-Matrix genannt.

Für die Ableitung nach dem Weg erhalten wir

$$D' = c'_x s'_x + c_x s''_x - s'_x c'_x - s_x c''_x .$$

Da c_x und s_x Lösungen der homogenen Differenzialgleichung (4.41) sind, gilt

$$c''_x = - k_x c_x , \quad s''_x = - k_x s_x .$$

Damit erhalten wir
$$D' = 0 .$$

Von den Startbedingungen (4.43) wissen wir, dass am Startpunkt $D = 1$. Wegen $D' = 0$ gilt daher ganz allgemein $D = 1$, d. h.

$$\det R_x = 1, \ \det R_y = 1, \ \det R = 1 . \tag{4.61}$$

Aus (4.61) folgt in linearer Näherung das Liouville'sche Theorem, d. h. das von Teilchen besetzte Phasenraumvolumen bleibt bei einer Transformation mit der Transfermatrix R erhalten. Das Liouville'sche Theorem wird in Abschn. 10.1 diskutiert.

4.5.1 Driftstrecke

Für eine Driftstrecke der Länge L gilt (siehe Abb. 4.8)

$$\begin{aligned}
x &= x_0 + Lx'_0 , \\
x' &= x'_0 , \\
y &= y_0 + Ly'_0 , \\
y' &= y'_0 , \\
l &= l_0 + (L/\gamma^2)\delta_0 , \\
\delta &= \delta_0 .
\end{aligned} \tag{4.62}$$

Wir erhalten damit die Transfermatrix für die

Driftstrecke

$$R = \begin{pmatrix}
1 & L & 0 & 0 & 0 & 0 \\
0 & 1 & 0 & 0 & 0 & 0 \\
0 & 0 & 1 & L & 0 & 0 \\
0 & 0 & 0 & 1 & 0 & 0 \\
0 & 0 & 0 & 0 & 1 & L/\gamma^2 \\
0 & 0 & 0 & 0 & 0 & 1
\end{pmatrix} . \tag{4.63}$$

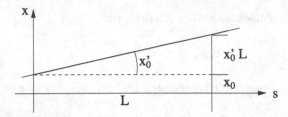

Abb. 4.8. Illustration zur Wirkung einer Driftstrecke

4.5.2 Quadrupol

Die Kenngrößen eines Quadrupols sind die effektive Länge L und der Feldgradient $g = \partial B_y / \partial x = \partial B_x / \partial y$. Wenn g positiv ist, ist der Quadrupol radial fokussierend und axial defokussierend. Wenn g negativ ist, ist der Quadrupol radial defokussierend und axial fokussierend. Der Feldgradient ergibt sich aus dem Feldwert B_0 an der Polspitze und dem Aperturradius a, $g = B_0/a$. Zur Vereinheitlichung der Gleichung verwenden wir den Betrag des Feldgradienten $|g|$ und definieren den stets positiven Parameter k,

$$k = \frac{|g|}{(B\rho)_0} = \frac{|B_0|}{a} \frac{1}{(B\rho)_0} \,. \tag{4.64}$$

Für einen radial fokussierenden und axial defokussierenden Quadrupol gilt $k_x = k$ und $k_y = -k$ und vice versa. Die entsprechenden Transfermatrizen lauten:

Quadrupol (radial fokussierend und axial defokussierend)

$$R = \begin{pmatrix} \cos\sqrt{k}L & \frac{\sin\sqrt{k}L}{\sqrt{k}} & 0 & 0 & 0 & 0 \\ -\sqrt{k}\sin\sqrt{k}L & \cos\sqrt{k}L & 0 & 0 & 0 & 0 \\ 0 & 0 & \cosh\sqrt{k}L & \frac{\sinh\sqrt{k}L}{\sqrt{k}} & 0 & 0 \\ 0 & 0 & \sqrt{k}\sinh\sqrt{k}L & \cosh\sqrt{k}L & 0 & 0 \\ 0 & 0 & 0 & 0 & 1 & \frac{L}{\gamma^2} \\ 0 & 0 & 0 & 0 & 0 & 1 \end{pmatrix}, \tag{4.65}$$

Quadrupol (radial defokussierend und axial fokussierend)

$$R = \begin{pmatrix} \cosh\sqrt{k}L & \frac{\sinh\sqrt{k}L}{\sqrt{k}} & 0 & 0 & 0 & 0 \\ \sqrt{k}\sinh\sqrt{k}L & \cosh\sqrt{k}L & 0 & 0 & 0 & 0 \\ 0 & 0 & \cos\sqrt{k}L & \frac{\sin\sqrt{k}L}{\sqrt{k}} & 0 & 0 \\ 0 & 0 & -\sqrt{k}\sin\sqrt{k}L & \cos\sqrt{k}L & 0 & 0 \\ 0 & 0 & 0 & 0 & 1 & \frac{L}{\gamma^2} \\ 0 & 0 & 0 & 0 & 0 & 1 \end{pmatrix}. \tag{4.66}$$

4.5.3 Homogener Ablenkmagnet (Dipolmagnet, Sektormagnet)

Der Sollbahnradius ρ_0 und der Ablenkwinkel α bzw. die effektive Länge L sind die entscheidenden Parameter eines homogenen Ablenkmagneten. Der homogene Ablenkmagnet ist ein Ablenkmagnet mit einem homogenen Magnetfeld. Er wird häufig Dipolmagnet oder auch Sektormagnet genannt. Die Matrixelemente der Transfermatrix erhalten wir mithilfe der charakteristischen Lösungen, wobei

$$k_x = \frac{1}{\rho_0^2}, \qquad k_y = 0, \qquad h = \frac{1}{\rho_0}, \qquad \alpha = \frac{L}{\rho_0}. \tag{4.67}$$

In radialer Richtung wirkt der homogene Ablenkmagnet fokussierend. In axialer Richtung wirkt der homogene Ablenkmagnet wie eine Driftstrecke mit der Länge $L = \rho_0 \alpha$. Teilchen mit einer Impulsabweichung $\delta = \Delta p/p_0$ haben einen von der Sollbahn abweichenden Krümmungsradius ρ. Dies ist der Grund für die Orts- und Winkeldispersion R_{16} und R_{26}. Die Flugzeiten sind davon abhängig, ob das Teilchen in dem Magneten auf einer Außen- oder Innenkurve geführt wird. Durch diesen Effekt und durch Geschwindigkeitsunterschiede entstehen Abhängigkeiten, die durch die Matrixelemente R_{51}, R_{52} und R_{56} beschrieben werden. Die Transfermatrix lautet:

Homogener Ablenkmagnet (Dipolmagnet, Sektormagnet)

$$R = \begin{pmatrix} \cos\alpha & \rho_0 \sin\alpha & 0 & 0 & 0 & \rho_0(1-\cos\alpha) \\ -\frac{\sin\alpha}{\rho_0} & \cos\alpha & 0 & 0 & 0 & \sin\alpha \\ 0 & 0 & 1 & \rho_0\alpha & 0 & 0 \\ 0 & 0 & 0 & 1 & 0 & 0 \\ -\sin\alpha & -\rho_0(1-\cos\alpha) & 0 & 0 & 1 & \rho_0\frac{\alpha}{\gamma^2} - \rho_0(\alpha-\sin\alpha) \\ 0 & 0 & 0 & 0 & 0 & 1 \end{pmatrix}. \tag{4.68}$$

4.5.4 Schwach fokussierender Ablenkmagnet

Der schwach fokussierende Ablenkmagnet ist durch einen Feldindex n mit $0 < n < 1$ gekennzeichnet. Die weiteren Parameter sind der Sollbahnradius ρ_0 und der Ablenkwinkel α bzw. die effektive Länge L. Die Transfermatrix erhalten wir mithilfe der charakteristischen Lösungen, wobei

$$k_x = \frac{1-n}{\rho_0^2}, \qquad k_y = \frac{n}{\rho_0^2}, \qquad h = \frac{1}{\rho_0}, \qquad \alpha = \frac{L}{\rho_0}. \tag{4.69}$$

Wir geben aus Gründen der Übersichtlichkeit nur die in (4.19) und (4.20) definierten Untermatrizen R_x und R_y an. Die Matrixelemente R_{51}, R_{52} und R_{56} können leicht mithilfe der Gleichung (4.59) berechnet werden.

Schwach fokussierender Ablenkmagnet $(0 < n < 1)$

$$R_x = \begin{pmatrix} \cos\sqrt{1-n}\alpha & \frac{\rho_0 \sin\sqrt{1-n}\alpha}{\sqrt{1-n}} & \frac{\rho_0(1-\cos\sqrt{1-n}\alpha)}{1-n} \\ -\frac{\sqrt{1-n}\sin\sqrt{1-n}\alpha}{\rho_0} & \cos\sqrt{1-n}\alpha & \frac{\sin\sqrt{1-n}\alpha}{\sqrt{1-n}} \\ 0 & 0 & 1 \end{pmatrix},$$

$$R_y = \begin{pmatrix} \cos\sqrt{n}\alpha & \frac{\rho_0 \sin\sqrt{n}\alpha}{\sqrt{n}} \\ -\frac{\sqrt{n}\sin\sqrt{n}\alpha}{\rho_0} & \cos\sqrt{n}\alpha \end{pmatrix}. \tag{4.70}$$

4.5.5 Stark fokussierender Ablenkmagnet (Synchrotronmagnet)

Der stark fokussierende Ablenkmagnet (Synchrotronmagnet) ist durch einen Feldindex n mit $|n| \gg 1$ gekennzeichnet. Ein typischer Wert ist $|n| = 20$. Die weiteren Parameter sind der Sollbahnradius ρ_0 und der Ablenkwinkel α bzw. die effektive Länge L. Die Transfermatrix erhalten wir mithilfe der charakteristischen Lösungen, wobei

$$k_x = \frac{1-n}{\rho_0^2}, \qquad k_y = \frac{n}{\rho_0^2}, \qquad h = \frac{1}{\rho_0}, \qquad \alpha = \frac{L}{\rho_0}. \tag{4.71}$$

Wir geben aus Gründen der Übersichtlichkeit nur die entsprechend (4.19) und (4.20) definierten Untermatrizen R_x und R_y an. Die Matrixelemente R_{51}, R_{52} und R_{56} können leicht mithilfe der Gleichung (4.59) berechnet werden.

Stark fokussierender Ablenkmagnet $(n < 0)$

$$R_x = \begin{pmatrix} \cos\sqrt{1-n}\alpha & \frac{\rho_0 \sin\sqrt{1-n}\alpha}{\sqrt{1-n}} & \frac{\rho_0(1-\cos\sqrt{1-n}\alpha)}{1-n} \\ -\frac{\sqrt{1-n}\sin\sqrt{1-n}\alpha}{\rho_0} & \cos\sqrt{1-n}\alpha & \frac{\sin\sqrt{1-n}\alpha}{\sqrt{1-n}} \\ 0 & 0 & 1 \end{pmatrix},$$

$$R_y = \begin{pmatrix} \cosh\sqrt{|n|}\alpha & \frac{\rho_0 \sinh\sqrt{|n|}\alpha}{\sqrt{|n|}} \\ \frac{\sqrt{|n|}\sinh\sqrt{|n|}\alpha}{\rho_0} & \cosh\sqrt{|n|}\alpha \end{pmatrix}. \tag{4.72}$$

Stark fokussierender Ablenkmagnet $(n > 1)$

$$R_x = \begin{pmatrix} \cosh\sqrt{|1-n|}\alpha & \frac{\rho_0 \sinh\sqrt{|1-n|}\alpha}{\sqrt{|1-n|}} & \frac{\rho_0\left(1-\cosh\sqrt{|1-n|}\alpha\right)}{1-n} \\ \frac{\sqrt{|1-n|}\sinh\sqrt{|1-n|}\alpha}{\rho_0} & \cosh\sqrt{|1-n|}\alpha & \frac{\sinh\sqrt{|1-n|}\alpha}{\sqrt{|1-n|}} \\ 0 & 0 & 1 \end{pmatrix},$$

$$R_y = \begin{pmatrix} \cos\sqrt{n}\alpha & \frac{\rho_0 \sin\sqrt{n}\alpha}{\sqrt{n}} \\ -\frac{\sqrt{n}\sin\sqrt{n}\alpha}{\rho_0} & \cos\sqrt{n}\alpha \end{pmatrix}. \tag{4.73}$$

4.5.6 Kantenfokussierung

Wir wollen den Effekt der Kantenfokussierung bei homogenen Ablenkmagneten analytisch erfassen. Dieser Effekt tritt auf, wenn die Sollbahn im feldfreien Außenraum nicht senkrecht zur Magnetfeldkante verläuft, sondern ein endlicher Kantenwinkel β zwischen der x-Achse im Außenraum und der Magnetfeldkante besteht (siehe Abb. 4.9). Dann sieht der Strahl an der Übergangsstelle einen Feldgradienten, der bei einem, wie in Abb. 4.9 angedeutet, positiven Kantenwinkel axial fokussierend und radial defokussierend wirkt. Entsprechend wirkt ein negativer Kantenwinkel axial defokussierend und radial fokussierend. Den Effekt der Kantenfokussierung kann man wie bei einer dünnen Linse durch eine plötzliche Winkeländerung $\Delta x'$ bzw. $\Delta y'$ beschreiben, die proportional zur Ortsabweichung x_0 bzw. y_0 ist.

Zur Analyse benutzen wir ein feststehendes kartesisches (x,y,z)-Koordinatensystem, dessen z-Achse durch die Richtung der Sollbahn im feldfreien Außenbereich festliegt, und dessen Nullpunkt durch die effektive Feldkante fixiert ist (siehe Abb. 4.10). Wir betrachten zunächst die radiale Winkeländerung $\Delta x'$. Bei einem Teilchen mit einer positiven Ortsabweichung x_0 ist die Bahn im Dipolfeld um $\Delta z = x_0 \tan \beta$ kürzer, was einem positiven Winkelkick $\Delta x'$

$$\Delta x' = \frac{\Delta z}{\rho_0} = \frac{\tan \beta}{\rho_0} x_0 \tag{4.74}$$

entspricht. Die gleiche Überlegung gilt für ein Teilchen mit einer negativen Ortsabweichung, bei der die Bahn im Dipolfeld entsprechend länger ist und ein negativer Winkelkick entsteht.

Die axiale Winkeländerung $\Delta y'$ ergibt sich aus der Wirkung der radialen Feldkomponente B_x, die im Randfeld ungleich null ist. Für ein Teilchen mit der axialen Ortsabweichung y_0 im Bereich der Kante (siehe Abb. 4.10) erhalten wir

$$\Delta y' = \frac{1}{B_0 \rho_0} \int B_x \mathrm{d}z . \tag{4.75}$$

Der Integrationsweg erstreckt sich von einem beliebigen Punkt B im homogenen Innenbereich des Magneten bis zu einem beliebigen Punkt C im feldfreien Außenbereich. Das Integral ergibt sich aus der folgenden, einfachen,

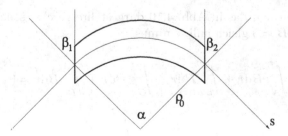

Abb. 4.9. Ablenkmagnet mit Kantenfokussierung

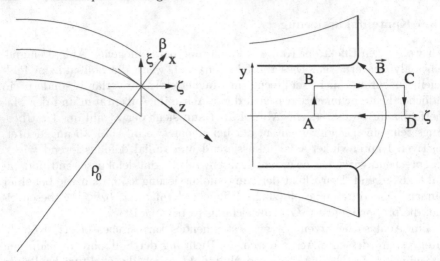

Abb. 4.10. Illustration zur Kantenfokussierung

geometrischen Betrachtung (siehe Abb. 4.10). Das Koordinatensystem (ξ, ζ) ist gegenüber dem Koordinatensystem (x, z) um den Winkel β gedreht, die Koordinate ζ steht damit senkrecht zur Feldkante. Für die Komponente B_x und das Differenzial dz erhalten wir

$$B_x = \overbrace{B_\xi}^{=0} \cos\beta + B_\zeta \sin\beta = B_\zeta \sin\beta \,,$$

$$dz = d\zeta / \cos\beta \,.$$

Die Feldkomponente B_ξ parallel zur Feldkante ist vernachlässigbar klein (für eine längs ξ unendlich ausgedehnte Feldkante exakt gleich null). Wir schreiben nun das Integral in (4.75) in ein Integral längs der Achse ζ um,

$$\int B_x dz = \int_B^C B_\zeta \sin\beta \frac{d\zeta}{\cos\beta} = \tan\beta \int_B^C B_\zeta d\zeta \,. \tag{4.76}$$

Wir betrachten nun das in Abb. 4.10 dargestellte geschlossene Wegintegral, das wegen $\mathrm{rot}\,\boldsymbol{B} = 0$ gleich null sein muss

$$\int_A^B \boldsymbol{B}d\boldsymbol{r} + \int_B^C \boldsymbol{B}d\boldsymbol{r} + \int_C^D \boldsymbol{B}d\boldsymbol{r} + \int_D^A \boldsymbol{B}d\boldsymbol{r} = 0 \,,$$

$$B_0\, y_0 + \int_B^C B_\zeta d\zeta + 0 + 0 = 0 \,. \tag{4.77}$$

Der Beitrag von C nach D verschwindet, da der Integrationsweg im feldfreien Außenraum ($\boldsymbol{B} = 0$) liegt. Der Beitrag von D nach A verschwindet wegen der Mittelebenensymmetrie, d. h. $\boldsymbol{B}$ steht stets senkrecht zu d$\boldsymbol{r}$. Wir erhalten

$$\int_B^C B_\zeta \, d\zeta = -B_0 y_0 \,,$$

$$\Delta y' - -y_0 \frac{\tan\beta}{\rho_0} \,. \tag{4.78}$$

Eine genauere Betrachtung [Br67, Ca87] liefert wegen der Endlichkeit des Randfeldes eine Korrektur. Die Korrektur ergibt bei positivem β einen etwas kleineren Winkelkick $\Delta y'$, da (i) die axiale Ortsabweichung y in dem ausgedehnten Randfeld durch die Fokussierung kleiner wird und (ii) der wirksame Kantenwinkel aufgrund der Bahnkrümmung kleiner als β ist. Die Korrektur wird durch Einführung eines effektiven Kantenwinkels β_{eff} ausgedrückt,

$$\tan\beta_{\text{eff}} = \tan\beta - \frac{g}{\rho_0} \frac{1+\sin^2\beta}{\cos^3\beta} K \,,$$

$$\beta_{\text{eff}} \approx \beta - \frac{g}{\rho_0} \frac{1+\sin^2\beta}{\cos\beta} K \,. \tag{4.79}$$

Die Größe g ist hier der Polschuhabstand des Ablenkmagneten und K ist das Integral

$$K = \int_A^D \frac{B_y(B_0 - B_y)}{gB_0^2} \, d\zeta \,. \tag{4.80}$$

Der Integrationsweg ζ liegt in der magnetischen Mittelebene und steht senkrecht zur Feldkante. Die Integration erstreckt sich wiederum vom Innenbereich mit dem homogenen Magnetfeld $B_y = B_0$ bis zum feldfreien Außenbereich. Bei einer Rechteckform der Eisenkante der Polschuhe ist $K \approx 0{,}45$, bei einer angenäherten Rogowski-Form ist $K \approx 0{,}7$. Der genaue Wert von K kann nur nach einer Magnetfeldmessung bestimmt werden. Für schnelle Abschätzungen kann man $\beta_{\text{eff}} = \beta$ setzen.

Zusammenfassend gelten die folgenden Gleichungen für die Kantenfokussierung,

$$x = x_0 \,, \quad x' = +\frac{\tan\beta}{\rho_0} x_0 + x_0' \,,$$

$$y = y_0 \,, \quad y' = -\frac{\tan\beta_{\text{eff}}}{\rho_0} y_0 + y_0' \,. \tag{4.81}$$

Diese Gleichungen gelten sowohl für den Eingang wie den Ausgang eines homogenen Ablenkmagneten[5]. Wir erhalten damit die Transfermatrix der

Kantenfokussierung

$$R = \begin{pmatrix} 1 & 0 & 0 & 0\,0\,0 \\ \frac{\tan\beta}{\rho_0} & 1 & 0 & 0\,0\,0 \\ 0 & 0 & 1 & 0\,0\,0 \\ 0 & 0 & -\frac{\tan\beta_{\text{eff}}}{\rho_0} & 1\,0\,0 \\ 0 & 0 & 0 & 0\,1\,0 \\ 0 & 0 & 0 & 0\,0\,1 \end{pmatrix}. \tag{4.82}$$

Mithilfe dieser Gleichung sind wir auch in der Lage, die Transfermatrix eines Rechteckmagneten zu berechnen. Ein Rechteckmagnet ist ein homogener Ablenkmagnet mit dem Ablenkwinkel α und den Kantenwinkeln $\beta_1 = \beta_2 = \alpha/2$. In radialer Richtung wirkt der Rechteckmagnet wie eine Driftstrecke. Zur Berechnung der Transfermatrix verweisen wir auf die Übungsaufgaben.

4.5.7 Rotation des transversalen Koordinatensystems

Die transversalen Koordinaten x und y können an jeder Stelle um den Winkel α gedreht werden. Die Drehachse ist die z-Achse, d. h. die Tangente an die Sollbahn. Der Drehwinkel ist positiv, wenn die Drehung in Strahlrichtung gesehen im Uhrzeigersinn abläuft. Die Drehung wird durch die folgende Matrix ausgeführt,

Rotation um den Winkel α

$$R(\alpha) = \begin{pmatrix} \cos\alpha & 0 & \sin\alpha & 0 & 0\,0 \\ 0 & \cos\alpha & 0 & \sin\alpha & 0\,0 \\ -\sin\alpha & 0 & \cos\alpha & 0 & 0\,0 \\ 0 & -\sin\alpha & 0 & \cos\alpha & 0\,0 \\ 0 & 0 & 0 & 0 & 1\,0 \\ 0 & 0 & 0 & 0 & 0\,1 \end{pmatrix}. \tag{4.83}$$

Durch die Drehung kommt es zu einer Koppelung der radialen und axialen Koordinaten. Man kann die Drehung des Koordinatensystems benutzen, um in einem Strahlführungssystem oder in einem Beschleuniger einen gedrehten Ablenk-, Quadrupol- oder Sextupolmagneten zu beschreiben. Die Drehmatrix kann auch benutzt werden, wenn Systeme mit unterschiedlicher magnetischer Mittelebene kombiniert werden. Wir geben hierzu einige typische Beispiele.

---

[5] Zum Vorzeichen des Kantenwinkels verweisen wir auf die Abb. 4.9. Dort sind beide Winkel positiv.

- Ein Quadrupol, der um den Winkel α gedreht ist, wird durch folgende Matrix beschrieben,

$$R = R(-\alpha)R_Q R(\alpha).$$

- Wenn in einem Strahlführungssystem mit horizontal ablenkenden Magneten ein Ablenkmagnet eingebaut wird, der den Strahl nach oben ablenkt, lautet die R-Matrix

$$R = R(+90°)R_A R(-90°).$$

- Wenn der Strahl nach unten abgelenkt wird, lautet die R-Matrix

$$R = R(-90°)R_A R(+90°).$$

- Wenn die Ablenkung in Strahlrichtung gesehen nicht nach rechts sondern nach links geschieht, lautet die R-Matrix

$$R = R(-180°)R_A R(+180°).$$

- Wenn ein System mit der Matrix R_1 und ein um den Winkel α gedrehtes System mit der Matrix R_2 kombiniert werden, lautet die gesamte R-Matrix von dem Koordinatensystem am Start zu dem gedrehten Koordinatensystem am Ende

$$R = R_2 R(\alpha)R_1.$$

Strahlrotator

Neben der Möglichkeit der rein *passiven Drehung* des Bezugssystems gibt es auch die Möglichkeit der aktiven Drehung, bei der der gesamte Strahl mithilfe eines Strahlrotators um die Sollachse gedreht wird. Das Solenoid ist eines der ionenoptischen Elemente, mit dessen Hilfe dies geschehen kann.

Ein Strahlrotator kann aber auch mithilfe von gedrehten Quadrupolen realisiert werden. Man kann leicht zeigen, dass ein System von Quadrupolen, das die Bedingung $R_y = -R_x$ erfüllt, wie ein Strahlrotator wirkt, wenn es um den Winkel α um die Strahlachse gedreht ist. Der Strahl wird durch ein solches System um den Winkel 2α gedreht. Der Transfermatrix eines solchen Systems lautet:

$$R_{\text{rot}} = R(\alpha)R_{(R_y=-R_x)}R(-\alpha) = R_{(R_y=-R_x)}R(2\alpha). \qquad (4.84)$$

Der Beweis dieser Gleichung ist Gegenstand der Übungsaufgabe 4.13. Der Strahlrotator bewirkt eine *aktive Drehung* um den Winkel 2α.

Am Ende des Abschn. 4.13.4 wird ein doppeltteleskopisches System aus sechs Quadrupollinsen beschrieben, bei dem $R_x = +I$ und $R_y = -I$ ist. Ein solches System ist ideal für die Realisierung eines aktiven Strahlrotators.

4.5.8 Solenoid

Das longitudinale Magnetfeld des Solenoiden kann zur Fokussierung von Ionen- und Elektronenstrahlen verwendet werden. Bei der Präparation polarisierter Strahlen wird das Solenoid vor allem zur Einstellung der Spinrichtung verwendet. Aber auch bei dieser Anwendung ist es notwendig, den fokussierenden Effekt zu berücksichtigen. Wir behandeln das homogene Magnetfeld im Innern des Solenoiden und die Randfelder getrennt.

Im Bereich des homogenen Magnetfeldes werden die Teilchen, die parallel zu den Magnetfeldlinien fliegen, nicht abgelenkt. Teilchen mit einer transversalen Geschwindigkeitskomponente spüren eine ablenkende Kraft. Sie bewegen sich wie im Zyklotron auf einer Kreisbahn um die Magnetfeldlinien. Die Kombination dieser Kreisbewegung mit der longitudinalen Bewegung ergibt eine helixförmige Bahn. Für den Radius r und den Ablenkwinkel α erhalten wir (siehe Abb. 4.11)

$$|qB_S|\,r = \gamma m v_t\,, \qquad \alpha = -\frac{qB_S}{\gamma m}\frac{L}{v_z} = -\frac{qB_S L}{|q(B\rho)_0|}\,.$$

Hierbei ist B_S die Induktionsflussdichte und L die effektive Länge des Solenoiden, v_t die transversale und v_z die longitudinale Geschwindigkeitskomponente. In linearer Näherung gilt $\gamma m v_z = p = |q(B\rho)_0|$. Der Ablenkwinkel α ist negativ, wenn qB_S positiv ist. Aus der Kreisgeometrie erhalten wir die Gleichung der R-Matrix, die den Zusammenhang zwischen den Koordinaten am Start- und Endpunkt herstellt,

$$\begin{pmatrix} x \\ x' \\ y \\ y' \end{pmatrix} = \begin{pmatrix} 1 & (L\sin\alpha)/\alpha & 0 & -L(1-\cos\alpha)/\alpha \\ 0 & \cos\alpha & 0 & -\sin\alpha \\ 0 & L(1-\cos\alpha)/\alpha & 1 & (L\sin\alpha)/\alpha \\ 0 & \sin\alpha & 0 & \cos\alpha \end{pmatrix} \begin{pmatrix} x_0 \\ x_0' \\ y_0 \\ y_0' \end{pmatrix}. \quad (4.85)$$

Wenn $\alpha = 2\pi$, ist die R-Matrix gleich der Einheitsmatrix. Dann ist die Transformation im Innern des Solenoiden eine teleskopische Punkt-zu-Punkt-Abbildung (siehe Abschn. 4.13.4).

Im Randfeld des Solenoiden wirkt eine relativ starke Lorentzkraft in transversaler Richtung aufgrund der longitudinalen Geschwindigkeit v_z und der radialen Feldkomponente B_r. Aus der Maxwell'schen Gleichung $\mathrm{div}\,\boldsymbol{B} = 0$ und der Rotationssymmetrie folgt in linearer Näherung,

$$B_r = -\frac{r}{2}\frac{\partial B_z}{\partial z}\,,$$

$$B_x = \frac{x}{r}B_r = -\frac{x}{2}\frac{\partial B_z}{\partial z}\,,$$

$$B_y = \frac{y}{r}B_r = -\frac{y}{2}\frac{\partial B_z}{\partial z}\,.$$

Durch Integration über das Randfeld erhalten wir die Richtungsänderungen $\Delta x'$ und $\Delta y'$, wenn wir annehmen, dass sich die Ortsabweichungen x und y im Randfeld praktisch nicht ändern,

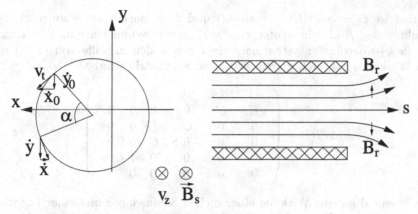

Abb. 4.11. *Links*: Illustration zur transversalen Bewegung eines positiv geladenen Teilchens in dem homogenen Magnetfeld eines Solenoiden. Ein Teilchen mit den transversalen Geschwindigkeitskomponenten $\dot{x}_0$ und $\dot{y}_0$ bewegt sich in der (x,y)-Ebene auf einem Kreis mit dem Radius r. Der Ablenkwinkel α ist proportional zur effektiven Länge L. Die Flugrichtung v_z und die Feldrichtung B_S zeigen in die Papierebene. *Rechts*: Das Randfeld eines Solenoiden. B_r: radiale Feldkomponente

$$\Delta x' = -\frac{1}{(B\rho)_0}\int B_y \mathrm{d}z = \pm y \overbrace{\frac{B_S}{2(B\rho)_0}}^{K},$$

$$\Delta y' = +\frac{1}{(B\rho)_0}\int B_x \mathrm{d}z = \mp x \overbrace{\frac{B_S}{2(B\rho)_0}}^{K}.$$

Das obere Vorzeichen bezieht sich auf den Eingang, das untere auf den Ausgang des Solenoiden. Die resultierende Matrixgleichung lautet

$$\begin{pmatrix} x \\ x' \\ y \\ y' \end{pmatrix} = \begin{pmatrix} 1 & 0 & 0 & 0 \\ 0 & 1 & \pm K & 0 \\ 0 & 0 & 1 & 0 \\ \mp K & 0 & 0 & 1 \end{pmatrix} \begin{pmatrix} x_0 \\ x_0' \\ y_0 \\ y_0' \end{pmatrix}. \tag{4.86}$$

Die gesamte R-Matrix erhalten wir durch Matrixmultiplikation. Wir berücksichtigen, dass $\alpha = -2KL$. Wir notieren die vollständige 6×6-Matrix,

Solenoid

$$R = \begin{pmatrix} C^2 & SC/K & SC & S^2/K & 0 & 0 \\ -KSC & C^2 & -KS^2 & SC & 0 & 0 \\ -SC & -S^2/K & C^2 & SC/K & 0 & 0 \\ KS^2 & -SC & -KSC & C^2 & 0 & 0 \\ 0 & 0 & 0 & 0 & 1 & L/\gamma^2 \\ 0 & 0 & 0 & 0 & 0 & 1 \end{pmatrix}. \tag{4.87}$$

Hierbei ist $C = \cos(KL) = \cos(\alpha/2)$ und $S = \sin(KL) = -\sin(\alpha/2)$. Die Struktur der R-Matrix deutet eine verborgene Symmetrie an. Wenn man das (x,y)-Koordinatensystem nach dem Solenoiden mithilfe von (4.83) um den Winkel $\alpha/2 = -KL$ dreht, wird diese Symmetrie sichtbar,

$$R(\alpha/2)R = \begin{pmatrix} C & S/K & 0 & 0 & 0 & 0 \\ -KS & C & 0 & 0 & 0 & 0 \\ 0 & 0 & C & S/K & 0 & 0 \\ 0 & 0 & -KS & C & 0 & 0 \\ 0 & 0 & 0 & 0 & 1 & L/\gamma^2 \\ 0 & 0 & 0 & 0 & 0 & 1 \end{pmatrix}. \qquad (4.88)$$

Das Solenoid hat die Wirkung einer dicken Sammellinse und einer Rotation der transversalen Koordinaten. Die Fokussierung ist unabhängig vom Vorzeichen des Solenoidfeldes.

Die Größe K und der Winkel $\alpha/2$ sind die entscheidenden Parameter des Solenoiden,

$$K = \frac{B_S}{2(B\rho)_0}, \qquad \frac{\alpha}{2} = -KL. \qquad (4.89)$$

Ein positives Teilchen, dessen Flugrichtung in Richtung von B_S zeigt, wird in Flugrichtung betrachtet gegen den Uhrzeigersinn gedreht (siehe Abb. 4.11). Daher steht in (4.89) das negative Vorzeichen. Das Solenoid wirkt unabhängig von dem Vorzeichen des Drehwinkels $\alpha/2$ stets fokussierend. Die Fokussierungsstärke und der Drehwinkel hängen beide von der Induktionsflussdichte B_S und der effektiven Länge L ab. Die Transportmatrix des Solenoiden hat besonders interessante Eigenschaften, wenn $|\alpha/2| = \pi/2$ oder ein Vielfaches von $\pi/2$ ist. Bei $|\alpha/2| = \pi$ wirkt das Solenoid z. B. wie eine doppeltteleskopische $(1{:}{-}1)$-Abbildung. Die teleskopische Abbildung wird in Abschn. 4.13.4 behandelt.

4.6 Geometrische Optik

Zum besseren Verständnis der Ionenoptik ist es sehr hilfreich, auf die Methoden und Konzepte der geometrischen Lichtoptik zurückzugreifen. Wir stellen in diesem Abschnitt den Zusammenhang zwischen der Ionenoptik in Matrixdarstellung und der geometrischen Optik her. Wir beginnen mit dem Konzept „dünne Linse".

Eine *dünne Linse* bewirkt eine Richtungsänderung $\Delta x'$, die proportional zur Ortsabweichung x_0 ist (siehe Abb. 4.12)

$$\Delta x' = -\frac{1}{f}x_0. \qquad (4.90)$$

Die Größe $1/f$ ist die Brechkraft, f ist die Brennweite. Brechkraft und Brennweite sind bei einer Sammellinse positiv und bei einer Zerstreuungslinse nega-

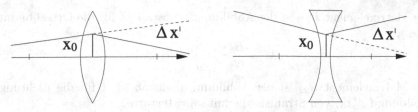

Abb. 4.12. Schema der dünnen Linse

tiv. Aus der Gleichung (4.90) ergibt sich die Matrixgleichung für eine dünne Linse

$$\begin{pmatrix} x \\ x' \end{pmatrix} = \begin{pmatrix} 1 & 0 \\ -\frac{1}{f} & 1 \end{pmatrix} \begin{pmatrix} x_0 \\ x_0' \end{pmatrix}, \qquad R_x = \begin{pmatrix} 1 & 0 \\ -\frac{1}{f} & 1 \end{pmatrix}. \tag{4.91}$$

Die gleichen Zuordnungen gelten für R_y, die Brennweiten und Brechkräfte sind jedoch in der x- und y-Richtung in der Regel unterschiedlich. Für eine Punkt-zu-Punkt-Abbildung (siehe Abb. 4.13) lautet die Abbildungsgleichung

$$\frac{1}{g} + \frac{1}{b} = \frac{1}{f}. \tag{4.92}$$

In Matrixdarstellung lautet die entsprechende Gleichung

$$R_x = \begin{pmatrix} 1 & b \\ 0 & 1 \end{pmatrix} \begin{pmatrix} 1 & 0 \\ -\frac{1}{f} & 1 \end{pmatrix} \begin{pmatrix} 1 & g \\ 0 & 1 \end{pmatrix} = \begin{pmatrix} -\frac{b}{g} & 0 \\ -\frac{1}{f} & -\frac{g}{b} \end{pmatrix}. \tag{4.93}$$

Die Forderung einer Punkt-zu-Punkt-Abbildung entspricht der Bedingung

$$R_{12} = 0.$$

Die Brechkraft ist durch das Matrixelement R_{21} gegeben

$$\frac{1}{f} = -R_{21}.$$

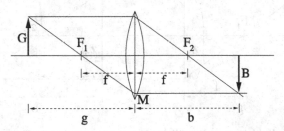

Abb. 4.13. Punkt-zu-Punkt-Abbildung mit einer dünnen Linse. F_1, F_2: Brennpunkte, M: Mittelebene, f: Brennweite, g: Gegenstandsweite, b: Bildweite, G: Gegenstandsgröße, B: Bildgröße

Das Matrixelement R_{11} ist der Abbildungsmaßstab M für die Ortsabbildung $(x|x_0)$,

$$M = \frac{B}{G} = -\frac{b}{g} = R_{11}\,.$$

Das Matrixelement R_{22} ist der Abbildungsmaßstab M^{-1} für die Richtungsabbildung $(x'|x_0')$ von Strahlen, die mit $x_0 = 0$ starten,

$$M^{-1} = -\frac{g}{b} = R_{22}\,.$$

Eine *dicke Linse* wird in der geometrischen Optik durch vier Kardinalpunkte bzw. Kardinalebenen charakterisiert. An die Stelle der Mittelebene M treten die beiden Hauptebenen H_1 und H_2 (siehe Abb. 4.14). Die Brennweite f gibt den Abstand der beiden Brennebenen F_1 und F_2 von den Hauptebenen an. In der Matrixdarstellung wird eine dicke Linse durch folgendes Matrixprodukt repräsentiert,

$$\begin{pmatrix} 1 & z_2 \\ 0 & 1 \end{pmatrix} \begin{pmatrix} 1 & 0 \\ -\frac{1}{f} & 1 \end{pmatrix} \begin{pmatrix} 1 & z_1 \\ 0 & 1 \end{pmatrix} = \begin{pmatrix} 1 - \frac{z_2}{f} & z_1 + z_2 - \frac{z_1 z_2}{f} \\ -\frac{1}{f} & 1 - \frac{z_1}{f} \end{pmatrix}\,. \tag{4.94}$$

Umgekehrt kann man von der R-Matrix eines fokussierenden oder auch defokussierenden Systems ausgehen und die Lage der Hauptebenen, z_1 und z_2, sowie die Brennweite f mithilfe der inversen Driftmatrizen aus der folgenden Gleichung bestimmen

$$\begin{aligned} \begin{pmatrix} 1 & 0 \\ -\frac{1}{f} & 1 \end{pmatrix} &= \begin{pmatrix} 1 & z_2 \\ 0 & 1 \end{pmatrix}^{-1} \begin{pmatrix} R_{11} & R_{12} \\ R_{21} & R_{22} \end{pmatrix} \begin{pmatrix} 1 & z_1 \\ 0 & 1 \end{pmatrix}^{-1}, \\ &= \begin{pmatrix} 1 & -z_2 \\ 0 & 1 \end{pmatrix} \begin{pmatrix} R_{11} & R_{12} \\ R_{21} & R_{22} \end{pmatrix} \begin{pmatrix} 1 & -z_1 \\ 0 & 1 \end{pmatrix}\,. \end{aligned} \tag{4.95}$$

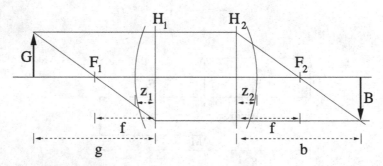

Abb. 4.14. Kardinalebenen einer dicken Linse: Hauptebenen H_1 und H_2, Brennebenen F_1 und F_2. Die Größen z_1 und z_2 geben den Abstand der Hauptebenen vom Anfang und Ende der Linse, d.h. bei einem Quadrupol von der effektiven Feldkante am Ein- und Ausgang, an

Man erhält daraus

$$\frac{1}{f} = -R_{21},$$

$$z_1 = \frac{R_{22} - 1}{R_{21}}, \tag{4.96}$$

$$z_2 = \frac{R_{11} - 1}{R_{21}}.$$

Für einen radial fokussierenden Quadrupol erhalten wir z. B.

$$\frac{1}{f} = \sqrt{k_x} \sin\left(\sqrt{k_x}L\right),$$

$$z_1 = \frac{\cos(\sqrt{k_x}L) - 1}{-\sqrt{k_x}\sin(\sqrt{k_x}L)}, \tag{4.97}$$

$$z_2 = z_1.$$

Bei einem homogenen Ablenkmagneten mit dem Ablenkwinkel $\alpha = L/\rho_0$ erhalten wir für die Lage der Hauptebenen

$$z_1 = z_2 = \rho_0 \tan\frac{\alpha}{2}. \tag{4.98}$$

Um die dispersiven Eigenschaften des Ablenkmagneten zu erfassen, führen wir eine dünne Linse mit Winkeldispersion ein. Die Brechkraft ist $1/f_x = \sin\alpha/\rho_0$, und die Winkeldispersion ist $d_x' = \sin\alpha$

$$\begin{pmatrix} 1 & 0 & 0 \\ -\frac{\sin\alpha}{\rho_0} & 1 & \sin\alpha \\ 0 & 0 & 1 \end{pmatrix}. \tag{4.99}$$

Für die gesamte Matrix von der Feldkante am Eingang bis zur Feldkante am Ausgang erhalten wir (siehe (4.68))

$$R_x = \begin{pmatrix} 1 & \rho_0\tan\frac{\alpha}{2} & 0 \\ 0 & 1 & 0 \\ 0 & 0 & 1 \end{pmatrix} \begin{pmatrix} 1 & 0 & 0 \\ -\frac{\sin\alpha}{\rho_0} & 1 & \sin\alpha \\ 0 & 0 & 1 \end{pmatrix} \begin{pmatrix} 1 & \rho_0\tan\frac{\alpha}{2} & 0 \\ 0 & 1 & 0 \\ 0 & 0 & 1 \end{pmatrix}$$

$$= \begin{pmatrix} \cos\alpha & \rho_0\sin\alpha & \rho_0(1-\cos\alpha) \\ -\frac{\sin\alpha}{\rho_0} & \cos\alpha & \sin\alpha \\ 0 & 0 & 1 \end{pmatrix}. \tag{4.100}$$

Ähnliche Gleichungen kann man auch für Ablenkmagnete mit konstantem Feldgradienten aufstellen.

Zusammenfassend können wir feststellen, dass jedes fokussierende oder defokussierende Element durch eine entsprechende dünne Linse repräsentiert werden kann. Ein ionenoptisches System kann stets durch eine entsprechende

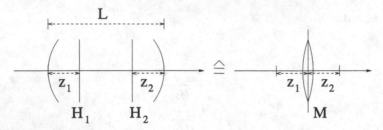

Abb. 4.15. Repräsentation einer „dicken Linse" durch eine „dünne Linse"

Anordnung von Driftstrecken, dünnen Sammellinsen und dünnen Zerstreuungslinsen repräsentiert werden. Beim Entwurf von ionenoptischen Systemen kann man die beiden Hauptebenen H_1 und H_2 einer Linse in einer Mittelebene M zusammenfallen lassen und mit den Gleichungen der dünnen Linse rechnen (siehe Abb. 4.15). Man muss dann nur darauf achten, dass das System in Wirklichkeit um die Strecke $L - (z_1 + z_2)$ länger ist! Die Elemente zum Entwurf ionenoptischer Systeme sind Driftstrecken, dünne Linsen und Ablenkmagnete.

4.7 Phasenellipse

4.7.1 Definition der Phasenellipse

Bislang haben wir nur den Transport einzelner Teilchen durch ein ionenoptisches System kennen gelernt. Der Verlauf einer individuellen Teilchenbahn wird durch die Orts-, Winkel- und Impulsabweichungen am Startort festgelegt. In linearer Näherung haben wir die einfache Gleichung

$$\boldsymbol{x}(s) = R(s)\boldsymbol{x}(0) \,.$$

Wir wenden uns nun der Beschreibung eines Teilchenstrahls zu. Der Teilchenstrahl repräsentiert die Gesamtheit aller Teilchen. Wie in der geometrischen Lichtoptik kann man sich den Teilchenstrahl als Überlagerung vieler Einzelstrahlen vorstellen (siehe Abb. 4.16). Der Teilchenstrahl ist vollständig festgelegt, wenn die Intensitätsverteilung der Einzelstrahlen, d. h. die Dichteverteilung $\rho(\boldsymbol{x}) = \rho(x, x', y, y', l, \delta)$ als Funktion von s bekannt ist. Wir betrachten zunächst die entsprechenden Dichteverteilungen $\rho(x, x')$ und $\rho(y, y')$, die man durch Projektion auf die (x, x')- bzw. (y, y')-Ebene erhält. Diese Dichteverteilungen können in der Regel durch Ellipsen umrandet werden[6]. Die Ellipsen repräsentieren in einer pauschalen Form die Eigenschaften des Teilchenstrahls. Sie werden *Phasenellipsen* genannt.

---

[6] Selbst pathologische Verteilungen, deren Rand deutlich von der Ellipsenform abweicht, können durch entsprechend angepasste größere Ellipsen umrandet werden.

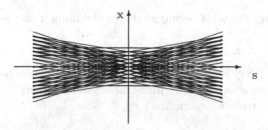

Abb. 4.16. Darstellung eines Teilchenstrahls als Überlagerung vieler Einzelstrahlen (Strahlenbündel). Die Darstellung zeigt die Projektion auf die magnetische Mittelebene in der Umgebung einer Strahltaille

Wir betrachten exemplarisch die radiale Phasenellipse. Die Phasenellipse wird durch eine symmetrische (2×2)-Matrix σ_x mit positiver Determinante repräsentiert

$$\sigma_x = \begin{pmatrix} \sigma_{11} & \sigma_{12} \\ \sigma_{21} & \sigma_{22} \end{pmatrix} = \begin{pmatrix} \sigma_{11} & \sigma_{12} \\ \sigma_{12} & \sigma_{22} \end{pmatrix}. \tag{4.101}$$

Die Symmetrie der Matrix σ_x ist die Gleichheit der Nebendiagonalelemente $\sigma_{21} = \sigma_{12}$. Die Gleichung der Phasenellipse lautet

$$\boldsymbol{X}^{\mathrm{T}} \sigma_x^{-1} \boldsymbol{X} = 1. \tag{4.102}$$

Hierbei ist $\boldsymbol{X}$ der Vektor vom Koordinatenursprung zum Rand der Ellipse. Wir schreiben $\boldsymbol{X}$ in der Form eines Spaltenvektors. Der Vektor $\boldsymbol{X}^{\mathrm{T}}$ ist der entsprechend transponierte Zeilenvektor

$$\boldsymbol{X}^{\mathrm{T}} = (x_1, x_2) = (x, x'), \quad \boldsymbol{X} = \begin{pmatrix} x_1 \\ x_2 \end{pmatrix} = \begin{pmatrix} x \\ x' \end{pmatrix}. \tag{4.103}$$

Die Matrix σ_x^{-1} ist die zu σ_x inverse Matrix

$$\sigma_x^{-1} = \frac{1}{\det(\sigma_x)} \begin{pmatrix} \sigma_{22} & -\sigma_{12} \\ -\sigma_{12} & \sigma_{11} \end{pmatrix}. \tag{4.104}$$

Die Auflösung der Matrixgleichung (4.102) ergibt für die Phasenellipse die Gleichung

$$\sigma_{22} x_1^2 - 2\sigma_{12} x_1 x_2 + \sigma_{11} x_2^2 = \det(\sigma_x) = \epsilon_x^2. \tag{4.105}$$

Die Größe der von der Phasenellipse umrandeten Fläche ist die *Emittanz*[7] E_x,

$$E_x = \pi \epsilon_x = \pi \sqrt{\det \sigma_x} = \pi \sqrt{\sigma_{11} \sigma_{22} - \sigma_{12}^2}. \tag{4.106}$$

Die Einheit der Emittanz ist 1 m·rad. Häufig wird auch 1mm · mrad = 1 · 10^{-6}m · rad verwendet. Die geometrische Bedeutung der Matrixelemente ist

[7] Häufig wird auch einfach die Größe ϵ_x Emittanz genannt.

in der Abb. 4.17 angedeutet. Die maximale Ausdehnung in x- und x'-Richtung ergibt sich aus

$$x_{\max} = \sqrt{\sigma_{11}}, \qquad x'_{\max} = \sqrt{\sigma_{22}}. \tag{4.107}$$

Das Matrixelement σ_{12} ist ein Maß für die Korrelation zwischen Ortsabweichung x und Winkelabweichung x' im Strahl. Man definiert daher auch den dimensionslosen Korrelationsparameter r_{12}

$$r_{12} = \frac{\sigma_{12}}{\sqrt{\sigma_{11}\sigma_{22}}}. \tag{4.108}$$

Für den Korrelationsparameter r_{12} gilt

$$-1 \leq r_{12} \leq +1. \tag{4.109}$$

Zwei weitere nützliche Größen sind x_{cor} und x'_{cor},

$$x_{\mathrm{cor}} = r_{12}\sqrt{\sigma_{11}}, \qquad x'_{\mathrm{cor}} = r_{12}\sqrt{\sigma_{22}}.$$

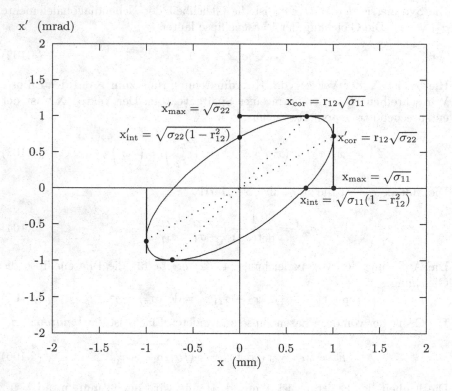

Abb. 4.17. Phasenellipse

Für die Steigung der beiden gestrichelt eingezeichneten Steigungsgeraden gilt

$$\tan \phi_1 = \frac{x'_{\text{cor}}}{x_{\text{max}}} = \frac{\sigma_{12}}{\sigma_{11}} = r_{12}\sqrt{\frac{\sigma_{22}}{\sigma_{11}}} \, ,$$

$$\tan \phi_2 = \frac{x'_{\text{max}}}{x_{\text{cor}}} = \frac{\sigma_{22}}{\sigma_{12}} = \frac{1}{r_{12}}\sqrt{\frac{\sigma_{22}}{\sigma_{11}}} \, . \tag{4.110}$$

Die in der Abb. 4.17 angededeuteten Schnittpunkte der Phasenellipsen mit den Koordinatenachsen ergeben sich aus

$$x_{\text{int}} = \sqrt{\sigma_{11}\left(1 - r_{12}^2\right)}, \quad x'_{\text{int}} = \sqrt{\sigma_{22}\left(1 - r_{12}^2\right)} \, . \tag{4.111}$$

In einer anderen Form lautet die Gleichung

$$x_{\text{int}} = \frac{\epsilon_x}{x'_{\text{max}}}, \quad x'_{\text{int}} = \frac{\epsilon_x}{x_{\text{max}}} \, . \tag{4.112}$$

Die Fläche, Form und Neigung der Phasenellipsen repräsentieren in einer pauschalen Form die Eigenschaften eines Teilchenstrahls. Die Neigung der Ellipsen gibt die Korrelation zwischen der Ortsabweichung und der Winkelabweichung an. Die Korrelation ist negativ bzw. positiv, je nachdem ob der Strahl an der betrachteten Stelle konvergent oder divergent ist. Bei einer aufrechten Phasenellipse ist die Korrelation zwischen Orts- und Winkelabweichung null. Dieser Spezialfall wird bei einer Driftstrecke an der Stelle der engsten Einschnürung, der sogenannten Strahltaille, beobachtet. Die Fläche ist ein Maß für die *Strahlqualität*, je kleiner die Fläche einer Phasenellipse ist, umso besser ist die Strahlqualität, d. h. die Bündelung der Strahlen um das zentrale Teilchen.

4.7.2 Dichteverteilung im Phasenraum

Wir haben bislang noch nichts über die Dichteverteilung in dem von der Phasenellipse umrandeten Gebiet gesagt. Die einfachste Modellannahme geht von einer *homogenen Dichteverteilung* aus. Diese Annahme ist jedoch meistens eine sehr grobe Näherung. Eine sehr viel realistischere Annahme ist das Modell der *Gaußverteilung*. Die normierte zweidimensionale Gaußverteilung lautet

$$\rho(\boldsymbol{x}) = \frac{1}{2\pi\epsilon_x} \exp\left(-\frac{1}{2}\boldsymbol{x}^{\text{T}}\sigma_x^{-1}\boldsymbol{x}\right) \, . \tag{4.113}$$

Die Dichteverteilung ist durch ellipsenförmige Höhenlinien gekennzeichnet (siehe Abb. 4.18).
Die Phasenellipse

$$\boldsymbol{X}^{\text{T}}\sigma_x^{-1}\boldsymbol{X} = 1$$

markiert die Höhenlinie, bei der die Dichte um den Faktor $\exp(-1/2)$ kleiner als die Dichte im Zentrum ist. Diese Höhenlinie entspricht einer Standardabweichung beim Strahlprofil. Sie umschließt bei einer zweidimensionalen

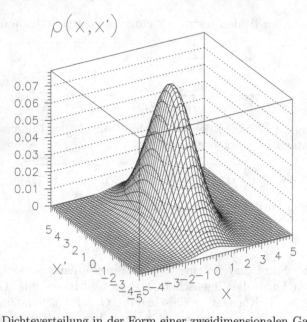

Abb. 4.18. Dichteverteilung in der Form einer zweidimensionalen Gaußverteilung. Hier ist die Dichte als Funktion der Ortsabweichung x und der Richtungsabweichung x' aufgetragen

Gaußverteilung 39,3% der gesamten Intensität. Die umschlossene Fläche ist die 1σ-Emittanz mit

$$\epsilon_x^{1\sigma} = \epsilon_x = \sqrt{\sigma_{11}\sigma_{22} - \sigma_{12}^2}\,.$$

Die Phasenellipse

$$\boldsymbol{X}^{\mathrm{T}}\sigma_x^{-1}\boldsymbol{X} = 4$$

markiert die Höhenlinie, bei der die Dichte um den Faktor $\exp(-4/2)$ kleiner als die Dichte im Zentrum ist. Diese Höhenlinie entspricht zwei Standardabweichungen beim Strahlprofil. Sie umschließt bei einer zweidimensionalen Gaußverteilung 86,5% der gesamten Intensität. Die 2σ-Emittanz ist gegenüber der 1σ-Emittanz um den Faktor vier größer. Die umschlossene Fläche ist die 2σ-Emittanz mit

$$\epsilon_x^{2\sigma} = 4\,\epsilon_x^{1\sigma} = 4\sqrt{\sigma_{11}\sigma_{22} - \sigma_{12}^2}\,.$$

Die Phasenellipse

$$\boldsymbol{X}^{\mathrm{T}}\sigma_x^{-1}\boldsymbol{X} = 9$$

markiert die Höhenlinie, bei der die Dichte um den Faktor $\exp(-9/2)$ kleiner als die Dichte im Zentrum ist. Diese Höhenlinie entspricht drei Standardabweichungen beim Strahlprofil. Sie umschließt bei einer zweidimensionalen

Gaußverteilung 98,9% der gesamten Intensität. Die 3σ-Emittanz ist gegenüber der 1σ-Emittanz um den Faktor neun größer. Die umschlossene Fläche ist die 3σ-Emittanz mit

$$\epsilon_x^{3\sigma} = 9\,\epsilon_x^{1\sigma} = 9\sqrt{\sigma_{11}\sigma_{22} - \sigma_{12}^2}\,.$$

Welche der Phasenellipsen als Referenz für die Angabe der Emittanz gewählt wird, ist nicht exakt festgelegt. Bei Elektronenbeschleunigern wird die Emittanz meistens auf der Basis von einer Standardabweichung, bei Protonenbeschleunigern meistens auf der Basis von zwei Standardabweichungen angegeben. Durch diesen Unterschied in der Definition der Phasenellipse und Emittanz unterscheiden sich die Emittanzen um den Faktor vier! Nur wenn klar definiert ist, wie viel Prozent der gesamten Intensität von der Phasenellipse umschlossen wird, können unterschiedliche Emittanzangaben miteinander verglichen werden. Wir bevorzugen in diesem Buch die Emittanzangabe auf der Basis von einer Standardabweichung. Es ist klar, dass eine Emittanzangabe auf dieser Basis um den Faktor neun erhöht werden muss, wenn 98,9% der gesamten Intensität erfasst werden soll.

Die Elemente der Matrix σ_x, die in der Gleichung (4.113) zur Beschreibung der zweidimensionalen Gaußverteilung verwendet werden, haben eine sehr konkrete, anschauliche Bedeutung. Die Hauptdiagonalelemente der Matrix σ_x, d. h. die Größen σ_{11} und σ_{22}, repräsentieren die zweiten Momente der Phasenraumverteilung. Die Nebendiagonalelemente $\sigma_{12} = \sigma_{21}$ sind ein Maß für die Korrelationen. In diesem Sinne sind die Größen $x_{\max} = \sqrt{\sigma_{11}}$ und $x'_{\max} = \sqrt{\sigma_{22}}$ die Standardabweichungen der Verteilungen, die sich bei der Projektion auf die $x_1 = x$- bzw. $x_2 = x'$-Achse ergeben.

4.7.3 Strahlprofil

Eine weitere Vertiefung des Verständnisses erreichen wir, wenn wir den Zusammenhang mit dem Strahlprofil betrachten. Wenn man die Intensitätsverteilung des Strahles als Funktion des transversalen Ortsabweichung $x_1 = x$ bzw. $x_3 = y$ misst, erhält man ein Strahlprofil (siehe Abb. 4.19). Wir betrachten wiederum exemplarisch die radiale Koordinate $x_1 = x$. Das Strahlprofil ist die eindimensionale Dichteverteilung $\rho(x)$. Sie entspricht der Projektion der zweidimensionalen Dichteverteilung $\rho(x, x')$ auf die x-Achse

$$\rho(x) = \int \rho(x, x')\mathrm{d}x'\,. \tag{4.114}$$

In der Regel werden die tatsächlichen Dichteverteilungen in guter Näherung durch eine Gaußverteilung beschrieben, siehe Abb. 4.19. Bei einer Gaußverteilung ist die Kenngröße zur Charakterisierung der Strahlausdehnung die Standardabweichung. Wir identifizieren daher die Größe $\sqrt{\sigma_{11}}$ (siehe Abb. 4.17)

ρ (mm^{-1})

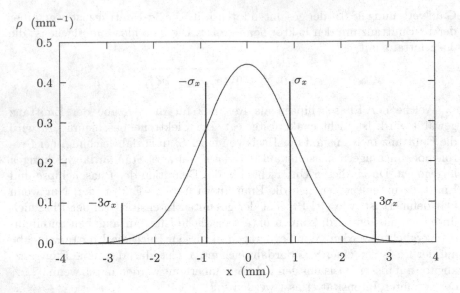

Abb. 4.19. Strahlprofil, das einer Gaußverteilung entspricht. Ein charakteristisches Maß für die Breite ist die Standardabweichung σ_x. Bei dem hier gezeigten Strahlprofil ist $\sigma_x = 0{,}9$ mm

mit der Standardabweichung[8], d. h. der mittleren quadratischen Abweichung vom Sollteilchen, σ_x,

$$\sigma_x = \sqrt{\sigma_{11}} = \sqrt{\overline{x^2}}\,. \tag{4.115}$$

Die auf Eins normierte eindimensionale Gaußverteilung lautet

$$\begin{aligned}\rho(x) &= \frac{1}{\sqrt{2\pi}\sigma_x}\exp\left(-\frac{1}{2}\frac{x^2}{\sigma_x^2}\right)\\ &= \frac{1}{\sqrt{2\pi}\sqrt{\sigma_{11}}}\exp\left(-\frac{1}{2}\frac{x^2}{\sigma_{11}}\right).\end{aligned} \tag{4.116}$$

Die Standardabweichung σ_x bzw. σ_y wird auch häufig RMS-Breite („Root Mean Sqare") genannt. Für die Halbwertsbreite (FWHM = Full Width at Half Maximum) der Verteilung gilt $\Delta x_{\mathrm{FWHM}} = 2{,}355 \cdot \sigma_x$. In der Regel kann man mit (4.116) die tatsächliche Dichteverteilung in einem Bereich von drei Standardabweichungen, d. h. $-3\sigma_x \leq x \leq +3\sigma_x$, in guter Näherung approximieren. Die Gaußverteilung ist in jedem Fall eine Approximation, da sie sich

---

[8] Wir verwenden das Symbol σ_x doppelt. Es wird sowohl zur Kennzeichnung der Strahlmatrix σ_x wie zur Kennzeichnung der Standardabweichung σ_x eines längs x gemessenen Strahlprofils verwendet. Die richtige Zuordnung ergibt sich aus dem Kontext. Die gleiche Bemerkung gilt für das Symbol σ_y.

von $-\infty$ bis $+\infty$ erstreckt, der Teilchenstrahl jedoch nach außen durch das Strahlrohr scharf begrenzt ist.

Innerhalb des Strahlrohres wird der eigentliche Strahl häufig noch durch einen Halo von gestreuten Teilchen sehr niedriger Intensität umgeben. Der Halo hat in der Regel eine Dichteverteilung, die von der Gaußverteilung des eigentlichen Strahls deutlich abweicht, d. h. für Orts- und Richtungsabweichungen, die größer als drei Standardabweichungen sind, macht sich ein Untergrund von Teilchen bemerkbar, der meistens deutlich größer ist als das, was man nach Gleichung (4.116) erwartet.

4.7.4 Strahlenveloppen

Wenn man nun das Strahlprofil in einem Strahlführungssystem an verschiedenen Stellen misst und die charakteristische Strahlbreite

$$x_{max}(s) = \sqrt{\sigma_{11}(s)} \tag{4.117}$$

als Funktion von s aufträgt, erhält man die Strahleinhüllende oder Strahlenveloppe. Die Strahlenveloppe ist eine direkte und anschauliche Darstellung des Strahls, d. h. der Gesamtheit aller Strahlteilchen. Wenn man für $\sqrt{\sigma_{11}}$ eine Standardabweichung zugrundelegt, ergeben sich die sogenannten RMS-Enveloppen. In der Abb. 4.20 ist zur Illustration die Enveloppe in der Umgebung einer Strahltaille (englisch „beam waist") in einem Driftstreckenbereich skizziert. Vor der Taille ist der Strahl konvergent, er konvergiert auf die engste Einschnürung. Nach der Taille ist der Strahl divergent. Die Phasenellipse vor der Taille ist durch eine negative Korrelation r_{12} zwischen der Ortsabweichung x und der Richtungsabweichung x' gekennzeichnet. Entsprechend ist die Korrelation r_{12} nach der Taille positiv. Die Enveloppe ist die Darstellung von $\sqrt{\sigma_{11}(s)}$.

4.7.5 Transformation der Phasenellipsen

Wir kommen nun zu dem Problem, wie ändern sich die Phasenellipsen und Dichteverteilungen des Strahles beim Durchgang durch ein Strahlführungssystem? Hierzu betrachten wir die Transformation der Strahlmatrizen σ_x bzw. σ_y.

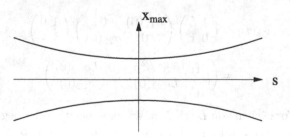

Abb. 4.20. Strahlenveloppe in der Umgebung einer Strahltaille

Wir betrachten exemplarisch die Transformation der radialen Strahlmatrix σ_x, d. h. wir berechnen σ_x als Funktion von s. In linearer Näherung ergibt sich für die Transformation der Phasenellipse durch ein Strahltransportsystem mit der Transfermatrix $R_x(s)$ die Gleichung

$$\sigma_x(s) = R_x(s)\sigma_x(0)R_x^{\mathrm{T}}(s),\qquad(4.118)$$

wobei $R_x^T(s)$ die transponierte Matrix ist. Zum Beweis dieser Gleichung gehen wir von der Gleichung (4.102) aus. Wir schreiben diese Gleichung unter Verwendung der Matrixgleichungen

$$R_x^{\mathrm{T}}\left[R_x^{\mathrm{T}}\right]^{-1} = I\,,\qquad [R_x]^{-1}R_x = I$$

um. Die Matrix I ist die Einheitsmatrix. Wir erhalten

$$\boldsymbol{X}^{\mathrm{T}}(0)\sigma_x^{-1}(0)\boldsymbol{X}(0) = 1\,,$$

$$\boldsymbol{X}^{\mathrm{T}}(0)R_x^{\mathrm{T}}\left[R_x^{\mathrm{T}}\right]^{-1}\sigma_x^{-1}(0)\left[R_x\right]^{-1}R_x\boldsymbol{X}(0) = 1\,,$$

$$\left[R_x\boldsymbol{X}(0)\right]^{\mathrm{T}}\left[R_x\sigma_x(0)R_x^{\mathrm{T}}\right]^{-1}\left[R_x\boldsymbol{X}(0)\right] = 1\,,$$

$$\boldsymbol{X}^{\mathrm{T}}(s)\left[R_x\sigma_x(0)R_x^{\mathrm{T}}\right]^{-1}\boldsymbol{X}(s) = 1\,.$$

Die Matrix in der eckigen Klammer ist die transformierte Strahlmatrix $\sigma_x(s)$ an der Stelle s. Damit ist die Gleichung (4.118) bewiesen. Die transformierte Dichteverteilung erhalten wir dadurch, dass wir in Gleichung (4.113) anstelle von $\sigma_x(0)$ die transformierte Strahlmatrix $\sigma_x(s)$ einsetzen.

Driftstrecke

Zur Illustration und zum tieferen Verständnis betrachten wir die Transformationen der Phasenellipsen, die durch Driftstrecken und dünne Linsen verursacht werden. Wir gehen von einer aufrechten Phasenellipse am Startpunkt $s = 0$ aus, d. h. $\sigma_{12}(0) = 0$. Die Transformation durch eine Driftstrecke der Länge L ergibt

$$\begin{aligned}\sigma_x(L) &= \begin{pmatrix} 1 & L \\ 0 & 1 \end{pmatrix}\begin{pmatrix} \sigma_{11}(0) & 0 \\ 0 & \sigma_{22}(0) \end{pmatrix}\begin{pmatrix} 1 & 0 \\ L & 1 \end{pmatrix} \\[2mm] &= \begin{pmatrix} \sigma_{11}(0) + L^2\sigma_{22}(0) & L\sigma_{22}(0) \\ L\sigma_{22}(0) & \sigma_{22}(0) \end{pmatrix}.\end{aligned}\qquad(4.119)$$

Je nach dem Vorzeichen von L erhalten wir eine positiv oder negativ gedrehte Ellipse (siehe Abb. 4.21). Fixpunkte sind die beiden Schnittpunkte mit der x-Achse, $x_{\mathrm{int}} = \pm\epsilon_x/x'_{\mathrm{max}}$. Der Extrempunkt $(0, x'_{\mathrm{max}})$ wird nach $(Lx'_{\mathrm{max}}, x'_{\mathrm{max}})$

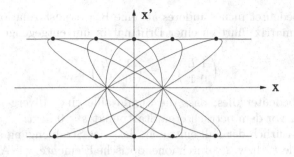

Abb. 4.21. Transformation von Phasenellipsen durch positive und negative Drift-strecken unterschiedlicher Länge

verschoben, d. h. je nach dem Vorzeichen von L nach links bzw. nach rechts verschoben. Eine positive Korrelation r_{12} zwischen x und x' entspricht einem divergenten, eine negative Korrelation r_{12} einem konvergenten Strahlenbündel. Die maximale Richtungsabweichung $x'_{\max} - \sqrt{\sigma_{22}}$ bleibt konstant. Die maximale Ortsabweichung $x_{\max}$ nimmt in einer charakteristischen Weise zu:

$$x_{\max}(L) = \sqrt{\sigma_{11}(L)} = \sqrt{\sigma_{11}(0) + L^2 \sigma_{22}(0)}. \tag{4.120}$$

Wenn die Phasenellipse am Startpunkt nicht aufrecht steht, erhalten wir die folgende Gleichung

$$\begin{aligned}\sigma_x(L) &= \begin{pmatrix} 1 & L \\ 0 & 1 \end{pmatrix} \begin{pmatrix} \sigma_{11}(0) & \sigma_{12}(0) \\ \sigma_{12}(0) & \sigma_{22}(0) \end{pmatrix} \begin{pmatrix} 1 & 0 \\ L & 1 \end{pmatrix} \\ &= \begin{pmatrix} \sigma_{11}(0) + 2L\sigma_{12}(0) + L^2\sigma_{22}(0) & \sigma_{12}(0) + L\sigma_{22}(0) \\ \sigma_{12}(0) + L\sigma_{22}(0) & \sigma_{22}(0) \end{pmatrix}.\end{aligned} \tag{4.121}$$

Neben der Aufgabe, eine bestimmte Distanz zwischen anderen ionenoptischen Elementen zu überbrücken, hat die Driftstrecke spezielle Eigenschaften, die zur Transformation und Anpassung von Phasenellipsen benötigt werden. Wir geben hierzu ein typisches Beispiel. Am Startpunkt $s = 0$ sei der Strahl sowohl in radialer wie in axialer Richtung konvergent. Die Phasenellipsen seien bekannt. Wie groß ist nun die Driftstrecke bis zu der Stelle, an der die Phasenellipsen aufrecht stehen, d. h. bis zur Strahltaille? Aus Gleichung (4.120) folgt für die radiale und axiale Phasenellipse

$$L_x = -\sigma_{12}/\sigma_{22}, \qquad L_y = -\sigma_{34}/\sigma_{44}. \tag{4.122}$$

Nur wenn die Verhältnisse σ_{12}/σ_{22} und σ_{34}/σ_{44} gleich sind, liegen die beiden Strahltaillen an der gleichen Stelle, d. h. $L_x = L_y$. Die Gleichungen (4.122) gelten nicht nur für einen konvergenten Strahl. Die Matrixelemente σ_{12} und σ_{34} sind bei einem divergenten Strahl positiv, und wir erhalten negative Driftstrecken L_x und L_y. Eine Transformation mit negativer

Driftstrecke bedeutet nichts anderes als eine Rücktransformation. Die Inversion der Driftmatrix führt zu einer Driftmatrix mit entgegengesetzter Driftstrecke

$$\begin{pmatrix} 1 & L \\ 0 & 1 \end{pmatrix}^{-1} = \begin{pmatrix} 1 & -L \\ 0 & 1 \end{pmatrix}. \tag{4.123}$$

Physikalisch bedeutet dies, dass die Strahltaille eines divergenten Strahles strahlaufwärts vor dem betrachteten Startpunkt $s = 0$ liegt.

Es kann natürlich der Fall eintreten, dass der Strahlengang auf dem Weg bis zu der Stelle L_x bzw. L_y durch ionenoptische Elemente, wie Ablenkmagnete oder Quadrupolmagnete, modifiziert wird. Wir haben dann an der Stelle L_x bzw. L_y keine reelle Strahltaille sondern nur eine virtuelle Strahltaille. Trotzdem ist die Transformation zu einer virtuellen Strahltaille stets möglich und für bestimmte Überlegungen auch hilfreich.

Zusammenfassend stellen wir fest, dass durch eine Driftstrecke die Ortsabweichung und die Korrelation zwischen der Orts- und Winkelabweichung modifiziert werden. Die Richtungsabweichungen bleiben dagegen konstant. Außerdem möchten wir auf eine sehr schöne Eigenschaft von Driftstrecken hinweisen. Die Driftstrecke ist das einzige ionenoptische Element, bei dem die lineare Transformation exakt gilt, d. h. es gibt keine Aberrationen zweiter oder höherer Ordnung.

Dünne Linse

Die Transformation einer aufrechten Phasenellipse durch eine dünne Linse der Brechkraft $1/f_x$ ergibt

$$\sigma_x\left(\frac{1}{f_x}\right) = \begin{pmatrix} 1 & 0 \\ -1/f_x & 1 \end{pmatrix} \begin{pmatrix} \sigma_{11}(0) & 0 \\ 0 & \sigma_{22}(0) \end{pmatrix} \begin{pmatrix} 1 & -1/f_x \\ 0 & 1 \end{pmatrix}$$
$$= \begin{pmatrix} \sigma_{11}(0) & -\sigma_{11}(0)/f_x \\ -\sigma_{11}(0)/f_x & \sigma_{22}(0) + \sigma_{11}(0)/f_x^2 \end{pmatrix}. \tag{4.124}$$

Je nach dem Vorzeichen der Brechkraft erhalten wir eine negativ oder positiv gedrehte Ellipse (siehe Abb. 4.22). Fixpunkte sind nun die beiden Schnittpunkte mit der x'-Achse, $x'_{\text{int}} = \pm\epsilon_x/x_{\text{max}}$. Der Extrempunkt $(x_{\text{max}}, 0)$ wird nach $(x_{\text{max}}, -x_{\text{max}}/f_x)$ verschoben, d. h. bei einer Sammellinse nach unten und bei einer Zerstreuungslinse nach oben. Eine positive Korrelation r_{12} zwischen x und x' entspricht wiederum einem divergenten Strahlenbündel, eine negative Korrelation r_{12} einem konvergenten Strahlenbündel. Die maximale Ortsabweichung $x_{\text{max}} = \sqrt{\sigma_{11}}$ bleibt konstant. Die maximale Richtungsabweichung x'_{max} nimmt in einer charakteristischen Weise zu

$$x'_{\text{max}}(1/f_x) = \sqrt{\sigma_{11}(1/f_x)} = \sqrt{\sigma_{22}(0) + \sigma_{11}(0)/f_x^2}. \tag{4.125}$$

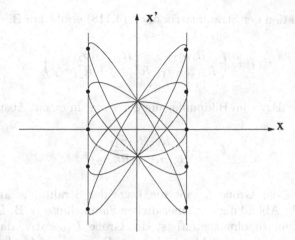

Abb. 4.22. Transformation von Phasenellipsen durch dünne Sammel- und Zerstreuungslinsen unterschiedlicher Brechkraft

Für die Transformation einer nicht aufrechten Phasenellipse erhalten wir die Gleichung

$$\sigma_x\left(\frac{1}{f_x}\right) = \begin{pmatrix} 1 & 0 \\ -1/f_x & 1 \end{pmatrix} \begin{pmatrix} \sigma_{11}(0) & \sigma_{12}(0) \\ \sigma_{12}(0) & \sigma_{22}(0) \end{pmatrix} \begin{pmatrix} 1 & -1/f_x \\ 0 & 1 \end{pmatrix}$$

$$= \begin{pmatrix} \sigma_{11}(0) & \sigma_{12}(0) - \sigma_{11}(0)/f_x \\ \sigma_{12}(0) - \sigma_{11}(0)/f_x & \sigma_{22}(0) - 2\sigma_{12}(0)/f_x + \sigma_{11}(0)/f_x^2 \end{pmatrix}.$$

(4.126)

4.7.6 Strahltaille bei einer Punkt-zu-Punkt-Abbildung

Die naive Betrachtung einer Punkt-zu-Punkt-Abbildung verleitet zu der Annahme, ein Strahl mit einer Taille am Gegenstandspunkt habe am Bildpunkt ebenfalls eine Taille. Wir wollen zeigen, dass dies in der Regel nicht zutrifft. Nur bei einer teleskopischen Abbildung kann man gleichzeitig eine Punkt-zu-Punkt und Taille-zu-Taille-Abbildung erreichen. Wir betrachten ohne Beschränkung der Allgemeinheit eine Punkt-zu-Punkt-Abbildung in der x-Ebene. Die Transfermatrix von der Gegenstandsebene zur Bildebene lautet

$$R_x(s) = \begin{pmatrix} R_{11} & 0 \\ R_{21} & R_{22} \end{pmatrix}.$$

(4.127)

Wir nehmen eine Strahltaille mit einer engen Einschnürung am Gegenstandspunkt an

$$\sigma_x(0) = \begin{pmatrix} \sigma_{11} & 0 \\ 0 & \sigma_{22} \end{pmatrix}.$$

(4.128)

Die Transformation der Strahlmatrix nach (4.118) ergibt am Bildpunkt

$$\sigma_x(s) = \begin{pmatrix} R_{11}^2\sigma_{11} & R_{11}R_{21}\sigma_{11} \\ R_{11}R_{21}\sigma_{11} & R_{22}^2\sigma_{22} + R_{21}^2\sigma_{11} \end{pmatrix} . \tag{4.129}$$

Die Strahltaille liegt vom Bildpunkt aus gerechnet in einem Abstand

$$L = -\frac{R_{11}R_{21}\sigma_{11}}{R_{21}^2\sigma_{11} + R_{22}^2\sigma_{22}} . \tag{4.130}$$

Das Vorzeichen der Größe L gibt die Lage der Strahltaille an. Bei einer Punkt-zu-Punkt-Abbildung mit einer dicken Sammellinse (z. B. Dublett oder Triplett von Quadrupolmagneten) ist die Größe L negativ, da der Abbildungsmaßstab R_{11} und das Matrixelement $R_{21} = -1/f_x$ beide negativ sind. Die engste Einschnürung liegt damit vor dem Bildpunkt. Die Strahlausdehnung x_{max} ist an der Stelle der engsten Einschnürung um den Faktor

$$\frac{x_{max}(s+L)}{x_{max}(s)} = \frac{R_{22}^2\sigma_{22}}{R_{22}^2\sigma_{22} + R_{21}^2\sigma_{11}} \tag{4.131}$$

kleiner als am Bildpunkt. Die Strahlausdehnung am Bildpunkt beträgt

$$x_{max}(s) = R_{11}^2\sigma_{11} . \tag{4.132}$$

Die Gleichung (4.129) zeigt, dass nur dann am Bildpunkt eine Strahltaille vorliegt, wenn $R_{21} = 0$. Diese Bedingung bedeutet eine Parallel-zu-Parallel-Abbildung, d. h. eine *teleskopische* Abbildung. Nur bei einer teleskopischen Punkt-zu-Punkt-Abbildung hat ein Strahl mit einer Taille am Gegenstandspunkt auch eine Taille am Bildpunkt! Die Realisierung einer teleskopischen Abbildung behandeln wir in Abschn. 4.13.4.

4.8 Phasenraumellipsoid

Wir definieren das Phasenraumellipsoid und betrachten die Transformation durch ein ionenoptisches System, die Dichteverteilung im sechsdimensionalen Phasenraum und den Zusammenhang zwischen Phasenraumellipsoid und Phasenellipse. Am Ende schildern wir Methoden zur Messung von Phasenellipsen und Emittanzen.

4.8.1 Definition des Phasenraumellipsoids

Das Konzept der Phasenellipse kann sehr einfach auf höherdimensionale Unterräume des Phasenraums erweitert werden. Durch Hinzunahme der Impulsabweichung δ wird z. B. der zweidimensionale Unterraum (x, x') zu einem dreidimensionalen Unterraum (x, x', δ) erweitert. Die Strahlteilchen werden dann von einem Phasenraumellipsoid umschlossen. Wenn man die axialen Koordinaten (y, y') hinzunimmt, erhält man den fünfdimensionalen Unterraum (x, x', y, y', δ). Bei einem longitudinal gebündelten Teilchenstrahl ist es sogar notwendig, den gesamten sechsdimensionalen Phasenraum $(x, x', y, y', l, \delta)$ zu betrachten. Wir schildern in diesem Kapitel den Formalismus des Phasenraumellipsoids im vollen, sechsdimensionalen Phasenraum. Wir werden sehen, dass die Projektionen auf ein- und mehrdimensionale Unterräume in diesem Formalismus bereits enthalten sind.

Das Phasenraumellipsoid, d. h. die Oberfläche eines Ellipsoids im 6-dimensionalen Phasenraum, wird durch die Gleichung

$$X^{\mathrm{T}} \sigma^{-1} X = 1 \qquad (4.133)$$

beschrieben. Hierbei ist X der Vektor vom Koordinatenursprung zum Rand des Ellipsoides und σ eine Matrix mit positiver Determinante. Die Matrix ist symmetrisch, d. h. für die Matrixelemente gilt $\sigma_{ik} = \sigma_{ki}$,

$$\sigma = \begin{pmatrix} \sigma_{11} & \sigma_{12} & \sigma_{13} & \sigma_{14} & \sigma_{15} & \sigma_{16} \\ \sigma_{12} & \sigma_{22} & \sigma_{23} & \sigma_{24} & \sigma_{25} & \sigma_{26} \\ \sigma_{13} & \sigma_{23} & \sigma_{33} & \sigma_{34} & \sigma_{35} & \sigma_{36} \\ \sigma_{14} & \sigma_{24} & \sigma_{34} & \sigma_{44} & \sigma_{45} & \sigma_{46} \\ \sigma_{15} & \sigma_{25} & \sigma_{35} & \sigma_{45} & \sigma_{55} & \sigma_{56} \\ \sigma_{16} & \sigma_{26} & \sigma_{36} & \sigma_{46} & \sigma_{56} & \sigma_{66} \end{pmatrix} . \qquad (4.134)$$

Wenn die Dichteverteilung im axialen Unterraum von den Dichteverteilung im radialen und longitudinalen Unterraum entkoppelt ist, lautet die σ-Matrix

$$\sigma = \begin{pmatrix} \sigma_{11} & \sigma_{12} & 0 & 0 & \sigma_{15} & \sigma_{16} \\ \sigma_{12} & \sigma_{22} & 0 & 0 & \sigma_{25} & \sigma_{26} \\ 0 & 0 & \sigma_{33} & \sigma_{34} & 0 & 0 \\ 0 & 0 & \sigma_{34} & \sigma_{44} & 0 & 0 \\ \sigma_{15} & \sigma_{25} & 0 & 0 & \sigma_{55} & \sigma_{56} \\ \sigma_{16} & \sigma_{26} & 0 & 0 & \sigma_{56} & \sigma_{66} \end{pmatrix} . \qquad (4.135)$$

Bei Systemen mit magnetischer Mittelebenensymmetrie bleibt diese Entkoppelung in linearer Näherung erhalten. Das von dem Phasenraumellipsoid umschlossene Volumen beträgt

$$V = \frac{16}{3} \pi \sqrt{\det(\sigma)} . \qquad (4.136)$$

Die geometrische Bedeutung der Matrixelemente ist wie bei der zweidimensionalen Matrix σ_x, d. h., die Wurzel aus den Hauptdiagonalelementen ist ein Maß für die maximale Strahlausdehnung, genauer gesagt für die halbe Strahlbreite $x_{i,\max}$

$$x_{i,\max} = \sqrt{\sigma_{ii}} \quad i = 1, \ldots, 6 . \qquad (4.137)$$

Die nichtdiagonalen Matrixelemente σ_{ij} legen die Korrelationen zwischen x_i und x_j fest. Man definiert daher auch die Korrelationsparameter r_{ij}

$$r_{ij} = \frac{\sigma_{ij}}{\sqrt{\sigma_{ii}\sigma_{jj}}} \quad i = 1, \ldots, 6;\ j = i+1, \ldots, 6 \ . \qquad (4.138)$$

Die Korrelationsparameter sind so definiert, dass

$$-1 \leq r_{ij} \leq +1 \ . \qquad (4.139)$$

Die Berücksichtigung der longitudinalen Ortsabweichung $x_5 = l$ ist natürlich nur bei der Betrachtung eines Strahles mit longitudinal gebündelten Teilchenpaketen („bunched beam") notwendig. Bei einem kontinuierlichen Strahl genügt die Betrachtung des fünfdimensionalen Unterraumes (x, x', y, y', δ). Die entsprechende σ-Matrix lautet bei Entkoppelung des radialen und axialen Phasenraums

$$\sigma = \begin{pmatrix} \sigma_{11} & \sigma_{12} & 0 & 0 & \sigma_{16} \\ \sigma_{12} & \sigma_{22} & 0 & 0 & \sigma_{26} \\ 0 & 0 & \sigma_{33} & \sigma_{34} & 0 \\ 0 & 0 & \sigma_{34} & \sigma_{44} & 0 \\ \sigma_{16} & \sigma_{26} & 0 & 0 & \sigma_{66} \end{pmatrix} \ . \qquad (4.140)$$

4.8.2 Transformation des Phasenraumellipsoids

Um das Phasenraumellipsoid, d. h. die Strahlmatrix $\sigma(s)$, als Funktion von s zu berechnen, benutzen wir den gleichen Formalismus wie bei der Transformation der Phasenellipse. In linearer Näherung ergibt sich für die Transformation der Matrix σ durch ein Strahltransportsystem mit der Transportmatrix $R(s)$ die Gleichung

$$\sigma(s) = R(s)\sigma(0)R^{\mathrm{T}}(s) \ . \qquad (4.141)$$

Der Beweis dieser Gleichung geschieht nach dem gleichen Schema wie der Beweis der Gleichung (4.118).

4.8.3 Dichteverteilung im sechsdimensionalen Phasenraum

Bei einer homogenen Dichteverteilung der Teilchen im Phasenraum stellt das Ellipsoid die Einhüllende dieser Dichteverteilung dar. Sehr viel realistischer ist jedoch die Annahme einer Gaußverteilung. Die normierte sechsdimensionale Gaußverteilung lautet

$$\rho(\boldsymbol{x}) = \frac{1}{(2\pi)^3 \sqrt{\det(\sigma)}} \exp\left(-\frac{1}{2}\boldsymbol{x}^{\mathrm{T}}\sigma^{-1}\boldsymbol{x}\right) \ . \qquad (4.142)$$

Die Dichteverteilung ist durch konzentrische Ellipsoide gleicher Dichte gekennzeichnet. Das Phasenraumellipsoid, das n Standardabweichungen entspricht, wird durch die Gleichung

$$\boldsymbol{X}^{\mathrm{T}}\sigma^{-1}\boldsymbol{X} = n^2 \qquad (4.143)$$

beschrieben. Die Phasenraumdichte auf der Oberfläche des Ellipsoids ist hierbei um den Faktor

$$\frac{\rho(\boldsymbol{X})}{\rho(0)} = \exp\left(-\frac{n^2}{2}\right) \qquad (4.144)$$

kleiner als im Zentrum. Das Phasenraumellipsoid, das einer Standardabweichung entspricht, ist durch die Gleichung (4.133) definiert.

In der Realität gleicht die Dichteverteilung $\rho(\boldsymbol{x})$ nur näherungsweise einer Gaußverteilung. Daher ist es nahe liegend, die σ-Matrix mithilfe der zweiten Momente der tatsächlich vorhandenen Dichteverteilung im Phasenraum zu definieren,

$$\sigma_{ii} = \overline{(x_i - \overline{x_i})^2}$$
$$= \int \int \int \int \int \int (x_i - \overline{x_i})^2 \rho(\boldsymbol{x})\mathrm{d}x_1\mathrm{d}x_2\mathrm{d}x_3\mathrm{d}x_4\mathrm{d}x_5\mathrm{d}x_6 , \qquad (4.145)$$
$$\sigma_{ij} = \overline{(x_i - \overline{x_i})(x_j - \overline{x_j})}$$
$$= \int \int \int \int \int \int (x_i - \overline{x_i})(x_j - \overline{x_j})\rho(\boldsymbol{x})\mathrm{d}x_1\mathrm{d}x_2\mathrm{d}x_3\mathrm{d}x_4\mathrm{d}x_5\mathrm{d}x_6 . \qquad (4.146)$$

Der Vorteil dieser Definition ist die Unabhängigkeit von der Form der Dichteverteilung $\rho(\boldsymbol{x})$. Wenn die so definierte σ-Matrix in Gleichung (4.133) eingesetzt wird, ergibt sich ein Phasenraumellipsoid, das den RMS-Breiten ("root mean square") der Phasenraumverteilung entspricht. In der modernen Beschleunigerphysik wird die Definition der σ-Matrix auf der Basis der zweiten Momente der Phasenraumverteilung bevorzugt. Diese Definition der σ-Matrix ist analog zur Definition der Kovarianzmatrix in der Statistik.

4.8.4 Strahlschwerpunkt

Wir haben in (4.145) und (4.146) die σ-Matrix anhand der zentralen zweiten Momente bezüglich des Strahlschwerpunktes, d. h. der ersten Momente $\bar{x}_i$, angegeben. Bislang haben wir immer angenommen, dass $\bar{x}_i = 0$, d. h., dass der Schwerpunkt des Strahles in allen sechs Phasenraumkoordinaten mit den Koordinaten des Sollteilchens übereinstimmt. Diese Annahme ist jedoch ein Idealfall. In praktisch allen Strahlführungssystemen kommt es durch Abweichungen zwischen Strahl- und Sollachse beim Start, durch Justagefehler (englisch: "misalignment") der magnetischen Elemente, Dipolfeldfehler und Effekten zweiter und höherer Ordnung (siehe Abschn. 4.12) dazu, dass die Schwerpunkte $\bar{x}_i$ mehr oder weniger stark von null abweichen. Daher ist es sinnvoll, dies bei der in (4.145) und (4.146) gegebenen Definition der σ-Matrix zu berücksichtigen. Man muss dies dann allerdings auch bei den Gleichungen für die Phasenellipsen, die Phasenraumverteilungen und das Phasenraumellipsoid berücksichtigen, d. h. in (4.102), (4.133) und (4.143) X durch $(X - \overline{x})$ und in (4.113), (4.116) und (4.142) x durch $(x - \overline{x})$ ersetzen. Der Verlauf der Strahlachse eines am Startpunkt nicht zentrierten Strahles wird in linearer Näherung durch folgende Gleichung beschrieben,

$$\overline{x}(s) = R(s)\overline{x}(0) . \tag{4.147}$$

Die Effekte zweiter Ordnung können mithilfe von (4.188) berücksichtigt werden.

4.8.5 Zusammenhang zwischen Phasenraumellipsoid und Phasenellipse

Das Phasenraumellipsoid umschließt die Gesamtheit bzw. einen bestimmten Prozentsatz aller Teilchen im sechsdimensionalen Phasenraum. Die Phasenellipse ist nichts anderes als die *Projektion* des Phasenraumellipsoids auf bestimmte Ebenen im Phasenraum. Wir betrachten den formalen Zusammenhang am Beispiel der radialen Phasenellipse. Das Phasenraumellipsoid wird durch die (6×6)-Matrix σ repräsentiert, die radiale Phasenellipse durch die (2×2)-Matrix σ_x. Der Zusammenhang zwischen σ und σ_x ist denkbar einfach, die Matrixelemente von σ_x sind identisch mit den entsprechenden Matrixelementen von σ.

Diese Feststellung gilt ganz allgemein für jeden beliebigen zweidimensionalen Unterraum des vollen Phasenraums. Die Projektion auf die (x_i, x_k)-Ebene wird durch eine Ellipse umrandet, deren Parameter durch die entsprechenden Matrixelemente der σ-Matrix bereits vollständig festgelegt sind, d. h.

$$(X_i, X_k) \begin{pmatrix} \sigma_{ii} & \sigma_{ik} \\ \sigma_{ik} & \sigma_{kk} \end{pmatrix}^{-1} \begin{pmatrix} X_i \\ X_k \end{pmatrix} = 1 . \tag{4.148}$$

Ein Beispiel hierfür ist die Phasenellipse in der Ebene $(x_1, x_6) = (x, \delta)$ (siehe Abb. 4.23) am Ausgang eines Monochromatorsystems mit einer Ortsdispersion $R_{16} = 10{,}6$ m. Die hohe Ortsdispersion führt zu einer starken Korrelation r_{16} zwischen der radialen Ortsabweichung $x_1 = x$ und der relativen Impulsabweichung $x_6 = \delta$. Die Interpretation der entsprechenden Matrixelemente σ_{11}, σ_{16} und σ_{66} ist wie bei der radialen Phasenellipse (siehe Abb. 4.16), d. h. für die maximale Ausdehnung in x- und δ-Richtung ergibt sich:

$$x_{\max} = \sqrt{\sigma_{11}} , \qquad \delta_{\max} = \sqrt{\sigma_{66}} . \tag{4.149}$$

Das Matrixelement σ_{16} ist ein Maß für die Korrelation zwischen der Ortsabweichung x und Impulsabweichung δ im Strahl. Den Korrelationsparameter r_{16} erhält man aus

$$r_{16} = \frac{\sigma_{16}}{\sqrt{\sigma_{11}\sigma_{66}}} . \tag{4.150}$$

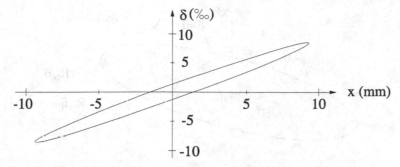

Abb. 4.23. Phasenellipse in der Ebene $(x_1, x_6) = (x, \delta)$

Die Schnittpunkte der Phasenellipse mit den Koordinatenachsen x und δ ergeben sich aus

$$x_{\text{int}} = \sqrt{\sigma_{11}(1 - r_{16}^2)}, \qquad \delta_{\text{int}} = \sqrt{\sigma_{66}(1 - r_{16}^2)}. \qquad (4.151)$$

Gleiche Überlegungen kann man für die Projektion in die Ebene $(x_2, x_6) = (x', \delta)$ anstellen. Die durch die Winkeldispersion R_{26} hervorgerufene Korrelation r_{26} hat eine entsprechende Vergrößerung der maximalen Richtungsabweichung x'_{max} zur Folge.

Die Projektion des Phasenraumes ist natürlich nicht auf zweidimensionale Unterräume begrenzt. Es ist z. B. stets möglich und häufig auch sinnvoll, die Projektion auf den dreidimensionalen Unterraum $(x_1, x_2, x_6) = (x, x', \delta)$ zu betrachten. Das resultierende Ellipsoid zeigt unmittelbar anschaulich, wie sich die drei Korrelationen r_{12}, r_{16} und r_{26} auswirken.

4.8.6 Dispersive Aufweitung der Phasenellipse

Zur Illustration betrachten wir in Abb. 4.24 die Auswirkung der Dispersion auf die Phasenraumverteilung eines Teilchenstrahls. Die Abbildung zeigt Phasenellipsen von Teilchen mit unterschiedlicher Impulsabweichung $\delta = \Delta p / p_0$. Diese Phasenellipsen sind *Querschnitte* durch das dreidimensionale (x, x', δ)-Phasenraumellipsoid. Jede dieser Phasenellipsen repräsentiert die Phasenraumverteilung von Teilchen mit einer bestimmten Impulsabweichung δ. Die Einhüllende dieser Phasenellipsen ist die Projektion des gesamten (x, x', δ)-Phasenraumellipsoid auf die (x, x')-Ebene. Man erkennt unmittelbar, dass die Fläche (Emittanz) der einhüllenden Phasenellipse deutlich größer als die Fläche (Emittanz) eines (x, x')-Querschnittes ist. Diese dispersive Aufweitung ist das Ergebnis der Vorgeschichte des Teilchenstrahls.

Wir suchen daher in dem Strahlführungssystem eine Stelle, wo die dispersive Aufweitung null ist. Wir legen den Startpunkt $s = 0$ an diese Stelle. Die dispersive Aufweitung des Strahls geschieht in den Ablenkmagneten des Strahlführungssystems (siehe z. B. Abb. 4.34). Durch die Ortsdispersion R_{16}

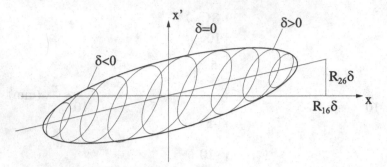

Abb. 4.24. Dispersive Aufweitung der radialen Phasenellipse

und die Winkeldispersion R_{26} kommt es zu einer Korrelation zwischen x und δ bzw. x' und δ. Die entsprechenden Matrixelemente $\sigma_{16}(s)$ und $\sigma_{26}(s)$ ergeben sich unmittelbar aus den Matrixelementen $R_{16}(s)$ und $R_{26}(s)$ der Transfermatrix $R(s)$,

$$\left.\begin{array}{c} \sigma_{16}(s) = R_{16}(s)\sigma_{66}\,, \\ \sigma_{26}(s) = R_{26}(s)\sigma_{66}\,, \end{array}\right\} \text{ wenn } \sigma_{16}(0) = 0 \text{ und } \sigma_{26}(0) = 0\,. \tag{4.152}$$

Zum Beweis dieser wichtigen Gleichung betrachten wir die entsprechenden (3×3)-Matrizen R_x und σ_x, wobei wir die σ_x-Matrixelemente am Startpunkt durch einen hochgestellten Index (0) kennzeichnen. Die Transformation einer Matrix mit $\sigma_{16}^{(0)}(0) = 0$ und $\sigma_{26}^{(0)}(0) = 0$ ergibt

$$\begin{pmatrix} R_{11} & R_{12} & R_{16} \\ R_{21} & R_{22} & R_{26} \\ 0 & 0 & 1 \end{pmatrix} \begin{pmatrix} \sigma_{11}^{(0)} & \sigma_{12}^{(0)} & 0 \\ \sigma_{12}^{(0)} & \sigma_{22}^{(0)} & 0 \\ 0 & 0 & \sigma_{66} \end{pmatrix} \begin{pmatrix} R_{11} & R_{21} & 0 \\ R_{12} & R_{22} & 0 \\ R_{16} & R_{26} & 1 \end{pmatrix}$$

$$= \begin{pmatrix} \star & \star & R_{16}\sigma_{66} \\ \star & \star & R_{26}\sigma_{66} \\ R_{16}\sigma_{66} & R_{26}\sigma_{66} & \sigma_{66} \end{pmatrix}, \quad \text{q.e.d.}$$

Um die dispersive Aufweitung der Phasenellipse zu analysieren, nehmen wir an, dass sie durch ein Strahlpräparationssystem mit einer besonders einfachen Transfermatrix hervorgerufen wurde,

$$\begin{pmatrix} 1 & 0 & R_{16} \\ 0 & 1 & R_{26} \\ 0 & 0 & 1 \end{pmatrix} \begin{pmatrix} \sigma_{11}^{(0)} & \sigma_{12}^{(0)} & 0 \\ \sigma_{12}^{(0)} & \sigma_{22}^{(0)} & 0 \\ 0 & 0 & \sigma_{66} \end{pmatrix} \begin{pmatrix} 1 & 0 & 0 \\ 0 & 1 & 0 \\ R_{16} & R_{26} & 1 \end{pmatrix}$$

$$= \begin{pmatrix} \sigma_{11}^{(0)} + R_{16}^2\sigma_{66} & \sigma_{12}^{(0)} + R_{16}R_{26}\sigma_{66} & R_{16}\sigma_{66} \\ \sigma_{12}^{(0)} + R_{16}R_{26}\sigma_{66} & \sigma_{22}^{(0)} + R_{26}^2\sigma_{66} & R_{26}\sigma_{66} \\ R_{16}\sigma_{66} & R_{26}\sigma_{66} & \sigma_{66} \end{pmatrix}. \tag{4.153}$$

Diese Gleichung zeigt unmittelbar die Modifikation der σ-Matrixelemente durch die Orts- und Winkeldispersion. Die Phasenellipse der Teilchen mit $\delta = 0$, erhält man, indem man $\sigma_{66} = 0$ setzt. Wir ersetzen nun in (4.153) R_{16} und R_{26} mithilfe von (4.152) durch $R_{16} = \sigma_{16}/\sigma_{66}$ und $R_{26} = \sigma_{26}/\sigma_{66}$. Damit können wir aus einer vorgegebenen σ_x-Matrix mit dispersiver Aufweitung die $\sigma_x^{(0)}$-Matrix der Teilchen mit Sollimpuls deduzieren. Dies geht direkt und ohne Annahme eines bestimmten Strahlpräparationssystems,

$$\begin{pmatrix} \sigma_{11}^{(0)} & \sigma_{12}^{(0)} & 0 \\ \sigma_{12}^{(0)} & \sigma_{22}^{(0)} & 0 \\ 0 & 0 & 0 \end{pmatrix} = \begin{pmatrix} \sigma_{11} & \sigma_{12} & \sigma_{16} \\ \sigma_{12} & \sigma_{22} & \sigma_{26} \\ \sigma_{16} & \sigma_{26} & \sigma_{66} \end{pmatrix} - \begin{pmatrix} \sigma_{16}^2/\sigma_{66} & \sigma_{16}\sigma_{26}/\sigma_{66} & \sigma_{16} \\ \sigma_{16}\sigma_{26}/\sigma_{66} & \sigma_{26}^2/\sigma_{66} & \sigma_{26} \\ \sigma_{16} & \sigma_{26} & \sigma_{66} \end{pmatrix}.$$

(4.154)

Die $\sigma_x^{(0)}$-Matrix beschreibt die in Abb. 4.24 gezeigte Phasenellipse für $\delta = 0$. Die Mittelpunkte der Phasenellipsen für $\delta \neq 0$ sind um $(R_{16}\delta, R_{26}\delta)$ verschoben. Die dispersive Aufweitung des Strahls führt zu einer Ausdehnung der radialen Strahlenveloppen,

$$x_{max} = \sqrt{\sigma_{11}^{(0)} + R_{16}^2\sigma_{66}} = \sqrt{\sigma_{11}^{(0)} + \sigma_{16}^2/\sigma_{66}},$$
$$x'_{max} = \sqrt{\sigma_{22}^{(0)} + R_{26}^2\sigma_{66}} = \sqrt{\sigma_{22}^{(0)} + \sigma_{26}^2/\sigma_{66}}.$$

(4.155)

Eine dispersive Aufweitung liegt immer dann vor, wenn $(\sigma_{16}, \sigma_{26}) \neq (0,0)$ ist. In der Regel hat ein Strahl bereits nach der Extraktion aus einem Kreisbeschleuniger eine gewisse dispersive Aufweitung aufgrund der Dispersion der Ablenkmagnete in dem Beschleuniger.

Es ist in diesem Zusammenhang interessant festzustellen, dass die transversale Emittanz üblicherweise ohne dispersive Aufweitung angegeben wird. Dies bedeutet, dass die Emittanz an Stellen gemessen werden muss, an denen $(\sigma_{16}, \sigma_{26}) = (0,0)$ und $(\sigma_{36}, \sigma_{46}) = (0,0)$. Andernfalls muss eine Rückrechnung entsprechend (4.154) vorgenommen werden.

4.8.7 Messung von Phasenellipsen und Emittanzen

Zur Messung von Phasenellipsen und Emittanzen gibt es eine Reihe unterschiedlicher Verfahren. Das anschaulichste Verfahren ist die Doppelschlitzmethode (siehe Abb. 4.25). Hierbei wird die Dichteverteilung $\rho(x, x')$ mithilfe von zwei Schlitzen abgetastet. Der 1. Schlitz an der Stelle s_1 blendet einen Teilstrahl mit der Ortsabweichung x aus. Der 2. Schlitz an der Stelle s_2 legt die Richtungsabweichung x' fest. Der ausgeblendete Teilchenstrom wird mit einem Faradaybecher aufgefangen und über ein empfindliches Amperemeter gemessen. Er ist ein Maß für die lokale Dichte $\rho(x, x')$. Zur schnellen Messung der gesamten Dichteverteilung empfiehlt sich eine Computersteuerung der Schlitze. Damit kann man die Dichteverteilung $\rho(x, x')$ vollautomatisch in der Form eines Rasters abtasten. Bei einem divergenten Strahl besteht

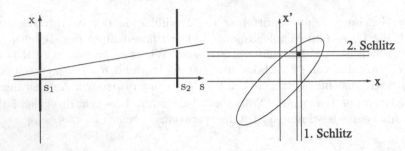

Abb. 4.25. Emittanzmessung mit der Doppelschlitzmethode. Die Dichteverteilung $\rho(x, x')$ wird durch Variation der Schlitzpositionen gewonnen. Der 1. Schlitz an der Stelle s_1 blendet einen Teilstrahl mit der Ortsabweichung x aus. Der 2. Schlitz an der Stelle s_2 legt die Richtungsabweichung x' fest

sogar die Möglichkeit, an der Stelle s_1 eine Blende mit vielen engen Schlitzen vorzusehen und die Winkelverteilungen der ausgeblendeten Teilstrahlen durch Verfahren des zweiten Schlitzes aufzunehmen. Durch eine Anpassung der zweidimensionalen Gaußverteilung (4.113) an die gemessene Dichteverteilung $\rho(x, x')$ kann man schließlich die drei Ellipsenparameter σ_{11}, σ_{22} und σ_{12} bestimmen. Die Emittanz ergibt sich aus der von der Ellipse umrandeten Fläche (4.106). Die Doppelschlitzmethode ist allerdings auf relativ niedrige Teilchenenergien beschränkt. Die kritische Größe ist die Reichweite der Teilchen in dem Blendenmaterial. Um z. B. Protonen mit einer kinetischen Energie von 35 MeV zu stoppen, benötigt man eine Massenbelegung von 1,8 g/cm², d. h. bei einer Blende aus Kupfer eine Dicke von 2 mm. Die Reichweite steigt mit der Energie stark an. Bei 200 MeV Protonen beträgt die Reichweite in Kupfer bereits 44 mm.

Eine sehr universelle und schnelle Methode besteht darin, das Strahlprofil an drei unterschiedlichen Stellen im Driftstreckenbereich einer Strahlführung zu messen (siehe Abb. 4.26). Strahlprofilmessungen lassen sich besonders einfach mit einem elektrisch leitenden, dünnen Draht durchführen. Dazu genügt es, den Draht durch den Strahl zu fahren und den elektrischen Strom zu messen, der durch die Wechselwirkung mit den Strahlteilchen ausgelöst wird. Bei positiv geladenen Teilchen wird dieser Strom durch die Auslösung von Sekundärelektronen verstärkt. Eine andere Methode besteht darin, die von dem dünnen Draht gestreuten Teilchen als Funktion von x bzw. y zu messen. Wenn man nun das Strahlprofil an drei unterschiedlichen Stellen s_1, s_2 und s_3 kennt, kann man die Standardabweichungen und Varianzen der Dichteverteilung an diesen Stellen bestimmen. Mit Hilfe der Gleichung (4.121) werden die drei Matrixelemente $\sigma_{11}(s_1)$, $\sigma_{12}(s_1)$, $\sigma_{22}(s_1)$ aus den drei gemessenen Varianzen $\sigma_{11}(s_1)$, $\sigma_{11}(s_2)$, $\sigma_{11}(s_3)$ deduziert. Damit ist die Strahlmatrix σ_x und die Phasenellipse an der Stelle s_1 vollständig bestimmt. Es ist darüber hinaus möglich, mit Hilfe der Gleichung (4.118) die Strahlmatrix und Phasenellipse an jeder beliebigen anderen Stelle s in einer Strahlführung

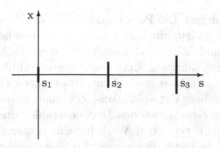

Abb. 4.26. Emittanzmessung durch Messung des Strahlprofils an drei Stellen s_1, s_2 und s_3. In der Abbildung sind zur Illustration der Methode die Standardabweichungen eines divergenten Strahles durch *dicke Linien* von $-\sigma_x$ bis $+\sigma_x$ angedeutet

anzugeben. Die einzige Voraussetzung dafür ist die Kenntnis der Matrix $R_x(s_1 \to s)$.

Eine Erweiterung der Methode besteht darin, dass man die Beschränkung auf den Driftstreckenbereich aufgibt und ganz generell an unterschiedlichen Stellen in einem Strahlführungssystem Strahlprofile misst. Die einzige Voraussetzung für das Verfahren ist, dass man die Transfermatrix R zwischen den einzelnen Messstellen kennt, und der Strahl nicht durch irgendwelche Hindernisse wie Vakuumkammern, Einbauten zur Strahldiagnose und dergleichen beschnitten wird. Wenn die Strahlführung Ablenkmagnete enthält, wird der Strahl dispersiv aufgeweitet. Dadurch ändern sich die Korrelationen r_{16} und r_{26}, d. h. die Matrixelemente σ_{16} und σ_{26}. Wenn man die Messung von mindestens drei radialen Strahlprofilen vor einem Ablenkmagneten mit der Messung von mindestens drei radialen Strahlprofilen nach einem Ablenkmagneten kombiniert, ist es möglich, simultan die Matrixelemente σ_{11}, σ_{12}, σ_{22} und σ_{16}, σ_{26}, σ_{66} zu deduzieren. Durch die Messung axialer Strahlprofile an mindestens drei unterschiedlichen Messstellen kann man zudem die Parameter σ_{33}, σ_{34}, σ_{44} der axialen Strahlmatrix σ_y bestimmen.

Das soeben geschilderte Verfahren kann man auch auf die Messung der longitudinalen Strahlprofile longitudinal gebündelter Strahlen anwenden. Hierzu ist es notwendig, die Intensitätsverteilung als Funktion der Zeit mithilfe von Flugzeitmessungen an verschiedenen Stellen in einer Strahlführung zu messen und die Varianzen σ_{55} zu bestimmen. Aus der Gesamtheit der gemessenen Varianzen kann man schließlich die noch fehlenden Matrixelemente σ_{15}, σ_{25}, σ_{55}, σ_{56} deduzieren. Damit ist das Phasenraumellipsoid, d. h. die σ-Matrix entsprechend der Gleichung (4.135), vollständig festgelegt.

4.8.8 Typische Werte der Emittanz

Die Emittanz ist ein wichtiges Gütemaß für die Strahlqualität. Je kleiner die Emittanz eines Strahles ist, umso besser ist die Bündelung der Einzelstrahlen um die Sollbahn. Strahlen mit kleiner Emittanz haben kleine Orts-

und Winkelabweichungen. Die Polschuhabstände der Ablenkmagnete und die Aperturradien der Quadrupolmagnete können entsprechend kleiner sein. Aberrationen zweiter und höherer Ordnung sind deutlich kleiner, d. h. die Annahmen der linearen Näherung sind umso besser erfüllt. Aus der Sicht des Nutzers von Teilchenstrahlen sind kleine Emittanzen ebenfalls von größter Bedeutung. Die erzielbare Orts-, Winkel-, Zeit- und Impulsauflösung ist umso größer, je kleiner die Emittanzen des Teichenstrahles sind.

Einen einheitlichen, typischen Wert für die transversale Emittanz eines Teilchenstrahls gibt es nicht. Bei einem gut eingestellten Isochronzyklotron mit einer Bahnseparation im Bereich des Septums, die eine Einbahnauslenkung ermöglicht, sind z. B. Emittanzen[9] auf der Basis von zwei Standardabweichungen im Bereich von $\pi \cdot \epsilon_{x,y}^{2\sigma} = \pi \cdot 1$ mm mrad möglich. Bei einem Isochronzyklotron mit einer Vielbahnauslenkung liegt der typische Wert von $\epsilon_{x,y}$ bei 10–30 mm mrad. Abgesehen davon, dass die erreichbaren Emittanzen sehr stark von der Qualität des Beschleunigers abhängen, gibt es eine grundsätzliche Abhängigkeit der Emittanz von dem Impuls der Teilchen. Je höher der Teilchenstrahl beschleunigt wird, umso kleiner wird die Emittanz, d. h. die Emittanz ist umgekehrt proportional zu dem Impuls. Dies gilt für alle Teilchenstrahlen[10], bei denen die Effekte der Synchrotronstrahlung vernachlässigbar klein sind. Dieser Zusammenhang wird häufig *adiabatische Dämpfung* (siehe 10.2) genannt. Das große Synchrotron SPS beim CERN in Genf hat z. B. bei einem Protonenimpuls von 315 GeV/c eine transversale Emittanz $\pi\epsilon_{x,y}^{2\sigma} = \pi \cdot 3,6 \cdot 10^{-8}$ m · rad. Der LHC-Beschleuniger beim CERN wird bei einem Protonenimpuls von 7000 GeV/c eine transversale Emittanz von $\pi \cdot \epsilon_{xy}^{2\sigma} = \pi \cdot 2,0 \cdot 10^{-9}$ m · rad haben.

Um verschiedene Emittanzen vergleichen zu können, ist es üblich, die auf gleichen Impuls normalisierte Emittanz E^{n} anzugeben

$$E^{\mathrm{n}} = \pi\epsilon^{\mathrm{n}} = \pi\epsilon\beta\gamma. \qquad (4.156)$$

Hierbei ist der Impuls, bei dem $\beta\gamma = 1$, die Bezugsgröße. Die normalisierte Emittanz ist also die Emittanz, die sich aufgrund der adiabatischen Dämpfung für einen Impuls $p = m\beta\gamma$ mit $\beta\gamma = 1$ ergäbe. Mit einem Wert $\beta\gamma = 0,3$ erhalten wir für die oben angegebene Emittanz $\pi \cdot \epsilon_{x,y}^{2\sigma} = \pi \cdot 1$ mm mrad eine normalisierte Emittanz $\pi \cdot \epsilon_{x,y}^{2\sigma,\mathrm{n}} = \pi \cdot 0,3$ mm mrad. Für SPS und LHC erhalten wir $\pi \cdot \epsilon_{xy}^{2\sigma,\mathrm{n}} = \pi \cdot 12$ mm · mrad bzw. $\pi \cdot \epsilon_{xy}^{2\sigma,\mathrm{n}} = \pi \cdot 15$ mm · mrad.

Auch im longitudinalen Phasenraum sollte die Emittanz so klein wie möglich sein. Bei einem longitudinal gebündeltem Strahl („bunched beam") bedeutet dies eine möglichst kleine zeitliche Breite, d. h. eine kleine longitudinale Ortsausdehnung σ_l, und eine kleine relative Impulsunschärfe σ_δ. Ein

---

[9] Wir verwenden hier die Größe $\epsilon_{x,y}$ zur Charakterisierung der Emittanz. Die Emittanz $E_{x,y}$ ergibt sich durch Multiplikation mit dem Faktor π, $E_{x,y} = \pi\epsilon_{x,y}$. Häufig wird der Faktor π auch einfach weggelassen und $\epsilon_{x,y}$ als Emittanz angegeben.

[10] Bei Elektronensynchrotrons steigt die Emittanz nach Erreichen eines Gleichgewichtes zwischen adiabatischer Dämpfung und Synchrotronstrahlungseffekten mit zunehmender Energie E quadratisch an (siehe Abschn. 10.3).

typischer Wert für die Standardabweichung der relativen Impulsunschärfe von Strahlen im MeV- und GeV-Bereich ist $\sigma_\delta = 5 \cdot 10^{-4}$. Ein sehr guter Wert ist $\sigma_\delta = 5 \cdot 10^{-5}$. Die zeitliche Breite der Teilchenpakete hängt natürlich von der Hochfrequenz der Resonatoren, die zur Beschleunigung verwendet werden, ab. Bei einem Isochronzyklotron mit einer Hochfrequenz von 25 MHz erreicht man bei einer Phasenbreite $\sigma_\varphi = 1,8°$ eine zeitliche Pulsbreite $\sigma_t = 0,2$ nsec. Dies entspricht bei einer Teilchengeschwindigkeit von $2,5 \cdot 10^8$ m/s einer Standardabweichung der longitudinalen Strahlausdehnung $\sigma_l = 50$ mm. Mit $\sigma_\delta = 5 \cdot 10^{-4}$ ergibt sich die longitudinale 1σ-Emittanz $\pi \cdot \epsilon_l^{1\sigma} = \pi \cdot 25 \cdot 10^{-6}$ m. Für die entsprechende 2σ-Emittanz gilt dann $\pi \cdot \epsilon_l^{2\sigma} = \pi \cdot 100 \cdot 10^{-6}$ m. Bei einem kontinuierlichen Strahl („dc-beam") ist nur die relative Impulsunschärfe σ_δ von Relevanz, die Strahlausdehnung in longitudinaler Richtung ist unendlich.

4.9 Entwicklung des Magnetfeldes bis zur zweiten Ordnung

In diesem Abschnitt betrachten wir die Entwicklung des statischen Magnetfeldes $B = (B_x, B_y, B_s)$ in der Umgebung der zentralen Bahn. In der magnetischen Mittelebene sind die Komponenten B_x und B_s stets gleich null. Im Vakuum kann man wegen $\nabla \times B = 0$ die Induktionsflussdichte B als Gradient eines skalaren Potentials $B = \nabla\Phi$ schreiben. Die Mittelebenensymmetrie bedeutet für das skalare Potential $\Phi(x, y, s) = -\Phi(x, -y, s)$, d. h. Φ ist eine ungerade Funktion bezüglich y. Für die Magnetfeldkomponenten bedeutet dies

$$B_x(x, y, s) = -B_x(x, -y, s)\,,$$
$$B_y(x, y, s) = +B_y(x, -y, s)\,, \qquad (4.157)$$
$$B_s(x, y, s) = -B_s(x, -y, s)\,.$$

Unter Berücksichtigung der Mittelebenensymmetrie kann man die folgende Taylorreihe für das skalare Potential Φ ansetzen

$$\Phi(x, y, s) = \left(A_{10} + A_{11}x + A_{12}\frac{x^2}{2!} + A_{13}\frac{x^3}{3!} + \ldots \right) y$$
$$+ \left(A_{30} + A_{31}x + A_{32}\frac{x^2}{2!} + A_{33}\frac{x^3}{3!} + \ldots \right) \frac{y^3}{3!} + \ldots . \qquad (4.158)$$

Hierbei sind die Koeffizienten $A_{2m+1,n}$ Funktionen von s. Neben der Mittelebenensymmetrie muss das Potential Φ die Laplace-Gleichung erfüllen, die in dem krummlinigen (x, y, s) Koordinatensystem folgende Form annimmt:

$$\nabla^2\Phi = \frac{1}{1+hx}\frac{\partial}{\partial x}(1+hx)\frac{\partial\Phi}{\partial x} + \frac{\partial^2\Phi}{\partial y^2} + \frac{1}{1+hx}\frac{\partial}{\partial s}\frac{1}{1+hx}\frac{\partial\Phi}{\partial s} = 0\,. \quad (4.159)$$

Wenn man sich auf Terme bis zur zweiten Ordnung in der Entwicklung des Magnetfeldes beschränkt, muss man in der Entwicklung des skalaren Potentials nur Terme bis zur 3. Ordnung betrachten, d. h. die Koeffizienten A_{10}, A_{11},

A_{12}, und A_{30}. Aus der Laplace Gleichung folgt

$$A_{30} = -A_{10}'' - A_{12} - hA_{11} . \qquad (4.160)$$

Für die Entwicklung des Feldes bis zur zweiten Ordnung genügt bereits die Kenntnis von nur drei Koeffizienten $A_{10}(s)$, $A_{11}(s)$ und $A_{12}(s)$:

$$B_x(x,y,s) = \frac{\partial \Phi}{\partial x} = A_{11}y + A_{12}xy + \cdots ,$$

$$B_y(x,y,s) = \frac{\partial \Phi}{\partial y} = A_{10} + A_{11}x + \frac{1}{2!}\left(A_{12}x^2 + A_{30}y^2\right) + \cdots , \qquad (4.161)$$

$$B_s(x,y,s) = \frac{1}{1+hx}\frac{\partial \Phi}{\partial s} = \frac{1}{1+hx}\left(A_{10}'y + A_{11}'xy + \cdots\right) .$$

Die gesamte Entwicklung ist durch das Feld in der magnetischen Mittelebene festgelegt,

$$B_y(x,0,s) = A_{10} + A_{11}x + \frac{1}{2!}A_{12}x^2 + \cdots . \qquad (4.162)$$

Diese Entwicklung lässt sich unmittelbar einer Entwicklung des Feldes nach Multipolen zuordnen:

$$\begin{aligned}
\text{Dipol:} \qquad & A_{10} = B_y|_{x=0,y=0} , \\[1mm]
\text{Quadrupol:} \qquad & A_{11} = \left.\frac{\partial B_y}{\partial x}\right|_{x=0,y=0} , \\[1mm]
\text{Sextupol:} \qquad & A_{12} = \left.\frac{\partial^2 B_y}{\partial x^2}\right|_{x=0,y=0} .
\end{aligned} \qquad (4.163)$$

Der Tradition folgend führen wir die Krümmung $h(s) = 1/\rho_0(s)$, den Feldindex $n(s)$ und die Größe $\beta(s)$ zur Charakterisierung der Dipol-, Quadrupol- und Sextupolstärken im Bereich von Ablenkmagneten ein:

$$\begin{aligned}
h &= \frac{q}{p_0}\, B_y|_{x=0,y=0} , \\[1mm]
n &= -\frac{1}{hB_y}\left.\frac{\partial B_y}{\partial x}\right|_{x=0,y=0} , \\[1mm]
\beta &= \frac{1}{2!h^2 B_y}\left.\frac{\partial^2 B_y}{\partial x^2}\right|_{x=0,y=0} .
\end{aligned} \qquad (4.164)$$

Die Entwicklung des Magnetfeldes bis zur zweiten Ordnung nimmt damit schließlich die folgende Form an:

$$\begin{aligned}
B_x(x,y,s) &= \frac{p_0}{q}\left[-nh^2 y + 2\beta h^3 xy\right] , \\[1mm]
B_y(x,y,s) &= \frac{p_0}{q}\left[h - nh^2 x + \beta h^3 x^2 - \frac{1}{2}(h'' - nh^3 + 2\beta h^3)y^2\right] , \qquad (4.165) \\[1mm]
B_s(x,y,s) &= \frac{p_0}{q}\left[h'y - (n'h^2 + 2nhh' + hh')xy\right] .
\end{aligned}$$

Hierbei ist $p_0/q = (B\rho)_0$ der $(B\rho)$-Wert des Sollteilchens. In der magnetischen Mittelebene ($y = 0$) erhalten wir für das Magnetfeld eines Ablenkmagneten eine besonders einfache Gleichung,

$$B_x(x, 0, s) = 0 \,,$$
$$B_y(x, 0, s) = B_y(0, 0, s)(1 - nhx + \beta h^2 x^2) \,, \qquad (4.166)$$
$$B_s(x, 0, s) = 0 \,.$$

4.10 Die Bewegungsgleichungen bis zur zweiten Ordnung

Wir betrachten im Folgenden die vektorielle Differenzialgeometrie genauer als bei der Ableitung der linearen Bewegungsgleichungen. Wir beginnen wiederum mit der Gleichung

$$\dot{p} = qv \times B \qquad (4.167)$$

für ein Teilchen mit der Ladung q und der Geschwindigkeit v im statischen Magnetfeld B. Die Größe $\dot{p}$ ist die erste Ableitung des Impulses nach der Zeit. Zunächst wird wieder die Bewegungsgleichung so umformuliert, dass die Zeit t durch die Bogenlänge s längs der zentralen Bahn ersetzt wird (siehe Abb. 4.1). Mit dem Einheitsvektor $\mathrm{d}r/\mathrm{d}r$ in Richtung der Tangente an die Bahnkurve $r(s)$ kann man für die Geschwindigkeit $v = v\mathrm{d}r/\mathrm{d}r$ und für den Impuls $p = p\mathrm{d}r/\mathrm{d}r$ schreiben. Damit und mit $\mathrm{d}/\mathrm{d}t = v\mathrm{d}/\mathrm{d}r$ für die Ableitung nach der Zeit wird die Gleichung (4.167) umgeschrieben:

$$p\frac{\mathrm{d}^2 r}{\mathrm{d}r^2} + \frac{\mathrm{d}r}{\mathrm{d}r}\frac{\mathrm{d}p}{\mathrm{d}r} = q\frac{\mathrm{d}r}{\mathrm{d}r} \times B \,. \qquad (4.168)$$

Der zweite Term auf der linken Seite dieser Gleichung verschwindet, d. h. $\mathrm{d}p/\mathrm{d}r = 0$, da die Lorentzkraft stets senkrecht zu dem Tangentenvektor $\mathrm{d}r/\mathrm{d}r$ gerichtet ist. Dies entspricht der bekannten Tatsache, dass sich der Betrag des Impulses im statischen Magnetfeld nicht ändert. Die Bewegungsgleichung erhält somit die Form

$$\frac{\mathrm{d}^2 r}{\mathrm{d}r^2} = \frac{q}{p}\frac{\mathrm{d}r}{\mathrm{d}r} \times B \,. \qquad (4.169)$$

Das Bogenelement $\mathrm{d}r = |\mathrm{d}r|$, das sich auf die zu beschreibende Bahn bezieht, muss nun durch das Bogenelement $\mathrm{d}s = |\mathrm{d}r_0|$ der zentralen Bahn ersetzt werden. Für die weiteren Umformungen benötigen wir die Ableitungen der auf Eins normierten Richtungsvektoren u_x, u_y und $u_z = u_s$ des begleitenden Dreibeins nach dem Weg s. Aus der Differenzialgeometrie folgt

$$u_x' = hu_z \,,$$
$$u_y' = 0 \,, \qquad (4.170)$$
$$u_z' = -hu_x \,.$$

Hierbei ist $h(s) = 1/\rho_0(s)$ die Krümmung der zentralen Bahn. Sie gibt an, um wie viel sich der Ablenkwinkel pro Wegstrecke ändert, d. h. $h = \mathrm{d}\alpha/\mathrm{d}s$. Solche Krümmungen treten nur im Bereich von Ablenkmagneten auf. Mit

$$\mathrm{d}\boldsymbol{r} = \boldsymbol{u}_x\mathrm{d}x + \boldsymbol{u}_y\mathrm{d}y + \boldsymbol{u}_z\mathrm{d}z\,,$$
$$\mathrm{d}z = (1 + hx)\mathrm{d}s\,,$$
$$z' = 1 + hx$$

erhalten wir die folgenden Gleichungen:

$$\mathrm{d}\boldsymbol{r} = \boldsymbol{u}_x\mathrm{d}x + \boldsymbol{u}_y\mathrm{d}y + \boldsymbol{u}_z(1 + hx)\mathrm{d}s\,,$$
$$\boldsymbol{r}' = \boldsymbol{u}_x x' + \boldsymbol{u}_y y' + \boldsymbol{u}_z(1 + hx)\,,$$
$$\boldsymbol{r}'' = \boldsymbol{u}_x[x'' - h(1 + hx)] + \boldsymbol{u}_y y'' + \boldsymbol{u}_z(2hx' + h'x)\,,$$
$$\boldsymbol{r}'^2 = x'^2 + y'^2 + (1 + hx)^2\,,$$
$$\frac{1}{2}\frac{\mathrm{d}}{\mathrm{d}s}(\boldsymbol{r}')^2 = x'x'' + y'y'' + (1 + hx)(hx' + h'x)\,.$$

(4.171)

Außerdem benötigen wir noch die Umformungen

$$\frac{\mathrm{d}\boldsymbol{r}}{\mathrm{d}r} = \frac{\boldsymbol{r}'}{r'}\,,$$
$$\frac{\mathrm{d}^2\boldsymbol{r}}{\mathrm{d}r^2} = \frac{1}{r'}\frac{\mathrm{d}}{\mathrm{d}s}\left(\frac{\boldsymbol{r}'}{r'}\right) = \frac{1}{r'^2}\left[\boldsymbol{r}'' - \frac{1}{2}\frac{\boldsymbol{r}'}{r'^2}\frac{\mathrm{d}}{\mathrm{d}s}(\boldsymbol{r}')^2\right]\,.$$

(4.172)

Damit erhalten wir die Bewegungsgleichung (4.169) in der Form

$$\boldsymbol{r}'' - \frac{1}{2}\frac{\boldsymbol{r}'}{r'^2}\frac{\mathrm{d}}{\mathrm{d}s}(\boldsymbol{r}')^2 = \frac{q}{p}r'(\boldsymbol{r}' \times \boldsymbol{B})\,.$$

(4.173)

Mit (4.171), (4.172) und $z' = 1 + hx$ erhalten wir aus (4.169) schließlich die Differenzialgleichungen für die transversalen Bahnkoordinaten x und y als Funktion des Weges s längs der zentralen Bahn:

$$\boxed{\begin{aligned}x'' - h(1 + hx) &- \frac{x'}{r'^2}\left[x'x'' + y'y'' + (1 + hx)(hx' + h'x)\right]\,, \\ &= \frac{q}{p}r'\left[y'B_z - (1 + hx)B_y\right]\,, \\ y'' &- \frac{y'}{r'^2}\left[x'x'' + y'y'' + (1 + hx)(hx' + h'x)\right]\,, \\ &= \frac{q}{p}r'\left[(1 + hx)B_x - x'B_z\right]\,.\end{aligned}}$$

(4.174)

Diese beiden Gleichungen gelten exakt, bis zu dieser Stelle haben wir keine Näherung gemacht.

Wir wollen nun Lösungen betrachten, bei denen alle Beiträge mit x, x' und x'' sowie y, y' und y'' bis zur zweiten Ordnung berücksichtigt werden. Für die

Komponenten des Magnetfeldes setzen wir die Entwicklung (4.165) ein. Der Faktor $r'^2 = (dr/ds)^2$ auf der linken Seite von (4.174) kann gleich Eins gesetzt werden, da im Zähler nur Größen zweiter und höherer Ordnung auftreten. Die Größen $1/p$ und r' werden ebenfalls bis zur zweiten Ordnung entwickelt

$$\frac{1}{p} = \frac{1}{p_0}(1 - \delta + \delta^2), \tag{4.175}$$

$$r' = 1 + hx + \frac{1}{2}x'^2 + \frac{1}{2}y'^2. \tag{4.176}$$

Wir erhalten damit als Endresultat für einen Ablenkmagneten die Näherung in zweiter Ordnung:

$$\begin{aligned}
x'' + (1-n)h^2x &= h\delta + (2n - 1 - \beta)h^3x^2 + h'xx' + \frac{1}{2}hx'^2 + (2-n)h^2x\delta \\
&\quad + \frac{1}{2}(h'' - nh^3 + 2\beta h^3)y^2 + h'yy' - \frac{1}{2}hy'^2 - h\delta^2, \\
y'' + nh^2y &= 2(\beta - n)h^3xy + h'xy' - h'x'y + hx'y' + nh^2y\delta.
\end{aligned} \tag{4.177}$$

Im Falle reiner Quadrupol- und Sextupolmagnete sind die entsprechenden Gleichungen zweiter Ordnung wesentlich einfacher, da die Sollbahn im Bereich dieser Magnete gerade ist, d.h. $h = 0$, $h' = 0$ und $h'' = 0$. Wenn man für das Quadrupolfeld

$$B_x = \frac{p_0}{q}ky,$$
$$B_y = \frac{p_0}{q}kx, \tag{4.178}$$

in die Gleichungen (4.174) einsetzt und wiederum nur Terme bis zur zweiten Ordnung berücksichtigt, erhält man

$$\begin{aligned}
x'' + kx &= kx\delta, \\
y'' - ky &= -ky\delta.
\end{aligned} \tag{4.179}$$

Ganz analog erhält man für ein reines Sextupolfeld mit

$$B_x = 2\frac{B_0}{a^2}xy,$$
$$B_y = \frac{B_0}{a^2}(x^2 - y^2), \tag{4.180}$$

in zweiter Ordnung die Gleichungen

$$\begin{aligned}
x'' &= -\frac{q}{p_0}\frac{B_0}{a^2}(x^2 - y^2), \\
y'' &= 2\frac{q}{p_0}\frac{B_0}{a^2}xy.
\end{aligned} \tag{4.181}$$

Bei den Gleichungen (4.177), (4.179) und (4.181) handelt es sich um gekoppelte nichtlineare Differenzialgleichungen zweiter Ordnung. Zur Lösung verwendet man die Technik der Green'schen Funktionen, die wir bereits bei der Behandlung der Dispersion (siehe Abschn. 4.5) kennen gelernt haben. Die Lösung der Gleichungen zweiter Ordnung basiert auf den Basislösungen der linearen Näherung, d. h. den cosinus- und sinusähnlichen Lösungen $c_x(s)$ und $s_x(s)$ bzw. $c_y(s)$ und $s_y(s)$. Bevor wir jedoch konkret auf die Lösungsmethode eingehen, wollen wir die Transfermatrix zweiter Ordnung einführen.

4.11 Die Transfermatrix zweiter Ordnung

Die Ionenoptik eines Strahlführungssystems wird im Wesentlichen durch die lineare Näherung, d. h. durch die Transfermatrix $R_{ij}(s)$, beschrieben. Bei dem Transport von Teilchenstrahlen mit relativ großen Emittanzen machen sich jedoch vor allem die Bildfehler zweiter Ordnung bemerkbar. Zur Beschreibung der Effekte zweiter Ordnung führen wir die Matrix $T_{ijk}(s)$ ein (siehe [Br80]):

$$x_i(s) = \sum_{j=1}^{6} R_{ij}(s)x_j(0) + \sum_{k=1}^{6} \sum_{j=1}^{k} T_{ijk}(s)x_j(0)x_k(0)\,. \qquad (4.182)$$

Terme mit T_{ijk} machen den gleichen Effekt wie Terme mit T_{ikj}. Daher wird die T-Matrix auf die Dreiecksform $j \leq k$ beschränkt. Weiter folgt aus der Mittelebenensymmetrie der Magnetfelder, dass T-Matrixelemente mit einer ungeraden Anzahl axialer Indizes wie z. B. T_{311} oder T_{344} gleich null sind. Insgesamt ergeben sich für die x-Richtung neun und für die y-Richtung sechs nichttriviale Matrixelemente zweiter Ordnung. Wenn wir zur Bezeichnung der Matrixelemente die Nomenklatur $(x|x_0) = R_{11}$, $(x|x_0^2) = T_{111}$ usw. verwenden, erhalten wir für x und y die folgende Entwicklung:

$$\begin{aligned}
x =\ & (x|x_0)x_0 + (x|x_0')x_0' + (x|\delta)\delta \\
& + \left(x|x_0^2\right)x_0^2 + (x|x_0x_0')x_0x_0' + (x|x_0\delta)x_0\delta \\
& + \left(x|x_0'^2\right)x_0'^2 + (x|x_0'\delta)x_0'\delta + (x|\delta^2)\delta^2 \\
& + \left(x|y_0^2\right)y_0^2 + (x|y_0y_0')y_0y_0' + \left(x|y_0'^2\right)y_0'^2\,, \\[4pt]
y =\ & (y|y_0)y_0 + (y|y_0')y_0' \\
& + (y|x_0y_0)x_0y_0 + (y|x_0y_0')x_0y'_0 + (y|x_0'y_0)x_0'y_0 \\
& + (y|x_0'y_0')x_0'y_0' + (y|y_0\delta)y_0\delta + (y|y_0'\delta)y_0'\delta\,.
\end{aligned} \qquad (4.183)$$

Wenn wir diese Entwicklung in eine der Gleichungen (4.177), (4.179) und (4.181) einsetzen, erhalten wir wie im Falle der Dispersion $d_x = (x|\delta)$ (siehe

(4.44)) für die Matrixelemente 2. Ordnung inhomogene Differenzialgleichungen der Form

$$q_x'' + k_x q_x = f_x,$$
$$q_y'' + k_y q_x = f_y. \qquad (4.184)$$

Hierbei repräsentiert q_x bzw. q_y ein Matrixelement zweiter Ordnung und f_x bzw. f_y die zugehörige treibende Funktion. Die treibenden Funktionen kann man mithilfe von (4.177), (4.179) und (4.181) finden. Wir finden z. B. mit (4.177) für $q_x = (x|x_0^2)$

$$f_x = (2n - 1 - \beta)h^3 c_x^2 + h' c_x c_x' + \frac{1}{2} h c_x'^2 .$$

Eine spezifische Lösung der inhomogenen Gleichung erhalten wir mithilfe der Green'schen Funktion $G_x(s, \bar{s})$ bzw. $G_y(s, \bar{s})$, die auf den beiden Basislösungen der homogenen Differenzialgleichung, d. h. der linearen Näherung, basiert. Für die x-Richtung ergibt sich z. B.

$$G_x(s, \bar{s}) = s_x(s)c_x(\bar{s}) - c_x(s)s_x(\bar{s}),$$
$$q_x(s) = s_x(s) \int_0^s f_x(\bar{s})c_x(\bar{s})\mathrm{d}\bar{s} - c_x(s) \int_0^s f_x(\bar{s})s_x(\bar{s})\mathrm{d}\bar{s}, \qquad (4.185)$$
$$q_x'(s) = s_x'(s) \int_0^s f_x(\bar{s})c_x(\bar{s})\mathrm{d}\bar{s} - c_x'(s) \int_0^s f_x(\bar{s})s_x(\bar{s})\mathrm{d}\bar{s}.$$

Für die y-Richtung gelten analoge Gleichungen. Durch Einsetzen und Nachrechnen kann man sich überzeugen, dass q_x eine Lösung der inhomogenen Differenzialgleichung darstellt.

Die von der relativen Impulsabweichung δ unabhängigen Fehler zweiter Ordnung heißen *geometrische Aberrationen*. Hierzu gehören Matrixelemente wie z. B. $(x|x_0^2)$, $(x, x_0'^2)$, (x, y_0^2), $(x, y_0'^2)$. Die von der Impulsabweichung δ abhängigen Fehler zweiter Ordnung heißen *chromatische Aberrationen*. Hierzu gehören Matrixelemente wie z. B. $(x, x_0\delta)$, $(x', x_0\delta)$, $(x|x_0'\delta)$, $(x'|x_0'\delta)$.

Wir wollen nun noch zeigen, wie die Transfermatrix zweiter Ordnung für ein vollständiges optisches System aus den Matrizen der einzelnen Elemente berechnet werden kann. Die Methode basiert wie bei der linearen Näherung auf dem Produkt von Matrizen. Wir beginnen mit der Kombination von zwei Elementen, für die wir einzeln jeweils eine Gleichung der Form (4.182) schreiben können. Wir unterscheiden die Matrizen durch die Reihenfolge der Elemente, d. h. durch die Zahlen 1 und 2. Die Kombination von Element 1 mit dem Element 2 ergibt dann die folgende Transfermatrix zweiter Ordnung:

$$T_{ijk} = \sum_{l=1}^{6} R_{il}(2)T_{ljk}(1)$$
$$+ \sum_{m=1}^{6} \sum_{l=1}^{m} T_{ilm}(2) \frac{R_{lj}(1)R_{mk}(1) + R_{lk}(1)R_{mj}(1)}{1 + \delta_{jk}} . \qquad (4.186)$$

Die Größe δ_{jk} ist das Kroneckersymbol. Durch sukzessive Anwendung dieser Methode ist es möglich, die Transfermatrix zweiter Ordnung für ein vollständiges System aus den R- und T-Matrizen der einzelnen Elemente aufzubauen. Die Berechnung der Effekte zweiter Ordnung geschieht z. B. in dem Programm TRANSPORT [Br80] nach diesem Schema.

4.12 Phasenraumellipsoid in zweiter Ordnung

Die Transformation des Phasenraumellipsoids unter Berücksichtigung der Effekte zweiter Ordnung kann ebenfalls näherungsweise im Rahmen des Matrixformalismus berechnet werden. Wir erinnern uns, dass die Matrixelemente σ_{ij} der σ-Matrix durch die zweiten *zentralen* Momente der Phasenraumverteilung bezüglich des Strahlschwerpunktes, d. h. $\sigma_{i,j} = \overline{(x_i - \bar{x}_i)(x_j - \bar{x}_j)}$, repräsentiert werden können (siehe (4.145) und (4.146)). Für die Transformation der so definierten σ-Matrix erhält man

$$\sigma_{ij} = \sum_{kl} R_{ik}R_{jl}\sigma_{kl}(0) + \frac{1}{4}\sum_{lm}\left(\sum_k T_{ikl}\sigma_{km}(0)\right)\left(\sum_n T_{jmn}\sigma_{ln}(0)\right).$$
(4.187)

Durch die nichtlinearen Effekte werden auch die ersten Momente ungleich null, d. h. die Schwerpunkte $\bar{x}_i$ einer beim Start zentrierten Strahlverteilung sind nach der Transformation gegenüber dem Nullpunkt verschoben,

$$\bar{x}_i = \sum_{jk} T_{ijk}\overline{x_j(0)x_k(0)}.$$
(4.188)

Die Ableitung der beiden letzten Gleichungen findet man in dem Buch von D. Carey [Ca87].

4.13 Ionenoptische Systeme

Wir haben nun das Werkzeug in der Hand, um ionenoptische Systeme zu entwerfen und die speziellen Eigenschaften dieser Systeme zu verstehen. Unter einem ionenoptischen System verstehen wir eine Anordnung ionenoptischer Elemente. Die Elemente der Magnetoptik sind Driftstrecken, Ablenkmagnete, Quadrupolmagnete und Solenoide, d. h. magnetische Linsen mit longitudinalem Magnetfeld.

4.13.1 Quadrupolsinglett

Ein einzelner Quadrupolmagnet wirkt in einer Ebene fokussierend und in der dazu senkrechten Ebene defokussierend. Bei einem radial fokussierenden und axial defokussierenden Quadrupol erhält man für die Brennweiten

$$f_x = \frac{1}{\sqrt{k}\,\sin\sqrt{k}L}\,,$$

$$f_y = -\frac{1}{\sqrt{k}\,\sinh\sqrt{k}L}\,. \tag{4.189}$$

Bei einem Quadrupol mit entgegengesetzter Polarität sind die Gleichungen für f_x und f_y zu vertauschen. Die Beträge der Brennweiten sind nicht exakt gleich. Meistens sind jedoch die Argumente in den trigonometrischen Funktionen klein gegenüber Eins, sodass für Abschätzungen die Näherung

$$f_x \approx f = \frac{1}{kL}\,,$$

$$f_y \approx -f = -\frac{1}{kL} \tag{4.190}$$

gemacht werden kann. Die exakte Rechnung mit einem Computerprogramm berücksichtigt natürlich den Unterschied. Für die Lage der Hauptebenen erhalten wir

$$z_{1x} = z_{2x} = \frac{1}{k}\tan\frac{kL}{2} \approx \frac{L}{2}\,,$$

$$z_{1y} = z_{2y} = \frac{1}{k}\tanh\frac{kL}{2} \approx \frac{L}{2}\,. \tag{4.191}$$

D. h., ein einzelner Quadrupol wirkt näherungsweise wie eine dünne Sammel- bzw. Zerstreuungslinse, deren Mittelebene in der Mitte des Quadrupols liegt.

Die Verwendung eines einzelnen Quadrupols für eine Punkt-zu-Punkt oder auch Punkt-zu-Parallel-Abbildung macht wenig Sinn, da die fokussierende Wirkung in einer transversalen Richtung stets eine entsprechend starke defokussierende Wirkung in der dazu senkrechten Richtung bedeutet. Der einzelne Quadrupol ist jedoch in idealer Weise dazu geeignet, bestimmte Manipulationen an der Phasenraumverteilung eines Strahles zu ermöglichen. Ein typisches Beispiel ist die Aufgabe, einen radial und axial näherungsweise parallelen Strahl (große Ortsabweichung, kleine Winkelabweichung) in einen radial divergenten und axial konvergenten Strahl zu verwandeln. Die graphische Lösung dieses Problems ist mithilfe der geometrischen Konstruktion in Abb. 4.22 möglich. Durch einfaches Umpolen des Quadrupols kann man die entgegengesetzte Transformation erreichen, d. h. einen radial konvergenten und axial divergenten Strahl erzeugen. Ein anderes typisches Beispiel ist die Aufgabe, einen radial divergenten und axial konvergenten Strahl in einen radial konvergenten und axial divergenten Strahl zu verwandeln. Die graphische Lösung ist ebenfalls in der Abb. 4.22 angedeutet.

4.13.2 Quadrupoldublett

Das einfachste doppelfokussierende System besteht aus zwei entgegengesetzt gepolten Quadrupolmagneten. Ein solches System wird allgemein Quadrupoldublett genannt. Eine anschauliche Vorstellung von der Wirkung eines Quadrupoldubletts erhält man, wenn man die einzelnen Quadrupole durch dünne

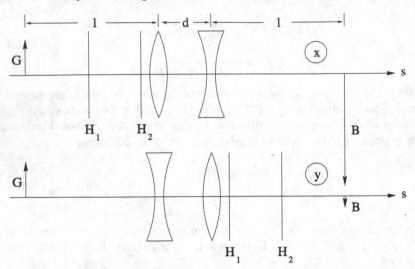

Abb. 4.27. Quadrupoldublett. Bei der hier gezeigten Punkt-zu-Punkt-Abbildung ist $|M_x| > 1$ und $|M_y| < 1$

Linsen repräsentiert (siehe Abb. 4.27). Wir notieren zunächst die Transfermatrix für die Kombination von zwei dünnen Linsen. Der Abstand zwischen den beiden Mittelebenen sei d, die Brennweiten seien f_1 und f_2, und die Polaritäten der beiden Quadrupole seien entgegengesetzt, d. h. die Vorzeichen von f_1 und f_2 seien entgegengesetzt. Für die Transfermatrix einer solchen Anordnung von Sammel- und Zerstreuungslinse erhält man

$$R = \begin{pmatrix} 1 & 0 \\ -1/f_2 & 1 \end{pmatrix} \begin{pmatrix} 1 & d \\ 0 & 1 \end{pmatrix} \begin{pmatrix} 1 & 0 \\ -1/f_1 & 1 \end{pmatrix}$$
$$= \begin{pmatrix} 1 - d/f_1 & d \\ -\frac{1}{f_1} - \frac{1}{f_2} + \frac{d}{f_1 \cdot f_2} & 1 - d/f_2 \end{pmatrix}. \tag{4.192}$$

Wir betrachten nun den Spezialfall, dass die beiden Brennweiten gleichen Betrag aber entgegengesetztes Vorzeichen haben, d. h.

$$f_1 = +f, \qquad f_2 = -f. \tag{4.193}$$

Für die Transfermatrix R erhalten wir

$$R = \begin{pmatrix} 1 - d/f & d \\ -\frac{d}{f^2} & 1 + d/f \end{pmatrix}. \tag{4.194}$$

Die resultierende Matrix R ist die Matrix einer dicken Sammellinse mit einer Brennweite

$$f_D = f^2/d. \tag{4.195}$$

Für die Lage der beiden Hauptebenen des Dubletts erhalten wir nach (4.96)

$$z_1 = -f,$$
$$z_2 = +f.$$
(4.196)

In der Regel ist der Abstand d klein gegenüber dem Betrag der Brennweite f, und die beiden Hauptebenen liegen je nach dem Vorzeichen von f entweder vor oder hinter dem Dublett (siehe Abb. 4.27). Der Abstand zwischen den beiden Hauptebenen ist gleich dem Abstand d.

Wir betrachten den Spezialfall einer Punkt-zu-Punkt-Abbildung. Die Driftstrecken vor und hinter dem Quadrupoldublett seien gleich und haben die Länge l. Die Transfermatrix des gesamten Systems lautet

$$R = \begin{pmatrix} 1 & l \\ 0 & 1 \end{pmatrix} \begin{pmatrix} 1 - d/f & d \\ -d/f^2 & 1 + d/f \end{pmatrix} \begin{pmatrix} 1 & l \\ 0 & 1 \end{pmatrix}$$
$$= \begin{pmatrix} 1 - d/f - ld/f^2 & 2l + d - d(l/f)^2 \\ -d/f^2 & 1 + d/f - ld/f^2 \end{pmatrix}.$$
(4.197)

Die Forderung einer Punkt-zu-Punkt-Abbildung bedeutet $R_{12} = 0$. Damit erhalten wir bei vorgegebener Geometrie, d. h. l und d seien vorgegeben, eine Bedingung für die Brennweite f der einzelnen Quadrupole

$$f = \pm l \sqrt{\frac{d}{2l + d}}.$$
(4.198)

Das positive Vorzeichen bedeutet, dass die erste Linse fokussierend und die zweite Linse defokussierend wirkt. Das negative Vorzeichen hat die entgegengesetzte Bedeutung. Die Gegenstandsweite g und die Bildweite b ergeben sich aus der Geometrie der Anordnung,

$$g = l + z_1 = l - f, \quad b = l + z_2 = l + f.$$
(4.199)

Damit lautet die gesamte Transfermatrix

$$R = \begin{pmatrix} -b/g & 0 \\ -d/f^2 & -g/b \end{pmatrix} = \begin{pmatrix} -\frac{l+f}{l-f} & 0 \\ -d/f^2 & -\frac{l-f}{l+f} \end{pmatrix}.$$
(4.200)

Das Vorzeichen von f hängt von der Polarität der beiden Quadrupole ab. Wenn der erste Quadrupol wie eine Sammellinse und der zweite Quadrupol wie eine Zerstreuungslinse wirkt, ist das Vorzeichen von f positiv und vice versa. Je nach dem Vorzeichen von f ist der Abbildungsmaßstab $|M| = b/g$ größer oder kleiner als Eins.

Im Rahmen der Näherung (4.190) gelten die Gleichungen (4.193) bis (4.200) sowohl für den radialen wie den axialen Strahlengang. Wenn, wie in Abb. 4.27 dargestellt, der erste Quadrupol radial fokussierend und der zweite Quadrupol radial defokussierend ist, erhalten wir die folgende Zuordnung,

$$f_{1x} = +|f|, \quad f_{2x} = -|f|, \quad |M_x| > 1,$$
$$f_{1y} = -|f|, \quad f_{2y} = +|f|, \quad |M_y| < 1.$$

Durch Umpolen der beiden Quadrupole erhalten wir die hierzu entgegengesetzte Zuordnung. Die Punkt-zu-Punkt-Abbildung mit einem Quadrupoldublett liefert in jedem Fall ein stark verzerrtes Bild der Gegenstandsebene.

Es ist stets möglich, die Näherung (4.190) mit $f_y \approx -f_x$ aufzugeben und mithilfe eines Computerprogrammes die exakte Lösung für eine Punkt-zu-Punkt-Abbildung in der x- und y-Ebene zu finden. Es ist sogar möglich, die speziellen Symmetriebedingungen zu erhalten, d. h. gleiche Driftstrecken vor und hinter dem Dublett, und bei baugleichen Quadrupolmagneten gleiche Beträge der Feldgradienten. Damit hat man den großen Vorteil einer Einstellung mit nur einem einzigen freien Parameter. Eine solche „Ein-Knopf"-Einstellung kann z. B. mit einem Netzgerät realisiert werden, an das die beiden Quadrupolmagnete entgegengesetzt gepolt in Serie angeschlossen werden.

4.13.3 Quadrupoltriplett

Das Quadrupoltriplett besteht aus drei Quadrupolmagneten. Die Polarität des mittleren Quadrupols ist entgegengesetzt zur Polarität der beiden äußeren Quadrupole. Wir diskutieren den Spezialfall des symmetrischen Tripletts, bei dem die effektive Länge oder der Feldgradient des mittleren Quadrupols im Vergleich zu den beiden äußeren doppelt so groß ist (siehe Abb. 4.28). Im Rahmen der Näherung (4.190) ist damit die Brechkraft des mittleren Quadrupols doppelt so groß wie die der äußeren Quadrupole. Der erste und dritte Quadrupol sei horizontal fokussierend und habe die Brechkraft $1/f$. Der mittlere Quadrupol sei horizontal defokussierend und habe die Brechkraft $-2/f$. Der Abstand zwischen den Mittelebenen sei d. Damit erhalten wir durch direktes Ausrechnen die Transfermatrix von der Mittelebene des ersten Quadrupols bis zur Mittelebene des dritten Quadrupols,

$$R_x = \begin{pmatrix} 1 - 2\frac{d^2}{f^2} & 2d\left(1 + \frac{d}{f}\right) \\ -2\frac{d}{f^2}\left(1 - \frac{d}{f}\right) & 1 - 2\frac{d^2}{f^2} \end{pmatrix},$$

$$R_y = \begin{pmatrix} 1 - 2\frac{d^2}{f^2} & 2d\left(1 - \frac{d}{f}\right) \\ -2\frac{d}{f^2}\left(1 + \frac{d}{f}\right) & 1 - 2\frac{d^2}{f^2} \end{pmatrix}. \tag{4.201}$$

Das symmetrische Triplett mit gleicher Erregung aller drei Quadrupole wirkt horizontal und vertikal wie eine dicke Sammellinse. In der Näherung $d \ll f$

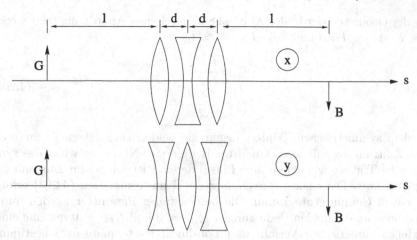

Abb. 4.28. Symmetrisches Quadrupoltriplett. Bei der hier dargestellten Punkt-zu-Punkt-Abbildung ist $M_x = M_y = -1$

sind die beiden Matrizen gleich, und die Brechkraft ist $2d/f^2$. In Wirklichkeit unterscheiden sich horizontale und vertikale Brechkraft. Bei der in Abb. 4.28 angegebenen Polaritätsfolge $(+,-,+)$ ist die horizontale Brechkraft um den Faktor $(1-d/f)/(1+d/f)$ kleiner als die vertikale Brechkraft. Die Lagen der Hauptebenen (siehe Abb. 4.28) ergeben sich nach (4.96) zu

$$z_x = \frac{d}{1 - d/f},$$

$$z_y = \frac{d}{1 + d/f}.$$

(4.202)

Das symmetrische Triplett wirkt wie die Kombination von zwei entgegengesetzt gepolten Dubletts. Die Gleichung (4.201) kann man daher auch dadurch gewinnen, dass man die Matrix eines Dubletts mit der eines entgegengesetzt gepolten Dubletts multipliziert.

Das symmetrische Triplett wird vor allem für Punkt-zu-Punkt-Abbildungen mit gleichem Abbildungsmaßstab in der x- und y-Richtung verwendet. Bei symmetrischer Anordnung zwischen Gegenstandsebene und Bildebene ist die Gegenstandsweite g gleich der Bildweite b. Die Transfermatrizen für das gesamte System lauten dann

$$R_x = \begin{pmatrix} -1 & 0 \\ -1/f_x & -1 \end{pmatrix},$$

$$R_y = \begin{pmatrix} -1 & 0 \\ -1/f_y & -1 \end{pmatrix}.$$

(4.203)

Aus der Geometrie der in der Abb. 4.28 angegebenen Anordnung folgt wegen $g = l + z_1 \approx l + d$ und $b = l + z_2 \approx l + d$

$$f_x \approx \frac{l+d}{2},$$
$$f_y \approx \frac{l+d}{2}. \tag{4.204}$$

Bei dem symmetrischen Triplett liegen die beiden Hauptebenen sehr nahe beim Zentrum des mittleren Quadrupols. In erster Näherung wirkt das symmetrische Triplett wie eine dünne Linse, deren Mittelebene im Zentrum des Tripletts liegt. Die exakte Berechnung der Transfermatrizen (4.203) erfolgt mit einem Computerprogramm. Die beiden freien Parameter werden durch Anpassung an die beiden Bedingungen $R_{12} = 0$ und $R_{34} = 0$ mithilfe eines speziellen numerischen Verfahrens („non-linear least-square fit") bestimmt. Dieses Verfahren ergibt automatisch die korrekte Lage der Haupt- und Brennebenen für die x- und y-Ebene und damit auch die exakten Werte für f_x und f_y in (4.203).

4.13.4 Teleskopische Abbildungen

Eine teleskopische Abbildung zeichnet sich dadurch aus, dass neben der Bedingung für eine Punkt-zu-Punkt-Abbildung auch die Bedingung für eine Parallel-zu-Parallel-Abbildung erfüllt ist. Wenn wir uns exemplarisch auf den Strahlengang in der x-Ebene beschränken, heißt dies

$$R = \begin{pmatrix} R_{11} & 0 \\ 0 & R_{22} \end{pmatrix} = \begin{pmatrix} M & 0 \\ 0 & M^{-1} \end{pmatrix}. \tag{4.205}$$

Das einfachste teleskopische System wird durch die Kombination von zwei fokussierenden Systemen realisiert, bei der die bildseitige Brennebene F_1 mit der gegenstandsseitigen Brennebene F_2 zusammenfällt (siehe Abb. 4.29 und 4.30). Das Adjektiv „teleskopisch" weist auf die Optik des astronomischen Fernrohrs hin, bei dem zwei Sammellinsen in der angegebenen Weise zu einem Teleskop kombiniert werden.

Zur Analyse des teleskopischen Systems betrachten wir die beiden Untersysteme. Für eine einzelne Sammellinse erhalten wir zwischen den beiden Brennebenen die folgende Transfermatrix (siehe Abb. 4.29)

$$R = \begin{pmatrix} 1 & f \\ 0 & 1 \end{pmatrix} \begin{pmatrix} 1 & 0 \\ -1/f & 1 \end{pmatrix} \begin{pmatrix} 1 & f \\ 0 & 1 \end{pmatrix} = \begin{pmatrix} 0 & f \\ -1/f & 0 \end{pmatrix}. \tag{4.206}$$

Diese Matrix erfüllt die Bedingungen für eine Punkt-zu-Parallel und Parallel-zu-Punkt-Abbildung, d. h. $R_{11} = 0$ und $R_{22} = 0$. In der Abb. 4.29 zeigen wir die entsprechende Transformation einer aufrechten Phasenellipse. Aus einem Strahl mit einer engen Taille am gegenstandsseitigen Brennpunkt wird

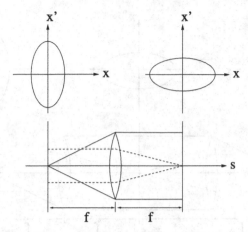

Abb. 4.29. Transformation zwischen den Brennebenen einer Sammellinse. Aus einer aufrechten Phasenellipse mit enger Taille wird eine aufrechte Phasenellipse mit weiter Taille

ein näherungsweise paralleler Strahl mit einer aufrechten Phasenellipse am bildseitigen Brennpunkt.

Die Kombination von zwei Untersystemen mit $R_{11} = 0$ und $R_{22} = 0$ ergibt eine teleskopische Punkt-zu-Punkt-Abbildung

$$R_x = \begin{pmatrix} 0 & f_2 \\ -1/f_2 & 0 \end{pmatrix} \begin{pmatrix} 0 & f_1 \\ -1/f_1 & 0 \end{pmatrix} = \begin{pmatrix} -f_2/f_1 & 0 \\ 0 & -f_1/f_2 \end{pmatrix}. \qquad (4.207)$$

Der Abbildungsmaßstab $M = -f_2/f_1$ wird durch das Verhältnis der Brennweiten bestimmt. Für $f_1 = f_2$ gilt

$$R = \begin{pmatrix} -1 & 0 \\ 0 & -1 \end{pmatrix}, \qquad (4.208)$$

d. h., bis auf das Minuszeichen wird die Phasenraumverteilung identisch reproduziert. Eine aufrechte Phasenellipse am Eingang wird in eine aufrechte Phasenellipse am Ausgang abgebildet (siehe Abb. 4.30). Die Transformation ist die negative Einheitsmatrix $-I$. Daher wird das Teleskop mit $f_1 = f_2$ ($-I$)-Teleskop genannt.

Die Kombination von Systemen mit teleskopischer Abbildung ergibt wiederum ein System mit teleskopischer Abbildung. Wenn man z. B. zwei ($-I$)-Teleskope kombiniert, erhält man ein ($+I$)-Teleskop

$$R = \begin{pmatrix} -1 & 0 \\ 0 & -1 \end{pmatrix} \begin{pmatrix} -1 & 0 \\ 0 & -1 \end{pmatrix} = \begin{pmatrix} +1 & 0 \\ 0 & +1 \end{pmatrix}. \qquad (4.209)$$

Eine andere nützliche Eigenschaft der teleskopischen Abbildung ist die Möglichkeit, den Start- und Endpunkt eines teleskopischen Systems in gewissen

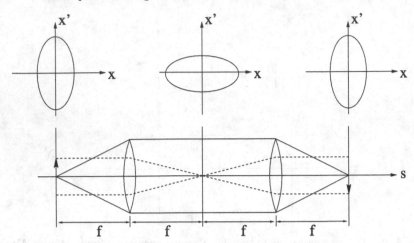

Abb. 4.30. Teleskopische (1 : −1)-Abbildung. Eine aufrechte Phasenellipse am Eingang wird in eine aufrechte Phasenellipse am Ausgang abgebildet

Grenzen verschieben zu können. Wenn man bei einem (−I)-Teleskop am Anfang die Driftstrecke $L_1 = L$ und am Ende die entsprechend negative Driftstrecke $L_2 = -L$ hinzufügt, erhält man wieder ein (−I)-Teleskop,

$$R_x = \begin{pmatrix} 1 & -L \\ 0 & 1 \end{pmatrix} \begin{pmatrix} -1 & 0 \\ 0 & -1 \end{pmatrix} \begin{pmatrix} 1 & L \\ 0 & 1 \end{pmatrix} = \begin{pmatrix} -1 & 0 \\ 0 & -1 \end{pmatrix}.$$

Bei einem Teleskop mit dem Abbildungsmaßstab M gilt die Bedingung

$$L_2 = -M^2 L_1. \tag{4.210}$$

Die Addition und Subtraktion von Driftstrecken ist natürlich nur möglich, solange Start- und Endpunkt des resultierenden Systems noch außerhalb der magnetischen Elemente liegen.

Im Folgenden werden einige Beispiele für die Realisierung von teleskopischen Systemen mit magnetischen Quadrupolen gegeben. Wir nennen ein System doppelteleskopisch, wenn die teleskopischen Abbildungsbedingungen sowohl für die x- wie für die y-Ebene gelten. Wenn die teleskopischen Abbildungsbedingungen nur für eine der beiden Ebenen gilt, nennen wir das System einfachteleskopisch.

Doppeltteleskopische Abbildung mit zwei symmetrischen Quadrupoltriplettlinsen

Die Kombination von zwei symmetrischen Quadrupoltriplettlinsen ist eine der Möglichkeiten, um eine doppeltteleskopische Abbildung zu realisieren. Das Schema ist in Abb. 4.31 angedeutet. Die Quadrupole des symmetrischen Tripletts werden so erregt, dass die beiden Brennebenen F_x und F_y jeweils zusammenfallen. Wenn, wie in Abb. 4.31 angedeutet, zwei identische Tripletts

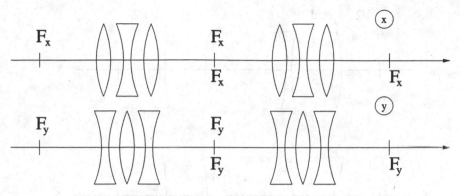

Abb. 4.31. Doppeltteleskopische Abbildung mit zwei Quadrupoltripletts

kombiniert werden, entsteht eine doppeltteleskopische Abbildung mit dem Abbildungsmaßstab (1 : −1).

Doppeltteleskopische Abbildung mit vier Quadrupolmagneten

Das System[11] ist in der Abb. 4.32 dargestellt. Die Quadrupolmagnete sind in der Form von zwei identischen Dublettlinsen angeordnet. Alle vier Quadrupolmagnete haben die gleiche effektive Länge und bis auf das Vorzeichen den gleichen Feldgradienten. In der Näherung (4.190) gilt nach (4.195) für die Brennweiten eines Dubletts $f_x = f^2/d$ und $f_y = f^2/d$. Hierbei ist $|f|$ die Brennweite des einzelnen Quadrupolmagneten. Die Bedingung für Teleskopie in der x- und y-Ebene bedeutet, $2f_x = l$ und $2f_y = l$, d. h.

$$|f| = \frac{1}{\sqrt{2}} \sqrt{ld} \, . \tag{4.211}$$

Die resultierenden Transfermatrizen lauten

$$R_x = \begin{pmatrix} -1 & 0 \\ 0 & -1 \end{pmatrix}, \quad R_y = \begin{pmatrix} -1 & 0 \\ 0 & -1 \end{pmatrix} . \tag{4.212}$$

Das Verhältnis der Abstände l und d ist frei wählbar. Insbesondere ist es möglich, $d = l$ zu wählen, d. h. gleicher Abstand l zwischen den Quadrupolmagneten. Bei einem fest vorgegebenen Abstand zwischen Eingang und Ausgang bedeutet eine Anordnung mit $d = l$ maximal große Brennweite $|f|$ und minimal kleine Brechkraft $|1/f|$ für den einzelnen Quadrupol. Diese Wahl ist besonders günstig, wenn es darauf ankommt, mit dem geringsten Aufwand an Quadrupolstärke, d. h. Brechkraft, auszukommen. Die Gleichung (4.211)

---

[11] Bei einem Kreisbeschleuniger wird die periodische Anordnung von fokussierenden und defokussierenden Quadrupolen FODO-Struktur genannt (siehe Abschn. 6).

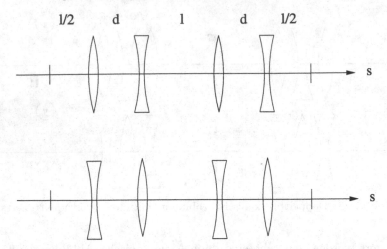

Abb. 4.32. Doppeltteleskopische Abbildung mit vier Quadrupolmagneten

kann nur im Rahmen der Näherung (4.190) für die Abschätzung der Brennweite der einzelnen Quadrupole verwendet werden. Die korrekte Quadrupolerregung kann jedoch leicht mit einem Computerprogramm numerisch ermittelt werden. Dabei werden auch die Unterschiede in der Lage der Hauptebenen automatisch mitberücksichtigt. Es ist jedoch wichtig festzuhalten, dass wegen der inneren Symmetrie der Anordnung die doppeltteleskopische Abbildung *mit identischen gleich stark erregten Quadrupolen* realisiert werden kann. Man kann daher z. B. alle vier Quadrupolmagnete in Serienschaltung *mit einem einzigen Netzgerät* erregen, d. h. man hat den großen Vorteil einer *Ein-Parameter-Einstellung*.

Wenn man die innere Symmetrie des in Abb. 4.32 abgebildeten Systems aufgibt, ist es sogar möglich, doppeltteleskopische Abbildungen mit dem Abbildungsmaßstab $|M| > 1$ oder auch $|M| < 1$ zu finden. Insgesamt stehen neun freie Parameter zur Verfügung, d. h. fünf Driftstrecken und vier Quadrupolstärken. Die Lösung erfordert allerdings einige Erfahrung im Umgang mit dem numerischen Suchlaufprogramm. Dies liegt an der großen Anzahl von neun freien Parametern und sechs Fitbedingungen ($R_{11} = M$, $R_{12} = 0$, $R_{21} = 0$, $R_{33} = M$, $R_{34} = 0$, $R_{43} = 0$).

Doppeltteleskopische Abbildung mit sechs Quadrupolmagneten

Ganz ähnlich wie mit vier Quadrupolmagneten kann man auch mit sechs identischen Quadrupolmagneten eine doppeltteleskopische Punkt-zu-Punkt-Abbildung realisieren. Die Anordnung ist in Abb. 4.33 skizziert. Wir diskutieren die Stärke der Quadrupolerregung wiederum im Rahmen der Näherung (4.190). Die Besonderheit des aus sechs Quadrupolen bestehenden Systems ist die Möglichkeit, sowohl eine (1 : −1)- wie auch eine (1 : +1)-Abbildung einstellen zu können. Wir geben die Gleichungen für die Brennweite des einzelnen

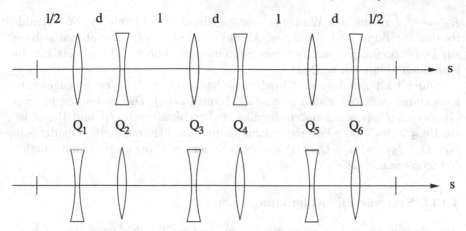

Abb. 4.33. Doppeltteleskopische Abbildung mit sechs Quadrupolmagneten

Quadrupols und die resultierenden Transfermatrizen an:

$$|f| = \sqrt{ld} : R_x = R_y = \begin{pmatrix} -1 & 0 \\ 0 & -1 \end{pmatrix},$$

$$|f| = \sqrt{ld/3} : R_x = R_y = \begin{pmatrix} +1 & 0 \\ 0 & +1 \end{pmatrix}. \tag{4.213}$$

Den Beweis dieser Gleichungen stellen wir als Übungsaufgabe. Die in (4.213) angegebenen Werte für $|f|$ dienen wiederum als Abschätzung dessen, was mit einem Computerprogramm ohne Näherung numerisch berechnet werden kann.

Eine Anordnung mit $d = l$ bedeutet wie bei dem System mit vier Quadrupolen die ökonomischste Wahl im Hinblick auf die notwendige Brechkraft der Quadrupolmagnete. Wir weisen auch hier auf den großen Vorteil einer *Ein-Parameter-Einstellung des Systems* hin, d. h. alle sechs Quadrupolmagnete können in Serienschaltung *mit einem einzigen Netzgerät* erregt werden.

Wenn man von der Ein-Parameter-Einstellung abweicht, kann man in einer Ebene, z. B. der x-Ebene, eine $(1 : +1)$-Abbildung und in der dazu senkrechten Ebene eine $(1 : -1)$-Abbildung einstellen. Man kann dies dadurch erreichen, dass man die Quadrupole Q_1, Q_3 und Q_5 mit einer bestimmten Brechkraft $|1/f_1|$ und die Quadrupole Q_2, Q_4 und Q_6 mit einer bestimmten Brechkraft $|1/f_2|$ erregt. Wenn $|1/f_1| > |1/f_2|$, sind bei der in Abb. 4.33 angegebenen Polaritätsfolge $(+ - + - + -)$ die Quadrupolpaare Q_1-Q_2, Q_3-Q_4 und Q_5-Q_6 in der x-Ebene stärker fokussierend als in der y-Ebene. Durch numerische Anpassung der beiden Parameter kann man es erreichen, dass

$$R_x = \begin{pmatrix} +1 & 0 \\ 0 & +1 \end{pmatrix}, \quad R_y = \begin{pmatrix} -1 & 0 \\ 0 & -1 \end{pmatrix}. \tag{4.214}$$

Ein solches System ist in idealer Weise geeignet, den im Abschn. 4.5.7 beschriebenen Strahlrotator zu realisieren. Wenn das System mit $R_x = I$ und

$R_y = -I$ z. B. um den Winkel $\alpha = 45°$ gedreht ist, entsteht ein 90° Strahlrotator mit doppeltteleskopischer Abbildung. Solche Strahlrotatoren werden
zur Dispersionsanpassung zwischen Systemen mit horizontal und vertikal ablenkenden Magneten benötigt.

Durch Umpolen der sechs Quadrupole kann man auch die entgegengesetzte
Einstellung erzielen (x und y in (4.214) vertauscht). Die Einteilung in zwei
Quadrupolgruppen mit unterschiedlichen Brechkräften $|1/f_1|$ und $|1/f_2|$ ist
ein Beispiel für eine 2-Parameter Einstellung. Man kann z. B. die Quadrupole
(Q_1, Q_3, Q_5) und (Q_2, Q_4, Q_6) jeweils in Serienschaltung an zwei unabhängige
Netzgeräte anschließen.

4.13.5 Systeme mit Ablenkmagneten

Ablenkmagnete sind Magnete mit einem starken Dipolfeldanteil. Die Haupt-
funktion solcher Magnete ist die Ablenkung geladener Teilchenstrahlen um
einen bestimmten Ablenkwinkel α. Neben der Ablenkung steht häufig auch die
Präparation bestimmter Strahleigenschaften im Vordergrund des Interesses.
Wir diskutieren im Folgenden einige typische Systeme zur Strahlanalyse und
Strahlpräparation. Dabei wird stets die *Dispersion* der Ablenkmagnete ausge-
nutzt. Ein System mit einer hohen Impulsauflösung wird *Analysiersystem* oder
Monochromator genannt. Im Einzelnen diskutieren wir Monochromatoren, die
Kombination von zwei Monochromatoren zu einem Doppelmonochromator,
achromatische Systeme, Magnetspektrometer und Magnetspektrographen.

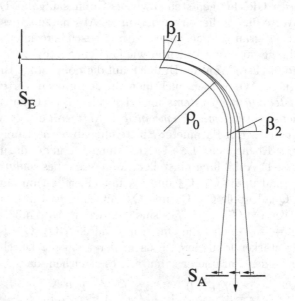

Abb. 4.34. Doppeltfokussierendes Monochromatorsystem. S_E: Eingangsschlitz, S_A:
Ausgangsschlitz, $\beta_1 = \beta_2 = 26{,}6°$, ρ_0: Radius der Sollbahn, Länge der Driftstrecken:
$L = 2\rho_0$

Wir beginnen mit einem besonders einfachen doppeltfokussierenden Monochromatorsystem. Das System besteht aus zwei Driftstrecken und einem Ablenkmagneten (siehe Abb. 4.34). Das Magnetfeld im Innern des Magneten ist
homogen, d. h. konstant. Die Fokussierung in y-Richtung wird durch axial fokussierende Kantenwinkel am Eingang und Ausgang des Magneten erreicht.
Bei einem Ablenkwinkel $\alpha = 90°$ finden wir für die Kantenwinkel $\tan \beta = 1/2$,
d. h. $\beta = 26{,}6°$. Die Abb. 4.34 deutet den Verlauf der effektiven Feldkanten an.
Das System zeichnet sich durch eine $(1 : -1)$ Punkt-zu-Punkt-Abbildung in
x- und y-Richtung[12] aus, wenn die Driftstrecke vor und hinter dem Magneten
die Länge

$$L = 2\rho_0 \tag{4.215}$$

hat. Dabei ist ρ_0 der Krümmungsradius der Sollbahn. Für die Transfermatrix
erhalten wir

$$R_x = \begin{pmatrix} -1 & 0 & 4\rho_0 \\ -0{,}75/\rho_0 & -1 & 1{,}5 \\ 0 & 0 & 1 \end{pmatrix},$$

$$R_y = \begin{pmatrix} -1 & 0 \\ -0{,}61/\rho_0 & -1 \end{pmatrix}. \tag{4.216}$$

Der Ablenkmagnet wirkt wie ein symmetrisches Quadrupoltriplett mit den
Brechkräften $1/f_x = 0{,}75/\rho_0$ und $1/f_y = 0{,}61/\rho_0$. Für den Abbildungsmaßstab erhalten wir $M_x = -1$ und $M_y = -1$. Für die Orts- und Winkeldispersion
ergeben sich die Werte $R_{16} = D_x = 4\rho_0$ und $R_{26} = D_x' = 1{,}5$.

Der Eingangsschlitz S_E definiert die exakte Position und Breite des Strahles in x-Richtung am Eingang des Monochromatorsystems. Er liegt in der
Gegenstandsebene des abbildenden Systems. Die Schlitzbreite sei Δx_E. Der
Analysierschlitz S_A liegt in der Bildebene. Die Schlitzbreite sei Δx_A. Wenn das
System als Monochromator betrieben wird, sollte $\Delta x_A = |M|\Delta x_E$ sein, um
für eine bestimmte Impulsauflösung die optimale Transmission zu erzielen. Bei
dem in Abb. 4.34 dargestellten Monochromator bedeutet dies $\Delta x_A = \Delta x_E$.

Durch den Einbau enger Schlitze am Eingang und Ausgang wird das System zu einem Impulsfilter. Das System wirkt ganz ähnlich wie ein Monochromator in der Lichtoptik. Daher wird ein solches System Analysiersystem oder
Monochromatorsystem genannt. Teilchen, deren Impuls gleich dem Sollimpuls
ist, passieren den Analysierschlitz ohne Absorption. Teilchen mit einer positiven Impulsabweichung $\Delta p/p_0 > 0$ werden schwächer abgelenkt und treffen
zum Teil oder vollständig auf die in Strahlrichtung gesehen linke Schlitzbacke.
Teilchen mit einer negativen Impulsabweichung $\Delta p/p_0 < 0$ werden stärker abgelenkt und treffen zum Teil oder vollständig auf die rechte Schlitzbacke. Für
das Spektrum der durch S_A fliegenden Teilchen erhalten wir in linearer Näherung eine dreiecksförmige Intensitätsverteilung, wenn wir am Eingang eine

---

[12] Die $(1 : -1)$ Punkt-zu-Punktabbildung gilt in y-Richtung nur näherungsweise,
d. h., wenn man in (4.79) $\beta_{\text{eff}} = \beta$ annimmt

homogene Dichteverteilung $\rho(x, \delta)$ in der (x, δ)-Ebene annehmen. Für die Impulsverteilung hinter dem Analysierschlitz erhalten wir eine Halbwertsbreite (FWHM = $\underline{F}$ull $\underline{W}$idth at $\underline{H}$alf $\underline{M}$aximum) von

$$\delta_{FWHM} = |M_x \Delta x_E / D_x| \,. \tag{4.217}$$

Die Impulsauflösung A_{FWHM} ist der Kehrwert hierzu,

$$A_{FWHM} = \frac{1}{\delta_{FWHM}} = \left| \frac{D_x}{M_x \Delta x_E} \right| \,. \tag{4.218}$$

Die Größe δ_{FWHM} ist ein charakteristisches Maß für die Impulsunschärfe des analysierten Strahls. Die Impulsunschärfe wird umso kleiner, d. h. die Impulsauflösung wird umso größer, je kleiner das Verhältnis $|M_x \Delta x_E / D_x|$ ist. Die Größe $|D_x / M_x|$ wird Auflösungskraft oder Auflösungsvermögen genannt. Für das in Abb. 4.34 skizzierte System ergibt sich für $\rho_0 = 1$ m und $\Delta x_E = 1$ mm:

$$|D_x / M_x| = 4 \text{ m} = 4(\text{mm/promille}) \,,$$
$$\delta_{FWHM} = 2{,}5 \cdot 10^{-4} = 1/4000 \,,$$
$$A_{FWHM} = 4000 \,.$$

Die Gleichung (4.217) gilt natürlich nur dann, wenn die Effekte der Aberrationen zweiter und höherer Ordnung vernachlässigbar klein sind. Wenn die Aberrationen nicht vernachlässigbar sind, wird der monochromatische Bildfleck Δx_A am Analysierschlitz größer als $|M_x \Delta x_E|$. Der analysierte Strahl hat eine entsprechend größere Impulsunschärfe $\delta_{FWHM} = |\Delta x_A / D_x|$ und eine entsprechend kleinere Impulsauflösung $A_{FWHM} = |D_x / \Delta x_A|$. Zur Minimierung der Aberrationen zweiter Ordnung benötigt man Sextupolfelder, z. B. eine leicht konvexe Krümmung der Eingangskante des Ablenkmagneten in Abb. 4.34. Die systematische Korrektur von Aberrationen diskutieren wir in Abschn. 4.14. Doppeltfokussierende Systeme wie in Abb. 4.34 sind nicht auf den Ablenkwinkel $\alpha = 90°$ beschränkt. Für den Kantenwinkel β und die Länge L der Driftstrecke vor und hinter dem Ablenkmagneten erhalten wir als Funktion von α

$$\tan \beta = \frac{1}{2} \tan \frac{\alpha}{2} \,,$$
$$L = \frac{\rho_0}{\tan \beta} = \frac{2\rho_0}{\tan \frac{\alpha}{2}} \,. \tag{4.219}$$

Für Ablenkwinkel, die kleiner als 90° sind, wird die für Punkt-zu-Punkt-Abbildung notwendige Driftstrecke mit kleiner werdendem α zunehmend größer. Umgekehrt wird L mit größer werdendem Winkel α zunehmend kleiner und der Kantenwinkel β größer. Der für praktische Anwendungen nutzbare Bereich liegt in dem Intervall

$$45° \leq \alpha \leq 120° \,. \tag{4.220}$$

Aus Symmetriegründen gilt für die Abbildungsmaßstäbe stets $M = -1$. Interessanterweise ist die Ortsdispersion D_x am Analysierschlitz unabhängig von α. Daher gilt für das Auflösungsvermögen

$$\left| \frac{D_x}{M_x} \right| = 4\rho_0 \,. \tag{4.221}$$

Die Grundstruktur eines doppeltfokussierenden Monochromatorsystems lässt sich an dem in Abb. 4.34 dargestellten System ablesen. In der Abb. 4.35 ist diese Struktur schematisch dargestellt. Durch den Einsatz von Quadrupolmagneten sind beliebige Abwandlungen der in Abb. 4.35 dargestellten Grundstruktur möglich. Die beiden axial fokussierenden Kantenwinkel können z. B. durch zwei Quadrupolmagnete ersetzt werden. Die magnetische Struktur des resultierenden Systems ist vom Typ

$$Q\,D\,Q,$$

d. h. Quadrupol, Dipol, Quadrupol. Die Driftstrecken, Quadrupolstärken und Ablenkwinkel können den individuellen Anforderungen angepasst werden. Es ist auch stets möglich, von der symmetrischen Anordnung der Elemente abzuweichen. Die Berechnung der Parameter geschieht unter Zuhilfenahme eines Ionenoptikprogrammes. Eine weitere Abwandlung, die sich insbesondere bei mangelndem Platz anbietet, ist ein doppelt fokussierendes System mit der magnetischen Struktur (siehe Abb. 4.36)

$$Q\,Q\,D\,Q\,Q\,.$$

Mit Hilfe des Quadrupoldubletts vor und hinter dem Diplomagneten kann auch bei kurzen Driftstrecken und kleinen Ablenkwinkeln ($\alpha \leq 45°$) die Punkt-zu-Punkt-Abbildung realisiert werden.

Analysiersysteme, die als Spektrometer verwendet werden, haben häufig nur am Eingang des Systems Quadrupolmagnete. Weitere Quadrupolstärken

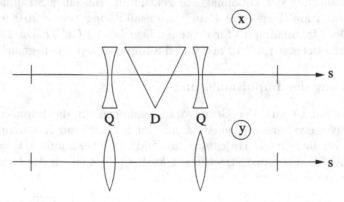

Abb. 4.35. Schema eines doppeltfokussierenden Monochromatorsystems

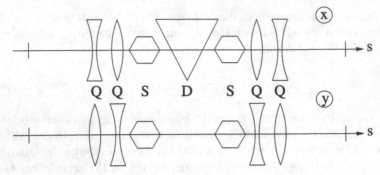

Abb. 4.36. Schema eines QQ D QQ Systems. Die entgegengesetzt erregten Sextupole S_1 und S_2 dienen zur Korrektur von Aberrationen

erreicht man durch Kantenfokussierung am Ausgang der Dipolmagnete. Häufig bestehen die Systeme aus mehreren Diplomagneten. Dadurch stehen mehrere Magnetkanten zur Optimierung der Optik zur Verfügung. Die verschiedenen Typen werden nach der Anordnung der Dipol- und Quadrupolmagnete bezeichnet, z. B.

$$QD, \ QDD, \ QDDD, \ QQD, \ QQDD, \ QDQ, \ QDDQ.$$

Die beiden Hauptanforderungen an ein gutes Spektrometer sind Impulsauflösung und Raumwinkelakzeptanz. Die dritte Forderung ist Impulsakzeptanz, d. h. die Größe der Fokalebene. Ein Analysiersystem mit einer großen Impulsakzeptanz ($\Delta p/p \geq 20\%$) wird meistens Spektrograph genannt. Wir skizzieren zur Illustration einen typischen Magnetspektrographen aus der Kernphysik. In der Abb. 4.37 ist der von Karl Brown entworfene Magnetspektrograph BIG KARL [Br73] dargestellt, der zunächst für Experimente am Jülicher Isochronzyklotron und danach für Experimente am Cooler Synchrotron COSY verwendet wurde. Der Spektrograph ist vom Typ QQDDQ. Zur Korrektur von Aberrationen zweiter Ordnung sind die Polschuhkanten am Ein- und Ausgang der Dipolmagnete gekrümmt. Bei einer Strahlfleckgröße $\Delta x_0 = 1$ mm am Target kann eine Impulsauflösung bis zu $20\,000$ erreicht werden. Der Maximalimpuls für Protonen liegt bei $1{,}1$ GeV/c. Die Raumwinkelakzeptanz beträgt rund 12 msr und die Impulsakzeptanz liegt bei 10%.

Optimierung der Impulsauflösung

Die Dispersion ist eine der Grundvoraussetzungen für die Impulsauflösung eines Analysiersystems. Sie entsteht nur im Bereich von Ablenkmagneten, d. h. dort, wo die zentrale Trajektorie eine endliche Krümmung $h(s) = 1/\rho_0(s)$ aufweist. Auf den geraden Strecken gilt $h(s) = 0$. Bei einem Analysiersystem haben wir notwendigerweise zwischen Eingangsschlitz und Ausgangsschlitz eine Punkt-zu-Punkt-Abbildung mit $s_x(s_A) = 0$. Damit erhalten wir nach (4.46) und (4.59) für die Dispersion $d_x(s_A)$ und die Auflösungskraft $|d_x/c_x|$

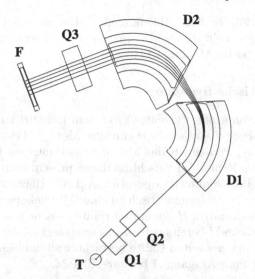

Abb. 4.37. Magnetspektrograph BIG KARL [Br73] am Cooler Synchrotron CO-SY. Q_1, Q_2 und Q_3: Quadrupolmagnete, D_1 und D_2: Dipolmagnete, T: Target, F: Fokalebene mit einem ortsauflösenden Detektor. Die Detektoren zum Nachweis der Richtung sind in der Abbildung weggelassen. Zur Korrektur von Aberrationen zweiter Ordnung sind die Polschuhkanten am Ein- und Ausgang der Dipolmagnete gekrümmt. Durch die negative Krümmung der Polschuhkanten in dem Dipolmagneten D_2 wird die chromatische Aberration $(x|x_0'\delta)$ zu null kompensiert, und die Fokalebene steht senkrecht zur Sollbahn (siehe Abschn. 4.14.1). Die Gesamtlänge vom Target bis zur Fokalebene beträgt 16 m. Zur Illustration sind neben der Sollbahn noch je zwei Bahnen mit positiver und negativer Impulsabweichung gezeigt. Der Quadrupol Q_3 ist hierbei nicht erregt. Die Abbildung wurde freundlicherweise von Herrn Peter von Rossen zur Verfügung gestellt

$$d_x(s_A) = -c_x(s_A) \int_0^{s_A} s_x(\bar{s})h(\bar{s})\mathrm{d}\bar{s}\,,$$

$$\left|\frac{d_x}{c_x}\right| = \left|\int_0^{s_A} s_x(\bar{s})h(\bar{s})\mathrm{d}\bar{s}\right|\,, \qquad (4.222)$$

$$= \left|\int_0^{s_A} s_x(\bar{\alpha})\mathrm{d}\bar{\alpha}\right| = |R_{52}|\,.$$

D. h., die Auflösungskraft entsteht nur im Bereich der Ablenkmagnete, wo $h(\bar{s}) \neq 0$, und sie wird umso größer, je größer die sinusähnliche Trajektorie s_x dort ist. Sie ist gleich dem Matrixelement $(l|x') = R_{52}$, d. h. proportional zu dem Weglängenunterschied zwischen der sinusähnlichen Trajektorie $s_x(s)$ und der Sollbahn. Damit haben wir ein systematisches Verfahren zur Optimierung der Impulsauflösung in linearer Näherung. Die Optik vor den Ablenkmagneten muss so angelegt sein, dass s_x im Bereich der Ablenkmagnete möglichst groß ist. Man erreicht dies durch eine lange Driftstrecke sowie radial defokussierende Elemente wie Kantenwinkel oder Quadrupolmagnete (siehe

Abb. 4.34 und 4.35) vor dem Ablenkmagnet. Die weitere Optimierung der Impulsauflösung geschieht durch Minimierung der Aberrationen zweiter und höherer Ordnung (siehe Abschn. 4.14).

4.13.6 Symmetrische Systeme

Symmetrien sind von großer Bedeutung bei dem Entwurf ionenoptischer Systeme. Zur Einführung diskutieren wir zunächst als typisches Beispiel die Spiegelsymmetrie. Dabei werden wir den Matrixformalismus zur Behandlung von Symmetrien kennen lernen. Im Anschluss daran präsentieren wir in systematischer Weise mögliche Symmetrieoperationen [Pe61, He66, Me83].

Ein System, das spiegelsymmetrisch zu einer Mittelebene M aufgebaut ist, ist durch die Transfermatrix H der ersten Hälfte zwischen der Eingangsebene E und der Mittelebene M bereits vollständig festgelegt (siehe Abb. 4.38). Den Teilchentransport in der zweiten Hälfte betrachten wir zunächst in umgekehrter Richtung, d. h. vom Ausgang A bis zur Mitte M.

$$
\begin{pmatrix} x_M \\ -x'_M \\ y_M \\ -y'_M \\ -l_M \\ \delta_M \end{pmatrix} = H \begin{pmatrix} x_A \\ -x'_A \\ y_A \\ -y'_A \\ -l_A \\ \delta_A \end{pmatrix} .
$$

Wenn man diese Gleichung von links mit der inversen Matrix H^{-1} multipliziert und die Minuszeichen bei den Koordinaten durch eine speziell angelegte Matrix I_1 erfasst, erhält man

$$
\overbrace{\begin{pmatrix} 1 & & & & & \\ & -1 & & & & \\ & & 1 & & & \\ & & & -1 & & \\ & & & & -1 & \\ & & & & & 1 \end{pmatrix}}^{I_1} \begin{pmatrix} x_A \\ x'_A \\ y_A \\ y'_A \\ l_A \\ \delta_A \end{pmatrix} = H^{-1} \overbrace{\begin{pmatrix} 1 & & & & & \\ & -1 & & & & \\ & & 1 & & & \\ & & & -1 & & \\ & & & & -1 & \\ & & & & & 1 \end{pmatrix}}^{I_1} \begin{pmatrix} x_M \\ x'_M \\ y_M \\ y'_M \\ l_M \\ \delta_M \end{pmatrix} . \qquad (4.223)
$$

Diese Gleichung kann auch folgendermaßen geschrieben werden

$$
x_A = \overbrace{I_1^{-1} H^{-1} I_1}^{H^{\mathrm{m}}} x_m . \qquad (4.224)
$$

Die Matrix H^{m} („m" = „mirror") der gespiegelten, zweiten Hälfte lautet demnach

$$
H^{\mathrm{m}} = I_1^{-1} H^{-1} I_1 .
$$

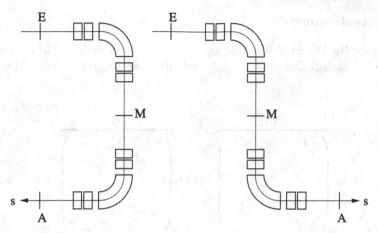

Abb. 4.38. *Links*: System mit Spiegelsymmetrie, *rechts*: System mit Antispiegelsymmetrie

Für das gesamte System erhalten wir

$$R^{\mathrm{m}} = H^{\mathrm{m}} H \,. \tag{4.225}$$

Die Gleichung (4.224) lässt die Grundstruktur einer Symmetrieoperation erkennen. In der Mittelebene M erfolgt zunächst eine Koordinatentransformation I_1. Im Rahmen des neuen Koordinatensystems geschieht die Matrixoperation H^{-1}. Am Ende folgt die Rücktransformation I_1^{-1} des Koordinatensystems. Wir können nun mithilfe dieses Schemas mögliche Symmetrien systematisch untersuchen und erfassen. Wir beginnen mit dem soeben diskutierten spiegelsymmetrischen System.

Spiegelsymmetrie

Die zweite Hälfte entspricht der ersten Hälfte in umgekehrter Richtung. Der Index „m" bedeutet „mirror" (siehe Abb. 4.38 links).

$$H^{\mathrm{m}} = \overbrace{\begin{pmatrix} 1 & & & & & \\ & -1 & & & & \\ & & 1 & & & \\ & & & -1 & & \\ & & & & -1 & \\ & & & & & 1 \end{pmatrix}}^{I_1^{-1}} \cdot H^{-1} \overbrace{\begin{pmatrix} 1 & & & & & \\ & -1 & & & & \\ & & 1 & & & \\ & & & -1 & & \\ & & & & -1 & \\ & & & & & 1 \end{pmatrix}}^{I_1} \cdot \tag{4.226}$$

Antispiegelsymmetrie

Die zweite Hälfte entspricht der um 180° gedrehten ersten Hälfte in umgekehrter Richtung. Der Index „am" bedeutet „antimirror" (siehe Abb. 4.38 rechts).

$$H^{\mathrm{am}} = \overbrace{\begin{pmatrix} -1 & & & & & \\ & 1 & & & & \\ & & -1 & & & \\ & & & 1 & & \\ & & & & -1 & \\ & & & & & 1 \end{pmatrix}}^{I_5^{-1}} \cdot H^{-1} \overbrace{\begin{pmatrix} -1 & & & & & \\ & 1 & & & & \\ & & -1 & & & \\ & & & 1 & & \\ & & & & -1 & \\ & & & & & 1 \end{pmatrix}}^{I_5} \quad . \tag{4.227}$$

Kreuzspiegelsymmetrie

Die zweite Hälfte entspricht der um 90° gedrehten ersten Hälfte in umgekehrter Richtung. Der Index „cm" bedeutet „crossmirror" (Kreuzspiegel).

$$H^{\mathrm{cm}} = \overbrace{\begin{pmatrix} 0 & 0 & -1 & 0 & 0 & 0 \\ 0 & 0 & 0 & +1 & 0 & 0 \\ +1 & 0 & 0 & 0 & 0 & 0 \\ 0 & -1 & 0 & 0 & 0 & 0 \\ 0 & 0 & 0 & 0 & -1 & 0 \\ 0 & 0 & 0 & 0 & 0 & +1 \end{pmatrix}}^{I_3^{-1}} \cdot H^{-1} \overbrace{\begin{pmatrix} 0 & 0 & +1 & 0 & 0 & 0 \\ 0 & 0 & 0 & -1 & 0 & 0 \\ -1 & 0 & 0 & 0 & 0 & 0 \\ 0 & +1 & 0 & 0 & 0 & 0 \\ 0 & 0 & 0 & 0 & -1 & 0 \\ 0 & 0 & 0 & 0 & 0 & +1 \end{pmatrix}}^{I_3} \quad . \tag{4.228}$$

Antikreuzspiegelsymmetrie

Die zweite Hälfte entspricht der um $-90°$ gedrehten ersten Hälfte in umgekehrter Richtung. Der Index „acm" bedeutet „anticrossmirror" (Antikreuzspiegel).

$$H^{\mathrm{acm}} = \overbrace{\begin{pmatrix} 0 & 0 & +1 & 0 & 0 & 0 \\ 0 & 0 & 0 & -1 & 0 & 0 \\ -1 & 0 & 0 & 0 & 0 & 0 \\ 0 & +1 & 0 & 0 & 0 & 0 \\ 0 & 0 & 0 & 0 & -1 & 0 \\ 0 & 0 & 0 & 0 & 0 & +1 \end{pmatrix}}^{I_7^{-1}} \cdot H^{-1} \overbrace{\begin{pmatrix} 0 & 0 & -1 & 0 & 0 & 0 \\ 0 & 0 & 0 & +1 & 0 & 0 \\ +1 & 0 & 0 & 0 & 0 & 0 \\ 0 & -1 & 0 & 0 & 0 & 0 \\ 0 & 0 & 0 & 0 & -1 & 0 \\ 0 & 0 & 0 & 0 & 0 & +1 \end{pmatrix}}^{I_7} \quad . \tag{4.229}$$

Wenn nur Quadrupolmagnete und keine Dipolmagnete zum Einsatz kommen, ist $H^{\mathrm{acm}} = H^{\mathrm{cm}}$.

Translationssymmetrie

Die zweite Hälfte ist identisch gleich der ersten Hälfte. Der Index „t" bedeutet „translation" (Translation).

$$
H^{\mathrm{t}} = \overbrace{\begin{pmatrix} 1 & & & & & \\ & 1 & & & & \\ & & 1 & & & \\ & & & 1 & & \\ & & & & 1 & \\ & & & & & 1 \end{pmatrix}}^{I_0^{-1}} \cdot H \; \overbrace{\begin{pmatrix} 1 & & & & & \\ & 1 & & & & \\ & & 1 & & & \\ & & & 1 & & \\ & & & & 1 & \\ & & & & & 1 \end{pmatrix}}^{I_0} . \tag{4.230}
$$

Antitranslationssymmetrie

Die zweite Hälfte ist die um 180° gedrehte erste Hälfte. Der Index „at" bedeutet „antitranslation" (Antitranslation).

$$
H^{\mathrm{at}} = \overbrace{\begin{pmatrix} -1 & & & & & \\ & -1 & & & & \\ & & -1 & & & \\ & & & -1 & & \\ & & & & +1 & \\ & & & & & +1 \end{pmatrix}}^{I_4^{-1}} \cdot H \; \overbrace{\begin{pmatrix} -1 & & & & & \\ & -1 & & & & \\ & & -1 & & & \\ & & & -1 & & \\ & & & & +1 & \\ & & & & & +1 \end{pmatrix}}^{I_4} . \tag{4.231}
$$

Die Transformation I_4 ist eine 180° Drehung um die Strahlachse.

Kreuztranslation

Hier ist die zweite Hälfte gleich der um +90° gedrehten ersten Hälfte. Der Index ct bedeutet „cross translation" (Kreuztranslation).

$$
H^{\mathrm{ct}} = \overbrace{\begin{pmatrix} 0 & 0 & -1 & 0 & 0 & 0 \\ 0 & 0 & 0 & -1 & 0 & 0 \\ +1 & 0 & 0 & 0 & 0 & 0 \\ 0 & +1 & 0 & 0 & 0 & 0 \\ 0 & 0 & 0 & 0 & +1 & 0 \\ 0 & 0 & 0 & 0 & 0 & +1 \end{pmatrix}}^{I_2^{-1}} \cdot H \; \overbrace{\begin{pmatrix} 0 & 0 & +1 & 0 & 0 & 0 \\ 0 & 0 & 0 & +1 & 0 & 0 \\ -1 & 0 & 0 & 0 & 0 & 0 \\ 0 & -1 & 0 & 0 & 0 & 0 \\ 0 & 0 & 0 & 0 & +1 & 0 \\ 0 & 0 & 0 & 0 & 0 & +1 \end{pmatrix}}^{I_2} . \tag{4.232}
$$

Die Transformation I_2 ist eine +90° Drehung um die Strahlachse. Die Translation bei gleichzeitiger Drehung um 90° ist als Symmetrie vor allem bei reinen Quadrupolsystemen (keine Dipolmagnete) interessant. Die zweite Hälfte entspricht bei einer 90° Drehung der ersten Hälfte mit entgegengesetzter Polung der Quadrupole.

Antikreuztranslation

Hier ist die zweite Hälfte gleich der um $-90°$ gedrehten ersten Hälfte. Der Index „act" bedeutet „anticross translation" (Antikreuztranslation).

$$H^{\mathrm{act}} = \overbrace{\begin{pmatrix} 0 & 0 & +1 & 0 & 0 & 0 \\ 0 & 0 & 0 & +1 & 0 & 0 \\ -1 & 0 & 0 & 0 & 0 & 0 \\ 0 & -1 & 0 & 0 & 0 & 0 \\ 0 & 0 & 0 & 0 & +1 & 0 \\ 0 & 0 & 0 & 0 & 0 & +1 \end{pmatrix}}^{I_6^{-1}} \cdot H \cdot \overbrace{\begin{pmatrix} 0 & 0 & -1 & 0 & 0 & 0 \\ 0 & 0 & 0 & -1 & 0 & 0 \\ +1 & 0 & 0 & 0 & 0 & 0 \\ 0 & +1 & 0 & 0 & 0 & 0 \\ 0 & 0 & 0 & 0 & +1 & 0 \\ 0 & 0 & 0 & 0 & 0 & +1 \end{pmatrix}}^{I_6} . \quad (4.233)$$

Wenn nur Quadrupolmagnete und keine Dipolmagnete zum Einsatz kommen, ist $H^{\mathrm{acm}} = H^{\mathrm{cm}}$.

Die Matrizen I_0, I_1, ..., I_7 repräsentieren eine Abel'sche Gruppe [Ha62]. Die Gruppentabelle 4.2 erlaubt es, das Produkt aus zwei Elementen der Gruppe abzulesen [Me83].

Die Spiegel- und Antispiegelsymmetrie sind von besonderer Bedeutung bei Monochromator- und Analysiersystemen [Hi73, Hi74]. Wenn die erste Hälfte ein doppeltfokussierendes Monochromatorsystem mit der Matrix

$$H = \begin{pmatrix} H_{11} & 0 & 0 & 0 & 0 & H_{16} \\ H_{21} & H_{22} & 0 & 0 & 0 & H_{26} \\ 0 & 0 & H_{33} & 0 & 0 & 0 \\ 0 & 0 & H_{43} & H_{44} & 0 & 0 \\ H_{51} & H_{52} & 0 & 0 & 1 & H_{56} \\ 0 & 0 & 0 & 0 & 0 & 1 \end{pmatrix} \quad (4.234)$$

ist, erhalten wir für die spiegelsymmetrische Kombination R^{m} (siehe Abb. 4.38 links)

$$\begin{pmatrix} +1 & 0 & 0 & 0 & 0 & 0 \\ 2H_{11}H_{21} & +1 & 0 & 0 & 0 & 2H_{11}H_{26} \\ 0 & 0 & +1 & 0 & 0 & 0 \\ 0 & 0 & 2H_{33}H_{43} & +1 & 0 & 0 \\ -2H_{11}H_{26} & 0 & 0 & 0 & 1 & 2(H_{56} - H_{16}H_{26}) \\ 0 & 0 & 0 & 0 & 0 & 1 \end{pmatrix}, \quad (4.235)$$

d. h. ein doppeltfokussierendes System mit der Ortsdispersion $R^{\mathrm{m}}_{16} = 0$ und dem Abbildungsmaßstab $+1$ in x- und y-Richtung. Ein besonders interessantes System ist ein spiegelsymmetrisches System mit $H_{26} = 0$. Das Gesamtsystem ist ein *Achromat*, d. h. Orts- und Winkeldispersion verschwinden, und $R^{m}_{51} = R^{m}_{52} = 0$.

Tabelle 4.2. Gruppentabelle der Symmetriegruppe

$$
\begin{array}{c|cccccccc}
I_0 & I_1 & I_2 & I_3 & I_4 & I_5 & I_6 & I_7 \\
\hline
I_1 & I_0 & I_3 & I_2 & I_5 & I_4 & I_7 & I_6 \\
I_2 & I_3 & I_0 & I_1 & I_6 & I_7 & I_4 & I_5 \\
I_3 & I_2 & I_1 & I_0 & I_7 & I_6 & I_5 & I_4 \\
I_4 & I_5 & I_6 & I_7 & I_0 & I_1 & I_2 & I_3 \\
I_5 & I_4 & I_7 & I_6 & I_1 & I_0 & I_3 & I_2 \\
I_6 & I_7 & I_4 & I_5 & I_2 & I_3 & I_0 & I_1 \\
I_7 & I_6 & I_5 & I_4 & I_3 & I_2 & I_1 & I_0 \\
\end{array}
$$

Für die entsprechende Kombination R^{am} im Sinne des Antispiegels erhalten wir (siehe Abb. 4.38 rechts)

$$
\begin{pmatrix}
+1 & 0 & 0 & 0 & 0 & 2H_{22}H_{16} \\
2H_{11}H_{21} & +1 & 0 & 0 & 0 & 2H_{21}H_{16} \\
0 & 0 & +1 & 0 & 0 & 0 \\
0 & 0 & 2H_{33}H_{43} & +1 & 0 & 0 \\
2H_{22}H_{16} & 2H_{21}H_{16} & 0 & 0 & 1 & 2(H_{56}+H_{16}H_{26}) \\
0 & 0 & 0 & 0 & 0 & 1 \\
\end{pmatrix}. \tag{4.236}
$$

Das resultierende System ist ein *Doppelmonochromator* mit der doppelten Auflösungskraft des halben Systems

$$
|R_{16}/R_{11}| = 2|H_{16}/H_{11}|
$$

und dem Abbildungsmaßstab $+1$ in x- und y-Richtung.

4.14 Systematische Korrektur von Aberrationen

4.14.1 Dispersive Analysiersysteme

Bei vielen ionenoptischen Systemen ist eine Korrektur der störenden Aberrationen zweiter und eventuell auch höherer Ordnung notwendig. Wir wollen zunächst einige typische Korrekturen bei Analysiersystemen mit hoher Impulsauflösung betrachten. Solche Analysiersysteme sind z. B. Monochromatorsysteme zur Präparation von Strahlen mit einer hohen Impulsauflösung, Spektrometer und Spektrographen. Es sind Systeme mit einer radialen Punkt-zu-Punkt-Abbildung zwischen der Gegenstandsebene und der Bildebene. Die Bildebene wird häufig auch Fokalebene genannt. Die Impulsauflösung ist durch das Verhältnis der Dispersion zur Größe des Bildflecks monoenergetischer Teilchen, d. h. der Teilchen mit dem Sollimpuls p_0, bestimmt. Wenn die Aberrationen zweiter und höherer Ordnung vernachlässigbar klein sind, ist die Bildfleckgröße Δx_{A} gleich $|M|\Delta x_{\mathrm{E}}$. Es ist unmittelbar einsichtig, dass nur die Aberrationen korrigiert werden müssen, die einen störenden Beitrag zur

Bildfleckgröße liefern. Bei einem Analysiersystem sind dies vor allem die soge-
nannten Öffnungsfehler, d. h. die Terme $(x|x_0'^2)x_0'^2$ und $(x|y_0'^2)y_0'^2$, die von der
radialen und axialen Winkelöffnung des zu analysierenden Strahls abhängen.
Eine weitere kritische Aberration ist die chromatische Aberration $(x|x_0'\delta)x_0'\delta$,
die zu einer Drehung der Fokalebene führt (siehe Abb. 4.39),

$$\tan\psi = -\frac{d_x}{c_x(x|x_0'\delta)}\,.$$

Der Bildpunkt von Teilchen mit $\delta \neq 0$ ist um eine bestimmte Driftstrecke
Δs verschoben, da die Fokussierungsstärke von Quadrupolen und Feldgradienten umgekehrt proportional zu dem $(B\rho)$-Wert der Teilchen ist. Wir wollen
hier nicht die relativ komplizierten Gleichungen zur Berechnung der Aberrationen zweiter Ordnung im Detail diskutieren, sondern lediglich die Korrek-
turmöglichkeiten aufzeigen. Zur numerischen Berechnung der Aberrationen
gibt es das Programm TRANSPORT [Br80].

Eine Korrektur der geometrischen und chromatischen Aberrationen ist
mit Sextupolen möglich. Hierbei gibt es die Möglichkeit, Sextupolfelder durch
(i) kurze Sextupolmagnete, (ii) Krümmung der Ein- und Ausgangskanten von
Ablenkmagneten und (iii) Korrektur der Polschuhform oder Korrekturspulen
innerhalb der Ablenkmagnete zu realisieren. Ein Sextupolfeld ist durch eine
quadratische x-Abhängigkeit des Magnetfeldes in der magnetischen Mittelebene gekennzeichnet,

$$B_y(x) = \frac{1}{2}\left(\frac{\partial^2 B_y}{\partial x^2}\right)x^2 = \frac{g_s}{2}x^2\,.$$

Die Stärke eines kurzen Sextupols der Länge L an der Stelle s_i erfassen wir
durch die Größe S_i,

$$S_i = \frac{1}{2}\int_{s_i-L/2}^{s_i+L/2} g_s(\overline{s})\mathrm{d}\overline{s}\,.$$

Bei einer Punkt-zu-Punkt-Abbildung gilt für die sinusähnliche Lösung am
Bildpunkt $s_x(s) = 0$, und wir erhalten mit (4.181) und (4.185) die folgenden
Korrekturbeiträge zu $(x|x_0'^2)$, $(x|y_0'^2)$ und $(x|x_0'\delta)$,

$$\Delta\left(x|x_0'^2\right) = c_x(s)\int_0^s \frac{g_s(\overline{s})}{2}s_x^3(\overline{s})\mathrm{d}\overline{s} = c_x(s)\sum_i S_i s_x^3(s_i)\,,$$

$$\Delta\left(x|y_0'^2\right) = -c_x(s)\int_0^s \frac{g_s(\overline{s})}{2}s_y^2(\overline{s})s_x(\overline{s})\mathrm{d}\overline{s} = -c_x(s)\sum_i S_i s_y^2(s_i)s_x(s_i)\,,$$

$$\Delta(x|x_0'\delta) = c_x(s)\int_0^s \frac{g_s(\overline{s})}{2}s_x^2(\overline{s})d_x(\overline{s})\mathrm{d}\overline{s} = c_x(s)\sum_i S_i s_x^2(s_i)d_x(s_i)\,.$$

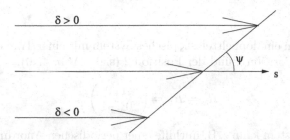

Abb. 4.39. Drehung der Fokalebene. Die Dispersion verschiebt den Bildpunkt in transversaler Richtung, die chromatische Aberration in longitudinaler Richtung

Die Größen $s_x(s_i)$, $s_y(s_i)$ und $d_x(s_i)$ sind die entsprechend gemittelten Werte der charakteristischen Lösungen an den Stellen s_i. Die Gleichung zeigt, dass die Korrektur der Aberrationen ein gekoppeltes Problem darstellt. Die Korrekturwirkung eines einzelnen Sextupols hängt davon ab, welche Werte die charakteristischen Lösungen s_x, s_y und d_x an dieser Stelle haben. Der Sextupol zur Korrektur von $(x|x'_0\delta)$ kann z. B. nur hinter einem Ablenkmagneten stehen. Er sollte an einer Stelle stehen, an der die Dispersion d_x und die Funktion s_x relativ groß sind. Der Sextupol zur Korrektur von $(x|x'^2_0)$ sollte möglichst vor dem Ablenkmagneten an einer Stelle stehen, an der s^2_x im Vergleich zu s^2_y relativ groß ist. Umgekehrt sollte der Sextupol zur Korrektur von $(x|y'^2_0)$ an einer Stelle stehen, an der s^2_y relativ groß ist.

Zur Korrektur des Öffnungsfehlers $(x|x'^2_0)$ benötigt man eine negative Sextupolstärke, z. B. eine konvex gekrümmte Magnetkante am Eingang eines homogenen Ablenkmagneten (siehe Abb. 4.37). Zur Korrektur des Öffnungsfehlers $(x|y'^2_0)$ und der chromatischen Aberration $(x|x'_0\delta)$ benötigt man positive Sextupolstärken, z. B. konkav gekrümmte Magnetkanten. Eine besonders sorgfältige Korrektur der Öffnungsfehler ist vor allem bei einem Spektrometer mit einer großen Winkelakzeptanz notwendig. Radiale Öffnungswinkel von ± 50 mrad und axiale Öffnungswinkel von ± 100 mrad sind damit möglich. Dies entspricht einem Raumwinkel von 20 msr.

4.14.2 Achromatische Systeme

Bei einem teleskopischen System mit einer $(1{:}-1)$-Abbildung ist die lineare Transfermatrix R_x und R_y gleich der negativen Einheitsmatrix, $-I$. Häufig wird ein solches System $(-I)$-Transformator, $(-I)$-Modul oder $(-I)$-Teleskop genannt. Solche Systeme sind von besonderem Interesse im Hinblick auf die Möglichkeit, Fehler zweiter Ordnung systematisch zu korrigieren [Hi73, Br79, Me83]. Wir skizzieren zunächst das von Karl Brown [Br79] formulierte Prinzip der Kompensation von Feldfehlern mithilfe von $(-I)$-Teleskopen und beschreiben danach den Brown'schen Achromaten zweiter Ordnung.

Das Prinzip

Wir betrachten ein doppeltteleskopisches System mit einer Transfermatrix $-I$ zwischen der Position 1 und der Position 2 (siehe Abb. 4.40),

$$R_x = R_y = \begin{pmatrix} -1 & 0 \\ 0 & -1 \end{pmatrix} .$$

Ein solches System kann z. B. mithilfe einer periodischen Anordnung von zwei Einheitszellen mit je einem fokussierenden und einem defokussierenden Quadrupol realisiert werden. Die Bedingung für Teleskopie haben wir in (4.211) angegeben. Ein Teilchen mit dem Sollimpuls p_0 und den Koordinaten (x_1, x_1') an der Stelle 1 hat in linearer Näherung an der Stelle 2 die Koordinaten

$$x_2 = -x_1, \qquad x_2' = -x_1' .$$

Wenn nun an der Stelle 1 eine lokale Störung vorliegt, z. B. ein kurzes magnetisches Element eine Winkeländerung $\Delta x'$ verursacht, dann gilt

$$x_2 = -x_1, \qquad x_2' = -x_1' - \Delta x' .$$

Wenn an der Stelle 2 die gleiche Störung wie an der Stelle 1 vorliegt, d. h. wiederum eine Winkeländerung $\Delta x'$ verursacht wird, kompensieren sich die beiden Störungen, und es gilt

$$x_2 = -x_1, \qquad x_2' = -x_1' .$$

Gleiche Winkeländerungen am Ein- und Ausgang eines $(-I)$-Moduls kompensieren sich gegenseitig, wenn monoenergetische Teilchen mit dem Sollimpuls p_0 betrachtet werden!

Wir untersuchen nun die Frage, wie sich dieses Prinzip im Falle von Dipol-, Quadrupol- und Sextupolmagneten auswirkt.

- Dipolmagnete sind Elemente gerader Ordnung, d. h. die Winkeländerung $\Delta x'$ ist eine gerade Funktion der Ortsabweichung x (in diesem Fall eine konstante Funktion). Daher kommt es bei einer Dipolstörung am Ein- und Ausgang eines $(-I)$-Moduls zu der geschilderten Kompensation.

- Quadrupolmagnete sind Elemente ungerader Ordnung, d. h. die durch einen Quadrupol hervorgerufene Winkeländerung $\Delta x'$ ist eine ungerade Funktion der Ortsabweichung x. In diesem Fall ist $\Delta x'$ proportional zu x. Daher kompensieren sich zwei Quadrupole mit entgegengesetzter Polarität am Ein- und Ausgang eines $(-I)$-Moduls.

- Sextupolmagnete sind Elemente gerader Ordnung. Die durch Sextupole hervorgerufene Winkeländerung ist proportional zu x^2. Daher kompensieren sich zwei identische Sextupole am Ein- und Ausgang eines $(-I)$-Moduls gegenseitig.

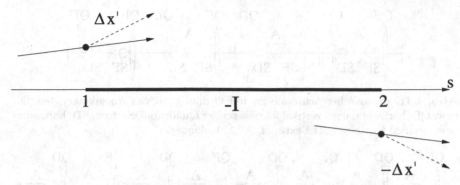

Abb. 4.40. Das Prinzip der Kompensation von Feldfehlern mithilfe eines $(-I)$-Teleskopes. Das $(-I)$-Teleskop transformiert die Winkeländerung $\Delta x'$ bei 1 in eine Winkeländerung $-\Delta x'$ bei 2. Wenn bei 2 der gleiche Feldfehler wie bei 1 vorliegt, d. h. ebenfalls eine Winkeländerung $\Delta x'$ hervorgerufen wird, kompensieren sich die beiden Störungen

Zusammenfassend können wir feststellen, dass sich bei einem $(-I)$-Modul alle Elemente gerader Ordnung (Dipole, Sextupole, ...) kompensieren, wenn die Polarität am Ein- und Ausgang gleich ist. Die Elemente ungerader Ordnung (Quadrupole, Oktupole, ...) kompensieren sich, wenn die Polarität am Ein- und Ausgang entgegengesetzt ist. Wir erwähnen am Rande, dass wir nach dem gleichen Schema die gegenseitige Kompensation von geraden und ungeraden Elementen bei einem $(+I)$-Modul betrachten können.

Der Brown'sche Achromat zweiter Ordnung

Auf der Basis der soeben skizzierten Symmetrieüberlegungen schlug Karl Brown ein ionenoptisches System zur Ablenkung von Teilchenstrahlen vor, das bis zur zweiten Ordnung achromatisch ist. Das System besteht aus vier Einheitszellen mit FODO-Struktur[13] (siehe Abb. 4.41). Die Einheitszelle enthält je einen horizontal fokussierenden und defokussierenden Quadrupol QF und QD und einen Ablenkmagneten A. Die Quadrupole werden so erregt, dass zwei Enheitszellen ein $(-I)$-Teleskop bilden. Wir können durch einfaches Nachrechnen (Matrixmultiplikation) zeigen, dass das Gesamtsystem in linearer Näherung achromatisch ist. Die durch Dipole und Sextupole hervorgerufenen Störungen kompensieren sich aufgrund der inneren Symmetrie zu null. Daher verschwinden automatisch alle geometrischen Aberrationen zweiter Ordnung. Zur Korrektur der *chromatischen* Aberrationen zweiter Ordnung werden Sextupolmagnete verwendet. Die Sextupole SF zur Korrektur der horizontalen Fokussierungsstärke stehen in der Nähe der horizontal fokussierenden Quadrupole QF. Dort ist die horizontale Strahlausdehnung größer als die ver-

---

[13] Die periodische Anordnung von fokussierenden und defokussierenden Quadrupolen in einem Kreisbeschleuniger wird FODO-Struktur genannt.

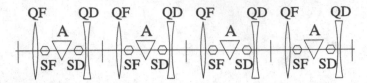

Abb. 4.41. Brown'scher Achromat zweiter Ordnung mit vier Ablenkmagneten. QF bzw. QD: horizontal bzw. vertikal fokussierender Quadrupol, SF bzw. SD: horizontal bzw. vertikal korrigierender Sextupol, A: Ablenkmagnet

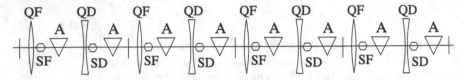

Abb. 4.42. Brownscher Achromat zweiter Ordnung mit acht Ablenkmagneten für Kreisbeschleuniger und Speicherringe. QF bzw. QD: horizontal bzw. vertikal fokussierender Quadrupol, SF bzw. SD: horizontal bzw. vertikal korrigierender Sextupol, A: Ablenkmagnet

tikale Strahlausdehnung, weshalb die Sextupole SF primär die horizontale Fokussierung korrigieren. Entsprechend stehen die Sextupole SD zur Korrektur der vertikalen Fokussierungsstärke in der Nähe der vertikal fokusssierenden Quadrupole QD. Dort ist die vertikale Strahlausdehnung größer als die horizontale Strahlausdehnung, weshalb die Sextupole SD primär die vertikale Fokussierung korrigieren. Die Sextupole SF und SD werden jeweils zu einer Familie zusammengefasst und so erregt, dass die *chromatischen* Aberrationen zweiter Ordnung verschwinden. Man kann zeigen, dass aufgrund der hohen inneren Symmetrie des Systems bei richtiger Einstellung der beiden Parameter SF und SD bis auf T_{566} sämtliche chromatischen Aberrationen T_{ij6} gleichzeitig verschwinden [Ca81]. Die durch die Sextupole SF und SD hervorgerufenen *geometrischen* Aberrationen kompensieren sich automatisch aufgrund der inneren Symmetrie des Systems. Wir können uns dies leicht anhand der Abb. 4.41 klar machen. Jedes Korrekturelement SF oder SD hat im Abstand von zwei Einheitszellen einen Partner. Durch die $(-I)$-Transformation kommt es zur gegenseitigen Kompensation der geometrischen Aberrationen.

Ähnliche Systeme wie der von Brown vorgeschlagene Achromat werden heute mit großem Erfolg zur chromatischen Korrektur von großen Kreisbeschleunigern und Speicherringen benutzt. Eine mögliche Variante ist in der Abb. 4.42 gezeigt. Das System besteht aus einer periodischen Anordnung von FODO-Zellen, d. h. Quadrupolen QF und QD mit jeweils einem Korrektursextupol SF und SD. Zwischen den Quadrupolen befinden sich die Ablenkmagnete A. Die Quadrupole werden so erregt, dass zwei Einheitszellen ein $(-I)$-Modul bilden.

Übungsaufgaben

4.1 Beweisen Sie (4.212) durch direktes Ausrechnen (Matrixmultiplikation) unter Verwendung der Näherung (4.211) für die horizontale und vertikale Brennweite des einzelnen Quadrupols.

4.2 Skizzieren den Verlauf der cosinus- und sinusähnlichen Trajektorien zwischen der Gegenstands- und Bildebene für das in Abb. 4.27 dargestellte System.

4.3 Skizzieren den Verlauf der cosinus- und sinusähnlichen Trajektorien zwischen der Gegenstands- und Bildebene für das in Abb. 4.35 dargestellte System.

4.4 Beweisen Sie (4.213) durch direktes Ausrechnen (Matrixmultiplikation).

4.5 Beweisen Sie (4.213) im Rahmen des TWISS-Matrixformalismus (siehe Abschn. 6.3).
Hinweis: Das in Abb. 4.33 skizzierte System besteht aus drei identischen FODO-Zellen. Der gesamte Betatronphasenvorschub μ beträgt für die $(1 : -1)$-Abbildung π und für die $(1 : +1)$-Abbildung 2π. Für die einzelne FODO-Zelle erhalten wir damit $\mu = \pi/3$ bzw. $\mu = 2\pi/3$.

4.6 Beweisen Sie (4.216) durch direktes Ausrechnen (Matrixmultiplikation).

4.7 Zeigen Sie die Gültigkeit von (4.219) und (4.221).
Hinweis: Die Brennweite der axialen Kantenfokussierung muss stets gleich der Driftstrecke zwischen Schlitz und Kante sein, d.h. $L = \rho_0/\tan\beta$.

4.8 Zeigen Sie durch Nachrechnen die Gültigkeit von (4.235) und (4.236).

4.9 Wir betrachten ein Quadrupoldublett aus zwei baugleichen Quadrupolen, die mit entgegengesetzter Polung in Serie an ein Netzgerät angeschlossen sind. Der erste Quadrupol sei radial fokussierend, der zweite radial defokussierend. Berechnen Sie im Rahmen der Näherung (4.190) den Betrag der Quadrupolbrechkraft $1/f$, die zur Realisierung einer Punkt-zu-Punkt Abbildung in x- und y-Richtung notwendig ist. Folgende Abstände seien vorgegeben: Gegenstandsebene – Mitte des ersten Quadrupols $l = 2$ m, Mitte des ersten Quadrupols – Mitte des zweiten Quadrupols: $d = 0{,}5$ m, Mitte des zweiten Quadrupols – Bildebene: $l = 2$ m. Wie groß sind die Abbildungsmaßstäbe M_x und M_y?

4.10 Zeigen Sie die Gültigkeit von (4.210).

4.11 Zeigen Sie am Beispiel einer äquidistanten Anordnung aus sechs Quadrupolmagneten mithilfe von (6.80), dass eine doppeltteleskopische Einstellung möglich ist, bei der (4.214) gilt, d.h. $R_x = +I$ und $R_y = -I$ ist.

4.12 Wir betrachten die Auswirkung einer „passiven" Rotation auf die Strahlmatrix σ. An einer bestimmten Stelle s_0 in einem Strahlführungssystem soll das (x, y)-Koordinatensystem um den Winkel α gedreht werden, da sämtliche nachfolgenden Strahlführungselemente um den Winkel α gedreht sind. Wie lautet die Strahlmatrix σ in dem gedrehten System?

4.13 Ein Strahlrotator bewirkt eine „aktive" Rotation des Strahles. Das Koordinatensystem wird nicht gedreht. Wir betrachten im Zusammenhang mit dem Brown'schen Strahlrotator die Auswirkung einer „aktiven" Rotation auf die Strahlmatrix σ. Für bestimmte Anwendungen ist es notwendig, den Strahl (Strahlmatrix σ_0) mithilfe eines Strahlrotators zu drehen, d. h. auf ein gedrehtes Koordinatensystem anzupassen (z. B. bei der Kombination von zwei Strahlpräparationssystemen mit unterschiedlicher magnetischer Mittelebene oder bei der Dispersionsanpassung eines vertikal ablenkenden Spektrographen an ein horizontales Strahlpräparationssystem). Eine besonders elegante Lösung ist der Brown'sche Strahlrotator. Er besteht aus einer um den Winkel α gedrehten, teleskopischen Anordnung von sechs Quadrupolmagneten. Die Quadrupole sind so erregt, dass für die Transfermatrix R die Bedingung $R_x = +I$ und $R_y = -I$ (siehe Übungsaufgabe [4.11]) erfüllt ist. Zeigen Sie, dass mithilfe dieses Systems der Strahl um den Winkel 2α gedreht wird und nach der Drehung mit $R_x = +I$ und $R_y = -I$ abgebildet wird, d. h. dass folgende Gleichungen gelten:

$$RR(2\alpha) = R(-\alpha)RR(\alpha)\,.$$

$$\sigma = RR(2\alpha)\sigma_0 R^{\mathrm{T}}(2\alpha)R^{\mathrm{T}}\,.$$

4.14 Ein Strahl mit $\sqrt{\sigma_{11}} = 1$ mm, $\sqrt{\sigma_{22}} = 5$ mrad, $\sigma_{12} = 0$, $\sigma_{16} = 0$, $\sigma_{26} = 0$ und $\sqrt{\sigma_{66}} = 1$ promille wird durch ein Monochromatorsystem mit $R_{11} = -1$, $R_{12} = 0$, $R_{16} = 10$ m, $R_{21} = 0$, $R_{22} = -1$ und $R_{26} = 0$ transformiert. Berechnen Sie die (3×3)-σ_x-Matrix nach der Transformation!

4.15 Skizzieren Sie ein System, mit dessen Hilfe die dispersive Aufweitung eines Strahls rückgängig gemacht werden kann. Die σ-Matrix des dispersiv aufgeblähten Strahls ist durch $(\sigma_{16}, \sigma_{26}) \neq (0,0)$ gekennzeichnet. Die Transfermatrix soll so beschaffen sein, dass am Ende des Systems $(\sigma_{16}, \sigma_{26}) = (0,0)$.

4.16 In einem Strahlführungssystem sei das horizontale Strahlprofil im Bereich einer Driftstrecke an den Stellen s_1, $s_2 = s_1 + 1$ m und $s_3 = s_1 + 2$ m gemessen. Die Standardabweichungen betragen $\sigma_x(s_1) = 2{,}8$ mm, $\sigma_x(s_2) = 4{,}5$ mm, $\sigma_x(s_3) = 6{,}3$ mm. Berechnen Sie die Position der Strahltaille und geben Sie σ_x und $\sigma_{x'}$ an dieser Stelle an! Wie groß ist die Emittanz $\pi\epsilon_x^{1\sigma}$?

4.17 Berechnen Sie die Transfermatrix eines Rechteckmagneten mit dem Ablenkwinkel α und dem Krümmungsradius ρ_0!

4.18 Berechnen Sie die Transfermatrizen R_x und R_y für das in Abb. 4.5 dargestellte System!

5

Ionenoptik mit elektrostatischen Linsen

Die Ionenoptik mit elektrostatischen Linsen wird in enger Anlehnung an die
Magnetionenoptik formuliert. Zunächst werden rotationssymmetrische Linsen behandelt. Nach der Einführung des Koordinatensystems betrachten wir
die paraxiale Strahlengleichung. Die Lösung formulieren wir im Rahmen des
Matrixformalismus. Wir diskutieren den Zusammenhang mit der geometrischen Optik und geben die Gleichungen zur Transformation der longitudinalen Ortsabweichung bei elektrostatischer Beschleunigung an. Elektrostatische
Linsen mit Mittelebenensymmetrie (elektrostatische Quadrupole und elektrostatische Deflektoren) werden ebenfalls diskutiert. Am Ende betrachten wir
die σ-Matrix zur Beschreibung der Phasenellipsen.

5.1 Vorbemerkung

Nach der Extraktion eines Ionenstrahls aus der Ionenquelle werden zur ersten
Beschleunigung und zur Formierung des Strahls elektrostatische Linsen eingesetzt. Die Präparation und Beschleunigung von Elektronenstrahlen geschieht
in der Regel ebenfalls mit elektrostatischen Linsen. Die Ionenoptik mit elektrostatischen Linsen wird daher auch Elektronenoptik genannt. Elektrostatische
Linsen sind von zentraler Bedeutung bei elektrostatischen Beschleunigern wie
z. B. dem Cockcroft-Walton- und Van de Graaff-Beschleuniger. Ein weites An-
wendungsfeld ist auch die Strahlpräparation niederenergetischer Elektronen
und Ionen für Streuexperimente. Inzwischen gibt es sogar schon Speicherringe, bei denen ausschließlich elektrostatische Linsen und Deflektoren verwendet
werden. In diesem Kapitel soll die Matrixdarstellung der Ionenoptik elektrostatischer Linsen mit Rotations- und Mittelebenensymmetrie in linearer Näherung beschrieben werden. Die Darstellung geschieht in enger Anlehnung an
den Formalismus des Kap. 4. Die Theorie der elektrostatischen Linsen wurde
in der Zeit von 1930 bis 1945 entwickelt.

5.2 Koordinatensystem, Matrixformalismus

Wir definieren ein Koordinatensystem wie in der Magnetionenoptik. Die transversale Ortsabweichung von der Sollachse wird mithilfe eines begleitenden (x, y)-Koordinatensystems beschrieben, das sich entsprechend der Geschwindigkeit des Teilchens entlang der zentralen Bahn bewegt. Durch die Angabe des längs der Sollbahn zurückgelegten Weges s ist die momentane Position der (x, y)-Ebene festgelegt. Die momentane Position eines Teilchens ist durch die Koordinaten (x, y, s) vollständig bestimmt, die Bahnkurve ist durch die Funktionen $x(s)$ und $y(s)$ festgelegt.

Wir beschränken uns im Folgenden zunächst auf zylindersymmetrische Anordnungen. Die Sollachse des Systems ist gleich der Zylinderachse. Wegen der Rotationssymmetrie sind die Bewegungsgleichungen in linearer Näherung entkoppelt, und die beiden Transportmatrizen $R_x(s)$ und $R_y(s)$ sind gleich. Es gilt daher

$$\begin{pmatrix} x(s) \\ x'(s) \end{pmatrix} = \begin{pmatrix} R_{11} & R_{12} \\ R_{21} & R_{22} \end{pmatrix} \begin{pmatrix} x(0) \\ x'(0) \end{pmatrix} , \tag{5.1}$$

$$\begin{pmatrix} y(s) \\ y'(s) \end{pmatrix} = \begin{pmatrix} R_{11} & R_{12} \\ R_{21} & R_{22} \end{pmatrix} \begin{pmatrix} y(0) \\ y'(0) \end{pmatrix} . \tag{5.2}$$

In der Theorie der rotationssymmetrischen, elektrischen Linsen werden häufig die kartesischen Koordinaten (x, y, s) durch Zylinderkoordinaten[1] (r, φ, s) ersetzt, und die Teilchenbewegung wird stillschweigend auf Meridianebenen[2] beschränkt. Zur Beschreibung dieser Teilchenbahnen genügt die radiale[3] Ortsabweichung $r(s)$ und die radiale Richtungsabweichung $r'(s)$. Die Koordinate φ wird nicht berücksichtigt. Die Einschränkung auf meridionale Bahnen bedeutet $\varphi = $ const und $\varphi' = 0$. In linearer Näherung ergeben sich für meridionale Bahnen $r(s)$ die gleichen Lösungen wie für $x(s)$ und $y(s)$, d. h. für die entsprechende Transportmatrix gilt

$$\begin{pmatrix} r(s) \\ r'(s) \end{pmatrix} = \begin{pmatrix} R_{11} & R_{12} \\ R_{21} & R_{22} \end{pmatrix} \begin{pmatrix} r(0) \\ r'(0) \end{pmatrix} . \tag{5.3}$$

---

[1] Der Zusammenhang zwischen den kartesischen Koordinaten und den Zylinderkoordinaten lautet $x = r \cos \varphi$, $y = r \sin \varphi$. Um Missverständnissen vorzubeugen, weisen wir darauf hin, dass das Symbol r doppelt verwendet wird. Es kennzeichnet normalerweise den Betrag des Ortsvektors r vom Ursprung O des ortsfesten Koordinatensystems (siehe Abb. 4.1). Die richtige Zuordnung ergibt sich aus dem Kontext.

[2] Meridianebenen sind Ebenen durch die Achse von rotationssymmetrischen Systemen.

[3] Der Begriff „radial" hat hier eine andere Bedeutung als in der Magnetionenoptik, wo die Größen x und x' radiale Orts- und Richtungsabweichung genannt werden. Hier ist die radiale Orts- und Richtungsabweichung auf die Zylinderachse des rotationssymmetrischen Systems bezogen.

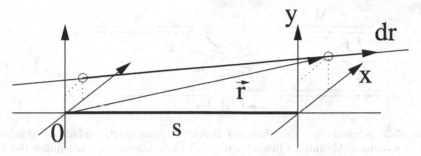

Abb. 5.1. Begleitendes Koordinatensystem

Die Beschränkung auf Teilchenbahnen mit $\varphi' = 0$, d.h. nur Richtungsabweichungen in radialer Richtung, ist jedoch eine unnötige Einschränkung, die auch sonst keine weiteren Vorteile bringt.

Zur vollständigen Beschreibung im 6-dimensionalen Phasenraum verwenden wir wie in der Magnetionenoptik die Orts- und Richtungsabweichungen in x- und y-Richtung sowie die longitudinale Ortsabweichung l und die relative Impulsabweichung $\delta = \Delta p/p_0$ (siehe Kap. 4.1), die wir zu einem 6-dimensionalen Vektor $\boldsymbol{x}$ zusammenfassen. Für den Strahltransport schreiben wir in linearer Näherung

$$\boldsymbol{x}(s) = R(s)\boldsymbol{x}(0)\,. \tag{5.4}$$

Die (6×6)-dimensionale Transportmatrix $R(s)$ hat die folgende allgemeine Form

$$R = \begin{pmatrix} R_{11} & R_{12} & 0 & 0 & 0 & 0 \\ R_{21} & R_{22} & 0 & 0 & 0 & 0 \\ 0 & 0 & R_{11} & R_{12} & 0 & 0 \\ 0 & 0 & R_{21} & R_{22} & 0 & 0 \\ 0 & 0 & 0 & 0 & R_{55} & R_{56} \\ 0 & 0 & 0 & 0 & 0 & R_{66} \end{pmatrix}\,. \tag{5.5}$$

5.3 Die paraxiale Strahlengleichung

Das zentrale Element der elektrostatischen Ionenoptik ist die Rohrlinse (auch Immersionslinse genannt). Eine Rohrlinse besteht aus zwei an den Stirnflächen elektrostatisch günstig geformten Metallrohren, die sich auf unterschiedlichem elektrischen Potential V_1 und V_2 befinden. Das Schema ist in der Abb. 5.2 angedeutet. Wir leiten zunächst die Bewegungsgleichung, d.h. die paraxiale Strahlengleichung für solche rotationssymmetrische elektrische Felder ab. Der Ausgangspunkt ist die Newton'sche Bewegungsgleichung

$$\frac{\mathrm{d}}{\mathrm{d}t}\boldsymbol{p} = q\boldsymbol{E} = q(-\boldsymbol{\nabla}V)\,. \tag{5.6}$$

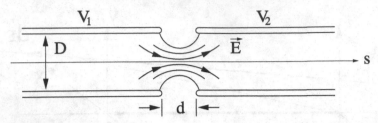

Abb. 5.2. Schema einer Rohrlinse zur Beschleunigung positiv geladener Teilchen. Die Spannungen V_1 und V_2 bezeichnen die Potentialdifferenzen gegenüber der Ionenquelle. Das elektrische Feld wirkt vor dem Spalt radial fokussierend und nach dem Spalt radial defokussierend

Das elektrische Feld ergibt sich als Gradient des Potentialfeldes $V(\mathbf{r})$. Für die einzelnen Komponenten erhält man damit

$$\frac{\mathrm{d}}{\mathrm{d}t}(\gamma m \dot{x}) = -q\frac{\partial V}{\partial x}\,,$$

$$\frac{\mathrm{d}}{\mathrm{d}t}(\gamma m \dot{y}) = -q\frac{\partial V}{\partial y}\,, \tag{5.7}$$

$$\frac{\mathrm{d}}{\mathrm{d}t}(\gamma m \dot{s}) = -q\frac{\partial V}{\partial s}\,.$$

Die formalen Strukturen der Bewegungsgleichungen in x- und y-Richtung sind gleich. Wir betrachten daher zunächst nur die Bewegungsgleichung für eine transversale Richtung, z. B. die x-Richtung.

Wir ersetzen nun die Zeit t durch den Weg s längs der Sollachse, indem wir die Komponente v_s der momentanen Teilchengeschwindigkeit einführen

$$v_s = \frac{\mathrm{d}s}{\mathrm{d}t}\,, \qquad \frac{\mathrm{d}}{\mathrm{d}t} = v_s\frac{\mathrm{d}}{\mathrm{d}s}\,. \tag{5.8}$$

Wir notieren in diesem Zusammenhang die Gleichungen

$$\dot{x} = v_s x'\,, \qquad \dot{y} = v_s y'\,, \qquad v^2 = v_s^2(1 + x'^2 + y'^2)\,. \tag{5.9}$$

Die Ersetzung von t durch s in den Gleichungen (5.7) geschieht nun in zwei Schritten. Wir notieren die Zwischenschritte nur für die x-Komponente. Im ersten Schritt wird in (5.7) $\dot{x}$ durch $v_s x'$ ersetzt,

$$\frac{\mathrm{d}}{\mathrm{d}t}(\gamma m v_s x') = -q\frac{\partial V}{\partial x}\,.$$

Die Differenziation nach der Zeit ergibt nach der Kettenregel

$$x'\frac{\mathrm{d}}{\mathrm{d}t}(\gamma m v_s) + \gamma m v_s\frac{\mathrm{d}}{\mathrm{d}t}x' = -q\frac{\partial V}{\partial x}\,.$$

Im zweiten Schritt wird der erste Term entsprechend (5.7) und der zweite Term entsprechend (5.8) umgeformt,

$$x' \left(-q\frac{\partial V}{\partial s}\right) + \gamma m v_s^2 x'' = -q\frac{\partial V}{\partial x} .$$

Damit erhalten wir unter Berücksichtigung von (5.9) schließlich die paraxiale Strahlengleichung für x und ganz analog für y,

$$x'' = \frac{1 + x'^2 + y'^2}{\gamma m v^2} q \left(x'\frac{\partial V}{\partial s} - \frac{\partial V}{\partial x}\right) ,$$
$$y'' = \frac{1 + x'^2 + y'^2}{\gamma m v^2} q \left(y'\frac{\partial V}{\partial s} - \frac{\partial V}{\partial y}\right) .$$

(5.10)

Die Größe $\gamma m v^2$ ist das Produkt aus Geschwindigkeit und Impuls, $\gamma m v^2 = pv = p\beta c$. Sie hängt mit der kinetischen Energie T und der Gesamtenergie E folgendermaßen zusammen:

$$pv = \frac{(pc)^2}{E} = \frac{2mc^2 T + T^2}{mc^2 + T} = T\frac{2mc^2 + T}{mc^2 + T} .$$

(5.11)

Die kinetische Energie eines Teilchens wird im elektrischen Feld durch den Momentanwert des elektrischen Potentials $V(r)$ bestimmt. In der Theorie der elektrostatischen Linsen wird als Nullpunkt für das elektrische Potential V üblicherweise die Ionen- bzw. Elektronenquelle gewählt (siehe Abb. 5.3). Da dort die kinetische Energie der geladenen Teilchen null ist, gilt aus Energieerhaltungsgründen

$$T + qV = 0 .$$

(5.12)

Mit anderen Worten ausgedrückt heißt dies, die Summe aus potentieller und kinetischer Energie ist null, und es gilt

$$T = -qV .$$

(5.13)

Im Falle von Elektronen ist die Ladung q negativ, und das elektrische Potential V muss zur Beschleunigung der Elektronen *positiv* sein. Im Falle von

Abb. 5.3. Zusammenhang zwischen der kinetischen Energie T und dem elektrischen Potential V

positiv geladenen Ionen ist q positiv, und V muss zur Beschleunigung *negativ* sein. Die Größe $-qV$ ist in beiden Fällen *positiv*. Für die Größe pv ergibt sich damit der folgende Zusammenhang mit dem elektrischen Potential V

$$pv = -qV\frac{2mc^2 - qV}{mc^2 - qV}.$$

(5.14)

In nichtrelativistischer Näherung, d. h. für $-qV \ll mc^2$, ist

$$pv \approx 2T = -2qV.$$

(5.15)

Zur Lösung der paraxialen Strahlengleichung führen wir die lineare Näherung ein. Eine weitere große Vereinfachung ergibt sich, wenn wir die Rotationssymmetrie und die Laplacegleichung $\Delta V = 0$ berücksichtigen. Mit Zylinderkoordinaten erhält man

$$V(r, \varphi, s) = \sum_{n=0}^{\infty} (-1)^n \frac{V^{(2n)}}{(n!)^2} \left(\frac{r}{2}\right)^{2n},$$

$$V(r, \varphi, s) = V(s) - \frac{r^2}{4}V''(s) + \cdots.$$

(5.16)

Mit kartesischen Koordinaten findet man

$$V(x, y, s) = V(s) - \frac{x^2 + y^2}{4}V''(s) + \cdots.$$

(5.17)

Die Funktion $V(s)$ ist die Potentialfunktion längs der Sollachse. Aus $V(s)$ können wir unmittelbar die gesamte Potentialverteilung $V(x, y, s)$ im Raume deduzieren. Für $\partial V/\partial x$ und $\partial V/\partial y$ erhalten wir in linearer Näherung

$$\frac{\partial V}{\partial x} = -\frac{x}{2}V'',$$

$$\frac{\partial V}{\partial y} = -\frac{y}{2}V''.$$

Die paraxiale Strahlengleichung (5.10) lautet damit in linearer Näherung (x'^2 und y'^2 werden in der linearen Näherung vernachlässigt):

$$x'' = \frac{q}{pv}\left(x'V' + \frac{x}{2}V''\right),$$

$$y'' = \frac{q}{pv}\left(y'V' + \frac{y}{2}V''\right).$$

(5.18)

5.4 Lösung der paraxialen Strahlengleichung

Eine grobe Näherung erhalten wir für die Rohrlinse, wenn wir das Potential $V(s)$ längs der Achse durch eine Funktion approximieren, bei der zwischen s_1 und s_2 der Potentialgradient V' konstant ist (siehe Abb. 5.4). Der hier geschilderte, spezielle Lösungsweg bezieht sich auf Arbeiten von Gans [Ga37], Elkind [El53] und Timm [Ti55]. Wertvolle Hinweise zur Lösung der paraxialen Strahlengleichung bei relativistischen Energien findet man bei Zworykin et al. [Zw45] und Lawson [La88]. Wegen der Rotationssymmetrie genügt es, die Lösung für die x-Komponente zu betrachten. Wir suchen zunächst die Lösung von (5.18) für die Ein- und Austrittskanten.

An der Ein- und Austrittskante, d. h. an den Stellen s_1 und s_2, ist xV'' sehr groß gegenüber $x'V'$. Daher vernachlässigen wir den Term $x'V'$ in der Differenzialgleichung (5.18). Aus der Integration über die Kanten ergibt sich in der Näherung für dünne Linsen ($\Delta s \to 0$)

$$\Delta x' = \lim_{\Delta s \to 0} \int_{s_i - \Delta s}^{s_i + \Delta s} x'' \mathrm{d}s = \lim_{\Delta s \to 0} \int_{s_i - \Delta s}^{s_i + \Delta s} \frac{xqV''}{2pv} \mathrm{d}s, \quad i = 1, 2. \tag{5.19}$$

Für die erste Kante erhält man damit eine abrupte Richtungsänderung $\Delta x'$, die dem abrupten Übergang von $V' = 0$ nach $V' = (V_2 - V_1)/L$ entspricht. Sie ist proportional zur Änderung von V' und zur momentanen Ortsabweichung $x_1 = x(s_1)$,

$$\Delta x' = +\frac{q}{2p_1 v_1} \frac{V_2 - V_1}{L} x_1 = -\frac{1}{2p_1 v_1} \frac{T_2 - T_1}{L} x_1 = -\frac{1}{2p_1 v_1} \frac{E_2 - E_1}{L} x_1 .$$

Die entsprechende Transportmatrix lautet

$$R_x = \begin{pmatrix} 1 & 0 \\ -\frac{1}{2p_1 v_1} \frac{E_2 - E_1}{L} & 1 \end{pmatrix} . \tag{5.20}$$

Für die zweite Kante erhält man ebenfalls eine abrupte Richtungsänderung von entgegengesetztem Vorzeichen,

$$\Delta x' = -\frac{q}{2p_2 v_2} \frac{V_2 - V_1}{L} x_2 = +\frac{1}{2p_2 v_2} \frac{T_2 - T_1}{L} x_2 = +\frac{1}{2p_2 v_2} \frac{E_2 - E_1}{L} x_2 .$$

Die entsprechende Transportmatrix lautet

$$R_x = \begin{pmatrix} 1 & 0 \\ +\frac{1}{2p_2 v_2} \frac{E_2 - E_1}{L} & 1 \end{pmatrix} . \tag{5.21}$$

Für das Zwischengebiet von s_1 nach s_2 finden wir wegen $V'' = 0$

$$\frac{x''}{x'} = \frac{qV'}{pv} = -\frac{\dot{p}}{pv} = -\frac{p'}{p} .$$

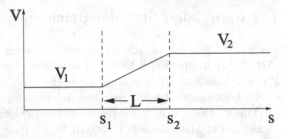

Abb. 5.4. Grobe Näherung des Potentials $V(s)$ längs der Achse einer Rohrlinse. $L \approx D + d$ (siehe Abb. 5.2)

In dieser Gleichung haben wir stillschweigend die lineare Näherung $p \approx p_s$, $p' \approx p'_s$ und $v \approx v_s$ verwendet. Die logarithmische Integration liefert

$$\ln x'_2 - \ln x'_1 = \ln p_1 - \ln p_2 \,,$$

$$\frac{x'_2}{x'_1} = \frac{p_1}{p_2} \,,$$

d. h. die Richtungsabweichung ändert sich auf dem Weg von s_1 nach s_2 um den Faktor p_1/p_2. Für Zwischenwerte gilt

$$x' = x'_1 \frac{p_1}{p} \,.$$

Die Änderung der Ortsabweichung erhält man durch Integration,

$$x_2 - x_1 = \int_1^2 x' \mathrm{d}s = x'_1 p_1 \int_1^2 \frac{\mathrm{d}s}{p} \,. \tag{5.22}$$

Wir skizzieren hier zunächst die Integration in nichtrelativistischer Näherung, bei der $p \sim \sqrt{V}$,

$$x_2 - x_1 = x'_1 \sqrt{V_1} \int_1^2 \frac{\mathrm{d}s}{\sqrt{V}} \,.$$

Das Differenzial $\mathrm{d}s$ ersetzen wir durch $\mathrm{d}V$, indem wir die Konstanz des Potentialgradienten ausnutzen,

$$\frac{\mathrm{d}V}{\mathrm{d}s} = \frac{V_2 - V_1}{L} = const \,.$$

Damit erhalten wir

$$x_2 - x_1 = x'_1 \sqrt{V_1} \frac{L}{V_2 - V_1} \int_1^2 \frac{\mathrm{d}V}{\sqrt{V}} = x'_1 \sqrt{V_1} \frac{L}{V_2 - V_1} 2 \left(\sqrt{V_2} - \sqrt{V_1} \right)$$

$$= x'_1 L \frac{2}{1 + \sqrt{V_2/V_1}} = x'_1 L \frac{2}{1 + p_2/p_1} \tag{5.23}$$

Die relativistisch exakte Lösung erhalten wir, indem wir in (5.22) ds durch dp ersetzen. Die hierzu notwendige Beziehung ergibt sich wiederum aus der Konstanz des Potentialgradienten V' und damit der Konstanz von $\dot{p} = v\,dp/ds$,

$$\dot{p} = -qV' = -q\frac{V_2 - V_1}{L} = \frac{E_2 - E_1}{L}\,,$$

$$ds = \frac{L}{E_2 - E_1}\,v\,dp\,.$$

Einsetzen in (5.22) liefert

$$x_2 - x_1 = x'_1 p_1 \frac{L}{E_2 - E_1} \int_1^2 v\frac{dp}{p}\,.$$

Wir erinnern uns, dass $v = pc^2/E$ und $E = \sqrt{(mc^2)^2 + (pc)^2}$ und erhalten

$$x_2 - x_1 = x'_1 p_1 \frac{L}{E_2 - E_1} \int_1^2 \frac{c^2 dp}{\sqrt{(mc^2)^2 + (pc)^2}}$$

$$= x'_1 L \frac{p_1 c}{E_2 - E_1} \ln \frac{p_2 c + E_2}{p_1 c + E_1}\,. \tag{5.24}$$

Man kann leicht zeigen, dass die nichtrelativistische Näherung (5.23) in dieser Gleichung enthalten ist. Wir erhalten damit die *Transfermatrix für eine Beschleunigungsstrecke* mit konstanter Beschleunigung, d. h. konstantem Potential- und Energiegradienten,

$$R_x = \begin{pmatrix} 1 & L_{\text{eff}} \\ 0 & p_1/p_2 \end{pmatrix}, \quad L_{\text{eff}} = L\frac{p_1 c}{E_2 - E_1} \ln \frac{p_2 c + E_2}{p_1 c + E_1}\,. \tag{5.25}$$

Insgesamt, d. h. einschließlich der Richtungsänderungen am Beginn und Ende des Segmentes, ergibt sich die Matrix

$$R_x = \begin{pmatrix} 1 & 0 \\ +\frac{E_2-E_1}{2p_2 v_2}\frac{1}{L} & 1 \end{pmatrix} \begin{pmatrix} 1 & L_{\text{eff}} \\ 0 & \frac{p_1}{p_2} \end{pmatrix} \begin{pmatrix} 1 & 0 \\ -\frac{E_2-E_1}{2p_1 v_1}\frac{1}{L} & 1 \end{pmatrix}\,. \tag{5.26}$$

In nichtrelativistischer Näherung erhalten wir mit $L_{\text{eff}} = 2L/(1 + p_2/p_1)$ und $N = T_2/T_1$

$$R_x = \begin{pmatrix} 1 & 0 \\ +\frac{N-1}{4N}\frac{1}{L} & 1 \end{pmatrix} \begin{pmatrix} 1 & \frac{2}{1+\sqrt{N}}L \\ 0 & \frac{1}{\sqrt{N}} \end{pmatrix} \begin{pmatrix} 1 & 0 \\ -\frac{N-1}{4}\frac{1}{L} & 1 \end{pmatrix}$$

$$= \begin{pmatrix} \frac{3-\sqrt{N}}{2} & \frac{2}{1+\sqrt{N}}L \\ -\frac{3}{8}\frac{(N-1)(\sqrt{N}-1)}{N}\frac{1}{L} & \frac{3\sqrt{N}-1}{2N} \end{pmatrix}\,. \tag{5.27}$$

Die gesamte Transformation ist das Produkt aus drei Matrizen. Für $E_2 > E_1$ ergibt sich die Sequenz

Sammellinse – modifizierte Driftstrecke – Zerstreuungslinse

Für $E_2 < E_1$ ergibt sich die umgekehrte Sequenz. Anders ausgedrückt ergibt sich die folgende Regel: (i) $E'' = -qV'' > 0$ bedeutet fokussierend. (ii) $E'' = -qV'' < 0$ bedeutet defokussierend. In jedem Fall überwiegt die fokussierende Wirkung gegenüber der defokussierenden Wirkung. Für die Determinante finden wir

$$\det(R_x) = p_1/p_2 \,. \tag{5.28}$$

Die Größen p, pv, und E sind durch das Potential V festgelegt, das die momentane kinetische Energie T vorgibt. Die folgenden Gleichungen geben den relativistisch exakten Zusammenhang. Die Lichtgeschwindigkeit c wird in diesen Gleichungen nicht gleich Eins gesetzt, sondern ausdrücklich mitgeführt,

$$
\begin{aligned}
T &= -qV \,, \\
E &= -qV + mc^2 \,, \\
pc &= \sqrt{E^2 - (mc^2)^2} \,, \\
pv &= \frac{p^2 c^2}{E} \,.
\end{aligned}
\tag{5.29}
$$

5.5 Die allgemeinen Lösungen in Matrixdarstellung

In diesem Abschnitt stellen wir die Matrizen zur Beschreibung der Ionenoptik mit elektrostatischen Linsen zusammen.

5.5.1 Driftstrecke

Eine Driftstrecke zeichnet sich dadurch aus, dass das Potential $V(s)$ konstant ist, d. h. $V'(s) = 0$ und $V''(s) = 0$ in (5.18). Für die Driftstrecke der Länge L gilt wie in der Magnetionenoptik

$$R_x = R_y = \begin{pmatrix} 1 & L \\ 0 & 1 \end{pmatrix} \,. \tag{5.30}$$

5.5.2 Beschleunigungsstrecke

Für eine Beschleunigungsstrecke mit konstanter Beschleunigung notieren wir

$$R_x = R_y = \begin{pmatrix} 1 & L_{\text{eff}} \\ 0 & p_1/p_2 \end{pmatrix}, \quad L_{\text{eff}} = L \frac{p_1 c}{E_2 - E_1} \ln \frac{p_2 c + E_2}{p_1 c + E_1} \,. \tag{5.31}$$

Der Index 1 bezieht sich auf den Anfang der Strecke, der Index 2 auf das Ende.

5.5.3 Rohrlinse

Für grobe Abschätzungen verwenden wir die Gleichung (5.26), d.h. die in
Abb. 5.4 skizzierte grobe Näherung. Zur genauen Berechnung verwenden wir
eine Methode, die von Timm [Ti55] entwickelt wurde. Die Rohrlinse wird
durch ein Produkt von Matrizen beschrieben. Diese Methode ermöglicht eine
beliebig genaue Annäherung an den tatsächlichen Verlauf des Potentials $V(s)$
längs der Symmetrieachse. Es besteht nämlich die Möglichkeit, die Potential-
kurve durch einen Polygonzug zu approximieren. Hierzu wird der Bereich, in
dem sich das Potential $V(s)$ ändert, in viele kleine Segmente unterteilt (siehe
Abb. 5.5). Wir notieren die Matrix $R_i = R_{x,i} = R_{y,i}$ für ein Segment. Die
Matrix eines Segmentes hat die gleiche einfache Struktur wie (5.26). Sie kann
stets als Produkt von drei Matrizen geschrieben werden,

$$R_i = \begin{pmatrix} 1 & 0 \\ +\frac{E_{i+1}-E_i}{2p_{i+1}v_{i+1}}\frac{1}{L_i} & 1 \end{pmatrix} \begin{pmatrix} 1 & L_{\text{eff}\,i} \\ 0 & \frac{p_i}{p_{i+1}} \end{pmatrix} \begin{pmatrix} 1 & 0 \\ -\frac{E_{i+1}-E_i}{2p_iv_i}\frac{1}{L_i} & 1 \end{pmatrix} . \qquad (5.32)$$

Die erste Matrix beschreibt den Übergang aus einem feldfreien Raum in
einen Raum mit konstantem Energiegradienten. Die zweite Matrix beschreibt
die Transformation bei konstantem Energiegradienten. Die dritte Matrix beschreibt den Übergang aus einem Raum mit konstantem Energiegradienten in einen feldfreien Raum. Die Unterteilung muss nicht äquidistant sein,
die Längen L_i der einzelnen Segmente können individuell angepasst werden.
Wenn die Potentialfunktion $V(s)$ eine starke Krümmung hat, d.h. V'' relativ
groß ist, wird man L_i entsprechend klein wählen. Bei n Segmenten erhält
man n Matrizen gemäß (5.33) und die gesamte Matrix R als Matrixprodukt

$$R = R_n\, R_{n-1} \cdots R_1 . \qquad (5.33)$$

Zur Vereinfachung der Schreibweise haben wir den Index x bzw. y bei dem
Symbol R weggelassen. Die Matrix R repräsentiert R_x und R_y, $R = R_x = R_y$.

Bei der soeben geschilderten Timm'schen Methode werden beim Übergang
von einem Segment zum nächsten Segment jeweils zwei Matrizen vom Typ
(5.20) bzw. (5.21) miteinander multipliziert. Die resultierende Matrix hat die

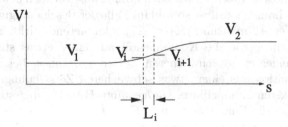

Abb. 5.5. Unterteilung in n Segmente

gleiche Form wie die Matrix der im nächsten Abschnitt beschriebenen Aperturlinse. Für den Übergang vom Segment $i-1$ mit dem Energiegradienten E'_{i-1} zum Segment i mit dem Energiegradienten E'_i erhalten wir z. B. mit

$$E'_i - E'_{i-1} = \frac{E_{i+1} - E_i}{L_i} - \frac{E_i - E_{i-1}}{L_{i-1}},$$

$$R_x = R_y = \begin{pmatrix} 1 & 0 \\ -\frac{E'_i - E'_{i-1}}{2p_i v_i} & 1 \end{pmatrix}. \tag{5.34}$$

Man kann daher stets diese Matrix anstelle der Multiplikation von zwei Matrizen verwenden, bei denen der Übergang des Energiegradienten $E'_{i-1} \to 0$ und $0 \to E'_i$ beschrieben wird.

Die Funktion $V(s)$ kann durch Messungen im elektrolytischen Trog oder durch numerische Lösung der Laplacegleichung $\triangle V = 0$ sehr genau bestimmt werden. Die Lösung ist durch die Randbedingung festgelegt, dass an den Oberflächen der Elektroden 1 und 2 die Potentialwerte V_1 bzw. V_2 vorgegeben sind. Für viele Anwendungen reichen auch analytische Näherungen aus. Man erhält z. B. für zwei Rohre mit gleichem Innenradius R und einem Abstand d, der klein gegenüber R ist (siehe Abb. 5.2), die Näherung [Ol55]

$$V(s) = \frac{V_1 + V_2}{2} + \frac{V_2 - V_1}{2} \tanh\left(\omega \frac{s}{R}\right). \tag{5.35}$$

Hierbei ist der Nullpunkt von s der Symmetriepunkt zwischen den beiden Elektroden und $\omega = 1{,}32$. Wenn der Abstand d nicht mehr vernachlässigbar klein gegenüber R ist, kann man die folgende Näherung [Re71] benutzen,

$$V(s) = \frac{V_1 + V_2}{2} + \frac{V_2 - V_1}{2} \frac{R}{\omega' d} \ln\left(\frac{\cosh(\omega s/R + \omega' d/D)}{\cosh(\omega s/R - \omega' d/D)}\right). \tag{5.36}$$

Hierbei ist $\omega = 1{,}32$, $\omega' = 1{,}67$ und $D = 2R$. Wenn man den Übergang von einem Startpunkt s_1 zu dem Endpunkt s_2 in n Segmente unterteilt, kann man die Potentialwerte V_i in dem Übergangsbereich mit einem kleinen Rechenprogramm leicht berechnen. Die entsprechende Transportmatrix wird gemäß (5.33) berechnet. In dem Transport Programm von Urs Rohrer [Ro07] ist dies bereits vorgesehen.

Zusammenfassend möchten wir noch einmal ausdrücklich betonen, dass die Rohrlinse bzw. Immersionslinse sowohl im Falle der Beschleunigung ($E_2 > E_1$) wie im Falle der Abbremsung ($E_2 < E_1$) fokussierend wirkt. Bei $E_2 > E_1$ wirkt die Rohrlinse wie die Kombination aus einer etwas stärkeren Sammellinse und einer etwas schwächeren Zerstreuungslinse, bei $E_2 < E_1$ ist es die Kombination aus einer etwas schwächeren Zerstreuungslinse und einer etwas stärkeren Sammellinse. Die gesamte Fokussierungsstärke ist umso größer, je größer die Energieänderung $|E_2 - E_1|$ und je kleiner die Länge L ist, d. h. je größer der Energiegradient $|E_2 - E_1|/L$ bzw. der Potentialgradient $|V_2 - V_1|/L$ ist.

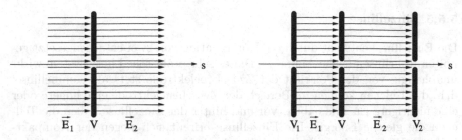

Abb. 5.6. *Links*: Schema einer Aperturlinse, *rechts*: die physikalische Realisierung

5.5.4 Aperturlinse

Eine besonders einfache und wichtige elektrostatische Linse ist die Aperturlinse. Sie besteht aus einem kleinen, kreisrunden Loch in einer elektrisch leitenden Metallplatte, welche zwei Gebiete mit unterschiedlicher elektrischer Feldstärke voneinander trennt. Die Metallplatte liegt auf einem wohldefinierten elektrischen Potential V. Ein geladenes Teilchen spürt an der Übergangsstelle die plötzliche Änderung des Energiegradienten $E' = \mathrm{d}E/\mathrm{d}s$. Die resultierende Transfermatrix für die Übergangsstelle können wir direkt mithilfe von (5.19) deduzieren,

$$R_x = R_y = \begin{pmatrix} 1 & 0 \\ -(E_2' - E_1')/(2pv) & 1 \end{pmatrix} . \tag{5.37}$$

Es ist die Matrix einer dünnen Linse mit der Brechkraft

$$\frac{1}{f} = \frac{E_2' - E_1'}{2pv} . \tag{5.38}$$

Wenn der Energiegradient[4] zunimmt, d.h. $E_2' > E_1'$, wirkt die Linse fokussierend. Wenn der Energiegradient abnimmt, d.h. $E_2' < E_1'$, wirkt die Linse defokussierend. Die ionenoptische Wirkung der Gebiete vor und hinter der Aperturlinse kann mit Matrizen vom Typ (5.25) beschrieben werden. Die physikalische Realisierung einer Aperturlinse erfordert mindestens zwei weitere Metallplatten zur Erzeugung der homogenen elektrischen Felder $\boldsymbol{E}_1$ und $\boldsymbol{E}_2$ (siehe Abb. 5.6). Die gesamte Anordnung ist ionenoptisch ein System, das aus drei Aperturlinsen und zwei Beschleunigungsstrecken besteht. Die erste Aperturlinse ist der Übergang von einer Driftstrecke zur $\boldsymbol{E}_1$-Beschleunigungsstrecke, die zweite Aperturlinse ist der Übergang von der $\boldsymbol{E}_1$-Beschleunigungsstrecke zur $\boldsymbol{E}_2$-Beschleunigungsstrecke und die dritte Aperturlinse ist der Übergang von der $\boldsymbol{E}_2$-Beschleunigungsstrecke zu einer Driftstrecke.

---

[4] Die Gesamtenergie E und der Betrag der elektrischen Feldstärke $E = |\boldsymbol{E}|$ haben leider das gleiche Symbol E. Wir benutzen hier das Symbol E zur Kennzeichnung der Gesamtenergie und $\boldsymbol{E}$ zur Kennzeichnung der elektrischen Feldstärke. Im Übrigen ergibt sich die richtige Zuordnung aus dem Kontext.

5.5.5 Einzellinse

Die Einzellinse entsteht durch die Kombination von zwei entgegengesetzt gepolten Rohrlinsen (siehe Abb. 5.7). Dieses sehr praktische Linsensystem wirkt
unabhängig von der Polarität der Zwischenelektrode stets als Sammellinse,
d. h. die Teilchen können im Bereich der Zwischenelektrode eine höhere oder
eine niedrigere Energie haben. Vor und hinter der Einzellinse haben die Teilchen die gleiche Energie. Die Einzellinse erfreut sich wegen der Kompaktheit und Einfachheit großer Beliebtheit in der Ionenoptik niederenergetischer
Elektronen- und Ionenstrahlen. In der angelsächsischen Literatur wird die
Einzellinse mit dem Lehnwort „einzel lens" bezeichnet.

In einer groben Näherung können wir die gesamte Transformationsmatrix
als Produkt von zwei Rohrlinsenmatrizen aufschlüsseln

$$R = R(V_1, V_2)R(V_2, V_1), \qquad (5.39)$$

und die beiden Matrizen gemäß (5.26) berechnen. Eine wesentlich bessere
Beschreibung erhält man, wenn man die gesamte Einzellinse in n Segmente
unterteilt.

Zur Berechnung der Transformationsmatrix benötigt man den Potentialverlauf $V(s)$ längs der Achse. Eine Einzellinse, bei der die innere Elektrode
den gleichen Innenradius R wie die äußere Elektrode hat, wird durch folgende
Näherung [Gi97] gut beschrieben,

$$V(s) = V_1 + \frac{V_2 - V_1}{2} \frac{R}{\omega' d} \ln \left(\frac{\cosh(2\omega s/R) + \cosh(\omega a/R + \omega' d/R)}{\cosh(2\omega s/R) + \cosh(\omega a/R - \omega' d/R)} \right). \quad (5.40)$$

Hierbei ist wie bei Gleichung (5.36) $\omega = 1{,}32$ und $\omega' = 1{,}67$ und d der Abstand
zwischen den Elektroden. Die Größe a ist die Länge der inneren Elektrode.
Der Nullpunkt von s liegt in der Mitte der mittleren Elektrode. Wenn man die
Einzellinse in n Segmente unterteilt, kann man die Potentialwerte V_i mit einem
kleinen Rechenprogramm berechnen. Die entsprechende Transportmatrix wird

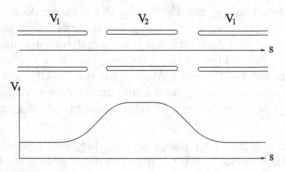

Abb. 5.7. Schema einer Einzellinse und Potential $V(s)$ längs der zentralen Achse

wie bei der Rohrlinse gemäß (5.33) berechnet. In dem Transport Programm von Urs Rohrer [Ro07] ist dies bereits vorgesehen. Im Abschn. 5.6.2 wird als konkretes Beispiel die Optik einer teleskopischen 1:−1 Abbildung mithilfe von zwei Einzellinsen behandelt.

Bei der Berechnung der Matrizen können wir auch die Symmetrie der Anordnung ausnutzen und die Einzellinse in zwei zueinander spiegelsymmetrische Hälften unterteilen. Wir erhalten mit H für die erste Hälfte und H^m für die zweite Hälfte nach (4.224)

$$R = H^m H = \frac{1}{\det H} \begin{pmatrix} H_{22} & H_{12} \\ H_{21} & H_{11} \end{pmatrix} \begin{pmatrix} H_{11} & H_{12} \\ H_{21} & H_{22} \end{pmatrix}. \tag{5.41}$$

5.6 Geometrische Optik

5.6.1 Brennweiten, Hauptebenen und Knotenpunkte

Wie in der Magnetionenoptik ist es auch hier möglich, die Brennweite und die Lage der Hauptebenen H_1 und H_2 aus den R-Matrixelementen zu deduzieren. Im Falle der Rohrlinse ist allerdings Vorsicht geboten, da sich der Brechungsindex[5] entsprechend dem Impuls ändert. Für das Verhältnis der Brechungsindizes gilt

$$n = \frac{n_2}{n_1} = \frac{p_2}{p_1}. \tag{5.42}$$

Die gegenstandsseitigen und bildseitigen Brennweiten sind dadurch unterschiedlich. Sie verhalten sich wie

$$\frac{f_2}{f_1} = \frac{n_2}{n_1} = n. \tag{5.43}$$

Bezeichnet man die Brennweite im Medium 1 mit $f = f_1$, dann lautet die zu (4.94) äquivalente Gleichung

$$R_x = \begin{pmatrix} 1 & z_2 \\ 0 & 1 \end{pmatrix} \begin{pmatrix} 1 & 0 \\ -1/(nf) & 1/n \end{pmatrix} \begin{pmatrix} 1 & z_1 \\ 0 & 1 \end{pmatrix}, \tag{5.44}$$

woraus man wiederum die Lage der beiden Hauptebenen, z_1 und z_2, sowie die beiden Brennweiten $f_1 = f$ und $f_2 = nf$ deduzieren kann. Die Lage der sogenannten Knotenpunkte K_1 und K_2 ist dann ebenfalls fixiert (siehe Abb. 5.8)

$$\overline{F_1 K_1} = f_2 = nf, \qquad \overline{F_2 K_2} = f_1 = f. \tag{5.45}$$

---

[5] Die Änderung des Brechungsindex ist der Grund dafür, dass die Rohrlinse auch Immersionslinse genannt wird.

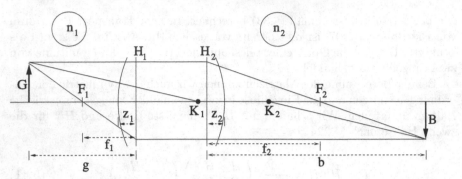

Abb. 5.8. Lage der Kardinalpunkte bei einem fokussierenden System mit Brechungsindex $n_2 > n_1$

Wir erinnern in diesem Zusammenhang an die spezielle Form der Abbildungsgleichung, die den Zusammenhang zwischen der Gegenstandsweite g und der Bildweite b bei einer Punkt-zu-Punkt-Abbildung angibt:

$$\frac{1}{g} + \frac{n}{b} = \frac{1}{f}. \tag{5.46}$$

Man kann dies auch in der folgenden Form schreiben:

$$\frac{f_1}{g} + \frac{f_2}{b} = 1. \tag{5.47}$$

5.6.2 Teleskopische Systeme

Ein teleskopisches System ist ein System, bei dem gleichzeitig eine Punkt-zu-Punkt-Abbildung und eine Parallel-zu-Parallel-Abbildung möglich ist. Die teleskopische Punkt-zu-Punkt-Abbildung erfüllt automatisch die Bedingungen einer Taille-zu-Taille-Abbildung (siehe Abschn. 4.7.6). Die Kombination teleskopischer Systeme ergibt Systeme, die besonders günstige optische Eigenschaften haben. Wenn man z. B. zwei $(-I)$-Teleskope zu einem $(+I)$-Teleskop kombiniert, entsteht ein System, bei dem sich alle geometrischen Aberrationen zweiter Ordnung automatisch zu null kompensieren [Hi73, Br79, Me83]. Wir möchten an dieser Stelle vor allem auf die einfache Realisierbarkeit von teleskopischen Systemen mithilfe von Einzellinsen hinweisen. Ein System von $2n$ identischen Einzellinsen (siehe Abb. 5.9) wird teleskopisch, wenn die Abstände und Brennweiten so gewählt sind, dass der bildseitige Brennpunkt einer Linse und der gegenstandsseitige Brennpunkt der nachfolgenden Linse an der gleichen Stelle liegen. Wegen der Rotationssymmetrie ist ein solches System automatisch doppeltteleskopisch. Es besteht zudem die Möglichkeit, die mittleren Elektroden der $2n$ identischen Einzellinsen an ein einziges Hochspannungsnetzgerät anzuschließen, d. h. man hat den großen Vorteil der sogenannten

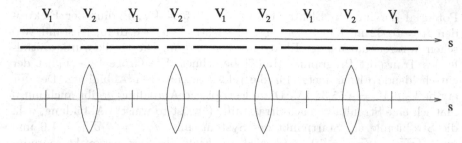

Abb. 5.9. Teleskopisches System aus vier Einzellinsen und optisches Analogon

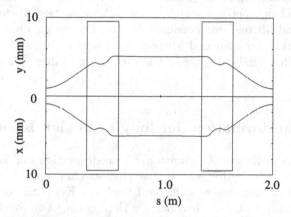

Abb. 5.10. Teleskopische 1:−1 Abbildung eines H^--Strahls mithilfe von zwei Einzellinsen. Kinetische Energie des Strahls: 60 keV. Die Abbildung zeigt die Strahlenveloppen als Funktion von s

Einknopfregelung. Zur Abschätzung der Parameter genügt die grobe Näherung der Gleichung (5.26). Die Feineinstellung kann manuell mithilfe der Einknopfregelung geschehen.

Die Abb. 5.10 zeigt die Optik einer teleskopischen 1:−1 Abbildung mithilfe von zwei Einzellinsen, die mithilfe des Transport Programms [Ro07] berechnet wurde. Wir betrachten einen negativ geladenen H^- Strahl mit einer kinetischen Energie von 60 keV. Die Abbildung zeigt die Strahlenveloppen als Funktion von s. Die Gesamtlänge des Systems beträgt 2,00 m. Zur Eingabe des Potentialverlaufs nach Gleichung (5.40) wird jede Einzellinse in 28 Segmente mit einer Segmentlänge von 0,01 m unterteilt. Damit erstreckt sich der spezielle Potentialverlauf einer Einzellinse über eine Strecke von 28 cm. Dies ist in der Abbildung durch eine rechteckige Box angedeutet. Die Parameter der Einzellinsen[6] lauten: Potential der äußeren Elektroden $V_1 = +60$ kV,

---

[6] Hinweis zur Definition des Potentials: Entsprechend der Abb. 5.3 gibt V_1 das Potential bezogen auf das Potential 0,0 kV der Ionenquelle an. Wenn die Spannung der Ionenquelle gegenüber Erde −60 kV beträgt, haben die negativ geladenen H^- Ionen eine kinetische Energie von 60 keV und V_1 ist gleich dem Erdpotential.

Potential der inneren Elektroden $V_2 = +115{,}34$ kV, Radius der Elektroden $R = 0{,}032$ m, Länge der inneren Elektrode $a = 0{,}10$ m, Abstand zwischen äußerer und innerer Elektrode $d = 0{,}01$ m. Die Optik wurde mithilfe des Transport Programms [Ro07] berechnet. Die Größe $V_2 - V_1$ ist der entscheidende Fitparameter für die teleskopische 1:−1 Abbildung. Der Fit ergibt $V_2 - V_1 = +55{,}34$ kV. Die teleskopische Abbildung ergibt auch automatisch eine Strahltaille-nach-Strahltaille („waist-to-waist") Abbildung, d. h. die Strahltaille am Startpunkt des Systems mit $\sqrt{\sigma_{11}} = \sqrt{\sigma_{33}} = 1{,}0$ mm und $\sqrt{\sigma_{22}} = \sqrt{\sigma_{44}} = 10$ mrad wird am Ende des Systems exakt reproduziert. Die Brennweite der Einzellinsen, d. h. der Abstand zwischen Brennebene und Hauptebene, beträgt jeweils $f = 0{,}50354$ m. Der Abstand zwischen Brennebene und Mittelebene beträgt $0{,}500$ m. Dies zeigt, dass der Abstand zwischen den Hauptebenen und Mittelebenen sehr klein ist (hier 3,54 mm), und die Einzellinse näherungsweise wie eine dünne Linse behandelt werden kann.

5.7 Die Transformation der longitudinalen Koordinaten

Wir betrachten in diesem Abschnitt die Transformation der longitudinalen Koordinaten (l, δ) in Systemen, die aus Driftstrecken und elektrostatischen Rohrlinsen (Immersionslinsen) aufgebaut sind. Die Kenntnis der longitudinalen Transportmatrix ist vor allem bei der Betrachtung von Strahlen mit longitudinal gebündelten Teilchenpaketen („bunched beam") von großer Bedeutung. Die Länge und die relative Impulsabweichung der Teilchenpakete ändert sich bei der elektrostatischen Beschleunigung. Zur optimalen Anpassung an eine nachfolgende Flugzeitstrecke oder einen nachfolgenden Hochfrequenzbeschleuniger ist es notwendig, die longitudinale Transfermatrix zu kennen und die longitudinale Phasenellipse optimal anzupassen.

Für *Driftstrecken* der Länge L gilt wie in der Magnetionenoptik

$$R_l = \begin{pmatrix} R_{55} & R_{56} \\ R_{65} & R_{66} \end{pmatrix} = \begin{pmatrix} 1 & L/\gamma^2 \\ 0 & 1 \end{pmatrix}. \tag{5.48}$$

Bei *Beschleunigungsstrecken und Rohrlinsen* muss die Beschleunigung der Teilchen berücksichtigt werden. Dies ist eine Besonderheit, die in der Magnetionenoptik nicht vorkommt. Die Tatsache, dass sich die Geschwindigkeit v, der Impuls p und die Energie E ändern, hat eine sehr konkrete Auswirkung auf die Transformation der longitudinalen Koordinaten. Zwar bleibt die Energieabweichung $\Delta E = E - E_0$ zwischen einem Teilchen und dem Sollteilchen beim Durchflug durch eine elektrostatische Beschleunigungsstrecke konstant, aber die entsprechende relative Impulsabweichung δ ändert sich. Ebenso bleibt für monoenergetische Teilchen ($\delta = 0$) der zeitliche Abstand $\Delta t = t - t_0$ konstant. Die entsprechende longitudinale Ortsabweichung l nimmt jedoch mit zunehmender Geschwindigkeit zu (vgl. die äquivalente Situation im Straßenverkehr).

Für das Matrixelement $R_{55} = (l|l_0)$ bei einem Transfer von s_1 nach s_2 (von 1 nach 2) erhalten wir

$$R_{55} = \frac{v_2}{v_1}.$$

Das Matrixelement $R_{65} = (\delta|l_0)$ ist null, da die Änderung des Impulses nicht von der longitudinalen Ortsabweichung abhängt. Wir notieren daher

$$R_{65} = 0.$$

Das Matrixelement $R_{66} = (\delta|\delta_0)$ ergibt sich aus dem relativistischen Zusammenhang zwischen Geschwindigkeit v, Impuls p und Gesamtenergie E. Aus $E^2 = p^2 + m^2$ folgt durch Differenziation $\Delta E = (p/E)\Delta p = v\Delta p$. Da die Energieabweichungen vor und hinter einer elektrostatischen Rohrlinse gleich sind, d. h. $\Delta E_2 = \Delta E_1$, erhalten wir für das Verhältnis der Impulsabweichungen

$$\frac{\Delta p_2}{\Delta p_1} = \frac{E_2}{p_2}\frac{p_1}{E_1} = \frac{v_1}{v_2}.$$

Damit ergibt sich die Gleichung

$$R_{66} = \frac{\Delta p_2}{p_2}\frac{p_1}{\Delta p_1} = \frac{p_1 v_1}{p_2 v_2}.$$

Das Matrixelement $R_{56} = (l|\delta_0)$ gibt den Zusammenhang zwischen der relativen Impulsabweichung δ_0 am Anfang der Beschleunigungsstrecke und der resultierenden Änderung der longitudinalen Ortsabweichung l an. Die Ermittlung einer Gleichung für R_{56} ist relativ kompliziert, da man sowohl die Änderung der relativen Impulsabweichung wie die Änderung der Geschwindigkeit berücksichtigen muss.

Während der Beschleunigung von 1 nach 2 ändert sich die relative Impulsabweichung δ,

$$\delta = \frac{p_1 v_1}{pv}\delta_0.$$

Der Zusammenhang zwischen der momentanen Geschwindigkeitsabweichung $\delta v/v$ und der momentanen Impulsabweichung δ ergibt sich aus der relativistischen Kinematik,

$$\frac{\delta v}{v} = \frac{1}{\gamma^2}\delta.$$

Damit erhalten wir

$$\frac{\delta v}{v} = \frac{1}{\gamma^2}\frac{p_1 v_1}{pv}\delta_0.$$

Für die Änderung der zeitlichen Abweichung δt in dem entsprechenden Zeitintervall Δt gilt

$$\frac{\delta t}{\Delta t} = -\frac{\delta v}{v},$$

d. h.

$$\delta t = -\Delta t \frac{\delta v}{v}\,.$$

Durch Summation über alle Zeitintervalle Δt, d. h. Integration über dt ergibt sich die gesamte Änderung der zeitlichen Abweichung vom Sollteilchen zu

$$\delta t = -\int_1^2 \mathrm{d}t \frac{1}{\gamma^2} \frac{p_1 v_1}{pv} \delta_0\,.$$

Die Teilchen haben nach der Beschleunigung die Geschwindigkeit v_2. Damit ergibt sich für die Änderung der longitudinalen Ortsabweichung $\delta l = -v_2 \delta t$, d. h.

$$\delta l = v_2 \int_1^2 \mathrm{d}t \frac{1}{\gamma^2} \frac{p_1 v_1}{pv} \delta_0\,.$$

Mit Hilfe der Beziehung $v = \mathrm{d}s/\mathrm{d}t$ können wir die Integration über die Zeit durch eine Integration über den Weg ersetzen,

$$\delta l = v_2 \int_1^2 \frac{\mathrm{d}s}{v} \frac{1}{\gamma^2} \frac{p_1 v_1}{pv} \delta_0\,.$$

Damit erhalten wir für das Matrixelement R_{56} die Gleichung[7]

$$R_{56} = p_1 v_1 v_2 \int_1^2 \frac{1}{\gamma^2} \frac{1}{pv^2} \mathrm{d}s\,. \tag{5.49}$$

Das Integral kann berechnet werden, wenn wir näherungsweise einen konstanten Energiegradienten $\mathrm{d}E/\mathrm{d}s = (E_2 - E_1)/L = const$ annehmen. Damit erhalten wir

$$\begin{aligned} R_{56} &= p_1 v_1 v_2 \frac{L}{E_2 - E_1} \int_1^2 \frac{m^2}{E^2} \frac{c}{\sqrt{E^2 - m^2}} \frac{1}{c^2} \frac{E^2}{E^2 - m^2} \mathrm{d}E \\ &= p_1 v_1 v_2 \frac{L}{E_2 - E_1} \frac{m^2}{c} \int_1^2 \frac{\mathrm{d}E}{(E^2 - m^2)^{3/2}} \\ &= p_1 v_1 v_2 \frac{L}{E_2 - E_1} \frac{m^2}{c} \left(-\frac{1}{m^2} \frac{E}{\sqrt{E^2 - m^2}} \Big|_1^2 \right) \\ &= p_1 v_1 v_2 \frac{L}{E_2 - E_1} \left(\frac{1}{v_1} - \frac{1}{v_2} \right) = p_1 \frac{v_2 - v_1}{E_2 - E_1} L\,. \end{aligned} \tag{5.50}$$

Zusammengefasst lautet die longitudinale Transfermatrix für eine elektrostatische Beschleunigungsstrecke oder eine Rohrlinse mit näherungsweise

---

[7] Die in der ersten Auflage dieses Buches angegebene Gleichung für R_{56} ist falsch, da die Änderung der Geschwindigkeit und der relativen Impulsabweichung während der Beschleunigung nicht berücksichtigt wurden.

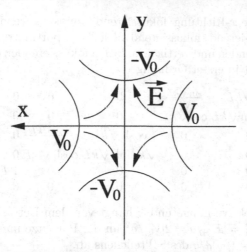

Abb. 5.11. Elektrostatischer Quadrupol

konstantem Energiegradienten

$$R_l = \begin{pmatrix} R_{55} & R_{56} \\ R_{65} & R_{66} \end{pmatrix} = \begin{pmatrix} v_2/v_1 & Lp_1(v_2-v_1)/(E_2-E_1) \\ 0 & (p_1v_1)/(p_2v_2) \end{pmatrix} . \tag{5.51}$$

Diese Gleichung gilt sowohl für positive wie negative Beschleunigungen, d. h. für $v_2 - v_1 > 0$ und $v_2 - v_1 < 0$. Wie bei der transversalen Transfermatrix kann man eine Rohrlinse oder ganz allgemein eine Beschleunigungsstrecke in n Segmente mit näherungsweise konstantem Energiegradienten unterteilen und die gesamte longitudinale Transfermatrix durch Matrixmultiplikation der n Teilmatrizen gemäß Gleichung (5.33) ermitteln. Das Phänomen der adiabatischen Dämpfung macht sich auch im longitudinalen Phasenraum bemerkbar. Die Determinante der longitudinalen Transfermatrix R_l ist proportional zu p_1/p_2, d. h. die longitudinale Emittanz wird mit zunehmendem Impuls p kleiner.

5.8 Elektrostatische Linsen und Deflektoren mit Mittelebenensymmetrie

Zur Vollständigkeit notieren wir hier auch die Transportmatrizen von elektrostatischen Elementen mit Mittelebenensymmetrie. Zur Ableitung der Gleichungen verweisen wir auf das Buch von Banford [Ba66] (siehe auch [Da73], [Wo87] und [Ro07]).

5.8.1 Elektrostatische Quadrupole

Das Schema eines elektrostatischen Quadrupols ist in Abb. 5.11 gezeigt. Abhängig von der Polarität der elektrischen Felder ist der elektrostatische

Quadrupol in der x-Richtung fokussierend (defokussierend) und in der y-Richtung defokussierend (fokussierend). Die Transportmatrix eines horizontal (radial) fokussierenden und vertikal (axial) defokussierenden elektrostatischen Quadrupols lautet in erster Ordnung

$$R = \begin{pmatrix} \cos\sqrt{k}L & \frac{\sin\sqrt{k}L}{\sqrt{k}} & 0 & 0 & 0 & 0 \\ -\sqrt{k}\sin\sqrt{k}L & \cos\sqrt{k}L & 0 & 0 & 0 & 0 \\ 0 & 0 & \cosh\sqrt{k}L & \frac{\sinh\sqrt{k}L}{\sqrt{k}} & 0 & 0 \\ 0 & 0 & \sqrt{k}\sinh\sqrt{k}L & \cosh\sqrt{k}L & 0 & 0 \\ 0 & 0 & 0 & 0 & 1 & L/\gamma^2 \\ 0 & 0 & 0 & 0 & 0 & 1 \end{pmatrix}. \quad (5.52)$$

Hier ist L die effektive Länge und k hängt von dem Betrag des elektrischen Feldgradienten $|g| = |E_0|/a = 2|V_0|/a^2$ an der Polspitze und der elektrischen Steifigkeit $(E\rho)_0 = (pv)_0/q$ des Sollteilchens ab,

$$k = \frac{|g|}{(E\rho)_0} = \frac{2|V_0|}{a^2}\frac{1}{(E\rho)_0}. \quad (5.53)$$

Die Größe a ist der radiale Abstand der Polspitze von der zentralen Achse und $|V_0|$ gibt den Betrag der elektrischen Spannung an der Polspitze an. Bei einem horizontal (radial) defokussierenden und vertikal (axial) fokussierenden elektrostatischen Quadrupol werden die Untermatrizen R_x und R_y vertauscht. Die longitudinale Untermatrix R_l wird wie bei einer Driftstrecke berechnet. Die Gleichung für die Transfermatrix eines elektrostatischen Quadrupols entspricht übrigens exakt der entsprechenden Gleichung für einen magnetischen Quadrupol.

5.8.2 Elektrostatische Deflektoren

Das Schema eines elektrostatischen Deflektors ist in Abb. 5.12 gezeigt. Wir nehmen die horizontale (radiale) Ebene als Mittelebene (Ablenkebene). Ein elektrostatischer Deflektor mit toroidalen Elektroden fokussiert sowohl in x- wie in y-Richtung. Außerdem ergibt sich eine Dipersion des Strahls in transversaler x- und longitudinaler l-Richtung. Die Transportmatrix (erste Ordnung) kann man mithilfe der Gleichungen (4.50)–(4.59) ableiten. Sie lautet:

$$R = \begin{pmatrix} \cos\sqrt{k_x}L & \frac{\sin\sqrt{k_x}L}{\sqrt{k_x}} & 0 & 0 & 0 & R_{16} \\ -\sqrt{k_x}\sin\sqrt{k_x}L & \cos\sqrt{k_x}L & 0 & 0 & 0 & R_{26} \\ 0 & 0 & \cos\sqrt{k_y}L & \frac{\sin\sqrt{k_y}L}{\sqrt{k_y}} & 0 & 0 \\ 0 & 0 & -\sqrt{k_y}\sin\sqrt{k_y}L & \cos\sqrt{k_y}L & 0 & 0 \\ R_{51} & R_{52} & 0 & 0 & 1 & R_{56} \\ 0 & 0 & 0 & 0 & 0 & 1 \end{pmatrix},$$

$$(5.54)$$

$$R_{16} = \frac{2 - \beta_0^2}{\rho_0 k_x} \left(1 - \cos \sqrt{k_x} L \right),$$

$$R_{26} = \frac{2 - \beta_0^2}{\rho_0 \sqrt{k_x}} \sin \sqrt{k_x} L,$$

$$R_{51} = -\frac{\sin \sqrt{k_x} L}{\rho_0 \sqrt{k_x}}, \qquad (5.55)$$

$$R_{52} = -\frac{1 - \cos(\sqrt{k_x} L)}{\rho_0 k_x},$$

$$R_{56} = \frac{L}{\gamma^2} - \frac{2 - \beta_0^2}{\rho_0^2 k_x} \left(L - \frac{\sin \sqrt{k_x} L}{\sqrt{k_x}} \right).$$

Hier hängen die Größen k_x und k_y von dem Ablenkradius $\rho_0 = (E\rho)_0/E_0$ des Sollteilchens, der Geschwindigkeit $\beta_0 = v_0/c$ des Sollteilchens und dem elektrischen Feldindex $n_E = -(\rho_0/E_0)\partial F_x/\partial x$ ab. Hierbei ist $(E\rho)_0$ die elektrische Steifigkeit des Sollteilchens, E_0 das radiale Feld an der Stelle der Sollbahn und $\partial E_x/\partial x$ die radiale Ableitung. Die effektive Länge L ergibt sich aus dem Ablenkwinkel α und dem effektiven Sollbahnradius ρ_0, $L = \rho_0 \alpha$. Der elektrische Feldindex n_E hängt von dem Verhältnis der horizontalen (radialen) und vertikalen (axialen) Krümmungsradien ρ_0 und r_0 der längs der Sollbahn definierten Äquipotentialfläche („midequipotential surface") ab,

$$n_E = 1 + \frac{\rho_0}{r_0}, \quad k_x = \frac{3 - n_E - \beta_0^2}{\rho_0^2}, \quad k_y = \frac{n_E - 1}{\rho_0^2}. \qquad (5.56)$$

Wie man anhand dieser Gleichung sieht, erhält man sowohl in x- wie in y-Richtung eine Fokussierung, wenn $1 < n_E < 3 - \beta_0^2$ gilt. Diese Bedingung entspricht der Bedingung $0 < n < 1$ bei einem Ablenkmagneten. Ein negativer Wert von k_x oder k_y ergibt Defokussierung in x- oder y-Richtung. Wenn z. B. k_y negativ ist, gilt $\cos(\sqrt{k_y} L) = \cosh(\sqrt{|k_y|} L)$, $\sqrt{k_y} \sin(\sqrt{k_y} L) = -\sqrt{|k_y|} \sinh(\sqrt{|k_y|} L)$ und $\sin(\sqrt{k_y} L)/\sqrt{k_y} = \sinh(\sqrt{|k_y|} L)/\sqrt{|k_y|}$. Ein elektrostatischer Deflektor mit sphärisch gekrümmten Elektroden, d. h. $r_0 = \rho_0$, ergibt gleiche Fokussierungsstärken in x- und y-Richtung ($k_x = k_y$), wenn

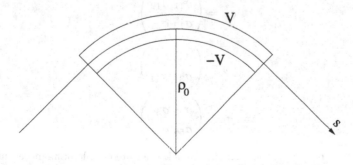

Abb. 5.12. Elektrostatischer Deflektor

die Teilchen näherungsweise nichtrelativistisch ($\beta_0 \approx 0$) sind. Bei einem elektrostatischen Deflektor mit zylindrisch geformten Elektroden ($r_0 \to \infty$) ist die vertikale (axiale) Untermatrix R_y die Matrix einer Driftstrecke mit der effektiven Länge L.

5.9 Kartesische Koordinaten und Phasenellipsen

Die zu Beginn dieses Kapitels apostrophierte Rotationssymmetrie der elektrostatischen Linsensysteme wird meistens auch auf den Strahl, d. h. die Gesamtheit aller Teilchen bezogen. *Diese Annahme ist jedoch eine nicht notwendige Einschränkung.* Mit anderen Worten ausgedrückt, ein rotationssymmetrisches Strahlführungssystem ist natürlich auch in der Lage, Strahlen mit einer nicht rotationssymmetrischen Dichteverteilung im Phasenraum zu transportieren. Wir möchten in diesem Zusammenhang noch einmal auf den grundsätzlichen Unterschied zwischen der R-Matrix und der σ-Matrix hinweisen. Die R-Matrix dient zur Beschreibung einer einzelnen Teilchenbahn, die σ-Matrix (siehe Kap. 4.7 und 4.8) dient zur Beschreibung der Gesamtheit aller Teilchenbahnen in einem Teilchenstrahl.

Bei einem rotationssymmetrischen System ist es nun stets möglich, zwei senkrecht zueinander stehende Ebenen zu definieren und wie in der Magnetionenoptik die Trajektorien $x(s)$ und $y(s)$ als Funktion der Strecke s zu betrachten. Sie ergeben sich durch die Projektion der Teilchenbahn auf die (x, s)- bzw. (y, s)-Ebene. In linearer Näherung sind die beiden Bewegungsgleichungen wie in der Magnetionenoptik entkoppelt. Aufgrund der Rotationssymmetrie sind die beiden Untermatrizen R_x und R_y sogar gleich.

Die beiden transversalen Phasenellipsen können natürlich auch gleich sein, müssen aber nicht. In der Regel sind sie ungleich, d. h. die Phasenraumverteilung ist unsymmetrisch. Die transversalen Phasenellipsen beschreiben wir wie in der Magnetionenoptik mithilfe der Untermatrizen σ_x und σ_y. Die longitudinale Phasenellipse beschreiben wir mit der Untermatrix σ_l. Damit liegt die gesamte Strahlmatrix σ (siehe Kap. 4.7 und 4.8) für ein System[8], das nur aus rotationssymmetrischen Elementen aufgebaut ist, fest,

$$\sigma_x = \begin{pmatrix} \sigma_{11} & \sigma_{12} \\ \sigma_{12} & \sigma_{22} \end{pmatrix},$$

$$\sigma_y = \begin{pmatrix} \sigma_{33} & \sigma_{34} \\ \sigma_{34} & \sigma_{44} \end{pmatrix}, \tag{5.57}$$

$$\sigma_l = \begin{pmatrix} \sigma_{55} & \sigma_{56} \\ \sigma_{56} & \sigma_{66} \end{pmatrix}.$$

[8] Bei Systemen, die elektrostatische Deflektoren oder Ablenkmagnete enthalten, muss man auch die Matrixelemente σ_{15}, σ_{25}, σ_{16} und σ_{26} berücksichtigen.

Die Transformation der Phasenellipsen geschieht entsprechend (4.141)

$$\sigma_x(s) = R_x(s)\sigma_x(0)R_x^{\mathrm{T}}(s)\,,$$
$$\sigma_y(s) = R_y(s)\sigma_y(0)R_y^{\mathrm{T}}(s)\,,$$
$$\sigma_l(s) = R_l(s)\sigma_l(0)R_l^{\mathrm{T}}(s)\,. \tag{5.58}$$

Bei einer Änderung des Impulses durch eine Immersionslinse ändern sich die Determinanten von σ_x, σ_y und σ_l und die Emittanzen $\pi\epsilon_x$, $\pi\epsilon_y$ und $\pi\epsilon_l$

$$\det\sigma_x(s) = \left(\frac{p(0)}{p(s)}\right)^2 \det\sigma_x(0)\,,$$
$$\det\sigma_y(s) = \left(\frac{p(0)}{p(s)}\right)^2 \det\sigma_y(0)\,, \tag{5.59}$$
$$\det\sigma_l(s) = \left(\frac{p(0)}{p(s)}\right)^2 \det\sigma_l(0)\,,$$

$$\epsilon_x(s) = \frac{p(0)}{p(s)}\epsilon_x(0)\,,$$
$$\epsilon_y(s) = \frac{p(0)}{p(s)}\epsilon_y(0)\,, \tag{5.60}$$
$$\epsilon_l(s) = \frac{p(0)}{p(s)}\epsilon_l(0)\,.$$

Bei der Beschleunigung wird die Emittanz eines Teilchenstrahls zunehmend kleiner. Die momentane Emittanz $\epsilon(s)$ ist umgekehrt proportional zu dem momentanen Impuls $p(s)$. Dieser Effekt wird adiabatische Dämpfung genannt (siehe Abschn. 10.2).

Alle weiteren Definitionen und Überlegungen hinsichtlich der Phasenellipsen und der Emittanz sind wie in Abschn. 4.7 und 4.8. Wir erwähnen hier insbesondere die Erweiterung des Formalismus auf den 6-dimensionalen Phasenraum, die Definition des 6-dimensionalen Phasenraumellipsoids und die Deutung der σ-Matrix als Kovarianzmatrix. Für die Strahlenveloppen gilt

$$x_{\mathrm{max}}(s) = \sqrt{\sigma_{11}(s)}\,,$$
$$x'_{\mathrm{max}}(s) = \sqrt{\sigma_{22}(s)}\,,$$
$$y_{\mathrm{max}}(s) = \sqrt{\sigma_{33}(s)}\,,$$
$$y'_{\mathrm{max}}(s) = \sqrt{\sigma_{44}(s)}\,, \tag{5.61}$$
$$l_{\mathrm{max}}(s) = \sqrt{\sigma_{55}(s)}\,,$$
$$\delta_{\mathrm{max}}(s) = \sqrt{\sigma_{66}(s)}\,.$$

Beispiel

Als Beispiel für den Einsatz von elektrostatischen Einzellinsen, Quadrupolen und Beschleunigungsstrecken zeigen wir in Abb. 5.13 die Strahlenveloppen eines 15 MV Tandem-Beschleunigers zwischen der Ionenquelle und dem Targetpunkt auf der Hochenergieseite. Der Strahl wird nach der Extraktion aus der Ionenquelle zunächst mit einer Einzellinse und einer beschleunigenden Rohrlinse so fokussiert, dass am Eingangsschlitz eines 90° Analysiermagne-

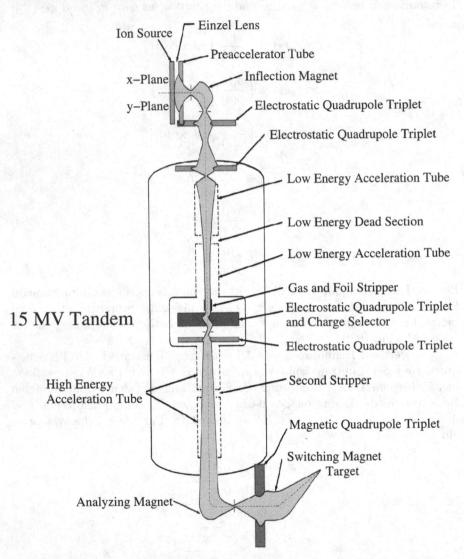

Abb. 5.13. Strahlenveloppen eines 15 MV Tandem-Beschleunigers (mit freundlicher Genehmigung der National Electrostatics Corporation)

ten (Inflection Magnet) eine Strahltaille in x- und y-Richtung entsteht. Eine weitere x- und y-Strahltaille folgt am Analysierschlitz des doppeltfokussierenden Analysiermagneten. Das nachfolgende System von zwei elektrostatischen Quadrupol-Tripletts erzeugt eine sehr schmale x- und y-Strahltaille vor dem Eingang des ersten Niederenergie-Beschleunigungsrohres. Der Übergang aus dem feldfreien Raum in den Bereich der starken elektrischen Feldstärke bei niedrigen Energien hat einen sehr stark fokussierenden Effekt, wie man deutlich an dem Verlauf der Enveloppen erkennt. Die Fokussierungsstärke $1/f$ bzw. die Brennweite f dieses Übergangs ergibt sich näherungsweise mit Hilfe der folgenden Gleichung (siehe (5.20)),

$$\frac{1}{f} = \frac{|E|}{4V}. \tag{5.62}$$

Hierbei ist V das gesamte Beschleunigungspotential, zwischen der Ionenquelle und der Übergangsstelle und E ist das elektrische Feld des Beschleunigungsrohres. Der fokussierende und defokussierende Effekt der nachfolgenden Übergänge ist wegen der dann höheren Energie (V ist dann sehr viel größer) so klein, dass man dies am Verlauf der Enveloppen nicht mehr erkennen kann. Das gesamte Beschleunigungsrohr ist wegen der sehr hohen Terminalspannung von maximal 15 MV in zwei getrennten Stufen aufgebaut.

Im Bereich des Strippers innerhalb des Terminals hat der Strahl eine flache Strahltaille. Um nach dem Stripper die Teilchen mit dem gewünschten Ladungszustand herauszufiltern, ist der mittlere Quadrupol des ersten elektrostatischen Quadrupol-Tripletts gegenüber der zentralen Achse verschoben. Dadurch werden die Teilchen nicht nur fokussiert sondern je nach ihrer elektrischen Steifigkeit mehr oder weniger stark abgelenkt. Der nachfolgende Schlitz erlaubt es, die Teilchen mit dem gewünschten Ladungszustand herauszufiltern. Das zweite elektrostatische Quadrupol-Triplett dient zur Anpassung der Enveloppen.

In den beiden Hochenergie-Beschleunigungsrohren ist der Strahl schwach divergent. Auf der Hochenergieseite folgt ein doppeltfokussierender 90° Analysiermagnet, der eine scharfe Einschnürung des Strahls am Analysierschlitz bewirkt. Die nachfolgenden Elemente sind ein magnetisches Quadrupoltriplett und ein Ablenkmagnet, die einen scharfen Strahlfleck an der Stelle des Targets erzeugen.

Übungsaufgaben

5.1 Wie groß ist die Brechkraft einer Aperturlinse für Protonen, wenn $V = -20$ kV, $E_1 = 2{,}0$ kV/cm, $E_2 = 6{,}0$ kV/cm?

5.2 Wie groß ist die Brechkraft einer Aperturlinse für Protonen, wenn $V = -20$ kV, $E_1 = -5{,}0$ kV/cm, $E_2 = 5{,}0$ kV/cm?

5.3 Wie groß ist die Brechkraft einer Aperturlinse für Elektronen, wenn $V = -20$ kV, $E_1 = 2{,}0$ kV/cm, $E_2 = 6{,}0$ kV/cm?

5.4 Wie lautet die Transportmatrix einer Rohrlinse für den Fall $D = 4$ cm, $d = 1$ cm, $L = 5$ cm, $T_1 = 10$ keV, $T_2 = 20$ keV? Benutzen Sie zur Abschätzung die nichtrelativistische Näherung (5.27).

5.5 Wie groß sind die gegenstands- und bildseitigen Brennweiten f_1 und f_2 der in Aufgabe 5.4 definierten Rohrlinse? Wo liegen die beiden Hauptebenen?

5.6 Wie lautet die Transportmatrix einer Rohrlinse, wenn im Gegensatz zur Aufgabe 5.4 $T_2/T_1 = 0{,}5$, d. h. $D = 4$ cm, $d = 1$ cm , $L = 5$ cm, $T_1 = 10$ keV, $T_2 = 5$ keV? Benutzen Sie zur Abschätzung die nichtrelativistische Näherung (5.27).

5.7 Wie groß sind die gegenstands- und bildseitigen Brennweiten f_1 und f_2 der in Aufgabe 5.6 definierten Rohrlinse? Wo liegen die beiden Hauptebenen?

5.8 Wie lautet die Transportmatrix einer Einzellinse, die aus zwei entgegengesetzt gepolten Rohrlinsen aufgebaut ist. Die Parameter der ersten Rohrlinse sind in Aufgabe 5.4 definiert, d. h. $D = 4$ cm, $d = 1$ cm, $L = 5$ cm, $T_1 = 10$ keV, $T_2 = 20$ keV? Benutzen Sie zur Abschätzung die nichtrelativistische Näherung (5.27).

5.9 Wie groß ist die Brennweite f der in Aufgabe 5.8 definierten Einzellinse? Wo liegen die beiden Hauptebenen?

5.10 Wie lautet die Transportmatrix der in Aufgabe 5.8 definierten Einzellinse, wenn $T_1 = 10$ keV und $T_2 = 5$ keV? Benutzen Sie zur Abschätzung die nichtrelativistische Näherung (5.27).

5.11 Auf einer Strecke von 2,0 m soll ein Strahltransport mithilfe einer teleskopischen Anordnung von vier identischen Einzellinsen realisiert werden. Wie groß ist die Brennweite einer Einzellinse? Nehmen Sie zur Abschätzung an, dass der Abstand zwischen den beiden Hauptebenen einer Einzellinse vernachlässigbar klein ist.

5.12 Wie lautet die transversale und longitudinale Transportmatrix einer Van de Graaff-Beschleunigungsröhre mit den folgenden Parametern: Beschleunigungsstrecke mit einem homogenen elektrischen Feld, Länge $L = 10$ m, Beschleunigung von Protonen von $T_1 = 10$ keV nach $T_2 = 10$ MeV? Benutzen Sie zur Berechnung der transversalen Matrizen die nichtrelativistische Näherung (5.27) und zur Berechnung der longitudinalen Matrix (5.51).

5.13 Wie lautet die Transportmatrix der in Aufgabe 5.12 definierten Rohrlinse, wenn Elektronen beschleunigt werden? Benutzen Sie zur Berechnung der transversalen Matrizen (5.26) und zur Berechnung der longitudinalen Matrix (5.51).

5.14 Installieren Sie das TRANSPORT Programm (PSI Version) [Ro07] auf Ihrem PC oder Laptop und untersuchen Sie die in Abb. 5.10 angegebene teleskopische Abbildung für den Fall, dass die mittlere Elektrode der Einzellinse den Strahl abbremst, d. h. dass die kinetische Energie des Strahls im Bereich der mittleren Elektrode kleiner ist.

6

Transversale Bahndynamik
in Kreisbeschleunigern

Der Inhalt des folgenden Kapitels ist von zentraler Bedeutung für das Verständnis der Kreisbeschleuniger. Nach Einführung der *Gleichgewichtsbahn* und des *Standardkoordinatensystems* betrachten wir die *Hill'sche Differenzialgleichung*. Die Lösungen sind quasiharmonische Schwingungen, die sogenannten *Betatronschwingungen*. Unter Verwendung des in Kap. 4 eingeführten Matrixformalismus führen wir die *Twiss-Matrix* ein und diskutieren das *Stabilitätskriterium*. Zur Lösung der Hill'schen Differenzialgleichung betrachten wir einen systematischen, mathematischen Lösungsweg und einen besonders kurzen und einfachen Lösungsweg. Aus der mathematischen Struktur der Lösungsfunktion gewinnen wir die *Courant-Snyder-Invariante* zur Beschreibung einer Teilchenbahn im Phasenraum. Ein einzelnes Teilchen bewegt sich im Phasenraum auf dem Rand einer sich stetig ändernden Ellipse, der sogenannten *Maschinenellipse*. Diese Ellipse ist die *Eigenellipse* zur Twiss-Matrix. Sie kann mithilfe der *Floquet-Transformation* in der Form eines Kreises dargestellt werden. Die zentrale Funktion zur Beschreibung der transversalen Bahnbewegung ist die sogenannte *Betatronfunktion* $\beta(s)$. Wichtige Aspekte dieser Funktion werden in einem gesonderten Abschnitt zusammengetragen. Schließlich wird zur Beschreibung von Teilchen mit einer endlichen Impulsabweichung vom Sollimpuls die *periodische Dispersion* des Kreisbeschleunigers und der *Momentum-Compaction-Faktor* eingeführt. Das Kapitel endet mit einer Reihe typischer Beispiele, bei denen die optischen Funktionen und die periodische Dispersion berechnet werden. Die grundlegende Theorie zur transversalen Bahndynamik findet man in der klassischen Arbeit von Courant und Snyder [Co58].

6.1 Gleichgewichtsbahn und Koordinatensystem

Die Gleichgewichtsbahn („equilibrium orbit") eines Kreisbeschleunigers ist die in sich geschlossene Bahnkurve („closed orbit"), die das Sollteilchen bei

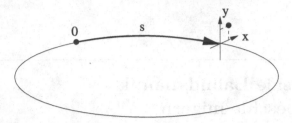

Abb. 6.1. Standardkoordinatensystem (x, y, s) eines Kreisbeschleunigers

jedem Umlauf von neuem durchläuft. Die Gleichgewichtsbahn wird auch *Orbit* genannt. Sie ist durch die Anordnung der Magnete, d. h. letzten Endes durch die Feldverteilung des Beschleunigers eindeutig festgelegt. Sie ist per definitionem *periodisch*. Teilchen mit einer Orts- und/oder Richtungsabweichung zur Gleichgewichtsbahn machen Betatronschwingungen um die Gleichgewichtsbahn. Die Betatronschwingungen sind die *nichtperiodischen Lösungen* der Hill'schen Differenzialgleichung. Die Gleichgewichtsbahn liegt in der magnetischen Mittelebene eines Kreisbeschleunigers. Sie entspricht der Sollbahn eines Strahlführungssystems. Genau wie bei einem Strahlführungssystem betrachten wir nur Teilchenbahnen in der unmittelbaren Umgebung der Gleichgewichtsbahn. Daher führen wir auch hier ein mitbewegtes Koordinatensystem ein und geben die momentane Position eines Teilchens relativ zur Gleichgewichtsbahn an. Wir benutzen das in Abschn. 4.1 eingeführte krummlinige (x, y, s)-Koordinatensystem, das sogenannte Standardkoordinatensystem der Beschleunigerphysik. Die Bogenlänge s gibt den Abstand längs der Gleichgewichtsbahn zu einem willkürlich gewählten Startpunkt O an (siehe Abb. 6.1).

6.2 Hill'sche Differenzialgleichung

Wir beschränken uns im Folgenden zunächst auf die lineare Näherung. Die entsprechenden Bewegungsgleichungen wurden in Abschn. 4.3 abgeleitet. In linearer Näherung erhalten wir Gleichungen der folgenden Form

$$\boxed{\begin{aligned} \frac{\mathrm{d}^2 x}{\mathrm{d}s^2} + k_x(s)x &= \frac{1}{\rho_0(s)} \frac{\Delta p}{p_0}, \\ \frac{\mathrm{d}^2 y}{\mathrm{d}s^2} + k_y(s)y &= 0. \end{aligned}} \tag{6.1}$$

Wir klammern zunächst die dispersiven Effekte aus, die durch eine endliche Impulsabweichung $\Delta p/p_0$ hervorgerufen werden. Wir betrachten die Bewegungsgleichungen unter der Annahme $\Delta p/p_0 = 0$, d. h. wir nehmen einen Strahl *monoenergetischer* Teilchen an. Damit haben die Differenzialgleichungen für x und y die gleiche Form. Wir betrachten repräsentativ für beide

Gleichungen eine *homogene* Differenzialgleichung zweiter Ordnung mit *periodischem* Koeffizienten $K(s)$,

$$\boxed{y'' + K(s)y = 0 \,, \quad K(s+C) = K(s)\,.} \tag{6.2}$$

Dies ist die *Hill'sche Differenzialgleichung*[1] [Hi86]. Die Gleichung hat eine große Ähnlichkeit mit der Gleichung des harmonischen Oszillators. Der einzige Unterschied besteht darin, dass der Koeffizient $K(s)$ nicht konstant ist, sondern eine periodische Funktion von s ist. Die Gleichung (6.2) ist die Gleichung des *quasiharmonischen* oder *pseudoharmonischen* Oszillators. Die Lösung der Hill'schen Differenzialgleichung (siehe Abschn. 6.4) ergibt sinusähnliche Schwingungen mit einer längs s variablen Amplitude $a\sqrt{\beta(s)}$ und variablen Wellenzahl $1/\beta(s)$. Diese quasiharmonischen Schwingungen werden Betatronschwingungen[2] genannt. Wir werden die Lösung der Hill'schen Differenzialgleichung endgültig in Abschn. 6.4 behandeln.

Die Periodizitätslänge ist der gesamte Weg C („circumference") längs der Gleichgewichtsbahn für einen Umlauf. Wenn der Kreisbeschleuniger in periodische Substrukturen unterteilt werden kann, kann als Periodizitätslänge auch die Länge L der Substruktur gewählt werden. In der Beschleunigertheorie werden solche periodischen Substrukturen *Superperiode* genannt. Die Funktion $K(s)$ ist ein Maß für die Stärke der fokussierenden bzw. defokussierenden Kräfte. Bei Fokussierung ist $K(s)$ positiv, bei Defokussierung negativ. Zur Erinnerung notieren wir, wie die Größe $K(s)$, d. h. letztlich die Größen $k_x(s)$ und $k_y(s)$ von dem Gradienten des Magnetfeldes, $(\partial B_y/\partial x)$, bzw. dem Feldindex n und dem Krümmungsradius der Gleichgewichtsbahn, ρ_0, abhängen,

$$k_x = +\frac{\partial B_y}{\partial x}\frac{1}{(B\rho)_0} + \frac{1}{\rho_0^2} = -\frac{n}{\rho_0^2} + \frac{1}{\rho_0^2}\,,$$
$$k_y = -\frac{\partial B_y}{\partial x}\frac{1}{(B\rho)_0} = +\frac{n}{\rho_0^2}\,. \tag{6.3}$$

Die Stärke der fokussierenden bzw. defokussierenden Kräfte wird vor allem durch den Feldgradienten $\partial B_y/\partial x$ bestimmt. Im Bereich von Ablenkmagneten wirkt zusätzlich die radial fokussierende Dipolkomponente $1/\rho_0^2$.

---

[1] Die Hill'sche Differenzialgleichung wurde zum ersten Mal von dem Astronomen Hill zur Beschreibung von Mondbahnen untersucht. Die Hill'sche Differenzialgleichung ist eine homogene Differenzialgleichung zweiter Ordnung mit einem periodischen Koeffizienten $K(s)$, bei der keine Terme mit der ersten Ableitung y' auftreten.

[2] Die Theorie der radialen und axialen Bahnstabilität in Kreisbeschleunigern wurde im Zusammenhang mit dem Betatron entwickelt [Ke41]. Daher werden die radialen und axialen Schwingungen um die Gleichgewichtsbahn *Betatronschwingungen* genannt.

6.3 Twiss-Matrix und Stabilitätskriterium

Wir betrachten den Kreisbeschleuniger zunächst wie ein Strahlführungssystem. Die Lösung der Hill'schen Differenzialgleichung, d. h. die Bahn eines einzelnen Teilchens, ist eindeutig durch die Startwerte $[y(s), y'(s)]$ an einem beliebig festgelegten Startpunkt s bestimmt. Im Abstand L erhalten wir die Lösung aus der Matrixgleichung (siehe Abschn. 4.3)

$$\begin{pmatrix} y(s+L) \\ y'(s+L) \end{pmatrix} = \overbrace{\begin{pmatrix} C(s,s+L) & S(s,s+L) \\ C'(s,s+L) & S'(s,s+L) \end{pmatrix}}^{R(s,s+L)} \begin{pmatrix} y(s) \\ y'(s) \end{pmatrix} . \tag{6.4}$$

Die Transportmatrix $R(s, s + L)$ hängt von dem Startpunkt s und dem Endpunkt $s+L$ ab. Die Funktionen $C(s, s+L)$ und $S(s, s+L)$ sind die cosinus- und sinusähnlichen Basislösungen[3] mit den Startbedingungen $C(s, s) = S'(s, s) = 1$ und $S(s, s) = C'(s, s) = 0$. Die Matrix $R(s, s + L)$ kann als Produkt von Matrizen geschrieben werden, wenn $K(s)$ im Bereich der Ablenk- und Quadrupolmagnete stückweise konstant ist. Von besonderem Interesse sind die Matrizen, die einem vollen Umlauf C bzw. einer Superperiode entsprechen. Für diese Matrizen schreiben wir

$$M(s) = R(s, s + C) . \tag{6.5}$$

Wegen $\det(M) = 1$ (siehe Abschn. 4.5) lässt sich die Matrix M stets in der Form

$$M = \begin{pmatrix} \cos\mu + \alpha\sin\mu & \beta\sin\mu \\ -\gamma\sin\mu & \cos\mu - \alpha\sin\mu \end{pmatrix}$$

$$= \cos\mu \overbrace{\begin{pmatrix} 1 & 0 \\ 0 & 1 \end{pmatrix}}^{I} + \sin\mu \overbrace{\begin{pmatrix} \alpha & \beta \\ -\gamma & -\alpha \end{pmatrix}}^{J} . \tag{6.6}$$

darstellen. Die Matrix M in dieser speziellen Darstellung ist die sogenannte *Twiss-Matrix*[4], die Größen (α, β, γ) sind die *Twiss-Parameter*. Die spezielle Darstellung der Matrix M ist hier zunächst rein formal eingeführt [Co58]. Die Bedeutung der Größen (α, β, γ) und μ wird jedoch im Folgenden schnell klar werden. Die Matrix I ist die Einheitsmatrix. Für die Matrix J folgt aus der Bedingung $\det M = 1$

$$\det J = \beta\gamma - \alpha^2 = 1 ,$$
$$J^2 = J \cdot J = -I . \tag{6.7}$$

---

[3] Die Funktionen $C(s, s + L)$ und $S(s, s + L)$ repräsentieren die in Abschn. 4.3 eingeführten Basislösungen c_x und s_x bzw. c_y und s_y.

[4] Die Bezeichnung Twiss-Matrix und Twiss-Parameter beruht auf einem historischen Irrtum, auf den R. Q. Twiss kürzlich hinwies. Tatsächlich wurden die Parameter (α, β, γ) und die spezielle Darstellung der Matrix M durch H. S. Snyder in die Beschleunigertheorie eingeführt.

Die Größen (α, β, γ) und μ sind nicht auf die reellen Zahlen beschränkt. Es wird sich jedoch gleich zeigen, dass die Größen bei einem funktionierenden Kreisbeschleuniger reell sind.

Die Twiss-Matrix erlaubt nun eine besonders einfache und elegante Formulierung des Stabilitätskriteriums. Für N Umläufe gilt nämlich

$$M^N = (I \cos \mu + J \sin \mu)^N = I \cos N\mu + J \sin N\mu\,. \tag{6.8}$$

Diese Gleichung kann man leicht durch Nachrechnen unter Berücksichtigung von $J^2 = -I$ nachvollziehen. Die Gleichung ist eine Verallgemeinerung der Formel von Moivre

$$(\cos \mu + \mathrm{i} \sin \mu)^N = \cos N\mu + \mathrm{i} \sin N\mu\,.$$

Für die inverse Matrix M^{-1} gilt

$$M^{-1} = (I \cos \mu - J \sin \mu)\,.$$

Die Gesamtheit aller möglichen Trajektorien bleibt in linearer Näherung stabil, wenn die Matrixelemente der Matrix M^N nicht gegen unendlich streben. Diese Bedingung ist erfüllt, wenn μ reell ist. Wenn μ imaginär ist, kann man $\cos \mu$ und $\sin \mu$ durch die hyperbolischen Funktionen $\cosh |\mu|$ und $-\mathrm{i} \sinh |\mu|$ ersetzen. Die Matrixelemente streben in diesem Fall wie $\cosh |N\mu|$ und $\sinh |N\mu|$ exponentiell gegen unendlich. Das Stabilitätskriterium lautet also

$$\mu \text{ ist reell}\,,$$
$$|\cos \mu| \le 1\,, \tag{6.9}$$
$$|\mathrm{Tr}\, M| \le 2\,.$$

Hierbei ist $\mathrm{Tr}\, M$ die Spur[5] der Matrix M, $\mathrm{Tr}\, M = 2 \cos \mu$. Die letzte Gleichung wird auch Spurtheorem genannt.

Die Parameter (α, β, γ) sind eindeutig festgelegt, wenn wir den Spezialfall $\mathrm{Tr}\, M = 2$, d.h. $|\cos \mu| = 1$ ausklammern und die Vorzeichenambiguität von $\sin \mu$ durch die Festlegung beseitigen, dass $\beta > 0$ für $|\cos \mu| < 1$ und für $|\cos \mu| > 1$ die Größe $\sin \mu$ positiv imaginär ist. Wir erhalten damit für die stabilen Lösungen mit $|\cos \mu| < 1$ den folgenden Zusammenhang zwischen der Matrix M und den Parametern (α, β, γ) und μ,

$$\cos \mu = \frac{1}{2} \mathrm{Tr} M = \frac{1}{2}(M_{11} + M_{22})\,,$$

$$\sin \mu = \mathrm{sign}(M_{12})\sqrt{1 - \cos^2 \mu}\,,$$

$$\beta = \frac{M_{12}}{\sin \mu}\,,$$

$$\alpha = \frac{M_{11} - M_{22}}{2 \sin \mu}\,, \tag{6.10}$$

$$\gamma = -\frac{M_{21}}{\sin \mu}\,.$$

---

[5] Die Spur einer Matrix M ist die Summe der Hauptdiagonalelemente. Sie wird mit $\mathrm{Tr}\, M$ ($\mathrm{Tr} =$ „trace") bezeichnet.

Die Größe μ ist bis auf ein Vielfaches von 2π durch die Twiss-Matrix festgelegt. Die Parameter (α, β, γ) sind unter der Voraussetzung $|\cos\mu| < 1$ eindeutig definiert und reell.

Da die Matrix $M(s)$ vom Startpunkt s abhängt, sind die Größen (α, β, γ) Funktionen von s. Die Funktionen $\alpha(s)$, $\beta(s)$ und $\gamma(s)$ werden *optische Funktionen*, *Betatronfunktionen*, *Amplitudenfunktionen* oder auch *Latticefunktionen* genannt. Die Größe μ hängt nicht von s ab, da die Spur der Matrix M unabhängig von s ist. Wir können dies leicht anhand der folgenden Überlegung zeigen. Für zwei unterschiedliche Startwerte s_1 und s_2 mit $s_2 > s_1$ gelten die beiden Gleichungen

$$R(s_1, s_2 + C) = M(s_2)R(s_1, s_2),$$
$$R(s_1, s_2 + C) = R(s_1, s_2)M(s_1).$$

Wenn beide Gleichungen von rechts mit $R^{-1}(s_1, s_2)$ multipliziert werden, erhalten wir

$$M(s_2) = R(s_1, s_2)M(s_1)R^{-1}(s_1, s_2).$$

Diese Gleichung besagt, dass $M(s_2)$ und $M(s_1)$ durch eine Ähnlichkeitstransformation verknüpft sind. Daher haben sie die gleiche Spur und μ hängt nicht von s ab. Es wird gleich gezeigt, dass μ der Phasenvorschub der Betatronschwingungen pro Umlauf ist.

Wenn der Beschleunigerring aus *Superperioden* der Länge L periodisch aufgebaut ist, genügt es, die Twiss-Matrix einer einzelnen Superperiode zu betrachten. Man erhält aus

$$M(s) = R(s, s + L) \tag{6.11}$$

die entsprechenden Größen $\alpha(s)$, $\beta(s)$, $\gamma(s)$ und μ der Superperiode. Ein Beschleunigerring, der aus N Superperioden aufgebaut ist, wird durch

$$M^N = \cos N\mu \begin{pmatrix} 1 & 0 \\ 0 & 1 \end{pmatrix} + \sin N\mu \begin{pmatrix} \alpha & \beta \\ -\gamma & -\alpha \end{pmatrix} \tag{6.12}$$

beschrieben, d. h. die optischen Funktionen des gesamten Ringes sind identisch mit den optischen Funktionen $\alpha(s), \beta(s), \gamma(s)$ der Superperiode. In der Regel erstrecken sich die Superperioden über ein ganzes System unterschiedlicher Einheitszellen.

6.4 Lösung der Hill'schen Differenzialgleichung

Wir schildern zunächst das Floquet-Theorem und einen systematischen, mathematischen Lösungsweg. Die Lösungfunktion wird in (6.24) angegeben. Der Lösungsweg bis zu (6.24) ist sehr formal und kann beim ersten Lesen übersprungen werden. Im dritten Teil dieses Abschnitts wird ein besonders kurzer und einfacher Lösungsweg skizziert.

Das Floquet-Theorem

Wir skizzieren das Floquet-Theorem, das in der Mathematik zur Lösung der Hill'schen Differenzialgleichung benutzt wird. Wir beginnen mit dem Hinweis, dass die Lösungen der Hill'schen Differenzialgleichung nicht auf reellwertige Funktionen $y(s)$ beschränkt sind. Es ist daher stets möglich, komplexwertige Basislösungen $u_1(s)$ und $u_2(s)$ zu definieren. Zum Beweis des Floquet-Theorems betrachten wir speziell die Eigenvektoren $\boldsymbol{u}_1 = (u_1, u_1')$ und $\boldsymbol{u}_2 = (u_2, u_2')$ mit den entsprechenden Eigenwerten λ_1 und λ_2 zur Matrix M

$$M(s)\boldsymbol{u}_j(s) = \lambda_j \boldsymbol{u}_j(s)\,, \qquad j = 1,2\,.$$

Diese Gleichung hat nicht verschwindende Lösungen, wenn die Eigenwertgleichung

$$\det(M - \lambda_j I) = 0\,, \qquad j = 1,2$$

erfüllt ist. Hieraus folgt

$$\lambda_j^2 - \lambda_j (M_{11} + M_{22}) + 1 = 0\,, \qquad j = 1,2\,.$$

Bei der Ableitung dieser Gleichung ist die Bedingung $\det(M) = 1$ berücksichtigt. Die Lösungen, d. h. die beiden Eigenwerte λ_j, lassen sich mit

$$\cos \mu = \frac{1}{2}\mathrm{Tr}\,M = \frac{1}{2}(M_{11} + M_{22})$$

in der folgenden Form schreiben,

$$\lambda_1 = \cos \mu + \mathrm{i}\sin \mu = \mathrm{e}^{+\mathrm{i}\mu}\,,$$
$$\lambda_2 = \cos \mu - \mathrm{i}\sin \mu = \mathrm{e}^{-\mathrm{i}\mu}\,.$$

Die beiden Eigenvektoren $\boldsymbol{u}_1(s)$ und $\boldsymbol{u}_2(s)$ sind linear unabhängig, wenn $\lambda_1 \neq \lambda_2$, d. h. wenn $|\mathrm{Tr}\,M| \neq 2$. Im Übrigen ist μ reell, wenn $|\mathrm{Tr}\,M| < 2$ und imaginär, wenn $|\mathrm{Tr}\,M| > 2$. Die Größe μ ist der *charakteristische Koeffizient* der Hill'schen Differenzialgleichung. Die Lösungen $\boldsymbol{u}_1(s)$ und $\boldsymbol{u}_2(s)$ werden zum Beweis des Floquet-Theorems benötigt. Das Floquet-Theorem lautet:

Floquet-Theorem: Es existieren stets zwei linear unabhängige Basislösungen der Hill'schen Differenzialgleichung, die als Produkt einer Exponentialfunktion und einer *periodischen* Funktion $p_j(s)$ geschrieben werden können,

$$u_j(s) = p_j(s)\exp\left(\pm\mathrm{i}\mu\frac{s}{C}\right)\,, \qquad j = 1,2\,,$$
$$p_j(s + C) = p_j(s)\,, \qquad j = 1,2\,. \tag{6.13}$$

Die allgemeine Lösung kann als Linearkombination dieser Basislösungen geschrieben werden.

Beweis: Die beiden durch die Eigenvektoren $\boldsymbol{u}_j(s)$ definierten Funktionen $u_j(s)$ erfüllen die Forderungen des Floquet'schen Theorems. Sie können stets in der Form (6.13) geschrieben werden. Die Funktionen $p_j(s)$ ergeben sich aus

$$p_j(s) = u_j(s) \exp\left(\mp i\mu \frac{s}{C}\right), \qquad j = 1, 2.$$

Die Periodizität der Funktionen $p_j(s)$ erkennt man, wenn man das Argument s durch $s + C$ ersetzt.

Mathematischer Lösungsweg

Aus dem Floquet-Theorem (6.13) folgt die Existenz von zwei linear unabhängigen Lösungen, die in der folgenden Form geschrieben werden können,

$$u_j(s + C) = u_j(s) \exp(\pm i\mu), \qquad j = 1, 2.$$

Andererseits sind die Lösungen $u_j(s + C)$ und $u_j(s)$ durch die Gleichung

$$\begin{pmatrix} u_j(s + C) \\ u'_j(s + C) \end{pmatrix} = M(s) \begin{pmatrix} u_j(s) \\ u'_j(s) \end{pmatrix}, \qquad j = 1, 2$$

miteinander linear verknüpft. Aus diesen beiden Gleichungen folgt

$$(\cos\mu \pm i\sin\mu)u_j = (\cos\mu + \alpha\sin\mu)u_j + \beta\sin\mu \; u'_j.$$

Für $\sin\mu \neq 0$ ergibt sich daraus

$$\frac{u'_j}{u_j} = \frac{\pm i - \alpha}{\beta}. \tag{6.14}$$

Differenziation nach s ergibt

$$\frac{u''_j}{u'_j} - \frac{u'_j}{u_j} = \frac{-\alpha'}{\pm i - \alpha} - \frac{\beta'}{\beta}. \tag{6.15}$$

Andererseits erhalten wir aus der Hill'schen Gleichung (6.2)

$$\frac{u''_j}{u'_j} = -K\frac{u_j}{u'_j}.$$

Dies gibt zusammen mit (6.14)

$$\frac{u''_j}{u'_j} - \frac{u'_j}{u_j} = -K\frac{\beta}{\pm i - \alpha} - \frac{\pm i - \alpha}{\beta}.$$

Gleichsetzen der rechten Seite dieser Gleichung mit der von (6.15) ergibt

$$(\alpha^2 + K\beta^2 + \alpha\beta' - \alpha'\beta - 1) \pm i(2\alpha + \beta') = 0. \tag{6.16}$$

Wegen des Stabilitätskriteriums sind die Funktionen $\alpha(s)$, $\beta(s)$, $\alpha'(s)$ und $\beta'(s)$ reell. Daher muss jeder der beiden geklammerten Ausdrücke für sich gleich null sein, und wir erhalten zwei unabhängige Gleichungen

$$\alpha^2 + K\beta^2 + \alpha\beta' - \alpha'\beta - 1 = 0\,,$$

$$\alpha = -\frac{1}{2}\beta'\,. \tag{6.17}$$

Die letzte Gleichung stellt den Zusammenhang zwischen $\alpha(s)$ und $\beta(s)$ her. Durch Einsetzen von (6.17) in (6.16) erhalten wir schließlich eine Differenzialgleichung 2. Ordnung für die Betatronfunktion $\beta(s)$

$$\frac{1}{2}\beta\beta'' - \frac{1}{4}\beta'^2 + K\beta^2 = 1\,. \tag{6.18}$$

Die zentrale Funktion zur Lösung der Hill'schen Differenzialgleichung ist die Betatronfunktion $\beta(s)$. Sie kann im Prinzip durch numerische Lösung der Differenzialgleichung (6.18) gewonnen werden. In der Praxis wird jedoch $\beta(s)$ aus der Transfermatrix $R(s, s + C)$, d. h. der Twiss-Matrix $M(s)$ (6.6) deduziert. Die Differenzialgleichung (6.18) zeigt vor allem den Zusammenhang zwischen $\beta(s)$ und $K(s)$. Für einen konstanten Koeffizienten $K(s) = K$ erhalten wir aus (6.18) unmittelbar die Lösung $\beta(s) = 1/\sqrt{K}$. Diese spezielle Situation liegt z. B. bei dem Betatron, dem klassischen Zyklotron und dem Synchrotron mit schwacher Fokussierung vor. Der Vollständigkeit halber notieren wir noch den Zusammenhang zwischen $\gamma(s)$ und $\beta(s)$. Aus (6.7) erhalten wir mit (6.17)

$$\gamma = \frac{1 + \alpha^2}{\beta} = \frac{1 + (\beta'/2)^2}{\beta}\,. \tag{6.19}$$

Wir kommen nun auf die allgemeine Lösung der Hill'schen Differenzialgleichung zurück. Die beiden linear unabhängigen Lösungen $u_j(s)$ erhalten wir durch Integration von (6.14) unter Berücksichtigung von (6.17)

$$\frac{u_j'}{u_j} = \pm\mathrm{i}\frac{1}{\beta} + \frac{1}{2}\frac{\beta'}{\beta}\,,$$

$$\ln\left(\frac{u_j(s)}{u_j(0)}\right) = \pm\mathrm{i}\int_0^s \frac{\mathrm{d}\bar{s}}{\beta(\bar{s})} + \ln\left(\frac{\beta(s)}{\beta(0)}\right)^{1/2}\,, \tag{6.20}$$

$$\frac{u_j(s)}{u_j(0)} = \frac{\sqrt{\beta(s)}}{\sqrt{\beta(0)}}\exp\left(\pm\mathrm{i}\int_0^s \frac{\mathrm{d}\bar{s}}{\beta(\bar{s})}\right)\,, \quad j = 1,\,2\,.$$

Die Funktion in der Exponentialfunktion ist die Phase $\psi(s)$ der Betatronschwingung

$$\psi(s) = \int_0^s \frac{\mathrm{d}\bar{s}}{\beta(\bar{s})}\,. \tag{6.21}$$

Mit $a_j = u_j(0)/\sqrt{\beta(0)}$ für die Integrationskonstanten erhalten wir schließlich für die beiden linear unabhängigen Lösungen

$$u_j(s) = a_j\sqrt{\beta(s)} \exp \pm i\psi(s), \quad j = 1, 2. \tag{6.22}$$

Die allgemeinste Lösung der Hill'schen Differenzialgleichung (6.2) lässt sich stets als Linearkombination der beiden linear unabhängigen Lösungen $u_j(s)$ schreiben

$$u(s) = a_1\sqrt{\beta(s)} \exp +i\psi(s) + a_2\sqrt{\beta(s)} \exp -i\psi(s). \tag{6.23}$$

Diese Lösung ist im Allgemeinen eine komplexwertige Funktion. Eine Teilchenbahn in einem Kreisbeschleuniger wird durch eine reelle Lösung der Hill'schen Differenzialgleichung beschrieben. Die allgemeinste Form der reellen Lösung ergibt sich mit $a_1 = \frac{1}{2}a \exp +i\psi_0$ und $a_2 = \frac{1}{2}a \exp -i\psi_0$ zu

$$\boxed{y(s) = a\sqrt{\beta(s)} \cos[\psi(s) + \psi_0].} \tag{6.24}$$

Die Gleichung hat die beiden Integrationskonstanten a und ψ_0. Sie legen die individuelle Bahn eines einzelnen Teilchens fest. Der Parameter a kennzeichnet die Amplitude der Betatronschwingung und der Parameter ψ_0 die Startphase. Die Gleichung beschreibt eine pseudoharmonische Schwingung mit variabler Amplitude $a\sqrt{\beta(s)}$ und variabler Wellenzahl $d\psi/ds = 1/\beta(s)$ bzw. variabler Wellenlänge $\lambda(s) = 2\pi\beta(s)$. Für einen Umlauf ergibt sich der Phasenvorschub μ

$$\mu = \int_s^{s+C} \frac{d\bar{s}}{\beta(\bar{s})} = \oint \frac{d\bar{s}}{\beta(\bar{s})}. \tag{6.25}$$

Für die Zahl der Betatronschwingungen[6] pro Umlauf, die auch „*Betatron Tune*" oder *Arbeitspunkt* genannt wird, erhalten wir

$$Q = \frac{\mu}{2\pi} = \frac{1}{2\pi} \oint \frac{d\bar{s}}{\beta(\bar{s})}. \tag{6.26}$$

Einfacher Lösungsweg

Zum Abschluss dieses Abschnitts skizzieren wir noch schnell einen besonders einfachen Weg zur Lösung der Hill'schen Differenzialgleichung (6.2). Wir beginnen mit dem Lösungsansatz

$$y(s) = aw(s) \cos[\psi(s) + \psi_0]. \tag{6.27}$$

---

[6] In der europäischen Beschleunigerliteratur wird für die Zahl der Betatronschwingungen pro Umlauf meistens das Symbol Q verwendet, während in der amerikanischen Literatur meistens das Symbol ν verwendet wird.

Durch Einsetzen in (6.2) erhalten wir

$$(w'' - w\psi'^2 + wK)\cos(\psi + \psi_0) - (2w'\psi' + w\psi'')\sin(\psi + \psi_0) = 0\,.$$

Die beiden Klammerausdrücke bei $\cos(\psi + \psi_0)$ und $\sin(\psi + \psi_0)$ müssen jeder für sich gleich null sein

$$w'' - w\psi'^2 + wK = 0\,,$$

$$2w'\psi' + w\psi'' = 0\,.$$

Die Integration der letzten Gleichung ergibt

$$\psi' = \frac{1}{w^2}\,.$$

Eine weitere Integration ergibt

$$\psi(s) = \int_0^s \frac{\mathrm{d}\overline{s}}{w^2(\overline{s})}\,. \tag{6.28}$$

Die Differenzialgleichung für $w(s)$ lautet schließlich

$$w'' + K(s)w = \frac{1}{w^3}\,. \tag{6.29}$$

Diese Gleichung hat eine eindeutig definierte periodische Lösung $w(s)$. Wir führen nun an dieser Stelle die Betatronfunktion $\beta(s)$ ein

$$\beta(s) = w^2(s)\,. \tag{6.30}$$

Damit ergibt sich mit (6.27)–(6.30) die allgemeine Lösung $y(s)$ wieder in der Form von (6.24). Die Differenzialgleichung für $w(s) = \sqrt{\beta(s)}$ entspricht übrigens der in Abschn. 11.2 diskutierten Envelopengleichung für den Fall, dass Raumladungseffekte vernachlässigbar sind.

6.5 Courant-Snyder-Invariante und Maschinenellipse

6.5.1 Courant-Snyder-Invariante

Wir betrachten nun die Bahn eines Teilchens mit der Amplitude a und der Startphase ψ_0,

$$y(s) = a\sqrt{\beta(s)}\cos[\psi(s) + \psi_0]\,,$$

$$y'(s) = \frac{a}{\sqrt{\beta(s)}}\left\{\overbrace{\frac{1}{2}\beta'(s)}^{-\alpha(s)}\cos[\psi(s) + \psi_0] - \sin[\psi(s) + \psi_0]\right\}\,. \tag{6.31}$$

Diese Gleichung repräsentiert die parametrische Darstellung einer Ellipse mit der Fläche

$$E = \pi a^2 = \pi\epsilon = \text{const}.$$ (6.32)

Die Fläche der Ellipse ist konstant. Die Form der Ellipse ist eine Funktion von s. Sie wird durch die optischen Funktionen $\alpha(s)$, $\beta(s)$ und $\gamma(s)$ bestimmt. Eliminiert man den Parameter $[\psi(s) + \psi_0]$, d. h. geht man von der Parameterdarstellung zur Koordinatendarstellung über, erhält man

$$\boxed{\frac{y^2}{\beta} + \frac{(\alpha y + \beta y')^2}{\beta} = a^2 = \epsilon.}$$ (6.33)

Die durch (6.33) definierte Funktion ist eine Konstante der Bewegung. Sie wird *Courant-Snyder-Invariante* genannt. In Abb. 6.2 ist eine Courant-Snyder-Invariante als Phasenellipse in der (y, y')-Ebene dargestellt. Die Gleichung (6.33) kann auch in der folgenden Form geschrieben werden,

$$\boxed{\gamma y^2 + 2\alpha y y' + \beta y'^2 = a^2 = \epsilon.}$$ (6.34)

Die physikalische Interpretation der Courant-Snyder-Invarianten entspricht dem folgenden Bild:

1. Ein Teilchen mit den Koordinaten (y, y') bewegt sich im Phasenraum auf dem Rand einer sich stetig ändernden Ellipse.
2. Die Fläche der Ellipse ist konstant. Sie wird durch die Amplitude des Teilchens vorgegeben.
3. Die Form der Ellipse wird durch die Maschine, d. h. durch die Funktionen (α, β, γ) vorgegeben. Daher wird die durch (6.33) oder (6.34) definierte Ellipse *Maschinenellipse* genannt.
4. Wenn man (y, y') nach jedem Umlauf wie in Abb. 6.3 markiert, ergibt sich eine Folge von Punkten, die entsprechend dem Phasenvorschub μ (mod 2π) auf der Ellipse angeordnet sind.
5. Die durch ein Teilchen mit der Courant-Snyder-Invarianten $\epsilon = a^2$ definierte Phasenellipse beschreibt das Phasenraumverhalten der Gesamtheit aller Teilchen mit einer Betatronschwingungsamplitude kleiner gleich a.

Maschinenellipse und Strahlellipse

Wir möchten an dieser Stelle auf einen für das Verständnis wichtigen Punkt noch einmal deutlich hinweisen. Die durch (α, β, γ) definierte Form der *Maschinenellipse* ist eine charakteristische Eigenschaft des Kreisbeschleunigers, d. h. der Maschine. Sie ist durch die Anordnung und Erregung der ionenoptischen Elemente bestimmt. Die *Strahlellipse*, d. h. die Phasenellipse des zirkulierenden Teilchenstrahles kann sich deutlich von der durch (α, β, γ) definierten Maschinenellipse unterscheiden (z. B. unmittelbar nach der Injektion

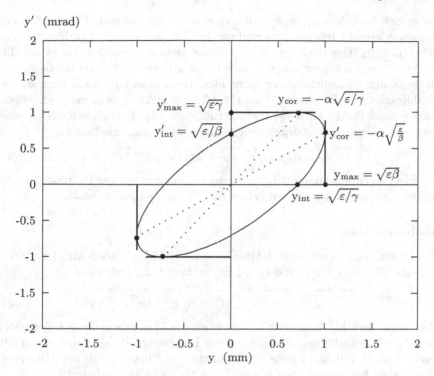

Abb. 6.2. Darstellung einer Courant-Snyder-Invarianten als Phasenellipse in der (y, y')-Ebene

in einen Ringbeschleuniger, siehe Abb. 6.4). Bei der Injektion sollten die Strahlellipsen an die Maschinenellipsen angepasst werden. Bei Fehlanpassung sorgt zwar der Mechanismus der Filamentation (siehe Abb. 6.5 und 6.6) für eine langsame Anpassung der Strahlellipsen an die Maschinenellipsen. Dabei werden allerdings die effektiven Emittanzen größer, d. h. die Strahlqualität wird schlechter.

Wenn Strahlellipse und Maschinenellipse übereinstimmen, kann man den folgenden Zusammenhang mit der in Abschn. 4.7 eingeführten σ-Matrix herstellen,

$$\sigma = \begin{pmatrix} \sigma_{11} & \sigma_{12} \\ \sigma_{12} & \sigma_{22} \end{pmatrix} = \epsilon_x \begin{pmatrix} \beta_x & -\alpha_x \\ -\alpha_x & \gamma_x \end{pmatrix} = \begin{pmatrix} \epsilon_x \beta_x & -\epsilon_x \alpha_x \\ -\epsilon_x \alpha_x & \epsilon_x \gamma_x \end{pmatrix} . \qquad (6.35)$$

Die Größen $\sqrt{\epsilon_x \beta_x}$ und $\sqrt{\epsilon_x \gamma_x}$ stellen die maximale Ausdehnung in x- bzw. x'-Richtung dar, die Größe $-\alpha_x$ ist ein Maß für die Korrelation zwischen x und x' (siehe Abb. 6.2). Ganz analog sehen die Gleichungen für die (y, y')-Phasenebene aus. In der Regel hat die Intensitätsverteilung in der (x, x')-bzw. (y, y')-Ebene näherungsweise die Form einer zweidimensionalen Gaußverteilung (siehe Abb. 4.18). Die Projektion dieser Intensitätsverteilung auf die x- bzw. y-Achse ergibt angenähert eine eindimensionale Gaußverteilung. Die resultierende Intensitätsverteilung ist das sogenannte Strahlprofil (siehe Abb. 4.19). Das Strahlprofil kann leicht gemessen werden. Da es bei diesen Verteilungen keinen scharfen Rand gibt, definieren wir die Größe ϵ_x und die Emittanz $\pi\epsilon_x$ mithilfe der leicht messbaren Standardabweichung σ_x des Strahlprofils. Wie bereits in Abschn. 4.7.2 festgestellt, gibt es unterschiedliche Festlegungen für die Größe ϵ_x und die Emittanz $\pi\epsilon_x$. Je nachdem, ob wir eine, zwei oder drei Standardabweichungen zugrunde legen, erhalten wir

$$\sqrt{\epsilon_x^{1\sigma}\beta_x} = \sigma_x\,, \quad \sqrt{\epsilon_x^{2\sigma}\beta_x} = 2\sigma_x\,, \quad \sqrt{\epsilon_x^{3\sigma}\beta_x} = 3\sigma_x\,. \tag{6.36}$$

Bei Elektronenmaschinen wird meistens $\epsilon^{1\sigma}$ verwendet, bei Protonenmaschinen $\epsilon^{2\sigma}$. Analoge Gleichungen gelten für die (y, y')-Phasenebene.

RMS-Emittanz

Die 1σ-Emittanz wird auch RMS-Emittanz (RMS = „Root Mean Square") genannt. Für die (x, x')- und (y, y')-Ebene lautet die Definition

$$\epsilon_x^{1\sigma} = \sqrt{\langle x^2\rangle\,\langle x'^2\rangle - \langle xx'\rangle^2}\,, \quad \epsilon_y^{1\sigma} = \sqrt{\langle y^2\rangle\,\langle y'^2\rangle - \langle yy'\rangle^2}\,. \tag{6.37}$$

Man kann die RMS-Emittanz für einen an die Maschinenellipse angepassten Strahl auch mithilfe der Courant-Snyder Invarianten definieren. Für ein Ensemble von N Teilchen ist die RMS-Emittanz $\epsilon_x^{1\sigma}$ bzw. $\epsilon_y^{1\sigma}$ als der Mittelwert aller Einteilchen-Invarianten $\epsilon_{x,i}$ bzw. $\epsilon_{y,i}$ (siehe (6.34)) definiert,

$$\begin{aligned}
\epsilon_x^{1\sigma} &= \frac{1}{N}\sum_i \epsilon_{x,i} = \frac{1}{N}\sum_i \gamma_x x_i^2 + 2\alpha_x x_i x_i' + \beta_x {x_i'}^2\,, \\
\epsilon_y^{1\sigma} &= \frac{1}{N}\sum_i \epsilon_{y,i} = \frac{1}{N}\sum_i \gamma_y y_i^2 + 2\alpha_y y_i y_i' + \beta_y {y_i'}^2\,.
\end{aligned} \tag{6.38}$$

Strahlenveloppe

Die resultierende Strahlenveloppe (Strahleinhüllende) erhalten wir unmittelbar aus dem Verlauf der Betatronfunktion $\beta(s)$ (siehe auch Abb. 6.7). Wir notieren die sehr einfache, aber extrem wichtige und nützliche Gleichung zur Berechnung der Strahlenveloppen eines angepassten Strahles

$$\boxed{y_{\max}(s) = \sqrt{\epsilon}\sqrt{\beta(s)}\,.} \tag{6.39}$$

Ganz analog erhalten wir für die maximale Richtungsabweichung

$$\boxed{y'_{\max}(s) = \sqrt{\epsilon}\sqrt{\gamma(s)}\,.} \tag{6.40}$$

Die Größen $y_{\max}$ und $y'_{\max}$ entsprechen natürlich wieder je nach Definition der Emittanz einer, zwei oder drei Standardabweichungen des entsprechenden Strahlprofils. Wenn man die auf eine Standardabweichung bezogene RMS-Emittanz einsetzt, ergeben sich die sogenannten RMS-Enveloppen.

Akzeptanz

Bei einer vorgegebenen Maschine sind die Enveloppen durch die Wände der Vakuumkammern oder andere Hindernisse begrenzt. Häufig wird die Begrenzung mithilfe eines Strahlabschälers („beam scraper") definiert eingestellt. An dem Engpass sei die maximal mögliche Strahlausdehnung y_{sc}, und die Betatronfunktion habe den Wert β_{sc}. Damit erhalten wir ϵ_{max} und die maximal mögliche Strahlemittanz, d. h. die *Akzeptanz* bzw. *Admittanz A* der Maschine,

$$\boxed{\epsilon_{max} = \frac{y_{sc}^2}{\beta_{sc}}, \quad A = \pi \epsilon_{max} .} \tag{6.41}$$

Wenn wir ϵ_{max} in (6.39) einsetzen, erhalten wir die maximal mögliche Strahlenveloppe. Analoge Gleichungen gelten für die (x, x')-Phasenebene.

6.5.2 Floquet'sche Transformation, Kreisdiagramm

Durch eine einfache lineare Transformation kann man die durch (α, β, γ) definierte Ellipse in der Form eines Kreises darstellen (siehe Abb. 6.3). Gleichzeitig wird der Laufparameter s durch den Betatronphasenvorschub $\psi(s)$ ersetzt. Das resultierende Kreisdiagramm ist sehr hilfreich zur Diskussion von Teilchenbewegungen in der Phasenraumebene. Die Transformation wird auch zur quantitativen Analyse von Störfeldeffekten und Resonanzen benötigt. Die Gleichung (6.33) legt die Definition der linearen Transformation nahe. Die Transformation ist durch die folgenden Zuordnungen und Gleichungen festgelegt,

$$s \longleftrightarrow \psi(s) \text{ mit } \frac{d\psi}{ds} = \frac{1}{\beta(s)},$$

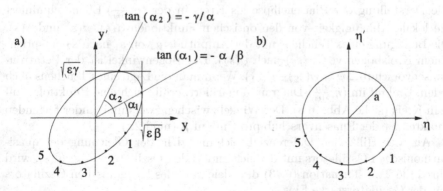

Abb. 6.3. a) Darstellung der Courant-Snyder-Invarianten in der Form einer Phasenellipse in der (y, y')-Ebene. b) Darstellung der Courant-Snyder-Invarianten in der Form eines Kreises im Kreisdiagramm $(\eta, \eta') = (\eta, d\eta/d\psi)$. Die *Punkte* 1,2, ..., 5 markieren ein einzelnes Teilchen nach 1, 2, ..., 5 Umläufen

$$y(s) \longleftrightarrow \eta(\psi) \text{ mit } \eta = \frac{y}{\sqrt{\beta}}, \tag{6.42}$$

$$y'(s) \longleftrightarrow \frac{\mathrm{d}\eta}{\mathrm{d}\psi} \text{ mit } \frac{\mathrm{d}\eta}{\mathrm{d}\psi} = \alpha \frac{y}{\sqrt{\beta}} + \sqrt{\beta} y'.$$

In Matrixform erhält man

$$\begin{pmatrix} \eta \\ \frac{\mathrm{d}\eta}{\mathrm{d}\psi} \end{pmatrix} = \begin{pmatrix} \beta^{-1/2} & 0 \\ \alpha\beta^{-1/2} & \beta^{1/2} \end{pmatrix} \begin{pmatrix} y \\ y' \end{pmatrix}. \tag{6.43}$$

Die Phasenellipse wird hierdurch zu einem Kreis mit dem Radius a in der $(\eta, \frac{\mathrm{d}\eta}{\mathrm{d}\psi})$-Ebene

$$\eta^2 + \left(\frac{\mathrm{d}\eta}{\mathrm{d}\psi}\right)^2 = a^2. \tag{6.44}$$

In Parameterdarstellung gilt

$$\begin{aligned} \eta &= a\cos(\psi + \psi_0), \\ \frac{\mathrm{d}\eta}{\mathrm{d}\psi} &= -a\sin(\psi + \psi_0). \end{aligned} \tag{6.45}$$

Durch die Transformation (6.43) werden die sich kontinuierlich ändernden Phasenellipsen einheitlich auf einen Kreis mit dem Radius a transformiert. Damit ist es möglich, die Bewegung eines Teilchens als Funktion der Betatronphase $\psi(s)$ im Kreisdiagramm unmittelbar zu verfolgen (siehe Abb. 6.3). Die Rücktransformation in die zugehörigen Koordinaten (y, y') ist ebenfalls eine sehr einfache lineare Transformation

$$\begin{pmatrix} y \\ y' \end{pmatrix} = \begin{pmatrix} \beta^{1/2} & 0 \\ -\alpha\beta^{-1/2} & \beta^{-1/2} \end{pmatrix} \begin{pmatrix} \eta \\ \frac{\mathrm{d}\eta}{\mathrm{d}\psi} \end{pmatrix}. \tag{6.46}$$

Die Darstellung der Phasenellipse als Kreis in der $(\eta, \frac{\mathrm{d}\eta}{\mathrm{d}\psi})$-Ebene eliminiert die lokale Abhängigkeit von den optischen Funktionen $\alpha(s)$, $\beta(s)$ und $\gamma(s)$. Die Bewegung eines Teilchens mit der Amplitude a von s_1 nach s_2 entspricht einem Kreisbogen von $\psi(s_1)$ nach $\psi(s_2)$. Der Bogenwinkel ist der Betatronphasenvorschub $\Delta\psi = \psi(s_2) - \psi(s_1)$. Wenn man die Lage eines Teilchens nach jedem Umlauf im $(\eta, \frac{\mathrm{d}\eta}{\mathrm{d}\psi})$-Diagramm markiert, ergibt sich eine Punktfolge auf dem Kreis (siehe Abb. 6.3). Der Winkel zwischen zwei aufeinander folgenden Punkten ist der Phasenvorschub pro Umlauf μ (mod 2π).

Aus der Hill'schen Differenzialgleichung, d. h. der Gleichung des quasiharmonischen Oszillators mit der sich ändernden Oszillatorstärke $K(s)$, wird durch die Transformation (6.43) die Gleichung des harmonischen Oszillators mit der Oszillatorstärke Eins,

$$\frac{\mathrm{d}^2 y}{\mathrm{d}s^2} + K(s)y(s) = 0 \longleftrightarrow \frac{\mathrm{d}^2 \eta}{\mathrm{d}\psi^2} + \eta(\psi) = 0. \tag{6.47}$$

Zur analytischen Behandlung von Feldstörungen verwendet man anstelle der Betatronphase $\psi(s)$ die Phase $\phi(s) = \psi(s)/Q$ als freie Variable. Die Größe Q ist die Zahl der Betatronschwingungen pro Umlauf, d. h. man bildet einen Umlauf auf das Winkelintervall $[0, 2\pi]$ ab. Man erhält damit die folgenden Zuordnungen und Gleichungen,

$$s \longleftrightarrow \phi(s) = \frac{\psi(s)}{Q} \text{ mit } \frac{\mathrm{d}\phi}{\mathrm{d}s} = \frac{1}{Q\beta(s)},$$

$$y(s) \longleftrightarrow \eta(\phi) \text{ mit } \eta = \frac{y}{\sqrt{\beta}},$$

$$y'(s) \longleftrightarrow \frac{1}{Q}\frac{\mathrm{d}\eta}{\mathrm{d}\phi} \text{ mit } \frac{1}{Q}\frac{\mathrm{d}\eta}{\mathrm{d}\phi} = \frac{\alpha y}{\sqrt{\beta}} + y'\sqrt{\beta},$$

$$y'' + K(s)y = 0 \longleftrightarrow \frac{\mathrm{d}^2\eta}{\mathrm{d}\phi^2} + Q^2\eta(\phi) = 0. \tag{6.48}$$

Bei dieser Floquet'schen Transformation erhalten wir die Gleichung des harmonischen Oszillators mit der Oszillatorstärke Q^2. In Parameterdarstellung gilt

$$\eta = a\cos Q(\phi + \phi_0),$$

$$\frac{\mathrm{d}\eta}{\mathrm{d}\phi} = -aQ\sin Q(\phi + \phi_0). \tag{6.49}$$

Die Koordinaten η und ϕ werden häufig *Floquet'sche Koordinaten* oder auch *normalisierte Koordinaten* bzw. *normierte Koordinaten* genannt.

Feldstörungen werden durch die Einführung eines Störterms $F(x, y, s)$ in der Hill'schen Differenzialgleichung beschrieben

$$y'' + K(s)y = F(x, y, s). \tag{6.50}$$

Durch die Floquet'sche Transformation erhält man die Differenzialgleichung des harmonischen Oszillators mit einem um den Faktor $Q^2\beta^{3/2}$ modifizierten Störterm

$$\frac{\mathrm{d}^2\eta}{\mathrm{d}\phi^2} + Q^2\eta = Q^2\beta^{3/2}F(x, y, s). \tag{6.51}$$

6.5.3 Eigenellipse, Eigenellipsoid und Anpassung

Die durch die optischen Funktionen $\alpha(s), \beta(s)$ und $\gamma(s)$ definierte Maschinenellipse ist nichts anderes als die zur Matrix $M(s)$ gehörende Eigenellipse $\sigma_e(s)$ [Go68]. Die Eigenellipse σ_e zur Matrix M ist durch die folgende Bedingung definiert

$$\sigma_e = M\sigma_e M^T, \tag{6.52}$$

d. h. nach einem Umlauf geht die Ellipse in sich selbst über,

$$\sigma_e(s + C) = \sigma_e(s). \tag{6.53}$$

Durch die Twiss-Matrix $M(s) = R(s, s + C)$ ist die Eigenellipse $\sigma_e(s)$ an jeder Stelle s festgelegt. Das Bindeglied zwischen $M(s)$ und $\sigma_e(s)$ sind die optischen Funktionen $\alpha(s), \beta(s), \gamma(s)$, d. h. letztlich die Betatronfunktion $\beta(s)$. Man kann leicht zeigen, dass aus (6.52) die spezielle Form der σ_e-Matrix folgt, d. h. aus

$$M(s) = \cos\mu \begin{pmatrix} 1 & 0 \\ 0 & 1 \end{pmatrix} + \sin\mu \begin{pmatrix} \alpha(s) & \beta(s) \\ -\gamma(s) & -\alpha(s) \end{pmatrix} \tag{6.54}$$

folgt

$$\sigma_e(s) = \epsilon \begin{pmatrix} \beta(s) & -\alpha(s) \\ -\alpha(s) & \gamma(s) \end{pmatrix}. \tag{6.55}$$

Die Eigenellipse ist in ihrer Form durch die Funktionen $\alpha(s)$, $\beta(s)$ und $\gamma(s)$ festgelegt. Die Fläche, d. h. die Größe $\epsilon = a^2$, ist dabei ein freier Parameter.

Eigenellipsoid

Wir betrachten einen Moment lang den 6-dimensionalen Phasenraum. Mit Hilfe der jetzt 6×6-dimensionalen Transformationsmatrix $R^{6\times6}(s, s+C)$, die einen vollen Umlauf mit beliebigem Startpunkt s beschreibt, kann man das entsprechende Eigenellipsoid in Form einer jetzt 6×6-dimensionalen $\sigma_e^{6\times6}$-Matrix definieren:

$$M^{6\times6}(s) = R^{6\times6}(s, s+C),$$

$$\sigma_e^{6\times6} = M^{6\times6}\sigma_e^{6\times6}(M^{6\times6})^T \tag{6.56}$$

Das Eigenellipsoid ermöglicht es, auch kompliziertere Korrelationen zwischen den einzelnen Unterräumen elegant zu erfassen und zu formulieren. Besonders wichtig sind die Korrelationen zwischen der radialen Ortsabweichung x, der radialen Winkelabweichung x', der longitudinalen Ortsabweichung l und der Impulsabweichung δ, die durch die Matrixelemente $\sigma_{12}, \sigma_{16}, \sigma_{26}, \sigma_{15}, \sigma_{25}$ und σ_{56} erfasst werden (siehe z. B. [Hi81]). Das Konzept des Eigenellipsoids ist natürlich nicht nur auf die Behandlung des vollen Beschleunigerringes mit der Periodizitätslänge C beschränkt. Wenn der Beschleunigerring aus Superperioden der Länge L periodisch aufgebaut ist, genügt es, das Eigenellipsoid einer einzelnen Superperiode zu betrachten. Dies gilt auch für Linearbeschleuniger und Strahlführungen mit periodischen Strukturen.

Anpassung

Bei der Injektion eines Teilchenstrahls in einen Beschleuniger sollte die Phasenraumverteilung des zu injizierenden Strahls möglichst optimal an das Eigenellipsoid des Beschleunigers an der Übergabestelle angepasst sein. Die optimale Anpassung („matching") erfordert eine entsprechend sorgfältige Strahlpräparation. Ein fehlangepasster Strahl führt u. U. zu dramatisch größeren Betatron- oder Synchrotronschwingungsamplituden. Dieses Phänomen wird in Abb. 6.4 illustriert. Hierbei charakterisiert σ die Form der Maschinenellipse (Eigenellipse der Maschine) an der Übergabestelle und σ_S die Phasenellipse des fehlangepassten Strahls. Nach jedem Umlauf dreht sich die Strahlellipse entsprechend dem Betatronphasenvorschub pro Umlauf. Sie überstreicht dabei eine Ellipsenfläche, die wesentlich größer als die Emittanz des Strahles ist.

Mit dem Begriff Anpassung ist natürlich wiederum nicht nur die Anpassung der transversalen Phasenellipsen σ_x und σ_y gemeint, sondern die Anpassung der gesamten 6-dimensionalen Phasenraumverteilung. Zur optimalen Anpasssung ist ein Strahlpräparationssystem mit entsprechend vielen freien Parametern notwendig. Die Form der horizontalen und vertikalen Maschinenellipse ist z. B. durch die vier Größen α_x, β_x, α_y und β_y an der Übergabestelle festgelegt. Die durch die Orts- und Winkeldispersion bedingten Korrelationen zwischen dem transversalen und longitudinalen Phasenraum legen vier weitere Größen, die Strahlmatrixelemente σ_{15}, σ_{25}, σ_{16} und σ_{26}, fest. Die optimale Phasenraumanpassung ist auch bei externen Strahlführungssystemen von großer Bedeutung [Br81].

Filamentation

Da die Bewegung im Phasenraum nicht vollkommen linear ist, haben Teilchen mit einer großen Betatronschwingungsamplitude a einen Betatronphasenvorschub pro Umlauf, der sich ein klein wenig von dem Betatronphasenvorschub

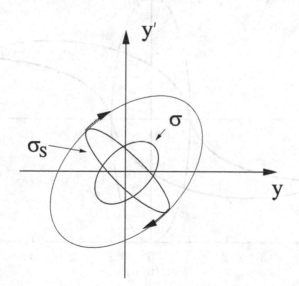

Abb. 6.4. Fehlanpassung. σ: Form der Maschinenellipse an der Übergabestelle, σ_S: Strahlellipse an der Übergabestelle. Nach jedem Umlauf dreht sich die Strahlellipse entsprechend dem Betatronphasenvorschub pro Umlauf. Sie überstreicht dabei eine Ellipsenfläche, die wesentlich größer als die Emittanz des Strahles ist

der Teilchen mit kleiner Amplitude unterscheidet. Dieser Effekt wird durch Feldfehler zweiter und höherer Ordnung ausgelöst. Eine Sextupolfeldstörung erzeugt z. B. Störfelder, die quadratisch mit der Ortsabweichung ansteigen. Dadurch wird die Fokussierungsstärke amplitudenabhängig. Wenn die Phasenellipse des umlaufenden Teilchenstrahls mit der Maschinenellipse übereinstimmt, bemerkt man diese Abhängigkeit von der Amplitude nicht. Bei einem fehlangepassten Strahl kommt es jedoch zur *Filamentation* der Phasenraumverteilung. Bei einem, zwei oder drei Umläufen sind die Effekte meist noch sehr klein. Aber mit zunehmender Zahl von Umläufen macht sich der Effekt der Filamentation zunehmend bemerkbar (siehe Abb. 6.5). Nach sehr vielen Umläufen sind die Teilchen mit größerer Amplitude in schmalen, spiralförmigen Fäden („filaments") angesiedelt (siehe Abb. 6.6). Die spiralförmigen Ausläufer können mit einer Phasenellipse umrandet werden, die die Form der Maschinenellipse hat, deren Fläche jedoch wesentlich größer als die Fläche der ursprünglichen Strahlellipse σ_S ist. Für das in Abb. 6.6 dargestellte Beispiel erhalten wir z. B. für die einhüllende Phasenellipse $\alpha = 0$, $\beta = 1$ m und $\epsilon = 25$ mm mrad. Die maximale Ausdehnung in y- und y'-Richtung beträgt $y_{max} = 5$ mm und $y'_{max} = 5$ mrad. Die Emittanz der einhüllenden Phasenellipse beträgt $\pi\epsilon = \pi \cdot 25$ mm mrad, die des ursprünglichen Strahles (Strahlellipse σ_S) demgegenüber nur $\pi\epsilon = \pi \cdot 5$ mm mrad.

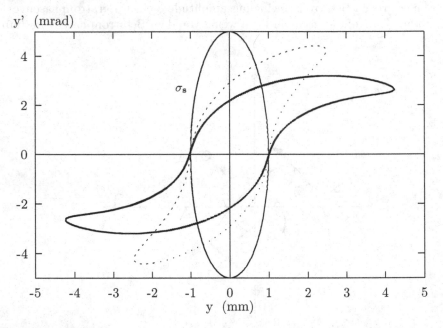

Abb. 6.5. Filamentation eines fehlangepassten Strahls. Momentaufnahme der Intensitätsverteilung des Strahls bei der Injektion (σ_S), nach N Umläufen (*punktiert*) und nach $2N$ Umläufen

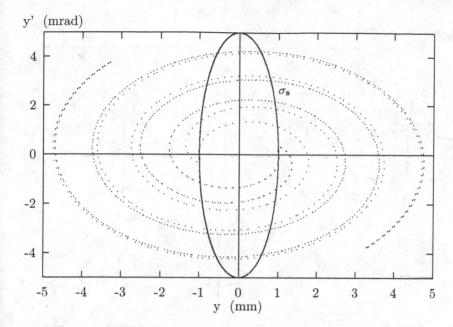

Abb. 6.6. Filamentation eines fehlangepassten Strahls nach sehr vielen Umläufen. Die spiralförmigen Ausläufer können mit einer Phasenellipse umrandet werden, die die Form der Maschinenellipse hat, d. h. $\alpha = 0$, $\beta = 1$ m und $\pi \epsilon = \pi$ 25 mm mrad. Die Emittanz des ursprünglichen Strahles (σ_{S}) beträgt $\pi \epsilon = \pi$ 5 mm mrad

6.6 Die optischen Funktionen $\alpha(s)$, $\beta(s)$ und $\gamma(s)$

Die Optik eines Beschleunigerringes wird in radialer (horizontaler) und axialer (vertikaler) Richtung durch die optischen Funktionen[7]

$$\alpha_x(s), \qquad \beta_x(s), \qquad \gamma_x(s),$$

$$\alpha_y(s), \qquad \beta_y(s), \qquad \gamma_y(s)$$

erfasst. Wir lassen wie bisher den Index x bzw. y weg. Wir betrachten zunächst die wichtigsten Gleichungen im Zusammenhang mit der Betatronfunktion $\beta(s)$. Im zweiten und dritten Unterabschnitt betrachten wir die Transformation der optischen Funktionen und den Zusammenhang mit der linearen Transfermatrix R.

---

[7] Die Funktionen $\alpha(s)$, $\beta(s)$ und $\gamma(s)$ werden *optische Funktionen, Betatronfunktionen, Amplitudenfunktionen* oder auch *Latticefunktionen* genannt. Häufig werden die an einer bestimmten Stelle s_0 definierten Größen α, β und γ auch *Twiss-Parameter* genannt.

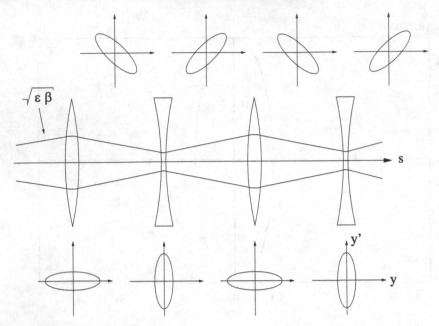

Abb. 6.7. Die Strahlenveloppen und Eigenellipsen einer periodischen Anordnung von Einheitszellen mit FODO-Struktur

6.6.1 Die Betatronfunktion $\beta(s)$

Die *Betatronfunktion*[8] $\beta(s)$ ist die zentrale Funktion zur Beschreibung der linearen Bahndynamik eines Kreisbeschleunigers. Wir stellen stichwortartig die wichtigsten Aspekte und Gleichungen zur Betatronfunktion $\beta(s)$ zusammen. Zur Veranschaulichung zeigen wir in Abb. 6.7 die Strahlenveloppen $\sqrt{\varepsilon}\sqrt{\beta(s)}$ und die Eigenellipsen einer FODO-Struktur. Die Einheitszelle der FODO-Struktur besteht aus einem horizontal fokussierenden Quadrupol F, einer Driftstrecke O, einem horizontal defokussierenden Quadrupol D und einer weiteren Driftstrecke O. Wir beginnen nun mit der Aufzählung der Zusammenhänge:

- Twiss-Matrix:

$$
M = \begin{pmatrix} \cos\mu + \alpha\sin\mu & \beta\sin\mu \\ -\gamma\sin\mu & \cos\mu - \alpha\sin\mu \end{pmatrix}
$$

$$
= \cos\mu \overbrace{\begin{pmatrix} 1 & 0 \\ 0 & 1 \end{pmatrix}}^{I} + \sin\mu \overbrace{\begin{pmatrix} \alpha & \beta \\ -\gamma & -\alpha \end{pmatrix}}^{J}
$$

---

[8] Häufig wird die *Betatronfunktion* $\beta(s)$ auch *Betafunktion* oder *Amplitudenfunktion* genannt.

- Periodizität:
$$\beta(s + C) = \beta(s)$$

- $\alpha(s)$ und $\gamma(s)$:

$$\alpha(s) = -\frac{1}{2}\beta'(s)\,,$$

$$\gamma(s) = \frac{1 + \alpha^2(s)}{\beta(s)} = \frac{1 + [\beta'(s)/2]^2}{\beta(s)}$$

- Eigenellipse der Maschine (Maschinenellipse):

$$\sigma_e = \epsilon \begin{pmatrix} \beta(s) & -\alpha(s) \\ -\alpha(s) & \gamma(s) \end{pmatrix}$$

- Strahlenveloppe eines angepassten Strahls[9]:

$$y_{max}(s) = \sqrt{\epsilon}\sqrt{\beta(s)}$$

- Bahn eines einzelnen Teilchens:

$$y(s) = a\sqrt{\beta(s)}\cos[\psi(s) + \psi_0] = a\sqrt{\beta(s)}\cos\left[\int_{s_0}^{s}\frac{d\bar{s}}{\beta(\bar{s})} + \psi_0\right]$$

- Lokale Wellenzahl der Betatronschwingung:

$$k(s) = \frac{2\pi}{\lambda(s)} = \frac{d\psi}{ds} = \frac{1}{\beta(s)}$$

- Lokale Wellenlänge der Betatronschwingung:

$$\lambda(s) = 2\pi\beta(s)$$

- Betatronphasenvorschub:

$$\Delta\psi = \int_{s_0}^{s}\frac{d\bar{s}}{\beta(\bar{s})}$$

- Betatronphasenvorschub pro Umlauf:

$$\mu = \oint\frac{d\bar{s}}{\beta(\bar{s})}$$

- Betatronschwingungszahl (Arbeitspunkt):

$$Q = \frac{1}{2\pi}\oint\frac{d\bar{s}}{\beta(\bar{s})}$$

---

[9] Der Strahl ist angepasst, wenn die Phasenellipse des Strahls mit der Maschinenellipse übereinstimmt.

- Mittlere Wellenzahl der Betatronschwingung:

$$\overline{k} = \oint \frac{\mathrm{d}\overline{s}}{\beta(\overline{s})} \bigg/ \oint \mathrm{d}\overline{s} = 2\pi\frac{Q}{C}$$

- Mittlere Wellenlänge der Betatronschwingung:

$$\overline{\lambda} = \frac{C}{Q}\,.$$

6.6.2 Transformation der Twiss-Parameter α, β und γ

Wir betrachten die Transformation der Größen (α, β, γ). An einer bestimmten Stelle s_0 seien die Twiss-Parameter $(\alpha_0, \beta_0, \gamma_0)$ bekannt. Die Transfermatrix R von s_0 nach s sei ebenfalls bekannt

$$R = \begin{pmatrix} C & S \\ C' & S' \end{pmatrix}\,.$$

Die Funktionen C und S repräsentieren die cosinus- und sinusähnlichen Basislösungen c_x und s_x bzw. c_y und s_y (siehe Abschn. 4.4). Aus der Gleichung $\sigma = R\sigma_0 R^{\mathrm{T}}$ für die Transformation einer Ellipse folgt

$$\begin{pmatrix} \beta & -\alpha \\ -\alpha & \gamma \end{pmatrix} = R \begin{pmatrix} \beta_0 & -\alpha_0 \\ -\alpha_0 & \gamma_0 \end{pmatrix} R^{\mathrm{T}}\,.$$

Damit erhalten wir für die Transformation der Twiss-Parameter

$$\begin{pmatrix} \beta \\ \alpha \\ \gamma \end{pmatrix} = \begin{pmatrix} C^2 & -2SC & S^2 \\ -CC' & SC' + S'C & -SS' \\ C'^2 & -2S'C' & S'^2 \end{pmatrix} \begin{pmatrix} \beta_0 \\ \alpha_0 \\ \gamma_0 \end{pmatrix}\,. \tag{6.57}$$

Besonders einfach sind die Zusammenhänge für eine Driftstrecke. Wenn wir von einer Strahltaille („beam waist") mit $\alpha_0 = 0$ und $\gamma_0 = 1/\beta_0$ ausgehen, erhalten wir für $\beta(s)$

$$\beta(s) = \beta_0 + \frac{s^2}{\beta_0}\,. \tag{6.58}$$

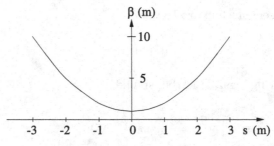

Abb. 6.8. Die Betatronfunktion $\beta(s)$ in der Umgebung einer Strahltaille mit $\beta_0 = 1$ m

Der Abstand s kann positiv oder negativ sein (siehe Abb. 6.8). Im allgemeinen Fall erhalten wir für eine Driftstrecke

$$\beta(s) = \beta_0 - 2\alpha_0 s + \gamma_0 s^2 \, . \tag{6.59}$$

Diese Gleichungen sind bei vielen Überlegungen von großem Nutzen.

6.6.3 Zusammenhang zwischen der Transfermatrix $R(s)$ und den optischen Funktionen $\alpha(s)$, $\beta(s)$, $\gamma(s)$ und $\psi(s)$

Wir betrachten nun umgekehrt den funktionalen Zusammenhang zwischen der Transfermatrix $R(s)$ und den Funktionen $\alpha(s)$, $\beta(s)$, $\gamma(s)$ und $\psi(s)$. Die Twiss-Parameter an einem beliebigen Startpunkt s_0 seien $(\alpha_0, \beta_0, \gamma_0)$, die Twiss-Parameter an einem beliebigen Endpunkt s seien (α, β, γ), der Betatronphasenvorschub zwischen s_0 und s sei ψ. Wir wollen aus diesen Größen die entsprechende Transfermatrix $R(s)$ deduzieren. Hierzu schreiben wir die allgemeine Lösung der Hill'schen Gleichung in der Form

$$y = a_1 \sqrt{\beta(s)} \cos \psi(s) + a_2 \sqrt{\beta(s)} \sin \psi(s) \, .$$

Aus den Randbedingungen (4.43) für die cosinus- und sinusähnlichen Basislösungen am Startpunkt folgt $a_1 = 1/\sqrt{\beta_0}$, $a_2 = \alpha_0/\sqrt{\beta_0}$ für $C(s)$ und $a_1 = 0$, $a_2 = \sqrt{\beta_0}$ für $S(s)$. Wir erhalten damit

$$R = \begin{pmatrix} \sqrt{\frac{\beta}{\beta_0}}(\cos \psi + \alpha_0 \sin \psi) & \sqrt{\beta_0 \beta} \sin \psi \\ \frac{\alpha_0 - \alpha}{\sqrt{\beta \beta_0}} \cos \psi - \frac{1 + \alpha \alpha_0}{\sqrt{\beta \beta_0}} \sin \psi & \sqrt{\frac{\beta_0}{\beta}}(\cos \psi - \alpha \sin \psi) \end{pmatrix} \, . \tag{6.60}$$

Diese Gleichung stellt den komplexen Zusammenhang zwischen der Transfermatrix $R(s)$ und den Funktionen $\alpha(s)$, $\beta(s)$, $\gamma(s)$ und $\psi(s)$ dar. Sie ist für viele Überlegungen von großem Nutzen. Ein interessanter Spezialfall ist die R-Matrix nach einem Umlauf bzw. einer Superperiode, für die $\alpha = \alpha_0$, $\beta = \beta_0$, $\gamma = \gamma_0$ und $\psi = \mu$ gilt. Wir erhalten damit

$$R(s_0, s_0 + C) = \begin{pmatrix} \cos \mu + \alpha_0 \sin \mu & \beta_0 \sin \mu \\ -\gamma_0 \sin \mu & \cos \mu - \alpha_0 \sin \mu \end{pmatrix} \, ,$$

d. h. – wie erwartet – die Twiss-Matrix $M(s_0)$, siehe (6.6).

6.7 Dispersion in einem Kreisbeschleuniger

Zur Beschreibung von Teilchen mit einer endlichen Impulsabweichung $\Delta p/p_0$ wird die *periodische Dispersion* $D(s)$ eingeführt. Im ersten Teil lernen wir zwei Methoden zur Berechnung der periodischen Dispersion $D(s)$ kennen. Im zweiten Teil betrachten wir die Auswirkung der periodischen Dispersion auf den Mechanismus der Phasenfokussierung und Synchrotronschwingung. Die Auswirkung wird durch die Größen η und α_p („momentum compaction") bzw. γ_{tr} („gamma transition") erfasst.

6.7.1 Die periodische Dispersion $D(s)$

Die Bewegung eines Teilchens mit der relativen Impulsabweichung $\delta = \Delta p / p_0$ wird in der radialen Ebene durch die inhomogene Differenzialgleichung

$$x'' + k_x(s)x = h(s)\delta\,, \qquad h(s) = \frac{1}{\rho_0(s)}\,, \tag{6.61}$$

beschrieben. Dies ist eine Differenzialgleichung 2. Ordnung mit periodischen Koeffizienten $k_x(s + C) = k_x(s)$ und $h(s + C) = h(s)$. Zur Lösung des Problems ist es notwendig, die aufgrund der Impulsabweichung δ *modifizierte Gleichgewichtsbahn*

$$x_D(s) = \delta D(s)$$

zu finden. Diese modifizierte Gleichgewichtsbahn ist genau wie die zentrale Gleichgewichtsbahn eine *periodische* Lösung, die Funktion $D(s)$ ist die *periodische Dispersion*[10] des Kreisbeschleunigers. Für die allgemeine Lösung von (6.61) schreiben wir

$$x_\delta(s) = \delta D(s) + x(s)\,. \tag{6.62}$$

Die Funktion $x(s)$ repräsentiert die normale Betatronschwingung, d. h. die Lösung der homogenen Differenzialgleichung, die wir aus (6.61) für $\delta = 0$ erhalten. Wenn wir (6.62) in (6.61) einsetzen, erhalten wir eine Differenzialgleichung für die Funktion $D(s)$

$$D'' + k_x(s)D = h_x(s)\,. \tag{6.63}$$

Die Lösung muss die Periodizitätsbedingungen

$$\begin{aligned} D(s + C) &= D(s)\,, \\ D'(s + C) &= D'(s) \end{aligned} \tag{6.64}$$

erfüllen. Zur Lösung wählen wir einen beliebigen, aber festen Startpunkt $s_0 = 0$ mit der Orts- und Winkeldispersion D_0 und D_0'. Die Lösung im Abstand s ergibt sich nach (4.45) zu

$$D(s) = D_0 C(s) + D_0' S(s) + d(s)\,. \tag{6.65}$$

Hierbei ist $d(s)$ die durch (4.46) gegebene spezielle Lösung von (6.64) und $C(s)$ sowie $S(s)$ sind die cosinus- und sinusähnlichen Basislösungen der homogenen Differenzialgleichung. Der Index[11] x wird weggelassen, da bei einem

---

[10] Für die periodische Dispersion $D(s)$ verwendet man häufig auch das Symbol $\eta(s)$.

[11] Bei einem Beschleuniger mit magnetischer Ablenkung in x- und y-Richtung unterscheidet man zwischen der periodischen Dispersion $D_x(s)$ und $D_y(s)$. Die Funktion $D_x(s)$ entspricht der hier eingeführten Funktion $D(s)$. Die Funktion $D_y(s)$ erhält man durch Lösen der zu (6.63) analogen Differenzialgleichung $D_y'' + k_y(s)D_y = h_y(s)$. Allerdings findet die magnetische Ablenkung normalerweise nur in einer Ebene statt.

Beschleuniger mit magnetischer Mittelebene Dispersion normalerweise nur in der x-Richtung auftritt. Die beiden freien Parameter D_0 und D_0' werden so angepasst, dass die Periodizitätsbedingung erfüllt ist.

Wir skizzieren einen der möglichen Lösungswege. Um die Periodizitätsbedingung (6.64) ins Spiel zu bringen, vergleichen wir die Lösung am Startpunkt $s_0 = 0$ mit der Lösung nach einem Umlauf, d. h. am Endpunkt $s = s_0 + C$. Start- und Endpunkt kennzeichnen wir in einer abkürzenden Schreibweise durch den Index 0 bzw. 1. Aus (6.64) erhalten wir unter Berücksichtigung der Startbedingungen $C_0 = S_0' = 1$ und $S_0 = C_0' = 0$ zwei Bestimmungsgleichungen für D_0 und D_0',

$$D_0 = D_0 C_1 + D_0' S_1 + d_1 \,,$$
$$D_0' = D_0 C_1' + D_0' S_1' + d_1' \,. \qquad (6.66)$$

Wir benötigen im Folgenden nur die Gleichung für D_0,

$$D_0 = \frac{S_1 d_1' - (S_1' - 1) d_1}{(C_1 - 1)(S_1' - 1) - C_1' S_1} \,.$$

Für den Nenner erhalten wir

$$N = 1 + (C_1 S_1' - S_1 C_1') - (C_1 + S_1')$$
$$= 1 + \det M - \operatorname{Tr} M$$
$$= 2 - 2 \cos \mu = 4 \sin^2 \mu/2 \,.$$

Für den Zähler erhalten wir

$$Z = S_1 \left(S_1' \int h C \mathrm{d}\bar{s} - C_1' \int h S \mathrm{d}\bar{s} \right) - (S_1' - 1) \left(S_1 \int h C \mathrm{d}\bar{s} - C_1 \int h S \mathrm{d}\bar{s} \right) \,.$$
$$= S_1 \int h C \mathrm{d}\bar{s} + (1 - C_1) \int h S \mathrm{d}\bar{s}$$

Für die cosinus- und sinusähnlichen Basislösungen verwenden wir die Ausdrücke in (6.60) und erhalten

$$Z = \sqrt{\beta_0} \sin \mu \int h \sqrt{\beta} [\cos(\psi - \psi_0) + \alpha_0 \sin(\psi - \psi_0)] \mathrm{d}\bar{s}$$
$$+ (1 - \cos \mu - \alpha_0 \sin \mu) \sqrt{\beta_0} \int h \sqrt{\beta} \sin(\psi - \psi_0) \mathrm{d}\bar{s} \,.$$

Nach einigen Umformungen erhalten wir daraus

$$Z = 2 \sqrt{\beta_0} \sin \mu/2 \int h \sqrt{\beta} \cos(\psi - \psi_0 - \mu/2) \mathrm{d}\bar{s} \,.$$

Damit haben wir $D(s_0) = D_0 = Z/N$, d. h.

$$D(s_0) = \frac{\sqrt{\beta(s_0)}}{2 \sin \mu/2} \int_{s_0}^{s_0 + C} h(\bar{s}) \sqrt{\beta(\bar{s})} \cos[\psi(\bar{s}) - \psi(s_0) - \mu/2] \mathrm{d}\bar{s} \,.$$

Nun war der Startpunkt s_0 willkürlich gewählt, und wir können s_0 durch s ersetzen. Wir erhalten damit ganz allgemein

$$D(s) = \frac{\sqrt{\beta(s)}}{2\sin\mu/2} \int\limits_s^{s+C} h(\bar{s})\sqrt{\beta(\bar{s})} \cos\left[\psi(\bar{s}) - \psi(s) - \mu/2\right] \mathrm{d}\bar{s}. \qquad (6.67)$$

Diese sehr wichtige Gleichung zeigt, dass die Auswirkung einer Störung proportional zu $\sqrt{\beta}$ an dem Aufpunkt und proportional zu $\sqrt{\beta}$ an der Störstelle ist. Die periodische Dispersion $D(s)$ eines Kreisbeschleunigers wird durch die integrale Auswirkung *aller* Ablenkmagnete bestimmt. Der Beitrag eines einzelnen Ablenkmagneten hängt von der Krümmung der zentralen Gleichgewichtsbahn $h = 1/\rho_0$ ab. Die Gleichung zeigt weiterhin, dass $|D(s)|$ umso größer wird, je näher $\sin\mu/2$ bei null liegt. Der Fall $\sin\mu/2 = 0$ entspricht einer Resonanzkatastrophe, die Dispersion $D(s)$ wird unendlich groß. Wenn $\sin\mu/2 = 0$, gilt $\mu = 2\pi(\mathrm{mod}2\pi)$, d. h. die Zahl Q der Betatronschwingungen pro Umlauf ist ganzzahlig. Die Gleichung (6.67) zeigt, dass eine ganzzahlige Resonanz auf jeden Fall vermieden werden muss. Daher sollte Q nicht in der unmittelbaren Nähe einer ganzen Zahl liegen.

In der Praxis werden Orts- und Winkeldispersion, d. h. die Funktionen $D(s)$ und $D'(s)$, direkt aus der 3×3-Matrix $M(s) = R(s, s + C)$ abgeleitet. Aufgrund der Periodizitätsbedingung ergibt sich die Matrixgleichung

$$\begin{pmatrix} D \\ D' \\ 1 \end{pmatrix} = \begin{pmatrix} M_{11} & M_{12} & M_{16} \\ M_{21} & M_{22} & M_{26} \\ 0 & 0 & 1 \end{pmatrix} \begin{pmatrix} D \\ D' \\ 1 \end{pmatrix}. \qquad (6.68)$$

Diese Gleichung entspricht genau der Gleichung (6.66). Aus (6.68) folgt

$$D = \frac{M_{12}M_{26} + (1 - M_{22})M_{16}}{(1 - M_{11})(1 - M_{22}) - M_{12}M_{21}} = \frac{M_{12}M_{26} + (1 - M_{22})M_{16}}{4\sin^2\mu/2},$$

$$\qquad (6.69)$$

$$D' = \frac{M_{21}M_{16} + (1 - M_{11})M_{26}}{(1 - M_{11})(1 - M_{22}) - M_{12}M_{21}} = \frac{M_{21}M_{16} + (1 - M_{11})M_{26}}{4\sin^2\mu/2}.$$

Die Transportmatrix $M(s)$ wird mithilfe von Computerprogrammen als Funktion von s ermittelt. Mit (6.69) erhalten wir daraus unmittelbar die Funktionen $D(s)$ und $D'(s)$. In jedem Beschleunigerring gibt es ausgezeichnete Stellen, bei denen aus Symmetriegründen $D' = 0$ ist. Für diese Stellen gilt die besonders einfache Beziehung

$$D = \frac{M_{16}}{1 - M_{11}}, \text{ wenn } D' = 0. \qquad (6.70)$$

6.7.2 Die Größen η, α_p und γ_tr

Ein Synchrotron kann nur funktionieren, wenn die Umlauffrequenz ω von dem Impuls p der Teilchen abhängt. Diese Abhängigkeit ist eine Grundvoraussetzung für den Mechanismus der Phasenfokussierung und Synchrotronschwingung (siehe Abschn. 8.2). Zur Parametrisierung dieser Abhängigkeit wird die Größe η definiert. Sie gibt in linearer Näherung den Zusammenhang zwischen $\Delta\omega/\omega_0$ und $\Delta p/p_0$ an,

$$\frac{\Delta\omega}{\omega_0} = \eta\frac{\Delta p}{p_0}\,. \tag{6.71}$$

Um diese Abhängigkeit aufzuschlüsseln, betrachten wir separat die Geschwindigkeit v und die Weglänge C pro Umlauf. Da $\omega = 2\pi v/C$, gilt

$$\frac{\Delta\omega}{\omega_0} = \frac{\Delta v}{v_0} - \frac{\Delta C}{C_0}\,. \tag{6.72}$$

Nun können wir sowohl $\Delta v/v_0$ wie $\Delta C/C_0$ als Funktion von $\Delta p/p_0$ schreiben,

$$\frac{\Delta v}{v_0} = \frac{1}{\gamma^2}\frac{\Delta p}{p_0}\,, \qquad \frac{\Delta C}{C_0} = \alpha_\mathrm{p}\frac{\Delta p}{p_0}\,. \tag{6.73}$$

Die erste Beziehung ergibt sich aus dem relativistischen Zusammenhang zwischen dem Impuls p und der Geschwindigkeit v. Die zweite Beziehung stellt den Zusammenhang zwischen dem relativen Wegunterschied pro Umlauf und der relativen Impulsabweichung her. Die Größe α_p wird Momentum-Compaction-Faktor (,,*momentum compaction*") genannt. Sie ist eine Eigenschaft der Maschine, die eng mit der periodischen Dispersion $D(s)$ im Bereich der Ablenkmagnete zusammenhängt. Wir wollen diesen Zusammenhang herleiten.

In linearer Näherung liefert die Ortsabweichung $x_D(s) = D(s)\Delta p/p_0$ nur im Bereich der Ablenkmagnete einen Beitrag zu $\Delta C/C_0$. Es ist der bekannte Unterschied zwischen der Innenkurve und Außenkurve auf einer Rennbahn. Für einen Umlauf erhalten wir mit $\mathrm{d}\alpha = h(s)\mathrm{d}s = \mathrm{d}s/\rho_0(s)$

$$\Delta C = \int_s^{s+C_0} (\rho_0 + x_D)\mathrm{d}\alpha - \int_s^{s+C_0} \rho_0\mathrm{d}\alpha = \frac{\Delta p}{p_0}\int_s^{s+C_0} D(\bar{s})h(\bar{s})\mathrm{d}\bar{s}\,,$$

$$\alpha_\mathrm{p} = \frac{1}{C_0}\int_s^{s+C_0} D(\bar{s})h(\bar{s})\mathrm{d}\bar{s}\,. \tag{6.74}$$

Die Größe C_0 ist die Weglänge der zentralen Gleichgewichtsbahn für einen Umlauf. Die Gleichung zeigt, dass α_p von der Größe und dem Vorzeichen von $D(s)$ im Bereich der Ablenkmagnete abhängt. Daher ist es möglich, α_p durch eine Variation der Ionenoptik zu verändern. Die Größe α_p ist ein Maß für die Dispersion im Bereich der Ablenkmagnete. Je kleiner $D(s)$, d. h. je *kompakter* die Bahnen mit unterschiedlichem $\Delta p/p_0$ beieinanderliegen, umso kleiner ist α_p. Dies ist der Grund für die anschauliche Bezeichnung ,,*momentum compaction*". Statt α_p wird auch häufig die Größe γ_tr (,,*gamma transition*") verwendet,

$$\alpha_\mathrm{p} = \frac{1}{\gamma_\mathrm{tr}^2}\,. \tag{6.75}$$

Die Größe γ_{tr} charakterisiert die Übergangsenergie $E_{tr} = \gamma_{tr}mc^2$, bei der $\eta = 0$ ist. Für ein CG-Synchrotron mit dem Feldindex n gilt

$$\alpha_p = \frac{1}{1-n} = \frac{1}{Q_x^2}, \qquad \gamma_{tr} = Q_x \, . \tag{6.76}$$

Für ein AG-Synchrotron mit starker Fokussierung gilt ebenfalls näherungsweise

$$\alpha_p \approx \frac{1}{Q_x^2}, \qquad \gamma_{tr} \approx Q_x \, . \tag{6.77}$$

Allgemein kann man feststellen, dass α_p umso kleiner ist, je größer die radiale Fokussierungsstärke ist.

Zusammenfassend erhalten wir für η die Beziehung[12],

$$\boxed{\eta = \frac{1}{\gamma^2} - \alpha_p = \frac{1}{\gamma^2} - \frac{1}{\gamma_{tr}^2} \, .} \tag{6.78}$$

Wir haben damit folgende Zuordnung

$$\begin{aligned} \gamma &< \gamma_{tr} &\longleftrightarrow& \quad \eta > 0 \, , \\ \gamma &= \gamma_{tr} &\longleftrightarrow& \quad \eta = 0 \, , \\ \gamma &> \gamma_{tr} &\longleftrightarrow& \quad \eta < 0 \, . \end{aligned} \tag{6.79}$$

Wenn $\gamma = \gamma_{tr}$, d. h. $\eta = 0$, laufen die Teilchen wie bei einem Isochronzyklotron isochron um. Phasenfokussierung und Synchrotronschwingung ist nur möglich, wenn $\gamma \neq \gamma_{tr}$, d. h. $\eta \neq 0$. Daher muss während der Hochbeschleunigung beim Übergang von $\gamma < \gamma_{tr}$ nach $\gamma > \gamma_{tr}$ ein HF-Phasensprung von φ_s nach $\pi - \varphi_s$ stattfinden. Die Größe φ_s ist die Phase des synchronen Teilchens (Abschn. 8.2). Zusätzlich muss man spezielle Maßnahmen treffen, um die bei $\gamma = \gamma_{tr}$ auftretenden Instabilitäten aufzufangen. Bei der Annäherung an die Übergangsenergie wird nämlich der Parameter η sehr klein. Durch die adiabatische Änderung der Synchrotronschwingung wird nach dem Boltzmann-Ehrenfest-Theorem (8.37, 10.14) die Phasenbreite der Teilchenpakete sehr klein und die relative Impulsabweichung sehr groß. Es ist daher notwendig, die Chromatizität (Abschn. 7.3) und die Stoppbandbreiten (Abschn. 7.2) sehr genau unter Kontrolle zu halten und den HF-Phasensprung von φ_s nach $\pi - \varphi_s$ schnell durchzuführen. Bei Elektronensynchrotrons tritt diese Situation praktisch nie auf, da bereits bei der Injektion $\gamma > \gamma_{tr}$ ist. Der Übergang von $\gamma < \gamma_{tr}$ nach $\gamma > \gamma_{tr}$ ist ein Spezialproblem der Synchrotronbeschleuniger für Protonen und schwerere Ionen, das nicht immer vermieden werden kann. Das Problem lässt sich nur dann vermeiden, wenn das Synchrotron so konzipiert wird, dass für den gesamten Energiebereich stets $\gamma < \gamma_{tr}$ oder $\gamma > \gamma_{tr}$ ist.

Bei dem Linearbeschleuniger ist die Größe α_p gleich null, und es gilt $\eta = 1/\gamma^2$. Der Parameter η ist daher stets positiv. Für extrem relativistische Teilchen strebt η wie $1/\gamma^2$ gegen null, und die Phasenschwingungen „erstarren".

---

[12] Manche Autoren definieren die Größe η mit entgegengesetztem Vorzeichen.

6.8 Beispiele

Wir sind nun in der Lage, die Optik eines Kreisbeschleunigers zu berechnen und die transversale Bahndynamik zu analysieren. Wir untersuchen in diesem Abschnitt zunächst Kreisbeschleuniger mit konstantem Gradienten und schwacher Fokussierung. Danach betrachten wir Kreisbeschleuniger mit alternierendem Gradienten und starker Fokussierung. Wir untersuchen hierbei speziell das Synchrotron mit FODO-Struktur. Als Beispiele berechnen wir die optischen Funktionen des SPS-Synchrotrons, die Stabilitätsgrenzen der FODO-Struktur, die Optik eines Modellsynchrotrons und die Optik einer Elektronen-Stretcher-Anlage. Als weiteres Beispiel skizzieren wir die Optik eines Isochronzyklotrons mit vier separaten Sektormagneten.

6.8.1 Beschleuniger mit schwacher Fokussierung

Wir beginnen mit dem einfachsten Beispiel der schwachen Fokussierung in einem Magnetfeld mit konstantem Gradienten. Diese Art der Fokussierung finden wir bei dem klassischen Zyklotron, dem Betatron und dem schwach fokussierenden Synchrotron. Der rotationssymmetrische Magnet hat ein leicht nach außen abfallendes Magnetfeld. Der Feldgradient ist so bemessen, dass gleichzeitig in radialer und axialer Richtung fokussierende Kräfte wirken. Die zentrale Gleichgewichtsbahn ist ein geschlossener Kreis. Der Feldindex n kennzeichnet den konstanten Feldgradienten $\partial B_y/\partial x$

$$n = -\frac{\partial B_y}{\partial x}\frac{\rho_0}{B_y}\,.$$

Der Koeffizient K der Hill'schen Differenzialgleichung (6.2) ist konstant und beträgt für die x- und y-Bewegung nach (4.34)

$$k_x = \frac{1-n}{\rho_0^2}, \qquad k_y = \frac{n}{\rho_0^2}\,.$$

Damit erhalten wir nach (4.70) für die Twiss-Matrix in radialer und axialer Richtung

$$M_x = \begin{pmatrix} \cos 2\pi\sqrt{1-n} & \frac{\rho_0}{\sqrt{1-n}}\sin 2\pi\sqrt{1-n} \\ -\frac{\sqrt{1-n}}{\rho_0}\sin 2\pi\sqrt{1-n} & \cos 2\pi\sqrt{1-n} \end{pmatrix},$$

$$M_y = \begin{pmatrix} \cos 2\pi\sqrt{n} & \frac{\rho_0}{\sqrt{n}}\sin 2\pi\sqrt{n} \\ -\frac{\sqrt{n}}{\rho_0}\sin 2\pi\sqrt{n} & \cos 2\pi\sqrt{n} \end{pmatrix}.$$

Die Bedingung für Bahnstabilität in radialer und axialer Richtung ergibt nach (6.8)

$$0 < n < 1\,.$$

Die Betatronphasen nehmen pro Umlauf um

$$\mu_x = 2\pi\sqrt{1-n}\,, \qquad \mu_y = 2\pi\sqrt{n}$$

zu. Für die Zahl der Betatronschwingungen pro Umlauf erhalten wir

$$Q_x = \sqrt{1-n}\,, \qquad Q_y = \sqrt{n}\,.$$

Beide Zahlen sind kleiner als Eins. Die Betatronfunktion ist in radialer und axialer Richtung konstant,

$$\beta_x = \rho_0/\sqrt{1-n}\,, \qquad \beta_y = \rho_0/\sqrt{n}\,,$$

und wegen der schwachen Fokussierung sehr groß, d. h. größer als der Radius der Gleichgewichtsbahn. Für die übrigen Twiss-Parameter erhalten wir damit

$$\alpha_x = 0\,, \quad \gamma_x = \sqrt{1-n}/\rho_0\,,$$
$$\alpha_y = 0\,, \quad \gamma_y = \sqrt{n}/\rho_0\,.$$

Die Dispersion $D(s)$ ergibt sich nach (6.69) zu

$$D(s) = \rho_0/(1-n)\,, \quad D'(s) = 0\,.$$

Die Dispersion ist konstant. Sie ist umso größer, je näher n bei Eins liegt. Für die Größe $\alpha_{\mathrm{p}} = 1/\gamma_{\mathrm{tr}}^2$ erhalten wir nach (6.74)

$$\alpha_{\mathrm{p}} = 1/(1-n) = 1/Q_x^2\,.$$

Die Eigenellipsen, d. h. die Courant-Snyder-Invarianten der x- und y-Schwingung, sind konstant und aufrecht,

$$\sigma_x = \begin{pmatrix} \epsilon_x \rho_0/\sqrt{1-n} & 0 \\ 0 & \epsilon_x\sqrt{1-n}/\rho_0 \end{pmatrix}\,,$$
$$\sigma_y = \begin{pmatrix} \epsilon_y \rho_0/\sqrt{n} & 0 \\ 0 & \epsilon_y\sqrt{n}/\rho_0 \end{pmatrix}\,.$$

6.8.2 Beschleuniger mit starker Fokussierung, FODO-Struktur

Wir betrachten die periodische Anordnung von Einheitszellen mit einer FODO-Struktur[13]. Die klassische FODO-Optik ist die Optik des „combined function" Synchrotrons, dessen Einheitszelle aus einem stark fokussierenden Ablenkmagneten, einer Driftstrecke, einem stark defokussierenden Ablenkmagneten und einer weiteren Driftstrecke besteht. Bei dem „separated function"

---

[13] Eine FODO-Struktur ist eine Anordnung aus einem stark fokussierenden Element F, einer Driftstrecke oder schwach fokussierenden Strecke O, einem stark defokussierenden Element D und einer weiteren Driftstrecke oder schwach fokussierenden Strecke O.

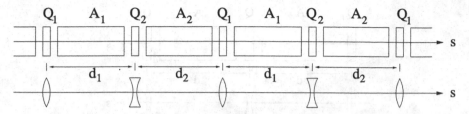

Abb. 6.9. Periodische Anordnung von Einheitszellen mit FODO-Struktur

Synchrotron wird die starke Fokussierung mithilfe von Quadrupolen realisiert. Wir betrachten als konkretes Beispiel die FODO-Optik des „separated function" Synchrotrons. Die Einheitszelle besteht aus folgenden Elementen: Quadrupol Q_1 – Driftstrecke – Ablenkmagnet A_1 – Driftstrecke – Quadrupol Q_2 – Driftstrecke – Ablenkmagnet A_2 – Driftstrecke. Zur Vereinfachung der Rechnung nehmen wir an, dass die Fokussierungsstärke der Ablenkmagnete vernachlässigbar klein ist. Wir werden sehen, dass diese Annahme bei sehr hohen Energien gerechtfertigt ist. Die Ablenkmagnete werden in dieser Näherung durch entsprechend lange Driftstrecken ersetzt. Die Einheitszelle besteht damit aus folgenden Elementen: Quadrupol Q_1 – Driftstrecke der Länge d_1 – Quadrupol Q_2 – Driftstrecke der Länge d_2. Zur weiteren Vereinfachung nehmen wir eine symmetrische Struktur an, d. h. $d_1 = d_2$. Bevor wir konkret werden, möchten wir noch darauf hinweisen, dass die periodische Anordnung von FODO-Einheitszellen nicht auf Kreisbeschleuniger beschränkt ist. Solche Systeme sind auch für den geraden Strahltransport über eine große Distanz besonders gut geeignet.

Bei einer periodischen Anordnung der Elemente ist es gleichgültig, wo die Einheitszelle beginnt. Wir betrachten die Einheitszelle in einer symmetrischen Form, legen den Startpunkt in die Mitte von Quadrupol Q_1 (siehe Abb. 6.10) und repräsentieren die Quadrupole durch dünne Linsen. Die Einheitszelle beginnt und endet mit einem Quadrupol der halben Brechkraft $1/2f_1$. Die Brechkraft des mittleren Quadrupols ist $1/f_2$. Die Driftstrecke zwischen den Mittelebenen der Linsen hat die Länge d. Wir erhalten damit für die Twiss-Matrix

$$M = \begin{pmatrix} 1 & 0 \\ -\frac{1}{2f_1} & 1 \end{pmatrix} \begin{pmatrix} 1 & d \\ 0 & 1 \end{pmatrix} \begin{pmatrix} 1 & 0 \\ -\frac{1}{f_2} & 1 \end{pmatrix} \begin{pmatrix} 1 & d \\ 0 & 1 \end{pmatrix} \begin{pmatrix} 1 & 0 \\ -\frac{1}{2f_1} & 1 \end{pmatrix},$$

$$M = \begin{pmatrix} 1 - d\left(\frac{1}{f_1} + \frac{1}{f_2}\right) + \frac{d^2}{2f_1 f_2} & 2d - \frac{d^2}{f_2} \\ -\left(\frac{1}{f_1} + \frac{1}{f_2}\right) + \frac{d}{2f_1}\left(\frac{1}{f_1} + \frac{2}{f_2}\right) - \frac{d^2}{4f_1^2 f_2} & 1 - d\left(\frac{1}{f_1} + \frac{1}{f_2}\right) + \frac{d^2}{2f_1 f_2} \end{pmatrix}.$$

$$(6.80)$$

Durch Vergleich mit der Standardform der Twiss-Matrix

$$M = \cos\mu \begin{pmatrix} 1 & 0 \\ 0 & 1 \end{pmatrix} + \sin\mu \begin{pmatrix} \alpha & \beta \\ -\gamma & -\alpha \end{pmatrix}$$

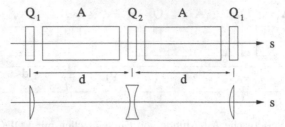

Abb. 6.10. Einheitszelle mit einer symmetrischen FODO-Struktur ($d_1 = d_2 = d$). Die Abstände zwischen den Quadrupolmagneten sind gleich

deduzieren wir die Twiss-Parameter (α, β, γ) sowie die charakteristische Phase μ der Einheitszelle. Wir erhalten

$$\cos\mu = 1 - \left(\frac{d}{f_1} + \frac{d}{f_2}\right) + \frac{d^2}{2f_1 f_2}, \quad \alpha = 0,$$

$$\beta = \left(2d - \frac{d^2}{f_2}\right) \frac{1}{\sqrt{1 - \cos^2\mu}}, \quad \gamma = \frac{1}{\beta}, \quad \text{(Mitte von } Q_1\text{)}.$$

Wenn wir die Einheitszelle in der Mitte von Quadrupol Q_2 beginnen lassen, erhalten wir die entsprechenden Werte von β und γ für die Mitte von Q_2,

$$\beta = \left(2d - \frac{d^2}{f_1}\right) \frac{1}{\sqrt{1 - \cos^2\mu}}, \quad \gamma = \frac{1}{\beta}, \quad \text{(Mitte von } Q_2\text{)}.$$

Die Gleichungen gelten sowohl für die x- wie die y-Richtung. Je nach dem Vorzeichen von f_1 bzw. f_2 ist β groß oder klein. Es gilt folgende einfache Regel: Bei einer FODO-Optik ist β im Bereich des fokussierenden Elementes maximal und im Bereich des defokussierenden Elementes minimal.

6.8.3 Die FODO-Struktur am Beispiel des SPS-Synchrotrons

Als konkretes Beispiel nehmen wir das Super-Proton-Synchrotron am europäischen Kernforschungszentrum CERN in Genf, das unter der Abkürzung SPS bekannt ist. Das SPS besteht aus 108 Einheitszellen mit jeweils einem fokussierenden und einem defokussierenden Quadrupol (siehe Abb. 6.11). Zwischen den Quadrupolmagneten befinden sich in der Regel jeweils vier Ablenkmagnete mit einem Krümmungsradius $\rho_0 = 741{,}2$ m und einem Ablenkwinkel $\alpha = 8{,}445$ mrad. Die Ablenkmagnete sind Rechteckmagnete (siehe Abschn. 4.5.6). Die normale Einheitszelle enthält acht Ablenkmagnete. In regelmäßigen Abständen gibt es Einheitszellen, bei denen Ablenkmagnete weggelassen sind, um Platz für andere Beschleunigerelemente zu haben. Dadurch entsteht eine natürliche Aufteilung in Superperioden. Der gesamte Beschleuniger besteht aus sechs Superperioden. Jede Superperiode enthält 14 normale Einheitszellen und einen Einschub („insertion") aus vier Einheitszellen, bei

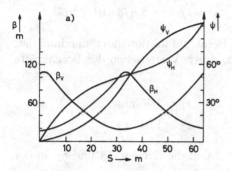
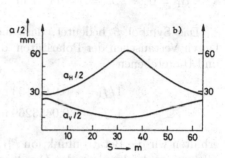

Abb. 6.11. SPS-Einheitszelle: Horizontale und vertikale Betatronfunktion $\beta_x = \beta_H$ und $\beta_y = \beta_V$, Betatronphasen $\psi_x = \phi_H$ und $\psi_y = \phi_V$ und Enveloppen $a_H/2 = \sqrt{\beta_x \epsilon_x}$, $a_V/2 = \sqrt{\beta_y \epsilon_y}$. Aus [Wi85] entnommen

denen zwei bzw. alle acht Ablenkmagnete weggelassen sind (siehe Abb. 6.12). Dadurch entstehen sechs relativ lange gerade Sektionen mit einer verhältnismäßig kleinen Dispersion $D(s)$.

In horizontaler Richtung wirken die Rechteckmagnete aufgrund der Kantenfokussierung wie eine Driftstrecke. Die vertikale Kantenfokussierung eines einzelnen Rechteckmagneten hat eine Brechkraft in der Größenordnung von $1 \cdot 10^{-5}$ m^{-1}. Sie ist für unsere Rechnung vernachlässigbar klein. Die Ablenkmagnete werden daher bei der folgenden Rechnung wie Driftstrecken behandelt. Die Quadrupole werden durch dünne Linsen repräsentiert. Wir betrachten als numerisches Beispiel die Situation bei einem Protonenimpuls von 400 GeV/c, was einer magnetischen Steifigkeit von $B\rho = 1343{,}3$ Tm entspricht. Der Feldgradient der Quadrupole sei entgegengesetzt gleich und betrage $|\partial B_y/\partial x| = 20{,}4748$ T/m. Die effektive Länge ist $L = 3{,}045$ m. Damit erhalten wir $\sqrt{|k|} = \sqrt{|\partial B_y/\partial x|/B\rho} = 0{,}123459$ m^{-1} und $\sqrt{|k|}L = 0{,}375934$. Für die Brechkräfte und die Lage der Hauptebenen ergibt sich nach (4.189) (4.191)

$$1/f_1 = +0{,}0453269 \text{ m}^{-1}, \qquad z_1 = 1{,}541 \text{ m},$$

$$1/f_2 = -0{,}0475133 \text{ m}^{-1}, \qquad z_2 = 1{,}505 \text{ m}.$$

Die Strecke zwischen zwei Quadrupolen (genauer zwischen der effektiven Feldkante am Ausgang eines Quadrupols und der effektiven Feldkante am Eingang des nachfolgenden Quadrupols) beträgt $d_0 = 28{,}951$ m. Damit erhalten wir als effektive Driftstrecke d zwischen den entsprechenden Hauptebenen

$$d = d_0 + z_1 + z_2 = 31{,}997 \text{ m}.$$

Mit diesen Werten erhalten wir $\cos \mu$ und die optischen Funktionen in der Mitte eines fokussierenden Quadrupols

$$\cos\mu = -0,0324915\,, \qquad \mu = 91,8620°\,,$$

$$\alpha_\mathrm{F} = 0\,, \qquad \beta_\mathrm{F} = \hat{\beta} = 112,7\ \mathrm{m}\,, \qquad \gamma_\mathrm{F} = 1/\beta_\mathrm{F} = 8,873 \cdot 10^{-3}\ \mathrm{m}^{-1}\,.$$

Das Symbol $\hat{\beta}$ bedeutet, dass die Betatronfunktion dort maximal ist. Durch Vertauschen der Polaritäten, d. h. durch Vertauschen der Brechkräfte und Hauptebenen

$$1/f_1 = -0,0475133\ \mathrm{m}^{-1}\,, \qquad z_1 = 1,505\ \mathrm{m}\,,$$

$$1/f_2 = -0,0453269\ \mathrm{m}^{-1}\,, \qquad z_2 = 1,541\ \mathrm{m}$$

erhalten wir die Betatronfunktion $\beta_\mathrm{D} = \check{\beta}$ und die Größen α_D und γ_D in der Mitte eines defokussierenden Quadrupols.

$$\alpha_\mathrm{D} = 0\,, \qquad \beta_\mathrm{D} = \check{\beta} = 17,60\ \mathrm{m}\,, \qquad \gamma_\mathrm{D} = 1/\beta_\mathrm{D} = 56,83 \cdot 10^{-3}\ \mathrm{m}^{-1}\,.$$

Das Symbol $\check{\beta}$ bedeutet, dass die Betatronfunktion dort minimal ist. Die horizontalen und vertikalen Betatronfunktionen verlaufen entgegengesetzt. Dies bedeutet, ein horizontal fokussierender Quadrupol mit $\beta_x = \hat{\beta}$ ist vertikal ein defokussierender Quadrupol mit $\beta_y = \check{\beta}$ und vice versa. Aus Symmetriegründen ist sowohl in der Mitte eines fokussierenden Quadrupols wie in der Mitte eines defokussierenden Quadrupols der Twiss-Parameter α null. Der Verlauf der optischen Funktionen (α, β, γ) im Zwischenbereich kann mithilfe der Matrixgleichung (6.57) berechnet werden (siehe Abb. 6.11).

Der Betatronphasenvorschub pro Zelle beträgt 91,8620°. Für einen Umlauf ergibt sich ein Phasenvorschub von $108 \times 91,8620° = 9921,10°$. Die Zahl der Betatronschwingungen pro Umlauf beträgt damit

$$Q = 27,559\,.$$

In Wirklichkeit werden die Quadrupole einer Einheitszelle ein klein wenig unterschiedlich erregt. Wenn der horizontal fokussierende Quadrupol stärker erregt wird als der horizontal defokussierende Quadrupol, wird Q_x größer und Q_y kleiner. Wird z. B. der Feldgradient des horizontal fokussierenden Quadrupols um drei Promille erhöht $[(\partial B_y/\partial x)_1 = +20,4809\ \mathrm{T/m}]$ und der Feldgradient des horizontal defokussierenden Quadrupols um drei Promille erniedrigt $[(\partial B_y/\partial x)_2 = -20,4687\ \mathrm{T/m}]$, dann erhalten wir

$$Q_x = 27,574\,, \qquad Q_y = 27,544\,.$$

Die Zahl der horizontalen Betatronschwingungen pro Umlauf ist bei diesem Beispiel um 0,03 größer als die Zahl der vertikalen Betatronschwingungen pro Umlauf. Mit dieser Maßnahme der unterschiedlichen Erregung von Quadrupol 1 und Quadrupol 2 ist es natürlich auch möglich, die in unserem Beispiel vernachlässigte Fokussierungsstärke der Ablenkmagnete zu kompensieren und den optimalen Arbeitspunkt in dem (Q_x, Q_y)-Diagramm (siehe Abb. 7.4) einzustellen. Dieser Hinweis verdeutlicht noch einmal den großen Vorteil einer

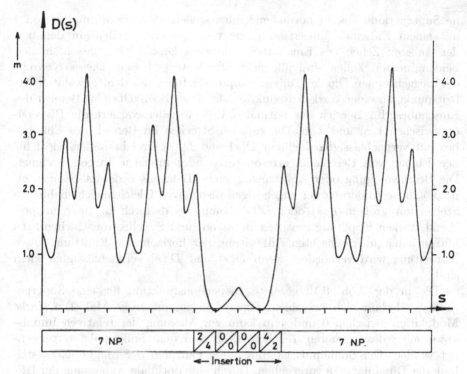

Abb. 6.12. SPS-Superperiode: Periodische Dispersion $D(s)$. Aus [Wi85] entnommen

„separated function"- gegenüber einer „combined function"-Maschine. Durch eine einfache Variation der Quadrupolerregungen kann man bei einer „separated function"-Maschine den optimalen Arbeitspunkt finden.

Bei einer detaillierten Untersuchung der Arbeitspunkte des SPS stellte sich übrigens heraus, dass der Arbeitspunkt in der Nähe von 27,4 deutlich besser ist als der ursprünglich ins Auge gefasste Arbeitspunkt bei 27,6 (siehe Abb. 7.4). Ein möglicher Grund ist die Nähe einer Resonanz 5. Ordnung ($5 \times 27,6 = 138$ und 138 ist durch 6 teilbar). Anders ausgedrückt, $Q = 27,6$ bedeutet bei sechs Superperioden 27,6 : 6 = 4,6 Betatronschwingungen pro Superperiode, d. h. genau 23 Betatronschwingungen pro fünf Superperioden.

Die konkrete Berechnung der optischen Funktionen und der periodischen Dispersionsfunktion $D(s)$ wird in der Praxis mit einem entsprechenden Computerprogramm, z. B. mit dem Programm MAD [Mad9], durchgeführt. Die exemplarische Berechnung der Optik des SPS-Ringes sollte lediglich demonstrieren, wie einfach die Zusammenhänge sind, und wie weit man mit dem Modell der dünnen Linse kommt. Zum Abschluss diskutieren wir die periodische Dispersionsfunktion $D(s)$ des SPS-Ringes.

In der Abb. 6.12 ist die periodische Dispersion $D(s)$ für eine der sechs Superperioden dargestellt. Wie in der Abbildung angedeutet ist, besteht ei-

ne Superperiode aus 14 normalen Einheitszellen (N.P. = „normal period")
mit einem Einschub („insertion") aus vier speziellen Zellen. In den beiden äußeren Zellen des Einschubes sind zwei Dipole weggelassen, in den
beiden inneren Zellen sind alle acht Dipole weggelassen. Dieses Konzept
der weggelassenen Dipole („missing dipoles") führt bei dem gewählten Arbeitspunkt zu einer starken Reduktion der Dispersion $D(s)$ im Bereich des
Einschubes. Im Bereich der normalen Einheitszellen variiert die Dispersion zwischen 1 m und 4 m. Die geraden Strecken im Bereich des Einschubes mit vernachlässigbar kleinem $D(s)$ und $D'(s)$ sind besonders ideal für
den Einbau von Beschleunigerresonatoren oder internen Targets geeignet.
Die Beschleunigung oder Abbremsung eines Teilchens bedeutet nämlich eine plötzliche Änderung der zugehörigen dispersiven Gleichgewichtsbahn. An
Stellen mit großem $D(s)$ oder $D'(s)$ kommt es dadurch zu einer entsprechend starken Kopplung zwischen Betatron- und Synchrotronschwingungen
und zu einer unerwünschten Aufweitung der horizontalen Emittanz. Diese
Aufweitung wird vermieden, wenn $D(s)$ und $D'(s)$ vernachlässigbar klein
sind.

Die in der Abb. 6.12 gezeigte Dispersionsfunktion für eine Superperiode wiederholt sich bei einem Umlauf insgesamt sechs Mal. Die starke
Modulation zwischen 0 und 4 m kann zur Messung der relativen Impulsabweichung des gesamten Teilchenstrahls von dem Sollimpuls p_0 verwendet werden. Der Sollimpuls ist durch den Fahrplan der Magnetfeldeinstel-
lung der Dipolmagnete vorgegeben. Durch eine optimale Anpassung der HF-
Beschleunigung ist es möglich, eine relative Impulsabweichung $\Delta p/p_0 \approx 0$ zu
erreichen.

6.8.4 Stabilitätsgrenzen der FODO-Struktur

Wir untersuchen die Grenzen des stabilen Bereiches für einen Beschleunigerring, der aus N identischen Einheitszellen mit FODO-Struktur aufgebaut ist.
Wir betrachten wieder eine „separated function"-Maschine bei extrem hohen
Energien, bei der die Fokussierungsstärke der Ablenkmagnete im Vergleich
zur Fokussierungsstärke der Quadrupolmagnete vernachlässigbar ist. Die fokussierenden und defokussierenden Brechkräfte einer FODO-Zelle sind in einem weiten Bereich frei wählbar. Die Stabilitätsgrenzen ergeben sich aus der
Forderung, dass das Stabilitätskriterium $|\cos\mu| < 1$ sowohl für die horizontale
wie die vertikale Schwingungsebene erfüllt sein muss, d. h.

$$-1 < \cos\mu < 1, \quad -1 < 1 - \frac{d}{f_1} - \frac{d}{f_2} + \frac{d^2}{2f_1 f_2} < 1,$$

$$0 < \sin^2\frac{\mu}{2} < 1, \quad 0 < \frac{d}{2f_1} + \frac{d}{2f_2} - \frac{d}{2f_1}\frac{d}{2f_2} < 1.$$

Zur Vereinfachung der Rechnung nehmen wir die Näherung, bei der die horizontalen und vertikalen Brechkräfte eines Quadrupols entgegengesetzt gleich

sind,

$$\frac{1}{f_{1y}} = -\frac{1}{f_{1x}}, \qquad \frac{1}{f_{2y}} = -\frac{1}{f_{2x}}.$$

Wenn das Stabilitätskriterium für beide Schwingungsebenen erfüllt ist, gilt $|\cos\mu_x| < 1$ und $|\cos\mu_y| < 1$. Wir erhalten daher zwei Bedingungsgleichungen für $|d/2f_1|$ und $|d/2f_2|$. Wir nehmen an, dass der erste Quadrupol horizontal und der zweite Quadrupol vertikal fokussierend ist, und führen folgende Abkürzungen für die relativen Stärken F_x und F_y ein,

$$F_x = \left|\frac{d}{2f_1}\right|, \qquad F_y = \left|\frac{d}{2f_2}\right|.$$

Damit erhalten wir

$$0 < \sin^2\frac{\mu_x}{2} < 1, \qquad 0 < F_x - F_y + F_xF_y < 1,$$

$$0 < \sin^2\frac{\mu_y}{2} < 1, \qquad 0 < -F_x + F_y + F_xF_y < 1.$$

Für die Grenzlinie des stabilen Bereiches erhalten wir

$$\mu_x = 0: \qquad F_y = \frac{F_x}{1 - F_x}, \qquad \mu_x = 180°: \qquad F_x = 1,$$

$$\mu_y = 0: \qquad F_y = \frac{F_x}{1 + F_x}, \qquad \mu_y = 180°: \qquad F_y = 1.$$

Das resultierende Stabilitätsdiagramm ist in Abb. 6.13 dargestellt. Der stabile Bereich hat die Form einer Krawatte („necktie"). Die Brennweiten der beiden Quadrupole müssen auf jeden Fall größer als der halbe Abstand zwischen den Hauptebenen sein, d. h. $|f_1| > d/2$ und $|f_2| > d/2$. Im Übrigen dürfen sich F_x und F_y nur innerhalb eines bestimmten Bereiches voneinander unterscheiden, d. h. die beiden Brechkräfte dürfen nicht beliebig unterschiedlich sein. Die

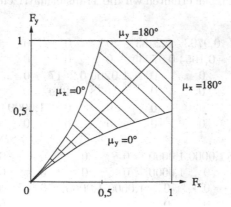

Abb. 6.13. Stabilitätsdiagramm einer FODO-Struktur. Der stabile Bereich hat die Form einer Krawatte („necktie")

Abb. 6.13 zeigt unmittelbar den Variationsbereich für den Arbeitspunkt einer „separated function"-Maschine an.

6.8.5 Modell eines stark fokussierenden Synchrotrons

Zur Vertiefung der formalen Zusammenhänge wollen wir die Optik eines einfachen Modellringes unter Berücksichtigung der Ablenkmagnete mithilfe von Matrizen berechnen. Der Ring besteht aus 12 identischen Einheitszellen mit einer FODO-Struktur. Da der Ring aus identischen Einheitszellen aufgebaut ist, ist die Einheitszelle gleichzeitig eine Superperiode, d. h. wir haben einen Ring mit einer hohen Symmetrie (12 Superperioden). Die Optik des gesamten Ringes ist durch die Optik der Superperiode, d. h. in unserem Beispiel durch die Optik der Einheitszelle festgelegt. Die Einheitszelle hat die in Abb. 6.10 gezeigte Struktur. Sie besteht aus den Elementen

1. halber Quadrupol Q_1, $L = 0{,}25$ m, $\partial B_y/\partial x = +8{,}9102$ T/m,
2. Driftstrecke $L = 1{,}0$ m,
3. homogener Rechteckmagnet A, $L = 2{,}5$ m, $B_0 = 1{,}39723$ T, $\rho_0 = 9{,}5493$ m,
4. Driftstrecke $L = 1{,}0$ m,
5. Quadrupol Q_2, $L = 0{,}5$ m, $\partial B_y/\partial x = -8{,}2400$ T/m,
6. Driftstrecke $L = 1{,}0$ m
7. homogener Rechteckmagnet A, $L = 2{,}5$ m, $B_0 = 1{,}39723$ T, $\rho_0 = 9{,}5493$ m,
8. Driftstrecke $L = 1{,}0$ m,
9. halber Quadrupol Q_1, $L = 0{,}25$ m, $\partial B_y/\partial x = +8{,}9102$ T/m.

Die angegebenen Feldwerte beziehen sich auf einen Protonenimpuls von 4 GeV/c. Der Ablenkwinkel eines Rechteckmagneten beträgt 15°, d. h. am Eingang und Ausgang des Ablenkmagneten befindet sich eine radial defokussierende Kante mit einem Kantenwinkel $\beta = 7{,}5°$. Mit den in Abschn. 4.5 angegebenen Gleichungen erhalten wir die Transfermatrizen der einzelnen Elemente:

$$
R_1 = R_9 = \begin{pmatrix}
0{,}9793 & 0{,}2483 & 0 & 0 & 0 & 0 \\
-0{,}1654 & 0{,}97935 & 0 & 0 & 0 & 0 \\
0 & 0 & 1{,}0209 & 0{,}2517 & 0 & 0 \\
0 & 0 & 0{,}1678 & 1{,}0209 & 0 & 0 \\
0 & 0 & 0 & 0 & 1{,}0000 & 0{,}0130 \\
0 & 0 & 0 & 0 & 0 & 1{,}0000
\end{pmatrix},
$$

$$
R_2 = R_8 = \begin{pmatrix}
1{,}0000 & 1{,}0000 & 0 & 0 & 0 & 0 \\
0 & 1{,}0000 & 0 & 0 & 0 & 0 \\
0 & 0 & 1{,}0000 & 1{,}0000 & 0 & 0 \\
0 & 0 & 0 & 1{,}0000 & 0 & 0 \\
0 & 0 & 0 & 0 & 1{,}0000 & 0{,}0522 \\
0 & 0 & 0 & 0 & 0 & 1{,}0000
\end{pmatrix},
$$

$$R_3 = R_7 = \begin{pmatrix} 1,0000 & 2,4716 & 0 & 0 & 0 & 0,3254 \\ 0 & 1,0000 & 0 & 0 & 0 & 0,2633 \\ 0 & 0 & 0,9657 & 2,5000 & 0 & 0 \\ 0 & 0 & -0,0270 & 0,9657 & 0 & 0 \\ -0,2633 & -0,3254 & 0 & 0 & 1,0000 & 0,1020 \\ 0 & 0 & 0 & 0 & 0 & 1,0000 \end{pmatrix},$$

$$R_4 = R_6 = \begin{pmatrix} 1,0000 & 1,0000 & 0 & 0 & 0 & 0 \\ 0 & 1,0000 & 0 & 0 & 0 & 0 \\ 0 & 0 & 1,0000 & 1,0000 & 0 & 0 \\ 0 & 0 & 0 & 1,0000 & 0 & 0 \\ 0 & 0 & 0 & 0 & 1,0000 & 0,0522 \\ 0 & 0 & 0 & 0 & 0 & 1,0000 \end{pmatrix},$$

$$R_5 = \begin{pmatrix} 1,0782 & 0,5130 & 0 & 0 & 0 & 0 \\ 0,3168 & 1,0782 & 0 & 0 & 0 & 0 \\ 0 & 0 & 0,9238 & 0,4872 & 0 & 0 \\ 0 & 0 & -0,3009 & 0,9238 & 0 & 0 \\ 0 & 0 & 0 & 0 & 1,0000 & 0,0261 \\ 0 & 0 & 0 & 0 & 0 & 1,0000 \end{pmatrix}.$$

Die gesamte Transfermatrix der Einheitszelle ergibt sich durch Matrixmultiplikation $M = R_9 \cdots R_2 R_1$,

$$M = \begin{pmatrix} -0,3106 & 17,0433 & 0 & 0 & 0 & 3,5720 \\ -0,0530 & -0,3106 & 0 & 0 & 0 & 0,1445 \\ 0 & 0 & -0,2963 & 2,0212 & 0 & 0 \\ 0 & 0 & -0,4513 & -0,2963 & 0 & 0 \\ -0,1445 & -3,5720 & 0 & 0 & 1,0000 & -0,0147 \\ 0 & 0 & 0 & 0 & 0 & 1,0000 \end{pmatrix}.$$

Wir erhalten damit den Betatronphasenvorschub μ, die optischen Funktionen (α, β, γ) und die periodische Dispersion D für den Start- und Endpunkt der Einheitszelle in der Mitte von Q_1.

$$\cos \mu_x = -0,31058, \qquad \mu_x = 108,09°,$$

$$\alpha_x = 0, \qquad \beta_x = \hat{\beta}_x = 17,93\,\text{m}, \qquad \gamma_x = 1/\beta_x = 5,577 \cdot 10^{-2}\,\text{m}^{-1},$$

$$\cos \mu_y = -0,29629, \qquad \mu_y = 107,23°,$$

$$\alpha_y = 0, \qquad \beta_y = \check{\beta}_y = 2,116\,\text{m}, \qquad \gamma_y = 1/\beta_y = 47,25 \cdot 10^{-2}\,\text{m}^{-1},$$

$$D - 2,726\,\text{m}, \qquad D' = 0.$$

Wenn wir den Start- und Endpunkt der Einheitszelle in die Mitte von Quadrupol Q_2 legen, erhalten wir für M:

$$
\begin{pmatrix}
-0{,}31058 & 1{,}99255 & 0 & 0 & 0 & 1{,}5904 \\
-0{,}45346 & -0{,}31058 & 0 & 0 & 0 & 0{,}5503 \\
0 & 0 & -0{,}29629 & 16{,}56985 & 0 & 0 \\
0 & 0 & -0{,}05505 & -0{,}29629 & 0 & 0 \\
-0{,}5503 & -1{,}5904 & 0 & 0 & 1{,}0000 & -0{,}2626 \\
0 & 0 & 0 & 0 & 0 & 1{,}0000
\end{pmatrix},
$$

$$\cos\mu_x = -0{,}31058\,, \qquad \mu_x = 108{,}09°\,,$$

$$\alpha_x = 0\,, \qquad \beta_x = \breve{\beta}_x = 2{,}096\,\mathrm{m}\,, \qquad \gamma_x = 1/\beta_x = 47{,}71 \cdot 10^{-2}\,\mathrm{m}^{-1}\,,$$

$$\cos\mu_y = -0{,}29629\,, \qquad \mu_y = 107{,}23°\,,$$

$$\alpha_y = 0\,, \qquad \beta_y = \hat{\beta}_y = 17{,}35\,\mathrm{m}\,, \qquad \gamma_y = 1/\beta_y = 5{,}764 \cdot 10^{-2}\,\mathrm{m}^{-1}\,,$$

$$D = 1{,}213\,\mathrm{m}\,, \qquad D' = 0\,.$$

Die optischen Funktionen sind als Funktion von s für einen Quadranten der Maschine, d. h. für drei Einheitszellen, in der Abb. 6.14 dargestellt. Sie wurden mithilfe des Programmes MAD [Mad9] berechnet. Die Gesamtlänge der

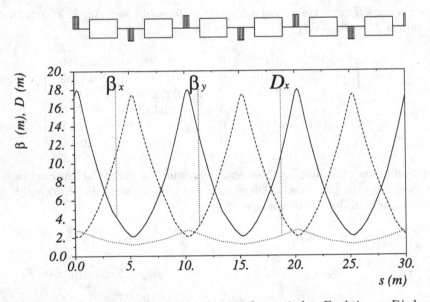

Abb. 6.14. Modellring: Drei Einheitszellen mit den optischen Funktionen. Die horizontal fokussierenden (defokussierenden) Quadrupole sind durch nach *oben* (*unten*) zeigende Rechtecke, die Rechteckmagnete durch *symmetrisch zur Sollachse liegende Rechtecke* angedeutet. Der Startpunkt und Endpunkt liegt am Eingang eines horizontal fokussierenden Quadrupols Q_1

Einheitszelle beträgt 10 m, bei 12 Einheitszellen ergibt sich eine Gesamtlänge von

$$C = 120 \text{ m}.$$

Für den Phasenvorschub pro Umlauf und die Betatronschwingungszahl erhalten wir

$$12\mu_x = 1297{,}13^{\circ}, \qquad Q_x = 3{,}603,$$
$$12\mu_y = 1286{,}82^{\circ}, \qquad Q_y = 3{,}574.$$

Der Arbeitspunkt liegt in der Nähe von $Q_x = 3{,}6$ und $Q_y = 3{,}6$. Die Größen η, α_{p} („momentum compaction") und γ_{tr} können wir aus der Matrix M deduzieren. Der Beweis der hier angegebenen Gleichung ist eine der Übungsaufgaben.

$$\eta = 12(M_{51}D + M_{56})/C = -0{,}0409, \qquad \alpha_{\mathrm{p}} = 1/\gamma^2 - \eta = 0{,}0930,$$

$$\gamma_{\mathrm{tr}} = 1/\sqrt{\alpha_{\mathrm{p}}} = 3{,}279.$$

Der Impuls von 4 GeV/c entspricht bei Protonen einer Gesamtenergie von $E = 4{,}1086$ GeV und $\gamma = 4{,}3789$. Da γ oberhalb von γ_{tr} liegt, ist η negativ.

6.8.6 Beispiel einer Elektronen-Stretcher-Anlage

Als weiteres Beispiel skizzieren wir die Optik der Bonner Elektronen-Stretcher-Anlage ELSA [Hu88]. ELSA ist gleichzeitig ein Synchrotron zur Beschleunigung von Elektronen und ein Speicherring zur Speicherung von Elektronen. Die Strahlenergie liegt im Bereich 0,5–3,5 GeV. Die Beschleunigung geschieht mithilfe von zwei fünfzelligen Resonatoren, die bei einer Frequenz von 500 MHz betrieben werden. Der Magnetring hat die Form einer Rennbahn mit zwei Biegesektionen und zwei geraden Sektionen (siehe Abb. 2.19). Er besteht aus sechzehn FODO-Zellen, die aus einem radial fokussierenden Quadrupol F und einem radial defokussierenden Quadrupol D aufgebaut sind. Die Strahlablenkung geschieht mit 24 homogenen Rechteckmagneten M. In der Einheitszelle vor und hinter der geraden Sektion ist jeweils ein Dipolmagnet weggelassen (Methode der „missing dipoles", siehe Abb. 2.19). Dadurch wird die periodische Dispersion $D(s)$ im Bereich der geraden Sektionen sehr klein. Bei dem Arbeitspunkt $Q_x = Q_y = 14/3$ ist die Dispersion in den geraden Sektionen exakt gleich null, d. h., der Strahl ist dort achromatisch (Orts- und Winkeldispersion sind gleich null). Vier Sextupole in den beiden geraden Sektionen dienen zur Anregung einer drittelzahligen Resonanz bei der Extraktion des Strahles. Acht weitere Sextupole in den Biegesektionen werden zur Korrektur der natürlichen Chromatizität benutzt. Der Magnetring zeichnet sich durch eine charakteristische Symmetrie aus. Wenn man den Ring längs der eingezeichneten Symmetrielinien aufschneidet, sind die beiden Hälften jeweils spiegelsymmetrisch zueinander. Um die Optik zu berechnen, genügt es, einen der vier Quadranten zu betrachten (siehe Abb. 6.15). Die Transfermatrix der benachbarten Quadranten erhalten wir mit Hilfe der in Abschn. 4.13.6 angegebenen Regeln zur Berechnung von spiegelsymmetrischen Systemen.

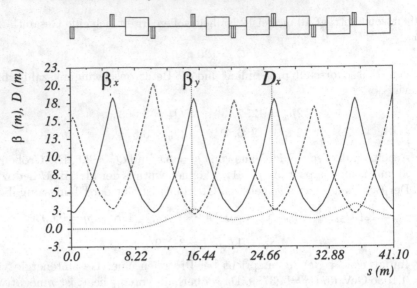

Abb. 6.15. Die optischen Funktionen der Elektronen-Stretcher-Anlage ELSA für einen Quadranten. Die horizontal fokussierenden (defokussierenden) Quadrupole sind durch nach *oben* (*unten*) zeigende Rechtecke, die Rechteckmagnete durch *symmetrisch zur Sollachse liegende Rechtecke* angedeutet. Der Startpunkt liegt am Eingang des horizontal defokussierenden Quadrupols D kurz vor dem Symmetriepunkt der geraden Sektion. Der Endpunkt liegt am Eingang des horizontal defokussierenden Quadrupols D kurz vor dem Symmetriepunkt der Biegesektion

Wir geben als typisches Beispiel die Werte der ionenoptischen Elemente für eine normale Einheitszelle und einen bestimmten Arbeitspunkt:

1. Quadrupol D $L = 0{,}4997 \, \text{m}$, $k_x = -0{,}5976 \, \text{m}^{-2}$,
2. Driftstrecke $L = 1{,}4655 \, \text{m}$,
3. Rechteckmagnet M $L = 2{,}8668 \, \text{m}$, $\alpha = 15°$,
4. Driftstrecke $L = 0{,}3056 \, \text{m}$,
5. Quadrupol F $L = 0{,}4997 \, \text{m}$, $k_x = +0{,}6360 \, \text{m}^{-2}$,
6. Driftstrecke $L = 1{,}4655 \, \text{m}$,
7. Rechteckmagnet M $L = 2{,}8668 \, \text{m}$, $\alpha = 15°$,
8. Driftstrecke $L = 0{,}3056 \, \text{m}$.

Die Länge der Einheitszelle beträgt $L = 10{,}2750 \, \text{m}$. Der Ring besteht aus insgesamt 16 Einheitszellen. Die Gesamtlänge beträgt $C = 164{,}4 \, \text{m}$. Die Einheitszellen, bei denen Rechteckmagnete durch Driftstrecken ersetzt werden müssen, erkennt man an der Abb. 6.15. Die Längen der Driftstrecken entsprechen den angegebenen effektiven Längen der Rechteckmagnete. Die Quadrupole sind von einheitlicher Bauform. Die Quadrupole D sind in Serie an ein Netzgerät angeschlossen, und die Quadrupole F sind in Serie an ein anderes Netzgerät angeschlossen, dadurch haben alle Quadrupole D die gleiche Erregung und alle Quadrupole F haben eine etwas andere, aber ebenfalls gleiche Erregung.

Die Berechnung der Maschinenoptik mit dem Computerprogramm MAD [Mad9] ergibt den in Abb. 6.15 angegebenen Verlauf der optischen Funktionen. Für den Symmetriepunkt in der Mitte der geraden Sektion findet man

$$\alpha_x = 0\,, \quad \beta_x = 2{,}29\,\mathrm{m}\,, \quad \gamma_x = 0{,}437\,\mathrm{m}^{-1}\,,$$
$$\alpha_y = 0\,, \quad \beta_y = 15{,}5\,\mathrm{m}\,, \quad \gamma_y = 6{,}45\cdot 10^{-2}\,\mathrm{m}^{-1}\,,$$
$$D = 0\,\mathrm{m}\,, \quad D' = 0\,.$$

Für den Symmetriepunkt in der Mitte der Biegesektion findet man

$$\alpha_x = 0\,, \quad \beta_x = 2{,}29\,\mathrm{m}\,, \quad \gamma_x = 0{,}437\,\mathrm{m}^{-1}\,,$$
$$\alpha_y = 0\,, \quad \beta_y = 19{,}7\,\mathrm{m}\,, \quad \gamma_y = 5{,}08\cdot 10^{-2}\,\mathrm{m}^{-1}\,,$$
$$D = 1{,}49\,\mathrm{m}\,, \quad D' = 0\,.$$

Das Maximum der optischen Funktionen liegt bei

$$\beta_{x,\mathrm{max}} = 18{,}3\,\mathrm{m}\,, \quad \beta_{y,\mathrm{max}} = 20{,}2\,\mathrm{m}\,, \quad D_{\mathrm{max}} = 3{,}35\,\mathrm{m}\,.$$

Der Momentum-Compaction-Faktor beträgt

$$\alpha_\mathrm{p} = 0{,}061\,.$$

Für den Arbeitspunkt findet man

$$Q_x = 4{,}658\,, \quad Q_y = 4{,}617\,.$$

Die natürliche Chromatizität (siehe Abschn. 7.3) liegt bei

$$\xi_x = -5{,}5\,, \quad \xi_y = -5{,}9\,.$$

Sie wird mithilfe der Sextupole in den Biegesektionen korrigiert.

6.8.7 Isochronzyklotron mit separaten Sektormagneten

Als weiteres Beispiel betrachten wir ein Isochronzyklotron, das aus separaten Sektormagneten aufgebaut ist (siehe Abb. 6.16). Wir skizzieren die Optik in enger Anlehnung an eine Untersuchung von Gordon [Go68]. Die Ablenkung und Fokussierung geschieht im Bereich der Sektormagnete. Zwischen den Sektormagneten sind feldfreie Driftstrecken. Der Winkel α kennzeichnet den Ablenkwinkel pro Sektor, bei N Sektoren gilt

$$\alpha = \frac{2\pi}{N}\,.$$

Als Einheitszelle nehmen wir einen Sektor. Aufgrund der symmetrischen Struktur ist jede Einheitszelle, d. h. jeder Sektor, gleichzeitig auch eine Superperiode.

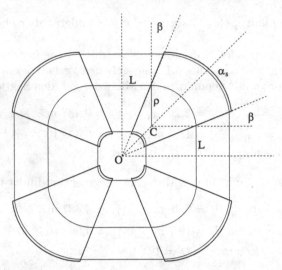

Abb. 6.16. Isochronzyklotron mit separaten Sektormagneten. Die Abbildung zeigt als Beispiel eine Maschine mit vier Sektoren und $f = 0{,}5$, $\alpha = 90°$, $\alpha_s = 45°$ und $\beta = 22{,}5°$

Wir betrachten als Einheitszelle die Abbildung von der Mitte eines feldfreien Sektors bis zur Mitte des nächsten feldfreien Sektors. Der Winkel eines Sektormagneten werde mit α_s bezeichnet. Bezogen auf den Ablenkwinkel α überdeckt ein Sektormagnet den Winkelanteil f und den Wegstreckenanteil f_0,

$$f = \frac{\alpha_s}{\alpha}, \qquad f_0 = \frac{2\pi\rho}{C}.$$

Die Größe C („circumference") ist der Weg pro Umlauf, $C = 2\pi\rho + 2NL$. Durch die Angabe von N und f ist die Geometrie vollständig festgelegt. Der Kantenwinkel β legt die Stärke der axialen Fokussierung („Thomas-Fokussierung") fest. Aus der Geometrie der Anordnung ergibt sich

$$\beta = \frac{\alpha}{2} - \frac{\alpha_s}{2}, \qquad L = \rho \frac{\sin\beta}{\sin(\alpha/2 - \beta)} \sin\frac{\alpha}{2}.$$

Die Beschleunigung beginnt nach der Injektion bei einem Innenradius ρ_1 und endet mit der Extraktion bei einem Außenradius ρ_2. Der Innenradius legt die Injektionsenergie, der Außenradius die Endenergie fest. Die Gleichgewichtsbahn besteht aus kreisförmigen Bogensegmenten und geraden Driftstrecken. Isochronie bedeutet, dass die Zeit T für einen Umlauf konstant ist, d. h. C und ρ sind proportional zur momentanen Teilchengeschwindigkeit v. Zwischen der Kreisfrequenz $2\pi/T$ und der Winkelgeschwindigkeit ω im Bereich der Sektormagnete besteht eine feste Beziehung, $2\pi/T = f_0\omega$. Um Isochronie zu erreichen, muss ω im Bereich der Sektormagnete konstant sein.

Daher muss das Magnetfeld im Bereich der Sektormagnete mit zunehmendem Radius ρ wie der Lorentzfaktor γ ansteigen,

$$B = \frac{m\omega}{q}\gamma, \qquad \gamma = \left[1 - \left(\frac{\omega\rho}{c}\right)^2\right]^{-1/2}. \tag{6.81}$$

Ein solches Magnetfeld kann durch Formung des Polschuhabstandes und mithilfe speziell geformter Korrekturspulen erzielt werden. Bei der Gestaltung des Magnetfeldes muss darauf geachtet werden, dass die Kreisbogensegmente mit unterschiedlichem ρ nicht konzentrisch sind. Der Mittelpunkt eines Kreisbogensegmentes ist eine Funktion von ρ,

$$\overline{OC} = \rho\frac{\sin\beta}{\sin(\alpha/2 - \beta)}.$$

Da das Magnetfeld nach außen leicht ansteigt, muss bei der Berechnung der Sektormagnete der entsprechende Feldindex n berücksichtigt werden,

$$n = -\frac{\partial B}{\partial x}\frac{\rho}{B} = -\frac{\partial\rho}{\partial x}\frac{\partial B}{\partial\rho}\frac{\rho}{B} = -\frac{\partial\rho}{\partial x}\beta^2\gamma^2.$$

Der Zusammenhang $(\partial B/\partial\rho)(\rho/B) = \beta^2\gamma^2$ folgt aus (6.81). Der Differenzialquotient $\partial\rho/\partial x$ kommt hier ins Spiel, da einer Ortsabweichung Δx ein $\Delta\rho = (\partial\rho/\partial x)\Delta x$ entspricht. Die Größe $\partial\rho/\partial x$ ist innerhalb eines Sektormagneten nicht konstant. Die Variation ist jedoch verhältnismäßig klein. Daher können wir näherungsweise mit dem Mittelwert rechnen. Eine einfache geometrische Betrachtung ergibt die Beziehung

$$\frac{\partial x}{\partial\rho} = 1 + \frac{\sin\beta}{\sin(\alpha/2 - \beta)}\cos\Delta\alpha, \qquad \overline{\frac{\partial x}{\partial\rho}} = \frac{1}{f_0}.$$

Hierbei ist $\Delta\alpha$ die Winkelabweichung gegenüber der Mitte des Sektormagneten und $\overline{(\partial x/\partial\rho)}$ der entsprechende Mittelwert über einen Sektor. Damit erhalten wir für den mittleren Feldindex $\overline{n}$

$$\overline{n} = -f_0\beta^2\gamma^2.$$

Im nichtrelativistischen Limes ist das Feld innerhalb der Sektormagnete konstant und der Feldindex ist null. Wir erhalten in dieser Näherung für die Twiss-Matrix einer Einheitszelle von der Mitte eines feldfreien Sektors bis zur Mitte des nächsten feldfreien Sektors

$$M_x = \begin{pmatrix} 1 & L \\ 0 & 1 \end{pmatrix}\begin{pmatrix} 1 & 0 \\ \frac{\tan\beta}{\rho} & 1 \end{pmatrix}\begin{pmatrix} \cos\alpha & \rho\sin\alpha \\ -\frac{\sin\alpha}{\rho} & \cos\alpha \end{pmatrix}\begin{pmatrix} 1 & 0 \\ \frac{\tan\beta}{\rho} & 1 \end{pmatrix}\begin{pmatrix} 1 & L \\ 0 & 1 \end{pmatrix},$$

$$M_y = \begin{pmatrix} 1 & L \\ 0 & 1 \end{pmatrix}\begin{pmatrix} 1 & 0 \\ -\frac{\tan\beta}{\rho} & 1 \end{pmatrix}\begin{pmatrix} 1 & \rho\alpha \\ 0 & 1 \end{pmatrix}\begin{pmatrix} 1 & 0 \\ -\frac{\tan\beta}{\rho} & 1 \end{pmatrix}\begin{pmatrix} 1 & L \\ 0 & 1 \end{pmatrix}.$$

In der nichtrelativistischen Näherung erhalten wir für die Einheitszelle des in Abb. 6.16 angegebenen Beispiels mit $N = 4$ und $f = 0,5$

$$\cos\mu_x = -0,172\,, \qquad \mu_x = 99,9°\,,$$
$$\cos\mu_y = -0,046\,, \qquad \mu_y = 92,6°\,.$$

Für die Zahl der Betatronschwingungen pro Umlauf erhalten wir damit

$$Q_x = 1,110\,,$$
$$Q_y = 1,029\,.$$

Wenn f kleiner wird, steigt die axiale Fokussierungsstärke. Für $N = 4$ und $f = 0,3$ erhalten wir z. B.

$$Q_x = 1,167\,,$$
$$Q_y = 1,287\,.$$

Bei höheren Energien ist der Feldindex nicht vernachlässigbar. Dann muss in der Gleichung die entsprechende Matrix (4.72) eines Ablenkmagneten mit Feldindex $n < 0$ eingesetzt werden. Während der Beschleunigung nimmt der Betrag des Feldindex kontinuierlich zu, und der Arbeitspunkt verschiebt sich dementsprechend. Für die Energieabhängigkeit des Arbeitspunktes gilt die folgende Regel: Mit zunehmender Energie wird Q_x größer und Q_y kleiner.

Die Twiss-Parameter (α, β, γ) lassen sich genau wie bei dem Synchrotron aus der Twiss-Matrix ablesen. Aufgrund der Symmetrie der Anordnung gilt sowohl für die Mitte des feldfreien Sektors wie die Mitte des Sektormagneten $\alpha = 0$. Für die Mitte des feldfreien Sektors erhalten wir ein lokales Minimum für β_x und β_y,

$$\alpha_x = 0\,, \qquad \beta_x = \check{\beta}_x\,, \qquad \gamma_x = 1/\check{\beta}_x\,,$$
$$\alpha_y = 0\,, \qquad \beta_y = \check{\beta}_y\,, \qquad \gamma_y = 1/\check{\beta}_y\,.$$

Für die Mitte des Sektormagneten erhalten wir ein lokales Maximum für β_x und ein lokales Minimum für β_y,

$$\alpha_x = 0\,, \qquad \beta_x = \hat{\beta}_x\,, \qquad \gamma_x = 1/\hat{\beta}_x\,,$$
$$\alpha_y = 0\,, \qquad \beta_y = \check{\beta}_y\,, \qquad \gamma_y = 1/\check{\beta}_y\,.$$

Eine weitere ausgezeichnete Stelle ist die Magnetkante. Dort befindet sich eine weitere Nullstelle von α_y und ein lokales Maximum von β_y.

Eine genauere Analyse des Isochronzyklotrons mit separaten Sektormagneten kann leicht mit einem entsprechenden Rechenprogramm durchgeführt werden. Insbesondere ist es damit möglich, den mit zunehmender Energie ansteigenden Betrag des Feldindex zu berücksichtigen. Eine solche Analyse mit einer detaillierten Diskussion der Eigenschaften und Grenzen eines Isochron-zyklotrons mit separaten Sektormagneten wurde von Gordon 1968 veröffent-licht [Go68]. Eine Maschine mit $N = 4$ und $f = 0{,}4$–$0{,}5$ ist ideal geeignet, um Protonen im Energiebereich 20–200 MeV zu beschleunigen. Für Protonen im Energiebereich 50–500 MeV empfiehlt sich eine Maschine mit $N = 6$ und $f = 0{,}3$. Das Isochronzyklotron der Indiana University (U.S.A.) [Po75] und das Isochronzyklotron des National Accelerator Center in Faure (RSA) [Ra75] sind energievariable Maschinen mit $N = 4$ und $f = 0{,}4$. In beiden Maschinen können Protonen bis zu einer kinetischen Energie von 215 MeV beschleunigt werden.

Übungsaufgaben

6.1 Die Akzeptanz eines Synchrotrons werde in radialer Richtung durch $x_{max} = 50$ mm im Bereich der Quadrupolmagnete und in axialer Rich-tung durch $y_{max} = 30$ mm im Bereich der Ablenkmagnete bestimmt. Wie groß ist die radiale und axiale Akzeptanz, wenn $\beta_x \leq 20$ m im Be-reich der Quadrupole und $\beta_y \leq 15$ m im Bereich der Ablenkmagnete ist?

6.2 Bei einem Synchrotron mit internem Target seien die optischen Funktio-nen so beschaffen, dass an der Wechselwirkungsstelle

$$\alpha_x = 0\,, \qquad \beta_x = 2{,}0\,\text{m}\,,$$

$$\alpha_y = 0\,, \qquad \beta_y = 4{,}0\,\text{m}\,.$$

Zudem sei der Strahl achromatisch, d. h. für die periodische Dispersion gelte

$$D = 0\,, \qquad D' = 0\,.$$

Die Messung des Strahlprofils an der Wechselwirkungsstelle ergebe die folgenden Standardabweichungen:

$$\sigma_x = 1{,}0\,\text{mm}\,, \qquad \sigma_y = 2{,}0\,\text{mm}\,.$$

Wie groß sind die entsprechenden Strahlemittanzen $\pi\epsilon_x$ und $\pi\epsilon_y$ und die entsprechenden Standardabweichungen $\sigma_{x'}$ und $\sigma_{y'}$ bezüglich der Rich-tung?

6.3 Bei einem Synchrotron sei die 6×6-dimensionale Transfermatrix M von s_0 nach $s_0 + C_0$, d. h. für einen vollen Umlauf der Länge C_0 bekannt. Die Stelle s_0 sei ein Symmetriepunkt mit $D_0' = 0$, d. h. die Ableitung der periodischen Dispersion $D(s)$ sei an der Stelle s_0 gleich null. Die periodische Dispersion habe an der Stelle s_0 den Wert D_0. Zeigen Sie, dass die Größe $\eta = 1/\gamma^2 - \alpha_p$ mithilfe der folgenden Gleichung berechnet werden kann:

$$\eta = \frac{M_{51}D_0 + M_{56}}{C_0}\,.$$

6.4 Wir betrachten ein Strahlführungssystem oder einen Kreisbeschleuniger mit einer periodischen Anordnung von symmetrischen FODO-Einheitszellen (siehe Abb. 6.10). Wir nehmen an, dass sich zwischen den Quadrupolmagneten überhaupt keine Ablenkmagnete befinden, oder dass die Fokussierungsstärke der Ablenkmagnete vernachlässigbar klein ist. Wie lautet die Twiss-Matrix zwischen den Mittelebenen von zwei benachbarten, horizontal fokussierenden Quadrupolen Q_1 bei symmetrischer Erregung der Quadrupole, d. h. wenn $f_1 = f$ und $f_2 = -f$?

6.5 Berechnen Sie den Betatronphasenvorschub μ, $\beta_x = \hat{\beta}$ und $\beta_y = \check{\beta}$ der in Aufgabe 6.4 definierten Einheitszelle. Geben Sie hierzu $\cos\mu$ und $\sin\mu/2$ als Funktion von $d/(2f)$ an (Hinweis: $\cos\mu = 1 - 2\sin^2\mu/2$)! Wie hängt $\beta_x = \hat{\beta}$ und $\beta_y = \check{\beta}$ von μ bzw. $d/(2f)$ ab? Zeichnen Sie $\beta_x/d = \hat{\beta}/d$ und $\beta_y/d = \check{\beta}/d$ als Funktion von μ bzw. $d/2f$ für $\mu < 180°$ bzw. $|d/(2f)| < 1$. In Abschn. 6.8.4 haben wir gezeigt, dass aus Gründen der Bahnstabilität $\mu < 180°$ bzw. $|d/(2f)| < 1$ gilt. Zeigen Sie, dass das Minimum von $\beta_x/d = \hat{\beta}/d$ bei $\mu = 76{,}5°$ liegt, und berechnen Sie $\beta_x/d = \hat{\beta}/d$ und $\beta_y/d = \check{\beta}/d$ bei $\mu = 76{,}5°$!

6.6 Berechnen Sie die maximal mögliche Akzeptanz A der in Aufgabe 6.4 definierten Einheitszelle, wenn der Abstand $d = 5$ m und der Aperturradius der Quadrupole $a = 5$ cm beträgt.

6.7 Berechnen Sie die Twiss-Matrizen M_x und M_y einer periodischen Anordnung von N symmetrischen FODO-Einheitszellen ($d_1 = d_2 = d$ und $|f_1| = |f_2| = |f|$), wenn der Startpunkt nicht in der Mitte des horizontal fokussierenden Quadrupols Q_1 liegt, sondern im Abstand $d/2$ vor der Mittelebene von Q_1 liegt.

6.8 Wie sehen die Phasenellipsen eines Strahls am Startpunkt des in Aufgabe 6.7 definierten Systems aus, wenn man optimale Anpassung an die Eigenellipsen des Systems erreichen will. Der Strahls habe die Emittanzen $\pi\epsilon_x^{1\sigma}$ und $\pi\epsilon_y^{1\sigma}$.

Störfelder und Resonanzen

Wir untersuchen in diesem Kapitel die Störungen, die bei einem Kreisbeschleuniger durch Dipol-, Quadrupol- und Sextupolfeldfehler erzeugt werden, definieren die Chromatizität und diskutieren die Korrektur der Chromatizität mithilfe von Sextupolmagneten. Wir betrachten schließlich Resonanzen, das Arbeitspunktdiagramm und die Fourieranalyse von Feldstörungen.

7.1 Dipolfeldfehler

Wir betrachten in diesem Abschnitt die Störung der geschlossenen Gleichgewichtsbahn durch Dipolfeldfehler und die Möglichkeiten zur Korrektur dieser Störung.

7.1.1 Gestörte Gleichgewichtsbahn

Ein Dipolfeldfehler δB an der Stelle s_0, der sich über eine infinitesimal kurze Wegstrecke Δs erstreckt, verursacht eine lokale Störung, die sich in der Form einer Winkeländerung („Kick") $\Delta x'$ äußert,

$$\Delta x' = \frac{-\delta B}{B\rho}\Delta s = F(s_0)\Delta s. \tag{7.1}$$

Die gesamte Gleichgewichtsbahn wird hierdurch modifiziert. In der englischsprachigen Literatur wird hierfür der Begriff „closed orbit distortion" verwendet. Wenn eine Störung vorliegt, machen die Teilchen Betatronschwingungen um die gestörte Gleichgewichtsbahn. Die ursprünglich eingeführte ideale Gleichgewichtsbahn wird durch die gestörte Gleichgewichtsbahn ersetzt. Wir beschreiben die gestörte Gleichgewichtsbahn durch die Funktion $x_{\mathrm{c}}(s)$, die den Abstand zur idealen Gleichgewichtsbahn angibt. An der Störstelle erhalten wir $x_c(s_0)$ und $x_c'(s_0)$ unter Berücksichtigung der Periodizitätsbedingung aus der Gleichung (siehe Abb. 7.1)

$$\begin{pmatrix} x_c \\ x_c' \end{pmatrix}_{s_0} = M(s_0) \begin{pmatrix} x_c \\ x_c' + \Delta x' \end{pmatrix}_{s_0}. \tag{7.2}$$

Zur Lösung machen wir für $x_c(s)$ den Ansatz

$$x_c(s) = a_c \sqrt{\beta(s)} \cos \overbrace{[\psi(s) - \psi(s_0) - Q\pi]}^{\psi_c}, \qquad -Q\pi \le \psi_c' \le +Q\pi. \tag{7.3}$$

An der Störstelle s_0 ist die Phase $\psi_c = -Q\pi$. An der diametral gegenüberliegenden Stelle $s_0 + C/2$, d.h. nach einem halben Umlauf, ist $\psi_c = 0$. Nach einem vollen Umlauf, d.h. an der Stelle $s_0 + C$ ist $\psi_c = +Q\pi$. Durch Einsetzen

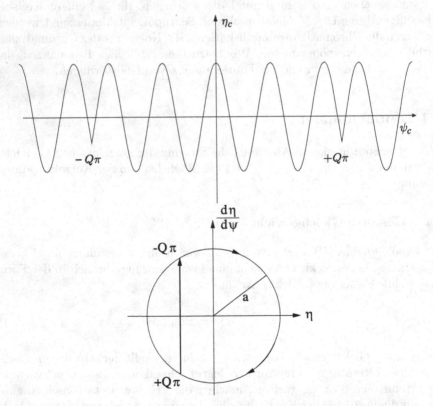

Abb. 7.1. *Oben*: Gestörte Gleichgewichtsbahn η_C als Funktion von ψ_C, $\eta_C = a_C \cos \psi_C$, $-Q\pi \le \psi_C < +Q\pi$. *Unten*: Darstellung der gestörten Gleichgewichtsbahn im Kreisdiagramm. Der Feldfehler verursacht an der Störstelle bei $\psi_C = +Q\pi$ einen positiven Winkelkick. Nach dem Winkelkick macht die gestörte Gleichgewichtsbahn auf dem Weg von $\psi_C = -Q\pi$ nach $\psi_C = +Q\pi$ insgesamt Q Kreisumläufe

von (7.3) in (7.2) finden wir

$$\begin{pmatrix} x_c \\ x_c' \end{pmatrix}_{s_0} = \begin{pmatrix} \frac{1}{2}\beta\Delta x' \cot Q\pi \\ -\frac{1}{2}\Delta x'[1 + \alpha \cot Q\pi] \end{pmatrix}_{s_0}. \tag{7.4}$$

Damit ist die Amplitude a_c festgelegt,

$$a_c = \frac{\sqrt{\beta(s_0)}\Delta x'}{2\sin Q\pi}. \tag{7.5}$$

Bei dem Lösungsansatz (7.3) haben wir stillschweigend angenommen, dass $s > s_0$ und $\psi(s) > \psi(s_0)$. Wenn $\psi(s) < \psi(s_0)$ müssen wir $\psi(s)$ durch $\psi(s + C) = \psi(s) + Q2\pi$ ersetzen. Damit erhalten wir

$$x_c(s) = \frac{\sqrt{\beta(s)}}{2\sin Q\pi}\Delta x'\sqrt{\beta(s_0)}\cos[\psi(s) - \psi(s_0) - Q\pi], \quad \psi(s) > \psi(s_0),$$

$$\tag{7.6}$$

$$= \frac{\sqrt{\beta(s)}}{2\sin Q\pi}\Delta x'\sqrt{\beta(s_0)}\cos[\psi(s_0) - \psi(s) - Q\pi], \quad \psi(s) < \psi(s_0).$$

$$\tag{7.7}$$

Am einfachsten ist die Herleitung dieser Zusammenhange nach einer Floquet-Transformation mithilfe des Kreisdiagramms (siehe Abb. 7.1). Für die gestörte Gleichgewichtsbahn machen wir den Ansatz

$$\eta_c = a_c \overbrace{\cos[\psi(s) - \psi(s_0) - Q\pi]}^{\psi_c}. \tag{7.8}$$

Aus der Forderung nach Periodizität folgt aus trigonometrischen Gründen für den Winkelkick ein Sprung von $d\eta/d\psi = -a_c \sin Q\pi$ nach $d\eta/d\psi = +a_c \sin Q\pi$, d. h.

$$\Delta\left(\frac{d\eta}{d\psi}\right) = \sqrt{\beta(s_0)}\Delta x' = 2a_c \sin Q\pi. \tag{7.9}$$

Daraus folgt unmittelbar der Zusammenhang (7.5) zwischen der Amplitude a_c und der Störung $\Delta x'$ und (7.6) bzw. (7.7).

Aus (7.6) bzw. (7.7) ziehen wir folgende wichtige Schlussfolgerungen über die Auswirkung einer lokalen Störung:

1. $x_c(s) \propto \Delta x'$,

2. $x_c(s) \propto \sqrt{\beta(s_0)}$,

3. $x_c(s) \propto \sqrt{\beta(s)}$,

4. $x_c(s) \propto 1/\sin Q\pi$.

Die Zahl Q der Betatronschwingungen pro Umlauf darf nicht in der unmittelbaren Nähe einer ganzen Zahl liegen, ganzzahlige Resonanzen müssen unbedingt vermieden werden. Für ganzzahlige Q liegt die gestörte Gleichgewichtsbahn wegen $1/\sin Q\pi$ im Unendlichen.

Die Verallgemeinerung auf viele Störstellen ergibt mit (7.6) das folgende Integral über einen vollen Umlauf,

$$x_{\mathrm{c}}(s) = \frac{\sqrt{\beta(s)}}{2\sin Q\pi} \int_s^{s+C} F(\overline{s})\sqrt{\beta(\overline{s})}\cos[\psi(\overline{s}) - \psi(s) - Q\pi]\mathrm{d}\overline{s}.\qquad(7.10)$$

Diese Gleichung hätten wir auch mithilfe des in Abschn. 6.7 skizzierten Formalismus zur Berechnung der periodischen Dispersionsfunktion $D(s)$ ableiten können. Wenn wir die Gesamtheit aller Dipolfeldfehler durch eine Störfunktion $F(s)$ berücksichtigen, wird aus der homogenen Hill'schen Differenzialgleichung (6.2) eine inhomogene Differenzialgleichung

$$x_{\mathrm{c}}'' + K(s)x_{\mathrm{c}} = F(s).\qquad(7.11)$$

Die Lösung ist die Gleichung (7.10). Sie lässt sich mit Hilfe von (6.67) unmittelbar hinschreiben.

Dipolfeldfehler werden durch kleine Abweichungen der Magnetfelder vom Sollwert und Ungenauigkeiten in der Positionierung von Ablenkmagneten, Quadrupolmagneten und Sextupolmagneten verursacht. Vor allem Quadrupolmagnete tragen besonders stark zur Störung bei, wenn die Gleichgewichtsbahn nicht durch die magnetische Mitte der Quadrupolmagnete geht. Eine kleine Ortsabweichung Δx verursacht einen Feldfehler $\Delta B_y = (\partial B_y/\partial x)\Delta x$. Dieser Fehler ist umso größer ist, je größer der Feldgradient ist. Positionsfehler von Quadrupol- und Sextupolmagneten verursachen auch Störungen der Gleichgewichtsbahn in der axialen Richtung, da hierdurch radiale Feldkomponenten wie z. B. $\Delta B_x = (\partial B_x/\partial y)\Delta y$ zur Strahlablenkung beitragen. Die gestörte Gleichgewichtsbahn $y_{\mathrm{c}}(s)$ wird formal genauso behandelt wie $x_{\mathrm{c}}(s)$.

7.1.2 Korrektur der gestörten Gleichgewichtsbahn

Eine interessante Frage ist die Korrektur der gestörten Gleichgewichtsbahn mit Hilfe von kleinen Korrekturmagneten (Steuermagneten). Wir nehmen an, dass eine hinreichend große Zahl von Monitoren (BPM = „Beam Position Monitor") zur Messung der Strahlposition im Beschleunigerring verteilt sind und betrachten exemplarisch die gestörte Gleichgewichtsbahn in x-Richtung. Der Formalismus lässt sich ganz analog auch auf die y-Richtung anwenden. Bei N Monitoren und N Steuermagneten finden wir den folgenden linearen Zusammenhang zwischen dem Winkelkick $\Delta x_k'$ im k-ten Steuermagneten und der hierdurch resultierenden Bahnabweichung x_i im i-ten Monitor,

$$x_i = A_{ik}\Delta x_k' = \overbrace{\frac{\sqrt{\beta_i}}{2\sin Q\pi}\sqrt{\beta_k}\cos[|\psi_i - \psi_k| - Q\pi]}^{A_{ik}}\Delta x_k'.\qquad(7.12)$$

In der Gleichung (7.12) verwenden wir den Betrag der Differenz $\psi_i - \psi_k$. Dadurch tragen wir dem Umstand Rechnung, dass neben $\psi_i > \psi_k$ auch $\psi_i < \psi_k$ sein kann [siehe (7.6) und (7.7)]. Das Matrixelement A_{ik} ist ein Maß für die Stärke oder Effizienz, mit der der k-te Steuermagnet auf die i-te Ortsabweichung einwirkt. Hohe Effizienzen werden dann erreicht, wenn sowohl die Monitore wie die Steuermagnete in der Nähe eines Maximums $\hat{\beta}$ der Betatronfunktion $\beta(s)$ stehen, und $|\cos[|\psi_i - \psi_k| - Q\pi]| \approx 1$ ist. In Matrixform erhalten wir

$$
\begin{pmatrix} x_1 \\ \vdots \\ x_N \end{pmatrix} = \begin{pmatrix} A_{11} & \cdots & A_{1N} \\ & \vdots & \\ A_{N1} & \cdots & A_{NN} \end{pmatrix} \begin{pmatrix} \Delta x'_1 \\ \vdots \\ \Delta x'_N \end{pmatrix}.
\tag{7.13}
$$

Umgekehrt erhalten wir durch Matrixinversion die Winkeländerungen, die zur Korrektur der gemessenen Bahnabweichungen x_i notwendig sind,

$$
\begin{pmatrix} \Delta x'_1 \\ \vdots \\ \Delta x'_N \end{pmatrix} = - \begin{pmatrix} A_{11} & \cdots & A_{1N} \\ & \vdots & \\ A_{N1} & \cdots & A_{NN} \end{pmatrix}^{-1} \begin{pmatrix} x_1 \\ \vdots \\ x_N \end{pmatrix}.
\tag{7.14}
$$

Die Matrix $A = (A_{ik})$ wird in der Literatur Orbit-Response-Matrix genannt [Ta88]. Sie kann mithilfe von (7.12) berechnet werden. Es besteht aber auch die Möglichkeit, die Matrixelemente A_{ik} durch direkte Messungen zu bestimmen [Ho02], indem nacheinander die Korrekturmagnete erregt werden und die jeweilige Antwort („Response") der Strahlmonitore gemessen wird.

Die Matrix weicht von der quadratischen Form ab, wenn die Zahl der Monitore von der Zahl der Steuermagnete abweicht. Wenn z. B. weniger Steuermagnete als Monitore zur Verfügung stehen, kann mit der Methode der linearen Regression [Be69] die mittlere quadratische Abweichung der gestörten Gleichgewichtsbahn von der idealen Gleichgewichtsbahn minimiert werden, d. h. die optimale Korrektur gefunden werden. Es ist in jedem Fall auch möglich, durch „Versuch und Irrtum" („trial and error") mithilfe einer schnellen Computerregelung gezielt Korrekturen der Gleichgewichtsbahn durchzuführen. Solche Korrekturen sind in der Praxis von enormer Wichtigkeit. Eine unkorrigierte Gleichgewichtsbahn mit großen Abweichungen von der idealen Gleichgewichtsbahn verringert die zur Verfügung stehende Apertur und damit die Akzeptanz der Maschine. Außerdem werden die unerwünschten nichtlinearen Effekte verstärkt.

7.2 Quadrupol- und Sextupolfeldfehler

Wir betrachten in diesem Abschnitt die Störungen, die durch Quadrupol- und Sextupolfeldfehler ausgelöst werden.

7.2.1 Quadrupolfeldfehler

Ein lokaler Quadrupolfeldfehler oder allgemeiner ein lokaler Gradientenfehler führt zu einer Änderung der Amplitudenfunktion $\beta(s)$ und der Betatronschwingungszahl Q. Die lokalisierte Störung kann durch den Effekt einer dünnen Linse mit der Brechkraft

$$\frac{1}{f} = \delta K \Delta s \tag{7.15}$$

beschrieben werden,

$$M = \begin{pmatrix} \cos\mu + \alpha\sin\mu & \beta\sin\mu \\ -\gamma\sin\mu & \cos\mu - \alpha\sin\mu \end{pmatrix}$$
$$= \begin{pmatrix} 1 & 0 \\ -1/f & 1 \end{pmatrix} \begin{pmatrix} \cos\mu_0 + \alpha_0\sin\mu_0 & \beta_0\sin\mu_0 \\ -\gamma_0\sin\mu_0 & \cos\mu_0 - \alpha_0\sin\mu_0 \end{pmatrix}. \tag{7.16}$$

Der Index „0" bezieht sich auf die ungestörten Werte. Aus der Spur von M erhalten wir

$$\cos\mu = \frac{1}{2}\text{Tr}(M) = \cos\mu_0 - \frac{1}{2}\frac{\beta_0}{f}\sin\mu_0. \tag{7.17}$$

Für $\Delta\mu \ll 1$ und $\sin\mu_0 \neq 1$ erhält man daraus die Änderung $\Delta\mu = \mu - \mu_0$ und die Verschiebung des Arbeitspunktes, den sogenannten „Tune Shift" ΔQ,

$$\Delta\mu = 2\pi\Delta Q = \frac{1}{2}\frac{\beta_0}{f}, \qquad \Delta Q = \frac{1}{4\pi}\frac{\beta_0}{f}. \tag{7.18}$$

Diese Gleichung wird unter anderem dazu benutzt, die Betatronfunktion β_0 im Bereich eines Quadrupols zu messen. Hierzu wird die Brechkraft des Quadrupols ein klein wenig geändert, und die Änderung des Arbeitspunktes ΔQ genau gemessen. Die Verallgemeinerung auf die Summe aller Gradientenfehler ergibt für die Änderung des Arbeitspunktes

$$\Delta Q = \frac{1}{4\pi} \oint \beta(\bar{s})\delta K(\bar{s})\mathrm{d}\bar{s}. \tag{7.19}$$

Die Gleichungen (7.18) und (7.19) sind Näherungen, da die ungestörte Betafunktion $\beta(s)$ verwendet wird. Die Änderung der Amplitudenfunktion $\Delta\beta(s)$ findet man unter Berücksichtigung der Periodizitätsbedingung ganz ähnlich wie dies für Dipolfehler skizziert wurde,

$$\Delta\beta(s) = \frac{\beta(s)}{2\sin 2Q\pi} \int_s^{s+C} \delta K(\bar{s})\beta(\bar{s})\cos 2[\psi(\bar{s}) - \psi(s) - Q\pi]\mathrm{d}\bar{s}. \tag{7.20}$$

7.2.2 Stoppband zweiter Ordnung

Wenn $|\cos\mu_0|$ nahe bei Eins liegt, kann $|\cos\mu|$ aufgrund der Störung größer als Eins werden, und die Betatronschwingungen werden instabil. Es gibt ein Intervall δQ in der Umgebung von halb- und ganzzahligen Q-Werten, in dem

der Beschleuniger aufgrund von Gradientenfehlern instabil wird. Zur Veranschaulichung eines Stoppbandes zweiter Ordnung nehmen wir eine einzelne,
isolierte Quadrupolstörung im Bereich eines fokussierenden Quadrupols an,
d. h. an einer Stelle mit maximaler Betatronfunktion $\hat{\beta}$, bei der zudem die
Phasenellipsen aufrecht stehen. Die Stärke der Quadrupolstörung wird durch
die zusätzliche Fokussierungsstärke einer dünnen Linse $1/f$ beschrieben. Die
Störung erzeugt einen Kick $\Delta y'$, der proportional zur Ortsabweichung y ist.

$$\Delta y' = -\frac{y}{f} = -\frac{1}{f} a \sqrt{\beta} \cos \psi \,. \tag{7.21}$$

Zur Beschreibung der resonanten Störung ist es sinnvoll, die Bewegung nach
einer Floquet-Transformation (6.43) $(y, y') \to (\eta, \mathrm{d}\eta/\mathrm{d}\psi)$ im Kreisdiagramm
zu verfolgen. Das Kreisdiagramm ist sehr hilfreich zur Beschreibung einzel-
ner Bahnen („tracking"). Man kann natürlich jederzeit wieder mit (6.46) in
die Originalkoordinaten zurücktransformieren. Wie in Abb. 7.2 dargestellt,
erfährt ein Teilchen mit $\eta = a \cos \psi$ durch die Quadrupolstörung einen Kick
$\Delta(\mathrm{d}\eta/\mathrm{d}\psi)$,

$$\Delta \left(\frac{\mathrm{d}\eta}{\mathrm{d}\psi} \right) = -\frac{1}{f} a\beta \cos \psi \,. \tag{7.22}$$

Diese lokale Störung führt zu einer Amplitudenstörung Δa und einer Phasen-
störung $\Delta \psi$

$$\Delta a = \Delta \left(\frac{\mathrm{d}\eta}{\mathrm{d}\psi} \right) \sin \psi = -\frac{a\beta}{f} \cos \psi \sin \psi \,, \tag{7.23}$$

$$\Delta \psi = -\frac{1}{a} \Delta \left(\frac{\mathrm{d}\eta}{\mathrm{d}\psi} \right) \cos \psi = \frac{\beta}{f} \cos^2 \psi \,. \tag{7.24}$$

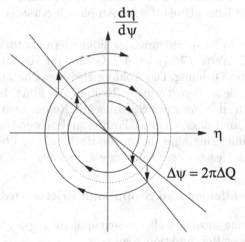

Abb. 7.2. Illustration zum Stoppband zweiter Ordnung. Der Gradientenfehler ist
in Resonanz mit der Betatronschwingung. Bei Erreichen der entsprechenden Betatronphase (hier $\psi = 45°$) wird die Trajektorie durch die Störung in die Resonanz
getrieben und in der Resonanz gehalten

Je nach Phasenlage ψ erzeugt die lokale Störung eine mehr oder weniger große Amplitudenänderung Δa und Phasenänderung $\Delta \psi$. Die entsprechende Änderung der Betatronschwingungszahl beträgt

$$\Delta Q = \frac{1}{2\pi} \frac{\beta}{f} \cos^2 \psi = \frac{1}{4\pi} \frac{\beta}{f} (1 + \cos 2\psi) . \tag{7.25}$$

Die Störung erzeugt demnach eine mittlere Verlagerung des Arbeitspunktes

$$\overline{\Delta Q} = \frac{1}{4\pi} \frac{\beta}{f} \tag{7.26}$$

mit einer überlagerten Modulation,

$$\delta Q = \frac{1}{4\pi} \frac{\beta}{f} \cos 2\psi . \tag{7.27}$$

Die mittlere Verlagerung des Arbeitspunktes haben wir bereits in (7.18) kennen gelernt. Wenn nun der Arbeitspunkt in der Nähe eines Stoppbandes zweiter Ordnung (Q = halbzahlig) liegt, dann liegt der Phasenvorschub μ_0 pro Umlauf in der Nähe von π (mod 2π), und es besteht die Möglichkeit der Resonanz

$$\sum_{i=1}^{2} (\mu_0 + \Delta \psi_i) = 2\pi \ (\mathrm{mod} \ 2\pi) . \tag{7.28}$$

Teilchen, die noch nicht in der Resonanz sind, bewegen sich unweigerlich auf die Resonanz zu und werden früher oder später resonant. Ein resonantes Teilchen vergrößert mit jedem Umlauf seine Amplitude entsprechend (7.23) (siehe Abb. 7.2).

Die durch eine isolierte Störung der Fokussierungsstärke hervorgerufene Modulation der Q-Werte (7.25) ist der Grund für die endliche Breite des Stoppbandes zweiter Ordnung. Die Abhängigkeit der Phasenverschiebung $\Delta \psi$ von $\cos^2 \psi$ (7.24), die zu dem Term $\cos 2\psi$ in (7.25) führt, ist im Übrigen der tiefere Grund dafür, dass *lineare* Feldfehler mit Resonanzen *zweiter* Ordnung zusammenhängen, und dass bei einer Fourieranalyse der *Quadrupolstörungen* längs des Beschleunigerumfangs die *zweite* Harmonische über die Stärke und Breite des Stoppbandes *zweiter* Ordnung entscheidet.

7.2.3 Sextupolfeldfehler und Stoppband dritter Ordnung

Wir nehmen nun eine einzelne isolierte Sextupolstörung der Länge Δs an einer Stelle mit maximaler Betafunktion $\hat{\beta}$ an,

$$B_y(x) = \frac{1}{2} \left(\frac{\partial^2 B_y}{\partial x^2} \right) x^2 . \tag{7.29}$$

Die Störung erzeugt pro Umlauf einen Kick mit

$$\Delta\left(\frac{d\eta}{d\psi}\right) = -\frac{\beta}{2}\left(\frac{\partial^2 B_y}{\partial x^2}\right)\frac{\Delta s}{B\rho}x^2 = -\frac{\beta^{3/2}}{2}\left(\frac{\partial^2 B_y}{\partial x^2}\right)\frac{\Delta s}{B\rho}a^2\cos^2\psi\,,$$

$$\Delta a = -\frac{\beta^{3/2}}{2}\left(\frac{\partial^2 B_y}{\partial x^2}\right)\frac{\Delta s}{B\rho}a^2\cos^2\psi\sin\psi\,, \tag{7.30}$$

$$\Delta\psi = \frac{\beta^{3/2}}{2}\left(\frac{\partial^2 B_y}{\partial x^2}\right)\frac{\Delta s}{B\rho}a\cos^3\psi$$

$$= \frac{\beta^{3/2}}{2}\left(\frac{\partial^2 B_y}{\partial x^2}\right)\frac{\Delta s}{B\rho}\frac{a}{4}(\cos 3\psi + 3\cos\psi)\,. \tag{7.31}$$

Wenn nun der Arbeitspunkt in der Nähe eines Stoppbandes *dritter* Ordnung (Q drittelzahlig) liegt, dann liegt der Phasenvorschub μ_0 pro Umlauf in der Nähe von $\pm 2\pi/3$ (mod 2π). Wenn man über drei Umläufe summiert, besteht die Möglichkeit der Resonanz

$$\sum_{i=1}^{3}(\mu_0 + \Delta\psi_i) = 2\pi\ (\text{mod } 2\pi)\,. \tag{7.32}$$

Der Term mit $3\cos\psi$ mittelt sich bei der Summation über drei Umläufe weg, und die Q-Modulation wird durch folgende Gleichung beschrieben,

$$\delta Q = \frac{\beta^{3/2}}{16\pi}\left(\frac{\partial^2 B_y}{\partial x^2}\right)\frac{\Delta s}{B\rho}a\cos 3\psi\,. \tag{7.33}$$

Diese Gleichung gibt die Breite des Stoppbandes *dritter* Ordnung bei einer einzelnen isolierten Sextupolstörung. Die Breite dieses Stoppbandes hängt von der Amplitude a der Betatronschwingung ab! Teilchen mit hinreichend kleiner Amplitude machen stabile Betatronschwingungen, während Teilchen mit größerer Amplitude aufgrund der Q-Modulation in die Resonanz getrieben werden. Hierbei wird die Amplitude a schnell sehr groß, da $\Delta a \propto a^2$. Das Periodizitätsintervall der resonanten Störung beträgt drei Umläufe. Der Term mit $\cos 3\psi$ ist im Übrigen der tiefere Grund dafür, dass *quadratische* Feldfehler mit Resonanzen *dritter* Ordnung zusammenhängen, und dass bei einer Fourieranalyse der Sextupolstörungen längs des Beschleunigerumfangs die *dritte* Harmonische über die Stärke und Breite des Stoppbandes *dritter* Ordnung entscheidet.

7.3 Chromatizität

7.3.1 Natürliche Chromatizität und Chromatizität durch Sextupolfelder

Teilchen mit einer Impulsabweichung $\delta = \Delta p/p_0$ erfahren eine unterschiedliche Fokussierungsstärke. Die Auswirkung dieses Effektes auf die Zahl der

Betatronschwingungen pro Umlauf wird durch die Chromatizität ξ erfasst. Wir unterscheiden zwischen der radialen Chromatizität ξ_x und der axialen Chromatizität ξ_y. Die Definitionsgleichungen lauten

$$\Delta Q_x = \xi_x \frac{\Delta p}{p_0}, \qquad \Delta Q_y = \xi_y \frac{\Delta p}{p_0}. \tag{7.34}$$

Bei der Berechnung der Chromatizität unterscheidet man zwischen der *natürlichen Chromatizität* ξ^{n} und der *durch Sextupolfelder ausgelösten Chromatizität* ξ^{s}. Wir schildern die Berechnung der Chromatizität exemplarisch am Beispiel der radialen Chromatizität ξ_x. Die Fokussierungsstärke $K(s)$ in der Hill'schen Differenzialgleichung (6.2) ist umgekehrt proportional zu dem Impuls der Teilchen. Daher gilt

$$\Delta K_x = -K_x \frac{\Delta p}{p_0}.$$

Mit Hilfe der Gleichung (7.19) zur Berechnung von ΔQ bei Quadrupolfehlern finden wir unmittelbar die Gleichung zur Berechnung der natürlichen Chromatizität ξ_x^{n}

$$\Delta Q_x = \overbrace{\left[-\frac{1}{4\pi} \oint \beta(\overline{s}) K_x(\overline{s}) \mathrm{d}\overline{s} \right]}^{\xi_x^{\mathrm{n}}} \frac{\Delta p}{p_0}.$$

Zusammenfassend notieren wir

$$\begin{aligned} \xi_x^{\mathrm{n}} &= -\frac{1}{4\pi} \oint \beta_x(\overline{s}) K_x(\overline{s}) \mathrm{d}\overline{s}, \\ \xi_y^{\mathrm{n}} &= -\frac{1}{4\pi} \oint \beta_y(\overline{s}) K_y(\overline{s}) \mathrm{d}\overline{s}. \end{aligned} \tag{7.35}$$

Da die Fokussierungsstärken K_x und K_y umgekehrt proportional zu dem Impuls p sind, ist die natürliche Chromatizität immer negativ. Der Betrag der Chromatizität nimmt mit der Stärke der Fokussierung zu. Besonders große Beiträge kommen aus dem Bereich von fokussierenden Quadrupolen, wo sowohl die Betatronfunktion wie die Fokussierungsstärke groß sind.

Eine zusätzliche Chromatizität entsteht durch Sextupolfelder, wenn die Dispersion D von null verschieden ist. Für die Sextupolfelder gilt

$$B_y(x) = \frac{1}{2} \left(\frac{\partial^2 B_y}{\partial x^2} \right) x^2 = \frac{g_{\mathrm{s}}}{2} x^2.$$

Ein Teilchen mit einer Impulsabweichung hat im Mittel (gemittelt über viele Betatronschwingungen) eine Ortsabweichung $x = D \Delta p / p_0$ und spürt den lokalen Gradienten des Sextupolfeldes

$$\partial B_y / \partial x = (\partial^2 B_y / \partial x^2) x = g_{\mathrm{s}} x.$$

Die zusätzliche Chromatizität ξ_x^s erhalten wir, indem wir den entsprechenden Gradientenfehler

$$\Delta K_x^s = \frac{g_s x}{B\rho} = \frac{g_s D}{B\rho} \frac{\Delta p}{p_0}$$

in (7.19) einsetzen,

$$\Delta Q_x^s = \overbrace{\left[\frac{1}{4\pi} \oint g_s(\overline{s}) \frac{\beta_x(\overline{s}) D(\overline{s})}{B\rho} d\overline{s} \right]}^{\xi_x^s} \frac{\Delta p}{p_0}.$$

Für die durch Sextupolfelder ausgelöste axiale Chromatizität ξ_y^s erhalten wir wegen $\Delta K_y^s = -\Delta K_x^s$ eine Gleichung mit entgegengesetztem Vorzeichen. Zusammenfassend notieren wir

$$\xi_x^s = \frac{1}{4\pi} \oint g_s(\overline{s}) \frac{\beta_x(\overline{s}) D(\overline{s})}{B\rho} d\overline{s},$$

$$\xi_y^s = -\frac{1}{4\pi} \oint g_s(\overline{s}) \frac{\beta_y(\overline{s}) D(\overline{s})}{B\rho} d\overline{s}.$$
(7.36)

Natürliche Quellen von Sextupolfeldern sind die Dipolmagnete. Vor allem bei niedrigen Erregungen verursacht das remanente Feld starke Sextupolkomponenten. Die Gesamtchromatizität ist die Summe aus der natürlichen Chromatizität ξ^n und der zusätzlichen Chromatizität ξ^s aufgrund von Sextupolfeldern,

$$\xi_x = \xi_x^n + \xi_x^s, \qquad \xi_y = \xi_y^n + \xi_y^s.$$
(7.37)

Um die natürliche Chromatizität unterschiedlich großer Maschinen miteinander vergleichen zu können, wird manchmal auch die relative natürliche Chromatizität ξ_{rel}^n definiert,

$$\frac{\Delta Q}{Q} = \xi_{rel}^n \frac{\Delta p}{p_0}.$$
(7.38)

Bei den meisten Maschinen mit starker Fokussierung liegt ξ_{rel}^n in der Größenordnung von -1 bis $-1{,}5$. Für das SPS-Synchrotron am CERN ist $\xi_{rel}^n \approx -1{,}3$.

7.3.2 Korrektur der Chromatizität

Zur Korrektur der natürlichen Chromatizitäten und der durch störende Sextupolfelder ausgelösten Chromatizitäten werden gezielt Korrektursextupole eingesetzt (siehe Abb. 7.3). Die Größen ξ_x^s und ξ_y^s in (7.37) werden mithilfe der Korrektursextupole so modifiziert, dass nach der Korrektur $\xi_x \approx 0$ und $\xi_y \approx 0$. Bei dem SPS-Synchrotron am CERN stehen z. B. gleichmäßig verteilt 36 Sextupole bei radial fokussierenden Quadrupolen und 36 Sextupole bei axial fokussierenden Quadrupolen. Die Sextupole bei den radial fokussierenden Quadrupolen tragen vor allem zur Korrektur der radialen Chromatizität bei, da dort wegen der FODO-Struktur β_x groß und β_y klein ist. Bei den

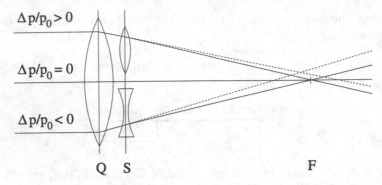

Abb. 7.3. Illustration zur Korrektur der Chromatizität mithilfe eines Sextupolmagneten. Q: Quadrupol, S: Sextupol, F: Brennpunkt der Quadrupollinse. Teilchen mit $\Delta p/p_0 > 0$ werden zur Korrektur etwas stärker fokussiert, Teilchen mit $\Delta p/p_0 < 0$ werden zur Korrektur etwas defokussiert

Sextupolen in der Nähe der axial fokussierenden Quadrupole ist es entsprechend umgekehrt. Eine Korrektur der Chromatizität ist in der Regel stets erforderlich, da sonst die Bandbreiten des Arbeitspunktes („tune spread"), d. h. ΔQ_x und ΔQ_y aufgrund der Impulsunschärfe $\Delta p/p_0$ unerträglich groß werden.

7.3.3 Dynamische Apertur

Die zur Korrektur der Chromatizität notwendigen Sextupolmagnete haben den Nachteil, dass sie nichtlineare Resonanzen dritter Ordnung anfachen. Daher ist es notwendig, die Sextupolstärke optimal im Ring zu verteilen. Im Prinzip genügen zwei Sextupolmagnete zur Korrektur der radialen und axialen Chromatizität. Dann ist jedoch der stabile Bereich in der x, x'- und y, y'-Phasenraumebene auf sehr kleine Emittanzwerte beschränkt. Teilchen mit einer größeren Schwingungsamplitude erfahren durch die nichtlinearen Felder der Sextupolmagnete zusätzliche Ablenkungen. Mit Hilfe einer numerischen Rechnung[1] kann man die Bahn einzelner Teilchen über viele Umläufe verfolgen und nach jedem Umlauf die Koordinaten (x, x') und (y, y') durch einen Punkt in der Phasenraumebene markieren. Bei hinreichend kleiner Schwingungsamplitude bewegen sich die Punkte entsprechend dem Phasenvorschub $Q2\pi$ auf der Eigenellipse der Maschine. In der Nähe von drittelzahligen Resonanzen bewegen sich die Punkte bei größeren Amplituden längs einer dreiecksförmig deformierten Ellipse. Die Grenze zwischen dem stabilen und instabilen Bereich wird durch die dreiecksförmige Separatrix markiert (siehe Abb. 9.8). Nach mehr oder weniger vielen Umläufen kommt es dann plötzlich zu einem dramatischen Anwachsen der Schwingungsamplitude und zum Verlust

---

[1] Diese Methode wird in der englischsprachigen Literatur „Tracking" genannt.

des Teilchens. Dieses Phänomen ist typisch für die durch Nichtlinearitäten ausgelöste Teilchendynamik. Bei der sogenannten langsamen Resonanzextraktion wird dieser Effekt ausgenutzt, um die Teilchen aus dem Synchrotron zu extrahieren (siehe Abschn. 9.3).

Der Verlust von Teilchen, die eine bestimmte Schwingungsamplitude überschreiten, bedeutet eine entsprechende Reduktion der zur Verfügung stehenden Apertur. Die noch nutzbare Apertur wird *dynamische Apertur* genannt. Die Kunst des Beschleunigerbaus besteht darin, die zur Korrektur der Chromatizität notwendige Sextupolstärke im Ring auf viele Sextupolmagnete so zu verteilen, dass sich die Sextupolstörungen aufgrund der unterschiedlichen Betatronphase gegenseitig kompensieren. Bei einer optimalen Kompensation ist die dynamische Apertur nur wenig kleiner als die mechanische Apertur.

Ein praktisches Konzept zur Realisierung einer optimalen optischen Struktur ist der sogenannte „Second-Order-Achromat" von Brown [Br79] (siehe Abb. 4.41 und 4.42). Dies ist eine regelmäßige FODO-Struktur aus vier Einheitszellen, bei der der Betatronphasenvorschub genau 360° beträgt, d. h. die vier Einheitszellen bilden ein 1:1-Teleskop. Zu jedem radial und axial fokussierenden Quadrupol gehört ein radial und axial korrigierender Sextupol. Aufgrund der inneren Symmetrie kompensieren sich die geometrischen Aberrationen der Sextupolmagnete und der Ablenkmagnete in solch einem System exakt. Solche Strukturen wurden und werden vor allem bei dem Entwurf neuer großer Maschinen benutzt, z. B. bei dem LEP-Ring am CERN und dem Stanford Linear Collider SLC am SLAC. Um zu erreichen, dass der Phasenvorschub pro Umlauf nicht genau 2π (mod 2π) ist, genügt es, in den geraden Strecken einen Einschub mit dem gewünschten Phasenvorschub $\mu \neq 2\pi$ (mod 2π) vorzusehen.

7.4 Resonanzen

Wir betrachten das Resonanzdiagramm (Arbeitspunktdiagramm) und die Fourieranalyse von Feldstörungen.

7.4.1 Resonanzdiagramm

Wie in Abschn. 7.1 und 7.2 bereits dargelegt, darf die Betatronschwingungszahl Q weder ganzzahlig noch halbzahlig sein. Dipolfehler wirken sich umso stärker aus, je näher Q bei einer ganzen Zahl liegt, und Quadrupolfehler, je näher $2Q$ bei einer ganzen Zahl liegt. Diese Regel lässt sich auf höhere Multipolfelder erweitern. Störungen durch Sextupolfelder, Oktupolfelder bzw. $2n$-Polfelder wirken sich umso stärker aus, je näher $3Q$, $4Q$ bzw. nQ bei einer ganzen Zahl liegt. Zur Orientierung über die Lage des Arbeitspunktes (Q_x, Q_y) dient das Arbeitspunktdiagramm bzw. Resonanzdiagramm (siehe

Abb. 7.4). Die eingezeichneten Linien entsprechen Resonanzen unterschiedlicher Ordnung. Jede Resonanzlinie hat eine endliche Breite δQ, die von der Stärke der Resonanz, d. h. der Stärke der Feldstörung abhängt. Die Resonanzlinien mit $nQ_x = p$ und $nQ_y = p$ werden *Stoppbänder* genannt, die Breiten δQ der Stoppbänder werden Stoppbandbreite genannt. Der Arbeitspunkt darf nicht innerhalb des Stoppbandes liegen. Die Gleichungen für die Resonanzlinien in dem Arbeitspunktdiagramm lauten,

$$p = nQ_x,$$
$$p = nQ_y, \qquad\qquad (7.39)$$
$$p = lQ_x + mQ_y, \qquad n = |l| + |m|.$$

Die Größen p, l, m und n sind hierbei ganze Zahlen. Die Zahl n gibt die Ordnung der Resonanz, die Zahl p die Fourierkomponente der resonanten Störung im Beschleunigerring an. Neben den Stoppbändern mit $nQ_x = p$ und $nQ_y = p$ gibt es auch Koppelresonanzen mit $lQ_x + mQ_y = p$, die gekoppelte Schwingungen zwischen der radialen und axialen Bahnbewegung hervorrufen. Wenn l und m gleiches Vorzeichen haben, spricht man von einer Summenresonanz, bei entgegengesetztem Vorzeichen von einer Differenzresonanz.

Jede Ordnung n definiert einen Satz von $n + 1$ Resonanzlinien in dem Arbeitspunktdiagramm, z. B. vier Resonanzlinien dritter Ordnung, die sich alle in einem Punkt längs der Hauptdiagonalen treffen. Resonanzen der Ordnung n werden durch reguläre und schiefwinklige $2n$-Multipolfelder hervorgerufen, z. B. werden die Teilchen durch Sextupolstörfelder in die Resonanz dritter Ordnung getrieben. Das in Abb. 7.4 gezeigte Diagramm ist das Arbeitspunktdiagramm des CERN SPS-Beschleunigers. Die beiden Punkte sind mögliche Arbeitspunkte mit hinreichendem Abstand zu den benachbarten Resonanzen zweiter bis fünfter Ordnung. Die Arbeitspunkte sind in Form kleiner Kreise dargestellt, um die endliche Bandbreite $\Delta Q = \xi \Delta p / p_0$ aufgrund der Chromatizität und Impulsunschärfe zu erfassen.

Das wesentliche Kennzeichen einer Resonanz ist der Effekt, dass auf die umlaufenden Teilchen die gleiche Störung *periodisch* einwirkt, d. h. Störung und Betatronschwingung sind in Phase. Bei einer Resonanz zweiter Ordnung ist das Periodizitätsintervall 2 Umläufe, bei einer Resonanz der Ordnung 3 bzw. n entspricht das Periodizitätsintervall 3 bzw. n Umläufen.

In der Praxis führt man zur Abschätzung der Stärke und Breite der Resonanzen eine Fourierentwicklung der störenden Multipolfelder längs des Maschinenumfangs durch. Es lässt sich zeigen, dass die Stärke der sogenannten Stoppbänder mit $nQ = p$ im wesentlichen von der p-ten Fourierkomponente abhängt. Die Stärke der Resonanz dritter Ordnung bei $Q = 27,666$ hängt z. B. hauptsächlich von der 83. Fourierkomponente der azimutalen Fourierentwicklung der Sextupolfelder ab.

Ganz allgemein unterscheidet man zwischen linearen und nichtlinearen Feldstörungen und dementsprechend zwischen linearen und nichtlinearen Resonanzen. Lineare Resonanzen sind Resonanzen der Ordnung 2. Ihre Stärke und Breite hängt nur von der Stärke der Quadrupolfehler ab. Im Gegensatz dazu hängt die Stärke und Breite der nichtlinearen Resonanzen (Ordnung 3, 4,..., n) sowohl von der Stärke der entsprechenden Multipolstörung wie der Betatronamplitude a ab. Bei Sextupolen ($n = 3$) sind sie proportional zu a, bei Oktupolen ($n = 4$) proportional zu a^2, usw. .

Bei Maschinen mit einer Superperiodizität N besteht die Möglichkeit der sogenannten *Strukturresonanz*,

$$lQ_x + mQ_y = N \cdot Z \,. \tag{7.40}$$

Die Größe Z ist hierbei eine ganze Zahl. Eine Fourieranalyse der Dekapolstörungen im Bereich der Ablenkmagnete des CERN SPS-Synchrotrons ergab z.B. eine Strukturresonanz bei $5Q = 6 \cdot 23$, d.h. in unmittelbarer Nähe eines Arbeitspunktes bei $Q = 27,6$ (siehe Abb. 7.4).

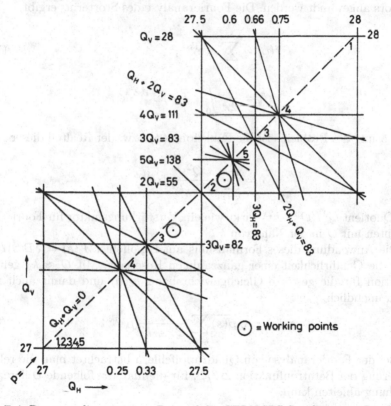

Abb. 7.4. Resonanzdiagramm am Beispiel des CERN SPS-Synchrotrons. Die Größe $Q_\mathrm{H} = Q_x$ bzw. $Q_\mathrm{V} = Q_y$ ist die Zahl der horizontalen bzw. vertikalen Betatronschwingungen pro Umlauf. Das Diagramm zeigt Resonanzlinien der Ordnung $n = 1, 2, 3, 4, 5$ und zwei mögliche Arbeitspunkte. Die Abbildung wurde aus der in der CERN Accelerator School veröffentlichten Arbeit von Wilson [Wi85] entnommen

7.4.2 Fourieranalyse von Feldstörungen

Zur Analyse von Resonanzen ist es sinnvoll, die Bewegung der Teilchen nach einer Floquet-Transformation im Kreisdiagramm zu verfolgen. Aus der inhomogenen Differenzialgleichung mit einem rechtsseitigen Störterm $F(s)$ erhalten wir die folgende Differenzialgleichung für $\eta(\phi)$,

$$\frac{\mathrm{d}^2\eta}{\mathrm{d}\phi^2} + Q^2\eta = Q^2 f(\phi), \qquad f(\phi) = [\beta(s)]^{3/2} F(s). \tag{7.41}$$

Bei einem Teilchenumlauf ändert sich ϕ genau um 2π, d. h. der Beschleunigerring wird auf das Winkelintervall $[0, 2\pi]$ abgebildet.

Die Transformation auf die Koordinaten η und ϕ hat den Vorteil, dass der Störterm $f(\phi)$ nach Fourierkomponenten zerlegt werden kann. Damit können die Lösungsmethoden der erzwungenen Schwingung eines harmonischen Oszillators angewandt werden. Die Fourieranalyse des Störterms ergibt

$$f(\phi) = \sum_{k=1}^{\infty} f_k \mathrm{e}^{\mathrm{i}k\phi}, \tag{7.42}$$

$$f_k = \frac{1}{2\pi} \int_0^{2\pi} f(\phi)\mathrm{e}^{-\mathrm{i}k\phi}\mathrm{d}\phi. \tag{7.43}$$

Die Lösung des Problems ist die Funktion $\eta(\phi)$ bzw. der Realteil dieser Funktion,

$$\eta = \sum_{k=1}^{\infty} \frac{Q^2}{Q^2 - k^2} f_k \mathrm{e}^{\mathrm{i}k\phi}. \tag{7.44}$$

Der Quotient $Q^2/(Q^2 - k^2)$ wirkt wie ein Verstärkungsfaktor für Fourierkomponenten mit Q in der Nähe von k.

Die Anwendung dieses Formalismus auf Dipolfehler $F(s) = \delta B(s)/(B\rho)$ zeigt die Gefährlichkeit einer ganzzahligen Resonanz. Mit $Q \approx k_0$ geht die Funktion für die gestörte Gleichgewichtsbahn $\eta_\mathrm{c}(\phi)$ und damit auch $x_\mathrm{c}(s)$ gegen unendlich,

$$x_\mathrm{c}(s) = \sqrt{\beta(s)} \sum_{k=1}^{\infty} \frac{Q^2}{Q^2 - k^2} f_k \mathrm{e}^{\mathrm{i}k\phi}. \tag{7.45}$$

Bei der Fourieranalyse von Quadrupolfehlern betrachtet man die relative Änderung der Betatronfunktion $\Delta\beta/\beta$, für die man die folgende Differenzialgleichung ableiten kann,

$$\frac{\mathrm{d}^2}{\mathrm{d}\phi^2}\frac{\Delta\beta}{\beta} + (2Q)^2\frac{\Delta\beta}{\beta} = (2Q)^2\frac{1}{2}\beta^2\delta K(s). \tag{7.46}$$

Die Lösung lautet

$$\frac{\Delta\beta}{\beta} = \sum_{k=1}^{\infty} \frac{(2Q)^2}{(2Q)^2 - k^2} f_k e^{ik\phi},$$ (7.47)

$$f_k = \frac{1}{2\pi} \int_0^{2\pi} \frac{1}{2}\beta^2 \delta K e^{-ik\phi} d\phi.$$ (7.48)

Diese Gleichung macht noch einmal die Gefährlichkeit einer ganz- und halbzahligen Resonanz deutlich. Wenn $2Q = k_0$, d. h. $Q = k_0/2$, genügt bereits die kleinste Störkomponente f_{k_0}, um die Betatronfunktion nach unendlich zu treiben. Die Gleichung macht weiterhin deutlich, dass im Falle von Quadrupolfehlern die Fourierkomponenten mit k_0 in der Nähe von $2Q$ besonders gefährlich sind. Die Fourieranalyse der Störungen liefert auch unmittelbar das Instrumentarium zur Korrektur der besonders störenden Terme. Zur Korrektur von Dipolfehlern werden Korrekturdipole mit Fourierkomponenten k_0 in der Nähe von Q verwendet. Die Phasenlage und Stärke der Korrektur wird so adjustiert, dass die gemessenen Ortsabweichungen minimal werden. Zur Korrektur von Quadrupolfehlern verwendet man dementsprechend Korrekturelemente mit k_0 in der Nähe von $2Q$. Zur Korrektur von Sextupolstörungen werden Fourierkomponenten mit k_0 in der Nähe von $3Q$ eingesetzt. Man kann ganz allgemein zeigen, dass $2n$-Multipole vor allem Störungen mit Fourierkomponenten in der Umgebung von nQ verursachen, und daher Korrekturelemente mit k_0 in der Nähe von nQ notwendig sind, wenn die Störungen zu groß sind.

Übungsaufgaben

7.1 An einer bestimmten Stelle s_0 in einem Synchrotron verursache eine lokale Dipolstörung einen Winkelkick $\Delta x' = 2$ mrad. Wie groß ist die Amplitude a_c der gestörten Gleichgewichtsbahn, wenn $\beta_x(s_0) = 20$ m, d. h. $\beta_x(s_0) = 20$ m/rad, und $Q_x = 4{,}6$ beträgt? Verfolgen Sie die gestörte Bahn im Kreisdiagramm, und geben Sie η_c für $\psi_c = -Q_x\pi$, $-\pi$, 0, $+\pi$, $+Q_x\pi$ an!

7.2 Wie groß ist bei dem in [7.1] angegebenen Beispiel $x_c(s_0)$ und $x_c(s_0 + C/2)$, wenn $\beta(s_0 + C/2) = \beta(s_0)$ ist?

7.3 Die Polarisationsrichtung eines polarisierten Atomstrahls an einem internen Targetplatz eines Speicherrings werde mithilfe eines Dipolfeldes eingestellt. Die effektive Länge des Feldes sei L_0, die Induktionsflussdichte sei B_0. Die Position des Targetplatzes sei s_0. Zur Kompensation dieser Dipolfeldstörung soll in der Nähe des Targets ein Korrekturmagnet aufgestellt werden. Die effektive Länge sei L. Geben Sie die Bedingung für die optimale Position und die Induktionsflussdichte B des Korrekturmagneten!

7.4 In einem Speicherring seien die Störungen der Gleichgewichtsbahn mithilfe von Steuermagneten weitgehend kompensiert. Der Schwerpunkt des umlaufenden Strahls bewege sich näherungsweise auf der idealen Gleichgewichtsbahn. Was passiert, wenn einer der Korrekturmagnete plötzlich ausfällt, d. h., wenn plötzlich eine Dipolfeldstörung an der Stelle s_0 auftritt? Geben Sie die Bahnkurve des Strahlschwerpunktes nach der Störung an!

7.5 Berechnen Sie die gestörte Gleichgewichtsbahn eines Protonenstrahls in vertikaler (axialer) Richtung, wenn an der Stelle s_0 ein Dipolfeldfehler mit der effektiven Länge $L = 0{,}1$ m und der magnetischen Flussdichte $B_x = 0{,}05$ T vorliegt! Der Strahlimpuls betrage $p = 3$ GeV/c, der Arbeitspunkt liege bei 3,4. An der Störstelle sei $\beta_y(s_0) = 10$ m, $\psi_y(s_0) = 170°$, am Aufpunkt s sei $\beta_y(s) = 20$ m und $\psi_y(s) = 535°$. Wie groß ist $y_c(s_0)$ und $y_c(s)$?

7.6 Wie groß wäre die Änderung des Arbeitspunkts bei dem SPS-Beschleuniger am CERN aufgrund der natürlichen Chromatizität ($\xi_{rel} = -1{,}3$, $Q_x \approx Q_y \approx 27{,}4$), wenn man eine relative Impulsabweichung $\delta = \pm 2 \cdot 10^{-3}$ zulässt?

7.7 Warum sind zur Korrektur der axialen Chromatizität in der Regel stärkere Sextupolfelder notwendig als zur Korrektur der radialen Chromatizität?

8

Longitudinale Bahndynamik

8.1 Vorbemerkung

Wir betrachten in diesem Kapitel die Bahndynamik im Zusammenhang mit der Hochfrequenz-Beschleunigung (HF-Beschleunigung) geladener Teilchen. Eine wichtige Voraussetzung für die HF-Beschleunigung ist die *Synchronisation* der Teilchen mit dem beschleunigenden HF-Feld. Die HF-Beschleunigung kann nur funktionieren, wenn (i) die Teilchen longitudinal in *Teilchenpaketen*[1] gebündelt sind, (ii) ein Auseinanderlaufen der Teilchenpakete verhindert wird und (iii) die Synchronisation der Teilchenpakete mit dem beschleunigenden HF-Feld erhalten bleibt. Wir unterscheiden grundsätzlich zwischen der HF-Beschleunigung *mit Phasenfokussierung* und der HF-Beschleunigung *ohne Phasenfokussierung*. Immer dann, wenn die Teilchen mit unterschiedlichem Impuls unterschiedliche Laufzeiten haben, tritt die Phasenfokussierung in Erscheinung. Linearbeschleuniger, Synchrozyklotron, Synchrotron und Mikrotron sind z. B. HF-Beschleuniger mit Phasenfokussierung. Immer dann, wenn auch Teilchen mit unterschiedlichem Impuls gleiche Laufzeiten haben, entfällt die Notwendigkeit und die Möglichkeit der Phasenfokussierung. Das Isochronzyklotron ist z. B. ein HF-Beschleuniger ohne Phasenfokussierung. Wir konzentrieren uns im Folgenden auf die longitudinale Bahndynamik bei HF-Beschleunigern mit Phasenfokussierung. Nach einer mehr anschaulichen Einführung der Phasenfokussierung im Abschn. 8.2 behandeln wir die Synchrotronschwingung bei kleiner und großer Amplitude und diskutieren die longitudinale Emittanz und Akzeptanz. Im Abschn. 8.8 schildern wir die Präparation von zeitlich kurzen Teilchenpaketen mithilfe eines Bunchers. Am Ende geben wir eine Einführung in die Matrixmethode zur Behandlung der longitudinalen Ionenoptik.

---

[1] In der englischsprachigen Literatur wird das Teilchenpaket „*bunch*" genannt.

8.2 Phasenfokussierung und Synchrotronschwingung

Wir schildern die Zusammenhänge am Beispiel des Synchrotrons. Das Prinzip der Phasenfokussierung wurde bereits in Abschn. 2.4 und 2.7 kurz vorgestellt. Wir nehmen an, dass die Synchronisationsbedingung zwischen der Kreisfrequenz ω_s des *synchronen Teilchens* und der Kreisfrequenz ω_{HF} des beschleunigenden HF-Feldes erfüllt ist,

$$\omega_{HF} = h\omega_s. \tag{8.1}$$

Die Harmonischenzahl h ist eine ganze Zahl. Zur Synchronisation wird die Hochfrequenz während eines Beschleunigungszyklus so programmiert, dass (8.1) erfüllt ist. Der Fahrplan für die Hochbeschleunigung wird von der Magnetfeldrampe für die Ablenkmagnete vorgegeben. Aus der Geschwindigkeit, mit der das Magnetfeld der Ablenkmagnete hochgefahren wird, ergibt sich für das synchrone Teilchen der Energiezuwachs $[\Delta E_s]_U$ pro Umlauf,

$$[\Delta E_s]_U = C_s \frac{dp_s}{dt}. \tag{8.2}$$

Hierbei ist C_s (C =„circumference") die Weglänge pro Umlauf und dp_s/dt die Änderung des Impulses pro Zeiteinheit.

Die Energie ΔE^{HF}, die ein Teilchen pro Umlauf gewinnt, ist eine Funktion der Phase φ, mit der das Teilchen die HF-Beschleunigungsstrecke passiert (siehe Abb. 8.1),

$$\Delta E^{HF} = qU_0 \sin\varphi. \tag{8.3}$$

Auch wenn mehrere HF-Beschleunigungsstrecken pro Umlauf passiert werden, kann eine Gleichung dieser Art aufgestellt werden. Die Phase φ bezieht sich auf das Zentrum der HF-Beschleunigung. Der Nullpunkt ist dadurch festgelegt, dass bei $\varphi = 0$ $\Delta E^{HF} = 0$. Ein Teilchen, das später eintrifft, hat $\varphi > 0$, ein Teilchen, das früher eintrifft, hat $\varphi < 0$. Das synchrone Teilchen gewinnt im HF-Feld die Energie

$$\Delta E_s^{HF} = qU_0 \sin\varphi_s. \tag{8.4}$$

In der Energiebilanz müssen noch andere Effekte wie z. B. der Energieverlust $\Delta E_{rad}(E)$ aufgrund der Synchrotronstrahlung, der in (2.35) angegebene Effekt der Betatronbeschleunigung, ΔE_{bet}, und andere mögliche Effekte ΔE_{res} berücksichtigt werden. Für den Energiegewinn pro Umlauf erhalten wir für ein beliebiges Teilchen mit der Phase φ und das synchrone Teilchen mit der Phase φ_s

$$\begin{aligned}
[\Delta E]_U &= qU_0 \sin\varphi - \Delta E_{rad}(E) + \Delta E_{bet} + \Delta E_{res}, \\
[\Delta E_s]_U &= qU_0 \sin\varphi_s - \Delta E_{rad}(E_s) + \Delta E_{bet} + \Delta E_{res}.
\end{aligned} \tag{8.5}$$

Die Synchrotronstrahlung ist eine Spezialität des Elektronensynchrotrons. Bei Protonen wird die Synchrotronstrahlung erst bei Energien im TeV-Bereich

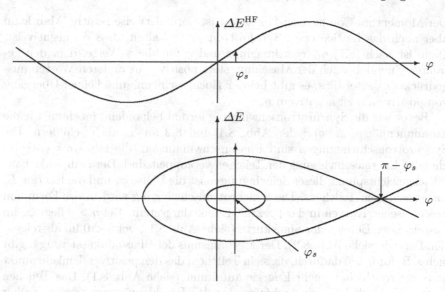

Abb. 8.1. Der Energiegewinn ΔE^{HF} und die Energieabweichung $\Delta E = E - E_{\mathrm{s}}$ als Funktion der Phase φ für $\gamma < \gamma_{\mathrm{tr}}$. Der stabile Bereich wird durch die fischähnliche Separatrix angedeutet. Bei kleiner Schwingungsamplitude bewegen sich die Teilchen längs einer elliptischen Kurve gegen den Uhrzeigersinn

relevant. Durch die Abstrahlung von Synchrotronlicht kommt es zu einer Dämpfung der Synchrotronschwingungen, da ΔE_{rad} mit der Teilchenenergie sehr stark ansteigt. Daher ist die Energieabhängigkeit von ΔE_{rad} in (8.5) explizit angegeben. Wir vernachlässigen diesen Effekt jedoch in der folgenden Ableitung. Er wird im Abschn. 10.3 besprochen.

Die Phasenfokussierung ist nur möglich, wenn die Kreisfrequenz ω, mit der die Teilchen umlaufen, von dem Impuls p abhängt. Sie wird in linearer Näherung durch den Parameter η erfasst,

$$\frac{\Delta \omega}{\omega} = \eta \frac{\Delta p}{p} = \left(\frac{1}{\gamma^2} - \frac{1}{\gamma_{\mathrm{tr}}^2} \right) \frac{\Delta p}{p} \,. \tag{8.6}$$

Die Größe η ist die Dispersion der Teilchenumlauffrequenz. Für $\gamma < \gamma_{\mathrm{tr}}$ ist η positiv, für $\gamma > \gamma_{\mathrm{tr}}$ ist η negativ. Die Größe γ ist der Lorentzfaktor des beschleunigten Teilchens und γ_{tr} ist ein charakteristischer Parameter der ionenoptischen Struktur (siehe Abschn. 6.7.2), der mit dem Momentum-Compaction-Faktor α_{p} folgendermaßen zusammenhängt,

$$\alpha_{\mathrm{p}} = \frac{1}{\gamma_{\mathrm{tr}}^2} \,. \tag{8.7}$$

Der Momentum-Compaction-Faktor α_p ist normalerweise positiv. Man kann aber auch das Lattice eines Synchrotrons so gestalten, dass α_p negativ ist. Dann ist nach (8.7) γ_{tr} rein imaginär und η für alle γ-Werte, d. h. den gesamten Energiebereich der Maschine, stets positiv. Mit anderen Worten ausgedrückt bedeutet dies, es gibt bei der Hochbeschleunigung keinen Übergang von positivem η zu negativem η.

Bevor wir die Synchrotronschwingung formal behandeln, möchten wir die Zusammenhänge anhand der Abb. 8.1 und 8.2 anschaulich schildern. Die Synchrotronschwingungen sind Phasenschwingungen, die mit einer entsprechenden Energieschwingung der Teilchen verkoppelt sind. Der Nullpunkt bzw. Gleichgewichtspunkt dieser Schwingungen ist die Phase φ_s und die Energie E_s des synchronen Teilchens. Die Synchrotronschwingung wird in der Form von geschlossenen Kurven in der $(\varphi, \Delta E)$-Ebene dargestellt. Bei $\eta > 0$ liegt φ_s im ansteigenden Bereich der Sinuskurve (siehe Abb. 8.1), bei $\eta < 0$ im absteigenden Bereich (siehe Abb. 8.2). Der Mechanismus der Phasenfokussierung ergibt sich z. B. für $\eta > 0$ dadurch, dass ein Teilchen, das den positiven Umkehrpunkt $\varphi > \varphi_s$ erreicht hat, mehr Energie aufnimmt (siehe Abb. 8.1). Das Teilchen kommt dadurch bei den nachfolgenden HF-Beschleunigungsstrecken früher an, d. h. die Phasenabweichung wird kleiner, und die Energieabweichung wird größer. Wenn $\varphi = \varphi_s$ erreicht wird, ist die Energieabweichung maximal. Da-

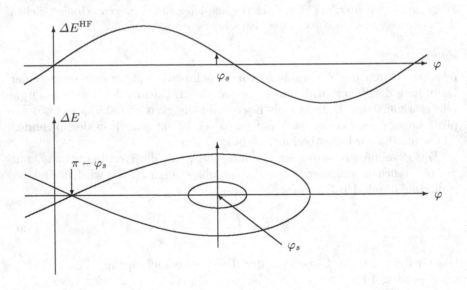

Abb. 8.2. Der Energiegewinn ΔE^{HF} und die Energieabweichung $\Delta E = E - E_s$ als Funktion der Phase φ für $\gamma > \gamma_{tr}$. Der stabile Bereich wird durch die fischähnliche Separatrix angedeutet. Bei kleiner Schwingungsamplitude bewegen sich die Teilchen längs einer elliptischen Kurve im Uhrzeigersinn

nach nimmt das Teilchen im Vergleich zu dem synchronen Teilchen weniger
Energie auf, und die positive Energieabweichung wird abgebaut. Das negative
Extremum der Phasenabweichung ist dann erreicht, wenn $\Delta E = 0$. Danach
wiederholt sich der geschilderte Prozess in umgekehrter Richtung. Bei kleiner
Schwingungsamplitude und $\eta > 0$ bewegen sich die Teilchen längs einer ellip-
tischen Kurve gegen den Uhrzeigersinn. Wenn $\eta < 0$ gilt, läuft der Prozess in
umgekehrter Richtung und die Teilchen bewegen sich längs einer elliptischen
Kurve im Uhrzeigersinn.

Bei kleinen Amplituden verhält sich die Synchrotronschwingung näherungsweise wie die Schwingung des harmonischen Oszillators, die geschlossene Kurve in der $(\varphi, \Delta E)$-Ebene hat die Form einer Ellipse. Bei größeren Amplituden
weichen die Kurven aufgrund der Nichtlinearitäten in der Schwingungsgleichung der Ellipsenform ab. Die Grenzlinie zwischen dem stabilen und
instabilen Bereich wird durch die *Separatrix* markiert. Teilchen, die sich außerhalb der Separatrix befinden, gehen verloren. Die Phasenbreite des stabilen
Bereiches hängt von der Phase φ_s des synchronen Teilchens ab. Die durch die
Separatrix vorgegebene maximal mögliche Energieabweichung ΔE_{max} markiert die Energieakzeptanz des stabilen Bereiches. Sie ist proportional zur
Wurzel aus der beschleunigenden Spannungsamplitude U_0. Der stabile Bereich
im Innern der Separatrix wird in der englischsprachigen Literatur „*bucket*",
d. h. Eimer, genannt. In einer Maschine mit der Harmonischenzahl h gibt es
h stabile Bereiche pro Umlauf (siehe Abb. 2.22). Nicht jeder stabile Bereich
muss mit Teilchen gefüllt sein.

8.3 Synchrotronschwingung mit kleiner Amplitude

Wir betrachten nun den Formalismus der Synchrotronschwingung. Wir beschreiben die Bewegung eines beliebigen Teilchens relativ zur Bewegung des
synchronen Teilchens. Das synchrone Teilchen hat die Funktion des Sollteilchens im longitudinalen Phasenraum. Wir betrachten die Abweichungen der
Phase φ, des Impulses p, der Energie E und der Kreisfrequenz ω, mit der die
Teilchen umlaufen,

$$\Delta\varphi = \varphi - \varphi_s \,,$$
$$\Delta p = p - p_s \,,$$
$$\Delta E = E - E_s \,, \tag{8.8}$$
$$\Delta\omega = \omega - \omega_s \,.$$

Für die Änderung der Größen $\Delta\varphi$ und ΔE pro Umlauf erhalten wir

$$\delta(\Delta\varphi) = -\eta_s \frac{\Delta p}{p_s} h 2\pi \,,$$
$$\delta(\Delta E) = q U_0 (\sin\varphi - \sin\varphi_s) \,. \tag{8.9}$$

Hierbei ist h die Harmonischenzahl und $h2\pi$ der Phasenvorschub des synchronen Teilchens pro Umlauf. Wir dividieren durch die Umlaufperiode $T_s = 2\pi/\omega_s$ und erhalten so die ersten Ableitungen nach der Zeit,

$$\frac{\mathrm{d}}{\mathrm{d}t}\Delta\varphi = -\frac{1}{T_s}\eta_s\frac{\Delta p}{p_s}h2\pi = -\frac{h\eta_s\omega_s}{p_s v_s}\Delta E\,, \tag{8.10}$$

$$\frac{\mathrm{d}}{\mathrm{d}t}\Delta E = \frac{1}{T_s}qU_0(\sin\varphi - \sin\varphi_s) = \frac{\omega_s}{2\pi}qU_0(\sin\varphi - \sin\varphi_s)\,. \tag{8.11}$$

Die Größen η_s, ω_s, p_s, v_s, U_0 und φ_s ändern sich nur wenig mit der Zeit. Im Rahmen der *adiabatischen Näherung* werden diese Größen als zeitlich konstant angenommen. Die beiden Differenzialgleichungen 1. Ordnung können durch eine weitere Differenziation zu einer Differenzialgleichung zweiter Ordnung zusammengefasst werden,

$$\begin{aligned}\frac{\mathrm{d}^2}{\mathrm{d}t^2}\Delta\varphi &= -\frac{h\eta_s\omega_s}{p_s v_s}\frac{\mathrm{d}}{\mathrm{d}t}\Delta E \\ &= -\frac{h\eta_s\omega_s^2}{2\pi p_s v_s}qU_0(\sin\varphi - \sin\varphi_s)\,.\end{aligned} \tag{8.12}$$

In linearer Näherung erhalten wir für kleine Abweichungen $\Delta\varphi$ mit

$$\sin\varphi - \sin\varphi_s \approx \cos\varphi_s\Delta\varphi \tag{8.13}$$

die Schwingungsgleichung des harmonischen Oszillators, wenn das Produkt $\eta_s\cos\varphi_s$ positiv ist,

$$\frac{\mathrm{d}^2}{\mathrm{d}t^2}\Delta\varphi + \overbrace{\frac{h\eta_s\omega_s^2}{2\pi p_s v_s}qU_0\cos\varphi_s}^{\omega_{\mathrm{syn}}^2}\,\Delta\varphi = 0\,, \tag{8.14}$$

$$\omega_{\mathrm{syn}} = \omega_s\sqrt{\frac{h\eta_s}{2\pi p_s v_s}qU_0\cos\varphi_s}\,. \tag{8.15}$$

Die Frequenz der Synchrotronschwingungen, $\nu_{\mathrm{syn}} = \omega_{\mathrm{syn}}/2\pi$, ist im Vergleich zur Umlaufsfrequenz $\nu_s = \omega_s/2\pi$ des synchronen Teilchens sehr klein. Für die Zahl der Synchrotronschwingungen pro Umlauf, Q_{syn} erhalten wir

$$Q_{\mathrm{syn}} = \frac{\omega_{\mathrm{syn}}}{\omega_s} = \sqrt{\frac{h\eta_s}{2\pi p_s v_s}qU_0\cos\varphi_s}\,. \tag{8.16}$$

Wenn wir als Lösung die Gleichung

$$\Delta\varphi = \Delta\varphi_0\cos\omega_{\mathrm{syn}}t \tag{8.17}$$

ansetzen und die erste Ableitung nach der Zeit in (8.10) einsetzen, erhalten
wir

$$\Delta E = \overbrace{\frac{\omega_{\mathrm{syn}}}{\omega_{\mathrm{s}}} \frac{p_{\mathrm{s}} v_{\mathrm{s}}}{h \eta_{\mathrm{s}}} \Delta \varphi_0}^{\Delta E_0} \sin \omega_{\mathrm{syn}} t \,. \tag{8.18}$$

Die Gleichungen (8.17) und (8.18) bilden zusammen die Parameterdarstellung
einer Ellipse (siehe Abb. 8.1). Die Synchrotronschwingung ist eine gekoppelte Schwingung in der $(\Delta \varphi, \Delta E)$-Ebene. Die beiden Schwingungsamplituden
hängen über die folgende Gleichung miteinander zusammen,

$$\Delta E_0 = Q_{\mathrm{syn}} \frac{p_{\mathrm{s}} v_{\mathrm{s}}}{h \eta_{\mathrm{s}}} \Delta \varphi_0 \,. \tag{8.19}$$

In Koordinatendarstellung lautet die Ellipse

$$\left(\frac{\Delta \varphi}{\Delta \varphi_0} \right)^2 + \left(\frac{\Delta E}{\Delta E_0} \right)^2 = 1 \,. \tag{8.20}$$

Diskussion der Synchrotronschwingung

Es ist interessant, die Synchrotronschwingung (8.14) im Hinblick auf das Zusammenspiel der Parameter zu diskutieren. Bei einer vorgegebenen Lattice-
Struktur des Synchrotrons und einem vorgegebenen Teilchenimpuls p_{s} sind die
Größen η_{s}, ω_{s} und v_{s} festgelegt. Der Energiegewinn pro Umlauf, der durch die
Hochfahrgeschwindigkeit der Ablenkmagnete bestimmt ist, legt das Produkt
$q U_0 \sin \varphi_{\mathrm{s}}$ fest. Die „Fokussierungsstärke" in der Schwingungsgleichung, d. h.
ω_{syn}^2, ist durch das Produkt $q U_0 \cos \varphi_{\mathrm{s}}$ festgelegt. Um bei einer vorgegebenen
longitudinalen Emittanz von $\pi \Delta \varphi_0 \Delta E_0$ die Phasenbreite $\Delta \varphi_0$ klein, d. h. im
linearen Bereich der Sinuskurve, zu halten, sollte die Spannungsamplitude U_0
möglichst groß und $\sin \varphi_{\mathrm{s}}$ möglichst klein gewählt werden.

Stabilitätskriterium

Eine wichtige Voraussetzung für die Existenz von stabilen Lösungen und das
Auftreten von Synchrotronschwingungen ist die Bedingung

$$\eta_{\mathrm{s}} \cos \varphi_{\mathrm{s}} > 0 \,, \tag{8.21}$$

d. h.

$$\begin{aligned}
\cos \varphi_{\mathrm{s}} > 0 \ \ \text{für} \ \ \eta_{\mathrm{s}} > 0 \ (\gamma_{\mathrm{s}} < \gamma_{\mathrm{tr}}) \,, \\
\cos \varphi_{\mathrm{s}} < 0 \ \ \text{für} \ \ \eta_{\mathrm{s}} < 0 \ (\gamma_{\mathrm{s}} > \gamma_{\mathrm{tr}}) \,.
\end{aligned} \tag{8.22}$$

Je nachdem, ob das Synchrotron zur Beschleunigung oder zur Abbremsung
benutzt wird, ergibt sich als weitere Unterscheidung $\sin \varphi_{\mathrm{s}} > 0$ bei Beschleunigung und $\sin \varphi_{\mathrm{s}} < 0$ bei Abbremsung. Dies bedeutet für die Phase des

synchronen Teilchens

$$\eta_s > 0 \, (\gamma_s < \gamma_{tr}) \,, \cos\varphi_s > 0 \,, \sin\varphi_s > 0 \colon 0 < \varphi_s < \pi/2 \,,$$

$$\eta_s < 0 \, (\gamma_s > \gamma_{tr}) \,, \cos\varphi_s < 0 \,, \sin\varphi_s > 0 \colon \pi/2 < \varphi_s < \pi \,,$$

$$\eta_s > 0 \, (\gamma_s < \gamma_{tr}) \,, \cos\varphi_s > 0 \,, \sin\varphi_s < 0 \colon -\pi/2 < \varphi_s < 0 \,,$$

$$\eta_s < 0 \, (\gamma_s > \gamma_{tr}) \,, \cos\varphi_s < 0 \,, \sin\varphi_s < 0 \colon -\pi < \varphi_s < -\pi/2 \,.$$

Durch das Stabilitätskriterium (8.21) werden auch die Spezialfälle $\cos\varphi_s = 0$ und $\eta_s = 0$ ausgeschlossen. Wenn die Phase des synchronen Teilchen an der Stelle des Maximums oder Minimums der Sinuskurve liegt, gibt es wegen $\cos\varphi_s = 0$ keine stabile Lösung. Bei der Übergangsenergie ($\gamma_s = \gamma_{tr}$) gibt es wegen $\eta_s = 0$ keine stabile Lösung.

8.4 Synchrotronschwingung mit großer Amplitude

Bei größeren Schwingungsamplituden $\Delta\varphi_0$ verliert die lineare Näherung (8.13) ihre Berechtigung. Wir wollen nun die Methode schildern, wie man die nichtlineare Differenzialgleichung (8.12) löst. Die Gleichung (8.12) kann vereinfacht[2] folgendermaßen geschrieben werden,

$$\ddot{\varphi} + \frac{\omega_{syn}^2}{\cos\varphi_s}(\sin\varphi - \sin\varphi_s) = 0 \,. \tag{8.23}$$

Multiplikation mit $\dot{\varphi}$ und Integration liefert

$$\frac{\dot{\varphi}^2}{2} - \omega_{syn}^2 \frac{(\cos\varphi - \cos\varphi_s) + (\varphi - \varphi_s)\sin\varphi_s}{\cos\varphi_s} = const \,. \tag{8.24}$$

Diese Gleichung ist bereits die analytische Lösung unseres Problems, da $\dot{\varphi}$ nach (8.10) bis auf einen Faktor gleich ΔE ist. Die Lösung drückt den funktionalen Zusammenhang zwischen $\dot{\varphi}$ und φ in der Form einer Invarianten aus. Um zu einer normierten Darstellung zu kommen, führen wir die Konstante $K_0 = 2\,const/\omega_{syn}^2$ ein und betrachten die Größe $\dot{\varphi}/\omega_{syn}$ als Funktion von φ,

$$\left(\frac{\dot{\varphi}}{\omega_{syn}}\right)^2 - 2\frac{(\cos\varphi - \cos\varphi_s) + (\varphi - \varphi_s)\sin\varphi_s}{\cos\varphi_s} = K_0 \,. \tag{8.25}$$

Die Größe $\dot{\varphi}/\omega_{syn}$ ist proportional zur Energieabweichung ΔE. Der Zusammenhang mit ΔE ergibt sich aus (8.10),

$$\Delta E = -\frac{p_s v_s \omega_{syn}}{h\eta_s\omega_s}\left(\frac{\dot{\varphi}}{\omega_{syn}}\right) \,. \tag{8.26}$$

Das Vorzeichen wird letztendlich durch das Vorzeichen von η_s bestimmt.

---

[2] Da φ_s konstant ist, gilt $\mathrm{d}(\Delta\varphi)/\mathrm{d}t = \dot{\varphi}$ und $\mathrm{d}^2(\Delta\varphi)/\mathrm{d}t^2 = \ddot{\varphi}$.

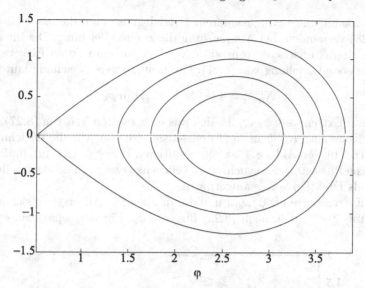

Abb. 8.3. Synchrotronschwingungen mit unterschiedlicher Amplitude für $\gamma > \gamma_{tr}$ und $\varphi_s = 2{,}62$ rad $= 150°$. Die *äußerste Kurve* stellt die zugehörige Separatrix dar. Die Abbildung zeigt die zu ΔE proportionale Größe $\dot{\varphi}/\omega_{syn}$ als Funktion von φ. Die Kurven sind mithilfe von (8.25) berechnet. Die Phase φ ist in dieser Abbildung im Bogenmaß, d. h. in der Einheit rad, angegeben. Innerhalb der Separatrix bewegen sich die Teilchen im Uhrzeigersinn. Der Schwerpunkt der longitudinalen Phasenraumverteilungen liegt bei $(\varphi, \ddot{\varphi}/\omega_s) = (\varphi_s, 0)$

Für kleine Werte von K_0 in (8.25) erhalten wir die ellipsenförmigen Trajektorien, die wir bereits von der Lösung der Differenzialgleichung (8.14) kennen (siehe Abb. 8.3). Für größere Werte werden die Ellipsen fischähnlich deformiert. Die Grenzlinie zwischen dem stabilen und dem instabilen Bereich wird durch die sogenannte *Separatrix* markiert. Die Amplitude einer Synchrotronschwingung ist durch die beiden Umkehrpunkte der Schwingung, d. h. die Extremwerte φ_1 und φ_2, gekennzeichnet. Da für die Extremwerte $\dot{\varphi} = 0$ gilt, kann die Konstante K_0 in (8.25) als Funktion dieser Extremwerte ausgedrückt werden,

$$
\begin{aligned}
K_0 &= -2\frac{(\cos\varphi_1 - \cos\varphi_s) + (\varphi_1 - \varphi_s)\sin\varphi_s}{\cos\varphi_s} \\
&= -2\frac{(\cos\varphi_2 - \cos\varphi_s) + (\varphi_2 - \varphi_s)\sin\varphi_s}{\cos\varphi_s} .
\end{aligned}
\tag{8.27}
$$

Diese Gleichung enthält auch den funktionalen Zusammenhang zwischen φ_1 und φ_2.

Für die Separatrix erhält man φ_1, d. h. einen der Extremwerte, aus der Relation

$$
\begin{aligned}
[\varphi_1]_{sep} &= \pi - \varphi_s & 0° \leq \varphi_s \leq 180° , \\
[\varphi_1]_{sep} &= -\pi - \varphi_s & -180° \leq \varphi_s \leq 0° .
\end{aligned}
\tag{8.28}
$$

Bei Beschleunigung und stationärem Betrieb muss man die erste Gleichung von (8.28) verwenden, bei Abbremsung die zweite Gleichung. Die für die Separatrix charakteristische Konstante K_0^{max} erhält man durch Einsetzen von φ_1 in die erste Gleichung von (8.27). Die resultierende Gleichung lautet

$$K_0^{max} = 4 - (2\pi - 4\varphi_s)\tan\varphi_s. \qquad (8.29)$$

Der zweite Extremwert φ_2 ergibt sich aus dem zweiten Teil von (8.27). Wenn wir die Konstante K_0^{max} in (8.25) einsetzen, erhalten wir die Gleichung der Separatrix. In der Abb. 8.4 ist die resultierende Separatrix für fünf unterschiedliche Phasen φ_s des synchronen Teilchens gezeigt. In der Darstellung ist $\dot{\varphi}/\omega_{syn}$ als Funktion von φ aufgetragen.

Die Extremwerte für $\dot{\varphi}/\omega_{syn}$ und damit auch für ΔE ergeben sich aus der Bedingung $\ddot{\varphi} = 0$, d. h. nach (8.23) für $\varphi = \varphi_s$. Für die Separatrix erhalten

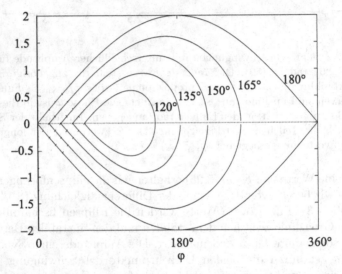

Abb. 8.4. Die Abhängigkeit des Buckets und der Separatrix von der Phase φ_s des synchronen Teilchens für $\gamma > \gamma_{tr}$. In der Darstellung ist $\dot{\varphi}/\omega_{syn}$ als Funktion von φ aufgetragen. Die Kurven sind mithilfe von (8.25) berechnet. Die Werte für K_0^{max} sind in Tab. 8.1 angegeben

Tabelle 8.1. Die Abhängigkeit der Separatrixparameter von der Phase φ_s

φ_s	K_0^{max}	$\sqrt{K_0^{max}}$	$\sqrt{\cos|\varphi_s|}\sqrt{K_0^{max}}$
180°	4,000	2,000	2,000
165°	2,597	1,611	1,556
150°	1,582	1,258	1,089
135°	0,858	0,927	0,655
120°	0,372	0,610	0,305

wir damit z. B. die folgenden Extremwerte,

$$\frac{|\dot{\varphi}_{\max}|_{\mathrm{sep}}}{\omega_{\mathrm{syn}}} = \sqrt{K_0^{\max}} = \sqrt{4 - (2\pi - 4\varphi_{\mathrm{s}})\tan\varphi_{\mathrm{s}}}\,, \qquad (8.30)$$

$$|\Delta E_{\max}|_{\mathrm{sep}} = \sqrt{\frac{p_{\mathrm{s}} v_{\mathrm{s}} q U_0 \cos\varphi_{\mathrm{s}}}{2\pi h \eta_{\mathrm{s}}}}\sqrt{4 - (2\pi - 4\varphi_{\mathrm{s}})\tan\varphi_{\mathrm{s}}}\,. \qquad (8.31)$$

Die Größe $|\Delta E_{\max}|_{\mathrm{sep}}$ gibt die maximal mögliche Energieabweichung innerhalb des stabilen Bereichs der Synchrotronschwingungen an. Die maximal mögliche Energieabweichung hängt sehr stark von der Phase φ_{s} des synchronen Teilchens ab (siehe auch Tab. 8.1),

$$|\Delta E_{\max}|_{\mathrm{sep}} \propto \sqrt{|\cos\varphi_{\mathrm{s}}|}\sqrt{4 - (2\pi - 4\varphi_{\mathrm{s}})\tan\varphi_{\mathrm{s}}} = \sqrt{|\cos\varphi_{\mathrm{s}}|}\sqrt{K_0^{\max}}\,. \quad (8.32)$$

Die Periodendauer T_{syn} und die Kreisfrequenz Ω_{syn} einer Synchrotronschwingung mit großer Amplitude erhält man, indem man $\dot{\varphi} = \mathrm{d}\varphi/\mathrm{d}t$ in (8.25) nach $\mathrm{d}t$ auflöst und über eine Periode integriert,

$$T_{\mathrm{syn}} = \frac{2\pi}{\Omega_{\mathrm{syn}}} = \frac{\sqrt{2|\cos\varphi_{\mathrm{s}}|}}{\omega_{\mathrm{syn}}} \int_{\varphi_1}^{\varphi_2} \frac{\mathrm{d}\varphi}{\sqrt{|\cos\varphi - \cos\varphi_1 - (\varphi - \varphi_1)\sin\varphi_{\mathrm{s}}|}}\,. \quad (8.33)$$

Zur Unterscheidung bezeichnen wir die Kreisfrequenz bei großen Schwingungsamplituden mit Ω_{syn}. Im Grenzfall sehr kleiner Schwingungsamplituden geht Ω_{syn} in ω_{syn} über. Die Kreisfrequenz Ω_{syn} wird umso kleiner, je größer die Amplitude, d. h. die Differenz der Umkehrpunkte $\varphi_2 - \varphi_1$, ist. Das Verhältnis $\Omega_{\mathrm{syn}}/\omega_{\mathrm{syn}}$ geht bei Annäherung an die Separatrix schnell gegen null! Die Kreisfrequenz ω_{syn} für kleine Amplituden kann nach (8.15) berechnet werden.

8.5 Die Hamiltonfunktion der Synchrotronschwingung

In der Literatur wird zur Lösung der nichtlinearen Schwingungsgleichung (8.11) häufig die Hamiltonfunktion verwendet (siehe z. B. [Mo77], [Le99]). Die Größen φ und $W = \Delta E/\omega_{\mathrm{s}}$ sind die beiden kanonisch konjugierten Variablen. Die Größe W hat die Dimension einer Wirkung (Energie · Zeit). Die Hamiltonfunktion lautet

$$H(\varphi, W) = \frac{h\eta_{\mathrm{s}}\omega_{\mathrm{s}}^2}{2p_{\mathrm{s}} v_{\mathrm{s}}} W^2 - \frac{qU_0}{2\pi}\left[\cos\varphi - \cos\varphi_{\mathrm{s}} + (\varphi - \varphi_{\mathrm{s}})\sin\varphi_{\mathrm{s}}\right]. \qquad (8.34)$$

Sie unterscheidet sich von der Lösungsfunktion (8.25) nur durch einen konstanten Faktor. Aus der Hamiltonfunktion erhalten wir mit $\dot{\varphi} = \partial H/\partial W$ und

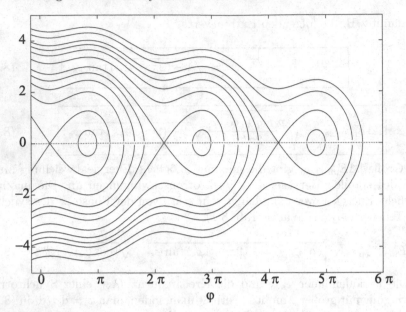

Abb. 8.5. Illustration zur Teilchenbewegung in dem Bereich außerhalb der in Abb. 8.4 gezeigten Separatrix mit $\varphi_s = 150° = 2{,}62$ rad $= 0{,}833\,\pi$ und $\gamma > \gamma_{tr}$. Teilchen mit einer zu großen Energieabweichung ΔE laufen im Uhrzeigersinn um die Separatrix und verlieren in einer wellenartigen Bewegung kontinuierlich Energie. In der Darstellung ist $\dot{\varphi}/\omega_{syn}$ als Funktion von φ aufgetragen. Die Phase φ ist in dieser Abbildung im Bogenmaß, d. h. in der Einheit rad, angegeben. Die Kurven sind mithilfe von (8.25) berechnet

$\dot{W} = -\partial H/\partial\varphi$ die zu (8.10) und (8.11) analogen Bewegungsgleichungen

$$\dot{\varphi} = \frac{\partial H}{\partial W} = \frac{h\eta_s\omega_s^2}{p_s v_s} W \,, \tag{8.35}$$

$$\dot{W} = -\frac{\partial H}{\partial\varphi} = \frac{qU_0}{2\pi}(\sin\varphi - \sin\varphi_s)\,. \tag{8.36}$$

Da sich die Größen η_s, ω_s, φ_s, p_s, v_s und U_0 mit der Zeit langsam ändern, ergibt die Bewegung in der (φ, W)-Phasenebene für eine volle Synchrotron-schwingung keine exakt geschlossene Kurve, und es stellt sich die Frage, ob für eine solche Bewegung überhaupt eine Invariante existiert. Das Boltzmann-Ehrenfest-Theorem besagt, dass bei einer hinreichend langsamen Variation der Parameter in der Hamiltonfunktion das Wirkungsintegral über eine Periode der Synchrotronschwingung invariant ist,

$$\oint W\mathrm{d}\varphi = \mathrm{const}\,. \tag{8.37}$$

Im Rahmen der adiabatischen Näherung nehmen wir an, dass die Parameter der Hamiltonfunktion über mehrere Synchrotronoszillationen praktisch konstant sind. Die Synchrotronschwingung eines Teilchens wird unter dieser Voraussetzung durch eine in sich geschlossene Kurve in der (φ, W)-Ebene dargestellt. Die Kurve ergibt sich aus der Gleichung

$$H(\varphi, W) = H_0 \,.$$

Die Konstante H_0 ist zu der in (8.25) eingeführten Konstante K_0 proportional. Sie ist durch den Wert von ΔE_0 an der Stelle $\varphi = \varphi_s$ festgelegt,

$$H_0 = \frac{h\eta_s\omega_s^2}{2p_s v_s} W_0^2 = \frac{h\eta_s\omega_s^2}{2p_s v_s} \frac{(\Delta E_0)^2}{\omega_s^2} \,.$$

Je größer H_0, umso größer ist der Abstand von dem zentralen Punkt (φ_s, W_s), d. h. umso größer ist die Schwingungsamplitude.

8.6 Longitudinale Koordinaten

Zur Beschreibung der Teilchenbewegung in der longitudinalen Phasenraumebene werden neben φ, $\Delta\varphi$, ΔE, $\dot\varphi/\omega_{\mathrm{syn}}$ und W häufig auch andere Koordinaten verwendet. Wir geben in diesem Abschnitt den Zusammenhang dieser Koordinaten mit den Koordinaten φ und ΔE an. Anstelle der Phase φ bzw. der Phasenabweichung $\Delta\varphi = \varphi - \varphi_s$ wird die in Abb. 4.4 und Gleichung (4.6) eingeführte longitudinale Ortsabweichung l oder auch die Zeitabweichung $\Delta t = t - t_s$ verwendet,

$$l = -\frac{v_s}{\omega_{\mathrm{HF}}}\Delta\varphi = -\frac{v_s}{h\omega_s}\Delta\varphi = -\frac{C_s}{h2\pi}\Delta\varphi \,, \tag{8.38}$$

$$\Delta t = \frac{1}{\omega_{\mathrm{HF}}}\Delta\varphi = \frac{1}{h\omega_s}\Delta\varphi \,. \tag{8.39}$$

Wir erinnern in diesem Zusammenhang noch einmal an die Vorzeichenkonvention. Die Größen $\Delta\varphi$ und Δt kennzeichnen die *Nacheilung* eines Teilchens, die Größe l kennzeichnet die *Voreilung*, daher hat l entgegengesetztes Vorzeichen.

Anstelle der Energieabweichung ΔE wird häufig die Impulsabweichung[3] Δp und die relative Impulsabweichung $\delta = \Delta p/p_s$ verwendet,

$$\Delta p = \frac{1}{v_s}\Delta E \,, \tag{8.40}$$

$$\frac{\Delta p}{p_s} = \frac{1}{p_s v_s}\Delta E \,. \tag{8.41}$$

---

[3] Zur Ableitung der Gleichungen benutzen wir die Gleichung $E^2 = m^2 c^4 + p^2 c^2$. Aus der ersten Ableitung dieser Gleichung folgt $E\Delta E = pc^2\Delta p$ und $\Delta E = (pc^2/E)\Delta p = v\Delta p$. Anstelle der Größe Δp wird häufig die Größe $\Delta p/mc = c\Delta p/mc^2$ verwendet, d. h. die Impulsabweichung wird in der Einheit mc angegeben.

Die maximal mögliche Phasenabweichung ist durch die Separatrix vorgegeben. Nach (8.28) erhalten wir

$$[\Delta\varphi_{\text{max}}]_{\text{sep}} = |[\varphi_1]_{\text{sep}} - \varphi_{\text{s}}| = |\pi - 2\varphi_{\text{s}}|. \tag{8.42}$$

Dies entspricht einer maximal möglichen longitudinalen Ortsabweichung

$$[l_{\text{max}}]_{\text{sep}} = \frac{C_{\text{s}}}{h} \frac{|\pi - 2\varphi_{\text{s}}|}{2\pi}. \tag{8.43}$$

Die longitudinale Ortsabweichung ist proportional zum Gesamtumfang C_{s} des Beschleunigerringes und umgekehrt proportional zur Harmonischenzahl h. Bei der Harmonischenzahl $h = 1$ ist bei $\varphi_{\text{s}} = 0$ $[l_{\text{max}}]_{\text{sep}} = C_{\text{s}}/2$. Für die Separatrix erhalten wir die maximal mögliche Impulsabweichung mithilfe von (8.31)

$$[\Delta p_{\text{max}}]_{\text{sep}} = \sqrt{\left|\frac{p_{\text{s}} q U_0 \cos\varphi_{\text{s}}}{v_{\text{s}} 2\pi h \eta_{\text{s}}}\right|} \sqrt{|4 - (2\pi - 4\varphi_{\text{s}})\tan\varphi_{\text{s}}|}, \tag{8.44}$$

$$\left[\frac{\Delta p_{\text{max}}}{p_{\text{s}}}\right]_{\text{sep}} = \sqrt{\left|\frac{q U_0 \cos\varphi_{\text{s}}}{p_{\text{s}} v_{\text{s}} 2\pi h \eta_{\text{s}}}\right|} \sqrt{|4 - (2\pi - 4\varphi_{\text{s}})\tan\varphi_{\text{s}}|}. \tag{8.45}$$

8.7 Die longitudinale Emittanz und Akzeptanz

Für eine Bewegung, die sich aus einer Hamiltonfunktion ableiten lässt, gilt das Liouville'sche Theorem (siehe Abschn. 10.1). Daher ist die von Teilchen besetzte Fläche in der $(\varphi, \Delta E)$-Phasenraumebene konstant. Wir nennen diese Fläche *normalisierte bzw. invariante longitudinale Emittanz*. Wenn die von Teilchen besetzte Fläche sehr klein ist und näherungsweise durch eine Ellipse umrandet werden kann, ergibt sich für die normalisierte longitudinale Emittanz $E_\varphi^{\text{n}} = \pi\epsilon_\varphi^{\text{n}}$

$$E_\varphi^{\text{n}} = \pi\epsilon_\varphi^{\text{n}} = \pi\Delta\varphi_0\Delta E_0. \tag{8.46}$$

Wir markieren die so definierte longitudinale Emittanz mit dem Index φ, da wir als longitudinale Koordinate die Phase φ benutzen. Die Größen $\Delta\varphi_0$ und ΔE_0 sind die maximalen Abweichungen von dem stabilen Fixpunkt, d. h. der Position des synchronen Teilchens. Bei größeren Schwingungsamplituden ergibt sich die normalisierte longitudinale Emittanz aus dem Integral

$$E_\varphi^{\text{n}} = 2 \int_{\varphi_1}^{\varphi_2} |\Delta E| \mathrm{d}\varphi. \tag{8.47}$$

Die *normalisierte longitudinale Akzeptanz* ist durch die Fläche der Separatrix festgelegt,

$$A_\varphi^{\text{n}} = 2 \int_{\varphi_{1\text{sep}}}^{\varphi_{2\text{sep}}} |\Delta E_{\text{sep}}| \mathrm{d}\varphi. \tag{8.48}$$

Das Integral wird durch numerische Integration gewonnen. Für den Spezialfall der Separatrix mit $\varphi_s = 0$ bzw. $\varphi_s = \pi$ gibt es eine analytische Lösung.

Die Analogie zur transversalen Emittanz wird deutlich, wenn wir die longitudinale Ortsabweichung l und die relative Impulsabweichung $\delta = \Delta p/p_s$ betrachten. Bei kleinen Schwingungsamplituden erhalten wir in linearer Näherung eine aufrechte Phasenellipse

$$\frac{l^2}{l_0^2} + \frac{\delta^2}{\delta_0^2} = 1 \,. \tag{8.49}$$

In Analogie zur Courant-Snyder-Invarianten (6.33) können wir die longitudinale Phasenellipse auch folgendermaßen schreiben,

$$\frac{l^2}{\beta_l} + \beta_l \delta^2 = \epsilon_l \,. \tag{8.50}$$

Wir haben hierbei in Analogie zu (6.33) die longitudinale Betafunktion β_l und die longitudinale Emittanz $\pi\epsilon_l$ definiert, d. h.

$$\beta_l = \frac{l_0}{\delta_0} \,, \qquad \epsilon_l = l_0\delta_0 \,. \tag{8.51}$$

Wir markieren die so definierte longitudinale Emittanz mit dem Index l, da wir als longitudinale Koordinate die longitudinale Ortsabweichung l benutzen. Die longitudinale Emittanz $\pi\epsilon_l$ wird wie die transversale Emittanz $\pi\epsilon_x$ bzw. $\pi\epsilon_y$ mit zunehmendem Impuls kleiner, da $\pi\epsilon_l$ umgekehrt proportional zu dem momentanen Impuls p_s ist. Dieses Phänomen wird häufig *adiabatische Dämpfung* genannt. Durch Multiplikation mit dem Impuls p_s, genauer gesagt mit der Größe $\beta_s\gamma_s = p_s/(mc) = p_sc/(mc^2)$ kann man die normalisierte Emittanz $\pi\epsilon_l^n$ definieren,

$$\epsilon_l^n = \epsilon_l\beta_s\gamma_s \,. \tag{8.52}$$

Diese Größe ist bis auf einen konstanten Faktor gleich der in (8.46) definierten Größe ϵ_φ^n.

Longitudinale Eigenellipse

Die zur transversalen Betafunktion β_x bzw. β_y analoge longitudinale Betafunktion β_l ist durch die longitudinalen Parameter der Maschine festgelegt,

$$\beta_l = \frac{|\eta_s|v_s}{\omega_{syn}} = \frac{|\eta_s|}{Q_{syn}2\pi} = C_s\sqrt{\frac{\eta_s p_s v_s}{h2\pi q U_0 \cos\varphi_s}} \,. \tag{8.53}$$

Die Größe β_l legt die Form der longitudinalen Eigenellipse, d. h. das Verhältnis der beiden Hauptachsen fest. Da die longitudinale Phasenellipse aufrecht steht, ist $\alpha_l = 0$. Die longitudinale Eigenellipse ist wie die transversale Eigenellipse eine Eigenschaft der Maschine. Die Größe β_l ist proportional zu dem Gesamtumfang C_s des Beschleunigerringes und umgekehrt proportional zur Zahl der Synchrotronschwingungen pro Umlauf, Q_{syn}. Je kleiner β_l, umso größer ist die Fokussierungsstärke der Phasenfokussierung. Durch Variation der Spannungsamplitude U_0 kann β_l verändert werden.

Anpassung und Transformation der longitudinalen Phasenellipse

Die longitudinale Phasenellipse des in der Maschine befindlichen Strahles kann sich deutlich von der longitudinalen Eigenellipse der Maschine unterscheiden. Eine sprunghafte Änderung der Spannungsamplitude U_0 bewirkt z. B. eine sprunghafte Änderung der longitudinalen Eigenellipse. Die longitudinale Strahlellipse ist nach einer solchen sprunghaften Änderung der Maschinenparameter fehlangepasst. Bei kleinen Amplituden dreht sich die Phasenellipse des Strahles mit der Kreisfrequenz ω_{syn} der Synchrotronschwingung (siehe Abb. 8.6). Nach einer Drehung um 90° steht die schlanke Phasenellipse aufrecht. Durch eine zweite sprunghafte Änderung der Spannungsamplitude kann die longitudinale Eigenellipse an die momentane Form der Strahlellipse angepasst werden. Dadurch wird die weitere Drehung der Strahlellipse verhindert. Die Strahlellipse ist an die neue longitudinale Eigenellipse der Maschine angepasst. Durch diese Manipulation ist es möglich, die longitudinale Ausdehnung der Teilchenpakete zu verändern. Im Fachjargon heißt dies „Bunchrotation".

Bei dem „Bunch-to-Bucket" Transfer longitudinal gebündelter Teilchenstrahlen von einem Vorbeschleuniger zu einem nachfolgenden Synchrotron muss auf die optimale Anpassung zwischen der longitudinale Phasenellipse des ankommenden Strahls und der longitudinalen Eigenellipse des Synchrotons geachtet werden. Bei einer Fehlanpassung kommt es durch Filamentation zu einer effektiven Vergrößerung der longitudinalen Emittanz.

Eine optimale Anpassung ist allerdings nur bei hinreichend kleinen Phasenbreiten möglich. Bei großen Phasenbreiten weicht die durch die sinusförmige Spannungskurve vorgegebene longitudinale Phasenraumverteilung deutlich von der Ellipsenform ab. Ein Ausweg bietet die Beimischung von höher Harmonischen zur Grundschwingung. Dadurch kann der Bereich, in dem die Spannungskurve näherungsweise linear ist, deutlich erweitert erweitert werde.

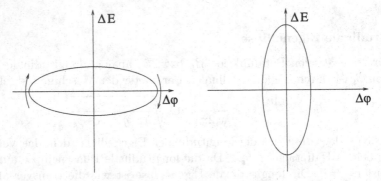

Abb. 8.6. Transformation einer longitudinalen Strahlellipse. *Links*: Ausgangssituation mit großer Phasenbreite und kleiner Energiebreite, *rechts*: Strahlellipse nach einer 90°-Rotation mit kleiner Phasenbreite und großer Energiebreite. Die normalisierte longitudinale Emittanz bleibt erhalten, $\epsilon_\varphi^n = \Delta\varphi_0 \Delta E_0 = const$

Bei dem stationären Betrieb (d. h. keine Beschleunigung, $\varphi_s = 0$ bei $\eta > 0$ bzw. $\varphi_s = 180°$ bei $\eta < 0$) kann die Phasenbreite der Teilchenpakete sehr groß sein. Wenn die Phasenbreite z. B. $\pm 120° = \pm 2,1$ rad beträgt, überdeckt sie einen weiten nichtlinearen Bereich der Sinuskurve. Man kann das Maximum der Spannungskurve dadurch weit über 90° hinausschieben und damit näherungsweise den linearen Teil der Spannungskurve erweitern, dass man in dem sogenannten Dual-Mode Betrieb der Resonatoren zu der Grundschwingung die zweite Harmonische mit dem Amplitudenverhältnis d beimischt [An08]. Damit erhält man die folgende Schwingungsform,

$$U(\varphi) = U_0(\sin \varphi - d \sin 2\varphi). \tag{8.54}$$

Das optimale Spannungsverhältnis liegt bei $d = 0,31$. Das Maximum der resultierenden Spannungskurve liegt bei etwa 120° (2,1 rad). Die optimale Wahl des Buckets, d. h. der Spannung U_0 liegt dann vor, wenn bei einer longitudinalen Phasenellipse die *RMS-Werte* für die Phasenbreite und Energieabweichung konstant gehalten werden. Im Vergleich zur reinen Sinuskurve ist die im Dual-Mode Betrieb benötigte Spannung U_0 etwas größer.

Die Verwendung von Dual-Mode-Resonatoren erlaubt auch bei der Beschleunigung eine Vergrößerung des näherungsweise linearen Spannungsbereiches in der Umgebung der Phase φ_s des synchronen Teilchens. Zur optimalen Anpassung kann man den folgenden Ansatz [An07] verwenden,

$$U(\varphi) = U_0[\sin(\varphi) - d \sin 2(\varphi - \varphi_2)]. \tag{8.55}$$

Insgesamt stehen damit vier Parameter zur optimalen Anpassung zur Verfügung, d. h. die Amplitude U_0, die Phase φ_s des synchronen Teilchens, das Amplitudenverhältnis d und die Phase φ_2 der zweiten Harmonischen. Die Energieänderung pro Umlauf für das synchrone Teilchen lautet damit

$$\Delta E_s = q U_0[\sin(\varphi_s) - d \sin 2(\varphi_s - \varphi_2)]. \tag{8.56}$$

Diese Größe ist durch die Hochfahrgeschwindigkeit der Magnete festgelegt.

Filamentation

Wenn die Fehlanpassung zwischen Strahlellipse und Eigenellipse nicht korrigiert wird, kommt es zur *Filamentation* des Strahles, da die Kreisfrequenz der Synchrotronschwingung Ω_{syn} wegen der Nichtlinearität der Schwingungsgleichung (8.23) von der Schwingungsamplitude abhängt. Die lokale Teilchendichte im Phasenraum bleibt nach Liouville zwar erhalten, aber die von Teilchen besetzte Phasenraumebene wird von einer Ellipse mit einer deutlich größeren Fläche umrandet. Die Form dieser Ellipse ist durch die Eigenellipse der Maschine vorgegeben. Die Filamentation bewirkt letztendlich eine Anpassung der Strahlellipse an die Eigenellipse der Maschine und eine effektive Vergrößerung der longitudinalen Emittanz.

8.8 Buncher

Zur HF-Beschleunigung gehört auch die Präparation zeitlich kurzer Teilchenpakete aus einem kontinuierlichen Gleichstromstrahl mithilfe eines Bunchers. Die Bezeichnung Buncher kommt aus dem Englischen („bunch" = Teilchenpaket). Ein Buncher ist eine HF-Beschleunigungsstrecke, an die im Idealfall eine hochfrequente Sägezahnspannung angelegt wird. Eine sägezahnförmige HF-Spannung wird durch Überlagerung von höher harmonischen Anteilen zur Grundschwingung mit ω_{HF} erreicht. Damit wird die Energie und die Geschwindigkeit der Teilchen so moduliert, dass nach einer bestimmten Laufstrecke L ein zeitlich scharf gebündelter Teilchenstrahl entsteht (siehe Abb. 8.7). Der formale Zusammenhang ergibt sich aus den folgenden Gleichungen. Für die Energiemodulation im Intervall $[-T_{HF}/2, +T_{HF}/2]$ schreiben wir mit $\omega_{HF} = 2\pi/T_{HF}$

$$\Delta E = qU_0\omega_{HF}\Delta t. \tag{8.57}$$

Ein Teilchen, das gegenüber dem Nulldurchgang zur Zeit Δt ankommt, hat die longitudinale Ortsabweichung $l_0 = -v\Delta t$. Die Energieänderung beträgt ΔE. Für das Sollteilchen gilt $\Delta t = 0$, $l_0 = 0$ und $\Delta E = 0$. Für die relative Geschwindigkeits- und Impulsänderung erhalten wir

$$\frac{\Delta v}{v} = \frac{\Delta E}{\gamma^2 pv}, \qquad \delta = \frac{\Delta p}{p} = \frac{\Delta E}{pv}. \tag{8.58}$$

Durch die Geschwindigkeitsmodulation ändert sich in der nachfolgenden Driftstrecke die longitudinale Ortsabweichung um Δl. Diese Änderung hängt von

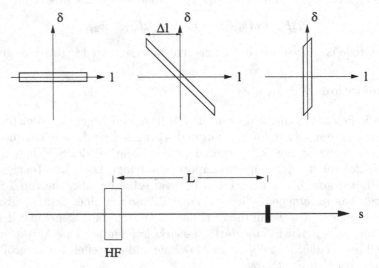

Abb. 8.7. Illustration zum Buncher

der Länge L der nachfolgenden Driftstrecke ab,

$$\frac{\Delta l}{L} = \frac{\Delta v}{v} = \frac{\Delta E}{\gamma^2 pv} = \frac{qU_0\omega_{\mathrm{HF}}}{\gamma^2 pv}\Delta t. \tag{8.59}$$

Eine optimale Bündelung wird erreicht, wenn die longitudinale Ortsabweichung nach der Driftstrecke null ist, d. h. $l = l_0 + \Delta l = 0$ bzw. $\Delta l = v\Delta t$

$$\frac{v}{L}\Delta t = \frac{qU_0\omega_{\mathrm{HF}}}{\gamma^2 pv}\Delta t. \tag{8.60}$$

Diese Gleichung enthält auch den Zusammenhang zwischen der Länge der Driftstrecke und der Spannungsamplitude,

$$L = \frac{\gamma^2 pv^2}{qU_0\omega_{\mathrm{HF}}}. \tag{8.61}$$

Das ganze Verfahren funktioniert allerdings nur dann, wenn die Impulsunschärfe δ, die durch die Energiemodulation erzeugt wird, groß gegenüber der Impulsunschärfe δ_0 des ankommenden Teilchenstrahles ist. Im Übrigen kann die Methode nur für nichtrelativistische und mäßig relativistische Teilchen verwendet werden, da $\Delta v/v = \delta/\gamma^2 = \Delta E/(\gamma^2 pv)$ ist.

Eine sägezahnförmige Energiemodulation wird durch die Überlagerung von höher harmonischen Anteilen zur Grundschwingung mit ω_{HF} erreicht. Wenn nur die Grundschwingung, d. h. eine sinusförmige Energiemodulation

$$\Delta E = qU_0 \sin\omega_{\mathrm{HF}}\Delta t \tag{8.62}$$

verwendet wird, ist der Bereich, in dem die Modulation näherungsweise linear ist, entsprechend stark eingeschränkt. So bedeutet z. B. die Einschränkung von $\omega_{\mathrm{HF}}\Delta t$ auf den Bereich $[-30°,\ +30°]$ gegenüber $[-180°,\ +180°]$ eine Reduktion der Intensität auf ein Sechstel.

Die störenden Teilchen können durch ein nachfolgendes HF-Ablenksystem ("Chopper") ausgeblendet werden, das mit der halben Kreisfrequenz $\omega_{\mathrm{HF}}/2$ betrieben wird (siehe Abb. 8.8). Ein Chopper besteht aus einem HF-Resonator, in dem die Teilchen durch ein hochfrequentes elektrisches oder magnetisches Feld abgelenkt werden. Die Teilchen mit der richtigen Phasenlage passieren eine

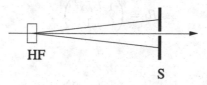

Abb. 8.8. HF-Ablenksystem ("Chopper") zur Präparation von zeitlich kurzen Teilchenpaketen. Durch ein hochfrequentes elektrisches oder magnetisches Feld werden Teilchen mit der unerwünschten Phasenlage abgelenkt und mit den Schlitzbacken S ausgeblendet

nachfolgende Schlitzblende, alle anderen Teilchen werden gestoppt. Im Prinzip genügt bereits ein Chopper zur Präparation von kurzen Teilchenpaketen. Wegen der fehlenden longitudinalen Fokussierung geht jedoch der größte Teil des Primärstrahles an den Blenden verloren. Daher wird in der Regel die Kombination von Buncher und Chopper benutzt.

8.9 Longitudinale Ionenoptik

Die soeben skizzierte longitudinale Ionenoptik kann in völliger Analogie zur transversalen Ionenoptik formuliert werden. In linearer Näherung betrachten wir die Transformation der Koordinaten (l, δ). Die longitudinale Ortsabweichung l entspricht z. B. der transversalen Ortsabweichung x, und die relative Impulsabweichung δ entspricht der Winkelabweichung x'. Eine HF-Beschleunigungsstrecke wirkt wie eine dünne Linse mit der Brechkraft $1/f$,

$$\begin{pmatrix} l \\ \delta \end{pmatrix} = \begin{pmatrix} 1 & 0 \\ -1/f & 1 \end{pmatrix} \begin{pmatrix} l_0 \\ \delta_0 \end{pmatrix} , \tag{8.63}$$

$$\frac{1}{f} = \frac{\mathrm{d}E}{\mathrm{d}t} \frac{1}{pv^2} = \frac{qU_0 \omega_{\mathrm{HF}}}{pv^2} . \tag{8.64}$$

Die Brechkraft $1/f$ ist proportional zu $\mathrm{d}E/\mathrm{d}t = qU_0\omega_{\mathrm{HF}}$. Wenn $\mathrm{d}E/\mathrm{d}t$ positiv ist, haben wir eine Sammellinse („Buncher"), wenn $\mathrm{d}E/\mathrm{d}t$ negativ ist, haben wir eine Zerstreuungslinse („Debuncher"). Eine Driftstrecke der Länge L bewirkt die Transformation

$$\begin{pmatrix} l \\ \delta \end{pmatrix} = \begin{pmatrix} 1 & L/\gamma^2 \\ 0 & 1 \end{pmatrix} \begin{pmatrix} l_0 \\ \delta_0 \end{pmatrix} . \tag{8.65}$$

Damit haben wir sämtliche Elemente, die wir zur Beschreibung der longitudinalen Bahndynamik in linearer Näherung benötigen, d. h. Driftstrecke, Sammellinse und Zerstreungslinse. Zusammenfassend notieren wir die longitudinale Transfermatrix R_l für Driftstrecke und Buncher:

Driftstrecke

$$R_l = \begin{pmatrix} 1 & L/\gamma^2 \\ 0 & 1 \end{pmatrix} , \tag{8.66}$$

Buncher

$$R_l = \begin{pmatrix} 1 & 0 \\ -1/f & 1 \end{pmatrix} . \tag{8.67}$$

Zur Transfermatrix im Bereich von Ablenkmagneten und elektrostatischen Beschleunigungsstrecken verweisen wir auf Abschn. 4.5 und 5.7.

Als Beispiel betrachten wir die im letzten Abschnitt diskutierte Präparation eines longitudinal gebündelten Strahles. Für das System Buncher-Driftstrecke erhalten wir die folgende einfache Transformation,

$$\begin{pmatrix} l \\ \delta \end{pmatrix} = \begin{pmatrix} 1 & L/\gamma^2 \\ 0 & 1 \end{pmatrix} \begin{pmatrix} 1 & 0 \\ -1/f & 1 \end{pmatrix} \begin{pmatrix} l_0 \\ \delta_0 \end{pmatrix} . \tag{8.68}$$

Wir können mit diesem Formalismus nun sehr leicht die Transformation der Gesamtheit aller Teilchen in einem Teilchenpaket betrachten. Hierzu definieren wir in völliger Analogie zur transversalen Ionenoptik die Matrix σ_l zur Beschreibung der *longitudinalen Phasenellipse* (siehe Abschn. 4.7 und 4.8). Die Matrix σ_l kennzeichnet die entsprechende Untermatrix in (4.135). Wir erhalten damit die

Longitudinale Phasenellipse

$$\sigma_l = \begin{pmatrix} \sigma_{55} & \sigma_{56} \\ \sigma_{56} & \sigma_{66} \end{pmatrix} . \tag{8.69}$$

Zur Transformation der longitudinalen Phasenellipse verwenden wir die zu (4.118) analoge Matrixgleichung

$$\sigma_l(s) = R_l(s)\sigma_l(0)R_l^{\mathrm{T}}(s) . \tag{8.70}$$

Die Transformation kann anschaulich durch Betrachten der Phasenellipse vor und nach der Transformation verfolgt werden.

Beispiel

Zur Illustration skizzieren wir ein Beispiel. Die Präparation von zeitlich scharfen Teilchenpaketen mit einer kleinen longitudinalen Ortsabweichung entspricht der Transformation einer längs l großen und längs δ kleinen Phasenellipse in eine längs l kleine und längs δ große Phasenellipse (siehe Abb. 8.9). Dies wird durch eine optische Anordnung aus Driftstrecke, Sammellinse, Driftstrecke erreicht. Die Sammellinse hat eine entsprechend große Brechkraft $1/f$, d. h. kleine Brennweite f. Die Driftstrecken vor und hinter der Sammellinse haben die gleiche Länge $L = \gamma^2 f$. Die longitudinale Transportmatrix eines solchen Systems lautet

$$R_l = \begin{pmatrix} 0 & f \\ -1/f & 0 \end{pmatrix} . \tag{8.71}$$

Die longitudinal Strahlmatrix σ_l am Start sei

$$\sigma_l(0) = \begin{pmatrix} l_0^2 & 0 \\ 0 & \delta_0^2 \end{pmatrix} . \tag{8.72}$$

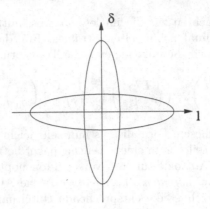

Abb. 8.9. Transformation einer longitudinalen Phasenellipse mit großer Ortsabweichung l_0 und kleiner Impulsabweichung δ_0 in eine Phasenellipse mit kleiner Ortsabweichung $f\delta_0$ und großer Impulsabweichung l_0/f. Die Brechkraft der longitudinalen Sammellinse beträgt $1/f$, die Driftstrecken vor und hinter der Sammellinse haben die Länge $L = \gamma^2 f$

Für die longitudinale Strahlmatrix $\sigma_l(s)$ nach der Transformation erhalten wir nach (8.70)

$$\begin{pmatrix} \delta_0^2 f^2 & 0 \\ 0 & l_0^2/f^2 \end{pmatrix} = \begin{pmatrix} 0 & f \\ -1/f & 0 \end{pmatrix} \begin{pmatrix} l_0^2 & 0 \\ 0 & \delta_0^2 \end{pmatrix} \begin{pmatrix} 0 & -1/f \\ f & 0 \end{pmatrix}.$$

Die Stelle, an der die longitudinale Phasenellipse aufrecht steht, ist die ideale Übergabestelle an einen nachfolgenden HF-Beschleuniger. Wenn eine weitere Driftstrecke folgt, laufen die Teilchen wie bei einem divergenten Strahl longitudinal auseinander. Durch eine nachfolgende Sammellinse („Buncher") kann der Strahl jedoch wieder zu einem Teilchenpaket mit einer kleinen longitudinalen Ausdehnung fokussiert werden.

Der soeben skizzierte Matrixformalismus ist in idealer Weise geeignet, die longitudinale Ionenoptik komplexer ionenoptischer Systeme zu analysieren. Bei der Suche nach einer optimalen Lösung ist es allerdings notwendig, *simultan* die longitudinale und transversale Ionenoptik zu betrachten. Zur Berechnung und Optimierung komplexer Systeme kann man z. B. das Programm TRANSPORT [Br80], [Ro07] verwenden.

Übungsaufgaben

8.1 Zeigen Sie anhand der allgemeinen Lösung (8.25), dass die Synchrotronschwingung bei kleinen Amplituden durch eine Ellipse in der $(\varphi, \Delta E)$ Ebene beschrieben wird.

8.2 Berechnen Sie mithilfe eines Taschenrechners oder eines Computers die Separatrix, eine stabile Lösung innerhalb der Separatrix und eine instabile Lösung außerhalb der Separatrix für den Fall $\eta_s > 0$ und $\varphi_s = 20°$. Zeichnen Sie möglichst mithilfe eines Plotprogrammes den Verlauf der Kurven in der $(\varphi, \dot{\varphi}/\omega_{syn})$-Ebene.

8.3 Wie groß ist die Frequenz der Synchrotronschwingung ν_{syn} und die Energieakzeptanz ΔE_{max} für den Fall eines Protonenstrahles mit $p_s = 1\ GeV/c$, $C_s = 200\ m$, $\eta_s = 0{,}15$, $h = 1$, $U_0 = 10\ kV$ und $\varphi_s = 30°$?

8.4 Um wie viel Prozent ändert sich die Energieakzeptanz $[\Delta E_{max}]_{sep}$ beim Übergang von dem quasistationären Betrieb mit $\varphi_s = 0°$ zur Beschleunigung mit $\varphi_s = 30°$?

8.5 Wie groß ist die longitudinale Ausdehnung $|l_2 - l_1|$ und zeitliche Breite $|t_2 - t_1|$ eines Teilchenpaketes, wenn $C_s = 300\ m$, $\beta_s \approx 1$, $h = 500$ und $|\varphi_2 - \varphi_1| = 60°$?

8.6 Wie groß ist die Brechkraft $1/f$ eines „Bunchers", der zur longitudinalen Bündelung eines Protonenstrahles mit der kinetischen Energie $T = 5\ keV$ benutzt wird? Die Frequenz sei 20 MHz und die Spannungsamplitude $U_0 = 25\ V$. In welchem Abstand L haben die Teilchenpakete die kleinste longitudinale Ausdehnung?

8.7 Wie groß ist bei dem Beispiel in Aufgabe 8.6 die longitudinale Ausdehnung l_0, die Zeitabweichung Δt_0 und Phasenbreite $\Delta\varphi_0$ der Teilchenpakete im Abstand L, wenn der Protonenstrahl vor der longitudinalen Bündelung die relative Impulsunschärfe $\delta_{max} = 0{,}001$ hat?

8.8 Wie groß muss bei dem Beispiel in Aufgabe 8.6 die Amplitude U_0 und die Brechkraft $1/f$ sein, wenn die relative Impulsunschärfe vor der longitudinalen Bündelung $\delta_0 = 0{,}005$ beträgt und eine Phasenbreite $\Delta\varphi_0 = 15°$ erreicht werden soll?

Injektion und Extraktion

9.1 Elektrostatisches und magnetisches Septum

Zur Injektion und Extraktion von Teilchenstrahlen in Kreisbeschleunigern werden elektrostatische und magnetische Ablenkeinheiten verwendet, die man wegen der notwendig schmalen Scheidewand zwischen dem Feldraum und dem feldfreien Raum *Septum* nennt. Die Abb. 9.1 und 9.2 zeigen schematisch den Aufbau eines elektrostatischen Septums und eines Septummagneten. Mit dem elektrostatischen Septum erhält man besonders kleine Septumschatten, die Septumschneide besteht meistens aus dünnem Wolfram-Blech (Dicke ca. 0,1 mm) oder im Extremfall aus dünnen Wolfram-Drähten. Elektrische Feldstärken bis zu 10 MV/m und Induktionsflussdichten bis zu 1 T sind typische obere Grenzen des elektrostatischen bzw. magnetischen Septums. Zwischen dem Ablenkwinkel Θ und den Feldern besteht folgende Relation,

$$\Theta = \frac{q|E|L}{pv} = \frac{|E|L}{(B\rho)v}, \tag{9.1}$$

$$\Theta = \frac{|B|L}{(B\rho)}. \tag{9.2}$$

Hierbei ist L die effektive Länge und $v = \beta c$ die Teilchengeschwindigkeit. Die typischen Ablenkwinkel liegen in der Größenordnung von 1 bis 10 mrad. Das Hauptproblem bei dem magnetischen Septum ist die hohe Stromdichte der Spule im Bereich der Septumschneide. Bei wassergekühlten Cu-Spulen mit einer Septumsdicke $t = 10$ mm erreicht man Stromdichten von $j \leq 80$ A/mm^2 und Induktionsflussdichten von $B \leq 1$ T. Bei Cu-Spulen mit einer Septumsdicke $t = 2$ mm und Kühlung durch Wärmeleitung erreicht man Stromdichten von $j \leq 10$ A/mm^2 und Induktionsflussdichten von $B \leq 25$ mT. Im gepulsten Betrieb kann man bis zu 2 T erreichen.

Wenn extrem kurze Schaltzeiten für die Strahlablenkung erforderlich sind, verwendet man *Kickermagnete*. Ein Kickermagnet ist eine eisenlose Spule, die aus vier symmetrisch zur Sollachse angeordneten dicken Kupferkabeln besteht. Um eine nennenswerte Ablenkung zu erreichen, sind die Kickermagnete

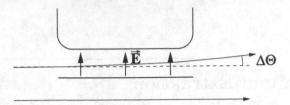

Abb. 9.1. Schema eines elektrostatischen Septums

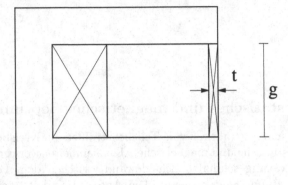

Abb. 9.2. Schema eines magnetischen Septums. g: Polschuhabstand, t: Septumsdicke

relativ lang (Größenordnung 1 m). Der Koeffizient der Selbstinduktion ist bei einer solchen Anordnung so hinreichend klein, dass Schaltzeiten im Bereich von 50 bis 150 ns möglich werden. Die sehr hohen Strompulse werden dadurch erzeugt, dass ein Kondensator über ein Thyratron entladen wird. Typische Induktionsflussdichten von 25 bis 50 mT werden mit Schaltpulsen von 40 bis 80 kV und 2000 bis 5000 A erreicht. Hierbei wird die Pulsleistung über eine abgeschlossene Koaxialleitung zu dem Kicker hingeführt. Höhere Induktionsflussdichten erreicht man mit dem sogenannten Ferrit-Kicker. Ein Ferritkicker ist ein Kickermagnet, bei dem Joch und Polschuh aus Ferriten besteht.

9.2 Injektion und Extraktion beim Isochronzyklotron

Bei einem Isochronzyklotron mit kompakten Magneten verwendet man entweder eine interne Ionenquelle, oder der Strahl wird in einer externen Ionenquelle produziert. Dies trifft vor allem bei polarisierten Strahlen und hochgeladenen Schwerionenstrahlen zu. Der extern produzierte Ionenstrahl wird axial über eine elektrostatische Ablenkeinheit in die Maschinenmitte eingelenkt. Bei dem Bonner und Jülicher Isochronzyklotron ist z. B. der Deflektor entsprechend der Hyperboloidform der Teilchenbahn beim Eintritt in das starke axiale Magnetfeld des Zyklotrons als Hyperboloidinflektor geformt.

Bei einem Isochronzyklotron, das aus separaten Sektormagneten aufgebaut ist, wird der Strahl üblicherweise ganz ähnlich wie beim Synchrotron über Ablenkmagnete an die innere Umlaufbahn herangeführt und mithilfe eines elektrostatischen Septums eingelenkt.

Zur Extraktion aus einem kompakten Zyklotron verwendet man ein elektrostatisches Septum mit einem nachfolgenden magnetisch abgeschirmten Kanal. Dieser Kanal ist nichts anderes als ein dickes Rohr aus Weicheisen. Da das Eisenrohr eine starke magnetische Störung für die noch umlaufenden Teilchen darstellt, wird die Störung durch eine entsprechend geformte Korrekturspule kompensiert. Daher heißt dieser für die Extraktion aus dem Zyklotron essentielle Kanal auch „kompensierter Kanal". Bei einem Zyklotron aus separaten Sektormagneten besteht die Möglichkeit, eine Bahnseparation durch elektrostatische Septa anzufachen und den Strahl endgültig mithilfe eines Septummagneten in einem der feldfreien Sektoren auszulenken.

9.3 Injektion und Extraktion beim Synchrotron

9.3.1 Injektion

Grundvoraussetzung für einen optimalen Transfer ist die Anpassung der Phasenraumverteilung des Strahles, d. h. das Strahlellipsoid sollte möglichst gut an das Eigenellipsoid der Maschine angepasst sein (siehe Abschn. 6.5.3). Dies bedeutet, dass die transversalen Phasenellipsen den durch die Twiss-Parameter $(\alpha_x, \beta_x, \gamma_x)$ und $(\alpha_y, \beta_y, \gamma_y)$ an der Übergabestelle definierten Eigenellipsen des Synchrotrons entsprechen, und dass der Strahl eine Orts- und Winkeldispersion entsprechend der periodischen Dipersionsfunktion D und D' besitzt. Die Phasenraumanpassung geschieht mithilfe des Strahlführungssystems vor der Injektion. Wir schildern nun verschiedene Schemata zur Injektion in ein Synchrotron (siehe Abb. 9.3).

Bei der *„Single-Turn-Injektion"* wird der Strahl mithilfe eines Septums und eines schnellen gepulsten Kickers (K_2 in Abb. 9.3) eingelenkt. Der Kickermagnet K_1 in Abb. 9.3 ist bei diesem Injektionsschema nicht erregt. Das Septum hat die Aufgabe, den Strahl so nahe wie möglich zur Gleichgewichtsbahn des Beschleunigers hinzulenken. Die endgültige Einlenkung auf die Gleichge-

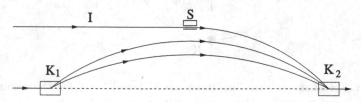

Abb. 9.3. Schema zur Injektion in ein Synchrotron. K_1 und K_2: Kickermagnete, S: Septum, I: Strahlachse kurz vor der Injektion

wichtsbahn des Beschleunigers geschieht mit dem nachfolgenden Kickerma-
gneten K_2. Wenn die ersten eingelenkten Teilchen einen vollen Umlauf gemacht haben, muss der Kickermagnet bereits wieder abgeschaltet sein, sonst
würden diese Teilchen wieder ausgelenkt werden. Es ist sinnvoll, sowohl die
Septumseinmündung wie den Kicker an Stellen zu positionieren, an denen die
Betatronfunktion β groß ist, d. h. in der Nähe der fokussierenden Quadrupole
in einer FODO-Struktur. Zwischen der Ortsabweichung x_S am Septum und
dem Winkel Θ_K am Kicker besteht nämlich der folgende Zusammenhang, den
man mithilfe des in Abb. 9.4 dargestellten Kreisdiagramms findet,

$$\Theta_\mathrm{K} = \frac{x_\mathrm{S}}{\sqrt{\beta_\mathrm{K}\beta_\mathrm{S}}\,\sin\Delta\psi}\,. \qquad (9.3)$$

Hierbei ist $\Delta\psi$ der Betatronphasenvorschub zwischen der Position des Septums und der Position des Kickers. Optimal ist ein Phasenvorschub $\Delta\psi = 90°$,
um Θ_K so klein wie möglich zu halten. An der Übergabestelle besteht zudem
ein fester Zusammenhang zwischen der Ortsabweichung x_S und der Winkelabweichung Θ_S des zu injizierenden Strahles gegenüber der Sollachse des Beschleunigers. Diesen Zusammenhang kann man ebenfalls mit dem in Abb. 9.4
dargestellten Kreisdiagramm finden.

$$x_\mathrm{S} = -(\alpha_\mathrm{S} x_\mathrm{S} + \beta_\mathrm{S}\Theta_\mathrm{S})\tan\Delta\psi\,. \qquad (9.4)$$

Zur *„Multi-Turn-Injektion"* von geladenen Teilchen wird mithilfe von zwei
gepulsten Ablenkmagneten K_1 und K_2 die Gleichgewichtsbahn so gestört,

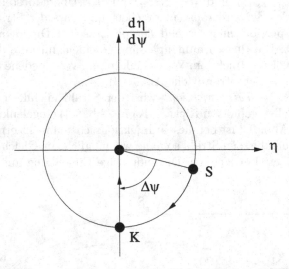

Abb. 9.4. Kreisdiagramm zur Illustration der Kickerinjektion. Die Darstellung zeigt
die Bahn des injizierten Strahles zwischen Septum und Kicker. Der Kicker gibt dem
Strahl eine Winkeländerung Θ_K. Nach dem „Kick" liegt die Strahlachse auf der
Sollachse der Maschine, d. h. im Zentrum des Kreisdiagramms

dass eine Beule („Bump") entsteht. Der Betatronphasenvorschub zwischen den beiden Ablenkmagneten sollte möglichst genau 180° betragen, dann ist die Störung der Gleichgewichtsbahn auf den Bereich zwischen K_1 und K_2 beschränkt (siehe Abb. 9.5). An der Stelle, an der der Betatronphasenvorschub gegenüber K_1 90° beträgt, ist die normierte Ortsabweichung der gestörten Gleichgewichtsbahn $\eta = x/\sqrt{\beta}$ maximal. Durch die Beule wird die Gleichgewichtsbahn in die Nähe des Septums verlagert. Dadurch ist (x_S, Θ_S), d. h. die Orts- und Winkelabweichung des zu injizierenden Strahls gegenüber der Gleichgewichtsbahn relativ klein. Der eingelenkte Strahl macht entsprechend der Größe von (x_S, Θ_S) kohärente Betatronoszillationen um die Gleichgewichtsbahn. Durch eine programmierte Verkleinerung der Beule wird die Amplitude der kohärenten Betatronoszillationen während der Injektion langsam größer. Man kann damit eine bestimmte, zur Verfügung stehende Akzeptanz der Maschine relativ gleichmäßig mit den Phasenellipsen des injizierten Strahls überdecken. Diese Methode wird in der Beschleunigerliteratur transversales „Stacking" genannt. Sie funktioniert allerdings nur, wenn die Emittanz des zu injizierenden Strahls deutlich kleiner als die Akzeptanz des Synchrotrons ist. Damit ist es möglich, die Injektionszeit von weniger als einem Umlauf auf bis zu zehn Umläufe zu verlängern. Im Prinzip ist neben dem horizontalen „Stacking" auch ein vertikales und longitudinales „Stacking" möglich.

Von einem naiven Standpunkt aus stellt sich die Frage, ob es nicht doch möglich ist, mit einem kleinen Ablenkmagneten den ankommenden Strahl während vieler Umläufe zu injizieren und dadurch hohe Intensitäten zu ak-

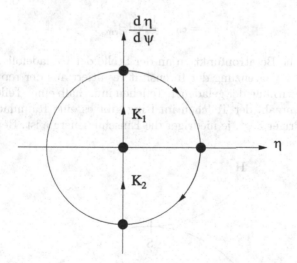

Abb. 9.5. Kreisdiagramm zur Illustration einer Beule in der Gleichgewichtsbahn. Der Ablenkmagnet K_1 erzeugt an der Stelle s_1 einen Winkelkick. Die hierdurch hervorgerufene Störung der Gleichgewichtsbahn wird an der Stelle s_2 durch einen Winkelkick des Ablenkmagneten K_2 rückgängig gemacht. Der Betatronphasenvorschub zwischen K_1 und K_2 beträgt genau 180°

kumulieren. Mit Hilfe des Liouville'sche Theorems kann man sofort einsehen, dass dies nicht möglich ist, d. h. es ist nicht möglich, nur mit elektrostatischen oder magnetischen Ablenkeinheiten einen Teilchenstrahl in ein besetztes Phasenraumgebiet einzulenken. Bei einem derartigen Versuch wird der dort vorhandene Teilchenstrahl automatisch in ein anderes Phasenraumgebiet ausgelenkt.

Bei der Injektion mit Ladungsaustausch („Stripping-Injektion") ist es jedoch möglich, zwei Teilchenstrahlen im Phasenraum zu überlagern. Dieses Prinzip, das in Abb. 9.6 skizziert ist, wird zunehmend bei Protonensynchrotrons hoher Intensität verwendet. Wenn man z. B. einen negativ geladenen Strahl von H$^-$Ionen über einen Ablenkmagneten einlenkt, dann werden in dem feldfreien Raum nach dem Dipolmagneten die H$^-$Ionen in einer sehr dünnen Kunststofffolie (Flächendichte $< 80 \ \mu g/cm^2$) zu H$^+$Ionen umgeladen. Eine natürliche Begrenzung der möglichen Zahl der Umläufe N während der Injektion ergibt sich aus der Kleinwinkelstreuung in der Umladefolie. Die Verbreiterung der Divergenz Θ_{rms} nach einem Foliendurchgang lässt sich nach folgender Gleichung abschätzen,

$$\Theta_{rms} = Z \frac{14{,}1 \ \text{MeV}}{pv} \sqrt{\frac{x}{x_{rad}}} \, . \tag{9.5}$$

Hierbei ist Z die Ladungszahl des Ions, p der Impuls, v die Geschwindigkeit, x die Dicke der Umladefolie und x_{rad} die Strahlungslänge. Bei N Foliendurchgängen ergibt sich die folgende Emittanzzunahme [Hi89],

$$\epsilon = \epsilon_0 + \frac{1}{2} N \beta \Theta_{rms}^2 \, . \tag{9.6}$$

Hierbei ist β die Betatronfunktion an der Stelle der Umladefolie.

Eine andere Begrenzung der Intensität resultiert aus der repulsiven Coulomb-Wechselwirkung der geladenen Teilchen innerhalb eines Teilchenpaketes. Für die Gesamtzahl der Teilchen im Ring gibt es eine Raumladungsgrenze, die umso niedriger liegt, je niedriger die Einschussenergie ist. Bei einer Injek-

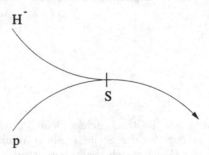

Abb. 9.6. Illustration zur Stripping-Injektion. S: Stripping-Folie. H$^-$: H$^-$-Strahl kurz vor der Injektion, p: umlaufender Protonenstrahl

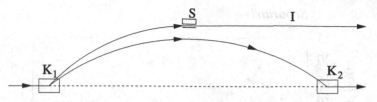

Abb. 9.7. Schema zur Extraktion aus einem Synchrotron. K_1 und K_2: Kickermagnete, S: Septum, I: Strahlachse nach der Extraktion

tionsenergie von 50 MeV liegt die Grenze bei 10^{11} bis 10^{12} Protonen, bei 800 MeV liegt sie bei 10^{13} bis 10^{14} Protonen (siehe auch Abschn. 11.6).

Eine Besonderheit ergibt sich bei der „Multi-Turn-Injektion" von Elektronen aufgrund der Strahlkühlung, d. h. der Emittanzabnahme, die durch die Abstrahlung von Synchrotronlicht bei der magnetischen Ablenkung hervorgerufen wird. Hierdurch wird die durch die Injektion bedingte starke kohärente Betatronschwingung automatisch gedämpft. Damit ergibt sich die Möglichkeit, den Injektionsvorgang mehrfach zu wiederholen und sehr hohe Intensitäten zu akkumulieren. Die Methode ist in idealer Weise geeignet, Speicherringe für Elektronen bis an die Raumladungsgrenze zu füllen. Diese Methode wird im Übrigen auch mit großem Erfolg zur Akkumulation und Speicherung von Antiprotonen, Protonen und schweren Ionen verwendet. Hierbei wird die stochastische Kühlung oder die Elektronenkühlung zur Dämpfung der Betatronschwingungen verwendet.

9.3.2 Extraktion

Bei der schnellen *„Single-Turn-Extraktion"* läuft der gleiche Mechanismus wie bei der „Single-Turn-Injektion" nur in umgekehrter Richtung ab. Zur Auslenkung wird meistens auch eine Beule der Gleichgewichtsbahn („closed orbit bump") aktiviert (siehe Abb. 9.5 und 9.7). Der schnelle Kickermagnet K_1 (Schaltzeit: 50–150 ns) lenkt den Strahl zum Septum. Die endgültige Auslenkung aus dem Beschleuniger erfolgt durch den Septumskanal. Die für die schnelle Injektion gültigen Gleichungen (9.3) und (9.4) gelten entsprechend auch für die schnelle Extraktion. Das in Abb. 9.4 skizzierte Schema zur schnellen Injektion kann ebenfalls zur Illustration der schnellen Extraktion benutzt werden, wenn man die Reihenfolge der Elemente umdreht. Zuerst kommt der Kicker und dann das Septum. Auch für die schnelle Kickerextraktion gilt als optimale Parameterwahl β_K und β_S möglichst groß sowie $\sin \Delta\psi \approx 1$.

Bei der *langsamen Resonanzextraktion* wird der Arbeitspunkt in die Nähe einer Resonanz dritter Ordnung (drittelzahlige Resonanz) verlegt. Häufig wird auch die Gleichgewichtsbahn mit Hilfe einer Beule in die Nähe des Extraktionsseptums gebracht. Die Änderung des Arbeitspunktes geschieht durch Verstimmung von Quadrupolen, sodass $3Q_x$ in der Nähe einer ganzen Zahl liegt. Die Teilchen mit großer Betatronamplitude werden durch eine programmierte Erregung von Sextupolmagneten in die Resonanz getrieben. Diese durch

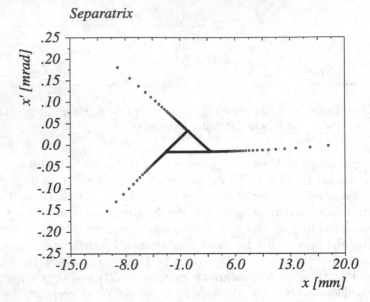

Abb. 9.8. Langsame Resonanzextraktion (Resonanz 3. Ordnung). Die drei-ecksförmige Separatrix markiert die Grenze zwischen dem stabilen und dem in-stabilen Gebiet. Ein instabiles Teilchen wird durch die periodisch einwirkende Sex-tupolstörung in die Resonanz getrieben. Es liegt nach jedem Umlauf auf einer der drei durch die Separatrix vorgegebenen Geraden. Durch die starke Zunahme der Be-tatronamplitude ($\Delta a \propto a^2$) wird das Teilchen in den Septumskanal getrieben. Die Abbildung zeigt das Ergebnis einer Tracking-Rechnung. Sie wurde freundlicherweise von Herrn M. Gentner zur Verfügung gestellt

die resonante Störung instabilen Teilchen werden durch den Septumskanal abgeschält, während der stabile Teil des Strahles weiter im Beschleunigerring umläuft. Durch eine weitere programmierte Änderung des Arbeitspunktes und der Sextupolerregung werden zunehmend weitere Teilchen instabil und damit in den Septumskanal getrieben. Dieses Verfahren wird solange fortgesetzt, bis praktisch alle Teilchen aus dem Ring extrahiert sind. Die Kunst besteht darin, einen möglichst gleichmäßigen Teilchenfluss während der Extraktionszeit zu erzielen. Die typischen Extraktionszeiten liegen im Bereich von ≤ 1 s.

Bei der *ultralangsamen Resonanzextraktion* wird der Strahl durch stocha-stisches Aufheizen in longitudinaler Richtung, d. h. durch die stochastische Aufweitung der Impulsverteilung, in die Resonanz getrieben. Damit kann ein kontrolliert langsames Diffundieren der Strahlteilchen aus der Maschine er-reicht werden. Diese Methode wurde zum ersten Mal mit großem Erfolg bei dem Low Energy Antiproton Ring LEAR am CERN angewandt. Extrakti-onszeiten von einer Stunde bei sehr konstantem Strahlstrom konnten damit erreicht werden.

Übungsaufgaben

9.1 Berechnen Sie den Ablenkwinkel Θ, der mit einem elektrostatischen Septum der Länge $L = 1$ m erzielt werden kann, wenn die elektrische Feldstärke $|E| = 50$ kV/cm beträgt, und Elektronen mit einem Impuls von $p = 5$ GeV/c abgelenkt werden sollen.

9.2 Berechnen Sie den Ablenkwinkel Θ, der mit einem magnetischen Septum der Länge $L = 1$ m erzielt werden kann, wenn die magnetische Flussdichte $|B| = 25$ mT beträgt, und Elektronen mit einem Impuls von $p = 5$ GeV/c abgelenkt werden sollen.

9.3 Zeigen Sie die Gültigkeit von (9.3)!

9.4 Zeigen Sie die Gültigkeit von (9.4)!

9.5 In einem Beschleunigerring soll an der Stelle s mit $\beta(s)$ die Gleichgewichtsbahn mithilfe einer Beule um Δx parallel verschoben werden. Geben Sie die Bedingungen für die Positionierung der Steuermagnete K_1 und K_2 an, und berechnen Sie die notwendigen Winkeländerungen Θ_{K_1} und Θ_{K_2}!

9.6 Wenn es aus Platzgründen nicht möglich ist, eine lokale Beule mit zwei Steuermagneten zu realisieren, besteht die Möglichkeit, dies mit drei benachbarten Steuermagneten zu versuchen. Überlegen Sie mithilfe des Kreisdiagramms, wie man mit drei Steuermagneten eine lokale Beule in der Gleichgewichtsbahn realisieren kann! Die Steuermagnete seien an den Positionen s_1, s_2 und s_3 positioniert. Die Betatronfunktion $\beta(s)$ und die Betatronphase $\psi(s)$ seien an den drei Positionen bekannt. Geben Sie die Relationen zwischen den Winkeländerungen Θ_1, Θ_2, Θ_3 und den Größen β_1, ψ_1, β_2, ψ_2, β_3, ψ_3 an!

Phasenraumdichte und Strahlkühlung

Wir skizzieren zunächst das Liouville'sche Theorem, definieren die Begriffe Emittanz, Strahlkühlung, Strahlheizung und Strahltemperatur und betrachten die adiabatische Dämpfung. Im Anschluss untersuchen wir die Strahlkühlung durch Synchrotronstrahlung, die stochastische Strahlkühlung und die Elektronenkühlung von Strahlen.

10.1 Phasenraumdichte

10.1.1 Liouville'sches Theorem

Für die folgende Diskussion benutzen wir ein kartesisches Koordinatensystem. Die Bewegung eines Teilchens ist vollständig festgelegt, wenn die drei Ortskoordinaten (x, y, z) und die drei Impulskomponenten (p_x, p_y, p_z) bekannt sind. Diese Information wird durch einen Punkt in dem sechsdimensionalen Phasenraum (x, p_x, y, p_y, z, p_z) gekennzeichnet. Ein Strahl wird durch ein ganzes Ensemble von Punkten in dem Phasenraum beschrieben, jeder Punkt repräsentiert ein einzelnes Teilchen. Ein Charakteristikum des Strahls ist die Dichteverteilung der Punkte im Phasenraum. Wenn man diese Dichteverteilung als Funktion der Zeit beobachtet, dann stellt man fest, dass sich zwar die Position und Form der mit Teilchen besetzten Volumenelemente aufgrund der Teilchenbewegungen ändert, die Volumina unter bestimmten Voraussetzungen jedoch konstant bleiben.

Das Liouville'sche Theorem macht hierzu die folgende Aussage: Unter dem Einfluss von Kräften, die aus einer Hamiltonfunktion abgeleitet werden können, ist die lokale Teilchendichte ρ längs der Bahn eines Teilchens im sechsdimensionalen Phasenraum invariant. Das Liouville'sche Theorem stammt aus der Theorie der statistischen Mechanik. Zum Beweis des Liouville'schen Theorems genügt die Existenz der Hamiltonfunktion H.

Die Hamiltonfunktion für ein relativistisches Teilchen lautet [Mo77]

$$H = q\Phi + c[(\boldsymbol{P} - q\boldsymbol{A})^2 + m^2 c^2]^{1/2} . \tag{10.1}$$

Hierbei ist P der zu dem Ortsvektor x kanonisch konjugierte Impuls, Φ das Coulombpotential und A das Vektorpotential, das mit dem Magnetfeld B über die Gleichung $B = \nabla \times A$ zusammenhängt. Zwischen dem kanonisch konjugierten Impuls P und dem normalen Impuls p besteht der folgende Zusammenhang,

$$P = p + qA.\tag{10.2}$$

Im Bereich von Driftstrecken ist $A = 0$ und $P = p$. Die aus der Hamiltonfunktion abgeleiteten Bewegungsgleichungen lauten

$$\dot{P}_i = -\frac{\partial H}{\partial x_i}, \qquad \dot{x}_i = \frac{\partial H}{\partial p_i}, \qquad i = 1, 2, 3.\tag{10.3}$$

Zum Beweis des Liouville'schen Theorems betrachten wir die Kontinuitätsgleichung der Dichtefunktion $\rho(x_1, P_1, x_2, P_2, x_3, P_3, t)$ im sechsdimensionalen Phasenraum,

$$\sum_{i=1}^{3} \left[\frac{\partial}{\partial x_i}(\rho \dot{x}_i) + \frac{\partial}{\partial P_i}(\rho \dot{P}_i) \right] + \frac{\partial \rho}{\partial t} = 0.\tag{10.4}$$

Wir entwickeln den ersten und zweiten Term,

$$\sum_{i=1}^{3} \left[\rho \frac{\partial \dot{x}_i}{\partial x_i} + \dot{x}_i \frac{\partial \rho}{\partial x_i} + \rho \frac{\partial \dot{P}_i}{\partial P_i} + \dot{P}_i \frac{\partial \rho}{\partial P_i} \right] + \frac{\partial \rho}{\partial t} = 0.$$

Mit den aus der Hamiltonfunktion abgeleiteten Bewegungsgleichungen finden wir, dass die Summe aus dem ersten und dritten Term null ist. Damit erhalten wir

$$\sum_{i=1}^{3} \left[\dot{x}_i \frac{\partial \rho}{\partial x_i} + \dot{P}_i \frac{\partial \rho}{\partial P_i} \right] + \frac{\partial \rho}{\partial t} = 0,$$

d. h.

$$\frac{d\rho}{dt} = 0.\tag{10.5}$$

Die letzte Gleichung bedeutet, dass die lokale Teilchendichte längs einer Teilchenbahn invariant ist.

Das Liouville'sche Theorem lässt sich unmittelbar auf die Bewegung der Teilchen in einem Teilchenstrahl anwenden, da die Kräfte, die von den äußeren elektrischen und magnetischen Feldern auf die Teilchen ausgeübt werden, aus einer Hamiltonfunktion abgeleitet werden können. Aus dem Liouville'schen Theorem folgt die Konstanz des von Teilchen besetzten Phasenraumvolumens, d. h. die Form der Phasenraumverteilung ändert sich im Laufe der Zeit, das Volumen bleibt jedoch konstant. Wir haben diesen Erhaltungssatz bereits in linearer Näherung kennen gelernt. Die Flächen der Phasenellipsen bzw. das Volumen des Phasenraumellipsoids sind konstant, da die Determinante der Transfermatrix bei festem Impuls Eins ist. Die Einschränkung auf einen festen Impuls ist notwendig, da in der Ionenoptik nicht (p_x, p_y, p_z) sondern (x', y', δ) als Phasenraumkoordinaten verwendet werden.

In der hier angegebenen allgemeinen Form gilt das Liouville'sche Theorem auch für Strahlen, die beschleunigt oder abgebremst werden. Außerdem ist die Einschränkung auf lineare Kräfte nicht zwingend notwendig. Das Liouville'sche Theorem gilt gleichermaßen für lineare und nichtlineare Kräfte. Die nichtlinearen Kräfte können allerdings die Form des von Teilchen besetzten Phasenraumvolumens so stark verändern, dass der von Teilchen besetzte und unbesetzte Phasenraum experimentell nicht mehr unterschieden werden kann. Dieser Effekt ist besonders ausgeprägt, wenn der Strahl fehlangepasst ist und durch die Filamentation ein wesentlich größeres Phasenraumvolumen überdeckt (siehe Abb. 6.5, 6.6 und 8.7). In diesem Sinne tragen nichtlineare Effekte letztendlich zu einer effektiven Vergrößerung des von Teilchen besetzten Phasenraumvolumens bei. Dies ist jedoch keine Verletzung des Liouville'schen Theorems!

10.1.2 Emittanz

Unter dem Begriff Emittanz soll im Folgenden die Fläche der Phasenellipsen verstanden werden, die sich bei der Projektion des 6-dimensionalen Phasenraumellipsoids auf die Ebenen (x, x'), (y, y') und (l, δ) ergeben. Hierbei ist die Größe und Orientierung von Phasenellipsen durch die Kovarianzmatrix im Sinne von (4.142) definiert. Für aufrechte Ellipsen gilt

$$E_x = \pi \epsilon_x = \pi \sigma_x \sigma_{x'} ,$$
$$E_y = \pi \epsilon_y = \pi \sigma_y \sigma_{y'} ,$$
$$E_l = \pi \epsilon_x = \pi \sigma_l \sigma_\delta .$$
(10.6)

Die Größen σ_x, $\sigma_{x'}$, σ_y, $\sigma_{y'}$, σ_l und σ_δ charakterisieren die Standardabweichung der eindimensionalen Dichteverteilungen längs x, x', y, y', l und δ. Da im Beschleuniger immer Stellen sind, an denen Phasenellipsen aufrecht stehen, ist es für die folgenden Überlegungen am einfachsten, auch die Änderung der Phasenellipsen an diesen Stellen zu betrachten. Die Einheit der Emittanz ist 1 m · rad. Häufig wird auch 1 mm · mrad = $1 \cdot 10^{-6}$ m · rad verwendet. Die longitudinalen Phasenellipsen, die sich aufgrund der Synchrotronschwingung einstellen, sind immer aufrecht. Statt der Koordinaten (l, δ) werden in longitudinaler Richtung meist $(\varphi, \Delta E)$ verwendet. Bei Elektronenmaschinen wird üblicherweise die Emittanz entsprechend Gleichung (10.6) angegeben, d. h. auf der Basis von einer Standardabweichung. Bei Protonenmaschinen ist es üblich, die Emittanz auf der Basis von zwei Standardabweichungen anzugeben. Wir verwenden im Folgenden die Emittanzdefinition gemäß (10.6), d. h. auf der Basis von einer Standardabweichung. Zur Erinnerung werden die folgenden Relationen für den Fall aufrechter Ellipsen angegeben,

$$\sigma_y = \sqrt{\epsilon_y \beta_y} ,$$
$$\sigma_{y'} = \sqrt{\frac{\epsilon_y}{\beta_y}} .$$
(10.7)

10.1.3 Strahltemperatur

Die Begriffe Strahlkühlung und Strahltemperatur stammen aus der kinetischen Theorie von Gasen. Die mittlere quadratische Abweichung der Geschwindigkeiten in dem Ruhesystem des Sollteilchens, d. h. dem Schwerpunktsystem, definiert die Strahltemperatur T in völliger Analogie zur kinetischen Theorie von Gasen,

$$\frac{kT_x}{2} = \frac{\overline{p_{x\,\mathrm{cm}}^2}}{2m} = \frac{p^2}{2m}\sigma_{x'}^2 = \frac{p^2}{2m}\frac{\epsilon_x}{\beta_x},$$

$$\frac{kT_y}{2} = \frac{\overline{p_{y\,\mathrm{cm}}^2}}{2m} = \frac{p^2}{2m}\sigma_{y'}^2 = \frac{p^2}{2m}\frac{\epsilon_y}{\beta_y}, \tag{10.8}$$

$$\frac{kT_l}{2} = \frac{\overline{p_{l\,\mathrm{cm}}^2}}{2m} = \frac{p^2}{2m\gamma^2}\sigma_{\delta}^2 = \frac{p^2}{2m\gamma^2}\frac{\epsilon_l}{\beta_l}.$$

Die so definierten Temperaturen sind in der Regel in radialer, axialer und longitudinaler Richtung unterschiedlich. Die Temperaturen sind durch das Quadrat der Winkel- und Impulsunschärfen $\sigma_{x'}^2$, $\sigma_{y'}^2$ und σ_{δ}^2 bzw. durch die Quotienten Emittanz/Betatronfunktion ϵ_x/β_x, ϵ_y/β_y und ϵ_l/β_l festgelegt. Der Faktor $1/\gamma^2$ bei der Definition der longitudinalen Temperatur T_l kommt durch die Lorentztransformation aus dem Ruhesystem in das Laborsystem.

Strahlkühlungseffekte führen zu einer Abnahme der Emittanz. Sie werden durch eine entsprechende Dämpfungskonstante, z. B. $1/\tau_y$, erfasst. Durch die Strahlkühlung nimmt die Emittanz exponentiell ab,

$$\epsilon_y(t) = \epsilon_y(0)\exp-\frac{t}{\tau_y}. \tag{10.9}$$

In der Literatur werden zwei unterschiedliche Definitionen der Dämpfungskonstante verwendet. Die in diesem Kapitel verwendete Dämpfungskonstante[1] bezieht sich generell auf die Emittanz, d. h. auf eine Größe, die proportional zu dem mittleren Quadrat der Amplituden ist. Die Dämpfungsrate oder Dämpfungskonstante $1/\tau_y$ bestimmt die Geschwindigkeit, mit der die Emittanz kleiner wird. Durch eine Strahlkühlung wird die Strahltemperatur erniedrigt. Die Strahlqualität, d. h. die geometrische Bündelung und die Impulsschärfe, nimmt dadurch zu.

Wir werden im Folgenden drei Methoden der Strahlkühlung kennen lernen. Antiprotonen, Protonen und schwerere Ionen können mit Hilfe der *Elektronenkühlung* oder mit Hilfe der *stochastischen Kühlung* gekühlt werden. Bei Elektronen und Positronen kommt es zu einer natürlichen Strahlkühlung aufgrund der Abstrahlung von *Synchrotronlicht*. Die Strahlkühlung ist im Hinblick auf folgende Zielsetzungen von besonderem Interesse, (i) Speicherung und Präparation von Strahlen exotischer Teilchen wie z. B. Antiprotonen,

---

[1] Die auf die Schwingungsamplituden bezogene Dämpfungskonstante ist halb so groß.

(ii) Erhöhung der Winkel- und Impulsauflösung für bestimmte Präzisions-experimente, (iii) Erhaltung der Strahlqualität und Strahlintensität in einem Speicherring über lange Zeit. Hierfür war der Low Energy Antiproton Ring LEAR beim CERN ein besonders gutes Beispiel. Der Antiprotonen-Strahl konnte dank der stochastischen Kühlung über Stunden im Ring umlaufen.

10.1.4 Strahlheizung

Neben der Strahlkühlung gibt es auch Effekte, die zu einer Erhöhung der Strahltemperatur, d. h. zur Aufheizung der Strahlen führen. In einem Spei-cherring mit internem Target wächst z. B. die Emittanz ϵ_y mit der Zahl der Umläufe N wie

$$\epsilon_y = \epsilon_0 + \frac{1}{2} N \beta_y \Theta_{rms}^2 \,. \tag{10.10}$$

Hierbei ist Θ_{rms}^2 die Varianz der Kleinwinkelstreuung aufgrund der Coulomb-wechselwirkung im Target (9.5) und β_y die Betatronfunktion an der Stelle des Targets. Auch bei der Wechselwirkung mit dem Restgas im Vakuum treten solche Aufheizeffekte auf. Die repulsive Coulombwechselwirkung der Teilchen untereinander kann ebenfalls zu einer Erhöhung der Strahltemperatur bei-tragen.

10.2 Adiabatische Dämpfung

Bevor wir die Mechanismen der Strahlkühlung besprechen, wollen wir den Effekt der adiabatischen Dämpfung schildern, der bei der Beschleunigung von Teilchenstrahlen auftritt. Die adiabatische Dämpfung kann in einfacher Weise mit Hilfe des Liouville'schen Theorems erklärt werden. Danach ist das von den Strahlteilchen besetzte Phasenraumvolumen konstant. Wenn die Bewegungen in den Phasenraumebenen (x, p_x), (y, p_y) und (z, p_z) entkoppelt sind, gilt z. B. für eine aufrechte Phasenellipse in der (y, p_y)-Ebene

$$\Delta y \Delta p_y = const \,. \tag{10.11}$$

Die Größen Δy und Δp_y sind hierbei die entsprechenden Halbachsen. Daraus folgt für die Emittanz

$$\epsilon_y = \Delta y \frac{\Delta p_y}{p} = \frac{const}{p} \,, \tag{10.12}$$

d. h. die transversalen Emittanzen $\pi \epsilon_x$ und $\pi \epsilon_y$ und die longitudinale Emit-tanz $\pi \epsilon_l = \pi \sigma_l \sigma_\delta$ sind umgekehrt proportional zu dem momentanen Impuls p während der Hochbeschleunigung. Die adiabatische Dämpfung ist keine Strahl-kühlung, da das von Teilchen besetzte Phasenraumvolumen konstant bleibt.

Um Emittanzen zu vergleichen, wird die sogenannte *normalisierte* Emit-tanz definiert. Die normalisierte Emittanz ist das Produkt aus Emittanz und

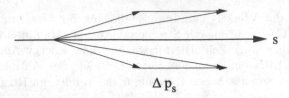

$$\Delta\,p_s$$

Abb. 10.1. Illustration zur adiabatischen Dämpfung. Bei der Beschleunigung wird die Divergenz und damit auch die Emittanz kleiner

Impuls. Im Allgemeinen verwendet man zur Normierung nicht den Impuls p sondern die Größe $\beta\gamma = p/m$,

$$\pi\epsilon_y^{\mathrm{n}} = \pi\epsilon_y\beta\gamma\,. \tag{10.13}$$

Die so definierte normalisierte Emittanz ist proportional zur Fläche der Phasenellipse in der (y, p_y)-Ebene.

Die Ursache für die adiabatische Dämpfung, die in Gleichung (10.12) rein formal gezeigt wurde, kann man sich im Übrigen auch sehr anschaulich vorstellen. Bei der Beschleunigung eines Strahls erfahren die Teilchen im zeitlichen Mittel nur Änderungen der longitudinalen Impulskomponente. Hierdurch wird die Divergenz und damit verknüpft die Emittanz des Strahlenbündels entsprechend kleiner (siehe Abb. 10.1).

Der Begriff adiabatische Dämpfung ist in der Literatur nicht eindeutig festgelegt. Bei den Synchrotronschwingungen wird z. B. die maximale Phasenabweichung $\Delta\varphi_{\mathrm{max}}$ mit zunehmender Energie E_{s} kleiner. Dieser Effekt wird ebenfalls adiabatische Dämpfung genannt. Man kann den Effekt mit Hilfe des Boltzmann-Ehrenfest Theorems berechnen. Wenn sich die Parameter der Synchrotronschwingung nur langsam ändern, ist das Wirkungsintegral (8.37) über eine Synchrotronperiode konstant, und man erhält in der linearen Näherung für die kanonisch konjugierten Koordinaten $\Delta\varphi$ und W

$$\Delta\varphi_{\mathrm{max}} \propto \left(\frac{\eta_{\mathrm{s}}}{C_{\mathrm{s}}E_{\mathrm{s}}qU_0\cos\varphi_{\mathrm{s}}}\right)^{1/4}\,,$$
$$W_{\mathrm{max}} \propto \left(\frac{C_{\mathrm{s}}E_{\mathrm{s}}qU_0\cos\varphi_{\mathrm{s}}}{\eta_{\mathrm{s}}}\right)^{1/4}\,. \tag{10.14}$$

Die Ableitung dieser Gleichung findet man bei H. Bruck [Br66]. Das Produkt $\pi\Delta\varphi_{\mathrm{max}}W_{\mathrm{max}}$ repräsentiert die normalisierte Emittanz in longitudinaler Richtung.

10.3 Synchrotronstrahlung

Nach einer kurzen Einführung der Synchrotronstrahlung betrachten wir die durch die Synchrotronstrahlung ausgelöste Dämpfung und Anregung der transversalen und longitudinalen Schwingungen.

Geladene Teilchen strahlen bei der Ablenkung im Magnetfeld Synchrotronlicht ab (siehe Abb. 10.2). Da die abgestrahlte Energie umgekehrt proportional zur vierten Potenz der Ruhemasse ist, ergibt sich nur bei Elektronen ein relevanter Effekt. Wir skizzieren im Folgenden die Zusammenhänge und folgen dabei der klassischen Herleitung von Matthew Sands [Sa71]. Aus der klassischen elektromagnetischen Theorie erhält man für die monentane Verlustleistung P_{rad} von relativistischen Elektronen

$$P_{\text{rad}} = \frac{e^2 c^3}{2\pi} C_{\text{rad}} E^2 B^2 = \frac{c C_{\text{rad}}}{2\pi} \frac{E^4}{\rho^2} \,, \tag{10.15}$$

$$C_{\text{rad}} = \frac{e^2}{3\epsilon_0 (mc^2)^4} = 8{,}85 \cdot 10^{-5} \ \text{m GeV}^{-3} \,. \tag{10.16}$$

Hierbei ist e die Elementarladung, E die Energie, m die Masse des Elektrons, B die Stärke des Magnetfeldes, ρ der Krümmungsradius und ϵ_0 die elektrische Feldkonstante. Der mittlere Energieverlust pro Umlauf ergibt sich zu

$$U = \oint P_{\text{rad}} \mathrm{d}t = C_{\text{rad}} E^4 \frac{1}{2\pi} \oint \frac{\mathrm{d}s}{\rho^2} \,. \tag{10.17}$$

Für die sogenannten isomagnetischen Führungsfelder ist die Krümmung $1/\rho_0$ der Gleichgewichtsbahn in allen Ablenkmagneten gleich und konstant. Außerhalb der Ablenkmagnete, d. h. längs der geraden Strecken ist $1/\rho_0$ gleich null. Unter dieser Voraussetzung gilt für das Sollteilchen (Index „0")

$$U_0 = C_{\text{rad}} \frac{E_0^4}{\rho_0} \,. \tag{10.18}$$

Für $E_0 = 3{,}5$ GeV und $\rho_0 = 13{,}3$ m ergibt sich z. B. $U_0 = 1$ MeV. Für einen internen Elektronenstrahlstrom $I = 1$ A ist dann die abgestrahlte Leistung $P_{\text{rad}} = 1$ MW. Diese Zahlen zeigen, dass Elektronensynchrotrons und Elektronenspeicherringe hohe HF-Beschleunigungsleistungen erfordern. Auch die Anforderung an das Vakuumsystem sind sehr hoch, da die hohen Leistungsdichten des abgestrahlten Synchrotronlichtes eine starke Desorption von Gasen aus der Metalloberfläche der Vakuumkammer verursacht.

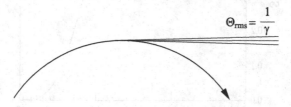

Abb. 10.2. Emission von Synchrotronstrahlung bei der Ablenkung von Elektronen in einem Ablenkmagneten. Das Synchrotronlicht wird tangential in einem engen Kegel in Vorwärtsrichtung emittiert. Für die Winkelunschärfe gilt $\Theta_{\text{rms}} = 1/\gamma$

Die Abstrahlung des Synchrotronlichtes erfolgt nicht kontinuierlich, sondern in Quanten. Die spektrale Verteilung der abgestrahlten Leistung $P_{\text{rad}}(\omega)$ ergibt sich aus der Spektralfunktion $S(\omega/\omega_c)$,

$$P_{\text{rad}}(\omega) = \frac{P_{\text{rad}}}{\omega_c} S\left(\frac{\omega}{\omega_c}\right), \qquad \omega_c = \frac{3}{2}\frac{c\gamma^3}{\rho}. \tag{10.19}$$

Die Größe ω_c ist die kritische Frequenz, die Funktion $S(\omega/\omega_c)$ enthält ein Integral über die modifizierte Besselfunktion $K_{5/3}$ [Sa71] (siehe Abb. 10.3),

$$S\left(\frac{\omega}{\omega_c}\right) = \frac{9\sqrt{3}}{8\pi}\frac{\omega}{\omega_c}\int_{\omega/\omega_c}^{\infty} K_{5/3}\left(\frac{\omega}{\omega_c}\right) d\left(\frac{\omega}{\omega_c}\right). \tag{10.20}$$

Die Abbildung zeigt, dass der Hauptanteil der Synchrotronabstrahlung nahe bei der kritischen Frequenz liegt. Für $E = 3{,}5$ GeV und $\rho_0 = 13{,}3$ m erhalten wir $\omega_c = 1{,}2 \cdot 10^{19}$ s^{-1} und $\hbar\omega_c = 7{,}7$ keV, d. h. der Hauptanteil liegt im Bereich der weichen Röntgenstrahlung. Die mittlere Quantenenergie $\langle\hbar\omega\rangle$ und das mittlere Quadrat $\langle(\hbar\omega)^2\rangle$ ergibt sich durch Integration über die Spektralfunktion

$$\langle\hbar\omega\rangle = \frac{8}{15\sqrt{3}}\hbar\omega_c, \qquad \langle(\hbar\omega)^2\rangle = \frac{11}{27}(\hbar\omega_c)^2. \tag{10.21}$$

Die Photonen der Synchrotronstrahlung werden mit zunehmender Elektronenenergie immer stärker in Vorwärtsrichtung emittiert. Dies ist ein Effekt der relativistischen Kinematik. Wenn man die momentane Verlustleistung P_{rad} als Funktion der Winkelabweichung zur momentanen Flugrichtung des Elektrons betrachtet, erhält man für die Winkelunschärfe Θ_{rms}

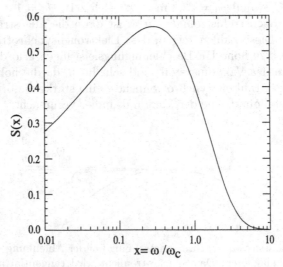

Abb. 10.3. Spektrale Verteilung der abgestrahlten Leistung von Synchrotronlicht

$$\Theta_{\mathrm{rms}} = \frac{1}{\gamma}. \tag{10.22}$$

Für $E = 3{,}5$ GeV ist z. B. $\Theta_{\mathrm{rms}} = 0{,}15$ mrad.

10.3.1 Dämpfung von Schwingungen

Aus dem Zusammenspiel von Synchrotronlichtemission und Beschleunigung resultiert eine Dämpfung der Betatron- und Synchrotronschwingungen, und damit eine Reduktion der transversalen und longitudinalen Emittanz. Für die *axiale Emittanz* kann man die Zeitkonstante τ_y bzw. die Dämpfungsrate $1/\tau_y$ unmittelbar anhand folgender Überlegungen deduzieren. Bei der Emission eines Synchrotronlichtquantes wird wegen (10.22) die lokale Position und Richtung des emittierenden Teilchens praktisch nicht geändert. Lediglich die Energie E und damit der Impuls p des Teilchens wird kleiner. In der HF-Beschleunigungsstrecke wird die Gesamtheit dieser Energieverluste kompensiert. Diese Kompensation bedeutet aber im zeitlichen Mittel eine ausschließlich logitudinale Impulsänderung. Damit tritt aber der gleiche Effekt wie bei der adiabatischen Dämpfung auf (siehe Abb. 10.1). Aus der Gleichung (10.12) ergibt sich durch Differenziation

$$\frac{\Delta \epsilon_y}{\epsilon_y} = -\frac{\Delta p}{p}. \tag{10.23}$$

Für relativistische Elektronen gilt $\Delta p/p = \Delta E/E$. Damit ergibt sich *pro Umlauf* eine mittlere Dämpfung

$$\frac{\Delta \epsilon_y}{\epsilon_y} = -\frac{U_0}{E_0}. \tag{10.24}$$

Die mittlere Dämpfung *pro Zeiteinheit*, d. h. die Dämpfungskonstante $1/\tau_y$, erhält man schließlich, wenn man die Zahl der Umläufe pro Zeiteinheit $1/T_0$ einsetzt,

$$\frac{1}{\tau_y} = -\frac{1}{T_0} \frac{\Delta \epsilon_y}{\epsilon_y} = \frac{1}{T_0} \frac{U_0}{E_0}. \tag{10.25}$$

Für die *radiale Emittanzdämpfung* kann man die gleiche Überlegung anstellen. Es ergibt sich allerdings das Problem, dass sich durch die Impulsänderung Δp bei der Emission eines Lichtquants plötzlich die Gleichgewichtsbahn ändert. Damit erfährt die radiale Betatronschwingung jeweils eine entsprechende kleine Änderung,

$$\Delta x = -D \frac{\Delta p}{p},$$
$$\Delta x' = -D' \frac{\Delta p}{p}. \tag{10.26}$$

Wenn man diese Effekte über einen vollen Umlauf integriert berücksichtigt, erhält man eine Reduktion der Dämpfungsrate um den Faktor $(1 - d)$,

$$\frac{1}{\tau_x} = \frac{1}{T_0} \frac{U_0}{E_0} (1 - d) \,. \tag{10.27}$$

Die Größe d ist ein Integral, das von der Ionenoptik des Beschleunigers abhängt,

$$d = \frac{\oint \frac{D}{\rho} \left(\frac{1}{\rho^2} + 2K_g \right) ds}{\oint \frac{1}{\rho^2} ds} \,. \tag{10.28}$$

Hierbei ist $K_g(s)$ ein Maß für den lokalen Feldgradienten, $K_g(s) = (\partial B_y / \partial x)/(B\rho)$. Die Größe $1/\rho(s)$ gibt die lokale Krümmung der Sollbahn und $D(s)$ die periodische Dispersion. In einem Synchrotron oder Speicherring, in dem die Fokussierung und Ablenkung mit verschiedenen Magneten gemacht wird, d. h. in einer Separated-Function Maschine, ist das Produkt $(1/\rho)K_g$ immer gleich null. Die Größe d ist dann sehr klein und kann vernachlässigt werden.

Die *longitudinale Emittanz* ϵ_l erfährt ebenfalls eine Dämpfung. Die Strahlungsverluste sind stark energieabhängig und verursachen daher in der Synchrotronschwingungsgleichung einen Dämpfungsterm,

$$\frac{d^2}{dt^2} \Delta E + \frac{1}{\tau_l} \frac{d}{dt} \Delta E + \omega_{\text{syn}}^2 \Delta E = 0 \,,$$
$$\frac{1}{\tau_l} = \frac{1}{T_0} \left(\frac{dU}{dE} \right)_{E_0} \,. \tag{10.29}$$

Bei der Berechnung von (dU/dE) muss man drei Effekte berücksichtigen, da sich (i) die momentane Verlustleistung, (ii) die Bahn des Elektrons und damit das Magnetfeld B und (iii) die Weglänge bei einer Änderung der Energie E ändern. Aus den Gleichungen (10.15)–(10.17) folgt unter Berücksichtigung von $dt = (1 + D\delta/\rho)ds/c$

$$U = \frac{1}{c} \oint P_{\text{rad}} \left(1 + \frac{D}{\rho} \frac{\Delta E}{E_0} \right) ds \,.$$

Die Ableitung an der Stelle $E = E_0$, d. h. bei $\Delta E = 0$ lautet

$$\left(\frac{dU}{dE} \right)_{E_0} = \frac{1}{c} \oint \left(\frac{dP_{\text{rad}}}{dE} + \frac{D}{\rho_0} \frac{P_{\text{rad}}}{E_0} \right) ds \,.$$

Da $P_{\text{rad}} \propto E^2 B^2$, gilt

$$\frac{dP_{\text{rad}}}{dE} = 2 \frac{P_{\text{rad}}}{E_0} + 2 \frac{P_{\text{rad}}}{B_0} \frac{dB}{dE} \,,$$
$$\frac{dB}{dE} = \frac{dB}{dx} \frac{dx}{dE} = \frac{dB}{dx} \frac{D}{E_0} \,.$$

Wenn man dies alles zusammenfasst, erhält man schließlich

$$\left(\frac{\mathrm{d}U}{\mathrm{d}E}\right)_{E_0} = \frac{U_0}{E_0}(2+d)\,\frac{1}{\tau_l} = \frac{1}{T_0}\frac{U_0}{E_0}(2+d)\,. \tag{10.30}$$

Robinson-Theorem. Zusammengefasst erhält man für die Dämpfungs-konstanten folgende Relationen

$$\frac{1}{\tau_x} = \frac{1}{T_0}\frac{U_0}{E_0}(1-d)\,,$$

$$\frac{1}{\tau_y} = \frac{1}{T_0}\frac{U_0}{E_0}\,, \tag{10.31}$$

$$\frac{1}{\tau_l} = \frac{1}{T_0}\frac{U_0}{E_0}(2+d)\,.$$

Für die Summe gilt das *Robinson-Theorem*

$$\frac{1}{\tau_x} + \frac{1}{\tau_y} + \frac{1}{\tau_l} = 4\frac{1}{T_0}\frac{U_0}{E_0}\,. \tag{10.32}$$

Der Index 0 bezieht sich auf das Sollteilchen, d. h. das synchrone Teilchen. Wie bereits bemerkt, ist $d \ll 1$ für Separated-Function Maschinen. Die hier ange-gebenen Dämpfungskonstanten beziehen sich wie auch sonst in diesem Kapitel auf die Emittanz, d. h. auf das Quadrat der Amplituden und nicht auf die Am-plituden. Die auf die Amplitude bezogenen Dämpfungskonstanten sind einen Faktor 1/2 kleiner. Das Robinson-Theorem gilt unter der Voraussetzung, dass auf die Teilchen nur Felder einwirken, die nicht vom Strahlstrom abhängen. Bei hohen Intensitäten werden zusätzliche Effekte durch die Störfelder aus-gelöst, die durch den longitudinal gebündelten Strahl im Strahlrohr, in den HF-Resonatoren und in den Messsonden induziert werden.

10.3.2 Anregung von Schwingungen

Wir haben bisher so getan, als sei der Energieverlust aufgrund von Synchro-tronstrahlung ein stetiger und kontinuierlicher Prozess. In Wirklichkeit werden Quanten mit einer diskreten Energie abgestrahlt. Der diskontinuierliche Ener-gieverlust verursacht eine Vergrößerung der longitudinalen und transversalen Emittanz, die den soeben beschriebenen Dämpfungseffekten entgegenwirkt. Das Zusammenspiel beider Effekte führt zu einem Gleichgewichtszustand.

Wir schildern zunächst die Auswirkungen auf die *longitudinale Emittanz*. Durch die energetischen Fluktuationen der Lichtquanten nimmt die mittlere quadratische Energieabweichung des Elektronenstrahls zu,

$$\frac{\mathrm{d}}{\mathrm{d}t}\langle(\Delta E)^2\rangle = \frac{1}{2}\frac{1}{C}\oint \dot{N}_{\mathrm{rad}}\langle(\hbar\omega)^2\rangle\mathrm{d}s\,, \tag{10.33}$$

wobei $\dot{N}_{\mathrm{rad}} = P_{\mathrm{rad}}/\langle(\hbar\omega)\rangle$ die Zahl der momentan abgestrahlten Photonen pro Zeiteinheit ist, und $\langle(\hbar\omega)\rangle$ sowie $\langle(\hbar\omega)^2\rangle$ durch (10.21) gegeben sind. Durch die Integration über einen Umlauf wird die vom lokalen Bahnradius $\rho(s)$ abhängige Größe $\dot{N}_{\mathrm{rad}}\langle(\hbar\omega)^2\rangle$ durch den Mittelwert über einen Umlauf ersetzt. Der Faktor $1/2$ kommt durch die Mittelung über den Phasenfaktor $\cos^2\psi$ der Synchrotronschwingung. Der gegenläufige Kühleffekt führt zu einer Reduktion von $\langle(\Delta E)^2\rangle$,

$$\frac{\mathrm{d}}{\mathrm{d}t}\langle(\Delta E)^2\rangle = -\frac{1}{\tau_l}\langle(\Delta E)^2\rangle\,. \tag{10.34}$$

Das Gleichgewicht stellt sich ein, wenn sich beide Effekte in der Summe gegenseitig aufheben. Wenn das Gleichgewicht erreicht ist, gilt

$$\sigma_E^2 = \langle(\Delta E)^2\rangle = \frac{\tau_l}{2C}\oint \dot{N}_{\mathrm{rad}}\langle(\hbar\omega)^2\rangle\mathrm{d}s\,. \tag{10.35}$$

Wenn man die Mittelung über den Ringumfang durchführt, erhält man

$$\left(\frac{\sigma_E}{E_0}\right)^2 = C_{\mathrm{q}}\frac{\gamma^2}{2+d}\frac{\langle|h|^3\rangle}{\langle h^2\rangle}\,,\qquad C_{\mathrm{q}} = \frac{55\hbar}{32\sqrt{3}mc} = 3{,}84\cdot10^{-13}\,\mathrm{m}\,. \tag{10.36}$$

Hierbei ist E_0 die Gesamtenergie des synchronen Teilchens, $h(s) = 1/\rho(s)$ die lokale Krümmung der Teilchenbahnen und $\langle\ldots\rangle$ bedeutet Mittelung über den Ringumfang. Für ein isomagnetisches Führungsfeld, in dem alle Ablenkmagnete mit dem gleichen Krümmungsradius ρ_0 ablenken, erhält man für den Gleichgewichtszustand die einfache Beziehung

$$\left(\frac{\sigma_E}{E_0}\right)^2 = C_{\mathrm{q}}\frac{\gamma^2}{2+d}\frac{1}{\rho_0}\,. \tag{10.37}$$

In einem Speicherring mit $\rho_0 = 5$ m und $E = 1$ GeV ist z.B. die Energieunschärfe $0{,}04\%$, d.h. rund 40 keV. Die entsprechenden Standardabweichungen bezüglich der Phasenabweichung σ_φ bzw. der longitudinalen Strahlausdehnung σ_l lassen sich mit Hilfe der Relationen (8.19), (8.38) und (8.39) ausrechnen. Mit (8.19) erhalten wir z.B. für die longitudinale Gleichgewichtsemittanz

$$\pi\epsilon_\varphi = \pi\sigma_\varphi\sigma_E = \pi\frac{h\eta_{\mathrm{s}}}{Q_{\mathrm{syn}}p_{\mathrm{s}}v_{\mathrm{s}}}\sigma_E^2\,. \tag{10.38}$$

In *radialer Richtung* ergibt sich aus dem Zusammenspiel der Energiefluktuationen und der lokalen Orts- und Winkeldispersion $D(s)$ und $D'(s)$ ein zusätzliches Anwachsen der Emittanz. Immer dann, wenn ein Energiequant emittiert wird, ändert sich nämlich die Teilchenenergie und damit die dispersive Gleichgewichtsbahn. Das Gleichgewicht mit dem Kühleffekt entsprechend (10.27) ergibt schließlich für die radiale Emittanz

$$\pi\epsilon_x = \pi C_{\mathrm{q}}\frac{\gamma^2}{1-d}\frac{\langle|h|^3 H\rangle}{\langle h^2\rangle} \tag{10.39}$$

mit

$$H = \frac{1}{\beta}[D^2 + (\alpha D + \beta D')^2].$$ (10.40)

Die Größen α und β sind hier die radialen Twiss-Parameter und die Größe H ist die mit der Dispersionsfunktion $D(s)$ gebildete Courant-Snyder-Invariante. Die radiale Emittanz wird umso kleiner, je kleiner die Dispersion im Bereich der Ablenkmagnete ist.

In *axialer Richtung* können die Energiefluktuationen kein Emittanzwachstum anheizen, da die Dispersion null ist. Lediglich die Winkeländerungen bei der Quantenemission können einen sehr kleinen Aufheizeffekt auslösen, was zu folgender Gleichgewichtsemittanz führen würde,

$$\pi\epsilon_y = \pi C_q \langle \beta_y \rangle \frac{\langle |h|^3 \rangle}{\langle h^2 \rangle}.$$ (10.41)

Diese von der Energie unabhängige Gleichgewichtsemittanz ist so klein, dass andere Effekte dominierend werden. Vor allem die Kopplung zwischen radialer und axialer Betatronschwingung durch etwas um die Strahlachse gedrehte Quadrupole verursacht solche Kopplungen. Ein typischer Wert für große Speicherringe ist

$$\epsilon_y \approx 0{,}01\epsilon_x.$$ (10.42)

Ein Charakteristikum der Elektronensynchrotrons ist die Tatsache, dass die transversale und longitudinale Gleichgewichtsemittanz zu hohen Energien wie γ^2 anwächst, d. h. proportional zu E^2 ist.

10.4 Stochastische Kühlung

Nach der Schilderung des Prinzips geben wir eine elementare Einführung in die Theorie der stochastischen Kühlung.

Nach dem Liouville'sche Theorem ändert sich die Phasenraumdichte eines geladenen Teilchenstrahls nicht, wenn äußere elektrische und magnetische Felder auf den Teilchenstrahl einwirken. Diese Aussage gilt sowohl für zeitlich konstante wie zeitlich variable Felder. Das Liouville'sche Theorem ist ein zentrales Dogma in der Ionenoptik, aber genau genommen ist es nur anwendbar, wenn der Teilchenstrahl wie ein kontinuierliches Medium behandelt werden kann. In Wirklichkeit besteht der Strahl aus einzelnen individuellen Teilchen im Phasenraum, d. h. nur ein kleiner Teil des Phasenraums ist wirklich mit Teilchen besetzt, der restliche Phasenraum ist leer. Wenn die Phasenraumkoordinaten eines jeden Teilchens bekannt wären, könnte man leere Phasenraumvolumina gegen besetzte Phasenraumvolumina austauschen. Dadurch sollte es möglich sein, das von Teilchen besetzte Phasenraumvolumen kleiner zu machen, ohne das Liouville'sche Theorem zu verletzen. Dies ist die grundlegende Idee der stochastischen Kühlung [Mo80], die S. van der Meer 1968 entdeckte.

Das Schema der stochastischen Strahlkühlung ist in Abb. 10.4 dargestellt. Die Messsonde („pick-up"-Sonde) registriert eine zufällige Abweichung $\langle x \rangle_S$ der Stichprobe („sample") von dem Sollwert $x = 0$. Ein Kickermagnet korrigiert diese Abweichung, indem ein entsprechender Winkelkick genau in dem Moment ausgelöst wird, in dem die Stichprobe den Kicker passiert. Der Abstand zwischen der Messsonde und dem Kicker entspricht genau einem Betatronphasenvorschub von

$$\Delta\psi = \pi/2 \ (\mathrm{mod}\ \pi).\tag{10.43}$$

Die Idee der stochastischen Kühlung wollen wir uns an folgendem Bild klar machen. Wir nehmen an, dass der gesamte umlaufende Strahl nur aus einigen wenigen Teilchen besteht. Die Messsonde sei so empfindlich, dass sie die Ortsabweichung x eines einzelnen Teilchens messen und ein entsprechendes Korrektursignal am Kicker auslösen kann. Im Idealfall werden alle Teilchen mit einer Ortsabweichung auf die Gleichgewichtsbahn gelenkt, die Emittanz des gekühlten Strahles wäre bereits nach wenigen Umläufen null. In Wirklichkeit wird die Ortsabweichung von *Stichproben* („sample") gemessen und korrigiert. Die zeitliche Länge T_S der Stichproben ist durch die Bandbreite W der Elektronik des Kühlsystems festgelegt (Küpfmüller-Nyquist-Relation),

$$T_S = \frac{1}{2W}.\tag{10.44}$$

Bei einer Gesamtzahl von N Teilchen im Ring und einer Umlaufzeit T_0 ergibt sich für die mittlere Zahl N_S der Teilchen in der Stichprobe

$$N_S = N\frac{T_S}{T_0}.\tag{10.45}$$

Man kann sich anschaulich vorstellen, dass die Gesamtheit der N umlaufenden Teilchen in T_0/T_S Stichproben zu je N_S Teilchen aufgeteilt sind. Im Falle des Low Energy Antiproton Ring LEAR am CERN hatte man z. B. $N = 1 \cdot 10^9$, $T_0 = 0,5\ \mu s$, $W = 250$ MHz, $T_S = 2$ ns, $N_S = 4 \cdot 10^6$ und damit rund 250 Stichproben pro Umlauf.

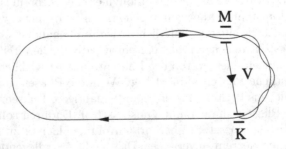

Abb. 10.4. Schema der stochastischen Kühlung. M: Messsonde, K: Kickermagnet, V: Verstärker

Wir skizzieren die stochastische Kühlung in enger Anlehnung an eine Arbeit von D. Möhl [Mo84]. Die Idee der stochastischen Kühlung basiert auf der Überlegung, dass nach der Korrektur der mittleren Ortsabweichungen $\langle x \rangle_S$ der Stichproben die mittlere quadratische Ortsabweichung $\overline{x^2}$ des gesamten Strahles kleiner wird. Die Korrektur am Kicker ist äquivalent zu einer Änderung der Position an der Messsonde. Die Korrekturen ändern die Ortsabweichungen x der einzelnen Teilchen in den Stichproben und die mittlere quadratische Ortsabweichung $\overline{x^2}$ der Gesamtheit aller Teilchen,

$$x \to x - \langle x \rangle_S$$
$$\overline{x^2} \to \overline{(x - \langle x \rangle_S)^2} = \overline{x^2} - \overline{\langle x \rangle_S^2} = \overline{x^2} - \overline{x^2}/N_S \,. \tag{10.46}$$

Hierbei bedeutet x die Ortsabweichung eines beliebig herausgegriffenen einzelnen Teilchens und $\langle x \rangle_S$ die mittlere Ortsabweichung einer Stichprobe. Die Wirkung der Korrektur wird dadurch erfasst, dass x durch $x - \langle x \rangle_S$ ersetzt wird. Wenn man nun über die Gesamtheit aller Teilchen sowie aller Stichproben pro Umlauf mittelt, erhält man nach den Korrekturen eine um $\overline{\langle x \rangle_S^2} = \overline{x^2}/N_S$ kleinere mittlere quadratische Abweichung von der Sollachse.

Die entscheidende Gleichung (10.46) folgt aus der Theorie der Statistik von Stichproben („samples"). Wenn man aus einer Gesamtheit von N Teilchen zufällige Stichproben von N_S Teilchen herausgreift, gelten folgende Relationen für die Erwartungswerte E,

$$E[\langle x \rangle_S] = \overline{x} = 0 \,,$$
$$E[\langle x^2 \rangle_S] = \overline{x^2} \,,$$
$$E[\langle x \rangle_S^2] = \overline{x^2}/N_S \,,$$
$$E[x \langle x \rangle_S] = E\left[x \frac{1}{N_S} \left(x + \sum_{k=1}^{N_S-1} x_k \right) \right] = \frac{\overline{x^2}}{N_S} \,.$$

Bei der letzten Gleichung wird aus der Stichprobe das Testteilchen mit der Ortsabweichung x herausgegriffen. Für die Stichprobe ohne das Testteilchen ist der Erwartungswert von $(\sum x_k)/N_S$ null.

Bei einer etwas allgemeineren Betrachtung führt man einen Verstärkungsfaktor g für die Kickerkorrektur ein ($g = 1$ ist natürlich im Idealfall nach wie vor das Optimum),

$$x \to x_c = x - g \langle x \rangle_S \,,$$
$$\overline{x^2} \to \overline{x_c^2} = \overline{x^2} - 2g \overline{\langle x \rangle_S^2} + g^2 \overline{\langle x \rangle_S^2} \,, \tag{10.47}$$
$$\Delta \overline{x^2} = \overline{x_c^2} - \overline{x^2} = -(2g - g^2) \overline{x^2}/N_S \,.$$

Aus Gleichung (10.47) lässt sich nun unmittelbar die relative Abnahme der Emittanz ϵ berechnen. Hierbei muss man allerdings beachten, dass die Ortsabweichung der Teilchen nicht nur von der Amplitude a sondern auch von der

Phase ψ der Betatronschwingung abhängt. Die Teilchen kommen nicht alle mit der optimalen Phase, d. h. mit $\cos^2 \psi = 1$, an der Messsonde vorbei. Die Mittelung über $\cos^2 \psi$ ergibt einen Reduktionsfaktor $1/2$. Damit erhält man schließlich pro Umlauf

$$\frac{\Delta \epsilon}{\epsilon} = \frac{1}{2} \frac{\Delta \overline{x^2}}{\overline{x^2}} = -\frac{1}{2} \frac{2g - g^2}{N_S} . \tag{10.48}$$

Die Dämpfungsrate $1/\tau$ ergibt sich mit Hilfe der Umlauffrequenz $1/T_0$

$$\frac{1}{\tau} = \frac{1}{T_0} \frac{\Delta \epsilon}{\epsilon} = \frac{1}{2T_0} \frac{2g - g^2}{N_S} = \frac{W}{N}(2g - g^2) . \tag{10.49}$$

Zur Berücksichtigung des elektronischen Rauschens und der Effekte, die sich durch das Mischen („mixing") der Stichproben ergeben, werden die Parameter U, M und $\tilde{M}$ eingeführt. Die Größe U charakterisiert das Verhältnis zwischen dem elektronischen Rauschen und dem Signal, $U = E[x_n^2]/E[\langle x \rangle_S^2]$. Die Größe M charakterisiert die notwendige und erwünschte Mischung der Stichproben auf dem Weg zwischen dem Kicker und der Messsonde. Diese Mischung ergibt sich aufgrund von Laufzeitunterschieden der Teilchen. Ohne diese Mischung würde sich die Population der Stichproben nicht ändern, und der Kühlungsmechanismus käme bereits nach der ersten Korrektur zum Stillstand. Die Größe M bedeutet letztlich die Zahl der Umläufe, die die Teilchen aufgrund ihrer typischen Impulsabweichung $\delta = \Delta p/p$ benötigen, um den Zufallscharakter der Stichproben vollständig wiederherzustellen. Die Größe $\tilde{M}$ charakterisiert die unerwünschte Mischung der Stichproben auf dem Weg zwischen der Messsonde und dem Kicker. Damit erhält man schließlich für $1/\tau$ die folgende Form,

$$\frac{1}{\tau} = \frac{W}{N} \left[2g \left(1 - \frac{1}{\tilde{M}^2} \right) - g^2(M + U) \right] . \tag{10.50}$$

Die theoretisch maximal mögliche Kühlungsrate ergibt sich, wenn $\tilde{M}^{-2} = 0$, $M + U = 1$ und $g = 1$ ist,

$$\frac{1}{\tau} \leq \frac{W}{N} . \tag{10.51}$$

Im allgemeinen Fall liegt der optimale Verstärkungsfaktor nicht bei $g = 1$, sondern bei

$$g = \frac{1 - \tilde{M}^{-2}}{M + U} . \tag{10.52}$$

Mit $M = 1{,}5$, $U = 1$ und $\tilde{M} = 3$ erhält man z. B. als optimalen Verstärkungsfaktor $g = 0{,}36$ und $1/\tau = 0{,}32\ W/N$. In jedem Fall ist die Zeitkonstante τ proportional zur Zahl der Teilchen im Ring und umgekehrt proportional zur Bandbreite W der Elektronik. Mit $W = 1$ GHz und $N = 1 \cdot 10^9$ Teilchen im Ring kann man bestensfalls eine Zeitkonstante von $\tau = 1$ s erreichen. Realistischer ist es jedoch, von $\tau \approx 3$ s auszugehen.

Die soeben geschilderte Methode kann nicht nur zur Kühlung in radialer und axialer Richtung, sondern auch in longitudinaler Richtung eingesetzt werden. Bei der longitudinalen Kühlung wird die Impulsunschärfe $\delta = \Delta p/p$ verkleinert. Eine der Möglichkeiten hierzu besteht darin, dass eine Messsonde an einer Stelle im Ring positioniert wird, wo die Strahlausdehnung durch dispersive Aufweitung $x = D\delta$ wesentlich größer ist als die Strahlausdehnung aufgrund der Betatronschwingungen $x = \sqrt{\beta\epsilon}$, d. h., wo die periodische Dispersion D relativ groß und die Betatronfunktion β relativ klein ist. Unter diesen Umständen ist das Signal $\langle x \rangle_S$ proportional zu $\langle \delta \rangle_S$, und die stochastische Kühlung kann durch entsprechende Beschleunigungen in logitudinaler Richtung realisiert werden. Die Idee zu dieser Methode stammt von R. Palmer. Die Methode wird daher „Palmer Cooling" genannt.

Eine andere Methode der longitudinalen Strahlkühlung basiert auf den Laufzeitunterschieden, die sich aus der Impulsunschärfe $\delta = \Delta p/p$ ergeben. Mit einer empfindlichen Messsonde wird das Schottky-Rauschen eines frei umlaufenden Strahls („coasting beam") gemessen. Bei dem „coasting beam"-Betrieb ist der HF-Resonator abgeschaltet und es gibt keine Teilchenpakete („bunches"). Aus dem Frequenzspektrum, d. h. dem Fourierspektrum der registrierten Signale wird das Korrektursignal zur Impulskühlung gewonnen. Diese Filtermethode wurde zur stochastischen Impulskühlung im Antiproton Accumulator AA und im Low Energy Antiproton-Ring LEAR beim CERN verwendet. Auch für diese Methode kann man die Gleichung (10.49) zur Ermittlung der Kühlungsrate $1/\tau$ benutzen. Man muss allerdings berücksichtigen, dass der Reduktionsfaktor $1/2$ nicht auftritt. Daher gilt für diese Art der Impulskühlung, dass die rechte Seite von Gleichung (10.49) um einen Faktor zwei größer ist.

Ein großer Vorteil der stochastischen Kühlung ist die Möglichkeit, dass die Kühlraten $1/\tau_x$, $1/\tau_y$ und $1/\tau_z$ unabhängig voneinander eingestellt werden können. Dies geschieht durch die geeignete Wahl der Verstärkungsfaktoren für die Kühlung in x-, y- und z-Richtung.

Im Jahre 1968 entdeckte S. van der Meer das Prinzip der stochastischen Kühlung. 1972 entwickelte er die Theorie der stochastischen Dämpfung von Betatronschwingungen [Me72]. Der erste experimentelle Nachweis der stochastischen Emittanzkühlung gelang im Jahre 1975 [Br75]. Nach einer detaillierten Untersuchung der stochastischen Kühlung in dem ICE-Ring beim CERN im Jahre 1978 wurde die Methode zum ersten Mal mit großem Erfolg zur Akkumulierung und Speicherung von Antiprotonen im Antiproton Accumulator AA beim CERN praktisch eingesetzt. Dadurch war es möglich, innerhalb sehr kurzer Zeit das Super Proton Synchrotron SPS zu einem Proton-Antiproton-Collider auszubauen und die intermediären Vektorbosonen $W^{\pm}$ und Z^0 der schwachen Wechselwirkung bei der Kollision von Protonen und Antiprotonen nachzuweisen. 1984 erhielten dafür S. van der Meer und C. Rubbia den Nobelpreis. Die stochastische Kühlung wurde u. a. in dem Low Energy Antiproton-Ring LEAR und dem Antiproton Collector ACOL beim CERN und dem Antiproton Collector am Fermilab (USA) mit großem Erfolg weiterentwickelt. Inzwischen wird die Methode auch bei Proton- und Schwerionenspeicherringen verwendet. So wird z. B. die stochastische Kühlung bei dem Cooler Synchrotron COSY in Jülich [Ma84] und dem Experimentier Speicherring ESR in Darmstadt [Fr90] zur Verbesserung der Strahlqualität eingesetzt. Die stochastische Kühlung soll auch bei dem geplanten High Energy Storage Ring (HESR) des FAIR Projektes (Facility for Antiproton and Ion Research) [Gu06] in Darmstadt zur Kühlung von Antiprotonen im GeV Bereich eingesetzt werden. Dadurch werden Experimente mit einer sehr hohen Impulsauflösung möglich.

10.5 Elektronenkühlung

Wir schildern das Prinzip der Elektronenkühlung und diskutieren die erreichbaren Kühlzeiten.

Bei der Elektronenkühlung bewegt sich der Teilchenstrahl parallel zu einem Strahl „kalter" Elektronen gleicher Geschwindigkeit (siehe Abb. 10.5). Durch die Coulomb-Wechselwirkung zwischen den Ionen und den kalten Elektronen kommt es zu einem Wärmeaustausch. Die Temperatur des Teilchenstrahls wird dadurch niedriger, d. h. die transversalen und longitudinalen Geschwindigkeitsabweichungen werden kleiner. In der Praxis werden Anordnungen wie in Abb. 10.5 verwendet. Ein intensiver Elektronenstrahl (Stromstärke ≈ 1 A) wird mit Hilfe eines toroidalen Magnetfeldes auf die Sollbahn ein- bzw. ausgelenkt. In den geraden Strecken wird der Elektronenstrahl mit Hilfe eines von Solenoiden erzeugten longitudinalen Magnetfeldes geführt. Dadurch wird eine homogene Bündelung des Elektronenstrahls zwischen der Elektronenquelle und dem Elektronenkollektor erreicht. Die Elektronen laufen längs der Magnetfeldlinien auf Spiralbahnen. An den Kollektor wird eine negati-

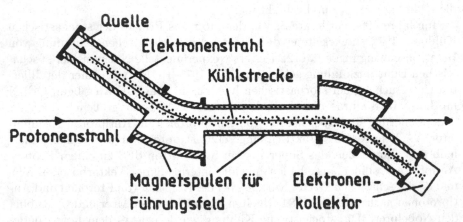

Abb. 10.5. Schema eines Elektronenkühlers. Die Länge der Kühlstrecke liegt üblicherweise bei 1 m bis 2 m

ve Hochspannung angelegt, die sich nur wenig von der negativen Hochspannung der Elektronenquelle unterscheidet. Dadurch werden die Elektronen auf dem Weg zum Kollektor abgebremst, und die hohe kinetische Energie der Elektronen wird in potentielle Energie zurückverwandelt. Das Synchrotron wird während der Elektronenkühlung im Speicherringmode betrieben, d. h. der Teilchenstrahl läuft als „coasting beam" ohne HF-Beschleunigung um. Die Geschwindigkeit der Elektronen ist gleich der Geschwindigkeit des Sollteilchens. Dies bedeutet konkret für das Verhältnis der Impulse und Energien wegen $p = m\beta\gamma$, $E = m\gamma$ und $T = m(\gamma - 1)$

$$\frac{p_e}{p} = \frac{E_e}{E} = \frac{T_e}{T} = \frac{m_e}{m}. \tag{10.53}$$

Mit einem 100 keV Elektronenstrahl kann man z. B. Protonen mit einer kinetischen Energie $T = 1837{,}6$ MeV kühlen. Die Elektronenkühlung ist aus rein praktischen Gründen auf relativ niedrige Energien $T_e \leq 300$ keV beschränkt. Dies entspricht Protonenenergien von 550 MeV. Inzwischen werden jedoch auch Elektronenkühler mit Energien im MeV Bereich geplant. Eine solche Anlagen soll z. B. bei dem geplanten High Energy Storage Ring (HESR) des FAIR Projektes (Facility for Antiproton and Ion Research) [Gu06] in Darmstadt zur Kühlung von Antiprotonen im GeV Bereich eingesetzt werden.

Die Theorie der Elektronenkühlung ergibt für die auf die Emittanz bezogene Kühlrate $1/\tau$ die folgende Beziehung [Mo94],

$$\frac{1}{\tau} = \frac{8\pi}{\gamma^2} \frac{L}{C} \frac{Z^2 e^4 L_{\text{coul}}}{m m_e v^3} n_e, \quad v > v_{e,\text{rms}}. \tag{10.54}$$

Hierbei ist L/C das Längenverhältnis der Kühlstrecke zum Gesamtumfang, Z die Ladungszahl und m die Masse der Ionen, v die Ionengeschwindigkeit im Ruhesystem der Elektronen, m_e die Elektronenmasse, $L_{\text{coul}} = \ln(b_{\max}/b_{\min})$ der Logarithmus des Verhältnisses von maximalem zu minimalem Stoßparameter bei der Coulombwechselwirkung zwischen den Ionen und Elektronen, n_e die Elektronendichte, und $v_{e,\text{rms}}$ die thermische Elektronengeschwindigkeit. Die Wert von L_{coul} liegt in der Größenordnung von 10. Die Dämpfungsrate ist proportional zur Länge L und zur Elektronendichte n_e und umgekehrt proportional zu γ^2. Besonders hohe Kühlraten werden dann erreicht, wenn die Ionengeschwindigkeiten v bereits relativ niedrig sind. Das Magnetfeld führt zu einer zusätzlichen Verstärkung des transversalen Kühlungseffektes bei niedrigen Ionengeschwindigkeiten. Diese stark erhöhte Kühlung wird „Supercooling" genannt. Die mit Elektronenkühlung erreichbaren Kühlzeiten variieren im Bereich von 0,01 s bis 10 s.

In der Endphase der Elektronenkühlung wird im Idealfall thermisches Gleichgewicht erreicht, d. h. die Ionentemperatur ist gleich der Elektronentemperatur. Die Ionengeschwindigkeit im Ruhesystem ist dann im Vergleich zur Elektronengeschwindigkeit sehr klein,

$$v_{\text{rms}} = \sqrt{\frac{m_e}{m}} v_{e,\text{rms}}. \tag{10.55}$$

Die Strahltemperatur und die transversale Winkelunschärfe $\sigma_{x'}$ bzw. $\sigma_{y'}$ sind nach (10.8) miteinander verknüpft. Im thermischen Gleichgewicht gilt daher auch

$$\sigma_{x'} = \sqrt{\frac{m_e}{m}}\sigma_{x'}^e, \qquad \sigma_{y'} = \sqrt{\frac{m_e}{m}}\sigma_{y'}^e, \qquad (10.56)$$

d. h. die Divergenz des Ionenstrahls ist um den Faktor $\sqrt{m_e/m}$ kleiner als die Divergenz des Elektronenstrahls.

Die Methode der Elektronenkühlung wurde 1966 von G. I. Budker [Bu66] in Novosibirsk konzipiert und experimentell getestet. Danach folgten Untersuchungen am CERN und am Fermilab mit dem Ziel, Antiprotonen zu kühlen. Wegen der hohen Energien der Antiprotonen im Produktionsmaximum ($p = 3{,}5$ GeV/c, $T = 2{,}69$ GeV) wurde dann jedoch die stochastische Kühlung im Antiproton Collector ACOL und Antiproton Accumulator AA beim CERN bevorzugt. Die Elektronenkühlung ist jedoch bei niedrigeren Energien in Speicherringen für Protonen und schwere Ionen ein ideales Mittel zur Erhöhung der Phasenraumdichte und damit der Winkel- und Impulsauflösung. So haben u. a. die folgenden Ringe Elektronenkühlung: Test Speicher Ring TSR am MPI für Kernphysik in Heidelberg [Ja89], Experimentier-Speicher-Ring ESR bei der GSI in Darmstadt [Fr90] sowie das Cooler Synchrotron COSY des Forschungszentrums Jülich [Ma84].

Übungsaufgaben

10.1 Zeigen Sie, wie man unter der Annahme einer bestimmten Temperatur im Schwerpunktsystem eines Teilchenpaketes zu der Gleichung (10.8) kommt.

10.2 Ein Elektronenstrahl habe den Impuls $p = 300$ keV/c, die Impulsunschärfe $\sigma_\delta = 1 \cdot 10^{-3}$ und die Winkelunschärfen $\sigma_{x'} = \sigma_{y'} = 1 \cdot 10^{-3}$ rad. Wie groß sind die transversalen Temperaturen T_x, T_y und T_l? Die Ruhemasse der Elektronen beträgt 511 keV/c^2 und die Boltzmannkonstante k hat den Wert $8{,}62 \cdot 10^{-5}$ eV/K.

10.3 Ein Protonenstrahl wird mit einem Impuls von 300 MeV/c in ein Synchrotron injiziert. Die Messung der transversalen Emittanz unmittelbar nach der Injektion ergibt $\epsilon_x = 5$ mm $\cdot$ mrad und $\epsilon_y = 3$ mm $\cdot$ mrad. Wie groß ist die transversale Emittanz nach der Hochbeschleunigung, wenn der Impuls 3000 MeV/c beträgt?

10.4 Bei der Ablenkung von Elektronen ($\gamma \gg 1$) in einem homogenen Ablenkmagneten werden die Elektronen in radialer Richtung beschleunigt. Dadurch kommt es zur Abstrahlung von Synchrotronlicht. Zeigen Sie, dass ein Photon, das im Ruhesystem des Elektrons in axialer Richtung emittiert wird, im Laborsystem unter dem Winkel $\Theta = 1/\gamma$ zur Mittelebene des Magneten emittiert wird.

10.5 In einem Elektronenspeicherring werden Elektronen mit einer Energie $E = 3{,}5$ GeV gespeichert. Die transversale Fokussierung der Teilchen geschieht mit Hilfe von Quadrupolmagneten, d. h. der Speicherring ist eine

Separated-Function Maschine. Der Sollbahnradius sei in allen Ablenkmagneten gleich und betrage $\rho_0 = 13{,}3$ m. Die Gesamtlänge des Rings
sei $C = 300$ m. Wie schnell werden die transversalen und longitudinalen
Emittanzen gedämpft, d. h. wie groß sind die Zeitkonstanten τ_x, τ_y und
τ_l?

10.6 Wie groß ist die Energieunschärfe σ_E des Elektronenstrahls, wenn das
Gleichgewicht zwischen Dämpfung und Anregung von Synchrotronschwingungen erreicht ist?

10.7 Wie ändert sich bei der stochastischen Kühlung die Dämpfungskonstante
$1/\tau$, wenn die Zahl der Teilchen im Ring erhöht wird. Wie groß ist $1/\tau$
bei $1 \cdot 10^9$ Teilchen, wenn bei $1 \cdot 10^8$ Teilchen $1/\tau = 3$ s^{-1} ist?

10.8 Kann man die Energie eines frei umlaufenden Strahls („coasting beam")
mit Hilfe der stochastischen Kühlung ändern?

Raumladungseffekte

Bislang haben wir die Kräfte aufgrund der elektromagnetischen Wechselwirkung zwischen den geladenen Teilchen eines Teilchenstrahls vernachlässigt. Bei sehr hohen Strahlströmen wird jedoch die Raumladung innerhalb eines Teilchenstrahls so groß, dass die Raumladungseffekte („space charge effects") nicht mehr vernachlässigbar sind. Dabei wirkt die Coulombwechselwirkung abstoßend, d. h. defokussierend, und die magnetische Wechselwirkung anziehend, d. h. fokussierend. Die defokussierende Wirkung der Raumladung ist bei kleinen Energien besonders groß. Daher ist es notwendig, die Defokussierung vor allem beim niederenergetischen Strahltransport und beim Start der Beschleunigung im Linearbeschleuniger und Kreisbeschleuniger zu verstehen und bei der Auslegung der Ionenoptik zu berücksichtigen. Die defokussierende Wirkung der Raumladung kann in linearer Näherung mithilfe der Enveloppengleichungen berechnet werden. Die nichtlinearen Anteile der Raumladungskraft bewirken ein langsames Anwachsen der effektiven Emittanz und des Strahlhalos. Zur Berechnung dieser Effekte sind aufwändige Simulationsrechnungen notwendig, bei denen die Trajektorien der Teilchen mit bis zu 100 Millionen Makropartikeln verfolgt werden.

Die durch die Raumladung hervorgerufenen Effekte werden häufig auch *kollektive Effekte* genannt. Neben der direkten Selbstwechselwirkung durch Raumladung müssen auch die Sekundäreffekte berücksichtigt werden, die durch die elektromagnetische Wechselwirkung der geladenen Teilchen mit den Strahlrohrwänden ausgelöst werden. Die von den Teilchen ausgehenden elektrischen und magnetischen Felder erzeugen auf den Strahlrohrwänden Oberflächenladungen und Oberflächenströme, die mithilfe von Spiegelladungen und Spiegelströme beschrieben werden können. Die Wandladungen und Wandströme modifizieren die durch Raumladung ausgelösten elektrischen und magnetischen Felder. Bei niedrigen Geschwindigkeiten sind die Effekte der Wandladungen und Wandströme relativ klein im Vergleich zu den direkten Raumladungseffekten. Im Gegensatz dazu werden bei höheren Geschwindigkeiten die direkten Raumladungseffekte sehr klein, aber die Effekte der durch die Raumladung des Strahls ausgelösten elektromagnetischen Felder müssen berücksichtigt werden. Diese sogenannten Kielfelder („Wake Field") wirken auf den Strahl zurück und können Störungen hervorrufen. Unter ungünstigen Umständen werden die Kielfelder durch die Störung verstärkt und es kommt zu einer *kollektiven Instabilität* mit nachfolgendem Strahlverlust. Eine sehr gute Einführung zur Theorie und zur numerischen Berechnung der durch Kielfelder ausgelösten Prozesse findet man in dem Buch von Chao [Ch93].

Zu den kollektiven Effekten zählt auch die Coulomb-Streuung zwischen den einzelnen Teilchen, das sogenannte Intra-Beam Scattering [Pi85], [Bj83], [So87], das ein langsames Anwachsen der Strahlemittanzen in Speicherringen bewirkt. Eine weitere Ursache für die langsame Zunahme der Emittanz in Speicherringen ist die Streuung der Teilchen an den Atomen bzw. Molekülen des Restgases und einem internen Target. Zudem kommt es durch Kernreaktionen zu einem stetigen Teilchenverlust, der die Lebensdauer eines gespeicherten Strahls in einem Speicherring begrenzt. Bei einem Collider müssen auch die Raumladungseffekte bei der Strahl-Strahl Wechselwirkung an den Wechselwirkungspunkten berücksichtigt werden.

Um den Umfang dieses Buches im Rahmen zu halten, werden wir in den folgenden Abschnitten nur den sehr wichtigen Aspekt der direkten Raumladungseffekte behandeln, die in linearer Näherung analytisch berechnet werden können. Detaillierte Abhandlungen zum Thema *kollektive Effekte* findet man in den Büchern von Lawson [La88], Lee [Le99], Reiser [Re94] und Wangler [Wa98]. Das Thema *kollektive Effekte* ist von großer Bedeutung bei der Entwicklung von Hochstrombeschleunigern. Es ist daher nach wie vor Gegenstand der aktuellen Forschung. Wir weisen in diesem Zusammenhang auch auf die internen Berichte der großen Laboratorien hin, z. B. [Al02] [Cr97] [LHC06].

11.1 Raumladungseffekte bei zylindrischem Strahlquerschnitt

Zur Abschätzung der Effekte nehmen wir zunächst einen zylindrischen Strahlquerschnitt mit homogener Teilchendichte ρ an (siehe Abb. 11.1). Wir nehmen zusätzlich an, dass der Strahlstrom entweder ein kontinuierlicher Gleichstrom ist, oder dass zumindest die longitudinale Ausdehnung der Teilchenpakete sehr groß gegenüber der transversalen Ausdehnung ist und der Strahlstrom innerhalb eines Teilchenpaketes näherungsweise konstant ist. Ein einzelnes Teilchen mit der Ladung q sieht ein *defokussierendes* radiales elektrisches Feld E_r aufgrund der Coulombwechselwirkung mit den benachbarten geladenen Teilchen. Bei einem homogen geladenen Zylinder finden wir mit Hilfe der Poissongleichung

$$E_r = q\frac{\rho}{2\epsilon_0}\, r\,.\qquad(11.1)$$

Hierbei ist q die Ladung der Teilchen und ρ die Teilchendichte. Zusätzlich muss man die magnetische Wechselwirkung zwischen den Teilchen berücksichtigen.

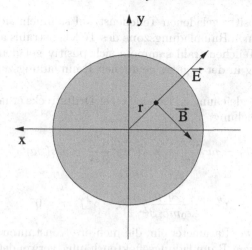

Abb. 11.1. Elektrisches und magnetisches Feld in einem zylindrischen Strahl mit homogener Teilchendichte. Die Richtung des positiv geladenen Teilchenstrahls zeigt in die Papierebene

die eine zur Coulombkraft entgegengesetzte *fokussierende* Kraftkomponente bewirkt. Die Teilchenstromdichte erzeugt ein azimutales Magnetfeld B_φ,

$$B_\varphi = q \frac{\rho}{2\epsilon_0} \frac{v}{c^2} r . \tag{11.2}$$

Die insgesamt resultierende radiale Kraft δF_r ergibt sich daraus zu

$$\delta F_r = q(\boldsymbol{E} + \boldsymbol{v} \times \boldsymbol{B})_r = \frac{q^2 \rho}{2\epsilon_0}(1 - \beta^2) r = \frac{q^2 \rho}{2\epsilon_0 \gamma^2} r . \tag{11.3}$$

Die magnetische Wechselwirkung ist proportional zu β^2 und kompensiert im relativistischen Grenzfall ($\beta \approx 1$) die repulsive Coulombwechselwirkung.

Wenn aufgrund der Ionisierung des Restgases die repulsive Coulombwechselwirkung zwischen den Strahlteilchen zum Teil (oder auch vollständig) durch Raumladungen mit entgegengesetzter Polarität kompensiert wird, kann dies durch einen entsprechend definierten Neutralisationsfaktor f_e bei der Coulombwechselwirkung berücksichtigt werden. Die entsprechend modifizierte radiale Kraftkomponente lautet

$$\delta F_r = \frac{q^2 \rho}{2\epsilon_0}(1 - f_e - \beta^2) r = \frac{q^2 \rho}{2\epsilon_0 \gamma^2}(1 - \gamma^2 f_e) r . \tag{11.4}$$

Wenn keine Raumladungskompensation vorliegt, ist $f_e = 0$. Bei voller Raumladungskompensation ist $f_e = 1$. Wenn der Strahlstrom den Charakter eines Gleichstroms („dc-beam" bzw. eines kontinuierlichen gepulsten Stroms („cw-beam") hat, baut sich je nach der Restgasdichte mehr oder weniger schnell eine vollständige Raumladungskompensation im Bereich des Teilchenstrahls auf. Bei einem positiv geladenen Teilchenstrahl sammeln sich Elektronen in der positiv geladenen Raumladungszone des Teilchenstrahls an. Bei einem negativ geladenen Teilchenstrahl sammeln sich positiv geladene Ionen aus der Restgasionisierung in der negativ geladenen Raumladungszone des Teilchenstrahls an.

Die Bewegungsgleichung im Bereich einer Driftstrecke erhalten wir mithilfe der folgenden Gleichung,

$$\delta F_r = m\gamma \frac{\mathrm{d}^2 r}{\mathrm{d}t^2} = m\gamma(\beta c)^2 \frac{\mathrm{d}^2 r}{\mathrm{d}s^2} = m\gamma(\beta c)^2 r'' \,, \tag{11.5}$$

d. h.

$$r'' - \frac{q^2 \rho}{2\epsilon_0 mc^2 \beta^2 \gamma^3}(1 - \gamma^2 f_e)\, r = 0 \,. \tag{11.6}$$

Wir führen nun zwei Parameter ein, die mehrere Konstanten erfassen und bei der Behandlung von Raumladungseffekten häufig verwendet werden [Re94]. Der erste Parameter ist der charakteristische Strom I_0,

$$I_0 = \frac{4\pi\epsilon_0 mc^3}{q} \approx \frac{1}{30}\frac{mc^2}{q} \,. \tag{11.7}$$

Für Elektronen gilt $I_0 \approx 17$ kA, für Ionen mit der Massenzahl A und der Ladungszahl Z $I_0 \approx 31 \cdot 10^6 A/Z$ A. Der charakteristische Strom I_0 wird verwendet, wenn man die Raumladungsdichte $q\rho$ durch den Strahlstrom I ausdrückt,

$$q\,\rho = \frac{I}{\beta c\pi a^2} \,. \tag{11.8}$$

Der zweite Parameter ist die generalisierte Perveanz K, die von Lawson [La58] eingeführt wurde,

$$K = \frac{I}{I_0}\frac{2}{\beta^3 \gamma}(1 - f_e - \beta^2) = \frac{I}{I_0}\frac{2}{\beta^3 \gamma^3}(1 - \gamma^2 f_e) \,. \tag{11.9}$$

Damit erhält man die radiale Bewegungsgleichung im Bereich einer Driftstrecke in der folgenden einfachen Form,

$$r'' - \frac{K}{a^2}\, r = 0 \,, \tag{11.10}$$

Die entsprechenden Bewegungsgleichungen für x und y im Bereich einer Driftstrecke lauten

$$x'' - \frac{K}{a^2}x = 0$$
$$y'' - \frac{K}{a^2}y = 0 \,. \tag{11.11}$$

Die Raumladungseffekte wirken kontinuierlich defokussierend mit einer Defokussierungsstärke pro Längeneinheit von $k_{sc,x} = -\frac{K}{a^2}$ und $k_{sc,y} = -\frac{K}{a^2}$.

11.2 KV-Enveloppengleichungen

Wir kommen nun zu dem Problem, dass (i) der Teilchenstrahl normalerweise nicht zylindrisch ist und (ii) die Strahlenveloppen in x- und y-Richtung eine Funktion der Position s sind. Dieses Problem wurde zum ersten Mal von Kapchinskij und Vladimirskij [Ka59] unter der Annahme einer speziellen Phasenraumverteilung gelöst. Bei dieser sogenannten KV-Phasenraumverteilung sind die Teilchen homogen auf der Oberfläche des im vierdimensionalen Phasenraum (x, x', y, y') definierten Phasenraumellipsoids verteilt. Bei der Projektion auf den zweidimensionalen Unterraum (x, y) erhält man eine homogene Teilchendichte ρ, die von einer Ellipse mit den Halbachsen X und Y umrandet wird. Bei der Projektion auf andere zweidimensionale Unterräume wie z. B. (x, x') und (y, y'), erhält man ebenfalls homogene Teilchendichten, die durch entsprechend definierte Phasenellipsen umrandet werden. Wir nehmen wiederum einen kontinuierlichen Strahlstrom I an, d. h. entweder einen Gleichstrom oder sehr lange Teilchenpakete mit einem konstanten Strahlstrom innerhalb des Teilchenpaketes. Bei einem elliptischen Strahlquerschnitt und homogener Teilchendichte lautet der Zusammenhang zwischen dem Strom I und der Ladungsdichte $q\rho$,

$$q\rho = \frac{I}{\beta c \pi XY}. \tag{11.12}$$

Das elektrische Feld einer solchen Ladungsverteilung kann mit Hilfe der Poissongleichung berechnet werden,

$$E_x = \frac{I}{\pi \epsilon_0 \beta c} \frac{x}{X(X+Y)},$$
$$E_y = \frac{I}{\pi \epsilon_0 \beta c} \frac{y}{Y(X+Y)}. \tag{11.13}$$

Ähnliche Ausdrücke mit entgegengesetztem Vorzeichen ergeben sich für die magnetischen Anteile der Lorentzkraft, d. h. $(\boldsymbol{v} \times \boldsymbol{B})_x = -\beta^2 E_x$ und $(\boldsymbol{v} \times \boldsymbol{B})_y = -\beta^2 E_y$. Man kann damit wie im vorhergehenden Abschnitt die Reduktion der Coulombabstoßung durch die magnetische Wechselwirkung durch den Faktor $(1 - \beta^2)$ und den Effekt einer möglichen Raumladungskompensation durch den Faktor $(1 - \gamma^2 f_e)$ berücksichtigen und die generalisierte Perveanz K einführen. Wenn zusätzlich zu den Raumladungseffekten auch noch äußere Kräfte aufgrund von Ablenkmagneten, Quadrupolmagneten, Solenoiden, und elektrostatischen Elementen durch die Terme $k_x(s)\, x$ bzw. $k_y(s)\, y$ entsprechend (4.40) berücksichtigt werden, lauten die Bewegungsgleichungen in linearer Näherung

$$x'' + k_x x - \frac{2K}{X(X+Y)} x = 0,$$
$$y'' + k_y y - \frac{2K}{Y(X+Y)} y = 0. \tag{11.14}$$

Im Falle eines kreisrunden Strahls mit $X = Y = a$ entsprechen diese Gleichungen den Gleichungen (11.11).

Diese beiden Gleichungen sind aufgrund der Raumladungseffekte miteinander verkoppelt. Außerdem kann man diese Gleichungen nur lösen, wenn man die durch die Raumladungseffekte modifizierten Enveloppen $X(s)$ und $Y(s)$ kennt. Die entsprechenden Gleichungen für die Enveloppen $X(s)$ und $Y(s)$ lauten

$$X'' + k_x X - \frac{2K}{X + Y} - \frac{\epsilon_X^2}{X^3} = 0 \,,$$

$$Y'' + k_y Y - \frac{2K}{X + Y} - \frac{\epsilon_Y^2}{Y^3} = 0 \,. \tag{11.15}$$

Hierbei sind X und Y die Halbachsen der Ellipse, die den Strahlquerschnitt an der Stelle s umrandet, und ϵ_X und ϵ_Y die entsprechenden Emittanzen, d. h. $\pi\epsilon_X$ und $\pi\epsilon_Y$ die Flächen der homogen mit Teilchen belegten Phasenellipsen. Diese Gleichungen wurden zum ersten Mal 1959 von Kapchinskij und Vladimirskij [Ka59] abgeleitet. Sie werden daher häufig als KV-Enveloppengleichungen zitiert.

Die KV-Enveloppengleichungen wurden unter der Annahme einer KV-Phasenraumverteilung, d. h. einer in der (x, y)-Ebene homogenen Ladungsdichte und eines ellipsenförmigen Strahlquerschnitts mit den Halbachsen X und Y, abgeleitet. Für die RMS-Werte[1] einer solchen Phasenraumverteilung gilt $\sigma_x = X/2$, $\sigma_y = Y/2$, $\epsilon_x^{1\sigma} = \epsilon_X/4$ und $\epsilon_y^{1\sigma} = \epsilon_Y/4$, wie man leicht nachrechnen kann. Sacherer [Sa71a] und Lapostolle [La71] zeigten, dass die Enveloppengleichungen auch für andere Ladungsverteilungen, d. h. z. B. Gaussförmige, parabolische und hohlförmige Ladungsverteilungen, angewendet werden können (siehe auch Abschn. 11.4). Dies ist möglich, wenn man in (11.14) und (11.15) die Enveloppen und die Emittanzen mithilfe der doppelten RMS-Werte (2σ-Werte) ausdrückt,

$$X = 2\sigma_x \,, \quad Y = 2\sigma_y \,, \quad \epsilon_X = \epsilon_x^{2\sigma} = 4\epsilon_x^{1\sigma} \,, \quad \epsilon_Y = \epsilon_y^{2\sigma} = 4\epsilon_y^{1\sigma} \,. \tag{11.16}$$

Die einzige Voraussetzung ist eine Ladungsverteilung mit elliptischer Symmetrie

$$\rho(x, y, s) = \rho\left(\frac{x^2}{X^2} + \frac{y^2}{Y^2} , s \right) \,. \tag{11.17}$$

Wenn man die KV-Enveloppengleichungen unter Verwendung der RMS-Werte umschreibt, erhält man die entsprechenden RMS-Enveloppengleichungen,

$$\sigma_x'' + k_x \sigma_x - \frac{K}{2(\sigma_x + \sigma_y)} - \frac{(\epsilon_x^{1\sigma})^2}{\sigma_x^3} = 0 \,,$$

$$\sigma_y'' + k_y \sigma_y - \frac{K}{2(\sigma_x + \sigma_y)} - \frac{(\epsilon_y^{1\sigma})^2}{\sigma_y^3} = 0 \,. \tag{11.18}$$

---

[1] RMS = Root Mean Square

11.3 Lösung der Enveloppengleichungen

Das Gleichungssystem (11.14), (11.15) kann mithilfe einer einfachen und eleganten Näherung gelöst werden, die ursprünglich von Sacherer und Sherwood [Sa71b] entwickelt wurde und von Rohrer [Ro07] in die aktuelle TRANSPORT Version übernommen wurde. Die Enveloppen und die Emittanz, d. h. die Strahlmatrix σ, werden entsprechend (11.16) auf der Basis von 2σ-Werten definiert. Die Bewegungsgleichung wird in kleinen Schritten gelöst, indem dünne defokussierende Linsen entsprechend dem dritten Term in (11.14) eingefügt werden. Wenn man z. B. dünne defokussierende Linsen in einem bestimmten Abstand L (z. B. $L = 0{,}10$ m) annimmt, dann erhält man die entsprechenden negativen Fokussierungsstärken $1/f_x$ und $1/f_y$,

$$\frac{1}{f_x} = -\frac{2KL}{X(X+Y)},$$
$$\frac{1}{f_y} = -\frac{2KL}{Y(X+Y)}. \tag{11.19}$$

Die entsprechende R-Matrix dieser dünnen defokussierenden Linse lautet

$$R = \begin{pmatrix} 1 & 0 & 0 & 0\,0\,0 \\ \frac{2KL}{X(X+Y)} & 1 & 0 & 0\,0\,0 \\ 0 & 0 & 1 & 0\,0\,0 \\ 0 & 0 & \frac{2KL}{Y(X+Y)} & 1\,0\,0 \\ 0 & 0 & 0 & 0\,1\,0 \\ 0 & 0 & 0 & 0\,0\,1 \end{pmatrix}. \tag{11.20}$$

Die Lösung in kleinen Schritten bedeutet, dass die gesamte Strahlführung in entsprechend kurze Segmente der Länge L unterteilt wird. In der Mitte eines jeden Segmentes, d. h. z. B. an der Stelle s_i, wird die R-Matrix einer dünnen defokussierenden Linse eingesetzt, die mithilfe der dort aktuellen 2σ-Enveloppenwerte $X(s_i) = \sqrt{\sigma_{11}(s_i)}$ und $Y(s_i) = \sqrt{\sigma_{33}(s_i)}$ berechnet wird. Der Strahltransport bis zur Mitte des nächsten Segmentes, d. h. von s_i bis s_{i+1}, wird mit der ungestörten Transportmatrix $R(s_i \rightarrow s_{i+1})$ berechnet. Damit kann man die Transportmatrix $R(s_{i+1})$ und die Strahlmatrix $\sigma(s_{i+1})$ bis zur Stelle s_{i+1} ermitteln und stufenweise fortschreitend die gesamte Lösung $R(s)$ und $\sigma(s)$ in kleinen Schritten der Länge L finden.

11.4 RMS-Enveloppengleichungen

Die zweidimensionalen RMS-Enveloppengleichungen wurden zum ersten Mal von Sacherer [Sa71a] und auch von Lapostolle [La71] für kontinuierliche Strahlen mit elliptischer Symmetrie abgeleitet. Sacherer [Sa71a] leitete auch die dreidimensionalen RMS-Enveloppengleichungen ab. Wir skizzieren hier die

Ableitung der dreidimensionalen RMS-Enveloppengleichungen zur Beschreibung von longitudinal gebündelten Teilchenpaketen („bunched beam"). Damit kann man den Effekt der Raumladung sowohl auf die transversale als auch auf die longitudinale Ausdehnung der Teilchenpakete („bunch length") berechnen. Die Voraussetzung hierfür ist eine Ladungsverteilung mit ellipsoidaler Symmetrie

$$\rho(x,y,z,s) = \rho\left(\frac{x^2}{X^2} + \frac{y^2}{Y^2} + \frac{z^2}{Z^2}, s\right).$$ (11.21)

Die RMS-Enveloppengleichungen sind nicht auf die Beschreibung von Strahlen mit homogener Ladungsverteilung beschränkt, sondern gelten für jede Ladungsverteilung mit elliptischer bzw. ellipsoidaler Symmetrie, wenn die Strahlumrandung durch die zweiten Momente, d. h. die RMS-Werte, ausgedrückt werden. Der tiefere Grund hierfür ist: (i) Die zweiten Momente einer solchen Ladungsverteilung hängen nur von dem linearen Anteil der Raumladungskräfte ab, die man im Prinzip durch einen χ^2-Fit bestimmen kann. (ii) Umgekehrt hängt der lineare Anteil der Raumladungskraft nur von den zweiten Momenten der Ladungsverteilung ab. Der nichtlineare Anteil der Raumladungskraft verursacht Filamentation der Phasenellipsen (siehe Abb. 6.5 und 6.6) und damit ein langsames Anwachsen der effektiven Emittanz. Dieser Anteil wird hier vernachlässigt und die Emittanz wird als konstant angenommen.

Wir folgen hier den in [Sa71a] und [Wa98] gegebenen Ableitungen. Wir beginnen mit den Bewegungsgleichungen für ein einzelnes Teilchen zur Beschreibung der Betatron- bzw. Synchrotronschwingungen und berücksichtigen den linearen Anteil der von außen einwirkenden Kraft durch die Größen $k_x(s)$, $k_y(s)$, $k_z(s)$ und die Raumladungskraft durch die Größen $f_{sc,x}(s)$, $f_{sc,y}(s)$, $f_{sc,z}(s)$.

$$x'' + k_x(s)x - f_{sc,x}(s) = 0,$$
$$y'' + k_y(s)y - f_{sc,y}(s) = 0,$$ (11.22)
$$z'' + k_z(s)z - f_{sc,z}(s) = 0.$$

Zur letzten dieser drei Gleichungen sei angemerkt, dass die longitudinale Ionenoptik in völliger Analogie zur transversalen Ionenoptik formuliert werden kann (siehe Abschn. 8.9). Die Größe z ist die in Abschn. 4.1 eingeführte longitudinale Ortsabweichung l und die Größe z' ist proportional zur relativen Impulsabweichung δ. Bei einem Linearbeschleuniger gilt $z' = (1/\gamma^2)\delta$ und bei einem Synchrotron $z' = (1/\gamma^2 - \alpha_\mathrm{p})\delta = \eta\delta$, wobei $\alpha_\mathrm{p} = 1/\gamma_{tr}^2$ der Momentum-Compaction-Faktor ist und η die Abhängigkeit der Umlauffrequenz von der relativen Impulsabweichung beschreibt (siehe Abschn. 8.2). Die hier mit z bezeichnete longitudinale Ortsabweichung entspricht z. B. der horizontalen Ortsabweichung x und die zur relativen Impulsabweichung δ proportionale Größe z' entspricht der transversalen Winkelabweichung x'. Die longitudinal fokussierende oder defokussierende Wirkung von HF-Beschleunigungsstrecken wird durch die Größe k_z beschrieben.

Wir zeigen die Ableitung exemplarisch für die x-Richtung. Ausgehend von der im sechsdimensionalen Phasenraum definierten Dichteverteilung der Teilchen, $\rho(x, x', y, y', z, z')$, kann man nach dem Schema

$$\overline{x^2} = \int \int \int \int \int \int x^2 \rho(x, x', y, y', z, z') \mathrm{d}x \mathrm{d}x' \mathrm{d}y \mathrm{d}y' \mathrm{d}z \mathrm{d}z' \qquad (11.23)$$

die zweiten Momente $\overline{x^2}$, $\overline{x'^2}$ und $\overline{xx'}$ definieren. Wir notieren zudem die folgenden Gleichungen,

$$\overline{x^2} = \sigma_x^2 = \beta_x \epsilon_x , \quad \overline{x'^2} = {\sigma_x'}^2 = \gamma_x \epsilon_x , \quad \overline{xx'} = -\alpha_x \epsilon_x , \quad \epsilon_x = \sqrt{\overline{x^2}\ \overline{x'^2} - \overline{xx'}^2} .$$
$$(11.24)$$

Hier sind σ_x und $\sigma_{x'}$ die RMS-Breiten des Strahls in x- und x'-Richtung und ϵ_x charakterisiert die entsprechende RMS-Emittanz (1σ-Emittanz). Die Größen α_x, β_x und γ_x sind die Twiss-Parameter zur Charakterisierung der Phasenellipse.

Um die Enveloppengleichungen abzuleiten benötigt man die erste und zweite Ableitung von σ_x,

$$\sigma_x = \sqrt{\overline{x^2}} , \quad (\sigma_x)' = \frac{\overline{xx'}}{\sigma_x} , \qquad (11.25)$$

$$(\sigma_x)'' = \frac{\overline{xx''}}{\sigma_x} + \frac{\overline{x'^2}}{\sigma_x} - \frac{\overline{xx'}^2}{\sigma_x^3} = \frac{\overline{xx''}}{\sigma_x} + \frac{\overline{x^2}\ \overline{x'^2}}{\sigma_x^3} - \frac{\overline{xx'}^2}{\sigma_x^3} . \qquad (11.26)$$

Die letzte Gleichung kann vereinfacht folgendermaßen geschrieben werden,

$$(\sigma_x)'' = \frac{\overline{xx''}}{\sigma_x} + \frac{\epsilon_x^2}{\sigma_x^3} . \qquad (11.27)$$

Wenn man nun die zweiten Momente $\overline{x^2}$, $\overline{xx'}$ und $\overline{x'^2}$ differenziert und die Bewegungsgleichung (11.22) berücksichtigt, erhält man

$$\overline{x^2}' = 2\,\overline{xx'} ,$$
$$\overline{xx'}' = \overline{x'^2} + \overline{xx''} = \overline{x'^2} - \overline{x^2} k_x + \overline{xf_{sc,x}} , \qquad (11.28)$$
$$\overline{x'^2}' = 2\,\overline{x'x''} = -2\,\overline{xx'}\, k_x + 2\,\overline{x'f_{sc,x}} .$$

Aus (11.28) folgt

$$\overline{xx''} = -\overline{x^2} k_x + \overline{xf_{sc,x}} . \qquad (11.29)$$

Die Größe $\overline{xf_{sc,x}}$ repräsentiert die optimale lineare Approximation der Raumladungskraft, d. h.

$$f_{sc,x} \approx \frac{\overline{xf_{sc,x}}}{\sigma_x^2}\, x . \qquad (11.30)$$

Die Größe $\overline{x'f_{sc,x}}$ in der dritten Gleichung von (11.28) wird benötigt, wenn man das langsame Emittanzwachstum aufgrund der nichtlinearen Effekte betrachtet. Dieser Effekt wird hier vernachlässigt, d. h. die RMS-Emittanz ϵ_x wird als konstant angenommen. Den Term $\overline{xx''}$ aus (11.29) kann man nun in (11.27) einsetzen. Man erhält damit die RMS-Enveloppengleichung für die x-Richtung und ganz analog für die y- und z-Richtung,

$$(\sigma_x)'' + \sigma_x k_x - \frac{\overline{xf_{sc,x}}}{\sigma_x} - \frac{\epsilon_x^2}{\sigma_x^3} = 0\,,$$

$$(\sigma_y)'' + \sigma_y k_y - \frac{\overline{yf_{sc,y}}}{\sigma_y} - \frac{\epsilon_y^2}{\sigma_y^3} = 0\,, \qquad (11.31)$$

$$(\sigma_z)'' + \sigma_z k_z - \frac{\overline{zf_{sc,z}}}{\sigma_z} - \frac{\epsilon_z^2}{\sigma_z^3} = 0\,.$$

Zur Berechnung der Raumladungsterme[2] betrachtet man das äquivalente elektrische Feld eines homogen geladenen Ellipsoids mit den Halbachsen (X, Y, Z), das eine lineare Abhängigkeit von x, y und z aufweist,

$$E_x = \frac{3I\lambda[1 - f(s)]}{4\pi\epsilon_0 c(X + Y)XZ}\, x\,,$$

$$E_y = \frac{3I\lambda[1 - f(s)]}{4\pi\epsilon_0 c(X + Y)YZ}\, y\,, \qquad (11.32)$$

$$E_z = \frac{3I\lambda f(s)}{4\pi\epsilon_0 c XYZ}\, z\,.$$

Hierbei ist I der über eine HF-Periode gemittelte Strom, λ die (im freien Raum definierte) HF-Wellenlänge, $f(s)$ der ellipsoidale Formfaktor, c die Lichtgeschwindigkeit und ϵ_0 die elektrische Feldkonstante. Die zu I proportionale Größe $(I\lambda)/c = qN$ gibt die Ladung und damit auch die Zahl N der Teilchen pro Teilchenpaket an und $(3I\lambda)/(4\pi c XYZ)$ die Ladungsdichte. Der magnetische Anteil der nur transversal wirkenden Lorentzkraft wird wie in Abschn. 11.1 durch den Faktor $(1 - \beta^2) = 1/\gamma^2$ berücksichtigt. Damit erhalten wir die folgenden Bewegungsgleichungen im Bereich einer Driftstrecke,

$$m\gamma\beta^2 c^2 x'' = qE_x(1 - \beta^2) \;\; \rightarrow \;\; x'' = \frac{qE_x}{mc^2\beta^2\gamma^3}\,,$$

$$m\gamma\beta^2 c^2 y'' = qE_y(1 - \beta^2) \;\; \rightarrow \;\; y'' = \frac{qE_y}{mc^2\beta^2\gamma^3}\,, \qquad (11.33)$$

$$m\gamma^3\beta^2 c^2 z'' = qE_z \;\; \rightarrow \;\; z'' = \frac{qE_z}{mc^2\beta^2\gamma^3}\,.$$

---

[2] Das in diesem Abschnitt verwendete Koordinatensystem ist das Standardkoordinatensystem der Beschleunigerphysik, d. h. das im Laborsystem definierte und mit dem Sollteilchen mitbewegte kartesische Koordinatensystem (x, y, z). Die Lorentztransformation aus dem Ruhesystem der Teilchenpakete ist bei den hier angegebenen Gleichungen bereits berücksichtigt.

Die transversalen und longitudinalen Raumladungsterme haben aus unterschiedlichen Gründen die gleiche Abhängigkeit von dem Lorentzfaktor γ. In transversaler Richtung folgt dies aus der relativistischen Massenzunahme $m\gamma$ und dem Faktor $(1 - \beta^2)$, in longitudinaler Richtung aus dem relativistischen Zusammenhang zwischen longitudinal wirkender Kraft und longitudinaler Beschleunigung $qE_z = m\gamma^3\ddot{z}$ (siehe (1.27)).

Bei einem homogen geladenen Ellipsoid lautet der Zusammenhang zwischen den Halbachsen (X, Y, Z) und den RMS-Werten $(\sigma_x, \sigma_y, \sigma_z)$

$$X = \sqrt{5}\,\sigma_x\,, \quad Y = \sqrt{5}\,\sigma_y\,, \quad Z = \sqrt{5}\,\sigma_z\,. \tag{11.34}$$

Wie bei der zweidimensionalen RMS-Enveloppengleichung erhält man für Gaussförmige, parabolische und andere Raumladungsverteilungen die beste lineare Annäherung an die Feldverteilungen, wenn man für diese Verteilungen die RMS-Breiten σ_x, σ_y und σ_z berechnet und die äquivalenten Halbachsen $X = \sqrt{5}\,\sigma_x$, $Y = \sqrt{5}\,\sigma_y$, $Z = \sqrt{5}\,\sigma_z$ in Gleichung (11.32) einsetzt.

Zur Berechnung des ellipsoidalen Formfaktors $f(s)$ kann man die folgende Näherung benutzen,

$$f \approx \frac{\sqrt{\sigma_x\sigma_y}}{3\gamma\sigma_z}\,. \tag{11.35}$$

Dies ist eine brauchbare Näherung für den Bereich $0{,}8 < \frac{\gamma\sigma_z}{\sqrt{\sigma_x\sigma_y}} < 5{,}0$. Für Werte außerhalb dieses Bereiches verweisen wir auf die Abb. 9.4 in [Wa98] und die in [Sa71a] angegebenen Gleichungen. Im Grenzfall eines sehr langen Teilchenpaketes $(\gamma\sigma_z \gg \sqrt{\sigma_x\sigma_y})$ wird der ellipsoidale Formfaktor null und die Gleichung (11.32) geht in die entsprechende Gleichung (11.13) für einen kontinuierlichen Strahl über.

Zur Parametrisierung der Raumladungsterme wird der 3D-Raumladungsparameter K_3 definiert,

$$K_3 = \frac{3qI\lambda}{20\sqrt{5}\pi\epsilon_0 mc^3\beta^2\gamma^3}\,. \tag{11.36}$$

Damit lassen sich die Raumladungsterme in den Enveloppengleichungen folgendermaßen ausdrücken

$$\frac{\overline{xf_{sc,x}}}{\sigma_x} = \frac{K_3[1 - f(s)]}{2\sigma_y\sigma_z}\,, \quad \frac{\overline{yf_{sc,y}}}{\sigma_y} = \frac{K_3[1 - f(s)]}{2\sigma_x\sigma_z}\,, \quad \frac{\overline{zf_{sc,z}}}{\sigma_z} = \frac{K_3 f(s)}{\sigma_x\sigma_y}\,. \tag{11.37}$$

Die dreidimensionalen RMS-Enveloppengleichungen mit Raumladungseffekten lauten damit

$$(\sigma_x)'' + \sigma_x k_x - \frac{K_3[1 - f(s)]}{(\sigma_x + \sigma_y)\sigma_z} - \frac{\epsilon_x^2}{\sigma_x^3} = 0\,,$$

$$(\sigma_y)'' + \sigma_y k_y - \frac{K_3[1 - f(s)]}{(\sigma_x + \sigma_y)\sigma_z} - \frac{\epsilon_y^2}{\sigma_y^3} = 0\,. \tag{11.38}$$

$$(\sigma_z)'' + \sigma_z k_z - \frac{K_3 f(s)}{\sigma_x\sigma_y} - \frac{\epsilon_z^2}{\sigma_z^3} = 0\,.$$

Die Lösung der dreidimensionalen RMS-Enveloppengleichungen kann ganz analog zur Lösung der zweidimensionalen RMS-Enveloppengleichungen durch Einführung von dünnen defokussierenden Linsen bewerkstelligt werden (siehe Abschn. 11.3). Bei einer Segmentlänge L lautet die entsprechende R-Matrix

$$
R = \begin{pmatrix}
1 & 0 & 0 & 0 & 0 & 0 \\
\frac{K_3[1-f(s)]L}{(\sigma_x+\sigma_y)\sigma_x\sigma_z} & 1 & 0 & 0 & 0 & 0 \\
0 & 0 & 1 & 0 & 0 & 0 \\
0 & 0 & \frac{K_3[1-f(s)]L}{(\sigma_x+\sigma_y)\sigma_y\sigma_z} & 1 & 0 & 0 \\
0 & 0 & 0 & 0 & 1 & 0 \\
0 & 0 & 0 & 0 & \frac{K_3\,f(s)\,L}{\sigma_x\sigma_y\sigma_z} & 1
\end{pmatrix}.
\tag{11.39}
$$

Wenn man den Effekt einer möglichen Raumladungskompensation f_e berücksichtigen möchte, muss man die Raumladungsterme für die transversalen x- und y-Richtungen um den Faktor $(1 - \gamma^2 f_e)$ und für die longitudinale z-Richtung um den Faktor $(1 - f_e)$ erweitern.

11.5 Diskussion der Enveloppengleichungen

Die zwei- und dreidimensionalen RMS-Enveloppengleichungen sind für die Abschätzung von Raumladungseffekten in Strahlführungssystemen, Kreisbeschleunigern und Linearbeschleunigern von großer Bedeutung. Die Gleichungen zeigen unmittelbar, dass die defokussierenden Effekte der Raumladung linear mit dem Strahlstrom I ansteigen. Sie sind bei kleinen Geschwindigkeiten, d. h. bei niedrigen Energien, besonders groß, wenn keine Raumladungskompensation f_e durch Restgasionisation vorliegt. Zu höheren Energien nehmen die Raumladungseffekte bei einer vorgegebenen Raumladungsdichte $q\rho$ wie $1/(\beta^2\gamma^3)$ ab, siehe (11.6) und (11.36). Die defokussierende Wirkung hängt auch sehr stark von der lokalen Strahlausdehnung, d. h. den RMS-Enveloppen $\sigma_x(s)$, $\sigma_y(s)$ und $\sigma_z(s)$, ab. Daher sind an Stellen mit einer engen Strahltaille in x- oder y-Richtung die Raumladungseffekte besonders groß.

Die dreidimensionale Enveloppengleichung ist für die Beschreibung von relativ kurzen Teilchenpaketen bei Linearbeschleunigern entwickelt worden. Bei sehr langen Teilchenpaketen entfällt die Koppelung zwischen den longitudinalen und transversalen Enveloppen und man kann die Raumladungseffekte in transversaler Richtung mit der zweidimensionalen Enveloppengleichung berechnen. Für die Beschreibung der longitudinalen Enveloppen kann man unter der Annahme einer linearen Raumladungskraft (parabolische Raumladungsverteilung in longitudinaler Richtung) eine entsprechende eindimensionale Enveloppengleichung ableiten [Re94].

Die numerische Lösung der RMS-Enveloppengleichungen ermöglicht es, die Auswirkung von Raumladungseffekten auf den Strahlverlauf abzuschätzen. Hierzu stehen Programme wie TRANSPORT [Ro07] oder TRACE3-D [Cr97]

zur Verfügung. Die RMS-Enveloppengleichungen berücksichtigen allerdings
nur den linearen Anteil der Raumladungskräfte. Die nichtlinearen Anteile erzeugen durch Filamentation ein langsames Anwachsen der Strahlemittanz.
Zur Berechnung dieser Effekte sind aufwändige Rechnungen mit sogenannten
Tracking-Codes wie IMPACT [Qi00] oder MAD9p, eine Weiterentwicklung
des MAD9-Programmes [Mad9], notwendig. Hierbei werden die Trajektorien
eines großen Ensembles von z. B. $1 \cdot 10^8$ Makroteilchen unter Berücksichtigung
der Selbstwechselwirkung berechnet.

Grundsätzlich erzeugen die von den geladenen Teilchen ausgehenden elektrischen und magnetischen Felder Oberflächenladungen und Ströme auf den
Strahlrohrwänden. Diese sind wiederum die Quellen für sekundäre elektrische und magnetische Felder, die auf den geladenen Teilchenstrahl zurück-
wirken. Bei niedrigen Energien kann man diese Effekte mithilfe von Spiegelladungen und Spiegelströmen beschreiben. Bei niedrigen Geschwindigkeiten
sind diese Sekundäreffekte sehr klein gegenüber den eigentlichen Raumladungseffekten [Wa98]. Wir haben daher die Raumladungseffekte unter Ver-
nachlässigung der durch Spiegelladungen und Spiegelströme erzeugten Effekte
behandelt.

Bei höheren Energien werden die direkten Raumladungseffekte aufgrund
des Faktors $1/(\beta^2 \gamma^3)$ sehr klein. Im Gegensatz dazu werden die Sekundäreffekte aufgrund der von den Teilchen ausgehenden elektromagnetischen Felder bei
höheren Energien zunehmend größer. Dabei entstehen sekundäre elektromagnetische Felder (Kielfelder, „wake fields") vor allem bei abrupten Änderungen des Strahlrohrquerschnitts. Bei hohen Strahlströmen und relativistischen
Energien können die von den Kielfeldern ausgelösten Rückwirkungen auf das
aktuelle Teilchenpaket und die nachfolgenden Teilchenpakete nicht mehr vernachlässigt werden [Ch93], [Re94], [Wa98].

Die Raumladungskompensation durch Restgasionisation kann bei niedrigen Energien den Raumladungseffekt vollständig aufheben, wenn $f_e = 1$. Bei
höheren Energien ergibt sich jedoch ein entgegengesetzter Raumladungseffekt
aufgrund der magnetischen Wechselwirkung zwischen den Teilchen, d. h. mit
$f_e = 1$ wird die generalisierte Perveanz K negativ (11.9) und der Raumla-
dungsterm wirkt fokussierend. Um diesen Effekt in Speicherringen zu vermeiden, werden sogenannte Reinigungs-Elektroden mit hinreichend großen
elektrischen Feldern installiert, die die störenden Restgasionen absaugen. Damit wird auch das Problem einer zeitlichen Verschiebung des Arbeitspunktes
vermieden. Bei einem Ultrahochvakuum von $1 \cdot 10^{-10}$ mbar benötigt nämlich
die Neutralisation der Raumladung durch Restgasionisation eine relativ lange
Zeit (Minuten).

11.5.1 Beispiel 1

Wir zeigen an dem ersten Beispiel den Raumladungseffekt im Bereich der
elektrostatischen Beschleunigung (Acc) eines niederenergetischen Protonenstrahl (siehe Abb. 11.2). Vor und hinter dem Beschleunigungsrohr ist die

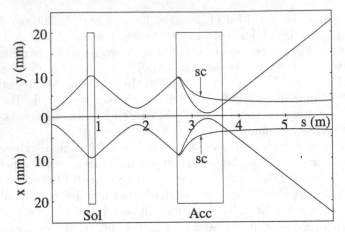

Abb. 11.2. Raumladungseffekte im Bereich der elektrostatischen Beschleunigung (Acc) eines niederenergetischen Protonenstrahls. 2σ-Enveloppen mit Raumladungseffekt (sc) im Vergleich zu 2σ-Enveloppen ohne Raumladungseffekt. Strahlparameter: $2\sigma_{x,y}(0) = 1{,}7$ mm, $\epsilon_{x,y}^{2\sigma} = 20$ mm mrad, $T_{start} = 40$ keV, $T_{end} = 860$ keV, $I = 15$ mA, Solenoid (Sol): $L_{\text{eff}} = 0{,}16$ m, $B = 0{,}2175$ T. Das Beispiel stammt aus dem Compendium of Transport Enhancements [Ro07]

Raumladung des Strahls durch Restgasionisation vollständig kompensiert, d. h. $f_e = 1$. Im Beschleuniger werden die Elektronen und negativen Ionen aus der Restgasionisation durch die elektrostatischen Felder abgesaugt, d. h. $f_e = 0$. Daher muss man dort den Raumladungseffekt voll berücksichtigen. Die Abbildung zeigt die 2σ-Enveloppen mit Raumladungseffekt (sc) im Vergleich zu 2σ-Enveloppen ohne Raumladungseffekt. Der Protonenstrahl startet an dem Ausgang der Ionenquelle mit $2\sigma_{x,y}(0) = 1{,}7$ mm, die 2σ-Emittanz beträgt $\epsilon_{x,y}^{2\sigma} = 20$ mm mrad bei einer Startenergie von 40 keV. In dem 80 cm langen Beschleunigungsrohr (Acc) wird der Strahl zu einer kinetischen Energie von 860 keV hin beschleunigt. Der kontinuierliche Strahlstrom beträgt 15 mA.

Ein kurzes Solenoid ($L_{\text{eff}} = 0{,}16$ m, $B = 0{,}2175$ T) erzeugt vor dem Beschleunigungsrohr eine enge Strahltaille mit einer nachfolgenden starken Aufweitung des Strahls am Eingang des Beschleunigungsrohres. Man erkennt deutlich den starken fokussierenden Effekt einer elektrostatischen Linse (siehe (5.20)) beim Übergang von dem feldfreien Raum zu einem Bereich mit starkem Energiegradienten (hier 1025 keV/m). Die Fokussierung ist so stark, dass ohne den defokussierenden Raumladungseffekt eine sehr enge Taille im Beschleunigungsrohr und nachfolgend ein sehr divergenter Strahl entsteht. Wenn der defokussierende Effekt der Raumladung berücksichtigt wird, haben die Enveloppen (sc) im Beschleunigungsrohr einen ganz anderen Verlauf und man erhält eine sanfte Strahltaille bei $s = 5$ m. Das Beispiel stammt aus dem Compendium of Transport Enhancements [Ro07].

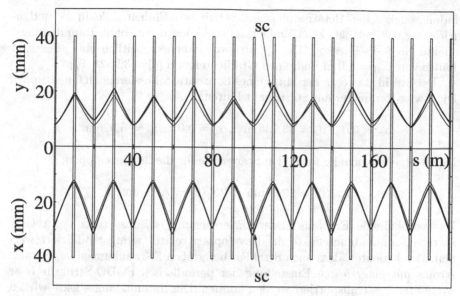

Abb. 11.3. Raumladungseffekte beim Transport eines intensiven U^{28+}-Strahls durch eine FODO-Struktur: 2σ-Enveloppen mit Raumladungseffekt (sc) im Vergleich zu 2σ-Enveloppen ohne Raumladungseffekt. Strahlparameter: $2\sigma_x(0) = 29{,}0$ mm, $2\upsilon_y(0) = 7{,}70$ mm, $\epsilon_x^{2\sigma} = 25$ mm mrad, $\epsilon_y^{2\sigma} = 10$ mm mrad, $p = 226{,}643$ GeV/c, $I = 47{,}8$ A, Quadrupole: $L_{\text{eff}} = 1{,}0$ m, $|g| = 3{,}953$ T/m

11.5.2 Beispiel 2

Wir zeigen hier den Raumladungseffekt bei dem Transport eines intensiven U^{28+}-Strahls durch eine 200 m lange FODO-Struktur, die aus 10 Einheitszellen besteht. Der Strahl besteht aus einem einzigen Teilchenpaket mit einer zeitlichen Länge von $\Delta t = 90$ ns und einer räumlichen Länge von $\Delta l = 19{,}3$ m. Die Zahl der U^{28+}-Teilchen beträgt $9{,}6 \cdot 10^{11}$, der mittlere Strahlstrom innerhalb des Teilchenpaketes $I = 47{,}8$ A. Es gibt keine Raumladungskompensation durch Restgasionisation, d.h. $f_e = 0$. Die 2σ-Emittanzen betragen $\epsilon_x^{2\sigma} = 25$ mm mrad und $\epsilon_y^{2\sigma} = 10$ mm mrad, der $B\rho$-Wert beträgt 27 Tm, was einem Impuls von $p = 226{,}643$ GeV/c entspricht. Die Geschwindigkeit der U^{28+}-Ionen ist deutlich kleiner als die Lichtgeschwindigkeit c ($\beta = 0{,}714792$, $\gamma = 1{,}429926$). Daher sind die Raumladungseffekte beim Transport über eine längere Strecke nicht vernachlässigbar. Das Beispiel stammt aus einer Untersuchung zum Strahltransport hochintensiver Strahlen im Zusammenhang mit dem FAIR Projekt in Darmstadt [Gu06].

Um die Raumladungseffekte so klein wie möglich zu halten, wird zum Strahltransport eine periodische FODO-Struktur verwendet, und die Phasenellipsen des Strahls werden beim Start an die Eigenellipsen der FODO-Struktur angepasst. Die FODO-Struktur ist so eingestellt, dass ohne Raumladungseffekte der Betatronphasenvorschub pro Einheitszelle in x- und y-Richtung 90° beträgt. Zwei Einheitszellen bilden damit ohne Raumladungs-effekte ein $(-I)$-Teleskop. Die Quadrupole haben einheitlich eine effektiven Länge von $L_{\text{eff}} = 1{,}0$ m und einen Gradienten von $|g| = 3{,}9528$ T/m.

Der Strahl startet in der Mitte eines horizontal fokussierenden Quadrupols. Die Twiss-Parameter am Startpunkt lauten,

$$\alpha_x = 0{,}0\,, \quad \beta_x = 33{,}735\,\text{m}\,, \quad \alpha_y = 0{,}0\,, \quad \beta_y = 5{,}926\,\text{m}\,.$$

Damit ergeben sich die folgenden Startwerte für die 2σ-Enveloppen,

$$2\sigma_x(0) = 29{,}0\,\text{mm}\,, \quad 2\sigma_y(0) = 7{,}70\,\text{mm}\,.$$

Das verblüffende Ergebnis dieser Untersuchung ist, dass trotz der relativ starken Raumladungseffekte die Enveloppen relativ wenig modifiziert werden. Das bedeutet, dass auch Strahlen bei großen Schwankungen des Strahlstroms mit einer festen Einstellung der periodischen FODO-Struktur über weite Strecken transportiert werden können. Die Raumladungseffekte wirken sich vor allem auf den Betatron-Phasenvorschub aus. Aufgrund der defokussierenden Wirkung ergibt sich die Verschiebung $\mu_x = 90° \rightarrow \mu_x = 73{,}9°$ und $\mu_y = 90° \rightarrow \mu_x = 63{,}0°$. Die Raumladungseffekte sind in y-Richtung stärker als in x-Richtung, da die Emittanz in y-Richtung deutlich kleiner als die Emittanz in x-Richtung ist.

11.6 Raumladungseffekte in Kreisbeschleunigern

Der Raumladungseffekt wirkt längs der gesamten Umlaufbahn defokussierend. Dadurch wird die mittlere Fokussierungsstärke verringert, d. h. die Zahl der Betatronschwingungen pro Umlauf ändert sich je nach der Stärke des Raumladungseffektes mehr oder weniger stark. Mit anderen Worten, der Arbeitspunkt (Q_x, Q_y) erfährt eine Verschiebung („Tune Shift") $(\Delta Q_x, \Delta Q_y)$. Wir wollen diese Arbeitspunktverschiebung mithilfe einer einfachen Modellbetrachtung abschätzen und daraus das sogenannte Raumladungslimit für die maximal möglichen Strahlströme ableiten.

Wir nehmen einen kontinuierlichen Strahl mit zylindrischem Querschnitt und gleiche Werte für Q_x und Q_y an, d. h. $Q_0 = Q_x = Q_y$. Die 2σ-Emittanzen[3] seien ebenfalls gleich, $\epsilon^{2\sigma} = \epsilon_x^{2\sigma} = \epsilon_y^{2\sigma}$. Wir approximieren die radiale und axiale Fokussierungsstärke $k_x(s)$ und $k_y(s)$ in der Hill'schen Differenzialgleichung durch eine konstant über den Ring verteilte mittlere Fokussierungsstärke k_0 („smooth approximation model"). Mithilfe des Gesamtumfangs C und der Zahl der Betatronschwingungen pro Umlauf, Q_0, wird diese konstante Fokussierungsstärke k_0 festgelegt,

---

[3] Wir benutzen in diesem Abschnitt 2σ-Emittanzen und 2σ-Enveloppen.

$$k_0 = \left(\frac{2\pi Q_0}{C}\right)^2 . \tag{11.40}$$

Die resultierende Betafunktion ist ebenfalls konstant, und es gilt

$$\beta(s) = \beta_0 = \frac{1}{\sqrt{k_0}} = \frac{C}{2\pi Q_0} . \tag{11.41}$$

Daher sind auch die 2σ-Enveloppen $a = 2\sigma_x = 2\sigma_y$ eines angepassten Strahls konstant, d. h. $a = \sqrt{\epsilon^{2\sigma}\beta_0} = const$, $a' = 0$ und $a'' = 0$, und die 2σ-Enveloppengleichung ohne Raumladung lautet

$$k_0 a - \frac{(\epsilon^{2\sigma})^2}{a^3} = 0 . \tag{11.42}$$

Daraus ergibt sich die Relation zwischen a und $\epsilon^{2\sigma}$ für einen angepassten Strahl,

$$a^2 = \frac{\epsilon^{2\sigma}}{\sqrt{k_0}} = \epsilon^{2\sigma}\frac{C}{2\pi Q_0} . \tag{11.43}$$

Wenn man nun die Raumladungseffekte berücksichtigt, lautet die 2σ-Enveloppengleichung

$$k_0 a - \frac{K}{a} - \frac{(\epsilon^{2\sigma})^2}{a^3} = 0 . \tag{11.44}$$

Man kann diese Gleichung umschreiben, indem man die effektive Fokussierungsstärke $k = k_0 - K/a^2$ einführt,

$$ka - \frac{(\epsilon^{2\sigma})^2}{a^3} = 0 . \tag{11.45}$$

Die Raumladungseffekte erzeugen eine Störung der Fokussierungsstärke, δk,

$$\delta k = -\frac{K}{a^2} . \tag{11.46}$$

Die resultierende Verschiebung des Arbeitspunktes, ΔQ, kann man mithilfe von (7.19) berechnen,

$$\Delta Q = -\frac{1}{4\pi} \oint \beta_0 \frac{K}{a^2} ds = -\frac{C}{4\pi} \beta_0 \frac{K}{a^2} = -\frac{1}{2Q_0} \left(\frac{C}{2\pi}\right)^2 \frac{K}{a^2} . \tag{11.47}$$

Wenn man a^2 durch die 2σ-Emittanz $\epsilon^{2\sigma}$ ausdrückt, erhält man schließlich

$$\Delta Q = -\frac{1}{2} \frac{K}{\epsilon^{2\sigma}} \frac{C}{2\pi} . \tag{11.48}$$

Die generalisierte Perveanz K repräsentiert die Stromstärke I des umlaufenden Strahls. Wenn man K durch I ausdrückt und die normalisierte 2σ-Emittanz $\epsilon_n^{2\sigma} = \epsilon^{2\sigma}\beta\gamma$ einführt, erhält man

$$\Delta Q = -\frac{I}{I_0 \epsilon^{2\sigma}\beta^3\gamma^3} \frac{C}{2\pi} = -\frac{I}{I_0 \epsilon_n^{2\sigma}\beta^2\gamma^2} \frac{C}{2\pi} . \tag{11.49}$$

Bei einem Strahl, der longitudinal in Teilchenpaketen gebündelt ist, ist der momentane Strom innerhalb des Teilchenpaketes größer als der mittlere umlaufende Strom I, was durch den Bündelungsfaktor („bunching factor") B_f mit $0 < B_f \leq 1$ berücksichtigt wird,

$$\Delta Q = - \frac{I}{B_f I_0 \epsilon_n^{2\sigma} \beta^2 \gamma^2} \frac{C}{2\pi} . \tag{11.50}$$

Diese Form der Gleichung zeigt deutlich die wesentlichen Abhängigkeiten. Die Verschiebung des Arbeitspunktes, ΔQ, ist proportional zur Stromstärke I und zur Umlauflänge C und umgekehrt proportional zu dem Faktor B_f, der normalisierten 2σ-Emittanz $\epsilon_n^{2\sigma}$ sowie der zweiten Potenz von $\beta\gamma$, d. h. des Impulses $p = m\beta\gamma$.

Wir möchten an dieser Stelle darauf hinweisen, dass die Raumladungseffekte nicht nur eine Verschiebung sondern auch eine Verschmierung des Arbeitspunktes („Tune Spread") verursachen. Dies liegt an dem nichtlinearen Anteil der Raumladungskraft. Die Teilchen am Rand der Enveloppe sehen eine geringere Raumladungskraft, und die Verschiebung ΔQ ist entsprechend kleiner.

Eine Verschiebung des Arbeitspunktes ist im Hinblick auf die enge Nachbarschaft von Resonanzen im Arbeitsdiagramm gefährlich (siehe Abschn. 7.4). Besonders gefährlich sind die sogenannten Stoppbänder, d. h. die ganz- und halbzahligen Resonanzen. Zur Festlegung der Raumladungsgrenze („space charge limit") wird häufig $\Delta Q = -0{,}25$ als maximal noch zulässige Verschiebung definiert. Damit ergibt sich für den maximal möglichen Strom $I_{\max}$,

$$I_{\max} = 0{,}25 \, B_f I_0 \epsilon_n^{2\sigma} \beta^2 \gamma^2 \frac{2\pi}{C} . \tag{11.51}$$

Die Raumladungsgrenze ergibt sich aus dem niedrigsten Impuls, d. h. dem Startimpuls eines Kreisbeschleunigers. Bei einem Protonensynchrotron mit einem Startimpuls von 400 MeV/c, einer normalisierten 2σ-Emittanz $\epsilon_n^{2\sigma} = 25 \cdot 10^{-6}$ m rad, $B_f = 0{,}10$, $C = 200$ m erhalten wir $I_{\max} = 110$ mA. Aus der Teilchengeschwindigkeit $v = 0{,}3922 \, c$ erhalten wir die Umlauffrequenz zu $f = 0{,}5878 \cdot 10^5$ Hz und damit die maximale Teilchenzahl $N_{\max} = 1{,}18 \cdot 10^{12}$.

Die hier angegebenen Gleichungen beruhen auf einer sehr einfachen Modellbetrachtung. Die Effekte, die durch Spiegelladungen und Spiegelströme auf den Strahlrohrwänden ausgelöst werden, sind nicht berücksichtigt. Diese Effekte sind bei niedrigen Energien relativ klein. Zu höheren Energien hin werden diese Effekte jedoch zunehmend größer. Die entsprechenden Gleichungen wurden von Laslett [La67] abgeleitet. Daher wird auch die Verschiebung des Arbeitspunktes aufgrund von Raumladungseffekten unter Berücksichtigung der Wandeffekte „Laslett Tune Shift" genannt.

Übungsaufgaben

11.1 Installieren Sie die PSI Version des TRANSPORT Programms [Ro07] auf Ihrem PC bzw. Laptop und berechnen Sie das Beispiel 1.

11.2 Berechnen Sie das Beispiel 2.

11.3 Um welchen Faktor nimmt die Raumladungsgrenze für den maximal möglichen Teilchenstrom bei einem Protonensynchrotron zu, wenn die Einschussenergie (kinetische Energie) von 50 MeV auf 800 MeV erhöht wird und die übrigen Parameter nicht verändert werden.

11.4 Wie groß ist die Verschiebung ΔQ des Arbeitspunktes nach (11.50) bei einem Protonensynchrotron, wenn die Zahl der umlaufenden Protonen $N = 1 \cdot 10^{11}$ beträgt. Die kinetische Energie der Protonen beträgt 40 MeV, die Umfanglänge $C = 100$ m, der Bündelungsfaktor $B_f = 0{,}20$ und die normalisierte 2σ-Emittanz $\epsilon_n^{2\sigma} = 20$ mm mrad.

Lösungen zu den Übungsaufgaben

Kapitel 1

1.1 Mit (1.1) erhalten wir $\lambda = 0,001$ fm $= 1 \cdot 10^{-18}$ m.

1.2 Mit Hilfe von (1.2 - 1.10) finden wir:

1. Elektron:
   $p = 3500$ MeV/c, $E = 3500$ MeV, $T = 3500$ MeV, $\beta = 1$, $\gamma = 6849$, $\beta\gamma = 6849$,

2. Proton:
   $p = 3500$ MeV/c, $E = 3624$ MeV, $T = 2685$ MeV, $\beta = 0,9659$, $\gamma = 3,862$, $\beta\gamma = 3,730$,

3. Deutcron:
   $p = 3500$ MeV/c, $E = 3971$ MeV, $T = 2095$ MeV, $\beta = 0,8814$, $\gamma = 2,117$, $\beta\gamma = 1,686$.

1.3 Die Produktionsschwelle liegt bei

$$E_{\text{ges}}^{\text{cm}} = (938,27 + 938,27 + 134,98) \text{ MeV} = 2011,52 \text{ MeV}$$

Mit (1.20) erhalten wir daraus $E_1 = 1217,94$ MeV und $T_1 = 279,67$ MeV.

1.4 Für die Impulse, Geschwindigkeiten und Umlauffrequenzen erhalten wir
$p_1 = 276,88$ MeV/c, $\beta_1 = 0,28303$, $\nu_1 = 0,46247$ MHz,
$p_2 = 3307,8$ MeV/c, $\beta_2 = 0,96205$, $\nu_2 = 1,5720$ MHz.

1.5 Aus

$$\frac{1}{\beta^2} = \frac{E^2}{p^2} = \frac{p^2 + m^2}{p^2} = 1 + \frac{m^2}{p^2}$$

folgt

$$\frac{\Delta\beta}{\beta^3} = \frac{m^2}{p^3}\Delta p$$

$$\frac{\Delta\beta}{\beta} = \frac{\beta^2 m^2}{p^2}\frac{\Delta p}{p}$$

$$\frac{\Delta\beta}{\beta} = \frac{1}{\gamma^2}\frac{\Delta p}{p}$$

Man muss umso genauer messen, je größer der Lorentzfaktor γ ist. Wenn z.B. $E = 3$ GeV, ist $\gamma = 3{,}197$ und $\gamma^2 = 10{,}22$. Dann muss $\Delta\beta/\beta$ mit einer relativen Genauigkeit von $1 \cdot 10^{-4}$ gemessen werden.

1.6 Der $B\rho$-Wert von 10 keV Elektronen beträgt $B\rho = 3{,}3886 \cdot 10^{-4}$ Tm. Es folgt $\rho = 10{,}93$ m.

1.7 Mit $pv \approx 2\,T$ und $q = 2$e folgt bei $|E| = 5{,}4$ V/m und $\rho = 1$ m

$$|E|\,\rho \approx \frac{2T}{q} = 5{,}4 \text{ MV}.$$

1.8 Wir berechnen zunächst die Gesamtenergie E, dann den Impuls $p = |\boldsymbol{p}|$ und schließlich den $B\rho$-Wert,

$$E = 1\,038{,}272\,\text{MeV}\,, \quad p = 444{,}583\,\text{MeV}/\text{c}\,, \quad B\rho = 1{,}48297\,\text{Tm}\,.$$

Kapitel 2

2.1 $\Delta U = 47$ kV.

2.2 $Q = 2{,}22$ mC.

2.3 Bei der Lösung der Aufgabe muss man aufpassen, dass man die Lichtgeschwindigkeit c richtig berücksichtigt. Wir erhalten für Elektronen folgende Zyklotronfrequenz

$$\nu_{\text{Zyk}} = 2{,}79925 \text{ GHz}.$$

2.4 $\nu_{\text{Zyk}} = 11{,}4912$ MHz.

2.5 Die Ruhemasse des Protons beträgt $938{,}27$ MeV$/c^2$. Bei 3 Tm ist der maximale Impuls $899{,}38$ MeV$/c$, d.h. rund 900 MeV$/c$. Damit erhalten wir rund $T = 362$ MeV.

2.6 $Q_x = 0{,}6$, $Q_y = 0{,}8$.

2.7 Die Impulsänderung pro Umlauf beträgt für das synchrone Teilchen

$$\Delta p_{\text{s}} = \frac{\Delta p_{\text{s}}}{\Delta t}\frac{C}{\beta c}.$$

Hierbei ist $\frac{C}{\beta c}$ die Zeit für einen Umlauf. Aus $E^2 = (pc)^2 + m^2$ folgt

$$\Delta E = \frac{pc}{E}\Delta(pc) = \beta c\Delta p.$$

Damit erhalten wir

$$\Delta E_{\text{s}} = \beta c\Delta p_{\text{s}} = \frac{\Delta p_{\text{s}}}{\Delta t}C.$$

2.8 Bei der Lösung der Aufgabe muss man aufpassen, dass man die Lichtgeschwindigkeit c richtig berücksichtigt. Wir erhalten

$$\Delta E_\mathrm{s} = 667{,}13 \text{ eV}$$

2.9 Die Umlauffrequenz ist 1 MHz. Die Harmonischenzahl ist h = 500. Damit können 500 Teilchenpakete zirkulieren.

2.10 Mit

$$p = \gamma m v, \quad p = q B \rho, \quad E = \gamma m c^2$$

erhalten wir

$$t = \frac{2\pi\rho}{v} = \frac{2\pi\rho\gamma m}{p} = \frac{2\pi\rho\gamma m}{qB\rho} = \frac{2\pi E}{qBc^2}.$$

2.11 $B = 1{,}57297$ T, $E_\mathrm{max} = 855$ MeV, $p_\mathrm{max} = 855$ MeV/c, $\rho_\mathrm{max} = 1{,}8131$ m.

2.12 Für die Luminosität erhalten wir $L = 1 \cdot 10^{31}$ cm^{-2} s^{-1}. Die Zählrate ist $\dot{N}_\mathrm{D} = 10$ s^{-1}.

2.13 Die Umlauffrequenz ist $f = 11{,}245$ kHz. Die Luminosität ist $L = 1{,}0 \cdot 10^{34}$ cm^{-2} s^{-1}.

Kapitel 3

3.1 Mit (3.3) finden wir $nI \approx 80\,200$ A.

3.2 Mit (3.10) finden wir $nI \approx 11\,000$ A. Bei 44 Windungen benötigt man ein Netzgerät für 250 A.

3.3 Mit (3.7) finden wir $B_0 = 0{,}30$ T.

3.4 Mit (3.14) finden wir $g_\mathrm{s} \approx 120$ T/m, $B_0 \approx 0{,}15$ T und $|B(a/2)| \approx 0{,}0375$ T.

3.5 Das Profil ergibt sich aus der Hyperbelform der Polschuhfläche eines äquivalenten Quadrupols im Abstand $x_0 = -\rho_0/n$ von der Quadrupolachse. Wir erhalten damit

$$y = \frac{const}{x_0 + x} = \frac{0{,}025 \text{ m}^2}{0{,}5 \text{ m} + x}.$$

3.6 Mit (3.31) finden wir $k_\mathrm{c} = 0{,}5726$ cm^{-1}, und $\nu_\mathrm{c} = 2{,}732$ GHz.

3.7 Mit (3.36) finden wir $\nu = 114{,}7$ MHz.

3.8 Mit (3.38) finden wir $U = 116$ V.

3.9 Die Ruhemasse von Deuteronen ist rund doppelt so groß. Wir erhalten daher für Deuteronen $P = 0{,}71 \cdot 10^{-7}$ A/V$^{3/2}$.

3.10 Mit (3.46) erhalten wir $\sigma_\Theta = \sigma_{x'} = 1{,}9$ mrad.

3.11 Mit (3.50) erhalten wir $\epsilon_x^{2\sigma\,\mathrm{n}} = \pi\,0{,}050$ mm mrad.

Kapitel 4

4.1 Um möglichst wenig rechnen zu müssen, multiplizieren wir die Matrix (4.194) mit der Matrix der Driftstrecke l. Wir berücksichtigen dabei (4.211). Die resultierende Matrix wird quadriert. Durch Hinzufügen einer Driftstrecke der Länge $l/2$ am Anfang und der Länge $-l/2$ am Ende entsprechend (4.210) erhalten wir schließlich das gewünschte Ergebnis.

4.2 Lassen Sie die Winkeländerung der charakteristischen Bahnen (i) in der Mittelebene der Sammel- und Zerstreuungslinse und (ii) bei den Hauptebenen H_1 und H_2 stattfinden.

4.3 Der Dipolmagnet D wirkt radial wie eine Sammellinse und axial wie eine Driftstrecke. Lassen Sie die Winkeländerung der charakteristischen Bahnen in der Mittelebene der Quadrupole Q und des Dipols D stattfinden.

4.4 Um möglichst wenig rechnen zu müssen, gehen wir analog zur Übungsaufgabe [4.1] vor.

4.5 Das System besteht aus drei FODO-Einheitszellen. Die Matrix einer Einheitszelle erhalten wir durch Multiplikation der entsprechenden Matrizen, oder indem wir in (4.197) l durch $l/2$ ersetzen,

$$R_{x,y} = \begin{pmatrix} 1 \mp d/f - (l/2)d/f^2 & l + d - d(l/2)^2/f^2 \\ -d/f^2 & 1 \pm d/f - (l/2)d/f^2 \end{pmatrix}.$$

Nach (6.80) erhalten wir damit den folgenden Zusammenhang zwischen dem Betatronphasenvorschub pro Einheitszelle und der Brennweite f,

$$\cos\mu_x = \cos\mu_y = 1 - \frac{l\,d}{2|f|^2}.$$

Die teleskopische $(1{:}{-}1)$-Abbildung erhalten wir mit

$$\mu_x = \mu_y = \frac{180°}{3} = 60°,$$

d. h. mit $\cos\mu_x = \cos\mu_y = +0.5$ und $|f| = \sqrt{ld}$. Die teleskopische $(1{:}{+}1)$-Abbildung erhalten wir mit

$$\mu_x = \mu_y = \frac{360°}{3} = 120°.$$

d. h. mit $\cos\mu_x = \cos\mu_y = -0.5$ und $|f| = \sqrt{ld/3}$.

4.6 Die Rechnung ist eine einfache Multiplikation der entsprechenden radialen und axialen Matrizen.

4.7 Wir berechnen zunächst die radiale und axiale Transfermatrix für den allgemeinen Fall von Driftstrecken der Länge L vor und hinter dem Ablenkmagneten. Für den Ablenkmagneten nehmen wir den Ablenkwinkel α und die Kantenwinkel β am Ein- und Ausgang an. Die Gleichungen (4.219) und (4.221) ergeben sich aus den Bedingungen für eine radiale und axiale Punkt-zu-Punkt-Abbildung, $R_{12} = 0$ und $R_{34} = 0$.

4.8 Mit Hilfe von (4.226) und (4.227) erhalten wir das gewünschte Ergebnis.

4.9 Mit (4.198) erhalten wir $|f| = 0,66\overline{6}$ m. Mit (4.200) erhalten wir $M_x = -2$ und $M_y = -0,5$.

4.10 Der Beweis geschieht durch Multiplizieren der entsprechenden Matrizen.

4.11 Wir gruppieren die sechs Quadrupolmagnete in drei FODO-Einheitszellen. Um $R_x = +I$ und $R_y = -I$ mit drei FODO-Einheitszellen zu erreichen, muss für den Betatronphasenvorschub μ_x und μ_y folgende Gleichung gelten:

$$\mu_x = \frac{360°}{3} = 120° \,, \qquad \mu_y = \frac{180°}{3} = 60° \,.$$

Damit erhalten wir mit (6.80) zwei Bedingungsgleichungen für die Beträge der Brennweiten f_1 und f_2:

$$\cos \mu_x = 1 - d \left(+\frac{1}{|f_1|} - \frac{1}{|f_2|} \right) - \frac{d^2}{2|f_1||f_2|} \,,$$

$$\cos \mu_y = 1 - d \left(-\frac{1}{|f_1|} + \frac{1}{|f_2|} \right) - \frac{d^2}{2|f_1||f_2|} \,.$$

4.12 Mit (4.83) und (4.118) finden wir

$$\sigma = R(\alpha)\sigma_0 R^{\mathrm{T}}(\alpha).$$

4.13 Die Matrix R hat die Eigenschaft $R_y = -R_x$. Für Matrizen mit dieser Eigenschaft gilt

$$\begin{pmatrix} \cos\alpha & -\sin\alpha \\ \sin\alpha & \cos\alpha \end{pmatrix} \begin{pmatrix} R_x & 0 \\ 0 & -R_x \end{pmatrix} \begin{pmatrix} \cos\alpha & \sin\alpha \\ -\sin\alpha & \cos\alpha \end{pmatrix}$$

$$= \begin{pmatrix} R_x \cos 2\alpha & R_x \sin 2\alpha \\ R_x \sin 2\alpha & -R_x \cos 2\alpha \end{pmatrix}$$

$$= \begin{pmatrix} R_x & 0 \\ 0 & -R_x \end{pmatrix} \begin{pmatrix} \cos 2\alpha & \sin 2\alpha \\ -\sin 2\alpha & \cos 2\alpha \end{pmatrix}$$

Ein Strahlrotator bewirkt eine „aktive" Rotation des Strahles um den Winkel 2α. Das Koordinatensystem wird nicht gedreht. Das Matrixprodukt $R(2\alpha)\sigma_0 R^{\mathrm{T}}(2\alpha)$ repräsentiert die gedrehte σ-Matrix.

4.14 Mit (4.153) finden wir

$$\sigma_x = \begin{pmatrix} 101 \text{ mm}^2 & 0 & 10 \text{ mm promille} \\ 0 & 25 \text{ mrad}^2 & 0 \\ 10 \text{ mm promille} & 0 & 1 \text{ promille}^2 \end{pmatrix}.$$

4.15 Das System besteht aus einem frei einstellbaren Quadrupolmagneten Q_1, einer Driftstrecke der Länge L_1, einem frei einstellbaren Quadrupolmagneten Q_2, einer Driftstrecke der Länge L_2 und einem homogenen Ablenkmagneten A mit einem Sollbahnradius ρ_0 und einem Ablenkwinkel α. Die σ-Matrixelemente σ_{16} und σ_{26} sind das Ergebnis der Vorgeschichte des Strahls. Wenn wir zur Rekonstruktion dieser Vorgeschichte

einen Startpunkt $s = 0$ annehmen, an dem der Strahl noch achromatisch
($\sigma_{16} = 0$ und $\sigma_{26} = 0$) ist, erhalten wir an der Übergabestelle s_0 zu dem
nachfolgenden System σ_{16} und σ_{26} aus den Matrixelementen R_{16} und
R_{26} der entsprechenden Transfermatrix,

$$\sigma_{16}(s_0) = R_{16}(s_0)\sigma_{66}, \qquad \sigma_{26}(s_0) = R_{26}(s_0)\sigma_{66}.$$

Der weitere Verlauf von $\sigma_{16}(s)$ und $\sigma_{26}(s)$ ist durch den weiteren Verlauf
der Matrixelemente $R_{16}(s)$ und $R_{26}(s)$ bestimmt. Wir betrachten daher
exemplarisch die dispersive Bahn eines Teilchens mit $\delta \neq 0$,

$$x(s) = \delta R_{16}(s).$$

Mit Hilfe der beiden Quadrupolmagnete wird nun diese dispersive Bahn
so beeinflusst, dass am Ende des Ablenkmagneten

$$R_{16} = 0, \qquad R_{26} = 0.$$

Damit haben wir erreicht, dass auch

$$\sigma_{16} = 0, \qquad \sigma_{26} = 0.$$

Am besten zeichnet man den Verlauf der dispersiven Bahn in umgekehrter Richtung und adjustiert in einem Gedankenexperiment die
Quadrupolstärken so, dass am Übergabepunkt s_0 die Ortsabweichung
$x(s_0) = \delta R_{16}(s_0)$ und die Richtungsabweichung $x'(s_0) = \delta R_{26}(s_0)$ übereinstimmen.

4.16 Wir bezeichnen die Position der Strahltaille mit s_0 und den Abstand zwischen s_1 und s_0 mit L, d. h. $L = s_1 - s_0$. Mit (4.120) erhalten wir drei Bestimmungsgleichungen für die drei Unbekannten L, $\sigma_x(s_0) = \sqrt{\sigma_{11}(s_0)}$
und $\sigma_{x'}(s_0) = \sqrt{\sigma_{22}(s_0)}$. Die Auflösung lautet:

$$L = \frac{[\sigma_x^2(s_3) - \sigma_x^2(s_1)] - 4[\sigma_x^2(s_2) - \sigma_x^2(s_1)]}{4[\sigma_x^2(s_2) - \sigma_x^2(s_1)] - 2[\sigma_x^2(s_3) - \sigma_x^2(s_1)]} \cdot 1,0\,\mathrm{m},$$

$$\sigma_{x'}^2(s_0) = \frac{\sigma_x^2(s_2) - \sigma_x^2(s_1)}{(2L + 1,0\,\mathrm{m}) \cdot 1,0\,\mathrm{m}},$$

$$\sigma_x^2(s_0) = \sigma_x^2(s_1) - L^2 \sigma_{x'}^2(s_0).$$

Damit erhalten wir

$$L = 1,265\,\mathrm{m}, \quad \sigma_{x'}(s_0) = 1,87\,\mathrm{mrad},$$

$$\sigma_x(s_0) = 1,49\,\mathrm{mm}, \quad \pi\epsilon_x^{1\sigma} = \pi\,2,79\,\mathrm{mm\,mrad}.$$

4.17 Für die radiale und axiale Transfermatrix erhalten wir

$$R_x = \begin{pmatrix} 1 & 0 & 0 \\ \frac{\tan\alpha/2}{\rho_0} & 1 & 0 \\ 0 & 0 & 1 \end{pmatrix} \begin{pmatrix} \cos\alpha & \rho_0\sin\alpha & \rho_0(1-\cos\alpha) \\ -\frac{\sin\alpha}{\rho_0} & \cos\alpha & \sin\alpha \\ 0 & 0 & 1 \end{pmatrix} \begin{pmatrix} 1 & 0 & 0 \\ \frac{\tan\alpha/2}{\rho_0} & 1 & 0 \\ 0 & 0 & 1 \end{pmatrix}$$

$$= \begin{pmatrix} 1 & \rho_0\sin\alpha & \rho_0(1-\cos\alpha) \\ 0 & 1 & 2\tan(\alpha/2) \\ 0 & 0 & 1 \end{pmatrix},$$

$$R_y = \begin{pmatrix} 1 & 0 \\ -\frac{\tan\alpha/2}{\rho_0} & 1 \end{pmatrix} \begin{pmatrix} 1 & \rho_0\alpha \\ 0 & 1 \end{pmatrix} \begin{pmatrix} 1 & 0 \\ -\frac{\tan\alpha/2}{\rho_0} & 1 \end{pmatrix}$$

$$= \begin{pmatrix} 1 - \alpha\tan\alpha/2 & \rho\alpha \\ -\frac{2\tan\alpha/2}{\rho_0} & 1 - \alpha\tan\alpha/2 \end{pmatrix}.$$

Bei der Berechnung der axialen Transfermatrix R_y haben wir die Korrektur der Kantenfokussierung vernachlässigt, d. h. wir nehmen näherungsweise $\beta_{\text{eff}} = \alpha/2$ an. In radialer Richtung wirkt der Rechteckmagnet wie eine Driftstrecke der Länge $\rho_0\sin\alpha$, in axialer Richtung wie eine schwach fokussierende Linse der Brechkraft $(2\tan\alpha/2)/\rho_0$.

4.18 Mit Hilfe der in Abschn. 4.5 angegebenen Matrizen finden wir folgende Transfermatrizen zwischen dem Anfang und Ende des Systems,

$$R_x = \begin{pmatrix} -1 & 0 & 3{,}29 \\ 0 & -1 & 0 \\ 0 & 0 & 1 \end{pmatrix},$$

$$R_y = \begin{pmatrix} -1 & 0 \\ 0 & -1 \end{pmatrix}.$$

Kapitel 5

5.1 Mit (5.38) finden wir

$$\frac{1}{f} = 5 \text{ m}^{-1}.$$

Die Aperturlinse wirkt wie eine Sammellinse mit der Brechkraft 5 dpt (dpt = Dioptrie).

5.2 Mit (5.38) finden wir

$$\frac{1}{f} = 12{,}5 \text{ m}^{-1}.$$

5.3 Bei Elektronen muss man beachten, dass die Ladung negativ ist. Mit (5.38) finden wir

$$\frac{1}{f} = -5 \text{ m}^{-1}.$$

Die Aperturlinse wirkt wie eine Zerstreuungslinse mit der Brechkraft -5 dpt.

5.4 Die Matrix der Rohrlinse lautet

$$R_x = R_y = \begin{pmatrix} 0{,}793 & 0{,}041 \text{ m} \\ -1{,}553 \text{ m}^{-1} & 0{,}811 \end{pmatrix},$$

$$\det(R_x) = \det(R_y) = 0{,}7071.$$

5.5 Für die Brennweiten und die Lage der Hauptebenen erhalten wir

$$f_1 = 0{,}46 \text{ m}, \qquad f_2 = 0{,}64 \text{ m}$$
$$z_1 = 0{,}12 \text{ m}, \qquad z_2 = 0{,}13 \text{ m}$$

5.6 Die Matrix der Rohrlinse lautet

$$R_x = R_y = \begin{pmatrix} 1{,}146 & 0{,}059 \text{ m} \\ -2{,}197 \text{ m}^{-1} & 1{,}121 \end{pmatrix},$$

$$\det(R_x) = \det(R_y) = 1{,}4142.$$

5.7 Für die Brennweiten und die Lage der Hauptebenen erhalten wir

$$f_1 = 0{,}64 \text{ m}, \qquad f_2 = 0{,}46 \text{ m}$$
$$z_1 = -0{,}06 \text{ m}, \qquad z_2 = -0{,}07 \text{ m}$$

5.8 Die Matrix der Einzellinse lautet

$$R_x = R_y = \begin{pmatrix} 0{,}818 & 0{,}095 \text{ m} \\ -3{,}483 \text{ m}^{-1} & 0{,}818 \end{pmatrix},$$

$$\det(R_x) = \det(R_y) = 1.$$

5.9 Für die Brennweiten und die Lage der Hauptebenen erhalten wir

$$f_1 = f_2 = f = 0{,}29 \text{ m}$$
$$z_1 = z_2 = z = 0{,}052 \text{ m}$$

Die beiden Hauptebenen fallen praktisch zusammen und liegen in der Symmetrieebene der Einzellinse. Die Einzellinse kann in guter Näherung als dünne Linse dargestellt werden.

5.10 Die Matrix der Einzellinse lautet

$$R_x = R_y = \begin{pmatrix} 0{,}818 & 0{,}093 \text{ m} \\ -3{,}562 \text{ m}^{-1} & 0{,}818 \end{pmatrix},$$

$$\det(R_x) = \det(R_y) = 0{,}7071.$$

Die Einzellinse mit $T_2/T_1 = 0{,}5$ hat fast die gleiche Transportmatrix wie die in Aufgabe 5 definierte Einzellinse mit $T_2/T_1 = 2$. Dies ist aber ein Zufall. Mit Hilfe der Gleichung (5.41) können Sie leicht zeigen, dass zwar die Matrixelemente R_{11} und R_{22} immer gleich sind, aber die Matrixelemente R_{12} und R_{21} in der Regel unterschiedlich sind, wenn $T_2/T_1 = N$ durch $T_2/T_1 = N^{-1}$ ersetzt wird.

5.11 Für die Brennweite einer Einzellinse erhalten wir unter der Annahme, dass der Abstand zwischen den beiden Hauptebenen vernachlässigbar klein ist,

$$f = 0{,}25\,\text{m}\,.$$

5.12 Wir notieren zunächst die kinematischen Daten zur Berechnung der Transportmatrix.

$$N = V_2/V_1 = 1000\,, \quad \gamma_1 = 1\,, \quad \gamma_2 = 1{,}0107\,,$$
$$\frac{v_2}{v_1} = 31{,}6\,, \quad \frac{p_1 v_1}{p_2 v_2} = 0{,}001\,.$$

In nichtrelativistischer Näherung erhalten wir

$$R_x = R_y = \begin{pmatrix} -14{,}3 & 0{,}613\,\text{m} \\ -1{,}15\,\text{m}^{-1} & 0{,}047 \end{pmatrix},$$

$$\det(R_x) = \det(R_y) = 1/\sqrt{1000} = 0{,}0316\,.$$

$$R_z = \begin{pmatrix} 31{,}6 & 9{,}89\,\text{m} \\ 0 & 0{,}001 \end{pmatrix},$$

$$\det(R_z) = 1/\sqrt{1000} = 0{,}0316\,.$$

5.13 Wir notieren zunächst in einer Tabelle die kinematischen Daten am Anfang und Ende der Rohrlinse.

T (MeV)	E (MeV)	p (MeV)	pv (MeV)	β	γ
0,010	0,521	0,1016	0,01981	0,1950	1,0196
10,0	10,511	10,499	10,487	0,9988	20,57

Damit erhalten wir

$$R_x = R_y = \begin{pmatrix} 1 & 0 \\ +0{,}0476\,\text{m}^{-1} & 1 \end{pmatrix} \begin{pmatrix} 1 & 0{,}358\,\text{m} \\ 0 & 0{,}00968 \end{pmatrix} \begin{pmatrix} 1 & 0 \\ -25{,}22\,\text{m}^{-1} & 1 \end{pmatrix}$$

$$= \begin{pmatrix} -8{,}029 & 0{,}358\,\text{m} \\ -25{,}17\,\text{m}^{-1} & 0{,}0267 \end{pmatrix},$$

$$\det(R_x) = \det(R_y) = 0{,}00968 \,,$$
$$R_z = \begin{pmatrix} 5{,}12 & 0{,}477\ \mathrm{m} \\ 0 & 0{,}00189 \end{pmatrix} \,,$$
$$\det(R_z) = 0{,}00968 \,.$$

Der Vergleich mit dem Ergebnis für Protonen zeigt deutlich den Unterschied, der durch die Relativistik der Elektronen bedingt ist.

5.14 Die resultierenden Enveloppen haben eine große Ähnlichkeit mit den in Abb. 5.10 gezeigten Enveloppen. Der einzige Unterschied besteht darin, dass die Enveloppen im Bereich der Einzellinse eine Beule nach außen haben. Dies liegt daran, dass der Strahl in der ersten Hälfte der Einzellinse abgebremst wird und in der zweiten Hälfte beschleunigt wird.

Kapitel 6

6.1 Mit Hilfe von (6.41) erhalten wir die Akzeptanzen

$$A_x = \pi\epsilon_{x,\,\mathrm{max}} = \pi\ 125\ \mathrm{mm}\cdot\mathrm{mrad}\,,$$
$$A_y = \pi\epsilon_{y,\,\mathrm{max}} = \pi\ 60\ \mathrm{mm}\cdot\mathrm{mrad}\,.$$

6.2 Mit (6.39) finden wir

$$\epsilon_x = 0{,}5\ \mathrm{mm}\cdot\mathrm{mrad}\,,\quad \epsilon_y = 1{,}0\ \mathrm{mm}\cdot\mathrm{mrad}\,,$$
$$\sigma_{x'} = 0{,}5\ \mathrm{mrad},\quad \sigma_{y'} = 0{,}5\ \mathrm{mrad}\,.$$

6.3 Wir nehmen ohne Beschränkung der Allgemeinheit an, dass $s_0 = 0$ ist. Ausgehend von dem Startpunkt $s_0 = 0$ erhalten wir nach (6.65) für die periodische Dispersion an der Stelle s

$$D(s) = D_0 c_x(s) + d_x(s)\,.$$

Damit erhalten wir für den Momentum-Compaction-Faktor α_p nach (4.59) und (6.74)

$$\alpha_\mathrm{p} = \frac{1}{C_0}\oint D(\bar{s})h(\bar{s})\mathrm{d}\bar{s} = \frac{1}{C_0}\left[D_0\oint c_x(\bar{s})h(\bar{s})\mathrm{d}\bar{s} + \oint d_x(\bar{s})h(\bar{s})\mathrm{d}\bar{s}\right]$$
$$\alpha_\mathrm{p} = \frac{1}{C_0}\left[-D_0 M_{51} - M_{56} + \frac{C_0}{\gamma^2}\right]\,.$$

Damit ergibt sich für $\eta = 1/\gamma^2 - \alpha_\mathrm{p}$

$$\eta = \frac{D_0 M_{51} + M_{56}}{C_0}\,.$$

Wenn das Synchrotron aus N Superperioden besteht, genügt es, die Matrixelemente M_{51} und M_{56} und die Periodizitätslänge C_0 durch die entsprechenden Größen einer Superperiode zu ersetzen.

6.4 Wir nehmen die Näherung (4.190), d.h. $|f_x| \approx |f|$ und $|f_y| \approx |f|$ Mit Hilfe von (6.80) erhalten wir für die horizontale (radiale) Twiss-Matrix zwischen den Mittelebenen von zwei benachbarten, horizontal fokussierenden Quadrupolen Q_1

$$M_x = \begin{pmatrix} 1 - \frac{d^2}{2f^2} & 2d + \frac{d^2}{f} \\ -\frac{d}{2f^2} + \frac{d^2}{4f^3} & 1 - \frac{d^2}{2f^2} \end{pmatrix}.$$

Für die vertikale (axiale) Twiss-Matrix erhalten wir

$$M_y = \begin{pmatrix} 1 - \frac{d^2}{2f^2} & 2d - \frac{d^2}{f} \\ -\frac{d}{2f^2} - \frac{d^2}{4f^3} & 1 - \frac{d^2}{2f^2} \end{pmatrix}.$$

6.5 Wir erhalten für $\cos\mu$ bzw. $\sin\mu/2$ und die Betatronfunktion

$$\cos\mu = 1 - 2\left(\frac{d}{2f}\right)^2, \qquad \sin\frac{\mu}{2} = \frac{d}{2f},$$

$$\frac{\beta_x}{d} = \frac{\hat{\beta}}{d} = \frac{2}{\sin\mu}\left(1 + \sin\frac{\mu}{2}\right),$$

$$\frac{\beta_y}{d} = \frac{\check{\beta}}{d} = \frac{2}{\sin\mu}\left(1 - \sin\frac{\mu}{2}\right),$$

Das Minimum von $\hat{\beta}/d$ liegt bei $\mu = 76{,}5°$. Für $\mu = 76{,}5°$ erhalten wir

$$\frac{\beta_x}{d} = \frac{\hat{\beta}}{d} = 3{,}33, \qquad \frac{\beta_y}{d} = \frac{\check{\beta}}{d} = 0{,}78.$$

6.6 Die Akzeptanz A ist maximal, wenn $\hat{\beta}/d$ minimal ist. Wir erhalten

$$A_{\max} = \pi\,\frac{a^2}{\hat{\beta}_{\min}} = \pi\,\frac{(50\text{ mm})^2}{16{,}65\text{ m}} = \pi\,150\text{ mm mrad}.$$

6.7 Mit (4.194) erhalten wir unter der Annahme, dass $f_1 = f$ positiv ist,

$$M_x = \begin{pmatrix} 1 & d/2 \\ 0 & 1 \end{pmatrix}\begin{pmatrix} 1 - d/f & d \\ -d/f^2 & 1 + d/f \end{pmatrix}\begin{pmatrix} 1 & d/2 \\ 0 & 1 \end{pmatrix}$$

$$= \begin{pmatrix} 1 - \frac{d}{f} - \frac{d^2}{2f^2} & 2d - \frac{d^3}{4f^2} \\ -\frac{d^2}{f} & 1 + \frac{d}{f} - \frac{d^2}{2f^2} \end{pmatrix},$$

$$M_y = \begin{pmatrix} 1 & d/2 \\ 0 & 1 \end{pmatrix}\begin{pmatrix} 1 + d/f & d \\ -d/f^2 & 1 - d/f \end{pmatrix}\begin{pmatrix} 1 & d/2 \\ 0 & 1 \end{pmatrix}$$

$$= \begin{pmatrix} 1 + \frac{d}{f} - \frac{d^2}{2f^2} & 2d - \frac{d^3}{4f^2} \\ -\frac{d^2}{f} & 1 - \frac{d}{f} - \frac{d^2}{2f^2} \end{pmatrix}.$$

6.8 Wir erhalten mit Hilfe der Twiss-Matrizen M_x und M_y von [6.7]

$$\cos\mu = 1 - \frac{d^2}{2f^2}, \qquad \sin\mu = \sqrt{1 - \cos^2\mu},$$

$$\alpha_x = -\frac{1}{\sin\mu}\frac{d}{f}, \quad \beta_x = \frac{1}{\sin\mu}\left(2d - \frac{d^3}{4f^2}\right), \quad \gamma_x = \frac{1}{\sin\mu}\frac{d}{f^2},$$

$$\alpha_y = +\frac{1}{\sin\mu}\frac{d}{f}, \quad \beta_y = \frac{1}{\sin\mu}\left(2d - \frac{d^3}{4f^2}\right), \quad \gamma_y = \frac{1}{\sin\mu}\frac{d}{f^2}.$$

Damit lauten die σ-Matrizen

$$\sigma_x = \epsilon_x^{1\sigma}\begin{pmatrix}\beta_x & -\alpha_x \\ -\alpha_x & \gamma_x\end{pmatrix},$$

$$\sigma_y = \epsilon_y^{1\sigma}\begin{pmatrix}\beta_y & -\alpha_y \\ -\alpha_y & \gamma_y\end{pmatrix}.$$

Kapitel 7

7.1 Mit (7.5) und (7.8) finden wir

$$a_c = +4{,}7\cdot10^{-3}\sqrt{m}\sqrt{rad}, \qquad \eta_c(-Q\pi) = -1{,}45\cdot10^{-3}\sqrt{m}\sqrt{rad},$$

$$\eta_c(-\pi) = -4{,}7\cdot10^{-3}\sqrt{m}\sqrt{rad}, \qquad \eta_c(0) = +4{,}7\cdot10^{-3}\sqrt{m}\sqrt{rad},$$

$$\eta_c(+\pi) = -4{,}7\cdot10^{-3}\sqrt{m}\sqrt{rad}, \qquad \eta_c(+Q\pi) = -1{,}45\cdot10^{-3}\sqrt{m}\sqrt{rad}.$$

7.2 Mit (7.6) finden wir

$$x_c(s_0) = -6{,}5\,\mathrm{mm}, \qquad x_c(s_0 + C/2) = +21\,\mathrm{mm}.$$

7.3 Der Korrekturmagnet sollte an einer Stelle s stehen, für die $|\psi(s) - \psi(s_0)| = \pi$ gilt. Mit Hilfe von (7.6) oder (7.7) finden wir

$$\Delta x'\sqrt{\beta(s)} = \Delta x_0'\sqrt{\beta(s_0)},$$

d. h.

$$BL = \sqrt{\frac{\beta(s_0)}{\beta(s)}}B_0L_0.$$

7.4 Der Schwerpunkt des Strahls macht Betatronoszillationen um die neue Gleichgewichtsbahn, die wir mit Hilfe von (7.3)–(7.7) berechnen können. Ein Sollteilchen, das längs der idealen Gleichgewichtsbahn auf die plötzlich entstandene Störstelle zuläuft, hat an der Störstelle gegenüber der gestörten Gleichgewichtsbahn folgende Orts- und Winkelabweichung [siehe (7.4)]

$$\begin{pmatrix} x \\ x' \end{pmatrix}_{s_0} = - \begin{pmatrix} \frac{1}{2}\beta\Delta x' \cot Q\pi \\ -\frac{1}{2}\Delta x'[1 + \alpha \cot Q\pi] \end{pmatrix}_{s_0}.$$

Wir müssen also nur das Vorzeichen von (7.4) umdrehen, um den Startwert $[x(s_0), x'(s_0)]$ der Betatronoszillation zu erhalten. Damit ist die Amplitude a und der weitere Verlauf von $x(s)$ festgelegt. Wir erhalten mit (7.5) und (7.3)

$$a = -\frac{\sqrt{\beta(s_0)}\Delta x'}{2\sin Q\pi},$$

$$x(s) = +a\sqrt{\beta(s)}\cos[\psi(s) - \psi(s_0) - Q\pi].$$

Im Gegensatz zu (7.3) wird die Betatronphase $\psi(s)$ nicht mehr nach jedem Umlauf auf den Wert $\psi(s_0)$ zurückgesetzt. Wir weisen ausdrücklich darauf hin, dass $x(s)$ die Betatronoszillation des Strahlschwerpunktes relativ zu der gestörten Gleichgewichtsbahn beschreibt. Die Ortsabweichung $X(s)$ relativ zu der „idealen" Gleichgewichtsbahn ergibt sich aus der linearen Superposition der gestörten Gleichgewichtsbahn $x_{rmc}(s)$ und der Betatronoszillation $x(s)$,

$$X(s) = x_{\text{c}}(s) + x(s).$$

7.5 Mit (7.3)–(7.7) finden wir

$$\Delta y' = 0{,}5 \text{ mrad}, \quad a_{\text{c}} = 0{,}83 \cdot 10^{-3}\sqrt{\text{m}}\sqrt{\text{rad}},$$
$$y_{\text{c}}(s_0) = 0{,}81 \text{ mm}, \ y_{\text{c}}(s) = 1{,}45 \text{ mm}.$$

7.6 Mit (7.38) finden wir $\Delta Q_x = \Delta Q_y = \mp 0.071$.

7.7 Nach (7.36) ist die Stärke der ξ_x-Korrektur durch das Produkt $\beta_x(s)D(s)$ an Stellen mit großem β_x und kleinem β_y bestimmt. Umgekehrt ist die Stärke der ξ_y-Korrektur durch das Produkt $\beta_y(s)D(s)$ an Stellen mit großem β_y und kleinem β_x bestimmt. In der Regel ist $D(s)$ an Stellen mit großem β_x größer als an Stellen mit großem β_y (siehe Abb. 6.14 und 6.15).

Kapitel 8

8.1 Die Annahme kleiner Amplituden bedeutet, $\Delta\varphi = \varphi - \varphi_s$ ist klein. Daher können wir für $\cos\varphi$ eine Taylorreihe ansetzen. Wir müssen hierbei die Entwicklung bis zur zweiten Ordnung berücksichtigen,

$$\cos\varphi = \cos\varphi_s - \Delta\varphi \sin\varphi_s - \frac{1}{2}(\Delta\varphi)^2 \cos\varphi_s + \cdots.$$

Wenn wir diese Entwicklung in (8.25) einsetzen, erhalten wir

$$\left(\frac{\dot\varphi}{\omega_{\text{syn}}}\right)^2 + (\Delta\varphi)^2 = K_0.$$

8.2 Die Berechnung der stabilen und instabilen Lösungen geschieht mit Hilfe von (8.25). Wir nehmen für K_0 einen Wert, der größer, und einen, der kleiner als $K_{0,\mathrm{sep}}$ ist. Die Konstante der Separatrix, $K_{0,\mathrm{sep}}$, berechnen wir mit Hilfe von (8.30). Für $\varphi_\mathrm{s} = 20°$ erhalten wir

$$K_{0,\mathrm{sep}} = 2{,}221\,, \qquad \sqrt{K_{0,\mathrm{sep}}} = 1{,}49\,.$$

Damit wissen wir, dass z. B. $K_0 = 1{,}5$ einer stabilen Lösung, und $K_0 = 3{,}0$ einer instabilen Lösung entspricht.

8.3 Für die Geschwindigkeit v_s bzw. β_s und die Umlauffrequenz ν_s erhalten wir
$$v_\mathrm{s} = 2{,}19 \cdot 10^8 \ \mathrm{m/s}\,, \quad \beta_\mathrm{s} = 0{,}729\,, \quad \nu_\mathrm{s} = 1{,}09\,\mathrm{MHz}\,.$$

Mit (8.15) erhalten wir
$$\nu_\mathrm{syn} = 582\,\mathrm{Hz}\,.$$

8.4 Mit (8.31) finden wir 41,5%, d. h. die Energieakzeptanz wird um den Faktor 0,585 kleiner.

8.5 $|l_2 - l_1| = 0{,}10$ m, $|t_2 - t_1| = 0{,}334$ ns.

8.6 Für die Größe pv^2 erhalten wir 9787,0 MeV m/s. Bei der Berechnung dieser Größe muss man bedenken, dass 1 MeV/c = 1 MeV/$(3 \cdot 10^8$ m/s$)$. Für $qU_0\omega_\mathrm{HF}$ erhalten wir 3141,59 MeV/s. Nach (8.64) finden wir $1/f = 0{,}321$ m^{-1}. Da bei der niedrigen Energie von 5 keV $\gamma = 1$ ist, ist $L = f = 3{,}1$ m.

8.7 Für die longitudinale Ausdehnung der Teilchenpakete erhalten wir an der Stelle der engsten Einschnürung $l_\mathrm{max} = f\delta_\mathrm{max} = 3{,}1$ mm (siehe Abb. 8.7). Mit der Geschwindigkeit $v = 9{,}787 \cdot 10^5$ m/s und der Periodendauer $T_\mathrm{HF} = 50$ ns ergibt sich $\Delta t_\mathrm{max} = l_\mathrm{max}/v = 3{,}2$ ns und $\Delta\varphi_\mathrm{max} = 23°$.

8.8 Die Brechkraft und die Spannungsamplitude müssen um den Faktor 5 $\times$ 23/15 = 7,67 größer sein, d. h. $1/f = 2{,}46$ m^{-1} und $U_0 = 192$ V. Der Abstand L wird entsprechend kürzer, $L = 0{,}41$ m.

Kapitel 9

9.1 Mit (9.1) finden wir $\Theta = 1{,}0$ mrad.

9.2 Mit (9.2) finden wir $\Theta = 1{,}5$ mrad.

9.3 Wir betrachten das Kreisdiagramm in Abb. 9.4 und machen folgenden Ansatz für die gestörte Gleichgewichtsbahn:

$$\eta = a\cos\psi\,.$$

Die Amplitude a ist durch den Winkelkick Θ_K festgelegt:

$$a = \Delta\left(\frac{\mathrm{d}\eta}{\mathrm{d}\psi}\right) = \Theta_\mathrm{K}\sqrt{\beta_\mathrm{K}}\,.$$

Die Ortsabweichung x_S ergibt sich aus η an der Stelle des Septums:

$$x_S = \sqrt{\beta_S}\, a \sin \Delta\psi\,.$$

Wenn wir in die letzte Gleichung den Wert für a einsetzen, erhalten wir

$$x_S = \sqrt{\beta_S \beta_K}\, \Theta_K \sin \Delta\psi\,,$$

und damit auch (9.3), d. h.

$$\Theta_K = \frac{x_S}{\sqrt{\beta_K \beta_S}\, \sin \Delta\psi}\,.$$

9.4 Wir erhalten mit Hilfe des Kreisdiagramms in Abb. 9.4

$$\eta_S = a \sin \Delta\psi\,, \qquad \left(\frac{d\eta}{d\psi}\right)_S = -a \cos \Delta\psi\,.$$

Daraus folgt

$$\eta_S = -\left(\frac{d\eta}{d\psi}\right)_S \tan \Delta\psi\,.$$

Mit (6.43) erhalten wir schließlich

$$x_S = -(\alpha_S x_S + \beta_S \Theta_S)\tan \Delta\psi\,.$$

Diese Gleichung ist sehr hilfreich. Sie gibt an, welche Winkelabweichung Θ_S der ankommende Strahl haben muß, wenn am Septum die Ortsabweichung x_S eingestellt werden soll. Die Größen x_S und Θ_S beziehen sich auf die ungestörte Gleichgewichtsbahn des Kreisbeschleunigers.

9.5 Die Steuermagnete sind so zu positionieren, daß $\psi(s) - \psi(s_1) = 90°$ und $\psi(s_2) - \psi(s) = 90°$ ist. Für die Winkelkicks erhalten wir

$$\Theta_{K_1} = \frac{\Delta x}{\sqrt{\beta(s_1)\beta(s)}}\,, \qquad \Theta_{K_2} = \frac{\Delta x}{\sqrt{\beta(s)\beta(s_2)}}\,.$$

9.6 Zur Veranschaulichung der Lösung betrachten wir die Auswirkung der Dipolstörungen im Kreisdiagramm. Wie in Abb. 9.5 wird durch den Winkelkick Θ_1 bei s_1 die Gleichgewichtsbahn aus dem Zentrum $(0,0)$ nach $(\eta, d\eta/d\psi) = (0, a_1)$ verlegt. Der weitere Verlauf von s_1 nach s_2 wird durch folgende Kreisbahn beschrieben:

$$\begin{pmatrix} \eta \\ \frac{d\eta}{d\psi} \end{pmatrix} = \begin{pmatrix} a_1 \sin(\psi - \psi_1) \\ a_1 \cos(\psi - \psi_1) \end{pmatrix}\,. \tag{1}$$

Nach dem Winkelkick Θ_2 erhalten wir eine Kreisbahn, die an der Stelle s_3 die Koordinaten $(0, -a_3)$ hat. Durch den Winkelkick Θ_3 wird die

Gleichgewichtsbahn wieder in das Zentrum $(0,0)$ verlegt. Die gestörte Bahn zwischen s_2 und s_3 wird im Kreisdiagramm durch

$$\begin{pmatrix} \eta \\ \frac{d\eta}{d\psi} \end{pmatrix} = \begin{pmatrix} a_3 \sin(\psi_3 - \psi) \\ -a_3 \cos(\psi_3 - \psi) \end{pmatrix} \tag{2}$$

beschrieben. An der Stelle s_2 sind die beiden in (1) und (2) definierten Vektoren durch folgende Gleichung miteinander verknüpft:

$$\begin{pmatrix} a_1 \sin(\psi_2 - \psi_1) \\ a_1 \cos(\psi_2 - \psi_1) \end{pmatrix} + \begin{pmatrix} 0 \\ a_2 \end{pmatrix} = \begin{pmatrix} a_3 \sin(\psi_3 - \psi_2) \\ -a_3 \cos(\psi_3 - \psi_3) \end{pmatrix} . \tag{3}$$

Damit erhalten wir unter Berücksichtigung von $a_i = \Theta_i \sqrt{\beta_i}$, $i = 1, 2, 3$,

$$\Theta_1 \sqrt{\beta_1} \sin(\psi_2 - \psi_1) = \Theta_3 \sqrt{\beta_3} \sin(\psi_3 - \psi_2) , \tag{4}$$

$$\Theta_1 \sqrt{\beta_1} \cos(\psi_2 - \psi_1) + \Theta_2 \sqrt{\beta_2} = -\Theta_3 \sqrt{\beta_3} \cos(\psi_3 - \psi_2) . \tag{5}$$

Zur Auflösung der zweiten Gleichung (5) benutzen wir die Relation $(\Theta_1 \sqrt{\beta_1}/\Theta_3 \sqrt{\beta_3})$ aus der ersten Gleichung (4) und das Additionstheorem der Kosinusfunktion. Hieraus folgt die folgende einfache und wichtige Beziehung

$$\frac{\Theta_1 \sqrt{\beta_1}}{\sin(\psi_3 - \psi_2)} = \frac{\Theta_2 \sqrt{\beta_2}}{\sin(\psi_1 - \psi_3)} = \frac{\Theta_3 \sqrt{\beta_3}}{\sin(\psi_2 - \psi_1)} . \tag{6}$$

Kapitel 10

10.1 Wir gehen von der Impulsverteilung im Schwerpunktsystem aus. Mit Hilfe der in Abschn. 1.3 skizzierten relativistischen Kinematik, speziell mit der Lorentztransformation (1.12), erhalten wir die Gleichung (10.8).

10.2 $T_x = T_y = 2043$ K und $T_l = 1519$ K.

10.3 $\epsilon_x = 0,5$ mm $\cdot$ mrad, $\epsilon_y = 0,3$ mm $\cdot$ mrad.

10.4 Mit Hilfe der Lorentztransformation (1.12) können Sie die Aufgabe lösen, wenn Sie die Kleinwinkelnäherung $\tan\Theta = \Theta$ benutzen.

10.5 Da die Elektronen mit Lichtgeschwindigkeit umlaufen, ist die Umlaufzeit $T_0 = 1$ µs. Die Größe d in (10.31) ist vernachlässigbar klein. Mit $U_0 = 1$ MeV erhalten wir nach (10.31) $\tau_x = \tau_y = 3,5$ ms und $\tau_l = 1,75$ ms.

10.6 Nach (10.37) erhalten wir $\sigma_E = 2,9$ MeV.

10.7 $1/\tau = 0,3$ s^{-1}. Die Dämpfungskonstante ist umgekehrt proportional zur Zahl der Teilchen im Ring.

10.8 Ja! Wenn sich das Magnetfeld des Ringes und damit die Sollenergie hinreichend langsam ändert, kann die longitudinale stochastische Kühlung zur Nachstellung der Strahlenergie benutzt werden. Damit ist sowohl eine langsame Beschleunigung wie eine langsame Abbremsung des umlaufenden Strahles möglich.

Kapitel 11

11.1 Die Lösung ist in Abb. 11.2 gezeigt.

11.2 Die Lösung ist in Abb. 11.3 gezeigt.

11.3 Die Raumladungsgrenze skaliert wie $\beta^2\gamma^2$, siehe (11.50). Aus der kinetischen Energie T erhalten wir den Impuls $p = \sqrt{(T+m)^2 - m^2}$ und damit auch $\beta\gamma = p/m$. Die Raumladungsgrenze erhöht sich um den Faktor 22,2.

11.4 Die Verschiebung des Arbeitspunktes beträgt $\Delta Q = -0,020$.

Literaturverzeichnis

Kapitel 1

[Al46]   Alvarez, L.W.: Phys. Rev. **70** (1946) 799
[Be61]   Bernardini, C. et al.: Proc. Int. Conf. on High Energy Accelerators, Brookhaven (1961)
[Ch50]   Christophilos, N.: U.S. Patent No. 2,736,766 (1950)
[Cl60]   Cleland, M.R., Morganstern, M.R.: Nucleonics **18** (1960) 52
[Co32]   Cockcroft, J.D. and Walton, E.T.S.: Proc. Roy. Soc. (London) **A136** (1932) 619, **A137** (1932) 229, **A144** (1934) 704
[Co52]   Courant, E., Livingston, M.S., Snyder, H.: Phys. Rev. **88** (1952) 1190
[Bl53]   Blewett, M. H., Cosmotron Staff: Rev. Sci. Instr. **24** (1953) 723
[Bl56]   Blewett, J. P.: Rep. on Progr. in Phys. **19** (1956) 37
[Gi48]   Ginzton, E.L., Hansen, W.W., Kennedy, W.R.: Rev. Sci. Instr. **19** (1948) 89
[Eh59]   Ehrenberg, H., Paul, W.: Die Atomwirtschaft Juli/August (1959) 300
[Go86]   Goldstein, E.: Monatsberichte der Königl. Akad. der Wiss. zu Berlin (1886) 284
[Go46]   Goward, F.G. and Barnes, D.E.: Nature **158** (1946) 413
[Gr31]   Van de Graaff, R.J.: Phys. Rev. **38** (1931) 1919 (1931) 1919A
[Gr21]   Greinacher, H.: Z. Phys. **4** (1921) 195
[Gu53]   Gund, K., Berger, H.: Strahlentherapie **92** (1953) Heft 4
[He68]   Helm, R.H., Loew, G.A., Panofsky, W.K.H.: The Stanford Two-Mile Accelerator. W. A. Benjamin, New York (1968)
[HERA81]   The HERA Study Group: HERA, A Proposal for a Large Electron-Proton Colliding Beam Facility at DESY, DESY HERA 81/10 (1981)
[He83]   Herminghaus, H. et al.: IEEE Trans. **NS-30** (1983) 3274
[Is24]   Ising, G.: Arkiv för Matematik, Astronomi och Fysik **18** (1924) 1
[Iw44]   Iwanenko, D., Pomerantschuk, I.: Phys. Rev. **65** (1944) 343
[Ke41]   Kerst, D.W.: Phys. Rev. **60** (1941) 53
[La30]   Lawrence, E.O., Edlefsen, N.E.: Science **72** (1930) 376
[La32]   Lawrence, E.O., Livingston, M.S.: Phys. Rev. **40** (1932) 19
[La39]   Lawrence, E.O., Alvarez, L.W., Brobeck, W.M., Cooksey, D., Corson, D.R., McMillan, E.M., Salisbury, W.W. and Thornton, R.L.: Phys. Rev. **56** (1939) 124

402   Literaturverzeichnis

[La88]   Lawson R.J.: The Physics of Charged Particle Beams. Clarendon Press, Oxford (1988)

[Le94]   Lenard, P.: Annalen der Physik und Chemie **51** (1894) 225

[LEP79]   The LEP Study Group: Design Study of a 227 to 130 GeV e^+e^- Machine (LEP), CERN/ISR-LEP/79-33, CERN, Geneva (1979)

[LHC91]   The LHC Study Group: Design Study of the Large Hadron Collider (LHC), CERN 91-03, CERN, Geneva (1991)

[LHC06]   LHC Technical Design Report, CERN, Geneva (2006) http://ab-div.web.cern.ch/ab-div/Publications/LHC-DesignReport.html

[Mi45]   McMillan, E.M.: Phys. Rev. **68** (1945) 143

[Ol47]   Oliphant, M.E., Gooden, J.S., Hide, G.S.: Proc. Phys. Soc. (London) **59** (1947) 666

[Pa53]   Paul, W., Steinwedel, H.: Zs. f. Naturforschung **81** (1953) 448

[Re59]   Regenstreif, E.: CERN **59-29** (1959) 1

[Ru11]   Rutherford, E.: Phil. Mag. **21** (1911) 669

[Sl31]   Sloan, D.H., Lawrence, E.O.: Phys. Rev. **38** (1931) 2021

[Th38]   Thomas, G.: Phys. Rev. **54** (1938) 580

[Ve44]   Veksler, V. I.: Proc. USSR Acad. Sci. **43** (1944) 346 und J. Phys. USSR **9** (1945) 153

[Wi28]   Wideröe, R.: Archiv für Elektrotechnik **21** (1928) 387

Kapitel 2

[Al68]   Althoff, K.H.: The 2.5 GeV Electron Synchrotron of the University of Bonn, Nucl. Instr. and Meth. **61** (1968) 1

[Al46]   Alvarez, L.W.: Phys. Rev. **70** (1946) 799

[Br01]   Brinkmann, R. et al. [Hrsg]: TESLA - Technical Design Report, Vol. II, DESY 2001-011, TESLA 2001-23, DESY, Hamburg (2001)

[Ch50]   Christophilos, N.: U.S. Patent No. 2,736,766 (1950)

[Cl60]   Cleland, M.R. and Morganstern, M.R.: Nucleonics **18** (1960) 52

[Cl96]   Clendinin, J., Rinolfi, L., Takata, K., Warner, D.J. [Hrsg.]: Compendium of Scientific Linacs, Proc. XVIII Int. Linac Conference, CERN Report CERN/PS 96-32 (DI), CERN, Geneva (1996)

[Co32]   Cockcroft, J.D. and Walton, E.T.S.: Proc. Roy. Soc. (London) **A136** (1932) 619, **A137** (1932) 229, **A144** (1934) 704

[Co52]   Courant, E., Livingston, M.S., Snyder, H.: Phys. Rev. **88** (1952) 1190

[Es06]   Esirkepov, T., Yamagiwa, M. Tajima, T.: Phys. Rev. Lett. **96** (2006) 105001

[Gi48]   Ginzton, E.L., Hansen, W.W., Kennedy, W.R.: Rev. Sci. Instr. **19** (1948) 89

[Gr31]   Van de Graaff R.J.: Phys. Rev. **38** (1931) 1919A

[Gr21]   Greinacher, H.: Z. Phys. **4** (1921) 195

[Gu53]   Gund, K., Berger, H.: Strahlentherapie **92** (1953) Heft 4

[He83]   Herminghaus, H. et al.: IEEE Trans. **NS-30** (1983) 3274

[Is24]   Ising, G.: Arkiv för Matematik, Astronomi och Fysik **18** (1924) 1

[Iw44]   Iwanenko, D., Pomerantschuk, I.: Phys. Rev. **65** (1944) 343

[JACoW]   The JACoW Team: Joint Accelerator Websites: http://www.jacow.org/

[Jo07]   Joshi, Ch.: CERN Courier, June 2007,

[Ka70]   Kapchinskiy, I.M., Teplyakov, V.: Prib. Tekh. Eksp **119** (1970) 17

[Ke41]   Kerst, D.W.: Phys. Rev. **60** (1941) 53

[La30]   Lawrence, E.O., Edlefsen, N.E.: Science **72** (1930) 376

[La32]   Lawrence, E.O., Livingston, M.S.: Phys. Rev. **40** (1932) 19

[La88]   Lawson R.J.: The Physics of Charged Particle Beams. Clarendon Press, Oxford (1988)

[Li04]   Lilje, L. et al.: Achievement of 35 MV/m in the superconducting nine-cell cavities for TESLA, Nucl. Instr. and Meth. in Physics Research A **524** (2004) 1

[Li06]   Lilje, L.: High-Gradient Superconducting Radiofrequency Cavities for Particle Acceleration, Proceedings of the European Particle Accelerator Conference EPAC 2006, Edinburgh, Scotland (2006) 2752

[LINAC04]   International Linear Accelerator Conference, Lübeck (2004)

[Mi45]   McMillan, E.M.: Phys. Rev. **68**

[Sa70]   Sands, M.: The Physics of Electron Storage Rings, An Introduction, SLAC Report No. 121, Stanford Linear Accelerator Center, Stanford University, Stanford, California (1970)

[Sa71]   Sands, M.: The Physics of Electron Storage Rings, An Introduction, Touschek, B. [Hrsg.]: Proceedings of the International School of Physics Enrico Fermi (1971)

[Sc95]   Schempp, A.: Nucl. Instr. and Meth. in Physics Research **99** (1995) 688

[Sl31]   Sloan, D.H., Lawrence, E.O.: Phys. Rev. **38** (1931) 2021

[SC06]   Schwoerer, H. et al.: Laser-plasma acceleration of quasi-monoenergetic protons from microstructured targets, Nature **439** January (2006) 445

[Th38]   Thomas, G.: Phys. Rev. **54** (1938) 580

[Ve44]   Veksler, V.I.: DAN (U.S.S.R.) **44** (1944) 393

[Ve45]   Veksler, V.I.: Proc. USSR Acad. Sci. **43** (1944) 346 und J. Phys. USSR **9** (1945) 153

[Wi28]   Wideröe, R.: Archiv für Elektrotechnik **21** (1928) 387

[XFEL]   Altarelli, M. et al.: The European X-Ray Free-Electron Laser, Technical Design Report, DESY 2006-097, DESY, Hamburg (2007)

Kapitel 3

[Al46]   Alvarez, L.W.: Phys. Rev. **70** (1946) 799

[An94]   Angert, N.: Ion-Sources, Proc. Fifth CERN Accelerator School, Genf, Turner, S [Hrsg]: **CERN 94-01** (1994) 619

[Ar48]   Ardenne, M. von: Technik **11** (1948) 65

[Ar75]   Ardenne, M. von: Tabellen zur angewandten Physik, 1. Band, Elektro-nenphysik, Übermikroskopie, Ionenphysik. 3. Auflage, VEB Deutscher Verlag der Wissenschaften, Berlin (1975) 65

[Ar81]   Arianer, J. and Geller, R.: Ann. Nucl. Part. Sci. **31** (1981) 19

[Br83]   Brown, G., Halbach, K., Harris, J. and Winick, H.: Nucl. Instr. and Meth. **208** (1983) 65

[Co73]   Coupland, J.R., Grenn, T.S., Hammond, D.P., and Riviere, A.C.: Rev. Sci. Instr. **44** (1973) 1258

[Ha69]   Halbach, K.: Nucl. Instr. and Meth. **74** (1969) 147

[Ha80]   Halbach, K.: Nucl. Instr. and Meth. **169** (1980) 1
[Ge92]   Geller, R., Ludwig, P. and Melin, G.: Rev. Sci. Instr. **63** (1992) 2795
[Ge95]   Vogel H.: Gerthsen Physik, Springer, Heidelberg (1995)
[Is24]   Ising, G.: Arkiv för Matematik, Astronomi och Fysik **18** (1924) 1
[La24]   Langmuir, I. and Blodgett, K.R.: Phys. Rev. **24** (1924) 49
[La70]   Lapostolle, P., Septier, A. [Hrsg.]: Linear Accelerators. North-Holland, Amsterdam (1970)
[Le74]   Lejeune, C.: Nucl. Instr. and Meth. **116** (1974) 417
[Le89]   Leung, K.N., Hauck, C.A., Kunkel, W.B., Walther, S.R.: Rev. Sci. Instr. **60** (1989) 531
[Me96]   Mess, K.-H., Schmüser, P., Wolff, S.: Superconducting Accelerator Magnets, World Scientific, Singapore (1996)
[Ne68]   Neal, R. [Hrsg.]: The 2 Mile Linear Accelerator. Benjamin, New York (1968)
[Pe37]   Penning, F.M.: Physica **4** (1937) 71
[Pi40]   Pierce, J.: J. Appl. Phys. **11** (1940) 548
[Tu92]   Turner, S. [Hrsg.]: RF Engineering for Particle Accelerators, CERN Accelerator School **CERN 92-03** (1992)
[Wi28]   Wideroe, R.: Archiv für Electrotechnik **21** (1928) 387
[Zi90]   Zinke, O., Vlcek, A. [Hrsg.]: Lehrbuch der Hochfrequenztechnik. Erster Band. Hochfrequenzfilter, Leitungen, Antennen. Springer, Heidelberg (1990)

Kapitel 4

[Br67]   Brown, K.L.: Adv. in Particle Phys. **1** (1967) 1
[Br67a]   Brown, K.L.: SLAC Report **75** (1967)
[Br70]   Brown, K.L.: SLAC Report **91** (1970)
[Br85]   Brown, K.L.: AIP Conf. Proc. **127** (1985) 62
[Br73]   Brown, K.L., Carey, D.C., Iselin, Ch., Rothacker, F.: CERN Report **73-16** (1973)
[Br79]   Brown, K.L.: IEEE Trans. Nucl. Sci. **NS-26** (1979) 3490
[Br80]   Brown, K.L., Carey, D.C., Iselin, Ch., Rothacker, F.: CERN Report **80-04** (1980)
[Br85]   Brown, K L.: AIP Conf. Proc. **127** (1985) 62
[Ca81]   Carey, D.C.: Nucl. Instr. Meth. **189** (1981) 365
[Ca87]   Carey, D.C.: The Optics of charged particle beams. In: Accelerators and Storage Rings **6** (1987) 1-289, Blewett, J. P., Cole, F. T. [Hrsg.]: Harwood Academic Publ., Chur (1987)
[Ha62]   Hamermesh, M.: Group Theory and its Application to Physical Problems, Addison-Wesley, Reading (1967)
[He66]   Herrera, J.C., Bliamptis, E.E.: Rev. Sci. Instr. **37** (1966) 183
[Hi73]   Hinterberger, F.: Nucl. Instr. Meth. **111** (1973) 189
[Hi74]   Hinterberger, F.: Nucl. Instr. Meth. **119** (1974) 44
[Me83]   Merry, C.M., Cornell, J.C.: SA Journal Phys. **6** (1983) 12
[Pe61]   Penner, S.: Rev. Sci. Instr. **32** (1961) 150

Kapitel 5

[Ba66]   Banford, A.P. : The Transport of Charged Beams, E.& F.N. Spon Limited, London (1966)

[Br80]   Brown, K.L., Carey, D.C., Iselin, Ch. and Rothacker, F., CERN Report **80-04** (1980)

[Ca87]   Carey, D.C.: The optics of charged particle beams, in Accelerators and Storage Rings **6** (1987) 1-289, Blewett, J.P., Cole, F.T. [Hrsg]: Harwood Academic Publ., Chur (1987)

[Da73]   Dahl, P.: Introduction to Electron and Ion Optics, Academic Press, New York and London (1973)

[El53]   Elkind, M.: Rev. Sci. Instruments **24** (1953) 129

[Ga37]   Gans, R.: Z. techn. Phys. **18** (1937) 41

[Ga67]   Galejs, A. and Rose, P.H: Optics of electrostatic accelerator tubes, Septier, A. [Hrsg]: Focusing of charged particles, Vol. II,, Academic Press, New York and London (1967)

[Gi97]   Gillespie, G.H., Brown, Th.A.: Comyn, M., Craddock, M.K., Reiser, M., Thomas, J. [Hrsg]: Proceedings of the 1997 Particle Accelerator Conference, Vancouver B.C. Canada (1997) 2559

[La88]   Lawson, J.D.: The Physics of Charged Particle Beams. Clarendon Press, Oxford (1988)

[Ol55]   Ollendorff, F.: Elektronik des Einzelelektrons. Springer, Wien (1955)

[Re71]   Read, F.H., Adams, A. and Soto-Montiel, J.R., J. Phys. E **4** (1971) 625.

[Ro07]   Rohrer, U.: PSI Graphic Transport Framework by U. Rohrer based on a CERN-SLAC-FERMILAB version by K.L. Brown, D.C. Carey, Ch. Iselin and F. Rothacker, see CERN Report **80-04** (1980), http://pc532.psi.ch/trans.htm

[Ti55]   Timm, U. : Z. Naturforschg. **10a** (1955) 593

[Wo87]   Wollnik, H., Optics of Charged Particles, Academic Press, Orlando (1987)

[Zw45]   Zworykin, V. K., Morton, G. A., Ramberg, E. G., Hillier, J., Vance, A. W.: Electron Optics And The Electron Microscope. John Wiley, New York, London (1945)

Kapitel 6

[Al68]   Althoff, K.H.: The 2.5 GeV Electron Synchrotron of the University of Bonn, Nucl. Instr. and Meth. **61** (1968) 1-30

[Br81]   Brown, K.L., Nucl. Instr. and Meth. **187** (1981) 51

[Co58]   Courant, E., Snyder, H.: The Theory of the Alternating-Gradient Synchrotron, Annals of Physics **3** (1958) 1

[Go68]   Gordon,M.M.: Orbit properties of the isochronous cyclotron ring with radial sectors, Annals of Physics **3** (1968) 571

[Gr95]   Grote, H., Iselin, F.C., The MAD Program, User's Reference Manual, CERN Report CERN/SL/90-13 (AP) (Rev. 4), CERN, Geneva (1995)

[Hi86]   Hill, G.W.: Acta Math. **8** (1886) 1

[Hi81]   Hinderer, G.: Phase Space matching between preaccelerators and cyclotrons, Gendreau, G. [Hrsg.]: Proceedings of the Ninth Internat. Conf.
on Cyclotrons and Their Applications, Caen (1981) Les editions de
physique, Les Ulis (1982) 327

[Hu88]   Husmann, D., Schwille, W.J.: ELSA – die neue Bonner Elektronen-
Stretcher-Anlage, Phys. Bl. **44** (1988) 40

[Po75]   Pollock, R.E.: Status Report on the Indiana University Cyclotron Facility, Joho, W. [Hrsg]: Proc. Seventh Int. Conf. on Cyclotrons and Their
Applications, Birkhäuser, Basel (1975) 27

[Ra75]   Rautenbach, W.L., Botha, A.H.: Proposal for a South African National
Accelerator Facility for Physics and Medicine, Joho, W. [Hrsg.]: Proc.
Seventh Int. Conf. on Cyclotrons and Their Applications, Birkhäuser,
Basel (1975) 117

[Wi85]   Wilson, E.: Transverse Beam Dynamics, Nonlinearites and Resonances,
Linear Coupling, Bryant, P,, Turner, S. [Hrsg.]: Proc. CERN Accelerator School CAS, **CERN 85-19** (1985) 64

Kapitel 7

[Be69]   Bevington, B.R.: Data Reduction and Error Analysis for the Physical
Sciences, McGraw-Hill, New York (1969)

[Ho02]   Hoffstaetter, G. et al.: Orbit-response matrix analysis at HERA, Proceedings of EPAC 2002, Paris (2002)

[Ta88]   Talman, R.: Single particle motion, Lecture Notes in Physics, Vol. 343,
Springer, New York (1988)

[Tu95]   Turner, S. [Hrsg.]: Fifth Advanced Accelerator Physics Course **CERN
95-06** (1995)

[Wi85]   Wilson, E.: Transverse Beam Dynamics, Nonlinearites and Resonances,
Linear Coupling, Bryant, P,, Turner, S. [Hrsg.]: Proc. CERN Accelerator School CAS, **CERN 85-19** (1985) 64

Kapitel 8

[An08]   An, S., Bongardt, K., Maier R., Tang, J.Y., Zhang, T.J.: Chinese Physics C (HEP&NP) **32** (2008) Number 1

[An07]   An, S., Bongardt, K.: HESR Parameter Meeting, FZ Jülich, March
2007

[Br66]   Bruck, H.: Accélérateurs Circulaires de Particules, Presses Universitaires de France, Paris (1966)

[Br80]   Brown, K.L., Carey, D.C., Iselin,Ch., Rothacker, F.: CERN Report **80-
04** (1980)

[La69]   Landau, L.D., Lifshitz, E.M.: A Course of Theoretical Physics, Vol. I,
Mechanics, Pergamon, Oxford (1969) S. 155

[Mo77]   Montague, B.W.: CERN Report CERN **77-13** (1977) 63

[Ro07]   Rohrer, U.: PSI Graphic Transport Framework by U. Rohrer based on a CERN-SLAC-FERMILAB version by K.L. Brown, D.C.
Carey, Ch. Iselin and F. Rothacker, see CERN Report **80-04** (1980),
http://pc532.psi.ch/trans.htm

[Le99]   Lee, S.Y.: Accelerator Physics, World Scientific, Singapore (1999)

Kapitel 9

[Hi89]   Hinterberger, F., Prasuhn, D.: Nucl. Instr. and Meth. **A279** (1989) 413
[Re94]   Rees, G.H.: Injection, Extraction, Turner, S. [Hrsg.]: Fifth General Ac-
          celerator Course, CERN Accelerator School, **CERN 94-01** (1994) 731,
          745

Kapitel 10

[Br66]   Bruck, H.: Accélérateurs Circulaires de Particules, Presses Universitai-
          res de France, Paris (1966)
[Br75]   Bramham, P., Carron, H.G., Hereward, H.G., Hübner, K., Schnell, W.
          and Thorndahl, L.: Nucl Instr. Meth. **125** (1975) 201
[Bu66]   Budker, G.I.: Proceedings International Symposium on Electron and
          Positron Storage Rings, Saclay (1966), Presses Universitaires de France,
          Paris (1967)
[Fr90]   Franzke, B. et al.: Commissioning of the ESR, Second European Par-
          ticle Accelerator Conference, Nice, Editions Frontieres (1990) 46
[Gu06]   Gutbrod, H.H., Augustin, I. Eickhoff, H., Groß, K.D. Hen-
          ning, W.F., Krämer, D., Walter, G. [Hrsg.]: FAIR Baseline
          Technical Report, GSI, Darmstadt (2006), ISBN 3-9811298-0-6,
          http://www.gsi.de/fair/reports/btr.html
[Ja75]   Jackson, J.D.: Classical Electrodynamics, Wiley, New York (1975)
[Ja89]   Jaeschke, E. et al.: Proc. First European Particle Accelerator Confe-
          rence, Rome 1988, World Scientific, Singapore (1989) 356
[Le85]   The LEAR Team: IEEE Trans. Nucl. Sci. **NS-32** (1985) 2652
[Ma84]   Maier, R. et al.: Status of COSY, Fourth European Particle Accelerator
          Conference, World Scientific, Singapore (1994) 165
[Me72]   van der Meer, S.: Stochastic Damping of Betatron Oscillations, Internal
          CERN Report **CERN/ISR PO/72-31** (1972)
[Mo77]   Montague, B.W.: CERN Report **CERN 77-13** (1977) 63
[Mo80]   Möhl, D., Petrucci, G., Thorndahl, L. and van der Meer, S.: Physics
          Reports **58** (1980) 73
[Mo84]   Möhl, D.: CERN Report **84-15** (1984) 97
[Mo94]   Møller, S.P.: CERN Report **94-01** (1994) 601
[Ro58]   Robinson, K.W.: Radiation Effects in Circular Electron Accelerators,
          Phys. Rev. **111** (1958) 373
[Sa71]   Sands, M.: The Physics of Electron Storage Rings, SLAC Report
          121 (1970) and Touschek, B. [Hrsg.]: Proceedings of the Internatio-
          nal School of Physics Enrico Fermi (1971)

Kapitel 11

[Al02]   Allen, Ch.,K., Pattengale, N.D.: Theory and Technique of Beam Enve-
          lope Simulation, Los Alamos National Laboratory Report, LA-UR-02-
          4979 (2002)
[Bj83]   Bjorken, J.D., Mtingwa, S.K.: Part. Acc. **13** (1983) 115

[Br66]   Bruck, H.: Accélérateurs Circulaires de Particules, Presses Universitai-
            res de France, Paris (1966)

[Ch93]   Chao, A.W.: Physics of Collective Beam Instabilities in High Energy
            Accelerators, John Wiley, New York (1993)

[Cr97]   Crandall, K.R., Rusthoi, D.P.: TRACE 3-D Documentation, Los Ala-
            mos National Laboratory Report LA-UR-97-886 (1997)

[Gu06]   Gutbrod, H.H., Augustin, I. Eickhoff, H., Groß, K.D. Hen-
            ning, W.F., Krämer, D., Walter, G. [Hrsg.]: FAIR Baseline
            Technical Report, GSI, Darmstadt (2006) ISBN 3-9811298-0-6,
            http://www.gsi.de/fair/reports/btr.html

[LHC06]   LHC Technical Design Report, CERN, Geneva (2006) http://ab-
            div.web.cern.ch/ab-div/Publications/LHC-DesignReport.html

[Ka59]   Kapchinskij, I.M., Vladimirskij, V.V.: Limitations of Proton Beam Cur-
            rent in a Strong Focusing Linear Accelerator Associated with the Be-
            am Space Charge, Proc. Int. Conf. on High-Energy Accelerators and
            Instrumentation, CERN (1959) 274

[La67]   Laslett, L.J., Resegotti, L.: Proceedings 6th Internat. Conf. on High-
            Energy Accelerators, Cambridge (USA), Cambridge Electron Accelera-
            tor, Cambridge, Mass., (1967) 150

[La58]   Lawson, J.D.: J. Electron. Control, 5 (1958) 146

[La88]   Lawson, J.D.: The Physics of Charged Particle Beams, Clarendon Press,
            Oxford (1988)

[La71]   Lapostolle, P.M.: Possible Emittance Increase through Filamentation
            due to Space Charge in Continuous Beams, IEE Trans. Nucl. Sci. NS-18
            (1971) 1101

[Le99]   Lee, S.Y.: Accelerator Physics, World Scientific, Singapore (1999)

[Mad9]   The MAD Homepage: http:wwwslap.cern.ch/mad/CERN, Geneva
            (2006)

[Qi00]   Qiang, J.., Ryne, R.D., Habib, S., Decyk, V.: J. Comp. Phys. 163
            (2000) 1

[Pi85]   Piwinski, A.: Intra-Beam Scattering, CERN Report 85-19, CERN, Ge-
            neva (1985) 451

[Re94]   Reiser, Martin: Theory and Design of Charged Particle Beams, John
            Wiley, New York (1994), Wiley-VHC, Weinheim (2004)

[Ro07]   Rohrer, U.: PSI Graphic Transport Framework by U. Rohrer ba-
            sed on a CERN-SLAC-FERMILAB version by K.L. Brown, D.C.
            Carey, Ch. Iselin and F. Rothacker, see CERN Report 80-04 (1980),
            http://pc532.psi.ch/trans.htm

[Sa71a]   Sacherer, F.J.: RMS Envelope Equations with Space Charge,
            CERN/SI/Int. DL/70-12, CERN, Geneva (1970), IEEE Trans. Nucl.
            Sci. NS-18 (1971) 1105

[Sa71b]   Sacherer, F.J., Sherwood, T.R.: The Effect of Space Charge in Beam
            Transport Lines, IEEE Trans. Nucl. Sci. NS-18 (1971) 1066

[Sa71]   Sands, M.: The Physics of Electron Storage Rings, SLAC Report
            121 (1970) and Touschek, B. [Hrsg.]: Proceedings of the Internatio-
            nal School of Physics Enrico Fermi (1971)

[So87]   Sørensen, A.H.: Introduction to Intrabeam Scattering, Cern Report 87-
            10, CERN, Geneva (1987) 135

[Wa98]   Wangler, Thomas: RF Linear Accelerators, John Wiley, New York
            (1998), Wiley-VHC, Weinheim (2004)zx

Weiterführende Literatur

Banford, A.P.: The Transport of Charged Particle Beams, Spon, London (1966)

Blewett, J., Livingston, M.S.: Particle Accelerator, McGraw-Hill (1962)

Bruck, H.: Accélérateurs circulaires de particules, Presses Universitaires de France, Paris (1968)

Chao, A.W.: Physics of Collective Beam Instabilities in High Energy Accelerators, Wiley, New York (1993)

Carey, D.C.: The Optics of Charged Particle Beams, Harwood Academic, New York (1987)

Edwards, D., Syphers, M.: An Introduction to the Physics of High Energy Accelerators, Wiley, New York (1993)

Gendreau, G. [Hrsg.]: Proc. of International Conference on Cyclotrons and their Applications, Les Editions de Physique, Orsay (1982)

Hagedorn, P.: Non-Linear Oscillations, Clarendon Press, Oxford (1988)

Humphries Jr, S.: Principles of Charged Particle Accelerators, Wiley, New York (1986)

Hyder, A.K., Rose, M.F., Guenther, A.H. [Hrsg.]: High-Brightness Accelerators, Plenum Press, New York und London (1987)

Kollath, R.: Teilchenbeschleuniger, Vieweg, Braunschweig (1962)

Kolomensky, A.A., Lebedev, A.N.: Theory of Cyclic Accelerators, North Holland, Amsterdam (1966)

Lapostolle, P., Septier, A. [Hrsg.]: Linear Accelerators, North Holland, Amsterdam (1970)

Lawson, J.D.: The Physics of Charged Particle Beams, Clarendon Press, Oxford (1988)

Lichtenberg, A.J.: Phase Space Dynamics of Particles, Wiley, New York (1969)

Livingood, J.: Principles of Cyclic Accelerators, Van Norstrand (1961)

Livingston, M.S.: The Development of High Energy Accelerators, Dover Publications, New York (1966)

Lizama, L., Chew, J. [Hrsg.]: Conference Record of the 1991 IEEE Particle Accelerator Conference, IEEE, New York (1991)

Mess, K.H., Schmüser, P., Wolff, S.: Superconducting Accelerator Magnets, World Scientific, Singapore (1996)

Month, M., Dienes, M. [Hrsg.]: The Physics of Particle Accelerators, AIP Conference Proceedings **249**, American Institute of Physics AIP, New York (1982)

Neal, R.B. [Hrsg.]: The Stanford two Mile Accelerator, W.A. Benjamin, New York (1968)

Persico, E., Ferrari, E., Segrè, S.E.: Principles of Particle Accelerators, W.A. Benjamin, New York (1968)

Reiser, M.: Theory and Design of Charged Particle Beams, Wiley, New York (1994), WILEY-VCH, Weinheim (2004)

Rosenblatt, J.: Particle Acceleration, Methuen, London (1968)

Scharf, W.: Particle Accelerators and Their Uses, Harwood Academic, New York (1985)

Septier, A. [Hrsg.]: Focussing of Charged Particles, Bd. I und II, Academic, Orlando (1967)

Steffen, K.G.: High Energy Beam Optics, Wiley, New York (1965)

Wangler, Th.: RF Linear Accelerators, Wiley, New York (1988), WILEY-VCH, Weinheim (2004)

Wiedemann, H.: Particle Accelerator Physics, Bd. 1: Basic Principles and Linear Beam Dynamics, Springer, Heidelberg (1993)

Wiedemann, H.: Particle Accelerator Physics, Bd. 2: Nonlinear and Higher-Order Beam Dynamics, Springer, Heidelberg (1995)

Wille, K.: Physik der Teilchenbeschleuniger und Synchrotronstrahlungsquellen, Teubner, Stuttgart (1992)

Wollnik, H.: Optics of Charged Particles, Academic, Orlando (1987)

Sachverzeichnis